롬멜과 함께 전선에서

Mit Rommel
an der Front
Hans von Luck

길찾기

롬멜과 함께 전선에서

2023년 5월 15일 초판 4쇄 발행

저　자 한스 폰 루크(Hans von Luck)
번　역 진중근, 김진완, 최두영

편　집 정경찬, 김남훈, 조은아
마케팅 이수빈
디지털 김효준

발행인 원종우
발　행 블루픽
　　　　주소 경기도 과천시 뒷골로 26, 2층
　　　　전화 02-6447-9000　**팩스** 02-6447-9009
　　　　메일 edit@bluepic.kr　**웹** bluepic.kr

I S B N 979-11-6085-397-1 03390

MIT ROMMEL AN DER FRONT

Contents

[일러두기]

- 한국어판 저본은 독일 Verlag E.S. Mittler & Sohn GmbH 에서 발간한 2006년판(독일어)입니다.
- 본서의 원전은 1992년에 발간되었으며, 시대적 한계, 자료 부족, 저자의 착오 등으로 내용 상의 오류가 존재할 수 있습니다. 명확한 오류나 논란, 시대적 설명이 필요한 부분에 대해 주석을 통해 설명을 추가하였습니다.
- 인·지명 등 고유명사는 저자의 의도와 독일어 표기를 존중하고 필요에 따라 원문을 일부 병기하거나 주석을 통해 설명을 추가하였습니다.

Mit Rommel an der Front

서언

이 글을 쓰기로 결심했을 때, 거창하게 역사적 사실을 분석하거나 교훈을 도출하려는 의도는 전혀 없었다. 독자들에게 유럽과 전 세계에 매우 커다란 변혁이 있었던 시대에 한 청년 장교로서 몸소 겪었던 파란만장한 경험을 전하고 싶었을 뿐이다. 그래서 인명과 지명, 그리고 날짜 등을 기억하는 대로 정확히 기록해 두었다.

이야기의 주된 배경은 제2차 세계대전이다. 배타적이고도 그릇된 사상과 선전들에 의해 한 국가의 국민이 서로를 고무시켰고, 종국에는 모두 함께 비참한 종말을 맞게 되었다.

개인적으로 이 책을 집필한 이유를 굳이 밝히자면 1954년과 1970년 사이에 태어난 나의 세 아들과 전쟁 발발 후 또는 종전 이후에 출생한 세대에게 무언가를 알리고 싶었기 때문이다. 나의 막내아들, 사샤(Sascha)는 이렇게 묻곤 했다.

"대체 '나치'(Nazi)가 뭐예요? 히틀러는 왜 악마였나요? 왜 모두가 그를 '추종'하게 되었나요?"

요즘 내 아들을 비롯한 많은 젊은이가 그 해답을 얻기 위해 공부하고 있다. 나도 그들이 반드시 그 답을 찾아 진실을 알아야 한다고 생각한다. 하지만 학교 선생들도 전쟁 중반이나 이후에 출생했다면 그 질문에 답하기는 쉽지 않을 것이다. 그런 이유에서 이승의 시간이 별로 남지 않은 우리 같은 노인들은 항상 시간의 압박을 받는다.

나는 미국 대학생들에게도 수차례 강연을 했고, 독일, 영국, 프랑스의 많은 젊은이들과 무수히 많은 대화를 나누었다. 그러나 그런 대화와 강연만으로는 청년들이 그 시대를 정확히 인식할 수 없으며, 자칫 편협한 시각을 지니게 되리라는 것을 깨달았다.

그래서 진실을 알리고 싶었다. 서방국가 사람은 러시아인들을 단순히 '증오의 대상'으로 인식하면서, 자신들을 '선량한' 인간이라 여기는 착각에 빠져 있다. 이것은 너무나도 단순한 흑백 논리다. 이 글을 통해 러시아인들도 우리와 같이 그들의 조국을 사랑하며, 전쟁 중 러시아의 모든 어머니들과 여성들이 우리 독일의 여성들과 똑같은 걱정과 근심으로 고통을 받았다는 사실을 알리고 싶었다.

과거 총칼을 겨누던 적대국들이었지만 오늘날 그 국가들은 상호 화해와 협력 관계를 맺었고 전 세계 젊은이들도 갈등이나 문제없이 서로를 잘 이해하고 있다. 또한, 러시아와 동구권 청년들은 '글라스노스트'와 '페레스트로이카'를 통해 서방 세계와 함께할 기회를 얻었다. 앞으로도 그러한 분위기가 더 확산되기를 바란다. 러시아를 방문할 스포츠 선수, 과학자 또는 여행자들이 이 글을 읽는다면 러시아인들이 다정다감하고 호의적이라는 것을, 그리고 그들도 서방 세계와 함께 평화를 누릴 수 있다는 것을 깨닫게 될 것이다. 러시아를 경험하지 못한 이들도 이 글만으로 충분히 그러한 감정을 느끼게 될 것이라 확신한다.

괴롭고 힘들었던 경험뿐만 아니라 아름다웠던 기억들도 모두 이 책에 담아 내기 위해 노력했다. 전쟁 이전, 혹은 전쟁 중에 벌어진 사건들이 독일 땅에서는 절대로 다시는 반복되지 말아야 한다는 교훈을 이 글을 통해서 알리고 싶었다. 제2차 세계대전이 종식된 후에도 정치, 경제 그리고 이데올로기로 인해 세계 곳곳에서 150회 이상의 전쟁이 벌어졌고 앞으로도 계속될 것이다. 안타깝지만 부인할 수 없는 현실이다. 핵무기의 양산과 그 존재로 양 진영의 새로운 전쟁을 막을 수 있다는 논리도 매우 회의적이다.

지금의 청년들은 우리 노인들보다 더 훌륭한 사람들이다. 그래서 그들은 더 행복하고 평화로운 인생을 살아야 하며, 그러한 평화로운 세상을 만들기 위한 책임감을 가져야 한다. 인성 중 최고의 가치라 할 수 있는 '관용'을 배워야 한다. 우리 과거 세대는 악몽과 같은 경험을 통해 용서와 화해, 즉 '관용'이 필요하다는 것을 깨달았다.

이 책이 발간되기까지 도움을 준 이들에게 감사를 표한다. 나의 진실한 친구이자 뉴올리언스 대학교수인 스티븐 앰브로즈(Stephen Ambrose)가 아니었다면 이 책은 세상에 나오지 못했을 것이다. 그는 항상 내게 용기를 주었으며, 나의 까마득한 기억을 되살리는 데 큰 힘이 되었다.

D-Day 당시 나와 싸웠던 지휘관이자 '페가수스 교량'(Pegasus Bridge) 전투의 영웅이었으며, 오늘날 나의 절친한 친구인 영국군 존 하워드(John Howard) 소령에게도 감사의 말을 전한다. 누군가 그날의 전투에 관해 물어볼 때마다 그는 항상 이렇게 답하곤 한다.

"그날 반대쪽 상황은 어땠는지, 그쪽에서 우리 쪽 상황을 어떻게 인지했는지 알고 싶다면 내 친구 한스에게 물어보시오."

'제21기갑사단의 역사'(Geschichte der 21. Panzerdivision)를 집필 중인 베르너 코르텐하우스(Werner Kortenhaus)에게도 고마움을 전한다. 그는 내게 전투 당시의 방대한 자료를 제공해 주었다.

5년간 러시아 수용소에서 처절한 운명을 함께 이겨냈고, 오늘날 '518 수용소 모임'의 회원인 모든 동료에게도 감사의 인사를 전한다. 많은 이들이 당시의 상황을 기억하는 데 많은 도움을 주었으며, 각자의 경험을 보태주었다. 이로써 독자들에게 생생한 '수용소 생활'을 전해 줄 수 있게 되었다.

나의 부관, 헬무트 리베스킨트(Helmuth Liebeskind), 전령이자 친구였던 에리히 베크(Erich Beck)를 비롯한, 약 5년 동안 유럽과 아프리카 전선을 누비며 함께 싸웠던 수많은 동료들도 이 책의 일부를 채워주었다.

특히 영국 서리(Surrey) 출신인 조지 언윈(George Unwin)씨께도 감사드린다. 거의 동년배인 조지는 내 원고를 영어로 번역하면서 내 생각을 매우 정확히 영어로 옮겨주었다. 감정이입까지도 완벽했다. 그의 텍스트를 접한 미국, 영국 출신 내 친구들은 이구동성으로 이렇게 말했다. "마치 한스의 연설을 직접 듣는 듯했고, 한스가 우리에게 무엇을 말하려는지 정확히 인지할 수 있었다."

마지막으로, 앞서 언급한 사람들 못지않게 나를 기다려 주고 함께 작업에 참여했던 사람이 있다. 바로 나의 아내 레기나(Regina)다. 4년 이상 원고 작성과 자료정리를 도와주고, 틈틈이 수백 페이지에 달하는 원고를 깔끔하게 다듬어 주었다. 레기나에게도 고마움을 표한다.

무엇보다도 스티븐 앰브로즈의 추천사에 무한한 감동을 느낀다. 그는 내가 겪었던 쓰라린 기억에 대해 함께 가슴 아파해 주었고, 즐거운 추억에 대해서는 함께 웃어주었다. 나는 이렇듯 비범하고도 훌륭한 한 인간이자 뛰어난 저술가, 역사가와 친구가 되었다는 사실만으로도 인생에 커다란 행복을 느낀다.

한스 폰 루크(Hans von Luck)

한국의 독자들에게

한스 폰 루크의 아내로서, 수년 전 사별한 남편의 저서, '롬멜과 함께 전선에서'의 한국어판 출간을 무한한 영광으로 생각합니다. 이 글을 써달라고 부탁받았을 때 무척 기뻤습니다. 지난 30여 년 동안 저는 남편의 자서전 덕분에 행복하고도 분주한 나날을 보냈습니다. 많은 이들과 정겨운 만남과 색다른 경험을 통해 큰 기쁨을 느끼기도 했습니다. 한국어판 출간 소식을 접하고, 유럽대륙을 넘어 아직까지도 많은 이들이 이 책에 관심을 가지고 있다는 사실에 매우 기뻤습니다. 한편으론 한국에서 이 책에 대한 반향이 얼마나 클지 기대가 되는군요.

작금의 분단된, 분쟁 상황이 증폭되고 있는 한국에서 이 책의 출간은 시사하는 바가 매우 크다고 생각합니다. 남한과 북한의 사람들이 이 책의 주제인 '평화에 대한 갈망'을 공감했으면 합니다. 만일 그렇게 된다면 서로를 존중하게 될 것이며 마침내 한반도에도 평화와 번영 나아가 평화적인 통일이 반드시 찾아올 것이라 확신합니다.

오늘날, 디지털 세상을 살아가는 우리는 매일 세계 곳곳에서 벌어지는 분쟁과 자연재해, 기아에 허덕이는 인간들에 대한 참혹한 소식을 접하고 있습니다. 개별적인 인간은 참으로 무기력한 존재입니다. 세계 각지에서 인간들은 극도의 고난을 겪고 있으며 때때로 사람들은 자신에게 닥쳐오는 위협과 공포 속에서 삶을 포기하기도 합니다. 그런 현실 속에서도 우리 인간은 자신이 속한 사회에서 평화를 위해 목소리를 높여야 하고 그런 사람들이 모이게 되면 우리 사회는 마침내 평화를 이루게 될 것입니다.

최근, 2011년에 알게 된 어느 독일인 친구의 편지를 받았습니다. 예전에 저는 노르웨이인과 결혼한 그녀에게 '롬멜과 함께 전선에서'의 내용이 노르웨이어로 녹음된 카세트테이프를 선물했습니다. 오늘날의 편지는 이 선물에 대한 답장이었고 그 내용을 다음과 같았습니다.

"제 남편이 '롬멜과 함께 전선에서' 노르웨이 번역본을 아이들에게 선물했어요. 아이들 자신만이 아니라 노르웨이의 국민을 위해, 전쟁을 방지하기 위해 노력해야 한다는 의미였죠. 노르웨이 사람들은 제2차 세계대전 당시 독일의 압제 속에서 너무나 큰 고통을 당했기에 전쟁이 끝난 후, 수년의 세월이 지난 뒤에도 독일인들을 증오했어요."

이 책을 번역한 진중근 중령이 2011년에, 내가 살고 있는 함부르크, 내 집에서 가까운 거리에 있는 독일군 지휘참모대학을 졸업했다는 것을 최근에야 알게 되어 깜짝 놀랐습니다. 그때 거리에서 한 번쯤 스쳐 지나쳤을 동양인이었을 것입니다. 그에게 감사를 표합니다. 한국군의, 발음하기에도 어려운 이름을 가진 진중근 중령은 「롬멜과 함께 전선에서」를, 아마도 자신의 조국을 위해 번역했을 것이며 그도 역시 평화를 위해 횃불을 든 인물로 기억될 것이라 확신합니다.

레기나 폰 루크(Regina von Luck)

추천사

나는 1983년 11월, 함부르크에서 한스 폰 루크를 처음 만났다.

노르망디 상륙작전 후 벌어진 전투에 대한 그의 경험담을 인터뷰할 예정이었다. 페가수스 교량을 놓고 벌어진 연합군과 독일군의 치열한 전투사례가 나의 연구 주제였다. 연합군은 오른(Orne) 강을 돌파하기 위해 교량을 확보하려 했고, 독일군은 이를 저지하려 했다. 한스는 당시 영국군 글라이더 공수부대의 강습과 공격을 막기 위해 전력을 다해 싸웠던 독일군 지휘관이었다. 약속대로 그는 오후 4시 정각에 내 방문을 열었다. 한스는 손수 가져온 노르망디 지도를 펼쳤다. 그사이에 나는 룸서비스로 커피를 주문했다. 그는 영어로 설명하기 시작했다. 독일어 악센트가 섞여 있지만 이해하는 데 문제는 없었다. 언어와 행동은 귀족의 그것과 흡사했다. 말보로 라이츠 담배를 입에 물더니 본격적으로 노르망디에서 겪은 일들을 설명하기 시작했다. 나의 연구 주제에 대해 설명하자 그는 매우 기뻐했다.

우리는 단 1분 1초도 쉬지 않고 4시간 동안 대화에 몰입했다. 나는 그의 이야기에 완전히 매료되었다. 1944년 6월 5일 밤부터 6일까지 그가 주도한 작전을 낱낱이 들었다. 또한, 다른 지역에서 실시한 작전들에 대해서도 들을 수 있었다. 군사사 연구가로서 전투에 직접 참가한 한 인간의 전쟁사를 듣는 것은 당연히 매혹적이다. 그는 1939년 폴란드 침공 당시에도 현장에 있었으며, 대서양 해안을 향해 진군하던 1940년 6월에는 롬멜 휘하에서 선도부대를 이끌었다. 또한, 1941년 11월에는 모스크바 근방까지 진격했고 특히 1942~43년 북아프리카에서는 기갑수색대대장으로서 롬멜의 가장 우측방에서 본대의 철수를 엄호했다. 1944년 노르망디 상륙작전 당시에는 최초로 연합군과 조우했던 기계화보병연대의 연대장이었다.

1945년부터 1950년까지 소련의 포로수용소 생활에 대한 설명은 매우 감동적이었고 시사하는 바가 컸다. 특히 러시아인에 대한 애정이 강했고 그들의 불행에 대해 매우 측은하게 여겼다. 그에 대한 이야기는 놀라울 만큼 사실적이었다.

나는 전문직업군인이었던 한스에게 무한한 감동을 받았음은 물론, 한스라는 사람의 인간미에 흠뻑 빠져버렸다. 한스는 매우 호의적이고 꾸밈없이 솔직하며 -말로 표현할 수 없을 정도로- 고결하고 강직한 품성을 지녔다. 나는 25년간 수많은 참전용사들을 인터뷰했으나 한스처럼 전쟁과 전투를 현장감 있게 잘 설명하고 민족과 국가를 막론하고 모두를 포용하며 마음 깊이 동정하는 사람을 본 적이 없었다. 물론 드와이트 아이젠하워(Dwight Eisenhower) 같은 위인도 있지만, 한스처럼 나를 감동시키고 흥분의 도가니에 빠뜨린 '베테랑'은 거의 드물었다.

본서는 한 직업군인의 회고록이다. 하지만 사관학교의 생도들과 군사학도들뿐만 아니라 일반 대중에게도 충분한 가치가 있는 책이다. 한스는 객관적이고 날카로운 관점으로 현상과 사건을 바라볼 수 있는 훌륭한 안목을 지녔으며, 1939년 9월부터 1945년 4월까지 거의 매일 전장을 누볐다.

하지만 놀랍게도 그의 이야기 속에서 파괴와 피의 흔적은 거의 찾아볼 수 없다. 자기 나라에서 최상위 등급의 훈장을 받았고 불굴의 의지와 용기를 발휘하여 대전 초기 및 중기의 전투에서는 승리와 성공의 주인공이었다. 그럼에도 그의 서술에서 자화자찬이 거의 없다는 것도 놀랄 만 한 일이다. 또한, 전쟁포로로 강제노역과 엄청난 고통에 시달렸지만, 그러한 괴로움을 그 어떤 말로도 표출하지 않았다. 오히려 러시아 주민들에 대한 호기심, 그들이 겪었던 고통에 대한 뜨거운 동정심, 유머, 관용 등을 통찰력 있는 글로 담았다.

우리가 한스의 회고록에서 발견할 수 있는 교훈은 그와 우리, 인간 생애의 의미 그 자체이다. 우리는 가족의 전통에 따라 군에 입대한, 프로이센의 귀족 출신인 한 젊은이를 만나게 될 것이다. 그와의 여행을 통해 우리는 그가 받은 훈련을 경험하고 히틀러가 어떻게 권력을 쟁취했는지, 히틀러가 새로이 건설된 국방군에 대해 어떻게 영향력을 행사했는지를 알게 될 것이다.

우리가 함께할 한스의 이야기는 폴란드 침공으로부터 시작된다. 이어서 프랑스와 러시아에서의 전격전, 승전 경험들, 그리고 북아프리카에서 쓰디쓴 첫 번째 패전의 경험들을 함께 듣게 될 것이다. 그러나 그는 곧 파리의 펜트하우스에서 승자로서의 삶도 맛보게 된다. 달고도 쓴 전쟁기간 동안의 로맨스도 세세하게 기술하고 있다. 그 후, 그는 다시 노르망디에서 영국군에게, 프랑스 동부에서는 미군에게, 베를린의 남부에서는 소련군에게 패배의 고배를 마신다. 한스의 여정은 러시아의 포로수용소에서의 탄광 노역 생활로 끝을 맺는다.

한스는 자신의 회고록에서 자신을 스쳐갔던 사람들도 매우 사실적으로 묘사했다. 스몰렌스크(Smolensk) 가톨릭 성당의 사제, 보르도(Bordeaux)의 한 술집 여주인, 사막의 유랑민들, 파리 점령 당시의 프랑스인 친구들과 그 밖에 많은 사람들에 관해 이야기한다.

그리고 이 책에서 요들(Jodl), 케셀링(Kesselring), 구데리안(Guderian)과 같은 유명한 독일군 장군들도 만나게 될 것이다. 그러나 한스와 더불어 이 책의 주인공을 꼽자면 바로 에르빈 롬멜(Erwin Rommel) 원수다. 히틀러 시대 이전부터 한스는 보병학교 교관이었던 그에게 전술을 배웠고, 1940년부터 1944년까지 롬멜의 휘하에서 기갑수색대대장 임무를 수행했다. 이 두 사람은 전장에서 언제나 함께했다. 한스가 가장 존경했던 장군이 바로 롬멜이고, 롬멜도 한스를 친아들처럼 대했을 정도로 각별히 아끼고 사랑했다. 따라서 한스는 롬멜의 일거수일투족을 사실적으로 묘사할 수 있었다. 이 글은 한스의 회고록이자 위대한 장군에 관한 매우 훌륭한 평전이 될 것이며, 나를 포함한 모든 군사 연구가들에게 제2차 세계대전을 배경으로 하는 평전 가운데 최고로 자리매김할 것이다.

그러나 이 책의 진정한 영웅은 독일 군인들이다. 한스는 프랑스와 러시아에서 제7기갑사단, 북아프리카와 노르망디, 프랑스 동부, 독일 본토에서 함께한 제21기갑사단의 동료들도 잊지 않았다. 그들은 비범한 인내심, 강인한 의지력, 대담성, 동료애와 충성심을 보여주었다. 폰 루크 대령도 마찬가지였다. 제2차 세계대전 당시 위대한 군인 중 한 명이었던 그는 자신의 기억을 훌륭한 작품으로 일궈냈으며 이 글은 향후 수십 년간 수많은 사람이 읽게 될 명저임을 확신하는 바이다.

스티븐 E. 앰브로즈 (Stephen E. Ambrose)

추천사

우리 한국군은 훈련이나 전투 시에 혁혁한 전공을 세운 지휘관을 높이 평가한다. 그러나 수차례 전투를 직접 경험해 본 군대는 다수의 부하를 잃어본, 많은 사상자를 발생시킨 지휘관을 우선시하고 위로한다. 처절한 전투 상황을 극복하고 임무를 완수한 지휘관의 고뇌와 리더십을 인정하고 중시하기 때문이다. 실전을 경험한 군대와 전투 경험이 없는 군대의 차이가 바로 이것이다.

전쟁을 경험하지 않은 군대가 간접적으로 그 약점을 보완하는 방법은 오직 전쟁사를 공부하는 것뿐이다. 우리 군 내부에는 경험적 요소를 매우 경시하는 성향이 있다. 특히 전쟁사 교육의 가치를 평가절하한다. 특별 교육검열이라는 명목으로 군의 교육기관에서 전쟁사 교육을 폐지하라고 지시한 국방장관도 있었다. 당시 본인은 그 지시에 강력히 반대하였다.

제2차 세계대전 시 유럽과 아프리카의 주요 전역에 모두 참전했던 루크 대령의 회고록은 전투 현장에서 소부대에서 대부대에 이르기까지 직접 지휘, 참전한 기록이라는 점에서 큰 의미가 있고 독자들을 몰입하게 만드는 매력이 있다. 전투시 부하들을 결코 헛되이 희생시키지 않으려고, 항상 최선을 다해 임무를 완수했던 처절한 기록을 통해 지휘관의 역할을 강조하고 진정한 전사(Warrior)로서 진면목을 보여준다.

마틴 밴 크레벨트는 자신의 저서, '전투력: 제2차 세계대전 시 미군과 독일군의 전투수행'에서 독일은 미군에 비해 1.3배의 전투효율성을 발휘했다고 논증했다. 여러 요인들이 있겠지만 가장 큰 이유는 바로 지휘관의 전투수행 능력의 차이에 기인하는 바가 컸다. 그러한 이유를 구체적으로 입증하는 사례로 본서는 큰 의미를 지닌 회고록이다.

본서는 다음과 같이 몇 가지 측면에서 군인과 특히 국제정치, 역사를 공부하는 학도들에게 매우 가치 있는 책이라 생각된다.

첫째, 제2차 세계대전 발발과 종전까지 거의 모든 주요 전역에 참전한 영관급 장교의 회고록이자 세계대전의 통사에 가깝다. 저자는 폴란드, 프랑스, 러시아, 북아프리카 전역을 비롯해 노르망디 전투, 그리고 로레인 전역, 소련군과의 베를린 공방전 등 제2차 세계대전의 분수령이었던 모든 주요 전투에 참가했던 기동전에 관한 전문가였다. 모든 연합군을 상대로 싸운 독일군 장교는 매우 드물다. 그는 치열한 전투를 경험했고 생존했으며 전투경험을 기록으로 남겼다.

둘째, 적을 비난하기보다는 객관적인 평가를 통해 전투사례는 물론 휴머니즘을 느낄 수 있는 에피소드를 제시하여 전쟁스토리를 역동적으로 기술했다. 개인의 기록이면서도 전투사의 객관성을 상실하지 않았다. 포로수용소의 열악함과 고충에 대해서도 기술하면서 전장에서 치열한 격전을 치를 때보다도 더 고통스러웠음을 행간을 통해 피력했다. 이는 주도권을 장악했을 때와 상실했을 때의 차이가 아닐까 생각된다.

셋째, 전투와 전쟁 수행 시 지휘역량뿐만 아니라 보급과 군수의 중요성을 일깨워주고 있다. 루크와 롬멜은 위기를 타개하기 위해 자신들의 역량을 유감없이 발휘했지만, 병력과 보급품 공급에 차질이 발생하자 종말을 맞고 말았다. 미군의 대륙양여법에 의한 생산량의 차이가 전쟁의 승패를 갈랐음을 보여주고 있다.

넷째, 현대전에서는 군대가 물리적 전투력을 정형화시켜 운용하는 교리와 전술보다는 현대전 상황에 부합하는 교리와 전술을 이행할 수 있는 지휘 및 전투능력의 중요성을 강조한다. 프랑스 전역에서 예상치 못했던 초기의 성공으로 고무된 히틀러는 무모하게도 러시아 전역에서의 전격전을 시행했다. 러시아의 기후와 지형, 부적절한 히틀러의 작전 간섭이 실패를 초래했고 결국 이는 양국의 지도부의 리더십의 차이가 곧 전쟁의 승부를 갈랐음을 강조한다.

다섯째, 전적지 답사(Battlefield tour)를 통한 현지전술토의의 중요성을 시사했다. 우리 육군대학에서도 한때 낙동강 방어선, 다부동 전투지역에서 현지전술토의를 시행한 적도 있다. 영국군 지휘참모대학의 전적지 답사에 초청된 루크 대령은 노르망디 상륙작전과 굿우드작전 당시 대규모 기갑부대의 집중돌파와 저지 과정에 대해 언덕의 저편 너머, 반대편에서 보고 느낀 경험을 증언했다. 독서보다도 현장에서, 그것도 참전자들의 증언으로 배우는, 대단히 의미 있는 전쟁사 교육방법을 제시하고 있다.

여섯째, 저자는 영관장교였지만 제2차 세계대전 당시 독일군의 주요 명장들의 신임을 받았고 특히 롬멜로부터 총애를 받았음을 알 수 있다. 전쟁종결을 위해 구데리안과 롬멜의 회동을 주선하였고 전쟁의 주요 흐름을 결정짓는 전투수행방안에 대해 기발한 아이디어와 창의력을 발휘한 생생한 기록을 제시했다. 또한, 아프리카 전역에서 부대와 전투력을 보존한 가운데 효율적인 철수를 위해 히틀러를 설득하려고 했으나 실패했던 기록도 밝히고 있다.

원서에서 주요 전투국면을 이해하는데 있어서, 특히 유럽의 지형에 밝지 못한 독자에게 상황도가 포함되어 있지 않다는 점은 대단히 유감스러우나 역자가 관련 참조 지도를 첨부하여 도움을 주어 다행이라 생각한다. 전체 상황이 일목요연하게 표시된 지도나 요도는 전사연구에 필수 불가결하다. 요도만으로 부족한 독자는 아틀라스를 참조한다면 도움이 될 것이다.

본서는, 스티븐 앰브로즈가 노르망디 전역의 페가수스 교량 일대에서 벌어졌던 전투사를 쓰기 위해 루크를 인터뷰하는 과정에서 나온 결과물이다. 앰브로즈는 자칫 사장(死藏)될 뻔한 소중한 전투기록을 루크로 하여금 출간하도록 제안하고 지원함으로써 전쟁연구가의 역할을 충분히 했다고 본다.

저자가 언급했듯 자유를 수호하려는 여러 나라들은 인간의 존엄을 무시하는 독재자가 세상의 일부를 지배하려는 시도를 반드시 막아야 할 것이며, 막아야 한다. 민주국가의 국민은 자유를 지키기 위해서라면 참혹하지만 일정기간의 전쟁이 필요하고 독재자를 축출해야 한다는 데 동의하고 있다고 설파하는 폰 루크의 제언은 한반도 북쪽의 김정은 세력을 대하는 우리의 자세를 대변하고 있다.

본서를 번역한 진중근 중령은 '전격전의 전설'을 통해 지헬슈니트 계획의 진실과 '독일군 신화와 전설'로 독일군 총참모부의 역사와 작전술을 발달과정을 쉽게 이해할 수 있도록 해주었다. 이번에는 독일군 영관장교의 회고록을 통해 임무형 지휘와 독일군 전투효율성을 입증하는 명저를 소개하여 주고 있다. 그에 의해 번역된 본서가 우리군 장교의 지적능력과 리더쉽 향상에 일조하기를 기대해 본다.

본문에 나오는 다음과 같은 말은 우리군 장교들에게도 여러 가지 면에서 시사하는 바가 있다.

"귀관을 양성하기 위해 조국은 세계에서 최고의 비용을 들였고 최고 수준의 장비와 무기를 지급했다. 이제는 귀관이 최고 수준의 전사임을 증명해야 할 차례다!"

2017년 69주년 국군의 날
한국전략문제연구소 부소장
(예)준장 주은식

추천사

   전쟁과 전투, 군인과 인생을 이해하고 체험할 수 있는 대서사시!

   전쟁과 전투를 연구하고 준비하는 군인으로서 복무한 지 20여 년이 지났지만, 이렇게 감동적인 책을 읽어보는 것 자체가 참으로 오랜만이다. 위대한 군인, 한스 폰 루크의 회고록은 흥미진진한 소설처럼 하룻밤 지새워 읽을 수 있을 만큼 구성과 문체가 간결하고도 깊이가 있다. 훌륭한 군인이 전후 세대에게 남긴 회고록 이상의 가치가 있다. 무엇보다도 저자가 겪은 전쟁의 실상, 군인이기에 겪는 숙명, 그리고 인간의 사랑과 증오에 대해 이렇게 사실적이면서도 구체적으로 묘사했다는 점에서 매우 큰 의미가 있다.

   루크는 롬멜의 제7기갑사단 예하의 기갑수색대대 중대장으로 제2차 세계대전에 참전한다. 폴란드와 프랑스 전역에서 전격전의 신화를 이뤄냈고, 러시아와 북아프리카 전역, 그리고 역사적인 노르망디 전투와 베를린 함락 직전, 최후의 전투까지 참가한다. 이어서 5년간 러시아 포로수용소의 비참한 포로생활까지 드라마보다도 더 드라마틱한 군인의 삶을 담담하고도 사실적으로 기술했다. 또한, 제2차 세계대전 시 전투지휘의 역사적인 자료로도 매우 귀중한 가치가 있다.

   우리는 본서를 통해 제2차 세계대전 중 지휘관으로서 루크가 발휘한 전장리더십과 롬멜의 전략과 지혜, 히틀러와 상부의 불통과 오만, 군인들의 비범한 인내심, 강인한 의지력과 대담성, 동료애와 충성심, 그리고 전쟁과 포로생활의 참혹함을 엿볼 수 있다. 루크는 북아프리카 전역 초기전투에서 우측 대퇴부에 중상을 입고, 5일 동안 모르핀에 의지하여 지휘용 차량에 앉아 대대를 지휘하고, 엘 알라메인 전투 후 보급 상황이 악화되는 대목에서 우리는 군수분야의 중요성을 느낄 수 있으며 당시 제빵소대를 운용하는 대목도 흥미롭다. 롬멜이 북아프리카 철수계획을 건의했지만, 히틀러에게 묵살 당한다. 그러자 아르님 장군은 대대장인 루크에게 히틀러를 설득하라는 특별 임무도 부여한다. 결국, 히틀러와의 접견은 실패하지만 그만큼 상부와 전장에 위치한 지휘관과의 현실 인식의 차이가 얼마나 전장에서 중요한지를 절감할 수 있다.

또한, 군인에게 필수적인 전장리더십은 물론 예술과 문화, 역사와 문학 등에 대한 풍부한 학술적 소양과 함께 따뜻한 인간애까지 구비한 한 군인을 볼 수 있다. 항상 전투에 임해서도 전쟁과 정치의 흐름을 파악하려고 노력했고, 전시에 겪게 되는 인간적인 고뇌의 흔적들을 곳곳에서 발견할 수 있다. 5년간의 포로수용소에서의 삶을 통해 군인이기에 겪는 비참한 삶의 굴곡을 넘어 결국 평범한 한 인간으로 돌아온다.

루크는 마지막으로 말한다. 전쟁과 인생에서 자신과 타인의 죄를 잊는 것은 좋은 일이지만 매우 어렵다고, 스스로 속죄하고 서로 화해하는 것이 최고의 상책이라고 언급했다. 그의 한 가지 소원은 소련군에게 포로가 된 순간, 몽골인들로부터 자신을 보호해 준 금발의 소련군 소위를 다시 한번 만나고 싶다는 것이었다. 세상의 젊은이들이 더이상 추악한 권력자에 의해 전쟁으로 불행해지기를 원하지 않으며 영구적인 평화가 유지되기를 간절히 바라는 것으로 전쟁과 전투, 군인과 인생을 이해하고 체험하는 대서사시의 대단원의 끝을 맺는다.

이 책을 번역한 진중근 중령은 본인과 2016년 수도기계화보병사단에서 함께 근무한 절친한 전우이다. '전격전의 전설'과 '독일군의 신화와 진실'을 번역한, 독일군의 전문가로 이번에도 촌음을 아끼어 한스 폰 루크를 번역한 역자의 노력에 찬사를 보내며, 지금, 이 순간 위국헌신 군인본분의 군인의 길을 걷고 있는 현역 장교, 특히 위관 및 영관장교, 그리고 군인의 삶을 선택한 사관학교의 생도 및 후보생들에게 일독을 적극 추천한다.

제2보병사단 참모장
대령 정한용

프롤로그: 출소

출소

1949년 혹한의 어느 겨울날이었다. 나는 키에프 인근의 포로수용소에 있었다. 모두가 잠든 02:00경, 갑자기 수용소 문이 열렸다. 소련 병사가 이렇게 소리쳤다.

"간츠 폰 루크(Ganz von Luck) 수용소장님께서 찾으신다!"

나는 다시 한번 빙긋 웃었다. 러시아인들은 H발음을 하지 못한다. 몇 해 전, 누군가가 '고겐로게'(Gogenloge)라고 말했을 때 우리 가운데 아무도 알아듣지 못했는데, 바로 호엔로에(Hohenlohe) 왕자를 칭하는 말이었다. 그들의 이런 발음에 웃음을 참을 수가 없었다.

나는 1945년 6월에 소련의 포로수용소에 수감되었고, 1948년 늦가을부터는 과거의 친위대 부대원들과 보안대 출신 요원들 그리고 러시아인 저항군 진압 작전에 투입되었던 모든 이들이 우리와 함께 일종의 형무소에 갇혔다. 우리와 같은 고급참모 장교들이 그런 사람들과 함께 있어야 한다는 것 자체가 이해할 수 없는 노릇이었다.

나는 이불을 걷고 일어섰다. 러시아인들은 야간에 심문하는 것을 좋아한다. 피로에 지친 포로에게서 자백을 받거나 정보를 빼내기가 더 쉽다고 여겼던 것이다.

그동안 나와 친했던 수용소 통역관이자 유대인 여의사가 어느 날 내게 다가와 귓속말로 이렇게 말했다.

"스탈린이 서방 연합국의 압박에 못 이겨 제네바 협약을 준수하고 포로들을 풀어줄 거라는 소문이 돌고 있어요. 거의 모든 수용소에서도 그렇게 할 거고 여기도 마찬가지래요. 그러나 15% 정도의 유죄를 언도받은 포로들은 이곳에 남게 될 거래요. 전쟁 중 범죄를 저지르지 않은 이들은 모두 고향으로 돌아가게 된답니다. 전범들이 여기에 남는 이유는 노동력이 필요해서랍니다."

몇 주 후, 정말 모스크바로부터 일종의 조사단이 파견되었다. 그때마다 야간 심문을 통해, 납득할 수는 없지만 그들의 기준에 따라 15%를 차출하고 그 외의 모든 사람들은 고국으로 이송될 예정이었다.

드디어 내 차례였다. 극도로 불안하고 초조한 상태였지만 침착성을 유지하기 위해 애썼다. 나는 러시아어를 듣고 이해하는 것뿐만 아니라 그럭저럭 구사할 수 있었다. 수용소에서 러시아어를 더 유창하게 다듬었고 종종 통역을 맡기도 했다. 그러나 나만의 계획이 있었다. 수용소 통역관인 여의사가 나를 기다리고 있었다. 그녀에게 다가가 나지막이 이렇게 속삭였다.

"제가 러시아어를 말하기는커녕 알아듣지도 못하는 거 아시죠?"

그녀는 빙긋 웃으며 고개를 끄덕였다.

나는 한 병사에게 끌려 넓은 방으로 들어갔다. 정면에는 T자형 탁자가 놓여 있고, 조사단원들이 일렬로 앉아있었다. 중앙에는 이 조사단의 수장으로 보이는 소련군 대령이 눈에 들어왔다. 사각형의 각진 얼굴에 내 나이 또래로, 가슴에 훈장을 단 대령은 화통한 인상이었다. 마치 베를린의 '구세주', 주코프(Schukow) 원수와 흡사했다. 그의 좌우에는 민간인 복장을 한 사람들이 앉아있었는데, 아마도 공산당원이나 KGB 요원들인 듯했다. 그들의 표정은 매우 차가웠으며 무슨 생각을 하고 있는지 도무지 파악하기가 어려웠다. 그 대령은 나와 통역관에게 T자형 탁자 끝에 앉으라고 지시했다. 심문이 시작되었다.

"이름, 병과, 소련과 어느 전투에서 싸웠는지 대라! 통역하시오!"

"나는 이미 이런 심문에 스무 번 이상 답변했소!"

그 대령은 이렇게 대꾸했다.

"한 번 더 듣고 싶다."

내가 입을 열자 그 진술과 서류의 내용들과 일치하는지 확인하고는 틀림없다는 듯 고개를 끄덕였다. 그 대령은 이렇게 말했다.

"너는 자본주의자에 반동주의자다. 네 성 앞에 폰(von)은 폰 리벤트로프(von Ribbentrop[A])와 폰 파펜(von Papen[B])과 같은 것 아니냐? 폰이 붙은 놈들은 모두 악질 반동 자본주의자고 악질적인 나치스트들이다."

여의사의 통역을 들은 후 나는 이렇게 대답했다.

"나는 리벤트로프, 파펜과 아무런 관계가 없는 사람이오. 나는 5년간 전쟁터에 있었고 그 후 5년간 포로수용소에 수감되었소. 내 평생의 10년 이상을 이렇게 살아왔소. 이제 가족과 여생을 편안하게 보내고 싶을 뿐이오. 직업도 갖고 싶소. 나에게는

A 히틀러의 외무장관 (저자 주)

B 히틀러의 국무장관 (저자 주)

돈도 땅도 없소. 이런 내가 왜 자본주의자이며 나치스트라는 거요?"

통역관은 한 구절씩 통역한다. 이렇게 해야지만 그들은 내게 유죄를 선고하지 않을 듯했다. 그 대령은 옆자리에 앉은 사람들과 소곤소곤 이야기한다. 나는 그들이 하는 러시아어를 엿들었다.

"저 대령(Polkovnik)과는 특별히 할 이야기가 없어. 그는 친위대원도 보안대원도 아니야. 저항군 토벌 전투 시절에도 그는 아프리카에 있었단 말이야."

KGB 요원 중 하나가 끼어들었다.

"그래도 우리 소련 마을에서 달걀을 훔쳤을 수도 있고, 주민들에게 사보타지를 저질렀을지도 모릅니다."

이제 내 쪽에서 반격할 시간임을 직감했다. 그러한 사소한 범죄행위로도 10년에서 15년의 징역형을 선고한다는 사실을 알고 있었기 때문이다. 15%의 전범이 되지 않기 위한 기회는 오직 지금, 이 순간뿐이다! 그들의 주의를 끌고 나아가 내 편으로 만들어야 한다! 나는 자리를 박차고 일어섰다. 그리고는 일단 가장 저질스러운 러시아어 욕설을 내뱉었다.[A] 통역관도 소련군 대령과 그 일당도 깜짝 놀라서는 어안이 벙벙하다는 듯한 표정을 지었다. 이어 나는 그들을 차례로 노려보았다. 일순간 침묵이 흐른 뒤 나는 의미심장한 어투로 이렇게 말했다.

"대령(Polkovnik)! 당신도 나와 같은 대령(Oberst)이오.[B] 당신도 나처럼 전쟁터에서 최선을 다해 싸웠을 거요. 우리 둘 모두는 조국을 지켜야 한다고 믿었고 지금도 그렇게 믿고 있소. 단지 다른 것이 있다면 우리 독일인들은 편협하고도 완벽한 선전선동에 이끌려 잘못된 길을 선택했을 뿐이오. 하지만 당신도 나도 모두 조국을 위해 싸울 거라는 동일한 맹세를 했을 거라 생각하오."

순간 그 대령의 눈빛이 빛났다. 내 말을 경청하는 듯했다.

"벌써 새벽 3시요. 너무나 피곤하오. 6시가 되면 나는 또다시 기상해서 수용소에서의 하루 일과를 시작해야 하오. 나는 소련 법률에 대해 잘 알고 있소. 피고는 자기 스스로 자신의 무죄를 입증할 수 있고, 재판관은 피고에게 죄를 뒤집어씌울 수 없소. 내가 더이상 어떻게 나를 변호할 수 있겠소? 당신들이 나를 여기에 붙잡아두려 한다면 단 한 가지 이유라도 찾아야 할 거요. 이제부터 심문하려거든 짧게 해주시오. 빨리 침상으로 가고 싶소."

A 혹자들은 러시아인들과 헝가리인들이 가장 난잡한 욕설들을 좋아한다고 말한다. (저자 주)
B 나는 친밀감의 표시로 의도적으로 같은 용어를 러시아어, 독일어로 두 번 반복했다. (저자 주)

그 대령은 동료들과 귓속말로 짧은 대화를 하고는 이렇게 물었다.

"러시아어를 꽤 잘하는군. 도대체 어디서 배웠나?"

그의 어조는 조용했지만, 매우 호의적이었다.

"어릴 적부터 러시아어와 음악, 러시아의 작가들에 대해 관심이 많았소. 전쟁이 터지기 훨씬 이전에 러시아 이민자들로부터 러시아어를 배웠소. 1941년부터 9개월 동안 전투에 참가하면서, 그리고 특히 최근 포로로 4년 동안 지내며 러시아어 수준을 좀 더 높일 수 있었소. 솔직히 통역관을 시켜 통역한 것은 일종의 전술이었소."

갑자기 그들의 얼굴이 환해졌다. 그다지 절망적인 상황은 아닌 듯했다. 그 대령은 갑자기 이렇게 물었다.

"소련과 러시아민족에 대해 어떻게 생각하나?"

"수용소에서 수년간 많은 것들을 보고 배웠소. 드넓은 땅과 따뜻한 마음을 가진, 인정 넘치는, 조국을 사랑하는 당신들에게 큰 호감을 가지게 되었소. 나는 러시아인들의 특성과 인성, 특유의 정신에 관해 충분히 파악했다고 믿소. 그러나 나는 공산주의자도 아니며 앞으로 추호도 공산주의자가 될 생각이 없소. 마르크스(Marx)의 사상과 레닌(Lenin)의 혁명에서 무엇을 배울 것인지, 무슨 의미가 있는지 모르겠지만, 그것을 추종하는 당신네들이 다소 실망스러울 뿐이오. 세상 사람들 간에 의견충돌도 있고 상이한 사상을 추구할 수도 있지만, 서로를 이해하고 관용을 베풀어야 한다고 생각하오. 대령! 이것이 당신의 물음에 대한 나의 답이오."

나의 답변은 위험 수위를 넘어버렸다. 그러나 정면 돌파만이 현 상황을 타개할 수 있다고 믿었다. 그 대령은 이렇게 대꾸했다.

"만약 너를 석방시켜 집으로 돌려보낸다면 언젠가 너는 다시 군인이 되어 우리와 싸우려 하겠지."

이에 이렇게 응수했다.

"나는 반드시 집으로 돌아가 폐허가 된 내 조국에서 민주주의 국가 건설에 동참하고 평화롭게 살고 싶소. 내 꿈은 단지 그것뿐이오."

그 대령과의 만남은 그렇게 끝났고, 그에게 일종의 친밀감을 느꼈다. 수용소 침상으로 올라서자마자 나의 동료들은 내게 달려들었다. 모두가 심문과정을 궁금해했고 내가 전부 이야기해주자 다들 이렇게 소곤거렸다.

"무모한 짓이었어요. 어쨌든 대령님의 판단은 틀렸어요. 대령님은 여기 남게 되겠네요."

그러나 나만의 경험상 러시아인들은 무언가 다를 듯했다.

이튿날 아침 그 통역관이 나에게 찾아왔다.

"대령님, 너무 대담했어요. 하지만 잘 하셨어요. 제가 보기에는 그 대령에게 매우 강한 인상을 남겼어요. 그 역시 당신처럼 최전선에서 싸웠으니 당신의 강한 어조가 통했던 것 같아요."

이틀 뒤 이른 아침, 한 초병이 나를 깨웠다.

"어이 동무! 어떻게 되든, 어디로 가든, 항상 잘 지내길 빈다."

나의 같은 방 동료들과도 작별인사를 나눴다. 호출된 수감자들은 모두 자신의 소지품들을 챙겨서 광장에 모였다. 소련군 장교 하나가 탁자 앞에 앉아 모두의 이름이 적힌 서류를 보면서 한 사람씩 이름을 불렀다. 우리는 그 순서대로 기다랗게 줄을 섰다. 일정한 숫자가 채워지면 또다시 그 장교는 우리의 이름을 불러 몇몇을 추려냈다. 호명된 사람들은 탁자 앞으로 갔다. 소련군 장교는 탁자 앞에 선 사람들에게 출소를 의미하는 '가라!'(dawai)^A, 또는 참혹한 운명을 의미하는 '아니야'(njet)^B를 외쳤다.

'njet'이라는 답변을 받고 놀라는 이들의 얼굴을 차마 볼 수가 없었다. 어느덧 내 순서가 서서히 다가온다. 탁자 앞에서 세 번째다. 내 앞에는 두 사람이 서 있다. 내 앞의 사람이 'njet'라는 말을 들었다. 나는 동정의 눈빛으로 그의 어깨를 두드려 주었다. 이제 내 차례다. 나는 어떤 말을 듣게 될 것인가? 그 소련군 장교는 이렇게 외쳤다.

"가라!"(dawai)

나는 기뻐할 겨를도 없이 서둘러 종종걸음으로 수용소 출구로 향했다. 솔직히 엄청난 마음의 부담감이 사라지는 듯했다. 하지만 감히 주변을 돌아볼 용기가 없었다. 누군가 무슨 이유를 대서라도 다시 우리를 불러 수용소에 가둘 수 있다는 두려움 때문이었다. 정말로 출소하는 것인가, 마침내 집으로 돌아가는 것인가? 종종걸음으로 가던 중 문득 통역관이었던 여의사가 눈에 들어왔다.

"집으로 가시는군요!(Domoi)^C, 대령님! 행복하세요!"

내게는 너무나 고마운 사람이었다. 그녀가 베풀어준 친절은 영원히 잊지 못할 것이다.

....
A   고향으로 가라는 의미 (역자 주)
B   그곳에 남는다는 의미 (역자 주)
C   제2차 세계대전 후 구소련에 억류되었던 일본인들이 귀환, 귀국에 사용하던 다모이라는 말을 러시아인들이 러시아어로 옮겨 사용했다. to home이라는 의미. (역자 주)

우리는 기차역으로 이동했다. 기차가 출발을 준비하고 있었다. 우리에게 자유와 평화가 주어질 거라는 사실을 아직도 믿을 수 없었다. 그 기차는 과연 어느 방향으로 이동할까? 기차에 올라탄 후에도 화차의 출입구는 열려 있었다. 기차가 서쪽으로 간다는 의미였다. 우리의 기쁨은 이루 말할 수 없을 정도였다. 몇 년 동안 꿈꿔온 바로 그 날이 마침내 오고 말았다. 다들 너무나 기뻐 어쩔 줄 몰랐다. 장장 5년 만에 우리는 처음으로 해방감을 만끽했다. 혹한의 날씨였지만, 우리는 추위에도 불구하고 소련군이 다시 문을 닫고 열차를 동쪽으로 보낼 수 있다는 두려움에 우리는 열차의 문을 열어 놓고 서로 몸을 밀착시켜 추위를 이겨냈다. 아니, 너무나 기쁜 마음에 추위를 전혀 느끼지 못했다. 어떤 이들은 조용히 노래를 읊조리고 또 다른 이들은 고향에 가면 처음으로 무엇을 먹을지, 거의 5년 만에 자신의 아내와 여자 친구들을 대면하면 어떨지 그려보곤 했다. 모두 기쁨에 들떠 이런저런 말들을 내뱉었고 누구도 그런 상상에 대해 부끄러워하지 않았다. 모두 고향으로 돌아가는 것에 대해 마치 이 세상에 다시 태어난 듯이 기뻐했다.

이제 나의 이야기를 본격적으로 시작하려 한다. 히틀러가 등장하기 전, 전쟁이 발발하기 훨씬 이전, 아름다웠던 시절로 거슬러 올라간다. 부모님에게서 태어나서 어린 시절을 보냈던 시간들, 그리고 청년시절부터 서른아홉의 나이에 이르기까지 10년간의 참혹한 전쟁과 포로 생활에 관한 이야기들이다.

I. 유년기와 전쟁 이전

1. 유년기 (1911~1929)

나는 아주 오래된 군인 집안에서 태어났다.

그 뿌리는 13세기로 거슬러 올라간다. 수도사들의 기록에 의하면 나의 조상들은 1213년 슐레지엔에서 타타르인(Tataren)[A]들을 상대로 싸워 승리했고, 이후 타타르인의 모자를 집안의 문장에 새겨 넣었다.[B]

우리 가문은 전통에 따라 프로이센군에 복무하는 것을 당연하게 여겼다. 프리드리히 대제의 편지 속에 폰 루크라는 이름은 수차례 등장한다. 함부르크의 집 거실에는 액자에 담긴 편지 두 통의 원본이 벽에 걸려 있다. 그 가운데 하나는 1759년 5월 29일, 7년 전쟁 기간 중 왕이 '폰 루크 중위'에게 보낸 편지로, 당시 오스트리아군의 의도를 탐지해낸 공을 치하하는 내용이다.

> "친애하는 폰 루크 중위에게.
> 나는 귀관의 보고에 대해 매우 만족하며 감사하게 생각한다. 귀관은 정찰을 통해 헤름스도르프(Hermsdorff)일대에 있는 오스트리아군의 일거수일투족을 관찰하고, 그들이 왜 그곳에 머물러 있는지 그 이유까지 입수했다. 또한, 어제 우리가 진격할 수 있었던 것은, 오스트리아군이 수많은 천막을 걷고 레호른(Rehorn)으로부터 철수했다는 사실을 귀관이 알려 준 결과이다. 귀관은 결국 우리가 헤름스도르프의 언덕을 확보할 수 있도록 해 주었다. 과거에 그들이 우리의 활동을 관측했듯이 우리도 이제 적의 기도를 파악할 수 있게 되었다. 귀관의 공으로 나는 헤름스도르프에서 로이텐의 영광을 재현할 수 있었다.
> 귀관의 자비로운 왕으로부터.
> 1759년 5월 29일, 라이히 헨너스도르프(Reich Hennersdorff)에서"
>
> (왕실 서기관 대필)

A 우랄산맥 서쪽의 투르크 종족 (역자 주)
B 1장 표지, 폰 루크 가문의 문장 참조 (편집부)

프리드리히 II세는 이 문서에 친필로 이렇게 적어 놓았다.

"그의 보고는 매우 좋았어. 첩보원들보다 훨씬 빠르단 말이야.[A] 그는 매번 아침마다 그들보다 먼저 정보를 보고해 주었어."

(프리드리히 II세의 친필 서명)

10년 후인 1769년 10월 13일, 왕은 기병대장(General von der Cavallerie) 폰 지텐(von Zieten)에게 아래와 같은 칙서를 내렸다.

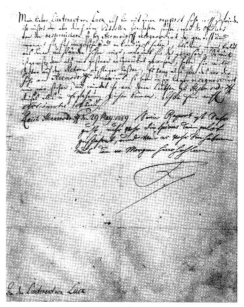

프리드리히 대제가 폰 루크 가문의 조상에게 직접 보낸 편지

"친애하는 기병 대장 폰 지텐 장군.
나는 전시임을 감안해 경기병 장교의 결혼을 승인하지 않았으나 이제는 허락하노라. 또한, 귀관의 연대 소속 폰 루크 대위의 결혼도 승인하는 바이다. 귀관이 열한 번이나 내게 청원한 데 대해 이제 내가 양보하노라.

귀관의 자비로운 왕으로부터.
1769년 8월 13일 포츠담(Potsdam)에서"

(왕실 서기관이 대필하고 프리드리히 II세가 친필 서명)

대대로 육군 장교를 배출한 집안의 전통은 내 아버지, 오토 폰 루크(Otto von Luck)에 와서 끊겼다. 전통과 달리 아버지는 해군 장교가 되었다. 나는 1911년 7월 15일, 플렌스부르크(Flensburg)에서 태어났는데, 당시 아버지는 중국의 칭타오(Tsingtau, 靑島)를 모항으로 하는 원양함대의 대위로 세계를 일주하고 계셨다. 선원과 무역상이 세상을 주름잡던 시대였다.

플렌스부르크의 집은 진기한 동양풍 물건들로 가득했다. 값비싼 중국제 꽃병과 일본산 다기 세트는 그 중 대표적인 수집품으로 오늘날까지 남아 있다. 그 다기는

A 판독하기 난해한 글자도 있다. (저자 주)

한스 폰 루크의 아버지, 오토 폰 루크.
(제국 해군 대위 복무 당시 촬영)

아버지께서 내 생일 즈음에 특별히 주문 제작했다고 들었다. 몇 년 전에 일본인 사업가 친구를 초대해서 차를 대접한 일이 있는데, 그는 이 얇은 찻잔을 보고 놀라며 이렇게 말했다.

"이런 특별한 잔은 이제 더이상 만들 수 없어요. 먼 옛날 일본인들은 잔을 가마에 올리기 전에 미세한 먼지들을 묻히지 않으려고 보트를 타고 잔잔한 호수 한가운데로 가곤 했다고 들었어요."

아버지는 제1차 세계대전이 발발하자 스카거락 해전(Skagerrakschlacht)[A]에 참가했다. 그 후 플렌스부르크-뮈르빅(Mürwik)의 해군사관학교에서 근무했다.

그때가 어린 내게는 가장 아름다운 추억들로 가득한 시절이었다. 내 동생과 함께 항구에 정박된 전함에 올라 이리저리 뛰어놀았고, 전함의 주방에서 수병들의 식사를 얻어먹곤 했다. 아버지께서는 만능 스포츠맨으로, 특히 해군 최고의 기계체조선수셨다. 아버지의 절친한 친구이자 훗날 '바다의 사자'(Der Seeteufel)로 세계적인 명성을 떨친 펠릭스 그라프 루크너[B]역시 해군에서 가장 힘센 사나이였다.

우리는 넓은 아량과 배포, 유머감각까지 겸비한 아버지를 매우 좋아했다. 그야말로 우리의 우상이었다. 아버지께서는 가끔 퇴근하실 때 군복을 착용하고서 물구나무로 계단을 올라와 우리에게 인사를 하시곤 했다.

당연히 아버지의 동료인 그라프 루크너도 좋아했다. 그는 많은 나이에도 불구하고 두꺼운 전화번호부를 갈기갈기 찢거나 손가락 하나로 5마르크 동전을 구부리는 괴력을 보여주곤 했다. 그리고 우리를 '니오베'(Niobe)[C]라 이름 붙인 자신의 범선에 태워 주기도 했다. 덕분에 나는 사관생도들과 함께 가장 높은 마스트에 올라 돛을 묶

A 1916년 5월 31일부터 6월 1일까지 북해 일대에서 벌어진 독일과 영국해군의 해전. 영국측의 호칭인 유틀란트(Jutland) 해전으로 보다 널리 알려져 있다. (역자 주)

B Felix Graf von Luckner (1881~1966) 1차대전 당시 독일제국 해군 장교. 무장범선 제아들러(Seeadler) 호로 30,000t의 격침전과를 올리며 바다의 악마, 혹은 카이저의 해적이라는 별칭을 얻었다. (편집부)

C 그리스 신화 속의 테바이의 왕 암피온의 왕비. 아폴론과 아르테미스를 노하게 하여 니오베는 아들 7명과 딸 7명이 살해되고 비탄에 잠긴 나머지 돌로 변했다. (역자 주)

어볼 수 있었다. 루크너는 인도와 극동지역에서 겪은 기상천외한 이야기를 들려주거나 그곳에서 배운 마술을 보여주었는데, 그의 이야기를 듣고 마술을 본 이들은 하나같이 깜짝 놀라곤 했다. 한 번은 나와 내 동생이 버들가지를 잘라오자 어머니께서는 동그란 고리 모양의 반지를 만들어 주셨다. 루크너가 그것을 짧은 막대기에 꽂고, 우리는 그 막대기 양 끝을 잡았다. 루크너는 그 반지 위에 손수건을 올리고 '심살라빔!'[A]이라고 외쳤다. 그가 수건을 걷어내자 그 반지는 막대기에서 빠져나와 그의 손바닥에 나타났

어린 시절의 저자와 저자의 어머니

다. 그러나 루크너는 자신이 사용한 속임수의 진실을 단 한 번도 알려주지 않았다.

우리 세대는 제1차 세계대전의 혼돈과 풍파 속에서 태어나서 성장했다. 아주 어린 꼬마였던 우리는 쓰디쓴 전쟁의 종식과 혁명, 그 이후의 혹독했던 세월을 직접 경험했다. 제2차 세계대전과는 달리 제1차 세계대전에서는 독일 본토 밖에서 전쟁이 벌어졌고 종식되었다. 그러나 현실은 암울했다. 식사는 그런 현실을 분명히 보여주었다. 매 끼니마다 주식으로 '순무'[B]를 먹어야 했다. 전함에서 수병들과 함께 먹던 음식들이 그리웠다.

1918년 7월 초, 아버지께서 스페인 독감에 걸려 우리 곁을 떠나셨다. 제1차 세계대전이 끝나는 모습도 보지 못하신 셈이다. 어린 우리에게는 인생에서 가장 소중한 사람을 잃은, 가장 큰 충격적인 사건이었다. 아버지께서는 우리의 우상이자 친구였고, 오늘날까지도 우리는 아버지와의 추억을 이야기하곤 한다.

독일 해군에서는 혁명이 벌어졌고 전쟁이 종식되었다. 그러나 그 사건이 그토록 엄청난 파급효과를 불러온다고는 꿈에도 생각지 못했다. 한때 우리와 놀아주던 수병들이 폭도가 되어 고래고래 고함을 질러대며 아버지께서 가르치셨던 어린 생도들

A 덴마크 출신의 유명한 미국 마술사, 해리 어거스트 얀센이 유행시킨 주문 'Sim Sala Bim'의 흉내 (편집부)
B Steckrübe, 자주빛 무 (역자 주)

을 잡아다 질질 끌고 다녔는데, 나는 왜 그런 일이 벌어지는지 도무지 이해할 수 없었다. 줄행랑을 친 몇몇 생도들을 우리 집 창고에 숨겨주기도 했다. 당시의 살벌했던 분위기는 아직도 머릿속에 생생히 남아 있다.

아버지의 죽음은 우리의 삶을 완전히 바꿔놓았다. 어머니께서는 집을 처분하셨고, 우리는 농가 근처에 새로운 보금자리를 얻었다. 험난한 시절에 먹고살기 어려웠던 어머니께서는 재혼을 선택하셨다.

우리의 양아버지는 사관학교의 교관이자 해군의 목사였다. 우리는 그때부터 양아버지의 가르침대로 프로이센식 교육을 받았다. 금발 머리카락을 단정하게 빗질하고 군대에서 하듯 침대를 정리해야 했다. 시간을 어기면 곧바로 벌을 받았다. 이런 엄격한 교육이 여러 가지 측면에서 우리의 인생에 좋은 영향을 미치기도 했지만, 우리는 친아버지의 개방적인 세계관과 사랑을 늘 그리워했다. 다만 우리가 양아버지로부터 모든 가사를 포함해서 스스로 세상을 살아가는 자립심을 배웠고, 이런 지식이 훗날 포로수용소 생활에도 큰 도움이 된 것만은 부정할 수 없는 사실이다.

1917년 4월 1일, 나는 플렌스부르크의 수도원 병설학교에 입학했다. 북부 독일에서 가장 오래된 학교 중 하나였다. 내 양아버지께서는 내가 그리스, 라틴계 고전문학을 공부하기를 원하셨다. 고전을 공부한 것을 단 한 번도 후회한 적은 없다. '이미 죽은' 언어인 라틴어와 그리스어, 고대의 사상, 예술, 문화는 모든 새로운 언어를 배우기 위한 기초가 되었다. 훗날 네 가지 외국어를 쉽게 습득할 수 있게 된 비결이기도 했다. 선생님들은 고대 그리스인들의 관용이 어떤 것인가를, 그리고 토론이란 다른 사람의 의견을 존중하는 것임을 가르쳐 주셨다.

양아버지께서는 내가 모든 외래어, 외국어 단어의 기원을 익히게 하셨다. 식사하기 전에 항상 식탁 앞에 사전을 들고 서서 외래어 단어 하나를 말하고 그 단어를 사전에서 찾아 그 뜻을 낭독해야 했다. 그 결과, 나는 오늘날까지 뜻을 모르는 외래어는 사용하지 않는 특별한 버릇을 지니게 되었다.

전후, 전국이 암울했던 시기였지만 우리 집안의 형편은 그리 어렵지 않았다. 혈기 왕성했던 시절, 우리의 놀이는 천진난만하고 일종의 담력 테스트에 가까운 것들이었다. 오늘날처럼 남에게 해를 끼치는 장난은 일절 하지 않았다. 어린 시절 가장 즐거웠던 놀이 중 하나는 바로 겨울에 플렌스부르크만 위에서 스케이트를 신고 한참을 걸어가는 것이었다. 어느 날, 한 친구들과 함께 꽁꽁 얼어붙은 바다 한가운데를 지나다 얼음이 깨지는 바람에 친구 한 명과 나는 바닷물 속에 빠져 버렸는데, 단단히 얼어 있는 곳을 가까스로 찾아 흠뻑 젖은 채로 만 건너편, 즉 덴마크 쪽 뭍으로 나오게 되었다. 세관원들은 우리의 옷가지를 말리고 따뜻한 차까지 대접한 뒤 독일로 돌려보내 주었다. 사소한 일 같지만 내게는 이미 당시에 '유럽의 통합'을 의미하는 중대한 사건이었다.

나와 내 동생은 아버지를 쏙 빼닮아 운동을 매우 좋아했다. 다섯 살 때부터 수영과 스케이트를 배웠다. 아버지께서는 스위스의 다보스(Davos)에서 당시 여섯 살이었던 나를 자신의 팀 동료들과 함께 봅슬레이에 태우고 달리신 적도 있다. 그때 다치지는 않을까 걱정하고 불안해하시던 어머니의 표정은 아직도 생생하다.

1929년, 17세였던 나는 대학입학시험(Abitur)을 치렀다. 하마터면 시험에 응시할 기회를 상실할 뻔한 사건도 있었다. 동급생이었던 한 친구의 아버지께서 주말마다 우리를 운전사가 딸린 차로 집까지 데려다주셨다. 당시 우리 집은 플렌스부르크 외곽에 있어서 걸어가기에는 멀었다. 어느 토요일, 우리는 여자 친구들과 함께 바닷가에서 해수욕을 하기로 했다. 우리는 학생모를 쓴 채 자동차 뒷자리에 앉아 우쭐거리며 담배를 입에 물다 그날 저녁 우연히 산책하러 나왔던 교장 선생과 마주쳤다. 그가 우리를 알아봤다. 게다가 우리가 탄 차가 일으킨 먼지로 교장 선생은 먼지투성이가 되었다. 설상가상이었다. 이튿날 아침, 그는 우리를 호출했다.

"학생모를 쓰고 흡연하는 것이 교칙 상 금지되어 있음을 잘 알고 있지? 교직원 회의에서 너희의 대학입학시험 응시자격을 박탈하기로 했다."

친구는 별다른 충격을 받지 않은 듯, 처벌을 감수하겠다고 대답했다. 그는 아버지의 공장을 물려받으면 그만이었다. 하지만 나는 그럴 상황이 아니었다. 인생이 걸린 문제였다. 나는 원래 법학을 공부하고 베를린의 숙부가 운영하는 법률사무소에서 일하고 싶었지만, 집안의 전통에 따라, 그리고 양아버지의 희망에 따라 군인이, 장교가 되기로 했다. 당시 10만 명의 병력만을 보유할 수 있었던 제국군은 겨우 140명의 장교만을 선발하는 계획을 발표했고, 나는 이미 합격한 상태였다. 그러나 당시 장교 양성과정에 지원한 자는 무려 수천 명 이상이었다. 제국군에서 장교로 복무하기 위해서는 대학입학시험 성적이 필요했고, 응시자격 박탈은 아직 시작하지도 않은 새로운 내 인생의 종말을 의미했다. 그래서 나는 교장에게 매우 공손하게 말했다.

"교장 선생님! 저는 조국에 충성해온 저희 집안의 전통을 잇기 위해 장교후보생으로 제국군에 입대하기로 되어 있습니다. 담배 한 개비 때문에 응시 자격을 박탈하시면 입대는 물거품이 됩니다. 선생님께서 그것을 책임져 주실 수 있습니까?"

그의 마음은 다소 풀린 듯했다.

"물론 나는 그럴 마음이 없지. 다시 교직원 회의에서 말해 보마. 그러나 너는 아무리 잘해도 '우'(gut, 優)를 받을 수는 없을 거야. 내가 줄 수 있는 최고의 점수는 '미'(Genügend, 美)다.ᴬ"

나는 이 결정과 논리를 납득할 수 없었다. 하지만 대학입학시험 합격증만 있으면 그것으로 충분했다.

ᴬ 독일의 교육시스템에서 평가 결과는 Sehr gut(수), gut(우) genügend(미) 정도로 해석할 수 있다. (역자 주)

2. 제국군(Reichswehr)의 훈련 - 나의 스승 롬멜

나는 슐레지엔(Schlesien)의 한 기병연대에서 군 생활을 시작했다. 그러던 어느 날, 갑자기 전출 명령을 받고 몹시 당황했다. 동프로이센^A^의 제1차량화대로 전속된 것이다. 당시 독일은 1919년 베르사유 조약으로 전차와 장갑차량을 한 대도 보유할 수 없었고, 당연히 차량화대대 역시 이름뿐인 부대였으므로, 이 전출 명령은 너무나 실망스러웠다. 당시에는 불확실했지만 제국군에 7개뿐인 차량화대대가 훗날 기계화 부대의 초석이 될 것이라는 믿음을 위안으로 삼았다.

어쨌든 육군 총사령관 폰 젝트(von Seeckt) 장군은 일찌감치 소련과 비밀협정을 맺었다. 차량화대대의 초급 장교들은 매년 3개월간 우랄(Ural) 지역의 소련군 훈련장으로 파견되어 전차부대와 차량화부대의 전술을 습득했다. 나는 1933년 과정에 입교할 계획이었지만, 히틀러가 정권을 잡자 소련이 비밀협정을 파기해 버렸고, 이 때문에 그 교육에 참가하지 못했다. 개인적으로는 매우 아쉬운 일이었다.

그 대신 국내에서 강하고 혹독한 교육훈련이 시작되었다. 젝트는 제국군을 '국가 내부의 핵심조직'^B^으로 만들었다. 군은 의도적으로 비정치적 태도를 견지했으며, 장병들에게 철저히 건전한 국가관을 심어주었다. 그리고 '베르사유 조약'은 국가적인 치욕이며, 서프로이센과 동프로이센을 분리시킨 '폴란드 회랑'으로 연합국이 우리 영토를 강탈한 조약임을 인식시켰다. 그 결과, 1930년대의 경제공황, 지속적으로 증가하는 실업률^C^, 위험천만한 공산주의자들의 증가 등으로 인해 결국 국가사회주의 당이 득세하게 되는 사회 현상들에 대해서도 이해하게 되었다. 이즈음, 제1차 세계대전 후 해체된 총참모부(Generalstab)^D^가 재건되었고 제국군은 힘을 얻기 시작했다. 이런 과정을 통해 단기간 내에 국방군이 창설될 수 있었다. 장교단은 과거의 전통과

A 제1차 세계대전 후 본토와 분리된 독일영토 (역자 주)

B imperium in imperio, 국가 내부에서 국가를 지배하는 강력한 조직 (역자 주)

C 1932년 당시, 600만 명 이상이 실업자였다. (저자 주)

D 1919년 베르사유조약으로 해체되었다. (역자 주)

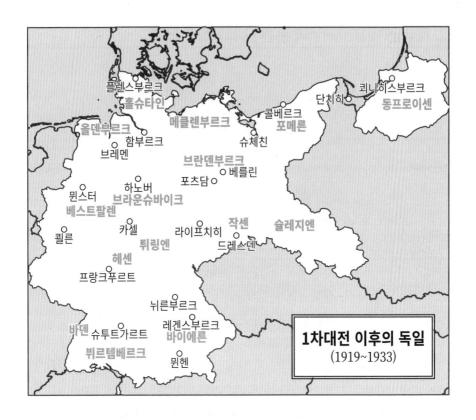

플렌스부르크
홀슈타인
콜베르크
포메른
올덴부르크
단치히
쾨니히스부르크
동프로이센
메클렌부르크
함부르크
브레멘
슈체친
브란덴부르크
하노버
포츠담
베를린
뮌스터
브라운슈바이크
베스트팔렌
카셀
라이프치히
작센
슐레지엔
쾰른
튀링엔
드레스덴
헤센
프랑크푸르트
뉘른부르크
레겐스부르크
바이에른
바덴
슈투트가르트
뷔르템베르크
뮌헨

1차대전 이후의 독일
(1919~1933)

조국에 대한 신성한 충성 맹세를 계승하는 조직으로 거듭났다.

한편, 장교후보생이었던 나는 동프로이센에서 기초군사훈련을 받았다. 그곳의 부사관 조교들은 매우 악독했다. 말 그대로 '질질 끌려다녔다'는 표현이 맞을 듯싶다. 부사관들은 자신들의 부족한 자질이나 지적 열등감을 상쇄하기 위해 온갖 방법을 동원해서 우리를 괴롭혔다. 특히 나와 내 동기생에게는 사사건건 트집을 잡았다. 최악의 벌은 칫솔로 마룻바닥과 화장실을 청소하는 것이었다. 또한, 주말 외출통제와 오르막을 뛰어오르는 얼차려도 정말로 견디기 힘든 벌이었다.

또다른 조교는 우리를 괴롭히기 위해 신종 '담력시험'을 개발했다. 어느 날 저녁, 그는 우리를 자신의 방으로 불러서는 숙부의 것이라며 옷장에서 해골을 하나 꺼내 들고 거기에 럼주 한 병을 부어 우리에게 건넸다. 럼주 한 병을 다 마셔야 그날의 일과가 끝났다. 교관이었던 장교들에게는 이런 가혹 행위를 감히 보고할 수 없었다.

우리의 건강에 해롭지는 않았지만, 이런 방식의 '절차탁마'는 너무나 어이없는 일이었다. 만일 내게 청년들을 교육하라는 임무가 주어진다면 그때의 조교들과는 다르게, 인격적으로 대해 주리라 다짐했다.

그 외의 교육훈련은 꽤 다채로웠다. 우리는 궤도차량을 포함한 모든 차량의 운전 면허를 따야 했다. 야외에서 주야를 막론하고 강도 높은 조종훈련을 받았고, 정비소에서도 4주간의 실습을 마쳤다. 이후 우리는 교관 자격증을 얻기 위해 시험을 치렀고, 합격 후 조종 및 운전 시험을 감독할 수 있는 권한을 얻었다. 일련의 조종훈련들은 오늘날에도 적용할 만한 매우 훌륭한 교육이었다.

어느 날 중대장이 나를 불러서 4주간 자신의 차량을 운전하라고 지시했다. 매우 기뻤다. 그는 오늘날 클래식카로 사랑받는 메르세데스 SSK-콤프레서 카브리올레(Kompressor Cabriolet)^A^를 가지고 있었다. 당시 우리 부대는 동프로이센의 유일한 차량화 부대였고, 그 멋진 자동차 덕분에 나는 이따금 사단 본부에서 사단장을 대면하거나, 종종 부대 인근의 여성들을 태우고 즐거운 시간을 가지기도 했다. 당시 자동차에는 운전대가 오른쪽에 있었고, 수동으로 크랭크축을 돌려서 시동을 걸어야 했다. 와이퍼와 방향지시등은 손으로 작동시켰다.

1931년부터 소형 자동차에 골판지로 전차 형태의 틀을 만들어 부착한, 소위 '모의 전차'들로 훈련을 시작했다. 우리는 조종훈련 기간 중에 동프로이센의 아름다운 자연을 만끽했다. 장교후보생 교육과정에는 승마수업도 있었다. 보병연대 예하 기병중대에서 말을 제공했다. 교육 수료 직전에는 10일간 말을 타고 부대 밖으로 나갈 기회도 있었다. 우리는 노이쿠렌(Neukuhren)^B^의 해안으로 가기로 했다. 그곳의 한 농가에 협조를 구해 말과 함께 숙식했다. 우리는 매일 아침식사 전에 말을 타고 새하얀 모래로 가득한 넓은 해변을 질주했다. 승마 후에 식탁에 차려진 아침식사도 일품이었다. 1929년부터 1932년까지, 동프로이센에서 보낸 시간은 내 군 생활 중 가장 아름다운 시절이다.

당시 하급후보생이었던 나는 절친한 동기생 한 명과 함께 1931년부터 1932년까지 9개월 동안 드레스덴의 보병학교로 가게 되었고, 그곳에서 여러 단계의 시험을 거쳐 중급 및 상급 후보생^C^으로 진급했다.

1945년에 완전히 폐허가 된 드레스덴은 그 이전까지 작센의 진주라 불릴 정도로 아름다운 곳이었다. 나는 그곳에서 처음으로 에르빈 롬멜 대위를 만났다. 나의 보병

A SSK(Super Sports Kruz), 1928~1932년간 45대만 제작된 도로주행이 가능한 경주용 차량이다. 1930년대까지 다양한 경주대회에서 우승한 명차로, 당시에는 현대의 슈퍼카와 같은 존재였다. (편집부)

B 현재 러시아영토인 칼라닌그라드 북부의 해안도시 (역자 주)

C 장교후보생의 계급체계는 하급후보생(Fahnenjunker), 중급후보생(Fähnrich), 상급후보생(Oberfähnrich) 순이다. (역자 주)

전술 교관이자 모든 이들로부터 가장 존경받는 교관이었다. 제1차 세계대전 당시 이탈리아군을 상대로 전공을 세워 프로이센의 최고무공훈장인 '푸르 르 메리트'(Pour le mérite)^A를 받았던 롬멜의 보병전술 수업은 교육과정 중 가장 흥미진진했다. 그는 자신이 직접 작성한 요도, 사진과 도식으로 전투현장의 모습을 생생하게 전달했다. 또한, 지휘관이 융통성을 지니고 직관적인 능력을 발휘한다면 뒤떨어지는 전투력으로도 승리할 수 있다고 늘 강조했다.

롬멜은 적의 행동을 정확히 예측하는 특별한 감각을 지녔고, 적을 혼란에 빠뜨리기 위해 끊임없는 기만책을 강구하고 구사했다. 롬멜은 야전에서 내가 만난 지휘관들 가운데 관습이나 교조적인 것을 가장 싫어하는, 누구보다도 창의적인 인물이었다. 물론 그런 성향으로 인해 오늘날까지도 이론이 분분하지만, 어쨌든 그는 항상 승리했다. 부하들에 대한 배려심도 매우 깊어서 부대원들 모두가 그를 존경했다. 전쟁터에서 부하들에게 최고수준의 전투력과 희생을 요구하기도 했지만, 자신이 책임을 져야 한다고 생각했을 때는 그 누구에게도 희생을 강요하지 않았다. 또, 어느 정도의 자만심과 자기 과시욕도 있었는데, 다른 사람이 그랬다면 절대로 용납할 수 없겠지만 롬멜이기에 모두들 충분히 이해했다.

롬멜은 당시 학교에서도 '불세출의 영웅'이었다. 1940년에는 소위 '유령 사단'이라 불렸던 제7기갑사단의 지휘관이었고 1941년부터 '사막의 여우'라는 별명으로 불린 그는 제2차 세계대전사에서 가장 위대한 영웅 가운데 한 명이었지만, 1931년 당시에는 한 산악보병장교가 훗날 위대한 기갑부대 지휘관이 되리라는 것을 그 누구도 예측하지 못했다. 수많은 전선에서 그의 지휘 아래 싸울 수 있었던 것은 내게 큰 행운이었으며, 그와 마주친 시간들은 내게 감동 그 자체였다.

드레스덴에서는 '건강한 신체에 건강한 정신'(mens sana in corpore sano)이라는 모토 하에 스포츠가 교육과정에 큰 부분을 차지했다. 나는 한드릭(Handrick), 롤란트(Roland)와 함께 근대 5종 선수로 1936년 베를린 올림픽에 출전하는 행운을 누리게 되었다. 이 5종 경기는 승마, 권총 사격, 펜싱, 수영과 달리기로 이루어져 있었다. 올림픽 5년 전부터 혹독한 훈련이 시작되었다. 다른 동료들과 똑같이 수업에 참가하면서 저녁에도, 주말에도, 혼자 또는 둘이서 펜싱 연습을 했고, 아침에도 오전 수업 이전에 달리기 연습과 승마 훈련을 해야 했다. 음주는 금지되었으며 연애는 '금기사항'이었다. 22시에는 무조건 잠자리에 들었다. 다른 친구들이 사생활을 즐기기 위해 외출을 할

A 전투에서 달성한 공적을 인정해 수여하는 훈장 (저자 주)

때면 부러운 눈빛으로 바라보곤 했다. 그 힘겨웠던 시기에 하나뿐이지만 즐거웠던 기억도 있다. 당시 우리는 베를린의 육군 체육학교(Heeressportschule)에서 4주간 훈련을 했는데, 이때 수많은 유명한 운동선수들을 만나고 올림픽 경기의 입장권을 선물로 받았다.

올림픽 출전이 1년가량 남았을 즈음이었다. 우리 가운데 가장 재능이 출중했던 롤란트가 중도 포기를 선언했다. 얼마 후, 나도 그의 뒤를 따랐다. 우리는 5년을 그렇게 허비하기보다는 청춘을 만끽하고 싶었다. 다만 한드릭은 끈질기게 5년 동안의 훈련을 참아냈다. 지성이면 감천이라고 했던가! 한드릭의 노력은 보상을 받아 1936년 베를린 올림픽 근대 5종에서 금메달리스트가 되었다.

엘베강을 끼고 시가지가 발달한 드레스덴은 당시 베를린과 더불어 독일 문화의 중심지였다. 특히 인근의 작센 스위스(Sächsische Schweiz)라 불리는 지역을 포함한 매혹적인 자연경관으로 둘러싸인 드레스덴은 전 세계의 예술가들과 예술 애호가들로 가득했다. 이 도시는 여러 건축물과 시설들로도 유명했는데, 그중에 젬퍼 오페라하우스(Semperoper), 츠빙어 궁전(Zwinger)과 브륄 테라스(Brühlterrasse)ᴬ가 특히 유명했다. 이 도시 출신의 가장 유명한 예술가로는 프리츠 부쉬(Fritz Busch)ᴮ와 훗날의 카를 뵘(Karl Böhm)ꟲ 등이 있다. 츠빙어 궁전에서 열리는 콘서트는 클래식 애호가들에게 큰 감명을 주었다. 일례로 촛불 조명 아래 야외에서 오리지널 의상을 입은 배우들이 모차르트 오페라를 공연한 적이 있었다. 그 공연에 출연한 소프라노 중 한 명은 젬퍼 오페라하우스에서 데뷔한 후 세계적인 가수로 성장했는데, 그녀가 바로 마리아 체보타리(Maria Cebotari)ᴰ다.

음악에 일가견이 있었던 나는 난생처음 돈 코자크 합창단(Don kosak)ᴱ의 공연을 접한 후 음악에 푹 빠지게 되었다. 돈 코자크 합창단원은 1917년 러시아에서 망명한 이주민들이었다. 그 영향으로 보병학교의 선택과목으로 러시아어 수업을 들었다. 발틱 지역 출신 이민자였던 러시아어 교관은 러시아의 식민지에 대한 이해를 넓혀 주었다. 또한, 일부 망명자들이 처참한 생활 속에서 자신들의 전통을 지키려고 노력하는 모습도 보았다. 유명하고 오래된 학교의 교장이자 호쾌한 성격을 지녔던 오볼

A   브륄(Brühl) 백작은 아우구스트(Augusts) 대제의 수상이었다. (저자 주)

B   프리츠 부쉬(1890~1951) 독일의 지휘자 겸 바이올리니스트. 대표적 반 나치 음악가 중 한 명이다. (편집부)

C   카를 뵘(1894~1981) 오스트리아 출신의 지휘자. 친 나치 음악가 중 한 명이다 .(편집부)

D   마리아 체보타리(1910~1949) 몰도바 태생의 러시아계 소프라노로, 1934년에 드레스덴에서 궁정가수의 칭호를 얻었다. (편집부)

E   옛 러시아군 장병으로 구성된 남성 합창단 (역자 주)

렌스키(Obolensky) 후작이 그들의 정신적 지주였다.

내가 지금까지 잊지 못하는, 아름다운 추억도 있다. 나는 러시아인들의 부활절 축제 기간에 절친한 사틴(Satin)씨의 가족들과 함께 지냈는데, 세계적으로 유명한 피아니스트이자 작곡가였던 라흐마니노프[A]가 바로 이 사틴 가문의 친척이었다. 그는 주로 파리나 스위스에 체류했지만, 종종 자신의 친척들을 방문하기 위해 드레스덴을 찾았다. 라흐마니노프는 부활절 축제 기간에 또 한 차례 이곳을 방문했다. 우리 모두 앉아서 체리를 곁들인 차를 마시고 있을 때, 갑자기 라흐마니노프는 피아노 앞에 앉더니 이렇게 외쳤다.

"어이! 젊은이들! 부활절을 즐기기 위해 춤 한 번 출까!"

라흐마니노프가 반주하는데 누가 즐겁게 춤추지 않을 수 있겠는가?

나는 발틱 출신인 러시아어 교관의 지도를 받으며 도스토예프스키와 푸쉬킨, 톨스토이의 작품을 읽었고, 마치 아름다운 화음처럼 들리는 러시아어의 리듬과 화성에 흠뻑 빠져버렸다. 2년간 러시아인 친구들과 함께한 시간들 덕분에 러시아어 실력이 일취월장했고, 특히 러시아인들의 정신세계를 잘 이해할 수 있었다. 이때 슬라브어도 공부하기 시작했는데, 이 또한 매혹적이었다. 그리고 이 모든 경험은 훗날 나의 러시아 포로 생활 중에 매우 유익했다.

1932년 상급후보생이 되기 위한 시험에 합격했고, 내가 예전에 근무했던 쾨니히스베르크(Königsberg)[B]에 위치한 부대에서 단기간의 훈련을 마친 후 콜베르크(Kolberg)의 제2차량화대대로 전속되었다. 포메른(Pommern) 지방의 발트해의 해변은 그 무엇과도 비할 수 없을 정도로 아름다웠다.

A   세르게이 라흐마니노프(1873~1943) 러시아계 작곡가, 지휘자, 피아니스트. 당대의 가장 위대한 피아니스트 중 한 명이자 후기 낭만파의 거장. 라흐마니노프는 사촌인 사틴 가문의 나탈리아 사티나와 결혼했다. (편집부)

B   현재 러시아의 칼리닌그라드 (역자 주)

3. 1933년 운명의 해, 1934년 룀의 쿠데타

콜베르크는 옛날부터 상업 중심지로 1207년 '시'(市, Stadt)로서의 권위를 인정받았다. 7년 전쟁 때 러시아군은 이 도시를 세 차례나 포위했고 1761년에 마침내 점령했다. 1807년에 그나이제나우(Gneisenau)가 콜베르크의 시민들과 힘을 합쳐 프랑스군을 물리친 적도 있었다. 1945년에 소련군이 포메른으로 밀고 들어왔을 때, 히틀러와 괴벨스는 주민들의 저항을 독려하기 위해 콜베르크의 역사를 적극적으로 활용했다. 나치스트들은 '콜베르크'라는 영화까지 만들어 전국의 극장에 상영하기도 했다.

1932년 당시 이 아름다운 도시는 새하얀 백사장과 요양원, 카지노가 있는, 매우 평화로운 곳이었다. 주민들은 매우 친절했고 '군대에 우호적'이었다. 포메른 지역에서는 나치즘이 그리 큰 공감을 얻지 못했는데, 이곳 사람들이 그만큼 보수적인 성향이 강했기 때문이다. 여름에 콜베르크는 요양객들에게 매우 각광을 받았고, 그 이후에는 마치 겨울잠에 빠지듯 고요했다. 그곳에 주둔한 우리 군인들만이 유일하게 살아 움직이는 생명체였다.

가을 무렵, 나는 소위로 임관했고 신병교육대 교관으로 임명되었다. 나는 과거 동프로이센 시절의 경험을 살려 휘하의 부사관들에게 신병을 인격적으로 대하고 야지에서 실시하는 교육훈련을 강화하라고 지시했다. 당시 우리 대대는 차량화대대에서 기갑수색대대로 개편 작업을 진행 중이었다. 1933년에 히틀러가 '정권을 장악'한 후, 어느 날 밤에 갑자기 최고 등급의 보안 조치 하에 전군에서 최초로 우리 부대에 정찰장갑차량이 들어왔다. 우리는 오로지 야간에, 훈련 목적으로만 이 장비를 운용할 수 있었다. 히틀러에게는 아직 베르사유 조약을 공식적으로 파기할, 혹은 그럴 위험을 감수할 자신이 없었다. 며칠 후, 제국군 예하 일곱 개의 차량화대대는 새로이 창설될 국방군의 기갑수색대대로 개편되었다. 구데리안 장군이 총체적인 기갑병과의 창설과 교육을 담당하는 기갑병과장에 임명되었고 우리 '수색부대원'들은 기병의 정신과 과업을 물려받았다.

1932년 말, 나치 당원들의 활동이 활발해지고 소도시인 콜베르크에도 나치돌격대(SA, Sturmabteilung) 요원들이 보이기 시작했다. 베를린과 몇몇 대도시에서 나치돌격대와 공산주의자들 간에 격렬한 시가전이 벌어졌다는 소식도 있었다. 1933년 1월 30일 히틀러의 집권 이후 콜베르크에서도 '나치스'(Nazis) -우리는 당시 그들을 이렇게 불렀다- 들이 주요 공직을 차지했다. 베를린과 달리 이곳의 신흥 권력가들은 우리에게 접촉을 시도했다. 나치돌격대는 소총으로만 무장하고 있었지만 군대, 특히 우리 부대는 장갑차량 덕분에 전투력이 막강했기 때문이다.

우리도 야외훈련이나 장교클럽에서 파티를 할 때면 언제나 그런 신흥 권력가들을 초대해 후하게 대접하곤 했다. 제국 대통령이자 우리의 대부 격인 힌덴부르크(Hindenburg)도 '나치스트'^A 들이 절대 국가 권력을 쟁취하지 못할 것이라고 장담했다.

한편, 우리는 강도 높은 훈련과 함께 콜베르크의 작지만 아늑한 주둔지에서 평화로운 생활을 만끽했다. 여름에는 해변에서 데이트도 하고 가을과 겨울에는 후방에서 수많은 귀족들의 초대를 받아 전통적인 '성(聖) 후버트 사냥대회'(Hubertusjagd)^B에 참가하곤 했다. 우리는 포메른의 유일한 차량화부대로서 '성 크리스토퍼 경주'(Christophorusjagd) 대회도 주최했다. 이 대회는 현대의 자동차 레이스와 흡사했다. 당시 큰 재력가들은 유명한 트라케너(Trakehner) 혈통의 말이나 홀슈타인 산 말이 끄는 마차를 타고 다녔는데, 그들도 성 크리스토퍼 기념일에 시작해서 카지노 또는 요양원에서 열리는 무도회로 끝나는 우리의 경주에 동승자로 타보고 싶어 안달했다.

언젠가 포메른 전체를 웃음바다로 만들었던, 나도 직접 목격한 드라마틱한 사건이 벌어졌다. 전통적으로 무도회는 왈츠로 시작되었다. 한 여성과 함께 춤을 추던 젊은 소위는 동료에게 바지의 지퍼가 열려 있다는 신호를 받았다. 너무나 급했던 나머지 제대로 지퍼를 닫지 못했던 것이다. 그는 재치있게 파트너의 손을 놓더니 한 손으로 지퍼를 얼른 채웠다. 그런데 왈츠가 끝나자마자 그 두 사람은 곧 사색이 되었다. 여성의 속치마 일부가 그 소위의 바지 속으로 들어가 있었던 것이다. 이를 본 사람들은 웃음을 참지 못했고 어떤 이들은 짐짓 못 봤다는 듯 시선을 다른 곳으로 돌렸다. 젊은 소위는 치맛자락을 단숨에 제거했고 얼마나 창피했던지 그 둘은 황급히 무도회장을 빠져나갔다.

야전부대에서 그 아름다운 풍경과 자연을 마음껏 즐기던 우리는 1932~1933년에

A 원본에는 '갈색'(Braunen)으로 표기됨. 당시 갈색은 나치주의자들의 상징 (역자 주)
B 11월 3일, 성 후버트를 기념하는 사냥대회 (역자 주)

걸쳐 독일에 드리워지고 있던 먹구름을 전혀 인식하지 못했다. 나는 베를린으로 가라는, 이유를 알 수 없는 한 장짜리 출장명령을 받고 잠시 베를린에 머물렀다. 히틀러의 정권 장악 후 변화한 풍경도 있었지만, 베를린은 여전히 기분전환을 바라는 이들에게 무엇이든 제공해 줄 수 있는 문화의 중심지였다.

힌덴부르크가 서거한 후에 히틀러와 그의 당이 국정을 장악하게 되자, 처음에는 거의 체감하지 못했지만 우리에게도 서서히 변화가 찾아왔다. 나치돌격대(SA)의 수장이자 과거 제국군의 대위였던 룀(Röhm)은 자신의 조직을 국방군(Wehrmacht)에 버금가는 '두 번째 군사 무장세력'(Zweite Kraft)으로 확대하려 했다. 친위대(SS, Schutzstaffel)도 이미 비밀리에 무장을 개시하여 정치적 보안대를 세력권 내에 조직했는데, 이들이 바로 게슈타포(Gestapo)[A]다. 게슈타포는 나치돌격대나 다른 나치 조직들에 비해 훨씬 악랄하다는 소문이 파다했다. 1934년 6월 초부터 룀과 나치돌격대 고위층의 독단과 전횡에 대한 소문도 떠돌았다. 드디어 나치돌격대와 친위대의 권력투쟁이 시작되었고 이 투쟁에서 나치돌격대가 우위를 점하는 듯했다. 그들은 히틀러가 지지했던 국방군을 누르고 자신들이 권력의 정점에 서서히 다가서고 있었다.

6월 중순, 우리 부대에 비상소집령과 비밀명령이 하달되었다. 이 지방의 중심도시인 슈테틴(Stettin)으로 출동하여 그곳의 나치돌격대 지도부를 체포하라는 명령이었다. 불가피할 경우에는 무력 사용을 승인한다는 내용도 담겨 있었다. 정황상 우리 입장에서는 매우 만족스러운 상황이었다. 하지만 당시 결국 친위대가 이 권력투쟁에서 승자로 부상할 것임은 전혀 예견하지 못했다. 1934년 6월 30일, 룀의 쿠데타 소식이 들려왔고, 우리는 슈테틴으로 출동했다. 같은 시각, 바이에른 주에서 히틀러 추종세력들은 룀과 나치돌격대 지도자들에게 온갖 혐의를 뒤집어씌워 전격적으로 체포한 후 전부 총살했다. 그 덕에 우리는 슈테틴에서 이 쿠데타를 무혈 진압할 수 있었다. 이후 나치돌격대와 여타 나치 조직들의 행동은 잠잠해졌고 더이상 국방군의 위상과 지위를 위협하지 못했다.

A   Geheime Staatspolizei 나치의 비밀 국가경찰 (역자 주)

4. 국방군 창설 (1934~1939)

정권을 장악한 히틀러는 국민로부터 큰 지지를 받았다. 그는 거리의 무직자, 노숙자 600만 명 이상을 구제했고, 고속도로를 건설했으며, 제국노동조합을 설립했다. 연합국에게 빼앗겼던 라인란트 지방도 피 한 방울 흘리지 않고 독일영토에 귀속시켰다. 당시에는 강제수용소(Konzentrationslager)라는 단어나 시설이 아직 존재하지 않았음에도 호전적인 공산주의자들을 모두 감금시켰는데, 이는 특히 많은 이들의 호응을 받던 사업 중 하나였다. 베르사유 조약 파기와 국제연맹 탈퇴도 국민의 호응을 얻었다. 히틀러는 독일 국민에게 국민적 자존감을 다시 심어주었다. 당시 극소수의 인물들만이 고속도로가 전략적 이유에서 건설되었으며 노동조합도 군사적 목적을 위한 조직임을 인지했을 뿐, 평범한 사람들에게는 국민을 위한 국가적 시책으로 받아들여졌다.

제국군, 그리고 국방군 수뇌부가 정치에 일절 관여하지 않는, '중립'을 넘어선 비정치적 자세의 견지는 장단점을 함께 내포하고 있었다. 솔직히 국방군은 국내 정세에 관심이 없었다고 표현하는 편이 맞을 듯하다. 만일 국방군 수뇌부가 히틀러의 의도를 정확히 인지했더라면, '룀의 쿠데타'는 히틀러에게 야욕을 버리고 나치돌격대와 친위대를 국가사회주의당의 비무장단체로 남겨두도록 요구할, 일종의 호기가 될 수도 있었다. 하지만 국방군은 그럴 기회를 상실했다. 한편, 히틀러는 국방군이 과도하게 강력한 힘을 가지면 자신에게도 위협이 될 수 있음을 인지했다. 따라서 자신을 추종하는 충직한 인물들로 국방군 각 군의 지휘부를 구성했다. '종이호랑이'라 불렸던 폰 블롬베르크(von Blomberg) 장군이 국방군 총사령관 -1938년에는 결국 히틀러가 스스로 총사령관이 되었다 - 으로 취임했고, 괴링(Göring)이 공군 총사령관으로 기용되었다.

특히 프라이헤르 폰 프리치(Freiherr von Fritsch)의 사임으로 히틀러의 의도가 적나라하게 드러났다. 프리치 장군에 대한 우리의 기대는 매우 컸다. 그는 히틀러와 나치돌격대, 친위대에 대해 국방군과 자신의 입지를 관철할 수 있을 만큼 강직한 인물이었다. 그러나 히틀러는 자신의 호전 정책에 반대하는 프리치에 위협을 느꼈고 괴링과 힘러(Himmler)를 시켜 프리치를 함정에 빠트리고 프리치를 동성애자로 몰아가며 그의 퇴임을 강요했다. 이후 프리치는 명예를 회복하여 포병 연대장으로 복귀했고, 폴란드 전역에도 참전했다.

그의 후임이자 훗날 원수까지 오른 폰 브라우히치(von Brauchitsch) 역시 극히 보수적인 '반나치 성향'의 인물이었고, 결국 폰 브라우히치를 싫어한 히틀러에 의해 1941년 겨울에 해임되었다. 또한, 1934년 '룀의 쿠데타'와 결부해 폰 슐라이허(von Schleicher) 장군, 폰 브레도프(von Bredow) 장군을 제거하며 제국군 지도부의 비정치화, 비권력기구화 작업이 시작되었고, 군부도 이를 순순히 수용했다. 슐라이허는 1932년 이전 제국 수상을 역임한 인물로, 히틀러의 전임자이자 정적이었다.

이러한 과정을 거쳐 '천년의 제국'(Tausendjährige Reich)을 건설하기 위한 망상이 현실화되기 시작했다. 우리 스스로도 군대가 히틀러의 정치적 도구가 되리라는 것을 전혀 알지 못했다. 기독교도나 유대인들이 직면할 참혹한 탄압이나, 우리가 이를 눈앞에서 지켜보게 되리라는 사실 역시 당시로서는 짐작조차 할 수 없었다.

한편, 수많은 젊은이가 히틀러의 카리스마와 과감한 추진력에 사로잡혀 국방군에 입대하려고 몰려들었다. 그들 가운데 대다수는 히틀러소년단(Hitlerjugend), 또는 제국 노동조합 출신이었다. 급기야 갓 입대한 신병들이나 어린아이들이 군의 간부들이나 부모들이 히틀러와 나치당을 비난하는 것을 듣고서 밀고하는 사태까지 벌어졌다.

어째서 괴테와 베토벤을 배출한 민족이 그런 '지도자'에게 눈이 멀어 집단 히스테리 상태에 빠지게 되었을까? 베를린 경기장에서 히틀러가 연설하던 당시의 분위기는 정말 압권이었다. 나약한 인간들은 자신이 우상으로 인식하는 자가 열정적으로 감정에 호소하면 그가 지향하는 망상을 진리라고 여기기 마련이다. 그래서 유사 이래 모든 시대에는 우상이 존재해 왔고, 시대가 변해도 나약한 인간들은 항상 같은 모습으로 그 우상을 향해 환호성을 지르곤 한다.

한편, 나는 1936년에 콜베르크에서 베를린으로 '좌천'되었다. 부임지는 베를린 외곽에 위치한, 역사적 전통으로 가득한 도시, 포츠담이었다. 나는 콜베르크에서 항상 비판적 자세로 내 상관과 의견이 다를 때마다 내 의사를 정확히 표현했는데, 극소수의 상관들은 내 말을 경청하고 인정해 주었지만, 대부분 계급으로 나를 억누르고 꾸짖었다. 겉으로는 영전이라며 베를린으로 전출시켰지만 사실상 유배나 다름없었다.

나는 제8기갑수색대대 예하 제3중대 소대장 보직을 받았고, 내 부대는 포츠담 근위대(Garde-du-Corps)와 울타리를 마주하고 있었다.

포츠담은 도시 전체에 상수시(Sanssouci) 궁전 건축을 지시한 프리드리히 대제의 정신이 깃든 곳이었다. 구데리안 장군이 그 정신을 이어받았다. 당시 급속히 생산되던 기갑 무기체계의 아버지라 불리운 그는 영국의 역사가 리델하트(Liddell Hart)와 드골(de Gaulle)의 이론을 습득했고, 여기에서 독일 기갑병과의 '기동전술'을 발전시켰다.[A] 또한, 일찍부터 기계화부대의 장점을 발견했다. 구데리안은 다수의 보수적인 장군들에게는 자신의 이론을 이해시키지 못했지만, 우리처럼 젊은 청년 장교들은 그에게 열광했고 우리 스스로를 국방군의 창끝이라고 자부했다. 구데리안은 중대급 부대들을 방문하며 교육훈련 현장을 참관하고 장교, 부사관들과 함께 자신의 구상을 공유하고 토론했다. 우리는 교육훈련, 현대적인 기술과 장비에 대한 숙달과 함께 부대의 사기를 진작시키는 정신력이 매우 중요함을 새삼 깨달았다.

이 시기에 최초로 예비군 장교들이 교육훈련에 참여했다. 대부분 제1차 세계대전 참전자들이었지만, 소위까지 복무하고 예비역이 된 젊은 의무복무자도 있었다. 과거 제국 수상이었고 훗날 터키 대사를 역임한 프란츠 폰 파펜(Franz von Pappen)의 아들, 파펜 2세도 그들 가운데 한 명이었다. 그와 나는 같은 해, 같은 날에 태어났고, 곧 절친한 관계가 되었다. 파펜의 가족들은 베를린의 노벨 지구(Novelviertel) 티어가르텐(Tiergarten)[B] 근처의 대저택에 살았고, 파펜 2세는 종종 나를 자택으로 초대했다. 그 덕에 저명인사들도 많이 사귀었는데, 그 중 기억에 남는 사람들이 프랑스 대사인 프랑소와 퐁세(François-Poncet)와 미국 대사의 영애였다. 그녀는 러시아에 관한 것은 무엇이든 다 좋아했다.

파펜 2세는 독일의 무기생산업체에서 일하다 전쟁이 발발할 무렵에 아르헨티나의 부에노스아이레스의 지사장으로 건너갔는데, 뜻밖에 1940년 프랑스 전역 직전 내 앞에 나타났다.

"지금 어디서 온 거야? 아르헨티나에 있어야 하는 게 아닌가?"

"그럴 수도 있었지. 하지만 예비역 장교로 너와 함께하기로 했어. 동원령이 선포된 것을 듣고도 그냥 좌시할 수 없었거든. 내가 근무했던 부대로 돌아올 의무가 있다고 생각했지."

A   최근에 리델하트의 이론을 받아들였다는 가설은 잘못되었음이 입증되었다. (역자 주)
B   Tiergarten은 동물원을 뜻하지만, 행정구역의 고유명칭이므로 그대로 번역했다. (역자 주)

그토록 과도한 책임감이 과연 필요할까 싶었다.

"네가 아르헨티나에 있어도 너를 욕할 사람은 아무도 없어. 어쨌든 대서양을 건너는 것만으로도 매우 어려웠을 텐데, 어떻게 왔나?"

"정말 흥미진진한 모험이었어. 중립국인 스페인 국적의 배를 탔지. 어느 날 밤에 누구의 실수였는지는 모르겠지만, 프랑스 해군의 어뢰정에 피격되어 우리 배가 침몰했어. 스페인 해안에서 서쪽으로 100㎞ 떨어진 바다였지. 나는 잠옷 바람으로 배에서 뛰어 내렸고 다른 승객들과 함께 프랑스인들에게 구조되었어. 그 후 어느 스페인 항구로 이송되었지. 거기서 내가 독일 대사 폰 파펜의 아들이라고 말했더니 거기 세관원이 이렇게 말하는 거야. '그러면 나는 프랑코(Franco) 사령관[A]의 아들이다!'라고 말이야. 잠옷 차림이라 신분을 증명할 방법도 없었어. 그리곤 어디론가 끌려가 심문을 받았고, 며칠이 지나 마드리드의 독일 대사관에서 내 신분을 보장해 준 뒤에야 우여곡절 끝에 내 의무를 다하러 여기까지 온 거지."

파펜은 전쟁 초기에 프랑스 전역에 참가했다. 하지만 히틀러는 저명인사들과 그 자제들이 전쟁터에서 희생되는 상황을 꺼렸으므로, 파펜은 후방부대에 배치되었다. 호엔촐레른 가문(Hohenzollernhaus)[B]의 인사들과 다른 귀족들도 마찬가지였다.

내게는 포츠담 전출이 큰 행운이었다. 내가 좋아했던 베를린을 자주 방문할 수 있었기 때문이다. 이미 1932년에 3개월간 베를린에 체류한 데다 친척과 친구들도 많이 살고 있었다. 베를린은 대륙적인 분위기, 비밀스러운 장소와 이야기, 그리고 창조력 넘치는 사람들로 가득한, 가히 유럽의 심장부라고 할 만한 웅장한 대도시로, 나 같은 청년들이 무엇이든 얻을 수 있는 풍족한 곳이었다. 즐비한 극장과 오페라하우스, 저명한 예술가들, 패션디자이너들, 신문사들이 이 도시를 대변했다. 제1차 세계대전에 참전했던 독일 국적의 유대인들, 그리고 스스로 유대인이 아니라 독일인이라 외치던 사람들 가운데 많은 이들이 예술과 경제의 권위자였고, 그들이 활동하던 주 무대가 바로 베를린이었다. 그러나 얼마 지나지 않아 그들 중 다수가 히틀러를 피해 망명하거나 유대인 집단수용소로 끌려가면서 베를린은 텅 빈 유령도시로 변했다.

우리는 부대에서 교육훈련의 강도를 한층 더 높였으며, 두 가지 목표에 초점을 맞추고 훈련에 집중했다. 먼저 기계의 원리를 숙달하여 무기체계와 친숙해지고, 다음으로 야지 기동능력을 배양했다.

A   프란시스코 프랑코(Francisco Franco), 스페인의 군인 출신 독재자. 스페인 내전에서 국민전선의 사령관으로 활동했고, 팔랑헤당의 당수로 정권을 장악해 38년간 독재정치를 펼쳤다. (편집부)
B   독일제국의 황족 (역자 주)

기갑수색대대 예하의 2개 중대, 즉 차량화보병중대와 나의 오토바이중대에는 고성능 BMW 500 오토바이^A들이 보급되었는데, 이 오토바이에는 꽤 멋진 사이드카까지 부착되어 있었고, 나중에는 사이드카에도 구동계가 장착되었다. 우리는 차츰 진정한 오토바이의 달인이 되어갔다. 밤낮없이 험한 모래벌판과 삼림지대를 누볐고, '부대개방의 날'(Tag der offenen Tür)에 주민들을 초청해 우리의 실력을 자랑했다. 오토바이 점프 시범도 했는데, 어떤 부사관은 16m의 점프 기록을 세웠다. 한 대의 오토바이에 12명의 병사가 피라미드 형태로 서서 기동하는 묘기도 연출했다. 무인조종 오토바이도 선보였는데, 사실 병사 한 명이 사이드카에 숨어서 오토바이를 조종했다.

공식적으로 크로스컨트리 경주에도 출전할 수 있었다. 나는 매주 주말에 오토바이 경주 -오늘날의 랠리와 유사하다 에 참가했다. 처음에는 1인승 오토바이 경기에 참가했고, 그 후에는 사이드카를 달고 참가했다. 한 번은 내 동료를 옆에 태우고 경주를 하던 중에 오토바이와 사이드카의 이음새 부분이 나무와 정면충돌한 적도 있었는데, 그 사고로 쇄골을 다쳐 몇 주간 입원을 한 뒤에 스포츠카 경주로 종목을 바꿨다. 어느 자동차 회사가 군인 3명으로 구성된 우리 팀을 후원해 주었다. 그동안 우리는 능숙하게 장비를 조작할 수 있게 되었고, 달리면서도 사이드카에 장착된 기관총을 사격할 수 있도록 훈련했다. 기동에 있어서도 획기적인 성과를 거뒀다.

주말에는 베를린에서 여유를 즐겼다. 우리 젊은 소위들은 파티가 열리는 곳 어디서든 환영받았다. 나는 종종 친인척들을 방문하기도 했다. 같은 집안 사람이자 저명인사인 당시 외무장관, 폰 노이라트(von Neurath)씨가 나를 초대한 적도 있었다. 어느 날, 그가 주최한 파티에 당시 사귀고 있던 젊은 여성을 데려갔는데, 거기서 젊은 폴란드 국방무관을 알게 되었다. 며칠 후, 처음 보는 두 명의 장교가 부대에 나타나 나에게 짐을 챙기라고 지시하더니 베를린 외곽의 호텔로 데려갔다. 당황하는 내게 그들은 이렇게 말했다.

"당신은 아무런 잘못도 없소. 다만 일정 기간동안 격리하라는 지시를 받았소."

나는 일주일 후 복귀해서야 비로소 그 이유를 알게 되었다. 그 폴란드 무관은 당시 나와 사귀던 여자 친구에게 스파이 활동을 지시했고, 그 사실이 발각되자 무관은 즉시 추방당했던 것이었다.

나는 당시에 꽤 비싼, 내 인생의 첫 자동차를 구입했다. DKW^B라는 유명한 자동

A   BMW R61계열 (편집부)
B   Dampf-Kraft-Wagen, 증기차 업체로 출발한 자동차·바이크 전문업체, 현 아우디의 전신 중 하나. (역자 주)

차 회사가 출시한, 목재 차체에 DKW 최초의 2행정 엔진을 장착한 자동차였다. 이 자동차의 할부금을 갚기 위해 차에 저금통을 놓고 함께 타는 사람들에게 차비를 받았다. 그렇게 해서라도 돈을 모아야 했다. 소위의 월급으로는 도저히 그 차의 가격을 감당하기 어려웠다. 돈을 아끼기 위해 거의 매일 저녁마다 쿠담(Kurfürstendamm) 거리의 스낵바에서 빵 두 개와 자판기 레모네이드 한 잔으로 요기를 하곤 했다. 다 합쳐도 1마르크 정도였다. 마요브스키(Majowski) 술집에서 70페니히짜리 큐라소(Curaçao) 한 잔만 시켜놓고 저녁 내내 앉아있을 때도 있었다. 마요브스키는 공중곡예사 우데트(Udet)나 훗날 공군 원수를 역임한 밀히(Milch)와 같은 전직 파일럿들의 회합 장소였다. 그들은 종종 우리 같은 가난한 소위들에게 술을 한 잔씩 대접하곤 했다. 나는 슈피텔마크트(Spittelmarkt) 인근의 작은 선술집도 즐겨 찾았다. 그곳은 베를린 택시기사들의 모임 장소로, 기사들은 두 번 운행한 뒤에 거기로 와서 맥주 한 잔을 비우곤 했다.

베를린의 택시기사들은 특유의 재치와 유머로 매우 유명했다. 손님들에 대한 이야기들을 들을 때면 나는 마치 한 편의 코미디를 듣는 듯했다. 내가 기억하는 두 가지 이야기들을 소개한다.

첫 번째 이야기이다.
굼뜬 벨기에산 말들이 끄는 4륜 마차 한 대가 베를린 시내에 들어왔다. 갑자기 말들이 날뛰기 시작했다. 베를린 도심 한가운데를 막 통과했을 무렵 말들이 내달리기 시작했고, 그 마차는 슈피텔마크트를 넘어섰을 때 한 학교 앞에서 겨우 정지했다. 마침 휴식시간이 된 학교의 창가에는 학생들이 기대어 서 있었고, 그들 중 한 아이가 소리를 질렀다. "뭐야? 벤허의 마차야?"

다음 이야기이다.
60대 할머니가 아들의 집에 들렀다 전철을 타고 베를린 교외의 집으로 돌아오는 길이었다. 그녀의 집은 전철 정거장에서 불과 수백미터 떨어진 곳이었다. 그런데 마침 비가 억수같이 쏟아지기 시작했고, 그녀는 정거장 앞에 줄지어 서 있는 택시들을 바라보더니 맨 앞쪽 택시기사에게 다가가 거리가 가깝지만 데려다줄 수 있는지 물었다. 그러자 그 택시기사는 할머니를 돌아보며 이렇게 말했다. "부인! 제가 오늘 그 거리를 운행하기 위해 저녁 내내 당신을 기다렸습니다. 타시죠!"

나는 친구들을 통해 여러 모임에 참석해, 유명한 작가들과 저널리스트들을 많이 사귈 수 있었다. 그들 중 많은 이들은 나를 평범한 '젊은 청년'이라 생각했을 뿐, 장교임을 아는 사람은 거의 없었다. 당시까지도 베를린에는 유대인들이 많이 남아 있어서, 내 신분을 숨기는 편이 더 낫다고 판단했다. 그래서 그들은 안심하고 나를 편히 대했다. 1938년 가을, 그 처절했던 '수정의 밤'(Kristallnacht) 사건[A]이 일어나기 전까지 그들은 자신들이 사랑하는 베를린에 머물렀다. 그 사건은 히틀러와 힘러가 지시한 '유대인 말살계획'(Endlösung)의 첫 단계였다.

히틀러와 나치는 주민들이 나치를 따르게 하는, 소위 '나치 추종화'를 시도했다. 그러나 베를린의 주민들은 이런 시도를 거부했다. 나치에 관한 유머들이 나돌고 코미디언들은 '갈색의 나치스트'들을 풍자하며 간접적으로 비판했다. 그 가운데 가장 뛰어난 코미디언은 단연 베르너 핑크(Werner Finck)였다. 그는 자신의 '지하납골당'(Katakombe)이라는 소극장에서 위트 넘치는 언어로 청중들에게 즐거움을 선사했다. 그는 천하의 괴벨스도 자신을 건드릴 수 없을 거라고 호언장담했는데, 전쟁이 발발한 후 수많은 예술가들이 구금이나 체포당하기 전까지는 그의 말이 옳았다. 그러나 전쟁이 터지자 그의 목숨도 언제 끝날지 알 수 없게 되었다. 이유는 밝혀지지 않았지만, 선전장관 괴벨스가 그를 체포하기 전에 괴링이 먼저 그를 공군으로 빼돌렸다. 나는 1943년 북아프리카에서 귀국하는 길에 로마에서 핑크를 만났다. 그는 옛날 자신이 군인을 풍자할 때처럼 군모에 이등병 계급장을 단 군복을 입고 있었다. 그날 밤 우리 둘은 로마 시내를 걸으며 함께 '행복했던 옛 베를린 시절'을 떠올렸다.

전쟁이 발발하기 전까지 베를린 사람들이 가장 즐겨 찾았던 모임 장소는 티어가르텐지구(Tiergartenviertel)에 위치한 '예술가들의 골목'이라는 술집이다. 공연을 끝낸 배우들과 가수들이 그리로 모여들었다. 담배 연기가 자욱하지만 아늑한 곳이었다. 그랜드피아노 앞에는 한때 유명했지만 지금은 맹인이 된 이탈리안 출신 작곡가가 앉아있었는데, 그는 발걸음 소리로 손님들, 특히 예술가들을 알아채고 이내 그들을 위한 아리아를 연주했다. 그의 피아노 옆에서 리하르트 타우버[B]나 체보타리가 열창하는 모습도 자주 볼 수 있었으며, 그때마다 피아니스트와 가수들은 손님들의 열렬한 박수갈채를 받았다.

1937~38년까지만 해도 '갈색 제복을 입은 나치스트'들의 힘은 약했다. 그들은 감히 우리 국방군에게 영향력을 행사할 수 없는 상황이었다. 덕분에 우리 젊은 소위들은 당시에 그 누구의 방해도 받지 않고 베를린의 예술과 문화를 즐길 수 있었다.

....
A   1938년 11월 9일 발생한, 유대인의 예배당이 불타고 상점이 약탈당한 사건 (저자 주)
B   Richard Tauber (1891~1948) 오스트리아 출신의 유명 테너. 1940년 영국으로 건너갔다. (편집부)

나의 가장 절친한 친구이자 동료 가운데 하나로, '몽구스'라는 별명의 벨트너(Weltner)는 포츠담의 모든 전셋집을 두루 섭렵했다는 특별한 이력을 지닌 인물이었다. 그가 어느 날 나를 찾아와 이렇게 말했다.

"나는 포츠담 부대 교회 근처에 방을 하나 얻었어. 처음에는 정말 잘 골랐다고 생각했지. 방값도 싸고 집 아래쪽에는 술집도 있거든. 욕실도 있고. 그런데 이제 더는 살고 싶지 않아. 정각마다 울리는 교회 종소리 때문에 미치겠더라고. 요즘은 프리드리히 대제와 루이제 왕비가 마차를 타고 교회 주위를 도는 환상이 보일 지경이라니까. 이제 떠날 시간이야. 새로운 집을 찾아야겠어."

그는 이후 또 다른 '이상적인 집'을 구했다. 어느 날 그는 부대에 장교식당 1층, 악기 창고 한쪽에 야전침대를 깔고 일정 기간 머물고 싶다고 요청해 부대장으로부터 승인을 받았다. 그는 매우 행복한 표정을 지으며 내 앞에 나타났다.

"장교식당이 바로 옆이지. 장교식당에서 무도회가 열릴 때마다 가슴 패인 옷을 입은 여자들을 가까이서 볼 수 있으니 너무 행복해!"

내가 자동차 경주 도중에 사고를 당해 침대에 누워 있던 어느 날, 몽구스가 나를 찾아왔다.

"얼마간 떠나있을거야. 왜, 어디로 가는지는 묻지 마. 은행위임장과 통장도 좀 맡아줘. 미안하지만 부채도 좀 있어. 그리고 이건 내 월급으로 갚아야 할 목록이야. 같이 받아줘."

"뭐? 이런! 이건 영수증이잖아. 네 월급보다 훨씬 많아! 내가 이걸 어떻게 하라는 거야?"

내 물음에 그는 이렇게 대답했다.

"내가 항상 하던 대로 하면 돼. 최종 납부일이 되면 메모지에 내가 돈을 빌린 채권자들의 이름과 금액을 쓰고 바구니에 넣어. 그리고 그 메모지를 뽑아서 통장의 잔고 한도 내에서 갚는 거지."

얼마 후, 몽구스가 어디에 있는지 알게 되었다. 그는 '콘돌 군단'(Legion Condor)[A]의 요원으로 스페인 내전에 참전했다. 스페인 내전은 참전국들에게 전쟁과 유사한 조건에서 새로운 전차와 항공기의 효용성을 시험하는 최적의 무대가 되었다. 한편, 히틀러는 전쟁이 벌어지면 지중해 입구를 봉쇄하기 위해 독일군을 지브롤터(Gibraltar)로 진군하려 했으나, 프랑코가 이를 거부했다. 프랑코는 히틀러의 '호의'에 보답하지 않

A 스페인 내전 당시 독일이 육군과 공군으로 편성, 파견한 군단급 부대. (역자 주)

았던 것이다. 어쨌든 1938년 내가 포츠담을 떠나 새로운 부대로 옮겼을 때, 몽구스가 다시 내 앞에 나타났다. 나는 빚을 거의 청산하고 남은 그의 통장을 건넸다. 그는 고맙다는 말과 함께 샴페인 한 잔을 대접하고는 돌아올 때처럼 갑자기 사라졌다. 전쟁 발발 즈음 몽구스는 안타깝게도 어느 전투에서 목숨을 잃고 말았다.

1938년 10월, 새로운 기갑부대들이 창설될 무렵, 나는 바트 키싱엔(Bad Kissingen)의 부대로 전속되었다. 바트 키싱엔은 오래전부터 카톨릭 주교좌 도시였던 뷔르츠부르크(Würzburg) 인근 뢴(Rhön)^A산맥의 끝자락에 있는 곳으로, 한 폭의 그림과 같은 풍광을 가진, 온천과 휴양으로 이름 높은 관광지였다. 내가 그곳에 도착했을 무렵에는 이미 온천 시즌이 끝나고 동계 휴식기로 접어든 시기여서 고요했다. 그래서인지 언제나 생기 넘치는 우리 군인들은 곳곳에서 환영받았다.

11월의 어느 날, 그곳에서 처음으로 접한 국가적인 비상사태, 독일 역사상 가장 수치스러운 사건일 '수정의 밤' 사건은 우리 모두에게 공포 그 자체로 다가왔다. 친위대와 돌격대는 힘러의 주도하에 파리 주재 독일 국방무관을 암살했고, 독일 전국의 유대 교회와 유대인 상점들을 파괴하고 불태웠다. 국방군 수뇌부는 여전히 개입하지 않았다. 이리하여 히틀러는 체제를 강화했고 측근의 장군들을 통해 군대가 나치의 음모에 반대하거나 개입하지 않도록 지시했다.

가장 참혹한 곳은 바로 베를린이었다. 그러나 베를린에서 멀리 떨어진 키싱엔의 분위기는 사뭇 달랐다. 지방의 돌격대 세력은 매우 약했고, 당시 독일에서 벌어진 일련의 사태들로 힘을 잃어버렸다. 특히 뢴의 쿠데타가 실패하자 나치당 내부에서 비판하거나 반대 의사를 표시하는 자들을 모두 반역자로 몰리는 분위기가 팽배했다.

한편, 오늘날까지 국내외를 막론하고 '왜 국방군이, 특히 장교단과 장군단이 조기에 나치주의자들의 권력 확장을 저지하지 않았는가, 그리고 왜 히틀러와 그의 추종 세력들의 위험천만한 불장난을 그만두게 하거나 최소한 반대 의사를 표명하지 않았는가?'라는 주제로 많은 이들이 격렬한 토론을 벌이곤 한다. 그에 대한 내 생각은 다음과 같다.

■ 베르사유 조약 하에 병력이 10만 명으로 제한된 육군은 의도적으로 정치에 관한 교육을 배제했다. 그 결과, 장교단의 정치적 통찰력이 부족해졌다.

A 독일 중부의 산맥 (역자 주)

■ 히틀러 정권 초기의 성과[A]는 독일 국민과 국방군에 자존심을 심어주기에 충분했고, 국민 모두로부터 강력한 지지를 받았다. 더욱이 국방군은 히틀러 덕분에 다시 창설되어 군사력을 증강하던 상황이었다.

■ 젊은이들이 대거 히틀러소년단과 여타 나치 조직에 가입했고, 나치 조직 출신의 젊은이들이 군에 입대하면서 군 내에 열광적인 나치 추종세력을 형성했다.

■ 내가 생각하는 가장 결정적인 요인은 국방군 소속의 장교들이 국가에 대한 충성을 맹세했다는 바로 그 점이다. 충성 맹세는 곧 장교단의 신념이었다. 일찍이 프리드리히 대제 이래 프로이센군 −그리고 1871년 독일제국 건설 이후 독일 육군− 에서 이 충성 맹세는 사회적으로 가장 신성한 행위였고, 군에서도 지상 최고의 가치로 여겨졌다. 히틀러는 이 사실을 너무나 잘 간파했고, 그러한 집단의식을 가혹하리만치 잘 이용했다. 국내외 수많은 이들이 히틀러의 전횡에 대해 경고했고 모든 장군과 장교들이 그 사실을 알고 있었지만, 우리는 스스로의 맹세를 지켜야 했으므로 히틀러에게도 충성 맹세를 할 수밖에 없는 상황이었다.

1933년과 1934년 당시 누가 감히 히틀러에 대한 충성 맹세를 거부할 수 있었겠는가? 블롬베르크 스스로 그러한 맹세를 제안했고, 정치적 경험과 지식이 부족했던 군 수뇌부는 히틀러의 야욕에 현혹되거나 알고도 눈을 감아버렸다.

1934년, 군부는 자신들의 의지와는 무관하게 새로운 전환점을 맞게 되었다. 제국군은 과거로부터 정치적 권력의 한 축을 담당했지만, 히틀러 시대에 와서는 그의 손아귀에서 벗어날 수 없었다.

오늘날까지도 1944년 7월 20일의 암살 기도가 왜 더 빨리 −늦어도 1941년 소련 침공 개시 이후에− 시도되지 않았는가에 대해 많은 이들이 논쟁을 벌이고 있다. 이 문제에 대한 내 나름대로의 해석을 몇 가지 제시하려 한다.

먼저, 암살이 성공할 수 없을 만큼 히틀러 주변의 경호가 매우 삼엄했다. 다른 한편으로, 그라프 슈타우펜베르크(Graf Stauffenberg)와 그 주변의 장교들도 어쩔 수 없는 '자포자기' 상태에서 거사를 감행했다. 본래 슈타우펜베르크도, 거사에 참여한 장교들도, 자신들의 충성 맹세를 끝까지 지키려 했다. 그러나 수많은 암살 시도가 실패했고, 1944년 연합군의 노르망디(Normandie) 상륙 이후의 상황은 매우 절망적이었다. 이에 슈타우펜베르크는 딜레마에 빠졌다. 그들은 쿠데타에 성공해도, 실패해도 자신들이 매우 난감한 처지에 놓이게 된다는 사실을 잘 알고 있었다. 실패는 자신들의 총살로 끝나겠지만, 성공하더라도 히틀러에 대한 미화를 피할 수 없고, 한편으로 연

[A] 실업률 급감, 위험천만한 공산주의자들의 제거, 제1차 세계대전 후 강탈된 영토 회복 등 (저자 주)

합군의 무조건 항복 요구를 받아들여야 했다. 그럼에도 그들은 히틀러의 헛된 망상에 종지부를 찍고 독일 국민을 더이상 희생시키지 말아야 한다는 자포자기의 심정으로 암살을 결행했다.

오늘날, 이 암살시도가 '국가에 대한 충성 맹세'를 훼손하는 행동이라고 비난하는 이들도 있지만, 이런 지적은 논리적 맹점이 있다. 충성 맹세란 개인의 양심과 상응할 때만 지켜야 할 가치가 있기 때문이다.

5. 전쟁 직전의 유럽 : 여행과 다양한 경험들

한창 수많은 기갑부대들이 창설되던 즈음 아래와 같은 사건들이 연이어 터졌다.

히틀러는 오스트리아 국민의 환호 속에서 '고향 땅'을 밟고, 오스트리아를 손에 넣었다. 또한, 체코슬로바키아의 영토였던 '주데텐란트'(Sudetenland)로 군대를 파견했다. 국방군에게는 '전쟁 발발 가능성을 상정한 작전'이었지만, 다행히 피 한 방울 흘리지 않고 그 땅을 합병했다. 이 행동은 히틀러의 다음 단계를 위한 준비에 불과했다. 영국과 프랑스는 무기력했고, 그런 반응은 히틀러를 고무시켰다. 그는 '나의 투쟁'(Mein Kampf)에 기술했던 자신의 '구상'을 천천히 현실화시켜 나갔다. 독재자의 모험적인 행위를 저지할 수 있는 것은 오로지 강력한 군사력을 바탕으로 하는 억지력뿐임을 보여준 사건이었다. 달라디에(Daladier)[A]와 체임벌린(Chamberlain)[B]은 양보와 협상을 통해 히틀러가 이성을 찾기를 바랐지만, 그 자체가 바로 결정적인 실책이었다.

괴벨스는 '대독일 제국'(Großdeutschen Reich) 건설이라는 목표를 자신의 프로파간다(Propaganda), 즉 선전과 선동의 최고 가치로 두었다. 이는 베르사유 조약상 불법이었으나, 대다수의 독일 국민은 소위 '제국으로의 회귀'를 주권 회복, 자유의지의 표출로 이해했고, 괴벨스의 주장에 대해 열렬히 환호했다. 한편, 독일 국내에서는 외국 언론 접촉이 금지되었고, 외국 방송을 몰래 청취하면 구금되거나 체포되어 수용소로 끌려가기도 했다. 해외여행이 금지되지는 않았지만, 해외 체류를 허가받으려면 정부에 1일당 15마르크를 지불해야 했다. 일반 국민에게는 사실상 금지나 마찬가지였다.

그런 상황에서도 나는 외국 생활에 대해 막연한 동경심을 갖고 있었다. 오래전, 나이 많은 수학 선생님 조언을 행동으로 옮기고 싶었다. 그는 이렇게 말했다.

"가능한 자주 여행해라! 외국에서 네 조국을 바라보라! 다른 나라 사람들과 사귀어라. 그러면 네 조국을 제대로 이해할 수 있다!"

A 프랑스 총리 (역자 주)
B 영국 수상 (역자 주)

1933년부터 1935년까지는 월급을 외환으로 받을 수 있었다. 그 돈으로 프라하와 바르샤바를 여행했는데, 안타깝게도 그곳에는 단 한 명의 친구도 없었다. 이후 정부 시책 변경으로 해외여행 1회당 15마르크만 지불하면 된다는 발표가 있었다. 때마침 몇몇 친구들이 거주하고 있던 서부와 남부 유럽을 여행하게 되었는데, 친구들 덕분에 숙식비를 아꼈다. 당시 항공 교통의 수준은 초기 단계였고, 오늘날처럼 다른 대륙을 비행기로 여행하는 것은 꿈같은 이야기였다.

인접 국가의 사람들과 외국어, 그들의 문화를 접하면서 수학 선생님의 충고가 진리였음을 깨달았다. 외국인 친구들과의 만남도, 곳곳의 경관도 매우 감동적이었으며 흥미진진한 기억으로 남아 있다.

동서양 문화가 융합된 프라하의 아름다움에 특히 깊은 감명을 받았다. 또한, 유명한 휴양지인 칼스바트(Kalsbad)^A와 마리엔바트(Marienbad)^B의 경치는 그야말로 장관이었다. 바르샤바는 매우 평온했다. 독일군 장교였지만 아무런 제약 없이 여행 비자를 받을 수 있었다. 과거 서프로이센 땅이었던 소위 '폴란드 회랑' 지역의 주민들을 제외하면 폴란드 사람들은 슬라브족에 가까웠다. 체코슬로바키아인보다 더 러시아인과 유사했다. 이는 아마도 폴란드가 인접한 러시아와 더 친밀한 관계를 유지했던 이유일 것이다. 반대로 체코슬로바키아는 1918년까지 오스트리아 제국에 속해 있어서 그 영향을 많이 받았다. 폴란드의 시골 마을들은 자그마한 농장들이 곳곳에 있었고, 그곳 사람들의 생활은 훗날 내가 러시아에서 보았던 서부 백러시아(Weißrußland)^C의 풍경과 유사했다. 하지만 바르샤바는 프랑스풍의 도시였다. 도심에는 프랑스 건축가들이 설계한 건물들이 즐비했고, 고등교육을 받은 많은 사람들이 프랑스어를 유창하게 구사했다. 프랑스어 덕분에 나는 그곳 사람들과 쉽게 사귈 수 있었다. 하지만 그들과 대화하면서 폴란드가 우리 독일뿐만 아니라 소련에 대해서도 적대적인 감정을 가지고 있다는 사실을 알게 되었다. 두 강대국 사이에서 오랫동안 시달린 역사의 결과물이었다.

스칸디나비아(Scandinavia)를 돌아보고 이어서 프랑스를 여행했다. 내 할아버지께서는 프랑스인 가정교사를 고용하셨고, 가족들 간에는 프랑스어로 대화하곤 했다. 당시 프랑스어를 할 줄 알면 매우 세련되고 교양있는 사람으로 대우받았다. 프랑스어

A   현재 카를로비바리 (역자 주)
B   현재 마리안스케 라즈네 (역자 주)
C   현 벨라루시 (역자 주)

뿐만 아니라 프랑스식 '세련된 매너'(savoir vivre)도 내게는 매우 매혹적이었다. 전 세계인이 모여드는 국제적 도시인 파리와 프랑스인들의 매력에 흠뻑 빠져버렸다. 호텔 직원들, 식당들, 기다란 바게트, 센(Seine)강 변의 헌책방들, 몽마르트르(Montmartre)언덕 위의 화가들… 이곳 사람들의 생활은 다채롭고 활기찼다. 파리 사람들은 노천카페에 모여 와인을 마시며 토론했다. 파리는 어떠한 죄악과 불행도 발붙일 수 없는 지상낙원같았다.

내 인생에 있어 또 하나의 큰 소득은 바로 영국에서의 여행 경험이었다. 당시까지 우리는 영국인들을 같은 종족, 즉 북부 독일인 정도로 인식했다. 젊은 청년이었던 나는 그들에게서 관용과 유머 감각을 배울 수 있었다. 일단 '몇 마디 대화'만으로도 그들의 진실함과 손님에 대한 배려심에 감동을 받게 된다. 또한, 영국이 어떻게 세계 패권의 지위와 자신들의 안전보장을 지금까지 유지할 수 있는지 확실히 깨달았다. 오랜 전통과 왕정을 중심으로 한 응집력, 수백 년 동안 발전되어온 민주주의가 바로 그 원동력이었다.

내가 지금까지도 생생히 기억하는 몇 가지 짧은 일화들을 소개한다. 그들에게 존경심이라는 감정을 느낀 사건들이다.

나는 런던의 독스(Docks)에서 웨스트엔드(Westend)로 향하는 지하철을 타고 있었다. 어느 부부가 파티 연회복을 입고 객차에 앉아있었다. 그때, 더러운 옷을 입은 항만 노동자가 지하철에 들어와 부부 옆에 앉았다. 그 노동자가 "실례합니다."(Sorry)라며 인사하자, 그 부부는 "괜찮아요."(You are Welcome)라고 답했다. 그들은 인상을 찌푸리지도, 자리를 옮기지도 않았다. 부부는 불안해하거나 불쾌함을 드러내기는커녕 매우 온화한 표정이었다.

또 다른 곳의 사례다.

중절모를 쓰고 우산을 든 한 은행원이 거리에서 청소부와 부딪혔다. 나는 그 은행원이 청소부에게 먼저 사과하는 광경을 직접 목격했다. "정말 죄송합니다."

어느 날 정오 무렵이었다. 나는 '근위대 교대식'을 구경하려고 화이트홀(Whitehall)^A 앞에 있었다. 낡은 옷차림의 한 남자가 내게 다가와 담뱃불을 청했다.

"프랑스인이오? 말에 악센트가 있네요?"

"아니오. 나는 독일인입니다."

그러자 그는 매우 반갑다는 듯 환한 표정을 지으며 내게 말했다.

"나는 1917년부터 1918년까지 독일군에게 포로로 잡혀 있었소. 그곳의 농장에서 포로로 지냈지만, 그럭저럭 만족했소. 여기 보시오. 참전 훈장이라오. 그런데 지금 나는 내게 아무런 보상도 해주지 않는 이 빌어먹을 도시에서 공산주의자로 활동하고 있다오. 몇 개월 째 일자리를 얻지 못했소. 당신네 히틀러는 거리의 실업자들도 구제하고 모든 국민이 배불리 먹고살 수 있도록 해주고 있다는 이야기를 들었는데, 정말 부럽소."

솔직히 그 남자와 대화를 계속하고 싶지 않았다. 마침 근위대의 교대식이 나를 도와주었다. 번쩍이는 군복을 입은 기병대가 말을 타고 행진했고 왕국의 찬란함을 뽐내고 있었다. 그 남자도 이제는 내 옆에서 그 광경에 도취된 듯 바라보며 내 팔을 붙잡았다.

"저걸 보시오! 아무도 우리 영국의 저런 멋진 것을 흉내 낼 수는 없소. 이게 바로 우리 영국이고 영국 왕실이오."

전쟁이 발발했을 때 처칠의 연설문도 마찬가지다. '피와 눈물밖에 바칠 것이 없다.' 다른 나라의 어느 국민이 이 말을 그렇게 당연스레 받아들일 수 있을까?

1938년, 두 번째로 런던을 방문했을 때의 일이다. 어느 주말, 당시 '영국 하원 의장'^A의 초대를 받아 그의 저택을 방문했다. 예전에 베를린에서 그의 딸을 알게 되었는데, 이번에는 그녀가 나를 초대했다. 그러나 그녀의 부모를 만난 적은 없었다. 서리(Surrey)의 작은 기차역 앞에 나를 마중 나온 운전사와 벤틀리(Bentley)^B 한 대가 서 있었다. 그 운전사는 내게 '한스 씨 맞나요?'라고 물었다. '예, 그렇습니다.'라고 말하고 벤틀리에 오르자 그 차는 이내 거대한 서리 공원(Park Surrey)을 통과했다. 이윽고 대저택이 웅장함을 드러냈다. 9홀 골프장과 낚시용 개인 나루터도 있었고 그야말로 독일의 거대한 농장과 유사했다. 대저택 앞에는 모닝코트^C를 입은 한 남자가 서 있었다. 집주인일까? 아니었다. 집사였다. 그녀의 가족은 아무도 보이지 않았다. 영국인들은 처음 보는 손님을 출입문 앞에서 맞이하지 않는다고 했다. 나는 집사를 따라 2층으로 올라갔고 매우 화려한 장식으로 가득 찬 방에 들어가자 그는 이렇게 말했다.

"목욕 준비를 해 드리지요. 짐을 풀어 정리해 드릴까요? 한스 씨?"

"예. 감사합니다."

A 에드워드 피츠로이(Edword FitzRoy), 보수당 출신의 정치가로, 1928년부터 사망 당시까지 하원 의장으로 재임했다.
B 영국의 고급차 업체 (편집부)
C 독일어로 Cut. 앞쪽은 짧고 뒤쪽은 긴 정장 (역자 주)

침실에 들어서자 집사는 내가 입을 저녁식사용 복장을 꺼내 주었다. 당시 베를린에서 유행하던 단추 6개가 두 줄로 달린 정장(Zweireiher)이었다. 과연 이 집의 주인인 하원 의장도 그런 정장을 입을까? 갑자기 궁금해졌다. 나중에 알았지만 그 역시 같은 정장을 입었고, 그런 옷을 구하기 매우 어려웠다고 솔직히 털어놓았다.

집사가 내 가죽구두를 받아 들고 부드러운 천으로 감쌌다. 그리고는 재빨리 또 다른 초록색 천으로 먼지와 흙을 떨어낸 후 내게 건넸다. 구두까지 닦아주는 그의 호의에 놀라지 않을 수 없었다. 나는 애써 놀라움을 감추며 고맙다고 인사했고, 그 집사는 두 시간 후에 음료수를 가져오겠다는 말을 남기고 방을 나갔다.

그렇게 몇 시간 후, 나는 마침내 집주인 부부와 대면했고, 우리는 금세 오래전부터 알고 지낸 친구처럼 친숙한 사이가 되었다. 그들로서도 일상적인 손님 접대를 능가하는 응대였고, 나로서는 난생처음 받아보는 품격있고 극진한 대접이었다. 환상적인 식사를 마친 후, 우리는 벽난로 앞에 앉아 히틀러 체제로 인해 야기될 수 있는 위태로운 정세에 대해 이야기했다. 자정쯤에는 차를 타고 어느 클럽하우스로 가서 우리 독일인들에게는 생소할 저녁식사(Nachtmahl)ᴬ를 했다. 이미 거기 모여 있던 친절하고도 호의적인 많은 사람과도 인사를 나누었다. 정말 잊을 수 없는 아름다운 주말이었다.

1939년 초, 전쟁이 터지기 전에 마지막으로 런던에 다녀왔다. 이미 국가 간의 갈등이 고조된 시기였다. 히틀러는 지금까지 자신의 책에 기록한 모든 계획을 실행에 옮기기 위해 박차를 가했고, 프랑스와 영국은 실질적 제재를 가하지도, 강력한 반대 의사를 표하지도 않았다.

나는 이미 지난 여행 당시, 그리니치(Greenwich) 해군대학교ᴮ 교장으로부터 몇 차례 초대받은 적이 있었다. 공교롭게도 아버지처럼 스카거락 해전에 참전했던 인물이었다. 특히 이번에는 사관학교 파티에 공식적인 초대를 받아 더욱 기뻤다. 나는 현역 독일군 장교로서 영국주재 국방무관에게 파티에 초대를 받았음을 보고했고, 무관도 흔쾌히 참석을 승인해 주었다. 그러나 파티가 열리기 며칠 전에 히틀러는 체코슬로바키아를 침공했고, 이는 엄연히 불법 행위였다. '제국으로의 회귀'라는 슬로건과는 전혀 상관없는 정치적 도발이었다. 그 즉시 사관학교 측으로부터 다음과 같은 전보를 받았다.

A 정찬(Dinner)이 아닌 저녁식사(Supper), 여기에서는 저녁 시간 이후 간단한 다과나 야식을 뜻한다. (편집부)
B 그리니치 왕립 해군 대학, 다트머스에 위치한 해군사관학교와 구분되는 군사고등교육기관이다. (편집부)

'안타깝게도 유럽에서 벌어진 일련의 사태로 귀하를 파티에 초대할 수 없게 되어 유감입니다. 다음 기회에는 귀하를 꼭 초대할 수 있기를 바랍니다.'

그토록 친절하고 품위 있는 사람들이 정치적인 이유로 초대를 취소하기로 결정했을 때, 그들 스스로 얼마나 괴로웠을까? 그들의 마음을 충분히 이해하고도 남았다.

런던 시민들은 점차 상황을 심각하게 받아들였고 공공연하게 '전쟁이 곧 터질 것 같다'고들 말하곤 했다. 유명한 미스터 로우(Mr. Low)[A]의 시사만평만으로도 영국인들의 위기감을 충분히 느낄 수 있었다. 다시 한번 하원 의장과 부인을 만났다. 그는 이런 농담도 던졌다.

"한스! 만일 전쟁이 벌어지면 곧장 우리에게 오게. 우리 섬나라는 안전할 거야."

전쟁이 끝나고 포로수용소에서 풀려난 후, 런던을 방문해 몇몇 친구들만 다시 만났다. 감히 예전에 알던 모든 사람들을 찾아가서 만날 용기가 없었기 때문이다. 영국은 이미 변해 있었다. 대영제국은 더이상 존재하지 않았고, 영국은 과거의 연방을 유지하기에도 버거워 보였다. 이미 서방 세계를 이끄는 역할을 미국에게 넘겨 준 지오래였다. 그러나 내가 알던 영국 사람들은 그대로였다. 품위 있고 신사적이었으며, 나를 따뜻하게 맞아 주었다.

다시 전쟁 이전으로 돌아가자. 당시의 이탈리아는 독일인들에게 가장 인기 있는 해외 여행지가 아니었다. 경제공황으로 독일 국민 600만 명 이상이 하루아침에 실업자로 전락했고, 제3제국 정부가 외환을 직접 통제하는 이상 해외여행은 불가능한 것이나 다름없었다. 하지만 베네치아(Venedig)는 신혼여행지로 각광받았으며, 독일인이라면 누구나 세계 문화의 중심지인 로마를 여행하고 싶어 했다. 우리도 고등학교에서 그리스어, 라틴어를 배웠고 괴테의 이탈리아 여행기를 수없이 읽었으므로 괴테의 발자취를 따라가 보고 싶었다.

그래서 나는 한 친구와 함께 3주간 이탈리아를 여행하기로 했다. 숙식은 내 차에서 해결하기로 했고, 트렁크에는 다른 짐 대신 휘발유를 가득 실었다. 최소한 로마까지 갔다 돌아올 수 있는 휘발유가 필요했다. 음식도 충분히 챙겼다. 언제, 어디에서든 휘발유나 식량 때문에 어려움을 겪지 않기 위해서였다. 장거리 운전의 피로를 고려해 서로 100㎞마다 교대 운전을 하기로 했다. 하지만 100㎞를 훨씬 넘어서도 힘들기는커녕 즐거운 마음으로 운전대를 주고받았다. 어느 날에는 산속의 개울가에서

A David Low, 시사만화가 (역자 주)

야영하고 이튿날 아침 깨끗한 계곡물에 몸을 씻기도 했다.

플로렌스(Florenz)[A]와 로마의 진면목은 우리의 상상을 초월했다. 처음 맛본 이탈리아 음식도 정말 일품이었다. 우리는 가능한 국도나 시골길을 달렸고, 상냥하고 친절한 주민들과 쉽게 접촉할 수 있었다. 친구는 박물관에 관심이 많았다. 그러나 나는 아름다운 건축물을 보거나 현지주민들과 대화하는 편을 더 좋아했다. 그래서 아침에는 각자 관심 분야를 찾아서 헤어졌고 저녁에는 서로의 경험을 교환했다.

그러던 어느 날, 플로렌스에서 한 여성을 알게 되었는데, 그녀는 우리를 자신의 집으로 초대했다. 우리는 흔쾌히 응했고 그녀를 따라 좁다란 골목으로 들어갔다. 기분이 그다지 좋지 않았다. 지저분하고 음침해 보이는 집 앞에 섰을 때, 그녀는 이렇게 말했다.

"여기예요. 들어오세요."

밖에서 볼 때는 음침했지만, 내부의 뜰에 들어서자 수많은 예술품들로 가득하고 너무도 멋진 정원을 갖춘, 마치 궁전과도 같은 집이었다. 알고 보니 그녀는 공작부인이었고, 그 집은 '공작부인'(Principessa)의 시내 궁전이었다. 우리는 이 멋진 건물에서 환상적인 하루를 보냈다.

로마는 7개의 구릉으로 구성되어 있다. 보르게세의 공원(die Villa Borghese), 콜로냐 광장(die Piazza Colonna)과 베드로 성당(Petersdom)은 아름다움을 넘어 그저 감탄사를 연발하게 했다. 이렇게 아름다운 로마와 이토록 친절하고 상냥한 이탈리아 사람들을 상대로 전쟁터에서 서로 총구를 겨누어야 하는 상황이란 정말로 상상하기도 싫었다. 나는 이탈리아인들의 진가와 그들의 정신세계를 눈으로 확인했고, 많은 것들을 배울 수 있었다.

나는 스위스에도 가보았다. 그곳에는 체펠린(Zeppelin) 가문을 포함해 친척들이 많이 살고 있었다. 스위스에서 타는 스키는 특히나 매력적이었다. 당시의 스키는 목재 스키를 들고 산 위로 올라갔다 가죽 신발을 스키에 묶은 뒤 타고 내려오는 방식으로, 리프트 시설은 없었다. 5시간을 걸어올라 정상에서 휴식 겸 점심식사를 한 후, 아무도 지나간 흔적이 없는, 수북이 쌓인 자연설 위를 1시간가량 달려 산 아랫마을로 내려왔다. 스키 하이킹도 잊을 수 없는 아름다운 경험이었다. 며칠에 걸친 도보 여정 중에 곳곳에 세워진 조그마한 산장에서 숙영했는데, 여행객이 전혀 없는 곳이라 적막함과 아름다움을 홀로 즐길 수 있었다.

....
A 피렌체를 뜻한다. (편집부)

내 차로 이탈리아에서 돌아오는 길에 두 번째로 스위스를 여행했다. 휘발유도 포츠담까지 가기에는 여유가 있었고, 남은 돈도 6.5마르크로 충분했지만, 12시간 이상 운전한 터라 너무나 지쳐있어서 스위스에 들러 쉬어가기로 했다. '부랑자'나 '집시'로 몰려 체포될 위험도 있으니, 차에서 밤을 보낼 수도 없는 노릇이었다. 스위스 국경에 들어서서 유명한 휴양지에서 숙박을 결심하고 자그마한 모텔을 찾아다녔다. 그러나 모든 숙박업소마다 손님들로 북적였고 빈방이 없었다. 문득, 당연히 방이 없겠지만, 혹시나 하는 마음에 팰리스(Palace) 호텔로 차를 몰아 호텔 벨보이(Bellboy)에게 빈방이 있는지 물어보았다. 그러자 그는 동정심 가득한 눈빛으로 이렇게 말했다. 아무래도 나를 상류층 자제로 보는 듯했다.

"유감스럽게도 빈방이 없네요. 지금 이 시기에 여기에서 방을 구하기가 쉽지 않을 겁니다. 그러나 어딘가에 당신 한 명 정도 머무를 수 있는 곳이 있겠지요? 제게 좋은 생각이 떠올랐어요. 따라오세요. 굳이 싫으시면 안 쓰셔도 됩니다. 한 번 보시고 선택하세요."

그는 어느 문 앞에 걸음을 멈추더니, 문을 열었다.

"지붕 아래 조그마한 다락방 하나가 있습니다. 이따금 제가 개인적으로 사용하는 공간이랍니다. 공짜로 이 방을 내어 드리겠습니다. 단지 내일 아침 식대만 지불하시면 됩니다."

나는 순식간에 머릿속으로 계산을 끝내고는, 잠시 망설이는 듯한 표정을 지은 후 말했다.

"정말 친절하시군요. 좋습니다. 당신의 제안을 받아들이지요."

다음날, 나는 아침을 든든히 먹은 후, 이동 중에 먹을 빵 몇 개를 챙기고 수중에 있던 6.5마르크 가운데 일부로 식대를 지불했다. 잔돈은 팁으로 주어 그에게 감사를 표했다.

1939년 8월에는 이미 폴란드와의 관계 악화설은 물론 전쟁설까지 나돌았고, 그 밖의 갖가지 소문도 무성했지만, 나는 또 한 차례 14일간 스위스로 휴가를 신청했다. 상급부대에서 승인 공문이 즉시 하달되었는데, 나로서도 깜짝 놀랄만한 일이었다. 현역 군인의 해외여행을 승인한다는 의미는 무엇이었을까? 아마도 스위스인들과 국제적 여론을 향해 독일은 전쟁할 의도가 없음을 간접적으로 보여주려는 듯했다. 그러나 스위스에 체류 기간이 2주를 넘어갈 즈음에 나는 원대복귀 명령을 받았다. 우리 사단에는 이미 비상이 선포되어 휴가 중인 모든 장병에게 귀대하라는 명령이 떨어져 있었다. 내 친구들은 모두들 불안해했다.

"이제 곧 전쟁이 터질 거야."

나는 갖가지 좋은 말로 그들을 안심시키려 했지만, 그들은 내 말을 믿지 않았다. 그들을 뒤로 한 채, 가장 빠른 길을 택해서 키싱엔의 부대로 돌아왔다. 그곳의 분위기는 매우 격앙되어 있었다.

동원령 선포에 따라 우리도 그에 상응하는 전투준비를 갖췄다. 이런 부대의 활동이 민간인들에게 노출되지 않도록 보안을 유지하기는 어려웠다. 온천욕을 즐기러 온 요양객들 가운데 외국인들은 황급히 짐을 꾸렸다. 국민 사이에서도 우려의 목소리가 높아지고 있었다. 특히 베를린에서 들려오는 '폴란드의 국경선 침범'은 믿기 어려운 뉴스였다. 폴란드가 독일에 대한 기습침공을 준비 중이라는 나치의 선전들이 연일 증폭되고 있었는데, 이는 완전히 날조된 소식임을 우리도 잘 알고 있었다. 국민의 절대다수가 1918년 이후로 강탈당한 '서프로이센 지역의 해방', '폴란드 회랑'과 '독일의 옛 도시 단치히(Danzig)' 수복에는 공감했지만, 1914년 제1차 세계대전이 발발했을 때처럼, 전쟁에 대한 국민의 열광적인 지지나 성원은 없었다.

한편, 우리 군 내부의 동원은 매우 순조롭게 진행되었다. 키싱엔의 주민들은 우리에게 건강과 건승을 빌어주며 작별인사를 건넸다.

"당신들이 뜻하는 대로 모든 일이 이루어지길 빌어요!"

II. 제2차 세계대전

1. 전격전 : 폴란드-프랑스-소련 (1939~1941)

1939년 폴란드 전역

가을 햇살이 따사로웠다. 나는 슈툼메(Stumme) 장군이 지휘하는 제2경기병사단(die 2. Leichte Division)^A 예하 제7기갑수색연대의 2개 기갑수색대대 중 바트 키싱엔에 주둔한 대대의 중대장이었다. 다른 대대는 마이닝엔(Meiningen)에 있었다. 우리 대대는 이동을 개시하라는 명령을 받고 군장을 꾸렸다. 행군 중 어느 언덕에서 뒤돌아서서 멀어져가는 바트 키싱엔과 종종 스키를 즐겼던 뢴산맥을 바라보며 회상에 잠기기도 했다.

공식적으로는 '전쟁을 상정한' 대규모 기동훈련에 참가하라는 명령을 받았다. 하지만 평시에 진행하는 훈련에서도 휴대했던 실탄 대신 공포탄만을 지급받았다. 초긴장 상태였다. 어떠한 사소한 실수도 용납될 수 없는 상황이었다. 독일 국민뿐만 아니라 전 유럽 모든 국가들이 국방군의 거의 모든 부대가 이 훈련에 참가한다는 사실을 알고 있었기 때문이다. 우리는 스스로 이렇게 자문했다. 독일제국의 영토를 침범한 폴란드에게 경고의 메시지로서 이 기동훈련이 과연 효과적일까? 아니면 히틀러는 '소위 예방적 차원에서' 1918년에 강탈당한, 예전의 한자(Hansa) 도시였던 단치히와 서프로이센을 다시 '독일제국'에 병합하기 위해 군대를 보내려는 것일까? 아무튼, 내 부하들은 중대장인 나를 매우 신뢰했으며 우리 중대의 사기는 드높았다. 당시에는 이등병이었고, 훗날 치열한 격전 중에 전령으로 늘 내 곁을 지켜주었던 에리히 베크(Erich Beck)는 당시의 분위기를 이렇게 회상했다.

> "1938년 11월 30일, 군에 입대한 나는 입대선서에 앞서 중대장 폰 루크 대위의 인사를 기억한다. '제군들! 공적이든 사적이든 고민이나 걱정이 있으면 그것이 무엇이든 언

A 폴란드 전역 이후 경기병사단(Leichte Division)이 기갑사단(Panzer Division)으로 재구분되면서 제2경기병사단은 이후 롬멜이 지휘한 제7기갑사단으로 개칭했다. (역자 주)

폴란드로 이동하기 전 바트 키싱엔에서, 제37기갑수색대대.

제든 내게 와서 이야기해도 좋다. 나를 믿지 못하면 찾아오지 않겠지. 그러나 여러분 모두 나를 믿어라. 내가 반드시 해결해 주겠다!' 우리는 곧 중대장을 신뢰하게 되었다. 힘들고 강인한 교육훈련이 필요하다는 중대장의 의지도 긍정적으로 수용했고, 공정하고 합당한 대우를 받고 있음을 느낄 수 있었다."

그리고 계속해서 이렇게 언급한다.

"바트 키싱엔은 마치 동면에 든 것처럼 고요했다. 하지만 멋진 레스토랑과 영화관, 극장이 있어서 시내에서 휴가나 여가를 보낼 수 있을 정도로 아늑했다. 다만 우리 병사들에게 '후버 와인바'(Huber-Bar)에 들어가는 것만은 금기 사항이었다. 중대장과 다른 장교들이 통상 '모임'을 갖는 곳이었기 때문이다."

우리는 주데텐란트를 거쳐 동쪽으로 계속 진군했고, 어느새 프라하를 지나 국경 지역인 글라이비츠(Gleiwitz)^A에 이르렀다. 우리가 통과하는 지역마다 주민들이 꽃과

A 현 폴란드의 글리비체, 힘러의 지시를 받은 무장친위대가 폴란드 침공 명분을 만들기 위해 자작극을 시도한 글라이비츠 방송국 공격사건이 일어난 장소다. (편집부)

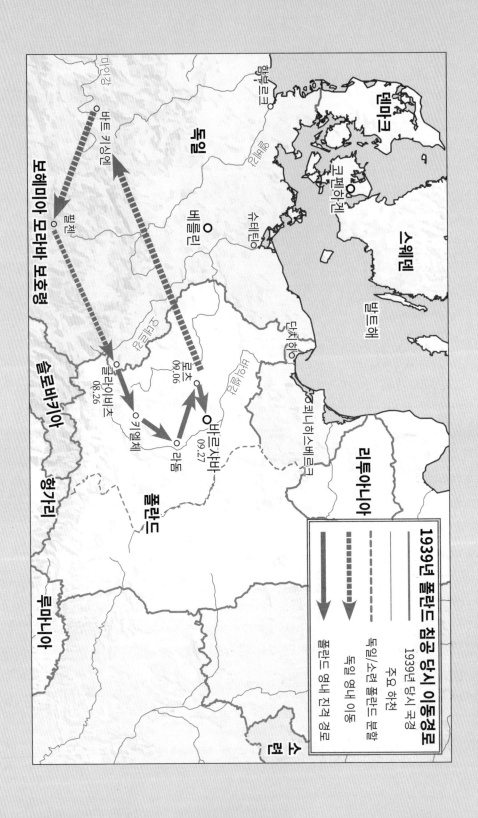

덴마크

코펜하겐

스웨덴

발트해

독일

베를린

슈테틴

슐레지엔

단치히

카니하스베르크

리투아니아

마인강

바트 키신엔

풀젠

보헤미아 모라비아 보호령

슬로바키아

헝가리

루마니아

쿨라이베츠
08.26

키엘체

쿠츠
09.06

라돔

바르샤바
09.27

폴란드

소련

1939년 폴란드 침공 당시 이동경로

1939년 당시 국경

──────── 주요 하천

─ ─ ─ ─ 독일/소련 폴란드 분할

▶▶▶▶▶▶ 독일 영내 이동

━━━▶ 폴란드 영내 진격 경로

음료를 들고 환대하며 이렇게 물었다.

"폴란드로 가십니까?"

우리의 대답은 언제나 같았다.

"아니오. 단지 훈련일 뿐입니다."

8월 26일, 은밀히 국경지대에 도착했다. 다행히 적군은 우리를 식별하지 못한 듯했다. 우리는 적의 직사 또는 곡사화기 공격에 견딜 수 있는, 일종의 방어 진지를 구축했다. 그즈음 갑자기 상급부대에서 공포탄을 실탄으로 교체해 주었다. 드디어 일말의 의구심마저 사라졌다. 곧 폴란드와의 전쟁이 터질 것이다.

도대체 지금 무슨 일이 벌어지려는 것일까? 당시의 나는 이런 일을 감당하기에는 여전히 어렸던 것 같다. 지금까지 학교와 부대에서 가능한 아군의 피해를 줄이면서 적을 완전히 격멸해야 함을 배웠고, 이제는 실제로 상관과 부하들 앞에서 내가 배웠던 것을 증명해 보여야 했다. 그러나 전체적인 전선의 상황도 몰랐고, 장차 우리 앞에 일어날 일도 전혀 예측할 수 없었다. 그저 훈련일 뿐이라고 부하들을 안심시키면서 스스로도 훈련이었으면 하고 바랐다. 단 한 가지 위안은 폴란드군이 두렵지 않다는 점이었다. 폴란드 육군의 전투력은 그다지 강하지 않았고, 그들이 보유한 장비도 우리의 장비보다 훨씬 저급했다.

8월이 끝나갈 무렵이었다. 나는 당시 정세에 대해 곰곰이 생각해 보았다. 폴란드 보호 협정을 맺은 영국, 프랑스가 과연 어떤 반응을 보일까? 그들이 개입할까? 서부 국경 지역, 즉 '서부방벽'(Westwall) 일대에 독일군 전력은 보병사단과 예비사단들뿐이었다. 공군의 주력도 모두 동부에 전개한 상태였다.

내 부하 중 어느 누구도 장차 직면하게 될 상황에 대해 관심이 없는 듯했다. 모두들 오늘, 지금 이 순간만 생각했다. 나는 한 명 한 명 중대원들을 찾아가서 농담을 건넸다. 모두들 나를 믿고 의지하고 있다고 말했다. '자신들의 지휘관'이 불필요한 희생을 피하기 위해 고민하고 있음을 그들도 알고 있었다.

8월 31일, 갑자기 명령이 하달되었다. 9월 1일 새벽 04:50에 공격을 개시하라는 내용이었다. 우리는 아우구스틴(Augustin)이라는 어느 주민의 집 정원에 진지를 편성하고 중기관총을 배치했다. 그는 수년 전부터 이곳에 거주했고 그의 부모는 폴란드 영토 내 로츠(Łódź)에서 섬유공장을 운영했다. 나는 그에게 이렇게 제안했다.

"우리와 함께 갑시다. 당신의 유창한 폴란드어 솜씨로 우리를 좀 도와주십시오. 주민들에게 안전에 관한 협조를 구할 때나 포로를 심문할 때 큰 도움이 될 겁니다."

그는 흔쾌히 동의했다. 폴란드 땅에 있는 부모를 다시 만나려는 욕구가 우리를 지원하게 된 주된 동기였다. 그에게 국방군의 군복과 '스스로 자원한 통역관'임을 표시하는 완장을 지급했다.

새벽 무렵, 독일 공군 전투기들이 국경을 넘어 선제 공습을 개시했다. 상급부대 설명대로라면 폴란드 공군기들이 이륙하기 전에 기습을 가해 기지에서 초토화하기 위한 공습이었다. 심리적인 측면에서 우리에게도 큰 도움이 되었다. 해군도 단치히 항구를 향해 포격을 개시했고, 대규모 병력이 상륙하고 있다는 소식도 전해 들었다.

우리 기갑수색연대도 공격을 개시했다. 국경에는 독일 세관원 한 명이 졸고 있었다. 내 부하들 중 하나가 소리를 지르자 그는 화들짝 놀란 얼굴로 벌떡 일어나 국경의 차단목을 개방해 주었다. 우리는 아무런 저항 없이 폴란드 땅을 밟았다. '그 어디에도' 소위 독일을 공격하기 위해 준비했던 폴란드군은 전혀 보이지 않았다. 나는 일렬로 이동하던 내 중대원들을 전개시켰다. 넓게 흩어져서 도보로 전진하자 어느덧 첫 번째 폴란드 마을에 이르렀다. 그곳에도 폴란드군은 없었다. 마을 광장에 나온 주민들은 우리를 열렬히 환영하며 식량과 음료까지 가져다주었다. 폴란드군은 도대체 어디에 있는 것일까? 아직까지도 훈련처럼 느껴졌다.

기갑수색정찰팀들은 흩어져서 기동과 관측이 제한적인 수목 지대를 정찰했다. 나는 도보로 진격을 재개시켰다. 차량들은 대기하다 적정이 명확해지면 축차적으로 후속하도록 지시했다.

9월 1일 오후 늦게 우리는 처음으로 적의 저항에 부딪혔다. 어느 언덕 위에 방어진지를 구축한 폴란드군은 우리를 발견하자 기습적으로 사격을 가했다. 총탄과 유탄의 파편들이 나무들 사이로 휙휙 소리를 내며 날아다녔다. 굵은 나뭇가지들이 우리 머리 위로 떨어졌다. 진격도 관측도 쉽지 않은 상황이었다. 그러나 우리는 전장 상황을 가정한 훈련을 해왔으므로 포탄이 떨어지고 기관총탄이 빗발치는 상황에 이내 적응할 수 있었다. 물론 훈련에서는 항상 위험거리 밖이나 엄폐호 속에 있었지만, 지금의 상황은 완전히 달랐다. 적의 포격, 조준사격에 완전히 노출되어 있었고 엄폐물도 찾기 어려웠다. 더욱이 참호를 구축할 수도 없었다. 우리가 공자였고, 기습효과를 적극 이용해야 했기 때문이다. 우리는 공격대형을 갖추고 장갑차를 앞세웠다. 엄폐물이 나타날 때까지 장갑차의 보호를 받으며 전진했다. 우리 정면에는 약간의 오르막으로 형성된 드넓은 평원이 있고 그 끝자락의 언덕 위에 마을과 수목지대가 있었는데, 폴란드군은 그곳에서 진지를 점령하고 있었다.

내 옆에 있던 소총수 울(Uhl)이 적의 기관총탄에 맞고 즉사했다. 중대원 가운데 첫 번째 전사자였다. 대부분의 부하들이 그 광경을 목격했다. 이내 모두 겁에 질린 듯했다. 누가 다음 희생자가 될 것인가? 다들 훈련이 아니라 전쟁이라는 사실을 그제야 비로소 깨달은 듯했다. 에리히 베크는 다음과 같이 당시의 상황을 묘사했다.

"우리는 진짜 전쟁터에 있다는 것을 서서히 깨달았다. 살아남기 위해 모든 수단과 방법을 동원해야 했다. 먼저 쏘는 놈이 더 오래 살 수 있다고 생각했다. 그러나 무엇을 위해 싸워야 한다는 말인가?"

1939년 9월 6일, 폴란드 전역 최초의 전사자들 가운데 한 명의 무덤.

즉각 그 언덕을 확보하고 적을 격멸하라는 명령이 하달되었고, 이에 나는 다음과 같이 소리쳤다.

"제1, 2소대는 즉시 돌격한다. 제3소대는 예비로 남는다. 중화기소대는 엄호사격을 실시하라."

모두들 멍한 얼굴로 눈만 깜빡이며 입을 굳게 다물고 있었다. 쥐 죽은 듯 조용했다. 아무도 선뜻 움직이지 않았다. 모두 공포에 사로잡혀 있었다. 두 번째 사상자가 되기 싫은 모양이었다. 솔직히 나 또한 마찬가지였다. 난생처음 하는 전투에서 두려움을 느끼지 않았다면 그것은 거짓말이다!

문득 내가 먼저 진두에 서야겠다는 생각이 들었다. 이럴 때 바로 지휘관의 '진두지휘'가 무척 중요하다는 것을 깨달았다. 기관단총을 든 나는 이렇게 소리치며 적을 향해 돌진했다.

"모두 나를 따르라!"

이제야 그들도 훈련 때 배운 대로 나를 따랐다. 돌격하면서 몇몇 엄폐물을 확보했다. 그러나 빗발치는 적의 기관총탄과 포탄 때문에 더 이상 진출이 불가능했다. 공격 중지 명령이 떨어졌다. 그래도 다행히 더 이상의 부상자는 없었다.

사단에서 공격을 재개하라는 명령이 하달되었다. 야간에 대공탐조등을 언덕 방향으로 비추고 적진지가 식별되면 장갑차가 20㎜ 예광탄을 사격했다. 포병들도 사격에 가세했다. 참으로 무시무시한 광경이었다.

9월 2일 새벽, 우리는 공격을 재개해 적진지가 있었던 마을과 언덕을 확보했다. 적 주력은 이미 퇴각하고 그곳에 없었다. 눈 앞에 펼쳐진 광경은 그야말로 끔찍했다. 적군과 말들의 사체가 여기저기에 가득했다. 그들이 머물렀던 집들은 아직도 불타고 있었다. 전쟁이 어떤 것인지를 처음으로 깨달은 순간이었다. 우리는 다시 현실을 직시하기 위해 노력했고, 잠시 후에 첫 번째 포로들을 확보했다. 그들은 아군의 기습적인 공격에 몹시 놀랐으며 황급히 하달된 방어선 구축명령을 시행하기 위해 국경 지역으로 투입되었다고 진술했다. 나는 아우구스틴을 시켜 이렇게 물었다.

"너희들이 먼저 우리 독일을 침공하지 않았나?"

"우리가 너희를? 막강한 군사력을 갖춘 독일을? 왜? 무엇 때문에?"

그들은 내게 뜻밖의 반문을 던졌다. 괴벨스의 선전효과가 얼마나 위력적이었는지를 비로소 깨달았다.

다시 진격을 개시했다. 수목으로 빽빽한 삼림지대에 봉착했다. 도무지 길이 보이지 않았다. 도로는커녕 소로도 없는 상태에서 전투장갑차나 전차를 투입할 수도 없었다. 이틀 동안 야전취사도 하지 못했다. 도로상태도 매우 열악했고 수목이 우거져 부식차량이 이곳까지 도달하지 못했기 때문이다. 몇몇 마을들과 시가지를 통과하면서 또다시 참담한 광경을 목격했다. 독일의 전폭기들이 폴란드 지역을 쑥대밭으로 만들어 놓았다. 그 결과 폴란드군의 사기는 완전히 무너졌다. 하지만 우리가 본 폴란드군 병사들은 매우 용맹했다. 에리히 베크는 이렇게 회고했다.

"적군이지만 투철한 애국심과 용감한 전투행위만큼은 경의를 표할 만했다. 폴란드 기병연대는 우리 전차에 정면으로 돌격을 감행했다. 그들은 독일군 전차들이 널빤지로 만들었다고 생각했던 것 같다."

모든 교량이 폭파되었지만, 독일 공병들이 초인적인 능력을 발휘하여 복구해냈다. 폴란드군 저격수들은 건초더미 속이나 짚으로 된 지붕에 숨어서 우리를 노리고 있었다. 우리는 예광탄으로 건초더미나 짚으로 된 지붕들을 불살라 버렸고, 도처에 화염이 치솟았다.

다음 공격목표는 키엘체(Kielce), 라돔(Radom)과 로츠였다. 독일군의 첫 번째 포위망이 완성되었다. 사단에서 알려준 대로 오버슐레지엔(Oberschlesien)부터 발트해(Ostsee)로

이어지는 광정면에서 아군의 진격이 파죽지세로 진행되고 있었다.

한편 우리는 9월 6일 리사 고리(Lysa Gory)^A 끝자락에 형성된 마을 일대에서 다시 한 번 폴란드군의 거센 저항에 부딪혔다. 몇 명의 경상자들이 발생했지만 치열한 전투 끝에 적군을 제압했다. 이날 크라카우(Krakau)도 장악했다. 막강한 독일군 부대들이 거침없이 서쪽과 북서쪽에서 바르샤바를 향해 진격했다.

단 한 발의 총성도 없이 로츠가 함락되었고 아우구스틴은 그곳에서 부모와 상봉했다. 그 모습은 감동적이었다. 독일과 폴란드의 긴장 상황이 증폭되면서 서로의 소식을 듣지 못하다 이제야 부모가 자식을 만나게 된 것이다. 그들의 소망대로 영원히 함께 건강하기를 기원해 주었다. 그의 부친은 자신이 경영하는 섬유공장을 우리에게 보여주었고 시청광장 카페에서 커피를 대접했다. 치열한 전투를 끝낸 후라 따뜻한 커피 한 잔이 큰 힘이 되었다.

이제 독일군의 최종 목표는 단치히를 포함한 서프로이센의 합병이 아니라, 독일과 불가침조약을 맺은 소련과 협공을 실시해 폴란드 영토를 점령하고 폴란드라는 국가를 지도상에서 없애는 것으로 보였다.

곧 다음 작전명령이 하달되었다. 삼림지대에 남은 적군을 소탕하고 이미 점령한 지역에서는 안전을 확보한 후 바르샤바에 대한 결정적 공세를 준비하라는 내용이었다. 중대의 정찰팀들에게 지휘소로 쓸 적절한 시설을 찾으라고 지시했다. 한 팀이 숲속 깊은 곳에서 커다란 저택 하나를 발견했다. 다행히도 독일 공군의 폭격 목표물이 아니어서 건물은 온전했다. 나는 지휘용 차량을 타고 그쪽으로 향했고, 그 저택 앞에서 독일어와 영어를 유창하게 구사하는 상냥한 중년 남자가 나를 맞아 주었다. 한때 런던주재 폴란드 대사였던 그는 이제 자신의 영지에서 노후를 보내고 있었다. 집안에는 손님들로 가득했다. 유명한 여성 피아니스트를 비롯해 수많은 예술가들과 인사를 나눴다. 전쟁 발발 후 바르샤바에서 피난 온 사람들이었다. 그 저택의 집사가 나를 손님용 객실로 안내하면서 나지막한 목소리로 내 군장을 어떻게 할지 물었다.

나는 중대원들에게 몇 가지 지시를 하달하고 사단에 현재까지의 상황과 조치사항들을 보고했다. 집주인은 내게 산책을 제안했다.

"여기에서 30㎞쯤 떨어진 곳에 절친한 친구가 사는데, 그는 슐레지엔 출신 독일 여자와 결혼했어요. 그들이 잘 살아 있는지 걱정되는군요. 혹시 그 두 사람이 어떻

A 높이 595m의 유명한 산 (역자 주)

게 되었는지, 지금 어떻게 지내는지 알려 줄 수 있겠소?"

계속된 대화 중에 그 독일 여자가 나의 먼 친척이라는 것을 알게 되었다. 문득 지금 너무나 무의미한 전쟁을 하고 있다는 생각이 들었다. 그러나 회피할 수도 없는 상황이었다. 나는 그의 친구들을 반드시 찾아내서 어떻게 지내는지 알려 주겠다고 약속했다. 그는 개 사육장으로 나를 안내해 아일랜드산 세터(Setter)[A] 새끼 한 마리를 보여주었다. 어미와 함께 영국에서 데려왔다고 하면서 그 강아지를 들어 올리더니 이렇게 말했다.

"암울한 시대지만, 기분전환으로 이 강아지를 선물하고 싶소."

흔쾌히 그 강아지를 받았고 '보이'(Boy) 라고 이름 지었다. 나는 '보이'를 군사화물 편에 안전하게 독일로, 고향 집으로 보내고 싶었다. 저녁 무렵 나와 폴란드인들은 천정이 높은 커다란 거실의 벽난로 주위에 앉아서 피아니스트의 쇼팽 피아노곡 연주를 감상했다. 간혹 저 멀리서 몇 발의 총성이 들리기도 했다. 비록 전쟁 중이고 내가 바로 전쟁을 일으킨 독일 군인이었지만, 당시 그 순간만은 그토록 친절한 사람들과 아늑한 분위기를 만끽하고 싶었다.

인근에 폴란드에서 가장 유명한 동물 화가가 살고 있다는 사실을 알게 되어 다음날 그를 방문하기로 했다. 그의 작품들은 감동 그 자체였다. 나는 전통적인 폴란드 분위기를 그대로 담아낸 수채화 한 점을 부탁했고, 그는 이튿날 그림을 선물했다. 나는 그 그림을 보자마자 넋을 잃을 뻔했다. 전형적인 폴란드 시골 마을에서 '러시아산 말'의 고삐를 잡고 길을 걷는 양치기를 화폭에 담은 그림이었다. 이 그림도 전쟁 중 온전히 독일로 가져왔고, 오늘날에도 내 집 거실에 걸려있다. 나는 이 그림을 볼 때마다 힘들었지만 때로는 아름다웠던 그때의 추억들을 떠올리곤 한다.

그날 저녁, 정찰팀이 복귀하여 저택 주인의 친구들이 안전하다는 소식을 전했고, 주인은 그제야 안도했다.

그때 대대장으로부터 바르샤바로 계속 진격하라는 명령이 떨어졌고, 이튿날 아침 '보이'와 수채화를 챙겨 아쉬운 마음으로 그 '오아시스'를 나서야 했다. 대대장은 우리에게 당시의 정세를 알려주었다. 프랑스와 영국이 폴란드 보호협정을 지키기 위해 1939년 9월 3일, 우리에게 전쟁을 선포했으나, 우리의 우려와는 달리 아직까지 두 나라가 독일을 공격할 징후가 없다는 이야기였다. 연일 '국방군 뉴스'(Wehrmachtsbericht)에서는 서부에서 일시적인 포격이 있었으며 연합군의 공중정찰이 강화되고 있다는

A 사냥개로 쓰이기도 하는 털이 길고 몸집이 큰 개 (역자 주)

부상을 입고 야전병원으로 향하는 폴란드군 장교와 그의 아내.

소식을 전했다. 우리도 안도의 한숨을 내쉬었다. 히틀러는 두 나라의 정세를 정확히 꿰뚫고 있는 듯했다. 그는 당시 영국이 단 하나의 원정군단(Expeditionskorps)도 유럽대륙에 파견할 수 없을 것이라 주장했는데, 이는 사실로 드러났다.

우리 독일군은 드디어 바르샤바를 목표로 전진했다. 그러나 소련과 맺은 협정 때문에 폴란드 동부지역까지는 진출할 수 없었다. 연대 예하 두 개의 기갑수색대대는 바르샤바 남부 외곽의 어느 과일 농장에 공격대기지점을 점령했다. 9월 9일, 전쟁 발발 9일 만에 독일군은 폴란드 영토 대부분을 장악했다. 오로지 바르샤바 인근에서만 전투가 벌어지고 있었다. 항복을 거부한 폴란드군 잔당들이 자신들의 수도를 방어하기 위해 후퇴를 거듭하며 고군분투했다. 9월 23일, 독일 공군과 포병은 바르샤바에 맹폭을 가했고, 마침내 9월 27일에 바르샤바가 함락되었다. 폴란드군도 저항할 기력을 상실한 듯했고 우리의 진격도 중지되었다. 우리 대대의 과업은 점령 지역의 잔적 소탕 정도였다.

나는 통신병, 운전병 핑크(Fink)와 함께 지휘용 차량으로 정찰하던 중 어느 마을 근처에서 폴란드 군복을 입은 여성을 발견했다. 그녀가 우리를 향해 기관단총을 겨누고 방아쇠를 당기기 직전에 가까스로 그녀를 제지하는 데 성공했다. 그 후 나는 프랑스어로 그녀에게 물었다.

"너는 폴란드 정규군 여군대대 소속인가, 아니면 게릴라인가?"

그녀는 적개심에 가득 찬 눈빛으로 나를 노려보았다. 폴란드인들에게는 이 전쟁이 비극 그 자체였기에 그리 놀라운 일도 아니었다. 그녀는 우리를 어느 가옥으로 안내했는데, 거기에는 부상을 입은 폴란드군 장교가 누워 있었다. 그녀의 남편이었다. 나는 둘을 차에 태워 대대 구호소로 데려가 즉시 치료해 주도록 지시했다.

그제야 그녀는 밝은 낯빛으로 고맙다는 인사와 함께 솔직한 심정을 이야기했다.

"너무 슬프고 처참한 기분이다. 왜 너희는 우리의 평화로운 삶을 짓밟는가? 곧 너희와 동맹을 맺은, 우리가 그토록 증오하는 소련놈들도 들이닥치겠지. 그러나 우리 폴란드는 아직 패배하지 않았다."

아우구스틴은 그녀의 마지막 말이 폴란드 국가의 일부라고 설명해 주었다.

9월 17일, 소련군이 폴란드의 동부 국경을 넘었다. 독일과 소련의 협상단에 의해 군사분계선이 결정되었는데, 그 협상 과정에서 훗날 소련의 수용소에서 우연히 만나게 된 인물인 보리스 폰 카르조프(Boris von Karzow)가 통역 임무를 맡았다. 그 협상을 통해 결정된 군사분계선으로 폴란드는 다시 둘로 쪼개졌다. 그 나라의 쓰라린 역사는 아직도 진행 중이다.

10월 5일, 바르샤바에서 히틀러 주관 하에 승리를 자축하는 퍼레이드가 열렸다. 우리 사단은 여기에 참가하지 않았다. 그 무렵 롬멜은 총통의 경호대장(Kommandant des Führerhauptquartiers)으로 단상 위, 히틀러의 옆자리에 앉아있었다. 그러나 전쟁 중 롬멜은 항상 야전부대를 방문했고, 훗날 언급했듯 구데리안 장군의 기갑부대 작전에 큰 관심을 피력했다. 롬멜은 히틀러에게 기갑사단 지휘권을 요청하기도 했다.

폴란드 전쟁은 끝났다. 내 부하들 중 몇몇은 2급 철십자장을 받았는데, 중화기소대에서 용감히 싸웠던 어느 하사 분대장도 수훈자에 포함되었다. 그는 체격이 왜소하여 바트 키싱엔에서 중대원들로부터 '꼬마 재봉사'^A라며 놀림을 받곤 했는데, 전투유공자로 인정받아 훈장을 받고 곧바로 중사로 진급했다. 평시에는 중대의 '군화 수선' 작업을 주로 맡아서 전투에는 전혀 쓸모 없을 것 같은 인물이었지만, 막상 전투가 시작되자 초인적인 힘을 발휘했고 전령으로 최전선에서 전투 중인 중대와 후방지역 사이를 종횡무진 누볐다. 총탄이 빗발치는 전투 중에 우리 모두가 엄폐물 뒤에 꼼짝달싹 못 하고 있을 때, 우리의 '꼬마 재봉사'는 죽음을 무릅쓰고 전방으로 나아가 명령을 전달했다. 그가 훈장을 받고 진급하게 되자 나도 매우 기뻤으며, 동시에 또 하나의 새로운 사실을 깨닫게 되었다. 겉으로는 힘세고 건장한 병사들이 막상

....
A   그림 형제의 동화에 등장하는 재봉사 (역자 주)

전투가 벌어지면 이성을 잃고 두려움에 벌벌 떠는 경우도 있고, 반대로 약골인 병사들이 전시에 뜻밖에 강한 면모를 발휘하거나 침착하게 위기 상황을 타개해 나가는 주역이 되는 경우도 있는 법이다.

9일간의 전쟁에서 아군의 피해는 비교적 미미했다. 소대장 중 한 명인 폰 퓌르스텐베르크(von Fürstenberg) 소위가 치명적인 복부 관통상을 입고 후송되었다. 그는 장기간 야전병원에서 치료를 받아야 했다. 우리는 전사자들에게 애도를 표하고 엄숙히 장례를 치렀다. 그 후 잠시 휴식을 취하라는 명령이 내려왔다. 나는 중대원들 모두에게 잘 싸워 주어서 고맙다는 인사를 했고 그들도 내게 다음과 같이 화답했다.

"중대장님께서 평시와 전시에 저희들에게 신속히 참호를 파라고 지시하셨던 것이 얼마나 중요한지 이제야 깨달았습니다. 그간의 혹독한 교육훈련으로 우리의 목숨을 구할 수 있었습니다. 감사드립니다."

중대의 사기는 가히 최고 수준이었다. 그러나 바르샤바 근처에 주둔했던 당시에는 어떤 사태가 발생할지는 아무도 모를 일이었으므로 긴장의 끈을 놓을 수 없었다.

나는 대대장에게 바르샤바를 둘러보고 싶다고 건의해 이내 승인을 받았다. 수년 만에 다시 보는 바르샤바의 풍경은 참으로 암담했다. 외곽지역과 산업지대는 독일 공군의 맹렬한 폭격으로 폐허로 변해 있었다. 하지만 다행히도 중심가는 온전히 과거의 모습 그대로였다. 그곳은 이제 일상의 모습을 되찾은 듯했다. 폴란드인들도 드디어 폴란드의 불행이 종식되었다고 생각하는 모양이었다. 나는 중심가의 대형 호텔의 카페에서 커피 한 잔을 마셨다. 마치 아무 일도 없었던 것처럼 사람들의 표정은 그리 어둡지 않았다. 폴란드인들은 점령군으로서 우리 독일인들이 러시아인들보다는 훨씬 낫다고 느끼는 듯했다. 그러나 안타깝게도 시간이 흐른 뒤 상황은 완전히 정반대로 바뀌고 말았다![A] 바르샤바에 주둔했던 우리 사단은 9월 말, 주데텐란트를 거쳐 독일 본토, 바트 키싱엔으로 복귀했다.

휴식기, 폴란드 전역과 프랑스 전역 사이의 기간

바트 키싱엔의 환영행사는 매우 성대했다. 우리 대대는 키싱엔 시가지를 행진했고, 도로 양쪽을 가득 메운 키싱엔 시민들이 우리에게 환영의 인사로 꽃을 던져 주었다. 우리는 폐쇄된 요양원 반대편에 서 있던 연대장과 대대장에게 경례했고, 그들은 기분 좋은 표정으로 답례했다. 아일랜드 새터 강아지 '보이'가 화물차량 위에서 군악

A   폴란드인들은 게슈타포와 나치의 악랄하고 잔혹한 만행 이후 독일인들을 증오하게 되었다. (역자 주)

바트 키싱엔으로 복귀할 때, 차 위에서 사열을 즐기는 아일랜드 세터 강아지 '보이'

대를 향해 큰 소리로 짖자 여기저기서 폭소가 쏟아졌다. 이 환영행사에 도시의 저명한 인사들도 모습을 드러냈다. 몇몇 나치 당원들은 우리의 승리를 마치 자신들이 이룩한 업적인 듯 떠들어댔다.

복귀와 동시에 재출동 준비를 마친 후, 모든 부대원들에게 특별 외박이 주어졌다. 수많은 카페와 레스토랑이 다시 문을 열고 공짜로 맥주를 제공했다. 후버 와인바의 주인, 후버 제프(Huber Sepp)는 오랫동안 숙성시킨 스카치위스키 한 병을 지하실에서 꺼내 우리에게 선사했다. 우리 군인들 대부분과 민간인들은 폴란드 전역을 끝으로 이 전쟁이 종식되었다고 믿었다.

나는 문득 이런 의구심을 품었다. 프랑스와 영국도 선전포고만 했을 뿐 공격하지 않았다. 과연 두 번째 '뮌헨 회담'이 성사될까? 달라디에와 체임벌린이 또다시 히틀러에게 화해의 손을 내밀까? 헛된 희망일 뿐이리라. 그러나 우리가 피를 보지 않고 '고향 땅에 돌아온 것', 주데텐란트와 체코슬로바키아를 유혈 충돌 없이 합병한 것, 소위 전격전(Blitzkrieg)으로 미미한 손실만 입고 단치히와 서프로이센을 해방시킨 것만으로도 만족스러웠다. 마침내 '베르사유 조약의 부당성'을 바로잡은 것이다.

제1차 세계대전 당시 프랑스군과 격전을 경험한 히틀러는 프랑스에 대한 증오심이 너무나 컸다. 또다시 프랑스를 비난하는 선전선동들이 급속도로 퍼지고 프랑스에 대한 반감이 증폭되었다. 1870~71년 전쟁 이후 독일에 귀속되었다 1918년에 프랑스에게 빼앗긴 알사스(Elsaß)와 로렌(Lothringen) 지역이 다시 주목받기 시작했다.

한편, 전 부대원 모두는 교대로 짧은 휴가를 받아 가족을 만날 수 있었고, 그 기간을 충분히 만끽한 후 다시 일상으로 복귀했다. 히틀러는 기갑부대를 주축으로 국방군의 규모를 점점 더 확장시켰다. 새로운 기갑사단을 창설하는데 우리 부대 간부 일부도 차출되었다. 내가 속했던 제2경기병사단은 제7기갑사단으로 개편되었는데, 너무나 뜻밖이었지만 1940년 2월 6일자 명령에 의거해 드레스덴에서 내게 보병전술을 가르쳤던 에르빈 롬멜 소장이 사단장으로 부임한다는 반가운 소식을 접했다. 2월 10일 바트 고데스베르크(Bad Godesberg)에서 사단장 취임식이 있었고 모든 장병들은 롬멜에게 존경을 표했다.

과연 보병장교가 기갑부대를 잘 지휘할 수 있을까? 그런 편견은 순식간에 사라졌다. 롬멜은 기갑부대 전술에 뛰어난 식견을 갖추고 있었다. 사단 전체에 혁신적인 바람이 일기 시작했다. 내가 속한 제37기갑수색대대만 사단에 남게 되었고 에르트만(Erdmann) 소령이 대대장으로 부임했다. 다른 수많은 지휘관들처럼 그 역시 제1차 세계대전에 참전한 베테랑이었다. 참전 경험뿐만 아니라 인격적으로도 매우 훌륭해서 대면하는 순간부터 그를 신뢰하게 되었다.

최신예 전차들이 속속 사단에 들어왔다. 50㎜ 주포를 장착한 3호 전차와, 너무 짧아서 일명 '동강난'(Stummel) 포라 불리던 75㎜ 포신으로 무장한 4호 전차들이 대부분이었다.[A] 이 전차들은 기동성과 화력, 장갑 면에서 한층 개량되었다. 우리 기갑수색대대도 더 강력한, 37㎜ 주포가 탑재된 6륜 정찰용 장갑차량을 인수했다.[B]

주둔지 휴식은 그리 길지 않았다. 우리는 키싱엔에서 뢴 산맥의 북부 끝자락에 자리한 작은 마을인 하이머스하임(Heimersheim)으로 이동했다. 곧 혹독한 교육훈련이 시작되었다. 특히 혹한의 추위는 견디는 것만으로도 너무나 힘들었다. 뢴 산악지대의 작은 마을, 농가들의 협조를 받아 숙영했는데, 땅이 워낙 척박해서 농부들도 하루하루 먹을거리를 얻기가 쉽지 않은 듯했다. 그들의 생활도 정말 소박했다. 모든 농가의 가족들은 주로 온기가 있는 부엌에서만 생활했다. 우리가 숙영했던 공간도 매우 추워서 취침 전에 뜨겁게 달군 벽돌을 깔아 침대를 데웠다. 농가에는 수도시설이 없었고 야외에는 온통 얼음뿐이었다. 그래서 아침에 얼음을 깨서 종일 녹인 물로 가끔

A 당시 제7기갑사단 소속 전차는 체코제 38(t) 전차가 주력이었으며, 동강난 주포가 달린 4호전차가 대대에 1개 중대씩 배치되었다. 오페라치온 팔 겔프, 프랑스 전역의 전훈에 따라 5㎝/L42 주포를 장착한 3호전차가 제작되는 시기는 1940년 7월, 제7기갑사단에 지급된 시기는 그 이후로 저자의 설명과 다소 차이가 있다. (편집부)

B 당시 기갑수색대대 휘하 전차엽병부대에 크루프 프로체 수송차량 차대에 37㎜ PAK 36 포를 장착하고 기관총 방어용 장갑을 두른 차량이 일부 배치되었다. (편집부)

제7기갑사단의 새로운 지휘관인 에르빈 롬멜 소장.
사진은 벨기에 국경을 통과하기 전 지도를 살피는 모습.

씩 씻어야 했다.

롬멜은 어떤 기상조건에서도, 주야를 막론하고 야외훈련을 실시하도록 지시했다. 그는 매일 사단 예하 모든 중대, 대대급 부대를 찾아다니며 제병협동전투의 중요성을 역설했다. 기갑, 포병과 기계화 보병의 구성원들이 서로 사귀고 손발을 맞추는 훈련을 하라고 지시했다. 그 결과 사단 내부에 공동체 의식과 단결심이 배가되었고, 이것이 바로 훗날 큰 힘을 발휘하는 원동력으로 작용했다.

한편, 히틀러와 괴벨스의 선전선동은 한층 더 증폭되고 있었다. 히틀러는 빈번히 프랑스뿐만 아니라 영국, 미국을 조롱했다. '위스키 처칠'(Whisky-Churchill), '소아마비환자 루스벨트'(Paralytiker Roosevelt)라 외치며 도발을 일삼았다. 날이 갈수록 강력한 전력을 갖춰나가는 국방군을 믿고 호언장담을 하고 있었지만, 아무도 그의 의도를 정확히 간파하지 못했다. 서방연합군의 공격을 억제하려는 의도인지, 아니면 프랑스를 침공하려는 의도인지 당시로서는 예측할 수 없었다. 그저 우리는 우리 자신을, 적들보다 우수한 최신 무기와 장비를 믿을 수밖에 없었다.

이 시기에 친위대 소속의 SS기갑사단이 최초로 창설되었다. 제프 디트리히(Sepp Dietrich) 휘하의 '아돌프 히틀러 경호대'(Leibstandarte Adolf Hitler)와 과거 제국군 장성 출신인 파울 하우서(Paul Hausser)가 이끄는 친위대 특무부대(SS-Verfügungstruppe)의 요원들이 그 부대의 요직을 장악했다. 우리의 예상은 적중했다. 히틀러는 무장친위대를 통해 국방군 내 육군, 특히 보수적인 장교단과 세력균형을 형성하려 했는데, 우리에게는 그리 달갑지 않은 일이었다. '제국 친위대장'(Reichsführer) 힘러에게 병력 획득과 무장에 관한 권한이 주어지고, 그의 영향력 아래 비교적 우수한 자원들이 무장친위대원으로 선발되었다. 그러나 친위대 예하 중대, 대대급 부대는 전술적인 수준에서 육군을 따라잡을 수 없었다. 어쨌든 대립이나 충돌보다는 협력이 필요한 시기였다. 경험 많은 장교들이 부족했던 친위대는 훌륭한 육군 출신 장교들을 친위대 지휘관으로 흡수했고 그에 상응하는 친위대 계급장을 달아 주었다.

1939~40년 겨울, 매서운 한파가 한풀 꺾였다. 그즈음 영국은 프랑스 북부지역에 원정군단을 파견하기 시작했다. 하지만 서부 전선의 분위기는 비교적 평온했다.

어느 날, 갑자기 해상에서 독일의 잠수함과 영국 함정들 간에 충돌이 발생했고, 날이 갈수록 치열해졌다. 영국령 섬들을 방호하던, 미국에서 보내준 수송선단을 호위하던 영국 해군 전함들이 독일의 잠수함 어뢰공격에 상당한 피해를 입었다. 하지만 연합국 민간 상선들의 피해는 그리 크지 않았다. 프랑스, 영국과의 전쟁은 바다에서 먼저 벌어졌다. 대륙에서는 비교적 조용하지만 더욱 강력한 공격력을 갖춘 독일 공군도 전쟁 준비를 끝낸 상태였다. 비로소 우려했던 일이 현실로 바뀌고 있었다. 히틀러가 선제공격을 통해 유럽에서 결전을 도모하려는 의도를 가지고 있음이 분명했다.

1940년 4월 독일은 전격적으로 덴마크와 노르웨이를 무력으로 점령했다. 영국을 상대로 기선을 제압하기 위해서였다. 북측방의 안전이 확실해졌다. 남쪽에서도 무솔리니(Mussolini)가 통치하는 이탈리아가 지중해의 안전을 보장했다. 우리는 '베를린-로마의 추축'(Achse Berlin-Rom)이 얼마나 중요한지 알지 못했다. 히틀러는 드디어 일본과도 동맹을 맺고 '삼각축'(Dreier-Achse)으로 확장하는데 성공했다. 바야흐로 이 전쟁은 정치적인 측면에서 전 세계를 상대로 하는, 즉 세계대전으로 확대되고 있었다.

2월 중순, 우리는 아(Ahr) 지역의 데르나우(Dernau)로 이동했다. 일대는 사실상 서부 전선이었다. 롬멜은 자신을 '소개하기 위해' 모든 중대, 대대급 부대를 순시했다. 그는 기갑사단을 지휘하게 되어 매우 자랑스럽다며, 우리의 위치에서 서쪽으로 직선을 그으면 벨기에 국경, 뤼티히(Lüttich)를 통과해 프랑스 북부 국경지역에 이른다고 언급하여 사실상 우리가 진격해야 할 방향과 확보해야 할 지역을 암시했다.

1940년 프랑스 전역

5월 초, 갑작스러운 상급부대의 명령에 따라 서부의 아이펠(Eifel)^A 일대로 숙영지를 옮겼다. 당시 롬멜은 예하 부대의 사격 훈련을 지도하기 위해 숙영지와 인접 훈련장에 자주 모습을 드러냈다. 우리는 지휘관이나 장교로 제1차 세계대전에 참전했던 현역이나 예비역 선배들과 함께 다가올 전쟁에 대해 이야기를 나누곤 했는데, 그들은

....
A 독일 중서부, 룩셈부르크, 벨기에 국경지역의 고원지대 (역자 주)

영국

네덜란드

독일

벨기에

런던

됭케르크   릴   샤를루아

06.09   생 발레리   아라스
페캉   05.28

르 아브르   아미앵   시브리
06.15   루앙   생캉탕   05.16   쾰른
05.20   스당   05.10

셰르부르
06.18

브레스트   파리

마지노선

렌   르망   오를레앙   스트라스부르

생 나자르   낭트

루아르강   투르   프랑스

취리히

라 로쉘   스위스

비시

보르도   리옹

가론강   이탈리아

1940년 프랑스 침공 당시
제7기갑사단의 이동경로

스페인

툴루즈

────── 1940년 당시 국경

────── 주요 하천

▰▰▰▰▶ 제7사단의 이동경로

━━━━━ 요새선

════════ 비시 프랑스와
점령지의 경계

우리에게 이렇게 경고했다.

"이 전쟁을 폴란드 전역처럼 생각하면 절대 안 돼. 그 전쟁처럼 단순한 산책 수준이 아니야."

"프랑스와 영국 놈들은 폴란드 군인들과는 완전히 수준이 달라."

이에 우리 같은 젊은 장교들은 이렇게 답했다.

"1914~18년과 같은 진지전은 절대로 있을 수 없고, 있어서도 안 됩니다."

우리에게는 탁월한 기동성을 발휘할 수 있는 전차도 있고, 특히 사기가 매우 충천했다. 구데리안은 우리 젊은 장교들에게 영웅이나 다름없었다. 우리에게 자신이 개발한 전술을 설명할 때 반짝이던 그의 눈빛을 잊을 수가 없다. 산악보병장교 출신으로 제1차 세계대전 당시 역전의 용사였던 롬멜도 역시 우리에게 신과 같은 존재였다. 그도 훈련장 현장지도에서 자신도 기동전에 대해 나름대로 충분히 연구했다고 자신했다. 우리도 롬멜이 기갑부대 지휘관으로서 충분한 자격과 능력을 갖추었음을 인식했다.

5월 9일 저녁 무렵, 대대장 에르트만 소령은 우리 중대장들에게 명령을 하달했다.

"내일 아침 일찍 우리는 벨기에 방면으로 공격한다. 먼저 국경 지역에서 벨기에군의 방어선을 신속히 돌파해야 한다. 사단의 1단계 목표는 디낭(Dinant)에서 마스강(Maas)을 도하하는 것이다. 호트(Hoth) 기갑군단의 선봉부대로 우리 사단은 제5기갑사단과 함께 아르덴(Ardennen)을 극복하게 된다. 모두들 우리 기갑수색대대가 사단의 최선봉에서 진격한다는 것을 자랑스럽게 생각하기 바란다!"

명령은 여기까지였다. 총체적인 계획이나 세부사항은 물론 구데리안 군단이 어느 방향에서 진출할 것인가에 관한 정보도 전혀 없었다.

5월 10일 05:32, 우리는 드디어 행군을 개시했다. 벨기에 국경수비대는 우리를 발견하자마자 줄행랑을 치고 일부는 백기를 들었다. 룩셈부르크 북부지역을 통과해서, '절대로 통과할 수 없다'던 아르덴을 지나 곧장 서쪽으로 나아갔다. 5월 12일, 그다지 큰 저항 없이 디낭 북부 마스강 변에 도달했다. 고지에 올라 서쪽을 바라보니 강 사이로 계곡과 삼림이 우거진 고지대가 있었다. 롬멜이 '우리가 쓸 수 있도록 온전히 확보해야 한다'고 강조했던 교량들도 눈에 들어왔다. 그러나 이미 오래전에 폭파된 상태였다. 우리는 낮은 포복으로 계곡 아래로 내려갔다. 그 순간 적군은 기관총으로 우리를 향해 조준사격을 퍼부었고 중포의 포탄들이 마치 비 오듯 쏟아졌다.

향후 몇 주 동안 언제나 그랬듯이 위기의 순간에 롬멜이 직접 상황을 확인하기 위

간단하게 아침식사를 하는 롬멜의 모습. 왼쪽으로 포로가 된 연합군 장교가 보인다.

해 우리 앞에 나타났다. 그는 즉시 사단의 전 부대에 마스강 도하작전에 관한 명령을 하달했다. 우리 기갑수색대대에게는 차안의 언덕에서 엄호 진지를 점령하고 대안 상의 교두보가 형성되면 즉시 서쪽으로 진격할 수 있도록 준비하라는 명령이 내려왔다. 정찰팀들은 장갑차량을 타고 도하지점을 찾기 위해 출동했다. 철십자장을 받은 로텐부르크(Rothenburg) 대령[A]의 제25전차연대도 공격 준비를 마쳤다.

　야간이 되자 제6, 7기계화보병연대들이 공병의 지원 아래 도하를 강행했다. 5월이었지만 해가 뜨면 이미 한여름이었다. 발아래 하천 계곡 일대가 갑자기 평온해졌다. 서쪽의 대안 상에서도 적군의 사격이나 저항은 없었다. 개미 새끼 한 마리도 보이지 않았다. 프랑스군이 벌써 퇴각했다는 말인가? 그때 제7기계화보병연대 일부가 강습정을 보유한 공병부대와 함께 우리 쪽 언덕에서 내려가는 모습이 보였다. 북쪽에서는 제6기계화보병연대가 계속 진출 중이었다.

　그런데 첫 번째 강습정을 물 위에 띄우자마자 갑자기 지옥과 같은 광경이 펼쳐졌

A　칼 로텐부르크 대령은 1940년 6월 3일, 기사십자장 서훈자가 되었다.

다. 우리 병사들을 향해 기관총탄과 포탄들이 날아왔다. 프랑스군의 저격수와 포병들이 은엄폐 진지에서 사격을 가했다. 아군도 전차포와 야포로 대응사격을 했지만, 그다지 효과가 없었다. 적군의 위장은 매우 탁월했고, 그래서 우리는 그들이 어디에 숨어 있는지 찾기 위해 진격을 잠시 중단할 수밖에 없었다. 04:00경, 롬멜은 디낭으로 차를 몰고 이동했다. 연대 예하의 다른 부대들이 성공적으로 도하했는지 직접 확인하기 위해서였다. 그러나 그곳에서도 상황은 마찬가지였다. 거의 모든 강습정들이 물속으로 가라앉고 있었다.

롬멜은 '연막'을 생각해냈다. 그러나 우리에겐 연막탄이 없었다. 또다시 롬멜은 현장에서 재빨리 새로운 방책을 결심했다. 당시 바람이 부는 방향에 위치한 몇몇 가옥을 불태우고 그 연기를 연막으로 이용하여 다시 도하를 강행하기로 했다.

동분서주했던 롬멜은 마치 '회오리바람'처럼 우리 앞에 나타나서는 즉시 제7기계화보병연대의 도하를 위한 엄호 사격을 지시했다. 또한 그 연대의 제2대대를 직접 지휘했고 강습부대 중 제2제파 부대원들과 함께 마스강을 건넜다. 대안에 있던 프랑스군도 매우 맹렬하게 저항했지만, 치열한 전투 끝에 아군은 대안 상에 소규모의 교두보를 구축했다. 그날 밤 공병의 문교로 첫 번째 전차부대가 마스강을 건넜고, 이 부대는 5월 14일 아침부터 보병과 함께 진격을 재개했다.

롬멜은 언제나 최전선에 선두부대와 함께했고, 지휘소에 머무르지 않았다. 어느 날에는 진두지휘 중 그의 지휘용 장갑차가 적에게 피격되어 도로 옆 도랑에 빠지는 바람에 가벼운 부상을 입기도 했다. 그러나 롬멜은 곧바로 일어나 진격을 독려하며 홀로 전진했다. 그것도 적의 포화 한가운데 혈혈단신으로 걸어 들어갔다. 우리는 그 모습을 보며 이렇게 말했다. "롬멜은 불사신인가!"

모든 장병들이 그 모습에 큰 감명을 받았고, 그의 진두지휘와 솔선수범은 우리를 크게 고무시켰다.

아군은 교두보를 확장하는 데 성공했다. 서쪽으로 향하는 길은 완전히 개방된 듯했다. 우리 기갑수색대대도 강을 건넜고 교두보를 벗어나 즉시 서쪽으로 진격했다. 롬멜의 명령이 떨어졌다. 통상적인 관념을 깨는 혁신적인 내용이었다.

"좌우를 상관하지 말고 무조건 정면으로 돌진한다! 내가 귀관들의 측방을 보호해주겠다. 적은 이미 공황에 빠졌다. 지금 이 순간 호기를 놓쳐서는 안 된다!"

진격 중에 간혹 허둥지둥 퇴각하는 프랑스군을 만나기도 했지만 이미 저항할 의지를 상실한 상태였다. 우리는 샤를루아(Charleroi)의 남쪽으로 돌진했다. 프랑스 국경이 점점 눈에 들어오기 시작했다. 그 후방에는 프랑스군이 구축한 벙커들이 있었는데, 이곳은 난공불락처럼 여겨졌던 마지노선(Maginotlinie)의 연장선이었지만 그다지 견실하지 못했다. 5월 16일 우리는 시브리(Sivry)에서 국경을 넘으라는 명령을 수령했다.

공병특공대를 보유한 전차연대가 우리를 후속해서 바싹 따라붙었다. 그들과 함께 마지노선에 종심 2.5㎞의 돌파구를 형성하는 데 성공했다. 롬멜은 다시 최전선에 나타나 우리에게 진격을 독려하며 무조건 정면으로 돌진하라고 지시했다. 5월 17일 새벽, 이미 아벤(Avesnes) 일대를 통과하여 이날 낮에는 상브르(Sambre) 강변에 도달했다. 다행히도 그곳의 교량들은 온전했다.

아군의 맹렬한 기세에 당황했던 프랑스군은 아비규환 속에서 퇴각했다. 그야말로 오합지졸이었다. 몇몇 프랑스군 병사들은 자신들의 자괴감을 이렇게 표출했다.

"이미 전쟁은 끝났어. 미치겠군!"(La guerre est fini, je m'en fou.)

두 눈으로 직접 목격하면서도 정말로 믿을 수 없는 광경이었다. 도대체 어떻게 이럴 수가! 제1차 세계대전에서 그토록 용감무쌍했다던, 세계 최고라 자신하던 프랑스군은 어디로 사라졌다는 말인가?

내 나름대로 분석한 이유는 두 가지였다.

첫째, 그들이 '난공불락'의 마지노선을 너무나 과신했다. 둘째, 그들이 독일군의 전투력과 기동력을 과소평가했다. 그들은 폴란드 전역의 '전격전'에서 교훈을 도출했어야 했다. 그러나 후회해 본들, 이미 시기를 놓쳐버린 상태였다. 또한, 프랑스군의 수뇌부에는 페탱(Pétain) 원수와 베강(Weygand) 장군 같은 탁월한 지휘관들이 있었지만 국경 일대의 프랑스군 장병들의 전투의지가 너무나 약했던 것 같다.

한편, 우리는 총체적인 상황은커녕 바로 옆에서 싸우는 인접 부대들의 상황에 대해서도 전혀 알지 못했다. 그러나 파죽지세로 적 종심지역까지 돌진해 온 우리가 사단의 선봉이라는 자부심으로 가득했다. 귓가에 울리는 소리는 '진격하라!'라는 구호뿐이었다. 5월 18일, 사단의 전차연대는 이미 캉브레(Cambrai)의 시가지에 진입했다. 제1차 세계대전 당시에 영국군이 최초로 전차를 투입해 전세를 역전시켰던, 전쟁사적으로 매우 유명한 곳이었다.

우리 대대는 전차연대의 진출을 보장하기 위해 남측방을 방호하라는 임무를 부여받았다. 이때도 허겁지겁 전장을 이탈하는 수많은 프랑스군 병사들을 보았다. 공황에 빠진 민간인들도 그들의 뒤를 따랐다. 사단의 본대도 속속 우리 뒤쪽에 도착했다. 5월 20일, 중요지역으로 선정된 생캉탱(St. Quentin) 부근의 운하를 넘어섰다. 이

날 저녁, 우리 사단의 남측에서 공격했던 구데리안 군단이 솜(Somme) 강변의 아브빌(Abbéville)에 도달했다는 소식을 접했다. 그곳에서 대서양 해안까지 남은 거리는 고작해야 25km 남짓이었다.

아라스 인근에서 독일 공군의 공습으로 파괴된 열차.

영국군은 대체 어디에 있을까? 영국군은 전투의지뿐만 아니라 최정예 부대로 편성되어 전투력과 장비 면에서도 오합지졸로 공중분해된 프랑스군보다 훨씬 강력하리라 생각했다. 더욱이 자신들의 조국 섬나라를 떠나 대서양 해안을 등지고 소위 배수진을 친 형세였다. 그들이 살기 위해서는 오직 전투에서 승리하는 방법뿐이니 사생결단의 각오로 싸울 것만 같았다.

5월 20일, 아라스(Arras) 남부 인근에 도달했다. 처음으로 무장친위대 사단이 우리를 지원하기 위해 전선에 나타났다. 우리는 라 바세 운하(La Bassée Kanal)[A] 방면으로 진격했다. 롬멜은 아라스를 우회하여 서쪽으로 가려 했다. 당시 영국군이 아라스 일대에 주둔해 있을 것이며, 신속히 서쪽으로 우회한다면 그들이 대서양 해안으로 향하는 철수로를 차단하고 포위 격멸할 수 있다는 판단이었다. 로텐부르크 대령의 전차 연대 예하 부대들이 아라스에서 서쪽으로 향하는 간선도로에 도달하여 그곳을 차단했다. 그 순간 우리 사단 예하 다른 부대들은 영국군과의 격렬한 전투에 휘말려 극심한 피해를 입었다.

나는 중대원들과 함께 그 운하를 건너야 했다. 그러나 모든 교량이 파괴되어 교각만 남았고 크고 작은 배들도 프랑스군에 의해 물에 가라앉은 상태였다. 갑자기 운하 반대편에서 영국군 저격수들의 총탄이 빗발쳤다. 나는 대응사격을 지휘하기 위해 대전차포 진지로 재빨리 뛰어갔다. 그 순간 적의 탄환이 내 오른손을 관통했다. 내 손에 있던 권총이 공중으로 날아갔고 손가락의 마디들이 잘려나가는 느낌이었다. 피가 철철 흘러내렸다. 나의 전령, 에리히 베크는 당시 상황을 이렇게 기억한다.

A   프랑스어로 Canal d'Aire à La Bassée (역자 주)

공격을 지휘할 로텐부르크 대령과 대화중인 롬멜. 오른뺨에 가벼운 상처가 보인다.

"나는 즉시 장갑차량을 몰고 그에게 다가갔다. 나는 중대장을 들어 올리려 했지만 내 손에서 미끄러졌다. '젠장! 큰일인데!' 나는 그가 '매우 심각한 부상'을 입었다고 생각했다. 그러나 다음날 그는 붕대를 감고 우리 앞에 나타났다."

선두에서 진격했던 부대원들이 영국군 몇 명을 생포해 즉시 내게 데려왔다. 직접 심문한 끝에 전방의 영국군 대대가 제1근위보병연대 예하 부대임을 알아냈다. 나와 그 연대의 연대장은 전쟁 발발 직전에 런던의 '말보로 클럽'(Malborough Club)에서 함께 식사를 했던 오랜 친구 사이였다. '이 모든 것이 얼마나 무의미한가!'(Wie sinnlos ist das alles!) 하는 생각이 머리를 스쳤다.

이날 밤, 운하를 극복하여 대안 상에 교두보를 구축하는데 성공했다. 공병대대가 침몰한 예인선과 화물운반용 거룻배를 끌어다 급조 부교를 만들었다. 구불구불한 모양이 뱀을 떠올리게 했다. 롬멜은 운하를 건너라고 독촉하며 그 자신도 제방 위에 서서 사격을 지휘했다. 적에게는 완전히 노출된 표적이었고, 당시 롬멜 주위에 있던 장교와 병사들은 적의 총탄에 부상을 입거나 목숨을 잃기도 했다. 그러나 그는 부하들이 쓰러지는 광경을 보고도 아랑곳하지 않고 꼿꼿이 서 있었다. 우리 모두 그의 진두지휘에 한층 더 고무되었다. 마침내 슈투카[A]가 투입되었고, 전 부대가 무사히 도하를 완료했다. 그즈음 영국군은 단독으로 아라스의 동쪽, 즉 아군의 우측방을 역습하기로 결정했고, 그렇다면 사단 예하 두 개의 기계화보병연대 중 하나와 정면으로 충돌할 수밖에 없었다. 당시 사단의 전차연대는 이미 아라스의 서쪽에 있었으므로 그야말로 절체절명의 위기였다. 이에 롬멜은 또다시 직접 연대를 지휘하기로 결심했다. 영국군은 기동성이 그리 좋지 않지만 장갑이 두터운 최신예 마틸다 Mk.I 전차들을 대거 투입해 아군을 기습 공격했다. 아군의 37㎜ 대전차포는 무용지물이었다. 롬멜은 88㎜ 대공포대를 긴급히 전방으로 추진시켜 사격을 직접 지휘했다. 한 발 한 발 롬멜이 지시하는 대로 사격한 결과 30여 대의 영국군 전차는 화염에 휩싸였다. 영국군은 퇴각하기 시작했다. 전투가 끝나고 롬멜 곁에 있던 연락장교가 적의 총탄에 맞아 전사했다. 하지만 신기하게도 롬멜은 전혀 몰랐다고 털어놓았다. 수일에 걸친 라 바세 운하와 아라스 일대의 전투로 사단은 극심한 손실을 입었다.

한편, 상식을 벗어난 롬멜의 전술에 육군 총참모부도 놀라움을 금치 못했다. 히틀러도 맹렬하게 전방으로 진출하려는 롬멜의 열망을 멈추고, 급기야 작전을 중지시키려 했다. 롬멜은 웃으며 당시의 상황을 우리에게 설명했다.

"나는 호기를 이용하려 했고, 그래야만 했다. 적이 퇴각하기 시작하는데 그곳에서 그냥 눌러앉을 수는 없었다."

우리는 지금까지 그랬던 것처럼 그를 신뢰했고 나아가 신봉했다. 롬멜과 함께라면 무슨 일이든 해낼 수 있다는 자신감과 자부심이 가득했다.

사단은 즉시 두 개의 교두보를 이탈해 전진했고 5월 27일에는 릴(Lille)의 남부 일대에 이르렀다. 이날 밤 전차연대도 계속 진격하여 이튿날 새벽 무렵에는 롬므(Lommé) 일대에서 릴-됭케르크(Dünkirchen)를 잇는 간선도로를 차단했다. 모두들 먼지 수북한 장갑차에서 피곤에 지쳐있었지만, 딱딱한 비스킷을 깨물며 이렇게 다짐했다.

"며칠만 잘 참아보자!"

5월 28일, 롬멜은 자신의 지휘용 장갑차에 올라 전차연대의 지휘소에 나타났다. 그때 갑자기 중(重)포의 포탄이 떨어졌다. 어이없게도 아군 포병이 쏜 포탄이었다. 아군의 너무 빠른 진격이 문제였다. 통신은 언제나 말썽이었다. 유무선 통신망 개통이 진격속도를 따라잡지 못했다. 롬멜 옆에는 새로운 명령을 수령하러 온 우리 대대장, 에르트만 소령이 있었다. 에리히 베크는 당시 상황을 이렇게 기억한다.

....

A   급강하폭격기 Ju 87 STUKA (저자 주)

라 바세 운하에서 격렬한 교전 끝에 격파된 프랑스군 전차들.

아침식사를 하려던 참이었다. 한 전령이 와서 폰 루크 중대장님께서 롬멜 장군의 지휘소로 가셔야 한다고 전했다. 나는 출발을 위해 몇 가지를 챙기느라 시간이 필요했다.

"베크. 도대체 뭐하는 거야? 사단장님께 지금 즉시 가야 한단 말이야." 중대장님께서 나를 불렀다. 차를 타고 이동하던 중 롬멜 장군의 지휘소 근처에서, 그가 있을 바로 그 지점에 중포탄들이 떨어지는 끔찍한 광경을 목격했다. 포격은 곧 중지되었고 우리가 도달했을 때 지휘소 건물 앞에 싸늘한 시체 한 구가 놓여 있었다. 우리 대대장 에르트만 소령이었다. 그 옆에는 롬멜이 자신의 전투복에 묻은 먼지를 털고 있었다. 롬멜은 대대장의 사망에 몹시 당황했다. 오랫동안 전장에서 함께 한, 진정 아끼는 지휘관 중 하나를 잃었기 때문이다. 나는 생각했다. '우리가 몇 분이라도 일찍 출발했다면… 수호천사님께 감사해야겠지!'

롬멜은 내게 이렇게 말했다.

"루크! 귀관은 지금 이 시간부터 제37기갑수색대대를 지휘한다. 즉시 새로운 명령을 수령하라."

나는 연배로 보면 대대에서 두 번째로 어린 중대장이었으므로 이렇게 답했다.

"사단장님! 대대의 몇몇 중대장들은 저보다 선임입니다. 그래도 그렇게 결심하시겠습니까?"

"상관없어. 귀관이 지휘하는 거야! 자네의 지시에 순응하지 않는 중대장들이 있다면 내가 그들 모두를 보직 해임하겠어."

이 역시 상식을 벗어난 롬멜만의 조치였다. 그에게는 계급보다 능력이 더 중요했던 것이다.

군단 및 야전군에 의해 우측방의 안전이 확보된 가운데 사단 예하 전 부대는 릴의 서쪽을 향해 돌진했다. 역습에 실패한 영국군은 '다이나모'(Dynamo)라는 암호명 아래 됭케르크에서 영국으로 철수하는 작전을 개시했다.

5월 31일 프랑스군 1개 사단이 릴 시가지와 외곽을 방어하는 동안, 영국은 도버해협을 건너 330,000명의 병력을 철수시키는데 성공했다. 우리는 히틀러가 왜 그렇게 많은 영국군이 탈출하도록 내버려 뒀는지 도무지 이해할 수 없었다.

아군 정찰대의 보고에 의하면, 프랑스군은 솜강변 북부 지역과 그 일대에 투입된 전력을 상실한 후, 솜강의 남부에 황급히 새로운 방어선을 구축했다. 그들의 총사령관의 이름을 딴 '베강-라인'(Weygand-Linie)이었다. 그 사이에 우리 사단을 후속했던 보병사단들이 솜강의 북부를 확보, 즉 우리의 남측익을 방호했다. 제7기갑사단의 진격 속도가 얼마나 빨랐던지 프랑스인들은 우리 사단을 '유령사단'이라 불렀고, 그런 만큼 이제는 전투력 복원을 위한 휴식이 필요했다. 때마침 군단으로부터 며칠 간의 휴식을 승인받았다.

6월 2일, 롬멜은 기사 철십자장(Ritterkreuz zum Eisernen Kreuz)을 받았다. 히틀러로부터 훈장을 받은 첫 번째 사단장이었다. 훈장 수여식에서 히틀러는 이렇게 말했다.

"귀관이 진격하는 동안 우리 모두는 정말 당황스러웠소. 그러나 당신이 옳았고 당신이 승리를 일궈냈소."

롬멜은 당시의 휴식기를 지금까지의 작전 과정과 목표를 우리에게 설명하고 차후 계획을 함께 조망하는 기회로 이용했다. 그는 작전계획 수립 및 승인과정에 대해 이렇게 설명했다.

장군참모장교 출신으로 천재적이고도 가장 훌륭한 장군 중 한 명이며, 훗날 원수가 된 폰 만슈타인(von Manstein)은 1940년대 초부터 기상천외한 계획을 발전시켰다. 제1차 세계대전에서 한 번 써먹은 '슐리펜 계획'(Schlieffenplan)을 다시 사용하는데 반대했던 만슈타인은 이른바 '지헬슈니트 계획'(Sichelschnittplan)을 내놓았다. 대부분의 기갑사단들은 통과하기 어렵다는 아르덴을 극복하고 뤼티히 남부에서는 주공인 A집단군이 서쪽을 향해 돌진하며 뤼티히 북쪽에서는 조공인 B집단군이 적을 고착한다는 계획이었다. 그의 계획은 적중했다. 독일군의 주력이 북부에서 공격할 것으로 판단했던 프랑스군은 아르덴 지역에 대한 방비를 전혀 하지 않았다. 만슈타인은 아르덴을 성공적으로 관통한 기갑부대들을 낫질모양으로 남쪽에서 북동부로 진격시켜 영국군과 프랑스군을 분리시키고 영국군이 남쪽으로 진출하는 것을 막으려 했다. 또한 보병사단들을 기갑부대에 후속시켜 남측방을 총체적으로 방호할 계획이었다. 우여곡절 끝에 히틀러는 이 계획을 승인했고 모든 기갑부대 지휘관들도 이 계획에 공감하여 흔쾌히 수용했다고 한다.

이제 모든 것이 명쾌해졌고, 왜 우리가 이토록 엄청난 위험 속에서 끊임없이 돌진했는지 깨닫게 되었다. 휴식기는 매우 유익했다. 전투 중 목숨을 잃은 대대장 에르트만과 많은 전우들을 추모하고 명예롭게 장례를 치렀다. 처음으로 가족들에게 편지를 보내기도 했다.

폴란드 전역이 끝났을 때처럼 나는 모든 중대, 대대원들을 돌아보고 훌륭한 전투 결과에 대해 치하했다. 나는 한동안 내 중대 지역에 머물렀다. 중대에는 나를 포함해도 장교가 둘뿐이었고 다른 한 명의 장교가 폴란드 전역에서 부상을 당했으므로, 베르너 알무스(Werner Almus) 상사가 중대를 지휘했다. 모든 부사관과 병사들은 그를 매우 신뢰했고, 나는 알무스가 중대를 지휘할 수 있게 해달라고 롬멜에게 건의하여 승인을 받았다. 그는 향후 장교의 임무를 수행할 수 있는 '장교 예비자원'(Offizierreserve)[A]으로 충분한 자격을 갖춘 인물이었다.

나는 대대원들에게 절대로 '정복자'처럼 행동하지 않고, 주민들을 적대시하지 않고 독일국민처럼 대우하라고 엄명했다. 우리는 주민들로부터 '더러운 독일놈들'(sale Boche)이라는 말을 단 한 번도 들어본 일이 없었다. 이 기간 동안 전투유공자에 대한 훈장, 표창이 수여되었다. 나도 1등급 철십자장(Eiserne Kreuz I. Klasse)을 받았다.

히틀러로부터 기사 철십자장을 받은 롬멜은 샤를르빌(Charleville)에 설치된 전방 지휘소로 돌아가 새로운 명령을 하달하기 위해 우리 지휘관들을 소집시켰다. 슈바벤(Schwaben)[B] 방언이 섞여 있기는 했지만, 그의 말 한마디 한마디는 매우 논리적이었다.

"'낫질 형태의 기동'(Sichelbewegung)은 매우 성공적이었다. 이제 영국군을 포위하고 나아가 그들의 섬으로 철수하는 것을 막아야 한다. 반드시 적을 섬멸해야 한다. 우리는 솜강 너머 센강을 향해 돌진한다. 좌우측방의 적들을 무시하고 무조건 앞으로 진격한다. 목표는 센강이다. 사단은 군단의 우익으로 루앙(Rouen) 일대에서 센강의 교량들을 온전히 확보해야 한다. 지금까지 잘 해왔듯 다시 한번 해보자. 나는 귀관들을 전적으로 신뢰한다."

A   예비역 장교(Reserve Offizier)와는 다른 의미의, 차후 장교로 활용할 수 있는 부사관이라는 의미 (역자 주)
B   독일 남부지방 (역자 주)

6월 5일과 6일, 이틀 동안 우리는 '횡대대형'으로 전개하여 드넓은 평원을 가로질러 돌진했다. 넓은 간선도로들은 피난민들과 남쪽으로 퇴각하는 프랑스군 제10군의 일부 부대로 꽉 막혀 있었으므로 가급적 회피했다. 곧 솜강 변에 도착했고 파괴되지 않은 교량과 그 일대를 신속히 확보했다. 사단의 최선두는 언제나 우리 기갑수색대대였다. 전차연대와 기계화보병연대, 포병부대가 차례로 우리를 후속했다. 우리는 롬멜의 지시대로 작전지역에서 조우한 적들과의 전투를 회피하고 무조건 전방으로 돌진했다. 그들을 포로로 잡을 시간도 없었다.

그런데 솜강을 넘어서자 돌연 적군의 방어선에 부딪혔다. 이른바 '베강-라인'이었다. 나는 오토바이보병부대원들에게 하차를 지시했고 화력을 지원해줄 테니 나와 함께 방어선을 돌파하자고 명령했다. 내가 선두에 서서 그들을 직접 지휘했다. 적 포탄이 비 오듯 떨어지자 우리는 전진을 중단하고 엄폐물에 몸을 숨겨야 했다. 그때 뒤에서 갑자기 나를 부르는 목소리가 들렸다.

"대위님! 아침식사를 가져왔습니다."

믿을 수 없는 광경이었다. 내 뒤쪽에는 전령 중 하나인 프리췌(Fritsche)가 와 있었다. 그는 입대 전에 자르란트(Saarland)에서 호텔 종업원으로 일했다고 한다. 적 포탄의 화염을 뚫고 포복으로 기어온 그의 손에는 나무로 된 쟁반이, 그 위에는 몇 개의 샌드위치가, 게다가 파슬리와 냅킨 한 장까지 놓여 있었다. 나는 웃음을 참을 수 없었다.

"이봐! 미친 거 아니야? 물론 배가 약간 고프긴 하지만 지금 이 순간 아침을 먹는 것보다 더 중요한 게 있어!"

"오! 아닙니다! 지휘관님께서 시장하시면 신경과민이 생기죠. 제 임무는 지휘관님의 건강을 챙기는 겁니다."

그는 내게 샌드위치를 주고는 다시 포화 속으로 재빨리 사라졌다. 내 주위의 엄폐물 뒤에 있던 병사들은 어리둥절하다는 듯 고개를 가로저으면서도 내게 어서 빨리 아침식사를 하라는 듯 미소를 짓고 있었다. 나는 훗날 그에게 2급 철십자장을 수여했고 다른 부하들도 이를 충분히 이해했다.

전차와 포병의 지원 아래 '베강-라인'을 돌파하는 데 성공했다. 우리는 단 이틀 만에 평원지대를 가로질러 약 100km를 주파했고, 6월 7일에는 루앙 부근의 센강변에 도달했다. 이곳으로부터 전방의 작전은 공군이 담당했다. 우리는 저 멀리서 검고 거대한 연기들이 솟구치는 광경을 보았다. 루앙 남부의 언덕에서는 석유탱크와 항구가 불타는 모습도 볼 수 있었다. 그러나 안타깝게도 센강의 교량들은 모두 파괴되고 말았다. 새로운 명령이 도착할 때까지 롬멜은 우리에게 그 언덕을 확보하라고 지시했다. 우리 대대원들은 모두 이렇게 중얼거렸다.

"이거… 센강 도하가 쉽지 않겠는걸."

다음날 새로운 명령이 떨어졌다.

"사단은 센강 변에서 서쪽으로 방향을 바꾸어 르아브르(Le Havre)의 북부 해안을 확보한다. 더 정확히 말하자면 르아브르와 디에프(Dieppe) 간의 항구에서 철수를 준비하는 영국군 부대를 격멸해야 한다."

6월 8일과 9일, 우리는 대서양 해안으로 돌진했다. 프랑스군과 영국군은 철수 부대를 엄호하기 위해 황급히 방어선을 구축했다. 나의 대대는 6월 8일, 첫 번째 목표 지점에 도달했다. 롬멜의 지시대로 포로 획득이나 측방 위협을 무시하고 무작정 전방으로 달렸다. 이것이 바로 롬멜만의 독특하고도 통념을 깨는 전투 방식이었다. 그는 다시 한번 내게 무모하고도 황당한 임무를 하달했다. 롬멜이 갑자기 내 지휘소에 나타나서는 탁자 위에 지도를 펼치더니 이렇게 말했다.

"루크! 귀관은 내일 아침 일찍 여명 직전에 서쪽으로 공격을 개시해 약 30㎞를 기동해야 하네. 해안 전체를 조망할 수 있는, 지도상의 이 고지에 도달해야 해. 내가 전차부대를 이끌고 도착할 때까지 자네는 그 고지를 완전히 확보해야 하네. 좌우의 적들을 무시하고 무조건 앞만 보고 달리도록 하게! 만일 문제가 발생하면 내게 즉시 알리도록!"

그 사이에 대대의 정찰대는 연합군이 전방 5㎞ 지점에 강력한 대전차방어선을 구축했다고 보고했다. 아무리 생각해도 내 대대의 전투력으로는 목표지점에 도달하는 것조차 불가능할 것 같다는 느낌이 들었지만, 나는 롬멜을 잘 알고 있었다. 그는 가능한 멀리 공격목표를 설정하고 이의를 절대로 허용하지 않았다. 또한, 예하 지휘관들이 스스로 최선의 방책을 찾기를 기대했다.[A] 나는 일말의 망설임도 없이 명령을 수용하며 이렇게 답변했다.

"사단장님! 임무는 충분히 이해했습니다. 지도를 보면 확보해야 할 고지는 해안에서 고작 10㎞ 정도 떨어져 있습니다. 제가 곧장 해안으로 진격하는 방안은 어떨까요? 지친 부하들과 해수욕으로 피로를 풀 수도 있을 듯싶습니다."

롬멜은 흡족해하며 웃음으로 답했다. 그는 예하 지휘관의 이런 반응을 좋아했다.

A 특히 나는 북아프리카에서 롬멜의 성격을 정확히 파악할 수 있었다. 그는 예하 지휘관들에게 종종 실현 불가능한 임무를 하달했고, 이의를 제기하는 지휘관은 가차없이 해임시켜 버리곤 했다. (저자 주)

이튿날 아침에 공격을 개시했다. 예상대로 강력한 대전차방어부대와 조우했고, 그들과의 교전을 회피해야 했다. 이제 겨우 5㎞를 전진한 상황이었다. 나는 적 상황을 롬멜에게 보고했고, 잠시 후에 그는 내 앞에 나타나 자신이 길을 열어주겠다고 자신감을 나타냈다.

롬멜은 돌파에 성공한 후, 널리 알려진 말을 남겼다. "나는 해안에 도달했다."

"즉시 포병화력과 전차 몇 대로 사격지원을 해 주겠다. 그러면 내가 지시한 대로 귀관은 앞만 보고 전진하라!"

부하들의 환한 표정 속에도 비장함이 나타났다. 그들은 롬멜을 믿었고 롬멜이 헛되이 자신들의 생명을 희생시키지 않을 것임을 알고 있었다. 6월 9일 우리는 대서양 해안에 도달했다. 롬멜은 베를린 총사령부에 다음과 같은 무전을 보냈다. 이 말로 롬멜은 매우 유명해졌다. "나는 해안에 도달했다."(Ich am Meer)

그곳으로부터 북쪽에는 작은 항구도시 생 발레리 쉬르/메르(St. Valéry s/Mer)^A가 있었는데, 항공정찰 결과에 따르면 연합군 대부대가 그곳에 집결해 있었다. 롬멜은 즉시 나를 호출했다.

"나는 사단 전 부대를 모아 생 발레리를 확보하겠네. 자네에게 88㎜ 대공포대^B를 배속시켜 줄 테니 남쪽에 위치한 작은 항구, 페캉(Fécamp)을 확보하고 르아브르 방면 도로를 차단하도록!"

롬멜은 사단 예하 전 부대를 이끌고 생 발레리를 공격했지만 적의 격렬한 저항에 부딪혔다. 그즈음, 작지만 강했던 우리 기갑수색대대는 프랑스 전역 중 가장 특별하고도 재미있는 경험을 하게 되었다. 여기서 그 일화를 이야기하려 한다.

도로정찰과 함께 적의 기습에 대비하기 위해 장갑정찰차량을 보유한 선견대를 편성하여 먼저 출발시켰다. 본대는 그 후방에서 해안 절벽 위에 만들어진 도로를 따

A   s/Mer는 sur Mer (역자 주)
B   공군의 방공포대 (저자 주)

페캉과 생 발레리, 르 아브르를 잇는 절벽. 기만작전으로 페캉을 점령하기 이전의 모습.

라 남쪽으로 30km를 가야 했다. 적 부대에 대한 흔적은 전혀 없었고 민간인들도 통행이 금지된 상태였다.

6월 9일 저녁 무렵 페캉의 북쪽 언덕에 이르렀다. 우리가 이곳에 있다는 사실 자체를 적군이나 지역 주민들이 눈치채지 못하도록 철저히 기도비닉을 유지해야 했다. 또한 기습효과를 극대화하는 의미도 있었다. 아래쪽의 조그마한 항구에 두 척의 영국 해군 구축함이 정박해 있었다. 지도를 보며 예상했던 대로 해변가에 아름다운 빌라들과 카지노, 해변의 산책로도 눈에 들어왔다. 항구와 도로에는 프랑스군과 영국군이 분주히 움직이며 철수를 위한 승선을 준비하고 있었다. 놀랍게도 그 언덕 쪽에서 보면 시가지와 항구가 모두 노출되어 있었다. 우리가 이곳에 이르렀음을 적군은 아직도 눈치채지 못한 듯했다. 한줄기 따사로운 저녁 햇살이 아름다운 해변을 비추더니 이내 바다 속으로 사라졌다.

두 척의 구축함을 포함한 적 병력의 규모를 감안하면 직접적인 공격은 무리였다. 그래서 나는 궁리 끝에 다음 날 아침에 시행할 작전계획을 수립했고, 이날 저녁 수색중대장들과 88㎜ 대공포대장을 불러 계획을 설명해 주었다.

"오토바이보병부대는 페캉의 고지를 확보하라. 그 후방에 장갑정찰차량을 배치하여 유사시 즉각 지원사격을 할 수 있도록 준비한다. 중화기중대는 오토바이보병을 엄호하고 88㎜ 대공포는 해안가 언덕에 진지를 점령하여 항구에 정박 중인, 곧 출항할 두 척의 구축함에 사격할 수 있도록 준비하라. 모두들 철저히 은밀하게 행동해야 한다. 불필요한 차량이동은 금지하며 반드시 승인을 받거나 명령이 있어야 차량을 운행할 수 있다.”

연락장교 폰 카르도르프(von Kardorff)를 호출했다. 베를린에서 프랑스어로 수업하는 고등학교를 졸업한 그는 프랑스어에 능통했다.

“카르도르프! 자네는 내일 아침 일찍 백기를 들고 전령 한 명과 함께 페캉으로 가라. 그 지역의 사령관이 누구인지 물어보고 그 사람을 찾아서 이 지역의 모든 군인들과 함께 항복을 권유하도록. 그리고 이렇게 말해. ‘이 도시는 포위되었고 두 척의 구축함에서 모든 병력들을 하선시키면 구축함만은 항구에서 즉시 떠날 수 있게 해준다’고 말이야. 이해했나?”

이른 아침, 카르도르프는 길을 나섰다. 나는 멀리서 그가 시가지로 들어가는 모습까지 확인했다. 내 속임수가 성공할까? 잠시 후 카르도르프가 돌아왔다.

“시장과 프랑스군 사령관은 수용하려는 듯했지만, 영국군 놈들이 강하게 거부했습니다.”

이제 어떻게 할 것인가? 나는 여기서 체면을 구길 수 없었다. 계속 도박을 하기로 마음먹었다. 10:00경 나는 재차 카르도르프를 불렀다.

“지금 다시 시가지로 가라. 시장에게 나, 독일군 대대장이 아름다운 시가지를 온전하게 보존하고 싶어 한다며, 주민들을 보호하고 싶으면 연합군 지휘관을 설득하라고 해봐. 도망치지 않는다면 불필요한 희생도 없을 거라고. 군인들이 또다시 항복을 거부한다면 내가 12:00 정각에 모든 화포로 시가지와 항구를 초토화시킬 것이며, 독일 공군에게 폭격을 요청하겠노라고 전해.”

카르도르프는 다시 시내로 갔다가 곧 거부 의사를 듣고 돌아왔다. 나는 중대장들과 88㎜ 대공포대장을 불러서 이렇게 말했다.

“이제는 우리의 의지를 보여줄 때다. 12:00 정각에 모든 화포를 동원하여 시가지에 집중 사격을 실시하라!”

88㎜ 대공포를 제외하면 대대에는 37㎜ 대전차포를 보유한 단 1개의 대전차소대와 20㎜ 주포가 탑재된 정찰장갑차, 오토바이 보병의 기관총 몇 정이 화력의 전부였다. 아무튼 나는 그 전투력만으로 적을 상대해야 했으므로 이렇게 명령했다.

“정확히 12:00에 신호탄까지 포함하여 가용한 화기를 총동원하여 사격하라. 우리의 전투력이 실제보다 더 많은 것처럼 보이게 해야 한다. 88㎜ 대공포는 적의 구축함을, 특히 함포와 함장이 탑승했을 함교를 정조준해라.”

모든 준비가 완료되었다. 그 순간 재미있는 일이 벌어졌다. 사격개시 30분 전, 한 민간인이 백기를 손에 들고 우리가 있던 언덕으로 올라왔다. 부하들이 그를 내게 데려왔다.

"귀하(Monsieur)는 누구요? 무슨 일로 나를 찾아왔소? 시장은 왜 시가지를 우리에게 내놓지 않겠다는 거요? 영국놈들이 어디에 있는지, 그리고 어느 건물이 보호할 만한 가치가 있는지 알려 주시오!"

그는 두려움에 바들바들 떨며, 무서워서 도망치듯 시가지를 나왔다고 말했다. 영국군이 항구에 집결해 있으며 승선을 준비 중이라고 알려 주었다.

"영국군은 우리의 운명을 우리에게 떠넘긴 채 그냥 떠나려 하오. 제발 우리 시가지를 훼손하지 말아 주시오. 보시오! 저 너머의 건물은 매우 오래된 베네딕트(Benedikt) 회의 수도원이며 시내 한가운데는 정말 오래된 시 청사도 있소. 산책길 옆쪽의 건물들도 카지노요."

나는 그에게 맞장구를 치며 이렇게 물었다.

"아! 저 수도원이 그 유명한 리큐어가 생산되는 곳인가?"

"그렇소."

그의 대답에 나는 중대장들을 소집하여 다음과 같이 지시했다.

"저 수도원, 시청, 카지노는 사격하지 말도록! 항구와 라디오 송신탑에 집중 사격을 가하라! 이 사람의 말에 따르면 저곳은 매일 독일어 뉴스를 송출하는 방송국이라고 한다. 88㎜ 대공포는 우선 송신기를 파괴한 후 구축함을 집중 사격하라!"

갑자기 뜻밖의 행운이 찾아왔다. 12:00을 앞둔 몇 분 전, 우리 공군의 폭격기 편대가 우리 쪽 상공을 지나갔다. 영국 본토를 공습하기 위해 이동하는 항공기들이 분명했다. 마침 한 대의 폭격기가 세 발의 폭탄을 투하했다. 실수였는지 구축함을 목표로 했는지는 정확히 알 수는 없었다. 그와 동시에 나도 명령을 하달했다.

"사격 개시!"

물론 파괴력은 미미했지만, 총탄과 포탄들이 시가지를 향해 날아갔다. 청색, 적색, 황색 등 형형색색의 신호탄들도 공중으로 날아올랐다. 마치 불꽃놀이를 보는 듯했다. 우리 모두는 터져나오는 웃음을 참을 수가 없었다.

그때, 갑자기 저 아래 시청사에 백기가 게양되었다. 항복이다! 두 척의 구축함은 전속력으로 항구를 벗어나며 아군의 진지를 향해 함포를 발사하기 시작했다. 안타깝게도 우리 쪽에도 몇몇 사상자가 발생했다. 88㎜ 대공포대가 한 척의 구축함을 명중시켰고, 그 구축함은 검은 연기를 내뿜으면서도 영국을 향해 계속 나아갔다.

나는 즉각 사격을 중지시켰고 카르도르프를 불렀다.

"나와 함께 시가지로 가서 항복을 받아내자!"

그 순간 공중에 2대의 웰링턴(Wellington) 폭격기 편대가 우리 머리 위로 날아왔다. 88㎜ 대공포대는 즉각 사격을 가했고, 대공포탄에 피격된 한 대가 불이 붙은 채로 추락했다. 낙하산으로 탈출한 조종사들은 정확히 우리 진지 한가운데로 떨어졌다. 나는 그들에게 다가가 이렇게 인사를 건넸다.

"당신들은 운이 좋군. 잠시 여기서 기다리시오."

나는 정찰장갑차에 올라 시가지를 향해 출발했다. 시장은 시(市)를 접수하라는 의미로 이 도시의 열쇠를 내게 건넸다.

"시장님(Monsieur le Maire)! 나는 당신의 시청사, 수도원, 카지노 같은 역사적으로 중요한 건물들을 온전히 보존하기 위해 사격을 금지시켰습니다. 당신들의 전쟁은 이미 끝났습니다. 지하실에 대피한 주민들에게 나와도 좋다고 전파하고, 가게들도 문을 열고 영업을 계속하도록 하십시오. 우리도 돈을 지불하고 물건을 살 겁니다. 당신들에게는 어떤 불상사도 없을 겁니다. 제가 보증하겠습니다."

그는 깜짝 놀라는 표정을 짓더니 이 조치에 대해 정중히 감사를 표했다. 지난 몇 주 동안 그런 반응을 보인 프랑스인은 처음이었다.

내가 시장과 함께 대화를 나누는 동안 카르도르프에게는 중대장들을 데려오도록 하여 남쪽 고지들을 확보하고 라디오 송신탑을 제거하며, 정찰팀을 편성하여 남쪽 지역을 수색하라고 지시했다. 사실상 그 시가지는 사방으로 완전히 폐쇄된 것이나 마찬가지였다. 전 부대원들에게 교대로 일정한 자유 시간을 부여했다. 몇몇은 해안에서 해수욕으로 피로를 풀거나 가게에서 물건을 구입하기도 했다. 나는 롬멜에게 무전으로 페캉을 점령했으며, 피해도 극히 미미하다고 보고했다. 다수의 프랑스군, 영국군 포로들을 획득했고 남부에 경계 및 차단진지를 구축했다는 사실도 덧붙였다. 롬멜은 다음과 같이 응신했다.

"브라보! 잘했어, 루크! 자네는 그 지역을 확실히 책임지게. 그리고 일단 그곳에서 다음 지시가 있을 때까지 대기하게나. 생 발레리 쪽은 상황이 좋지 않아. 시가지를 포기하라는 나의 최후통첩을 적들이 거부했어. 항공폭격과 전차 공격을 준비하고 있다네."

이튿날 롬멜은 사단의 전 부대에 다음과 같은 전문을 보냈다.

"생 발레리의 적군은 항복했다. 스코틀랜드 51사단장[A]과 다수의 장군들을 포함하여 수천 명의 포로를 획득했다. 전 사단은 1~2일간 휴식을 취하도록!"

매우 기뻤다. 내친 김에 나는 무전으로 롬멜에게 이렇게 건의했다.

"사단장님! 사단 군악대를 페캉으로 보내주시겠습니까? 여기 주민들에게도 매우 즐거운 시간이 될 것이며, 그들도 고마워할 겁니다. 또한 제가 '독일인 방문객'으로는 사단장님만 제외하고 이 도시에 아무도 들어올 수 없도록 폐쇄조치를 했습니다. 승인해 주시겠습니까?"

승전으로 기분이 좋았던 롬멜은 매우 재미있는 발상이라며 군악대 지원과 도시 폐쇄를 흔쾌히 승인해 주었다.

나는 전령을 데리고 시장과 함께 시가지를 둘러보았다. 먼저 베네딕트 수도회의 수도원을 방문했다. 수도원장이 문 앞에 나와 인사를 건넸다.

"수도원장님(Monsieur Abbé)![B] 저는 이 도시를 포격하기 직전에 당신의 수도원에 관해 전해 듣고 이 건물에 대한 사격을 금지시켰습니다. 저는 이 건물과 모든 역사적 유물들이 온전히 보존되기를 원했습니다."

수도원장은 나의 조치에 대해 매우 감사하다며, 자신이 직접 수도원을 구경시켜주겠다고 제안했다. 나는 솔직히 이 수도원의 유명한 리큐르 때문에 이 수도원을 보호해야겠다고 결심했는데, 순간 그것이 잘못된 생각이었다는 양심의 가책을 느꼈다. 지하실로 내려서자 수천 병의 술병과 오래된 술통들이 여기저기에 널려 있었다.

"이곳에서 그 유명한 베네딕티너(Benediktiner)[C]가 생산되는 겁니까?"

나는 해맑은 표정을 지으며 수도원장에게 물었고, 그는 이렇게 되물었다.

"예. 그렇습니다. 제가 귀하와 귀하의 부하들에게 감사의 표시로 술 한 병을 개봉해서 대접해도 되겠습니까?"

내 병력이 1,000명에 달한다고 말하자 그의 얼굴은 새파랗게 질렸다. 그러나 그는 자신의 약속을 지켰고, 그날부터 나는 항상 특별한 마음으로 '베네딕티너'를 마셨다.

6월 12일 오후, 이 전역 기간 중 처음으로 독일군 군악대가 카지노 앞에서 야외 연주회를 열었다. 프랑스인들과 독일군 병사들 모두 함께 해안의 산책로를 따라 걸었고 페캉 전투가 유혈사태 없이 끝나게 된 것을 기뻐했다.

A 유명한 제51스코틀랜드 '하이랜더' 보병사단을 지휘한 빅터 모번 포춘 소장. (편집부)

B Monseigneur(프랑스에서 추기경, 천주교 고관 및 기사, 관리들을 일컫는 나리, 각하 등의 호칭)으로 불렸어야 했지만, 그냥 Monsieur(-님)를 뜻하는 호칭으로 불렀다. (저자 주)

C 프랑스식 명칭은 베네딕틴(Bénédictine), 16세기부터 수도회에서 제조된 유명한 리큐어. (편집부)

나의 '호텔리어' 전령에게 매일의 아침식사와 그날 저녁 카지노에서 열릴 만찬 준비를 맡겼다. 그는 능숙한 솜씨를 발휘했다. 마침 시장이 도착했고, 그는 독일 잠수함 승조원이었던 장교 한 명을 데리고 왔다. 그의 잠수함은 도버해협에서 침몰했으며 프랑스군에게 포로로 잡혀 한동안 감금되었다고 했다.

"어제는 너무나 정신이 없었던 나머지 이 분이 감옥에 계셨다는 사실을 잊어버렸습니다. 죄송합니다."

그는 정중히 사과했다.

성대한 저녁 만찬이 시작되었다. 성공적인 전투를 치른 대대의 모든 중대장들과 88㎜ 대공포대장, 독일군 잠수함 장교, 페캉의 시장과 영국군 웰링턴 폭격기 조종사도 함께했다.

만찬이 계속되고 있을 때 페캉의 동부 외곽 초소의 전령이 소위 '디저트'로 재미있는 소식 하나를 전해 주었다. 사단의 몇몇 장교들이 페캉으로 들어오려다 초소에서 제지당하자 몹시 심한 욕설을 퍼부었지만, 이 지역은 어느 누구에게도 예외 없이 '출입금지'라는 롬멜의 무전지시를 듣고는 결국 순순히 물러갔다고 한다.

한편 이날 저녁, 우리는 롬멜의 무전 전문을 수신했다.

"구데리안 장군이 샬롱-쉬르-마른(Châlons-sur-Marne)을 돌파했다. 스위스 국경 방향, 즉 마지노선 후방으로 공격중이다."[A]

우리의 사기는 하늘을 찔렀다. 우리가 일궈낸 승리에 대해, 특히 롬멜이 우리 사단장인 것에 대해 너무나도 자랑스러웠다.

6월 15, 16일, 후속했던 다른 부대에게 르아브르를 확보하도록 남겨 두고 우리는 다시 진군을 개시했다. 롬멜은 사단이 이제부터 센강에 교량을 설치하고 교두보를 더 크게 확장할 예정이며, 그 후 우리 대대가 센강을 넘어 공격해야 한다고 명령했다. 목표는 방어용 요새가 구축된 군항도시 셰르부르(Cherbourg)이며, 탈취 후 그곳은 우리 해군의 중요한 거점기지가 될 것이라고 말했다.

6월 17일, 우리는 센강을 건넜고 노르망디를 통과하여 셰르부르로 쇄도해 들어갔다. 사단은 하루 동안 약 350㎞ 이상 기동했고, 기동성이 가장 탁월했던 우리 수색대대는 다시 사단의 최선봉에 섰다.

6월 18일 이른 아침, 우리는 요새시설의 외부 성곽 앞에 이르렀다. 롬멜은 슈투카 지원을 요청했고 성곽 하나하나에 폭격을 지시했다.

A 그는 6월 17일 그곳에 도착했고 프랑스군 약 500,000명을 포위, 생포했다. (저자 주)

6월 19일, 결국 이 지역의 프랑스군 사령관이 항복했다. 그는 성대한 행사와 함께 롬멜에게 이 요새를 헌납했다. 롬멜도 매우 공손한 자세로 적군을 극진히 예우했다. 항복한 적에게도 호의를 베푸는 신사적인 모습 때문에 많은 사람이 -외국에서도- 롬멜에게 존경을 표했다.

롬멜에게도 어느 정도 보통사람, 아니 세속적인 모습이 있었다. 그러나 그 정도는 충분히 납득할 만했다. 그는 가장 중요한 장면을 사진으로 남기기 위해 항상 카메라를 손에 쥐고 있었다. 훗날 혹자들은 이런 행동이 롬멜 자신의 성과를 '미화, 과장'하기 위한 행동이었다고 비판하기도 했다. 그러나 본질적으로 그의 전투방식은 대단히 혁신적이었다. 일부 비평가들은 부정적으로 평가하기도 했지만, 이런 비평은 어찌 보면 대다수 고급장교들의 시기와 질투에서 비롯된 것이라 생각한다.

롬멜의 보고서에 따르면 사단은 6주 동안 97,648명의 포로를 획득했고 아군의 사상자는 1,600명에 불과했다. 이것만으로도 대단히 놀라운 성과였고 이른바 완벽하고도 엄청난 대승이었다.

우리는 셰르부르에 그리 오래 머무르지 않았다. 즉시 남부로 방향을 돌려 브르타뉴(Bretagne)를 통과하여 렌(Rennes), 낭트(Nantes)를 거쳐 루아르(Loire)강 선까지 돌진했다. 대대가 생포한 프랑스군 대위 한 명이 페탱 원수가 롬멜에게 휴전을 제안했다는 사실을 전했다. 이후 우리는 가능한 한 대서양 해안의 전체 지역을 장악하기 위해 남쪽으로 계속 달렸다. 생 나자르(St. Nazaire)와 라 로쉘(La Rochelle)이 우리 손에 떨어졌다. 프랑스군은 사실상 무기력했다. 프랑스인들의 피난도 서서히 뜸해지고 있었다. 파리 시민의 절반이 전란을 피해 지중해 해안과 보르도(Bordeaux) 일대로 떠난 상태였다.

6월 21일, 드디어 콩피에뉴(Compiègne)에서 휴전이 합의되었지만, 우리는 아무런 공식 명령도 접하지 못했으므로 계속 남쪽으로 돌진했다. 롬멜은 이렇게 명령했다.

"우리의 목표는 보르도다."

대대의 선두가 보르도 북부의 지롱드(Gironde)강 변에 도달하자 무전기에서 롬멜의 목소리가 들렸다.

"정지!"

롬멜은 사단의 전 지휘관을 소집하여 회의를 열었다. 페탱의 임시정부가 아직 보르도에 위치해 있고 향후 우리가 점령하지 않는다고 약속한 비시(Vichy)로 옮길 것이며, 지롱드강을 넘어서는 안 된다는 지시가 내려왔다고 전했다. 롬멜은 내게 다음과 같은 명령을 하달했다.

제7사단이 보르도 북부의 강변까지 진출한 시점에서 프랑스군 장교가 롬멜을 찾아와 페탱 원수의 휴전 요구를 전달했다. 롬멜의 왼편에 얼굴과 몸이 반쯤 가려진 저자의 모습이 보인다.

"자네 대대는 지롱드강 일대를 완전히 확보하라. 이후 잠시나마 전투력을 회복할 수 있도록 휴식을 주겠네. 프랑스 전역은 휴전으로 종결될 것이고, 이미 승리한 것이나 다름없어."

나는 지롱드강의 어느 교량 북쪽에 장갑정찰분대와 몇몇 오토바이보병들로 경계 및 검문초소를 설치했다. 병력들에게는 휴식을 취하도록 지시했으며 주민들에게도 매우 신사적으로 대해 주었다.

이 시기에 나는 프랑스 전역을 마무리하는 매우 재미있는 경험을 하게 되었다. 교량에 초소를 배치한 지 이틀째 되는 날에 낯선 한 남자가 찾아왔다.

"대위님, 백기를 든 프랑스군 대령이 저쪽에 와 있습니다. 이곳의 지휘관을 만나고 싶어 합니다."

나는 자동차로 그곳으로 향했다. 그 대령에게 정중히 예의를 갖추어 인사한 후 찾아온 용무를 물었다.

"대위! 프랑스군 총참모장 베강 장군께서 독일군의 전권을 행사할 장교를 보르도로 파견해 달라고 말씀하셨소. 페탱 원수의 임시정부 철수를 마무리하고 독일 국방군에게 보르도를 넘기기 위해서요. 베강 장군과 보르도 시장이 독일군의 전권을 위임받은 장교에게 적극 협조할 것이며, 보르도 점령군을 위한 사무실과 숙소를 제공해 줄 거요. 가급적 빨리 귀하의 군단장과 사단장께 이 문제에 관해 보고해 주시겠소? 귀하의 답변이 있어야 나도 복귀할 수 있소. 여기서 기다리겠소."

나는 카르도르프에게 눈짓했다.

"카르도르프! 이건 내가 해야 할 일이다!"

이 상황을 무전으로 롬멜에게 보고했다.

"사단장님! 제게 통역관으로 카르도르프가 있고 저도 프랑스어를 꽤 할 줄 압니다. 제가 보르도로 갈 수 있도록 승인해 주십시오!"

곧바로 롬멜이 응신했다.

"승인한다. 내가 모든 것을 책임지겠네. 그리고 현재 상황을 야전군 사령관님께 보고하겠네. 대대 임무는 변경된 것이 없으며 대대의 지휘는 최선임 중대장에게 맡기도록 하게."

국가와 군을 위해 내가 할 수 있는 일이 생겨 매우 기뻤다. 정찰장갑차 두 대를 깨끗이 세차한 후, 탄약을 적재시키고[A] 최정예 병사들을 나눠 태웠다. 나는 카르도르프와 전령 한 명, 운전병과 함께 지휘용 지프[B]에 탑승하여 부대를 인솔했다. 작은 교량이 있는 곳에서 우리를 기다리겠다던 프랑스군 대령과 만나 인사를 나누었다.

"대령님! 제가 전권을 위임받은 장교입니다. 보르도로 가시죠."

"좋소! 출발합시다!"

보르도에서 무슨 일이 벌어질지 기대와 걱정이 교차했다. 보르도에 가까워질수록 교통체증까지는 아니지만 도로에 차량이 가득했다. 시가지는 이런저런 사람들로 북적였다. 파리에 거주하던 많은 부유층 인사들이 전란을 피해 이곳에 와 있었다. 프랑스군 대령은 우리가 묵을 그랑 호텔(Grand Hôtel)로 안내했다. 나와 카르도르프, 정찰장갑차 탑승 병력들을 위한 방이 준비되어 있었다. 분명 우리 때문에 다른 손님들이 방을 내주어야 했을 것이라는 생각에 기분이 그리 좋지만은 않았다. 방에 짐을 풀고 호텔 로비로 내려오니 그 대령이 내게 물었다.

"그러면 이제 베강 장군님을 뵈러 갈까요?"

나는 고개를 끄덕였고 이동하기 전에 내 부하들에게 재빨리 몇 가지 지시사항을 하달했다.

A 보르도에서 무슨 일이 벌어질지 누가 알겠는가? (저자 주)
B 저자는 Jeep를 소형차량이라는 의미로 사용했지만, 당시 사단에서 사용한 차량은 퀴벨바겐이었다. (편집부)

"정찰장갑차 두 대를 호텔 앞에 세우고 24시간 무전 대기하라. 각 차량 앞에 경계병을 한 명씩 배치하고 즉각 사격할 수 있도록 기관단총을 소지하라. 남은 인원은 절대로 호텔을 벗어나지 말고, 절대로 이곳 주민이나 군인들과 대화나 접촉을 해서는 안된다. 일체의 경거망동을 삼가라!"

그 대령을 따라 교외의 군사령부로 향했고, 그곳에서 내가 사용할 사무실을 받았다. 대령은 여비서 한 명과 통역관 한 명도 붙여주었다.

잠시 후, 제1차 세계대전의 영웅으로 추앙받던 베강 장군이 내 앞에 나타났다. 나를 반갑게 맞아 주며 고맙다는 말을 건넸다. 우리 독일군이 페탱 원수가 큰 문제 없이 임시정부를 옮길 수 있도록 배려해 주었다는 이유에서였다. 내게는 매우 인상적인 순간이었다. 프랑스에서 가장 유명한 장군 중 한 사람이 내 앞에 앉아있었다. 그는 며칠 전까지만 해도 우리가 잡으려 했던 적의 수장이었으며, 나치 선전물에서 '불구대천의 원수'라 일컫던 인물이었다. 나는 그에게 군인으로서 최고의 존경을 표하기 위해 최선을 다해 예의를 갖추었다. 그의 눈빛은 피로에 몹시 지친 듯했고, 최근 몇 시간 동안 그가 얼마나 힘든 시간을 보냈는지 가히 짐작할 수 있었다. 짧은 접견을 끝내고 그는 악수를 청했다.

"독일군 대위 양반! 이틀 후면 프랑스 정부는 보르도를 떠날 수 있을 거요. 비시 방향으로 갈 예정이오. 이 도시를 독일 국방군에게 양도하는 세부사항은 여기 있는 대령이 당신에게 협조할 거요."[A]

호텔로 돌아오는 길에 프랑스군 대령은 이렇게 말했다.

"영국군은 이 도시에 없소. 하지만 이곳으로 철수한 수만 명의 프랑스군에게는 무장 해제를 지시했소. 모두가 그 지시를 순순히 받아들일지는 나도 모르겠소. 그러나 우리가 이 도시 구석구석을 확인하여 불의의 사태가 발생하지 않도록 조치하겠소."

갑자기 지금 이 상황이 한편으로는 우습고 다른 한편으로는 불안했다. 내가 데려온 소규모 정찰대로 이 큰 도시를 접수하는 임무를 수행하는 것은 무리가 아닐까 하는 생각이 들었다. 마치 커다란 꿀벌통에 들어 온 느낌이었다. 다음 날 아침, 그 대령과 함께 사무실로 가기로 약속하고 헤어졌다.

호텔에 도착하여 정문 앞에서 경계근무 중이던 병사들을 격려해 주었다. 수많은 프랑스인들, 그중에서도 무장 해제를 당한 프랑스 병사들이, 일부는 화난 표정으로,

---

A 나는 당시까지 페탱과 베강이 훗날 나치 독일에게 협조한 반역자로 비난받고 낙인찍힐 것이라고는 전혀 예상하지 못했다. 육군의 최고위급 지도자로서 너무나 허망하고 쓰디쓴 말로(末路)였다. (저자 주)

또는 궁금하다는 표정으로 우리 장갑차 주위로 몰려들었다. 하지만 별다른 충돌은 없었다.

호텔 종업원들은 테라스에 우리의 저녁식사를 준비해 주었다. 호텔에서 마주치는 많은 사람들의 얼굴에는 적개심이 가득했다. 나는 등골이 오싹하는 불편함을 느끼기도 했다. 그렇지만 테라스에서 보이는 전망은 매우 아름다웠다. 따사로운 저녁 햇살이 밝게 빛나고 있었다. 항구에는 중립국적의 증기 여객선 한 척이 정박해 있었는데, 국제법 때문에 우리는 수색할 수 없었다. 하지만 수많은 프랑스인들이 머물고 있다는 것쯤은 알고 있었다.

나는 롬멜에게 이곳의 모든 업무가 순조롭다는 사실과 그 과정까지 상세히 보고했다. 롬멜도, 야전군사령부로부터 우리가 보르도를 접수하는 임무를 수행하라는 명령과 승인을 받았다고 전했다. 마음이 한결 가벼워지는 느낌이었다.

다음 날 아침, 그 대령과 함께 사무실로 가 보니 보르도 시의 전권대사와 기자들이 기다리고 있었다. 전권대사가 먼저 입을 열었다.

"대위! 이미 아무도, 절대로 북쪽으로 이동할 수 없도록 조치해 두었소. 무장해제도 계속되며, 오늘 중으로 종결될 거요."

곧이어 몇몇 기자들이 손을 들고 내게 질문을 했다.

"야간 통행금지는 몇 시부터 유효합니까? 시간대로 22시 정각을 제안합니다."

전권대사도 이렇게 제안했다.

"시 외곽에 약 6만 리터 규모의 휘발유 저장소가 있소. 24시간 경계병을 배치하겠소. 일부 피난민들이 북쪽으로, 특히 파리로 가고자 할 지도 모르오. 그때는 반드시 당신으로부터 '통행증'과 휘발유 저장소에서 주유할 수 있는 증서를 발급받도록 하겠소. 보급차량들과 의사들도 마찬가지로 반드시 통행증을 받아서 이동하도록 전달하겠소."

이 시가지를 인수하는 임무를 수행하기로 마음먹었을 당시에는 생각지도 못한, 훨씬 복잡한 사안들이 산적해 있었다. 내가 모든 결정을 내려야 했으므로, 신중하게 생각한 뒤 입을 열었다.

"22:00 통행금지는 동의합니다.ᴬ 내일 아침까지 도장 하나를 준비해 주십시오. 휘발유 교환권과 '통행증'에 찍을 관인으로 사용하겠습니다. 그리고 여러분께 어느 도로를 사용할 수 있는지도 내일 알려드리도록 하겠습니다. 우리 독일군의 이동에 방

A 당시는 한여름이었으므로 밤늦은 시간까지도 제법 밝았다. (저자 주)

해가 되면 안됩니다. 또한, 당신들에게 필요한 의사와 물자보급 기관들의 리스트도 작성해서 내일 제출해 주십시오. 내일 아침 08:00에 내가 직접 이곳에 와 있을 것입니다. 여러분들의 적극적인 협조를 부탁드립니다."

여러 도로들이 폐쇄되어 차량의 통행은 거의 중단되었다. 일부 군인들은 공공연히 군용 휘발유를 암거래하곤 했다. 하지만 나는 그런 일에 관여하지도 않았고, 관심을 가질 만한 여유도 없었다.

나는 롬멜과 야전군으로부터 어느 도로를 폐쇄하고 통제를 풀 것인지 명령을 기다렸고, 그날 밤늦게 사단으로부터 북부로 통하는 몇몇 도로를 사용하라는 통보를 받았다. 호텔로 돌아오자 몇 개의 문서 봉투가 내 방에 놓여 있었다. 그 안에는 이곳에서 수행해야 할 나의 임무와 권한이 적힌 명령지와 통행금지 시간이 적힌 공문들이 들어 있었다.

호텔 테라스에서 저녁식사를 끝내자, 중립국적의 여객선 선장이 나를 찾아왔고 자신의 배가 이곳을 떠나도 되는지 물었다. 또 하나의 외교적 문제, 또는 총사령부를 통해 풀어야 하는 과업에 직면했다. 상부에 문의하자 다음과 같은 답변이 즉각 하달되었다.

"보르도를 완전히 접수할 때까지 그 배는 항구에 머물러야 한다. 차후 지시를 기다려라."

선장은 매우 상냥했다. 그는 다음날 나를 배로 초대해 선장실에서 위스키를 대접했다. 오랫동안 위스키를 맛보지 못해 아쉬웠는데, 전시에, 아니 마치 평시 같은 분위기에서 기분 전환을 할 수 있는 즐거운 시간을 만끽했다.

다음날, 프랑스군 대령 없이 혼자 사무실로 향했다. 그만큼 자신감이 붙었다. 내 사무실 앞에는 수백 명의 민간인들이 통행증을 받기 위해 장사진을 이루고 있었다. 정말로 믿을 수 없을 만큼 많은 사람들이 나를 기다렸다. 사무실에 들어서자 한 중후한 노부인이 앉아 있었고 자신을 리요테(Lyautey) 장군의 아내라고 소개했다. 모로코 전쟁의 주역이자 프랑스의 국민 영웅인 그 유명한 리요테 원수의 미망인이었다.

"대위님, 이 늙은이는 집으로 돌아가고 싶군요. 통행증과 휘발유 교환권을 발급받을 수 있을까요? 제발 부탁해요. 도와주신다면 정말 고맙겠군요."

자신의 조국을 점령한 젊은 독일군 장교에게 호의를 부탁해야 하는 이 노부인의 처지가 매우 안쓰러워 보였다. 나는 그 자리에서 즉시 그녀에게 이용 가능한 도로가 표시된 요도와 통행증이 포함된 문건을 발급해주었다. 노부인은 몇 번이고 감사하다는 말을 남기고 떠났다. 그녀의 눈빛에서는 우리를 증오하는 마음을 찾아볼 수 없었다. 그녀도 나도 어쩔 수 없는 당시의 상황을 이해해야 했다.

도로망이 표기된 요도는 등사기로 찍었다. 원하는 사람들 모두에게 요도와 통행증, 기타 서류들을 나눠주었다. 나의 요청으로 휘발유 저장소에 독일인 한 명을 파견하여 프랑스인들의 주유 작업을 감독했다. 각종 문서들을 교부하고 질문에 답하며 하루를 보냈다. 카르도르프가 내 옆에서 무척이나 큰 힘이 되어 주었다. 지친 몸을 이끌고 오후 늦게 호텔로 돌아왔다. 마침내 휴식을 취할 수 있었고, 혹시나 중립국 여객선에서 위스키를 마실 수 있다는 생각에 기분이 나아졌다. 다음날에는 페탱이 비시로 철수하고 보르도 접수도 마무리될 예정이었다. 이틀 후면 행정업무와 같은, 군인으로서 평소 해보지 못한 어려운 과업들을 종결짓게 된다. 저녁 무렵 어느 흑인 호텔 종업원이 모카커피 한 잔을 갖다 주었다. 나는 카르도르프에게 물었다.

"어때? 시내 어디서 뭐 좀 마실까?"

그는 기다렸다는 듯 좋은 생각이라며 맞장구쳤다. 함께 지프에 올라 시 청사 방면으로 향했다. 그 근처라면 술집 하나 정도는 있으리라 생각했다. 그러나 시내 중심가는 너무도 황량했다. 그 순간 문득 내가 22:00에 통행금지를 지시했다는 사실을 깨달았다. 이미 시간은 22:15이었다. 뾰족한 수가 생각나지 않았다.

그때, 시청 앞에 서 있던 마차 한 대를 발견했다. 당시로서는 가장 유용한 대중교통수단이었다. 마부는 마부석에서 졸고 있었다. 우리는 그를 흔들어 깨웠다.

"이봐요!"

그는 우리의 군복을 보고 깜짝 놀라며 말을 더듬기까지 했다.

"장군님! 제게는 가족이 있습니다! 그만 깜빡 잠이 들었어요. 살려 주십시오!"

우리는 그를 안심시켰다.

"괜찮아요. 걱정하지 마시오. 혹시 이 근처에 뭐 마실 것을 구할 곳이 있겠소?"

"아니오. 여기 모든 가게들은 '통행금지령' 때문에 이미 문을 닫았습니다. 모두 당신네 독일군들을 무서워하고 있죠. 하지만 '세리우스의 집'(maison sérieuse)이라는 곳이 있긴 한데, 혹시 아직도 영업을 하고 있을지 모르겠네요."

우리는 '세리우스의 집'이 어떤 곳인지 몰랐지만, 선택의 여지가 없었다. 일단 마차를 타고 그곳으로 향했다. 마부는 우리가 원하는 음료 정도는 구할 수 있을 것이라 말했다. 도로는 점점 좁아졌고 주변의 분위기는 점점 으슥해졌다. 이따금 길옆 가옥들의 커튼 뒤에서 누군가 우리를 엿보는 듯한 기분이 들었다. 점점 불안해졌다.

"이보시오! 지금 어디로 가고 있는 거요?"

"저쪽입니다. 이제 거의 다 왔습니다."

그는 이내 마차를 세우고 내려서 어느 집 문을 두드렸다. 나이든 노부인이 문을 열고 나왔다. 두 사람은 몇 마디 대화를 나누었고, 그 노부인이 내게 다가오더니 말을 걸었다.

"어서 안으로 들어가시죠! 장군님!"[A]

나는 마부에게 반드시 이곳에서 기다려달라고 신신당부했다.

그 집 안에 들어선 순간, 우리는 '세리우스의 집'이 어떤 곳인지 즉시 알 수 있었다. 프랑스식 선술집이었다. 내부는 매우 단출했고 아늑했다. 그 부인은 매우 친절했고 몇몇 젊은 여자들도 매우 지적인 인상을 풍겼다. 아무튼, 나는 그들에게 우리가 누구인지 알리고 싶었다.

"부인! 우리는 보르도를 접수하러 온 독일군 책임자들입니다. 우리가 지정한 통행금지 시간을 우리 스스로 어겼지만, 우린 그저 마실 것이 필요해서 여기까지 오게 되었습니다."

"저희 집을 방문해 주셔서 감사드리고 환영합니다. 이 전쟁의 종결을 기념하며 우리와 함께 샴페인 한잔하시죠! 우리 여성들이야 언제나 전쟁의 피해자들일 뿐이죠."

화기애애한 분위기 속에서 그녀들과 전쟁의 의미와 허망함에 대해 대화를 나누었다. 시간이 30분쯤 흘렀을까. 우리는 독일군 사령부에 건의하여 노부인에게 가게 영업 허가서를 받게 해 주겠다고 약속한 후 그곳을 빠져나왔다. 그녀도 매우 기뻐하며 증표로 그녀의 명함을 내게 건넸다.

다행히도 마부는 아직도 그곳에서 우리를 기다리며 또 한 번 단잠에 빠져있었다. 그를 깨워 지프를 주차해 놓은 시청사를 향했다. 돌아올 때는 생각보다 금세 도착했다. 나는 마부에게 감사의 표시로 꽤 많은 돈을 내밀었다. 마부는 받지 않으려 했지만, 내가 억지로 그의 주머니에 넣었다. 그는 마부석에 올라 매우 만족스러운 표정으로 마차를 출발시키며 이렇게 외쳤다.

"여기 사람들은 독일인들이 매우 나쁜 사람들이라고들 말하지요. 하지만 전혀 그렇지 않군요. 나리! 혹시 필요하시다면 매일 저녁 통행금지시간에 여기서 당신을 위해 마차를 대기시켜 놓겠습니다."

그 사이에 페탱은 임시정부 요인들과 함께 보르도를 떠났다. 다음 날, 보르도에서

A 그곳에서는 아무도 내가 누군지 알지 못했지만, 나를 지켜주려고 프랑스군 장군으로 호칭했다. (저자 주)

군단장 호트 대장의 주관 하에 우리 사단의 성대한 퍼레이드 행사가 열렸다. 나는 롬멜에게 대대로 복귀를 신고하는 자리에서 그간 겪었던 일에 대해 보고했다. '세리우스의 집'에 관해서 언급했을 때 롬멜도 박장대소하며 한 번 들러야겠다고 말했다.

우리 제7기갑사단의 주력은 다음 명령을 기다리며 보르도 서쪽에 주둔했다. 나는 카프 페레(Cap Ferret) 반도 건너편, 대서양 해안을 끼고 있는 아름답기로 유명한 아르카숑(Archachon)에 대대의 집결지를 편성하려 했고, 롬멜의 승인도 받았다. 모래 언덕 위의 아름다운 휴양용 빌라 하나를 선정해 대대지휘소를 설치했다. 며칠 동안 전 대대원이 해수욕을 즐겼고 매일 굴 양식장에서 생산된 신선한 굴과 함께 향기 좋은 백포도주도 맛볼 수 있었다.

프랑스 전역의 끝에 관해서는 이보다 더 자세히 소개하기란 어려울 듯싶다. 하지만 몇 가지 사실을 덧붙여 본다.

우리는 자극인 뉴스를 듣고 싶은 호기심이 발동했다. 아니, 총체적인 상황에 대한 객관적인 판단을 하기 위해 영국방송을 청취했다. 당시에는 엄격히 금지되어 있던 행동이었다. 수상 체임벌린이 실각하고 처칠이 정권을 잡았는데, 처칠은 오로지 '피와 눈물'을 바치겠다는 유명한 연설로 영국인들의 절대적인 지지를 얻었다. 독일 정부의 격앙된, 다소 부정적이고도 비판적인 느낌을 주는 선전과는 달리 그의 연설은 매우 강인하면서도 '영국은 결코 패배하지 않는다'는 의미심장한 메시지를 담고 있었다.

한편, 독일 공군이 코번트리(Coventry) 시가지를 폭격하고 우리 영공에서 공중전이 전개된 후, 영국 공군도 독일의 시가지, 특히 베를린에 폭탄을 퍼붓기 시작했다. 영국 공군의 공습 횟수와 강도는 점점 더 증가하고 있었다. 이에 독일 공군의 훌륭한 전투기 조종사들은 요격기의 생산량을 늘려야 한다고 주장했지만, 히틀러와 괴링은 이를 무시하고 폭격기의 숫자를 늘리라고 지시했다.

왠지 불안하고 걱정스러운 마음에, 이제 막 시작된 '영국 공습'을 지켜보기로 했다. 미국은 영국에 전쟁에 필요한 주요 물자들을 공급하기 시작했고 -독일군 잠수함에 의해 미국 선박이 침몰하는 경우도 꽤 있었다- 어느새 그 규모도 확연히 증가했다. 또한, 미국 해군의 구축함들이 기지를 벗어나 대서양에서 활동을 재개하자 영국 해군도 가세했다.[A] 이런 소식들을 접한 우리의 마음은 뒤숭숭했다. 현재까지 우리가 일궈낸 엄청난 승리들에 대한 쾌감도 서서히 사라지는 듯했다.

....
A 우리는 영국 라디오 방송으로 이러한 정보를 얻을 수 있었다. (저자 주)

휴식기, 프랑스 전역과 러시아 전역 사이의 기간

모든 전쟁이 그렇듯 서부 전역이 종결되고 전선의 방향이 다른 곳으로 옮겨지면 '전역 사이의 휴식기'가 있기 마련이다. 이러한 휴식은 각개 병사뿐만 아니라 부대에도 매우 큰 의미가 있다. 모든 부대원들이 부정적인 경험을 떨쳐버리고 최소한 긍정적인 의식을 증폭시키는 등 정신력과 전열을 다시 가다듬을 수 있었다. 장병들은 서로 용기를 북돋아 주었다. 불확실한 미래지만 어느 시점이 오면 끊임없는 죽음의 위협에서 영원히 벗어날 수 있다는 희망을 품고 서로를 격려했다.

군인들은 전쟁 중에 제법 긴 시간에 걸쳐 자신이 최후를 맞이할 수도 있으며 그러한 위험을 감수해야 한다는 생각을 품게 되고, 또한 실제로 체험하게 된다. 그럴 때 스토아학파의 학자들이 생활의 규칙, 즉 냉철한 금욕주의를 고수하는 이유를 비로소 이해하게 되고 스스로도 그런 생각과 행동을 하고 있음을 깨닫는다. 즉 침착하고 냉정하게 모든 고난을 견뎌야 한다는 것을 인지하고 그 방법을 깨우친다. 그러나 공포심과 측은지심에 대한 개개인의 면역체계는 다르다. 윤리적, 도덕적, 양심적인 문제에 대해서도 단호한 결심을 내릴 수 있는 어느 정도 정신력을 갖춘 인간만이 그것을 익히게 되고, 스스로 터득할 수 있다. 또한 그런 사람들은 자신의 주위에서 일어나는 사건들, 자신이 참여한 일에 대해 절대로 의문을 품지 않는다. 주도적으로 행동하고 모든 에너지를 그 일에 쏟아붓는다. 오랜 기간 동안 습성화 단계를 거쳐 공포의 망상을 떨쳐내는 방법을 익히게 되고 한 차원 높은 단계에 오르게 된다. 스스로 지치지 않기 위해 합리적인 행동과 판단을 할 수 있는 능력을 갖추게 되면, 그러한 장병은 생존 가능성이 더 높아진다.

프랑스 전역이 거의 종결될 무렵, 나와 우리 대대원들의 머리와 가슴에는 만감이 교차했고 향후의 전쟁과 철학적 관념에 대해 이야기하곤 했다. 고향의 가족들이 점점 줄어드는 식량과 전장에 보낸 남편, 아들에 대한 걱정으로 힘겨운 나날을 보내고 있음을 잘 알고 있었다. 우리도 전투 중 생명을 잃거나 중상을 입은 전우들을 그리며 슬픔에 잠겼다. 그리고 비록 서로 총칼을 겨누기는 했지만, 적군의 사상자를 위해 추모하는 시간을 가지기도 했다. 한편으로 지금까지 살아남은 데 안도의 한숨을 쉬는 동료들도 있었다. 해군과 공군은 여전히 전투 중이었다. 연합군이 독일 본토의 산업시설과 교통의 요지들에 대한 폭격을 개시하자 평화로웠던 우리의 고향도 전쟁터로 변해 버렸다.

롬멜은 휴가를 받아 몇 주간 빈(Wien)에 머물렀다. 그가 전쟁 이전에 마지막으로 근무했던 곳이 바로 빈이었다. 그곳에서 그의 아내 루시(Lucie), 아들 만프레드(Manfred)와 함께 휴가를 보내고 있었다.

총참모부에 근무하는 지인들을 통해 히틀러가 영국과 단독 평화협상 체결을 시도하고 있다는 사실을 알게 되었다. 그는 스칸디나비아인들과 독일인처럼 영국인도 게르만족의 후손이라 믿었고, 내심 영국인에게 호감을 품었던 듯했다. 하지만 히틀러는 처칠을 잘 모르는 것 같았다. 아니, 완전히 오판하고 있음이 확실했다. 우리가 영국 라디오를 통해 들은 바에 의하면, 처칠은 히틀러와 국가사회주의를 반드시 타파하고, 지구상에서 완전히 사라지게 하겠다고 큰소리를 치고 있었다.

곧 현실을 직시한 히틀러는 분노했고, 영국을 비방하는 선전도 극에 달했다. 7월 초부터 '영국 공습작전'이 개시되었다. 사단은 7월에 파리의 서쪽으로 이동했다. 휴가를 마치고 복귀한 롬멜은 우리에게 영국 상륙, 이른바 '바다사자 작전'(Operation Seelöwe)을 준비하라고 지시했다. 우리 사단도 이 작전에 투입될 예정이었다. 피곤하고 지루한 몇 주, 몇 개월간의 준비가 시작되었다. 거룻배를 개조하거나 특수 선박을 동원해 전쟁 상황을 상정한 승하선 훈련을 끊임없이 반복했다.

우리 대대는 파리의 서부 외곽, 센강의 만곡부에 시가지가 형성된 르 베시네(Le Vesinet)로 이동했다. 지형을 판단한 후, 한 빌라를 골라서 주인에게 승낙을 받아 지휘소를 설치했다. 그 맞은편에는 조세핀 베이커(Josephine Baker)[A]가, 우리 옆 저택에는 '리도'(Lido) 극장의 주인이 거주했다. 그는 휴전 조인 직후 자신의 극장에서 새로운 쇼를 선보였다. 우리 지휘소가 위치한 빌라의 주인은 스위스 태생의 사업가로, 당시 파리에서 자신의 사업을 계속할 수 없다고 판단하고 고향으로 돌아가려 했다. 그는 향후 온전한 상태로 자신의 빌라를 되돌려 받고 싶다며 우리에게 간곡히 부탁했다.

"우리도 여기서 얼마 동안 머무르게 될지 모릅니다. 하지만 걱정하지 마세요. 집안의 물건들은 절대로 손대지 않겠습니다."

이렇게 약속을 받은 그는 내게 자신의 빌라와 지하의 와인 저장고를 보여주었다.

"귀하께서 원하시는 만큼 드셔도 됩니다."

나는 고맙다는 의사를 표하며 그의 과도한 호의를 사양하려 했다. 그러나 우리는 '상징적'으로 그의 오래된 훌륭한 와인을 한 병당 1프랑의 가격에 구입하기로 합의했고, 나는 특히 1929년산 '샹베르탱'(Chambertin)을 즐겨 마셨다.

A 미국 태생의 프랑스 가수 겸 무용수 (역자 주)

대대원들은 한 요양원을 숙영지로 정했다. 베시네 시민의 대표는 어느 남작 부인이었다. 그녀는 우리의 호의적인 태도에 찬사를 아끼지 않았다. 주민들과도 우호적인 관계를 조성했다. 훗날 프랑스인들은 일부 국민이 '대독일 협력행위, 반역행위'(collaboration)를 한 데 대해 격렬히 비난했지만, 당시 그녀와 주민들이 한 행동이나 우리와의 관계는 그런 것들과는 거리가 멀었다.

대대 경리장교는 상급부대에서 '프랑'으로 월급을 받아 우리에게 나눠주고, 다시 일정 금액을 모아 시가지에서 식료품을 구입해 오곤 했다. 우리의 주 거래처는 '그랑드 페름 데 아질'(Grande Ferme de l'Asile)ᴬ이라는 농장 겸 식품점이었다. 주인이었던 에크하우트(Eeckhout) 씨는 다시 장사를 할 수 있게 되어 매우 기뻐했다. 에리히 베크와 운전병 핑크는 매일 내 부하들을 위해 생크림, 버터, 고기와 신선한 채소를 사 왔다. 르베시네에 주둔하던 나날은 정말 평화로웠다. 1941년 4월에 또 한 차례 파리를 방문했을 때의 재회도 매우 감격적이었다. 남작 부인은 내게 이렇게 부탁했다.

"대위님! 당신의 부하들과 다시 여기로 오실 수는 없나요? 당신들이 떠난 후 친위대와 친위대 소속 보급부대들이 이곳에 들어왔어요. 그들은 우리를 감시하고 무례하고 거칠게 대해요. 너무나 불안해요."

나는 그녀를 진정시키려 애썼다. 에크하우트씨도 내게 물었다.

"모두들 어떻게 지내세요? 특히 내 친구 에리히 베크와 아돌프 핑크도 잘 지내나요? 다음에는 꼭 함께 오세요!"

그는 즉석에서 편지를 써서 내게 건넸다.

'그랑드 페름 데 아질'에서, 1941년 4월 23일
사랑하는 친구들! 당신들에 관한 소식을 듣게 되어 매우 기뻐요. 우리도 모두 건강하고 종종 당신들에 관해 이야기한답니다. 그러나 평화롭고 아름다웠던 시절은 이미 가버렸네요. 그래도 폰 루크씨가 우리를 찾아와 주었고 그는 우리에게, 다음번에 파리로 올 때는 여러분들과 함께 오겠다고 약속했어요. 그렇게 된다면 얼마나 기쁠까요? 여기서 이만 줄입니다. 왜냐하면 밖에 군인들이 서 있어요. 저는 당신들의 상관에게 알마(Alma), 제라드(Gérard), 일레인(Eliane), 로랑(Laurent)의 인사를 전합니다. 꼭 다시 한 번 여러분들을 만나고 싶네요.
헤리히(Hérich), 아돌프(Adolph)씨! 신의 은총이 여러분께 가득하시길 빕니다.

A   사원의 대농장이라는 의미 (역자 주)

진정한 우정이란 바로 이런 것이다! 우리 두 국민 사이에 '철천지 원수'라는 말은 참으로 공허했다. 그런 증오의 표현이 무색케 할 만한 경험이었다.

1940년 7월에 파리가 함락된 후, 시가지로 들어가는 모든 통로가 폐쇄되었다. 파리지역 사령부가 설치되고 파리에 들어가려면 특별한 허가증이 필요했다. 나는 허가증을 발급받고 자유 시간을 이용해서 그 아름다운 도시에 대한 옛 추억을 되새기며 도시 구석구석을 돌아다녔다. 어느 날 저녁, 우연히 샹젤리제 근처에서 '르 까발리에'(Le Cavalier)라는 간판이 붙은 바(Bar)를 발견해 문을 열고 들어섰다. 바의 주인은 1932년 올림픽에 참가했던 프랑스 국가대표선수이자 유명한 샹송 가수, 그리고 훗날 영화제작자가 된 클레망 두호아(Clement Duhour)[A]였다. 우리는 금세 절친한 친구 사이로 발전했고, 당연히 '르 까발리에'도 나의 단골집이 되어버렸다.

파리의 술집에는 마치 정복자처럼 오만불손하게 행동하고 점점 더 천방지축으로 날뛰던 독일인 행정가들과 독일군 군무원이 많았다. 그들은 전투에 참가하기는커녕 전장의 총성을 들어본 경험도 없는 사람들이었다. 술에 취한 육군 소속의 군무원들은 종종 선술집의 샹송을 듣고 싶어 찾아온 프랑스인 손님들 앞에서 나치 노래를 부르는 낯부끄러운 작태를 벌이기도 했다. 언젠가 한 번은 참기 어려울 정도로 분노를 느껴 그런 사람들과 주먹다짐 직전까지 간 적도 있었다. 그때 내가 먼저 헌병을 불러 독일인 극단주의자들을 연행하도록 지시했고, 그 술집은 다시 평화를 되찾았다. 다행히도 '르 까발리에'는 그런 자들의 손길이 미치지 않는 곳이었다.

나는 클레망 두호아의 술집에서 수많은 프랑스 예술가들과 친분을 쌓을 수 있었다. 그들과 화기애애한 분위기를 깨지 않기 위해서 나는 가급적 사복을 입었다. 그때 그곳에서 오늘날까지 가장 친한 친구로 지내는 J.B. 모렐(Morel)을 사귀었다. 그의 직업은 실내 인테리어 디자이너로 파리에 관해서라면 만물박사였다. 연배도 나와 비슷했고, 한때 프랑스군 중위로 우리 독일군과 싸운 적도 있었다. 그는 블로뉴 숲(Bois de Boulogne) 티볼리 공원(Tivoli Park) 인근의 도브로폴(Dobropol)가에 지어진 아담한 아파트에 살았다. 어느 날에는 모렐을 따라 독일인과는 결코 만나지 않겠다는 프랑스인 모임에도 참석했고, 언젠가는 저녁에 재즈바에도 데려갔다. 그곳에서 당시 연주가 금지되었던 미국 흑인 재즈 음악과 독일인에게는 잘 알려지지 않은 스윙(Swing) 연주를 들을 수 있었다. 그 바(Bar)에 출입하려면 암호화된 노크 신호를 알아야 했는데,

---

A   프랑스 레지스탕스사 연구에 의하면 클레망 두호아는 르 까발리에 영업을 통해 외부적으로는 독일의 점령정책에 협조하고 저자와 같은 프랑스에 우호적인 독일군 장교들과 친분을 쌓으면서 배후로는 레지스탕스 조직 활동을 지원했다. (편집부)

모렐은 흔쾌히 내게도 그 신호를 알려주었다. 글렌 밀러(Glenn Miller)의 인 더 무드(In the Mood)와 다운 멕시코 웨이(Down Mexico Way)는 내가 가장 즐겨 들었던 노래였고, 훗날 포로수용소에서도 이 곡을 종종 연주하곤 했다.

당시에는 멋진 메르세데스 카브리오(Mercedes Cabriolet)에 파리 통행증을 부착하고 새로운 프랑스인 친구들과 함께 파리 시내를 어디든 마음껏 돌아다닐 수 있었다. 나는 종종 그 친구들을 르 베시네로 초대해 요트들이 정박된 항구에서 주인 없는 모터보트를 함께 타거나 센강 변을 거닐었다. 어느 날에는 센강을 건너 르 페크(Le Pecq)로 가서 유명한 레스토랑인 '르 코크 하르디'(Le Coq Hardi)에서 식사를 하기도 했다.

대대원들은 전시 급여로 가족들을 위한 선물을 구입했다. 실크 스타킹, 향수, 맛좋은 술과 음료수 등, 대부분 그동안 우리가 생각하지 못했던, 우리와 전혀 관계없었던 물건들을 보러 다니곤 했다.

한편, 영국에 대한 더이상의 구애가 부질없음을 깨달은 히틀러는 지브롤터를 탈취하려 했다. 그곳을 확보하여 대서양에서 지중해로 이어지는 수로를 통제하기 위해서였다. 이탈리아의 식민지였던 리비아(Lybien)와 더불어 지중해는 전략적으로 매우 중요했다. 하지만 프랑코는 우리 콘돌 군단의 지원을 받아 권력을 쟁취했음에도 스페인을 통해 지브롤터를 확보하려던 히틀러의 요청에 반대 의사를 표명했다.

6월 10일이 되자 무솔리니의 군대도 선전포고를 한 후 프랑스 서부로 진입했다. 이미 기진맥진해 있던 프랑스군의 잔여 세력을 전멸시킨 무솔리니는 승리를 자축했고, 1940년 9월 초에 그라치아니(Graziani) 원수가 지휘하는 이탈리아군을 이집트로 파견했다. 수적으로 매우 열세였던 영국군을 치기 위해서였다.

이탈리아인은 매우 다정다감한 민족성을 갖고 있었지만, 이탈리아군의 훈련 수준은 우리 독일군에 비해 훨씬 낮고 보유한 장비도 그리 좋지 않았다. 그래서 우리 독일군은 그들을 뒤에서 놀리기도 하고 동료로, 전우로 대해 주지도 않았다. 그들이 매번 다 잡은 승기를 놓치거나, 칭찬해 줄 만한 큰 승리나 전과를 올리지 못했다는 이유로 욕설을 퍼붓기도 했다.

1940년 7월의 여름은 정말로 후덥지근했다. 파리의 식량 사정은 점점 더 어려워지고 암거래가 성행했다. 하지만 곧 예전의 일상과 평온을 되찾았고, 파리 시민들은 생활고를 이겨내기 위해 최선을 다했다.

우리는 파리-루앙 일대에서 여전히 '바다사자 작전' 즉 영국 상륙을 위한 훈련을 지속했다. 그러나 모두들 그다지 열정적이지 않았다. 되풀이되는 훈련에 다들 싫증을 느꼈다. 국방군의 라디오 방송을 통해 영국 상공의 공중전이 희망적이지 않다는 분위기를 읽을 수 있었다. 물론 금지된 행위였지만 몰래 영국방송을 청취하기도 했는데, 이를 통해 공군의 작전이 실패할 확률이 더 높다는 생각을 품게 되었다.

롬멜은 항상 새로운 전투훈련 방식을 도입하여 우리를 언제나 바쁘게 만들었다. 프랑스식 표현으로 부하들을 '마음대로 행동하는 자유 방임 상태'(laissez faire)ᴬ 가 되지 않도록 하기 위해서였다.

나는 시간이 날 때면 항상 파리에서 친구들을 만나고, 쇼핑을 하거나 매혹적인 파리의 구석구석을 돌아다녔다.

8월 말, 14일간의 휴가를 받았다. 대대장에게 휴가를 주는 것은 독일군 지휘부가 영국을 침공하지 않을 것임을 입증하기에 충분한 증거였다. 마지막 근무지였던 바트 키싱엔에서 14일을 보냈다. 친구들과 만나고 몇 가지 정리할 것들이 남아 있었다. 나의 전령으로서 최측근이자 진정한 전우인 에리히 베크도 나와 함께 했다. 그도 역시 고향인 바트 키싱엔에 가고 싶어 했다.

"베크, 메르세데스를 준비해 줘. 보이도 데려가야겠어. 아무래도 보이를 독일에 있는 누군가에게 맡기는 게 좋겠지."

잠시 후 베크는 격앙된 모습으로 달려왔다.

"대위님! 차고에서 최신형 뷰익(Buick)ᴮ을 발견했습니다! 저 차를 타고 가시면 어떨까요? 미국산 자동차는 잘 모르겠지만, 이번에 한 번 경험해 보시죠?"

나도 흔쾌히 동의했고, 파리지역 사령부로부터 휴가 및 차량 운용에 관한 몇몇 문건과 국방군 차량번호판을 받았다.

우리는 한껏 즐거운 마음으로 출발했다. 그러나 이 차의 속도는 시속 80km를 넘지 못했다. 잘 달리다가 갑자기 엔진이 털털거렸다. 여행 도중에 들렀던 정비소에서도 원인을 파악할 수 없었다. 겨우 키싱엔에 도착해서 옛 대대의 정비반에 갔더니 원인을 찾아 주었다. 연료통 내부에서 헝겊 조각이 발견되었는데, 이것이 휘발유의 공급을 막고 있었던 것이다.

키싱엔은 몇몇 숙박업소만 문을 열었지만, 휴양 온 관광객들로 가득했다. 멋진 최신형 뷰익의 운전대를 잡은 나는 사람들의 시선을 한 몸에 받았다. 이전부터 알고 지내던 뢴 산악지대의 산림관리관을 찾아가 강아지 '보이'를 맡아달라고 부탁했다.

A   본래의 뜻은 경제학에서의 자유방임주의, 문맥에 따라 의미를 해석함. (역자 주)
B   미국 GM 산하의 유명 고급차 브랜드 (편집부)

훗날 알게 되었지만 내가 러시아 전역에서 한창 싸우고 있을 때, '보이'는 안타깝게도 바이러스성 질환으로 죽고 말았다. 우리는 14일간 그곳에서 한껏 즐긴 뒤 베시네로 돌아와 뷰익과도 작별했다. 차는 말끔하게 세차한 후 원래 차고로 반납했다.

그즈음, 우리가 여전히 영국 침공훈련을 반복하는 동안 세상 곳곳에서는 다양한 사태들이 연일 벌어지고 있었다.

10월이 되자 '바다사자 작전' 계획이 완전히 폐기되었다. 독일 공군은 막대한 손실을 입고도 공중 우세를 장악하지 못했다. 또한 해군의 상황도 어려웠다. 도버해협 도하를 포함하여 효과적으로 해상에서 작전을 지원할 수 있는 대형 전함의 숫자도 부족했다.

영국 라디오에서 흘러나오는 뉴스와 독일군의 선전물, 내가 개인적으로 얻은 정보들을 근거로 추측해 볼 때, 이번 전쟁은 이미 세계적인 대전쟁으로 확대된 것이 확실해 보였다.

10월 3일 라디오에서 히틀러와 무솔리니가 브레너파스(Brennerpaß)에서 회동했다는 보도가 흘러나왔다. 항복하지 않고 버티는 영국을 굴복시키기 위해 두 추축국이 모든 노력을 기울여 서로 협력하기로 합의했다는 내용이었다. 그러나 그사이에 지지부진했던 그라치아니의 공세가 결국 돈좌되었고, 설상가상으로 무솔리니는 히틀러에게 상의나 통보도 없이 1940년 10월 28일에 그리스를 침공했다. 아마도 그 정도 침공은 식은 죽 먹기로 생각하고, 그리스를 점령해야만 지중해 지역을 좀 더 쉽게 장악할 수 있다고 판단했던 듯하다. 그러나 이탈리아군의 그리스 침공은 순식간에 위기에 빠졌고, 히틀러도 이를 수습하기 위해 어쩔 수 없이 독일군을 급파해야 하는 엄청난 재앙으로 돌변했다.

영국 상륙작전이 불가능한 상황에서, 앞으로 전쟁이 어떻게 전개될지 참으로 막막했다. 우리 독일이 거의 유럽 전체를 정복했지만, 지중해 지역에는 아직도 불안하고 불명확한 요인들이 산재해 있었다. 지중해 일대에서 들려오는 소식은 모두 부정적인 것들뿐이었다. 그래도 다행히 스탈린과의 불가침조약으로 배후는 안전했다. 그렇다면 독일은 영국과의 현재 사태를 어떻게 해결해야 할까?

영국군은 거의 모든 전쟁물자를 유럽대륙에 버려둔 채 철수했고 수많은 베테랑 용사들을 잃었다. 독일의 잠수함 작전으로 영국의 피해도 만만치 않았다. 그러나 영국 육군의 주력은 아직도 영국에 머물렀고 어느 전역에도 투입하지 않은 상태였다. 또한, 미국이 지속적으로 전쟁물자를 보충해 주었고 영국 공군은 시간이 갈수록 공중 우세를 점하고 있었다. 처칠은 자신이 히틀러와 나치즘을 멸망시킬 수 있다는 강한 자신감을 표출했다.

'바다사자' 작전계획이 폐기된 후, 우리 사단은 다시 보르도 일대로 이동하라는 명령을 접수했다. 당시까지 완전히 점령하지 못한 프랑스 지역을 확보하여 '안정화'하기 위해서였다. 마침내 부대이동이 재개되었다! 그전에 베시네에서 사귄 사람들과 J.B. 모렐, 클레망 두호아를 비롯한 친구들과도 작별인사를 나누었다. 두 친구들은 내게 이렇게 말했다.

"한스! 너희 독일군은 절대로 이 전쟁에서 승리하지 못해! 확신할 수 있어!"

더욱이 클레망은 내게 상황이 좋지 않으면 바스크 지역(Baskenland)[A]일대에 거주하는 자신의 어머니에게 가서 은신하라고, 선처해 주겠다고 말했다.

"우리 바스크 사람들은 절대로 친구를 배신하지 않아!"

너무나 고마운 제안이었다. 그는 그 증표로 은반지 하나를 내게 건넸다. 반지 안쪽에는 바스크 지방의 프랑스 격언이 새겨져 있었다.

"사고하는 것이 말하는 것보다 낫다."(Mieux vaut penser que dire)

나는 이 두 사람이 점점 늘어나고 있는 레지스탕스의 일원일지도 모른다고 생각했다. 아니, 그런 의구심을 떨쳐 버릴 수 없었다. 그들이 레지스탕스의 일원이었는지 아니었는지는 훗날 밝혀지겠지만[B] 만일 그렇더라도 배신감 같은 것은 절대로 느끼지 않을 것이다. 아마도 우리들 사이의 우정은 더욱 돈독해질 것만 같았다.

보르도까지 이동하는 데 꽤 오랜 시간이 소요되었다. 이동 중에 로스차일드 가문이 소유한 어느 오래된 대저택에서 하루를 묵은 적이 있다. 그때, 오래전부터 사귀었던 지벨(Siebel)이 나를 찾아왔다. 그는 제1차 세계대전에서 전투기 조종사로 참전했으며 북아프리카에서 많은 병사들이 무사히 적 진영에서 탈출하는 데 큰 역할을 했던 '지벨 페리'(Siebelfähre)[C]를 개발한 인물이었다. 지벨은 단순한 거룻배에 낡은 항공기 엔진과 프로펠러를 장착하여 그 힘으로 움직이는 배를 만들었고, 이 배로 튀니지와 시칠리아 사이를 하룻밤 만에 이동할 수 있었다.

보르도에 도착하자마자 나는 '세리우스의 집'을 찾아가고 싶었다. 그곳에서 열광적인 환대를 받았다.

A 피레네 산맥의 프랑스-스페인 국경지역 (역자 주)

B 파리 제4대학 소속 엠마누엘 레게드 박사의 1999년자 프랑스 레지스탕스 연구에 따르면 저자 한스 폰 루크는 전쟁 중에 클레망 두호아의 레지스탕스 활동을 실제로 인지했을 가능성이 높다. (편집부)

C 바다사자 작전 당시 도버 해협 돌파를 위해 고안된 장비로, 총 400척을 제조할 예정이었지만, 바다사자 작전 중단으로 200여척만이 제작되어 흑해와 지중해에서 사용되었다. (편집부)

"장군님! 우리가 드디어 지역사령부로부터 공식적으로 영업승인을 받았어요. 모두 당신 덕분입니다. 감사해요. 당신이 언제 누구와 방문해도 저희들이 샴페인을 무료로 제공하겠어요."

나는 이 매력적인 부인이 훗날 '나치에 협력한 사람'으로 불이익을 받지 않기를 바랐다. 지금도 부인이 어떻게 지내는지 매우 궁금하다.

그 사이에 독일 본토로부터 보충 병력들이 도착했다. 그중에 신임 대대장, 리더러 폰 파르(Riederer von Paar) 소령도 있었다. 그는 제1차 세계대전에도 참전했던 인물로 우리는 금세 그를 믿고 따르게 되었다. 나는 다시 제3중대장으로 복귀했다. 그간 알무스 상사가 내 중대를 훌륭히 지휘해 주었고, 장교로는 폰 포슁어(von Poschinger) 소위가 신임 소대장으로 중대에 전입했다.

여가를 활용해 프랑스산 와인과 코냑을 수집했다. 보르도 북부의 소규모 포도주 농장에서 구입한 포도주들은 매매를 위해 생산된 것이 아니어서 품질이 좋았고 희소성과 가치도 매우 높았다. 또한, 수작업으로 제작된 술병이나 생산자가 직접 손으로 기입한 라벨도 있었다. 오래된 부르고뉴, 코냑과 아르마냑(Armagnac)을 포함해서 약 1,000병을 모아서 모두 독일로 보냈다.

1940년 12월 보르도 일대에 머물렀을 때, 나는 한동안 심하게 아팠던 적이 있다. 에리히 베크는 당시의 상황을 자신의 일기장에 다음과 같이 기록했다.

> "12월, 한스 폰 루크 대위님이 심하게 앓아누우셨다. 미지근한 물을 적신 수건으로 종아리를 감싸서 열이 내리도록 했다. 중대장님은 회복 후 짧은 휴가를 받아 고향에 가셨다. 중대장님께서 부재중이던 기간 동안 알무스 상사가 중대 지휘권을 인수했다. 그는 1941년 1월에 전투 유공자로 선정되어 소위로 진급했다. 1940년 12월 31일에 나도 루크 중대장님의 추천을 받아 1급 철십자장을 받았다."

1941년 1월, 우리 사단은 독일 본토로 이동하여 본(Bonn)의 서쪽에 주둔했다.

프랑스 전역에 관한 이야기는 여기까지가 전부다. 이후 콧대가 하늘을 찌를 듯했던 육군 예하 행정부서와 무시무시한 만행을 저질렀던 게슈타포, 그리고 수많은 예비부대들이 프랑스 점령지역을 장악했다.

나의 중대는 하이메르츠하임(Heimerzheim) 일대의 마을에서 숙영했다. 시내 외곽의 호수 한가운데 위치한 15세기 무렵에 건축된 성에 중대 지휘소를 설치했다. 이 성은 폰 뵈젤라거(von Boeselager) 남작이 소유한 건물이었으며, 그의 아들들도 육군의 장교로 근무중이었다. 저녁 무렵, 힘든 훈련을 마치고 돌아오면 나와 '노년의 남작'은 함께 앉아 당시 정세에 대해 이야기하곤 했다. 그는 히틀러를 별로 좋아하지 않았고, 장차 벌어질 영국과의 전쟁은 큰 재앙이 될 것이라며 우려했다. 우리가 대화하는 동안 연로하지만 중후한 인상의 '남작 부인'은 우리 옆에서 홀로 카드놀이[A]를 즐겼다. 그녀는 내게 마음을 진정시키기 위해 함께 카드놀이를 하자고 권유했다. 그녀를 즐겁게 해 주기 위해 나는 두 가지 카드게임을 가르쳐 주었고, 그녀와 함께한 그 시간은 전혀 지루하지 않았다. 헤어질 때 그녀는 내게 놀이용 카드를 선사했다. 그 카드는 훗날 위급한 상황에서 마음의 평정심을 되찾는 데 매우 유용했다. 그때마다 내 부하 장교들은 이렇게 말하곤 했다.

"지휘관님이 카드놀이를 하시고 계셔. 방해하지 말아야지. 카드놀이에 열중하시는 걸 보면 상황이 그리 나쁘지는 않은 모양이야."

오늘날에도 홀로 마음의 안정을 되찾기 위해 카드를 펼치곤 한다.

그즈음 나는 당시까지의 전쟁 경과에 대한 결론을 내리고 향후 어떻게 될 것인가, 어떻게 되어야 하는가에 대해 나름대로 생각을 정리해보았다.

우리 독일은 두 차례의 전격전으로 폴란드와 프랑스를 완전히 격파하고 덴마크와 노르웨이, 그리스까지 점령했다. 북아프리카 전역에서 긴박한 상황이 벌어지기 전까지 지중해 지역도 우리 손에 있었다. 그러나 국방군은 영국이 어디서 어떻게 반격할지 예측할 수 없다는 이유로 모든 전력을 여기저기 분산시키는 우를 범했다. 만약의 가능성에 대비하기 위해 이미 점령한 모든 지역을 확고히 지키려 했던 것이다.

앞서 언급했듯 스탈린과의 불가침조약으로 후방은 든든했다. 조약의 대가로 스탈린도 폴란드와 발틱(Baltikum) 지역 일부를 얻었다. 그렇다면 이제 어떻게 영국을 상대해야 할 것인가? 그들은 미국으로부터 엄청난 양의 전쟁물자를 지원받아 독일 본토에 공습을 개시했고, 제해권도 장악했다.

영국은 우리의 암호체계를 해독하는 데 성공했다. 그러나 우리는 그 사실을 전혀 몰랐다. 암호를 해독해낸 것은 런던 북쪽에 있는 블레츨리 파크(Bletchley Park)의 정예 특수요원들로, 그들은 이 암호해독 능력 덕분에 훗날 매우 유명해졌다. 나는 1985년에 런던에서 전직 특수요원인 진 하워드(Jean Howard)라는 여성을 알게 되었는데, 당시 그녀는 내게 이렇게 말했다.

"한스! 나는 당신을 잘 알고 있어요. 당신이 북아프리카 전역에 참전했을 때부터

A   원문은 페이션스(Patience), 혼자 즐기는 카드놀이의 일종 (역자 주)

당신의 일거수일투족을 다 파악하고 있었죠. 이미 1941년 초부터 우리는 히틀러의 총사령부에서 작성한 명령지, 작전계획들과 총사령부에 보고된 문건들에 대한 암호를 모두 해독해냈고, 그 결과를 영국군 총사령부에 전달했어요."

폰 뵈젤라거 남작과의 긴 대화에서도 도무지 이 전쟁을 조기에, 우리에게 유리하게 종결시키는 해법을 찾을 수 없었다. 우리 둘은 이 전쟁이 커다란 희망과 낙관 속에서 시작되었지만 너무 오래 지속되고 있다는 점에 우려했다.

1941년 2월 초, 히틀러가 우리 사단장 롬멜을 아프리카로 파견하려 한다는 소식을 접했다. 트리폴리타니아(Tripolitanien)^A의 상황이 꽤 심각해서, 우리가 이탈리아군을 지원해야 하는 상황이라고 했다. 가족들과 휴가를 보내고 있던 롬멜은 우리와 작별할 시간도 없이 곧장 그곳으로 가야 했다. 1941년 2월 10일, 그는 로마까지 기차로 이동한 후, 히틀러의 부관 슈문트(Schmundt) 대령과 함께 항공기로 트리폴리(Tripolis)까지 이동했다. 2월 14일, 제3기갑수색대대^B와 제39대전차(Panzerjäger)대대^C는 아프리카 대륙에 첫발을 내딛은 독일군 부대가 되었다. 당시 롬멜은 이 부대들의 전개를 현장에서 직접 감독했다. 군 내부 소식통에 따르면 이탈리아군은 500마일이나 후퇴를 거듭하여 트리폴리타니아의 경계선까지 밀려났고, 약 13만 명의 병력을 상실한 상태였다. 마지막으로 남은 항구인 트리폴리마저 함락당하면 지중해 지역의 상황은 총체적으로 우리에게 매우 불리해질 것이 분명했다.

롬멜의 전출로 새로운 사단장이 취임했다. 이후 우리 사단의 분위기는 그리 좋지 않았다. 신임 사단장 프라이헤르 폰 풍크(Freiherr von Funck) 장군의 지휘 스타일은 매우 회의적이었다. 정확히 말하자면 롬멜과는 정반대였다. 그는 롬멜과 같이 현장 경험이 풍부한 '베테랑'이 아니라 전형적인, 진부한 학구파 장군참모장교 출신이었다. 롬멜처럼 자신의 부하들과 직접 접촉하지 않고, 오히려 '후방의' 지휘소에 머무르는 편을 더 선호했다. 하지만 우리는 부하의 도리로 그의 의도에 따랐다. 그나마 좋았던 것은 우리 부대의 기동훈련과 사격훈련에 관해 전혀 간섭하지 않았다는 점이다.

그러는 동안 몇 주, 몇 개월이 지나갔다. 일상적인 과업들만 가득했다. 한층 더 어려운 여건과 환경에서 각종 전투훈련을 실시했고, 보충병들과의 융합을 위해서도 신경을 써야 했다. 사실 당시 우리에게 전쟁은 딴 세상의 일이었다.

....
A   리비아의 트리폴리를 중심으로 한 북아프리카의 지방 (역자 주)
B   본인이 포츠담에서 근무할 때 인접 부대였다. (저자 주)
C   Panzer는 기갑병과 또는 전차부대, Panzerjäger는 대전차부대 또는 대전차병과로 번역했다. (역자 주)

국방군 뉴스를 들었다. 북아프리카에서 롬멜은 그만이 할 수 있는, 특유의 획기적이고도 기막힌 방식으로 영국군에게 기습적인 타격을 가해 적들을 동쪽으로 밀어내고 키레나이카(Cyrenaika)ᴬ를 수복했다. 동시에 연합국의 반격 소식도 있었다. 유고슬라비아(Jugoslawien)와 노스케이프(Nordkap)에서는 치열한 전투가 벌어졌고, 동시에 독일 본토에 대한 공습도 점점 강도를 더해갔다. 우리의 가슴을 가장 짓누른 사실은, 우리가 그토록 우려했던 상황이 초래되었다는 점이었다. 이제 전쟁은 -독일 본토에 피해가 없었던 제1차 세계대전과는 달리- 민간인들의 안전이 위태로운 양상으로 변화했고, 장병들은 가족의 생사를 걱정했다. 라디오를 통해 히틀러의 분노에 가득 찬 연설도 들었다. 선전장관 괴벨스는 자신이 장악한 언론들과 라디오 방송에 나와서 유대인들을 악마로 치부하며 그들에 대한 '최후의 승리'를 부르짖었다. 유대인들의 운명이 과연 어떻게 될지 우리로서는 전혀 알 수 없었다.

나는 4월경에 단기 휴가를 받아 그 절반을 부모님 곁에서 보냈다. 그러나 집안의 분위기도 그다지 좋지 못했다. 남동생은 포경선을 타고 노르웨이 근처의 어딘가를 항해 중이었고, 누이는 전시대학입시(Notabitur, 戰時大學入試)ᴮ준비로 분주했다. 안타깝게도 양아버지께서는 악성 대장암에 걸려 투병 중이셨고, 어머니께서는 남편의 병수발에 정성을 쏟으셨다. 양아버지께서는 오늘날의 '현대전' 양상을 전혀 이해하지 못하셨다. 항상 제1차 세계대전 시절의 경험만으로 나를 설득하려 하셨고, 그래서 함께 앉기만 하면 늘 말다툼을 하곤 했다.

가족들과 작별한 후, 내가 그토록 좋아했던 파리에서 남은 휴가의 절반을 보냈다. J.B.모렐과 클레망 두호아는 거듭해서 영국이 단독으로, 또는 미국의 지원을 받아 전쟁에서 승리할 것이라고 주장했다. 독일은 무한대의 물자동원 능력을 보유한 영국과 미국을 절대로 상대할 수 없고 감당할 능력도 없다는 논리였다. 사실 연합군은 독일의 주요 산업도시와 교통의 요지를 목표로 집중 폭격을 가했고, 그 강도도 점점 강해지고 있었다. 나도 질세라 이의를 제기했지만, 독일이 어떻게 승리할 것인가라는 질문에 명쾌한 해답을 내놓지 못했다.

휴가를 끝내고 부대에 복귀한 후 일상적인 과업을 시작했다. 사람을 지치게 할 정도로 따분한 훈련과 행정업무의 연속이었다. 부대 주변의 주민들은 향후 전쟁이 어떻게 될 것인지 묻곤 했다. 혼란이 고조되었다. 단지 확실한 것은 전쟁 초기의 승리

A 벵가지 일대를 포함한 리비아 동부지역, 시레나이카라고도 한다. (역자 주)
B 독일제국에서 제1차, 제2차 세계대전 중 시행된 대입제도 (역자 주)

감이나 쾌감은 이미 사라졌고, 이제는 냉철한 평가가 필요한 시기였다는 점이다.

내가 휴가를 보내고 있을 무렵, 매우 안타까운 사고가 벌어졌다. 에리히 베크는 당시의 상황을 이렇게 기술했다.

> "1941년 4월 19일 밤에서 20일로 넘어가는 새벽, 다섯 명의 간부와 병사들이 파티를 마치고 한 대의 차량에 탑승한 채 부대로 복귀하던 중 숲에서 나무와 충돌하는 사고가 있었다. 그들 중 한 명은 알무스 상사[A]였다. 그 사고로 두 명의 병사가 사망했으며, 알무스 상사를 포함한 세 명이 중상을 입었다. 알무스는 사고로 한쪽 팔을 절단하고 몇 개월간 병원에 입원해야 했다. 폰 루크 중대장은 이 사고를 수습하기 위해 무척 고생했다. 꽤 오랫동안 법적인 분쟁이 계속되었다. 안타깝게도 훗날 북아프리카에서 전투 중이던 중대장이 이 사고 때문에 재차 소환된 적도 있었다. 그러나 전황이 심상치 않게 돌아가자 모든 일은 불문에 부쳐졌다."

프랑스 전역에서도 우리 중대의 사상자는 극히 적었다. 그런데 사고로 다섯 명의 간부와 병사들을 잃다니, 정말 어이없는 사건이었다.

나는 내 '수집품'들을 안전한 장소에 보관하고 싶었다. 폰 뵈젤라거 남작에게 보관해 줄 수 있는지 물었다.

"물론이오. 당신의 물건들을 내 성 지하창고에 숨겨 두겠소. 아무도 건드리지 못하게 잘 보관하겠소. 걱정하지 마시오."

훗날 소련에서 한창 전투 중일 때 그에게서 편지 한 통을 받았다. 자신의 딸 결혼식에 내 샴페인 두 병을 사용했다며 꼭 갚겠다는 내용이었다. 그가 내 포도주와 샴페인을 모두 삼켜버릴 것만 같았다. 전쟁이 끝난 후에 그를 찾아갔다. 아니나 다를까 그는 매우 당황스러운 표정으로 이렇게 둘러댔다.

"전쟁이 끝난 후 누군가로부터 내가 은닉하고 있는 물건이 있다는 소문을 들은 프랑스 점령군들이 갑자기 우리 집에 들이닥쳤소. '못된 놈들! 우리의 와인과 코냑을 훔치다니! 이 모든 것들은 법적으로 우리 것이다!'라며 모두 가져갔다오."

프랑스에서 아끼고 아껴 가져온 내 소장품들은 모두 바람과 함께 사라져 버렸다.

갑자기 전혀 예기치 못한 명령이 떨어졌다. 사단의 전 병력은 6월 초, 본에서 열차로 쉬지 않고 달려 2~3일 만에 동프로이센의 인스터부르크(Insterburg)에 도착했다. 대대는 시가지 외곽에 숙영지를 편성했다. 나는 이 기회에 근처 귀족의 기사영지를 소

A   그의 소위 진급 명령지가 이미 부대에 도착해 있었다. (저자 주)

유한, 언젠가 알게 된 노부인을 방문했다. 수년 전에 그녀의 저택에서 동료의 결혼식과 파티가 열렸는데, 내게는 매우 재미있는 경험이었다. 그때 그 노부인과 인사를 나눈 적이 있었다. 그녀는 남편이 세상을 떠난 후 영지를 홀로 관리해 왔다. 나를 반갑게 맞이해 주었지만 매우 애처로워 보였다.

"이런 우울한 시기에 다시 당신을 만나다니, 반갑고 안타까워요. 우리가 함께했던 그 시절은 정말 즐거웠는데 말이죠. 소련을 상대하는 전쟁은 지리한 싸움이 될 거예요. 더 힘들어지겠죠. 당신은 지금 이 상황을 이해할 수 있나요? 히틀러는 도대체 뭘 하려는 걸까요? 히틀러와 로젠베르크가 입에 달고 사는 '생활권'^A이 대체 뭐죠?"

우리는 잘 정돈된 마구간 주위를 산책했다. 오래전부터 귀족들이 즐겨 했던 전형적인 독일식 작별 방법이었다. 식사 후 그녀는 내게 부탁했다.

"나를 위해 피아노 연주를 해줄 수 있나요? 흥겨운 곡으로 부탁해요. 내가 오랫동안 기억할 수 있게 말이에요."

촛불 아래 피아노 앞에 앉아 머릿속에 떠오르는 대로 연주하기 시작했다. 노부인의 눈가에는 갑자기 눈물이 고였다. 내가 작별인사를 하자 그녀도 이렇게 답했다.

"절대로 다치지 말고 건강하게, 반드시 살아남아야 해요! 신께서 꼭 당신을 지켜주실 거예요."

오늘날 그녀의 영지는 폴란드 영토로 귀속되었다. 유감스럽게도 그 노부인이 어떻게 되었는지 알 길이 없다.

동프로이센에 찾아온 봄 막바지의 무더위는 내가 입대 직후 신병으로 보냈던 이곳에서의 생활을 떠올리게 했다. 쾨니히스베르크, 마리엔부르크(Marienburg)^B와 마주리안 호수(Masurischen See) 등이 떠오른다. 나는 그런 곳들의 아름다운 경관을 너무나 좋아했다. 건조하고 시원했던 여름이나 춥고 눈이 많은 겨울까지 모두 마음에 들었다. 주민들은 독일의 기사단과 함께 13세기 초부터 이곳에 정착해서 수백 년간 폴란드, 스웨덴, 러시아를 상대로 한 분쟁에서도 끈질기게 살아남았고, 특히나 혹한과 혹서의 기후를 강한 의지로 극복했다. 이렇게 끈질긴 민족으로 변모된 이곳 주민들에게도 큰 감동을 받았다. 또한, 동프로이센 사람들은 외부 손님들에 대해 매우 친절했고, 그들의 직설적인 유머도 유명했다. 러시아인들뿐만 아니라 동프로이센 사람들의 포용력은 참으로 감탄할 만하다.

A   Lebensraum, 히틀러와 나치는 아리아(혹은 게르만) 민족의 생활을 위한 영역 확보와 이를 위한 유대인, 슬라브족의 축출을 침략전쟁의 명분으로 활용했다. (편집부)

B   단치히 남동쪽으로 60㎞ 떨어진 도시 (역자 주)

그렇다면 히틀러의 의도는 무엇이며 무엇을 계획하고 있을까? 소련 침공은 기정사실인 듯했다. 국방군의 주력부대들이 동부 국경에 속속 집결하고 있다. 예상컨대 이번 전쟁의 목적은, 제한된 작전으로 소련을 겁주는 것이 아니라, 한때 독일 기사단이 점령했던 '발틱 지방'의 완전 수복, 즉 '대제국으로의 회귀'인 듯했다. 히틀러는 과연 언제, 어떻게 소련과의 불가침조약 파기를 선언할까? 그리고 이를 국민에게 어떻게 설명하고 납득시킬까? 괴벨스의 선전물들이 연일 쏟아졌다. 게르만 민족을 지키기 위한 '생활권', '열등민족'같은 용어들이 각종 연설에서 등장하고, 방송에서도 계속 반복되었다. 나치는 또다시 국민의 관심을 180도로 돌리고 공감대를 얻는 데 성공했다.

시시각각 공격 개시시간이 다가오고 있었다. 우리의 기분은 참으로 묘했다. 거대한 러시아 제국은 마치 커튼 뒤에 숨겨져 있는 듯했다. 전쟁에서 승리하기 위해 진격해야 할 목표까지 거쳐야 할 엄청난 거리를 과연 우리가 극복해 낼 수 있을지 의구심이 들었다. 이곳에서 유럽의 끝자락인 우랄산맥까지만 3,000km를 달려가야 했고, 그 뒤에도 끝없이 광활한 시베리아가 펼쳐져 있었다.

갑자기 머릿속에 나폴레옹의 비극적인 운명이 떠올랐다. 언제나 영광스러운 승리를 구가했던 나폴레옹의 군대도 러시아의 광활한 영토와 혹한 앞에 결국 파멸을 피할 수 없었다.

우리는 전혀 두렵지 않았다. 그러나 적을 어떻게 무력화시켜야 할지, 그들의 전투력과 잠재력이 얼마나 되는지 전혀 알지 못했다. 또한, 그들의 정신적, 심리적 성향에 대한 아무런 정보도 없었다.

몇 개월에 걸친 승리의 쾌감은 어느새 사라지고 냉철한 평가들이 나오기 시작했다. 1933년부터 나치 체제의 학교에서 사상교육을 받고 히틀러소년단의 일원으로 총통에게 충성을 맹세한, 한때 히틀러를 신으로 추종하던 젊은이들도 이제 신중해지기 시작했다. 그들도 이상만으로 소련을 굴복시킬 수 없음을 알고 있는 듯했다.

'첫 번째 전선'이었던 서부에 예비사단들만 남겨두고 과연 '두 번째 전선'에서 승리할 수 있을까? 이러한 약점을 영국이 이용한다면 어떻게 될까?

수없이 많은 질문과 의구심으로 머릿속이 복잡했다. 그러나 우리는 언제나 군인으로서 해야 할 일을 할 뿐이다. 우리는 오늘, 현재의 과업에 집중해야 했고 우리의 의무를 다해야 했다.

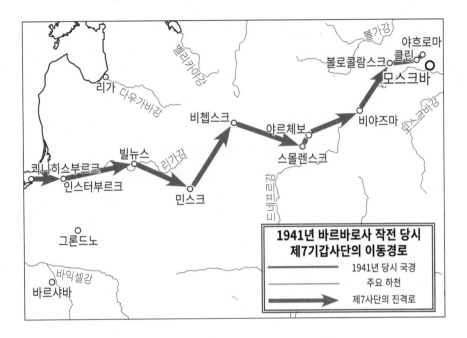

러시아 전역 (1941년 6월~1942년 1월)

1941년 6월 22일 새벽 04:00, 독일군은 소련 국경을 넘었다. 공군은 소련의 비행장과 철도의 요충지들을 집중폭격했다. 이날 아침까지도 소련의 화물 열차들은 국경을 넘어 독일 땅에서 달리고 있었는데, 소련 측에서는 불가침 조약이 여전히 유효하다고 생각했기 때문이다.

침공 며칠 전, 사단장 프라이헤르 폰 풍크 장군이 나를 호출했다.

"루크! 귀관은 지금부터 사단 참모부에서 내 부관으로 근무하라."

나는 당황스러웠다.

"사단장님! 저는 이런 중대한 시기에 제 부대를 떠나고 싶지 않습니다. 다른 장교로 재고해 주시기 바랍니다."

"안 돼! 내가 요구한 자질을 갖춘 부관이 언제 올지 몰라. 그리고 이미 중대장들의 피해가 너무 크고, 앞으로도 늘어날 거야. 자네를 중대장보다는 향후 대대장 예비요원으로 활용하고 싶어. 그래서 내 곁에 두려는 거야."

마음이 무겁고 갑갑했지만 어쩔 수 없었다. 대대로 복귀해서 대대장과 중대원들에게 작별 인사를 했다. 모두들 아쉬워했다. 나는 에리히 베크와 함께 메르세데스에 올라 다시 사단 참모부로 향했다. 당시에는 사단에서, 그리고 러시아 전역에서 내가 머무를 기간이 그렇게 짧으리라고는 생각하지 못했다. 당연히 우리 국방군이 러시아 전역에서 얼마나 오랫동안 극심한 고초를 겪을지, 그리고 얼마나 극심한 피해를 입을지도 전혀 예측하지 못했다.

총체적인 전선의 상황은 다음과 같다. 독일군의 사단들, 특히 선봉에서 소련 땅을 종횡무진 누볐던 기갑사단들의 공세는 거침이 없었다. 그들은 전투력이 미미했던 소련군의 국경수비대를 총탄 한 발 사용하지 않고 유린했다. 소련군도 우리가 전개하고 진격하는 상황을 분명히 파악했을 것이다. 그러나 그들은 완전히 공황상태였다. 독일 공군은 완벽하게 제공권을 장악했으며, 양과 질 모두 소련 공군을 압도했다. 소련군의 항공기들은 매우 낮은 기종이었고 조종사들의 기량도 뒤떨어졌다. 서방의 공군이나 독일의 요격기, 슈투카 조종사들과 감히 비교할 수 없는 수준이었다. 이것만으로도 우리들은 마음의 큰 부담을 덜 수 있었고, 소련군의 항공기들이 상공에 출현해도 은엄폐 진지를 점령하지 않고 유유히 전진했다. 폭탄이 부족했던 소련군 조종사들은 종종 폭탄 대신 수천 개의 못을 우리 머리 위에 떨어뜨렸는데, 그때마다 우리는 박장대소했다.

전역 초기에는 소련군이 전쟁 수행능력 면에서 우리보다 한참 뒤처져 있음을 금방 느낄 수 있었다. 그들은 해전이나 공중전에서도 '소질'이 없었다. 역사적으로도 소련은 지상전에만 집중했고, 더욱이 백만에 달하는 소련 육군 병력의 대부분은 필요한 교육조차 받지 않은 평범한 농민이었다. 전 세계적으로 점점 더 중시되고 있던 해군력도 미미했으며, 관료주의에 고착된 우매한 군부는 현대적인 공군을 창설하는 일에도 관심을 두지 않았다. 그러나 그들의 동원력은 상상을 초월했다. 끝도 없는 엄청난 동원에 우리도 빨리 적응해야 했다. 특히 파괴하고 또 파괴해도 계속 새로운 전차와 야포가 전장에 등장하며 우리를 아연실색하게 만들었다.

우리 기갑군단은 북동쪽으로 진군했다. 우리의 목표는 리투아니아의 수도 빌뉴스(Wilna)였다. 소련군의 저항은 미미했지만, 소련군 기갑부대의 주력이자 훗날 유명세를 탄 T-34 전차와 처음으로 조우했다. 이 전차의 기계적인 구조는 복잡하지 않았다. 장갑판은 대충 조잡하게 용접되었고 엔진과 구동장치를 포함한 모든 부속품들이 매우 단순해서 고장이 발생하거나 일부가 파손되었을 때 수리하기가 매우 용이했다. 게다가 러시아인들은 즉석에서 응급조치를 취하는 임기응변에 극히 뛰어났다. 또한, 수천 대의 전차들이 계속 생산 중이었고, 그 공장들은 독일 공군의 작전반경 밖에 있어서 대단히 위협적이었다.

우리는 남부와 북부에서 빌뉴스를 우회하여 포위하고, 이내 그 도시를 점령했다. 그리고 즉시 동부로 방향을 돌려 민스크(Minsk)로 진격했다. 사단장 부관으로 나는 많은 과업을 해냈지만, 하나같이 썩 내키지 않는 일들이었다. 풍크 장군은 매일 저녁 지휘용 차량에서 자신의 책상 위에 지도를 펼쳐 놓고 작전계획과 전투지휘에 관해 설명했다. 물론 많은 것들을 배웠으며, 그의 지휘방식도 꽤 효율적이었다. 하지만 롬멜의 그것과는 정반대였다.

나는 책상에 앉아서 처리하는 일상적인 행정업무를 피해 전투현장에 자주 나가기 위해 부단히 노력했다. 사단장에게 연락장교로 전선에 다녀오겠다고 건의해 자주 예하 부대를 방문할 수 있었다. 특히 예하 부대와 통신이 두절되면 사단장은 항상 나를 찾았다.

우리 사단은 어느 삼림지대에 도달했다. 전형적인 러시아의 지형이었다. 끝없이 펼쳐진 숲과 초원, 그리고 오솔길이 몇 개 있었다. 그 오솔길마저도 수풀이 무성하여 길이라 부르기조차 애매했다. 게다가 단기간의 집중 호우로 바닥은 진창이 되었고, 일부 지역은 공병과 기계화보병들이 목재로 길바닥을 다져야만 통과할 수 있었다. 진격이 지연된 주된 원인은 적군의 저항이 아니라 열악한 도로상태였다. 이렇듯 힘겹게 이동하던 어느 날, 사단 예하의 한 오토바이보병대대와 통신이 끊겼다. 이들이 고립될까 노심초사했던 사단장이 나를 불렀다.

"루크! 행정업무를 잠시 그만두게. 자네에게 다른 임무를 주겠네. 오토바이보병대대와 통신망이 두절되었어. 그들은 지금쯤 여기 -그는 지도 위의 한 지점을 가리켰다 에 있어야 해. 자네는 즉시 그 부대를 찾아서 통신망을 다시 개통하고 그 부대의 상황을 알려주게나. 각별히 조심하게. 이 넓은 초원지대 도처에 소련놈들이 깔려있을 테니."

나는 에리히 베크와 함께 나의 메르세데스를 타고 길을 떠났다. 적군은 없었지만, 진창으로 변한 오솔길을 자동차로 통과하자니 무척이나 힘겨웠다. 간신히 통로를 극복하고 사단장이 언급한 장소 부근에 도달했다. 정말 그곳에 그 대대가 집결해 있었다. 나는 지휘관을 찾았고, 대대장인 듯한 사람이 다가와 이렇게 말했다.

"여기는 이상 없소. 내 판단으로는 소련군의 방어선을 돌파한 듯하오. 그러나 반대로 보면 적에게 포위될 위기요. 다행히도 적들은 우리가 침투해 들어온 것을 아직 모르는 것 같소. 우리가 이런 위험에서 벗어날 수 있도록 사단에서 지원해 주시오. 만일 소련군이 상황을 제대로 파악한다면 정말 큰 일이오."

나는 곧 사단장에게 돌아가서 여기 상황을 보고하고 구출작전 시행을 건의하겠노라 약속했다. 이제 왔던 길을 다시 거슬러 가야 했다. 내가 운전대를 잡고 베크는 사격자세로 기관단총을 전방을 향해 지향했다. 수 ㎞가량 달리자 우리 전방에는 수목이 없는 간벌지역이 펼쳐졌다. 갑자기 길 양쪽에서 엄청난 숫자의 소련군 병사들이 나타났고, 우리를 보자마자 즉시 조준사격자세를 취했다. 가속페달을 꾹 밟아 30m를 더 달려 수목이 빽빽한 지대로 들어섰다.

"베크! 몸을 숙이고 우전방과 좌후방의 적군을 쏴라!"

나도 가능한 핸들 아래로 몸을 낮추고 가속페달을 더 힘껏 밟았다. 적군의 총탄이 우리를 향해 빗발치듯 날아들었다. 그러나 다행히 그들은 조준사격을 할 수 없었다. 베크의 대응사격으로 그들도 어쩔 수 없이 참호에 몸을 숨겨야 했기 때문이다. 우리가 탄 메르세데스 카브리오는 소련의 도로에는 정말 적합하지 않아서, 지면의 굴곡을 따라 마구 덜컹거렸다. 적탄 한 발이 차량에 맞았으나 별다른 손상은 없었다.

"잘했어, 베크! 우리의 메르세데스에게도 감사해야겠네. 어쨌든 운이 좋았어!"

무사히 사단에 도착했다. 사단장에게 그 대대의 상황과 우리가 겪은 일들을 보고했고, 그는 자신의 돋보기 안경 너머로 미소를 띠며 이렇게 말했다.

"현장을 확인하라고 자네를 보냈는데 예상보다 훨씬 더 많은 일을 겪었군. 어쨌든 자네가 살아 돌아와서, 그 대대의 소식을 전해 줘서 고맙네. 즉시 오토바이보병대대를 구출하기 위해 서둘러야겠군."

전투가 계속되면서 소련군의 전술을 서서히 파악할 수 있었다. 그들은 소규모 집단으로 독일군 후방의 보급부대나 후속 중인 보병부대들을 타격했다. 포로들의 진술에 따르면, '소련군의 모든 정치위원을 사살하라!'라는 히틀러의 명령이 부메랑이 되어 그 결과가 우리에게 미치고 있었다. 소련군 수뇌부와 정치위원들의 대응은 매우 단순하면서도 그 효력도 만만치 않았다. 전 중대급 이상 부대에 배치되어 지휘관들과 부대의 사기에 중대한 영향을 미쳤던 정치위원, 정치장교들은 히틀러의 그런 명령을 이미 알고 있었다. 이에 그들은 지휘관을 포함한 전 부대원들에게 갖은 협박과 회유를 통해 독일군에 대한 결사 항전을 강요했다.

"독일놈들에게 포로로 잡히면 너희들은 곧바로 사살당할 것이다. 하지만 너희가 한 발짝만 뒤로 물러나도 내가 방아쇠를 당길 것이다."

수많은 소련군 장병들 대다수가 왜 하루 치 마른 빵만 지니고 우리 앞에서 유린당했는지, 그리고 훗날 게릴라전이 왜 그렇게 치열하게 전개되었는지 그제야 이유를 알게 되었다.

스탈린은 열렬한 애국심으로 뭉친 러시아인들의 국민성을 잘 이해하고 이를 철저히 이용했다. 그는 '위대한 조국 해방 전쟁'을 선포했는데, 여기서 '위대한 조국 해방'이라는 모토가 국민이 살신성인의 정신을 실천하게 만든 본질적인 동인이었다. 우리 독일군은 러시아인들에게 조국을 파괴하려던 침략자였으며, 그들은 '조국 러시아'를 지키는 수호자였던 것이다.

한편, 아군의 항공정찰 결과에 따르면 민스크 인근, 그리고 서쪽에 대규모 부대가 집결 중이었다. 민스크는 소련의 대도시들 가운데 과거 폴란드 동부 국경선과 가장 가까운 도시였다.

사단은 민스크를 북부로 우회하여 동쪽으로 진출, 소련군의 퇴로를 차단하는 임무를 받았다. 인접 부대인 다른 기갑군단이 이 도시의 남부를 우회하여 우리 사단과 함께 포위망을 구축할 예정이었다. 기갑수색대대와 오토바이보병대대가 사단의 전위부대로 선정되었고 양익포위로 민스크를 에워싸는 첫 번째 포위망이 형성되면서 수많은 포로를 획득했다. 도보로 우리를 후속했던 보병부대들은 말로 표현할 수 없을 만큼 힘겨워했다. 포위된 소련군을 소탕하는 임무도 그들의 몫이었다. 이들이 포위망에 도착하면 기갑사단들은 즉시 동쪽으로 진격을 재개했다. 다시 수풀이 무성한 수목 지대와 도로의 질퍽한 진흙탕을 극복하기 위해 사투를 벌였다. 사단의 다음 목표는 비쳅스크(Witebsk)였다. 이 도시는 민스크-스몰렌스크(Smolensk)-모스크바를 잇는 도로의 북쪽에 위치했다. 소련군은 끊임없이 저항했고, 그 강도도 점차 격렬해졌다. 그러나 우리는 생각보다 쉽게 그들을 무력화시킬 수 있었다. 소련군의 방어력은 미약했고, 조직적이지 못했으며, 우리의 빠른 공격 속도에 맞서 견고한 방어선을 구축할 시간도 없었다. 또 하나의 전격전이었다.

어느 날, 진격하던 중에 처음으로 소련 주민들과 접촉했다. 부대가 전형적인 러시아식 마을들을 통과했는데, 길의 양쪽에는 목조 가옥들이 늘어서 있었다. 마을마다 하나씩 있는 교회들은 하나같이 창고로 변했고, 일부는 도둑들로 인해 안이 텅 비어 있었다. 대충 지어진 집 한가운데는 커다란 점토 화덕이 있었는데, 겨울에는 온 식구들이 그 위에서 잠을 잔다고 했다.^A 그 옆에 의자와 식탁이 있었다. 실내 구석에는 양초를 두고, 그 위에는 하나 또는 여러 개의 예수상이나 성모상과 기독교풍의 그림들

A   원문은 Lehmofen. 소위 러시안 스토브나 러시안 오븐, 페치카로 불리는 난방도구로, 동유럽 일대에서 보편적으로 사용된다. 난방이나 조리용 화덕 곁에 온돌처럼 덥히는 침상을 함께 설치해 겨울철 수면 난방용으로 활용한다. (편집부)

을 걸었다. 마을의 중앙에는 모든 주민들에게 없어서는 안 될 사우나가 있었다. 각 가정에 수도시설이 없어서 모두 그곳을 이용했다. 주택들 바로 옆에는 개인이 소유한 한두 마리의 가축들을 기르는 축사와 감자와 옥수수를 재배하는 조그마한 밭이 있었다. 그들은 그렇게 자급자족으로 연명했다. 또한, 주민들은 콜호스(Kolchos)와 소포즈(Sowchos)라는 일종의 국가 소유의 협동농장에서 매일 '1인 노동 할당량'을 채워야 했다. 모든 농장의 운영도 전적으로 국가가 통제하고 있었다.

마을의 도로 상태도 지금까지 거쳐 온 이동로보다 훨씬 좋지 않았다. 농부들의 우마차와 말들이 흙바닥을 엉망으로 만들어 놓은 상태였다. 이곳에서는 주민들로부터 얻을 만한 식료품도 없었다. 부대 급식만으로 끼니를 해결해야 했다. 오히려 우리가 개인별로 지급된 식량에 포함된 초콜릿이나 담배 같은 것들을 주민들, 특히 어린이들과 부녀자들에게 나눠 주기도 했다. 그나마 나는 사단장 부관으로 주민들과 접촉할 수 있는 여유가 있었고, 그 기회를 십분 이용하여 부족했던 러시아어 어휘력이나 언어 구사 능력을 약간 향상시켰다. 나는 그 사람들에게 어떠한 적개심이나 증오심을 발견하지 못해서 깜짝 놀랐다. 행군 중 종종 가슴에 십자가 목걸이를 한 여성들이 거리로 나와서 이렇게 외치곤 했다.

"우리는 여전히 기독교인입니다. 교회를 짓밟고 탄압하는 스탈린으로부터 우리를 제발 해방해 주세요!"

어떤 이들은 우리를 환영하거나 감사하다며 답례로 달걀과 마른 빵 하나씩을 선사하기도 했다. 시간이 갈수록 우리를 해방군으로 인식하는 그들에게 측은한 마음이 들었다.

그해 러시아의 여름은 무척이나 뜨거웠다. 이따금 강력한 집중 호우가 더위를 식혀주었지만, 비가 내리면 비를 피할 가옥들을 찾아야 했다. 그러나 야간에는 가능한 주민들을 괴롭히지 않기 위해 차량 안이나 길가에서 야영하는 편을 선호했다. 물론 벌레나 독충들 때문에 힘들기는 마찬가지였다.

민스크에서처럼 독일군 기갑부대들은 비쳅스크를 남북으로 우회하여 동쪽에서 다시 작은 포위망을 형성했다. 물론 이 도시를 점령하는 임무는 보병들의 몫이었다. 그러나 보병사단들은 여전히 후속 중이었고, 우리는 보병사단들이 포위망 내부로 진입하기까지 한참 동안 기다려야 했다. 그 순간 기갑수색대대장 리더러 폰 파르 소령이 전사했다는 보고가 들어왔다. 사단장이 나를 불렀다.

"루크! 그동안 내 곁에서 많이 도와줘서 고마웠네. 내 곁을 떠날 순간이 예상보다 빨리 찾아와서 섭섭하네만, 자네는 지금 즉시 기갑수색대대를 지휘하도록 하게. 건강과 건승을 비네!"

사단장과 작별인사를 하고 베크에게 대대장의 전사 소식을 전했다.

"베크, 다시 전선으로 간다! 메르세데스와 군장을 챙겨서 최대한 빨리 기갑수색대대로 가자!"

이날 저녁, 이미 스몰렌스크 방면으로 동진하라는 명령이 하달되었다. 그러나 아직 보병사단이 비쳅스크에도 도착하지 않은 상태였다. 스몰렌스크 서부 일대에 대규모 소련군이 집결 중이라는 정찰보고가 접수되었고 우리 기갑군단이 북서쪽으로, 인접 기갑군단이 남서쪽으로 공격하여 이들을 섬멸한다는 계획이 수립되었다. 대대는 사단의 선봉부대로 선정되어 동부와 동북부를 수색하며 진출해야 했다. 그 전에 나는 대대장으로서 부대원들과 함께 엄숙히 리더러 소령의 장례를 치렀고, 이후 중대장들에게 다음 날 아침부터 전개될 작전에 관한 명령을 하달했다.

이튿날에 이동을 개시했다. 도로에서 퇴각하다 낙오한 소련군 병사들을 발견했는데, 그들은 저항하지 않고 즉시 항복했다. 독일군은 포로를 사살하지 않는다는 소문이 널리 퍼진 듯했다. 우리는 계속 전진했고, 스몰렌스크 서쪽에 지도에는 표시되어 있지 않은, 매우 양호하고 넓은 간선도로가 나타났다. 모스크바부터 민스크까지 연결될, 아직 건설 중인 고속도로였다. 나중에 알게 된 사실이지만, 모스크바의 서쪽까지는 이미 아스팔트로 포장이 끝난 상태였다. 이 도로 덕분에 가야 할 방향을 정확히 식별할 수 있었다. 우리 대대는 어느새 소련군의 강력한 방어선을 돌파하는 데 성공했고, 사단의 승인을 받아 북동부 방면으로 우회하여 계속 전진했다. 지상부대들이 전개된 형태를 보면 스몰렌스크는 이미 포위된 것이나 다름없었다. 며칠 후, 육군은 공군의 지원 아래 북부와 남부에서 스몰렌스크를 봉쇄하는 거대한 포위망을 완성하고 10만 명 이상의 소련군 포로를 획득했다. 우리 대대는 사단이 증원해준 공병과 기계화보병 등으로 보강되어 스몰렌스크와 모스크바 간의 간선도로를 완전히 차단할 수 있었다. 이제 모스크바까지의 거리는 불과 400㎞ 정도 남은 상태였다.

며칠간 휴식이 부여되었다. 문득 스몰렌스크에 임시로 마련된 포로수용소를 둘러보고 싶었다. 매우 협소한 공간에 수천 명의 포로들이 빽빽이 갇혀 있었다. 지붕이 부실해서 뜨거운 햇빛과 집중 호우를 피할 수도 없었다. 포로들의 무표정한 얼굴은 무척 인상적이었다. 그들은 감정을 노출하지 않았다. 복장도 매우 단출했지만 실용적이었다. 포로들은 독일군이 나눠준 회색 표식을 부착하고 머리도 삭발했다. 도주를 방지하기 위한 조치였다. 그들은 자신들의 운명을 순순히 받아들이는 듯했다. 러시아인들은 수천 년부터 억압과 압박 속에서 살아왔고, 그것을 운명으로 여기는 사람들도 있었다. 짜르와 스탈린, 그리고 이번에는 히틀러까지, 그야말로 속박과 압제의 연속이었다. 그들의 주머니에는 '장기간 보관 가능하고 쉽게 상하지 않는' 마른 빵이 들어 있었는데, 우리도 훗날 그 진가를 경험하고 신기해했다.

그들 앞을 지나칠 때 많은 이들이 '보다'(Woda), 즉 물을 달라고 외쳤다. 무척이나 심한 갈증에 시달리는 듯했다. 후방에 위치한 보급부대들도 이렇게 많은 포로들을 위한 식량과 물자를 충분히 확보하지 못한 상태였다. 장교 출신 포로들의 상황도 별반 다르지 않았다. 그들도 무표정한 얼굴로 여기저기 뒹굴고 있었다. 이따금 러시아 민족의 혼을 담은 노래들이 흘러나왔을 때는 측은한 마음이 들었다. 그들도 우리와 같은 인간이기 때문이다.

러시아인들은 외국인들을 감화, 감동시키는 능력이 탁월했다. 한편으로는 그들의 또 다른 면모도 발견했다. 파리를 잡아 날개를 뜯으며 즐거워하다가도 다른 한편에서는 죽어버린 새를 보며 울음을 터뜨리는 어린이와 같은 성향도 있었다. 그들은 어느 순간에 마지막 남은 빵을 사이좋게 나눠 먹고는 서로를 찔러 죽이기도 했다. 우리로서는 그들의 이상한 사고방식을 도저히 이해하기 어려웠다. 이런 그들의 성향을 나타내는 몇 가지 사례를 소개한다.

한참 진격하던 중, 황량한 마을을 지날 때였다. 개 한 마리가 우리를 향해 달려와서는 꼬리를 흔들며 이리저리 뛰어다녔다. 우리가 쓰다듬으려 하자 그 개는 장갑차 궤도 사이로 기어들어갔다. 갑자기 귀를 찢는 폭발음이 들렸고 장갑차 일부가 파손되었다. 하지만 다행히 화재는 일어나지 않았다. 우리는 즉시 그곳으로 달려갔지만, 개는 한 줌의 재로 변해 있었다. 개의 등에 폭약과 점화장치가 숨겨두어 개가 엎드리면 점화되어 폭발을 일으키게 되어 있었다. 아마도 그 개는 장갑차나 전차 아래 오일 냄새를 먹이 냄새로 인식하도록 훈련된 듯했다.

다음 사례는 주민이 모두 떠난 어느 마을에서 겪은 일이다.

내 부하 중 한 명은 소련군 낙오병들의 울부짖는 소리를 듣고 그쪽 방향의 어느 가옥을 수색하려고 했다. 그 집의 출입문을 열자 폭발물이 터졌다. 그 가옥은 완전히 무너졌고, 그 병사는 즉사했다. 소련군은 퇴각 중 시간이 있을 때마다 가옥들의 출입구와 창문에 부비트랩을 설치했다. 즉시 각 중대에 극도로 조심하라는 경고 전문을 보냈다. 유감스럽게도 이때부터 우리에게 달려드는 개들도 사살할 수밖에 없었고, 우리에게 소리를 지르는 소련군 낙오병들도 조심해야 했다.

소련군 포로들은 현실을 신이 부여한 운명으로 받아들였지만 우리는 소련군에게 포로가 되는 것을 매우 두려워했다. 부상을 입은 전우들은 이렇게 말했다.

"부탁이다. 나를 데려가거나 그럴 수 없으면 죽여 달라. 소련군의 포로가 되기는 싫다!"

스몰렌스크가 함락되었다. 어느 날, 나는 구 시가지를 둘러보고 싶어서 스몰렌스크 시내에 들어갈 수 있는 허가를 받았다. 아직 일대를 완전히 점령한 상태는 아니었으므로, 연락장교와 두 명의 경계병을 대동했다. 시의 서부에는 포위망이 이제 막 구축되어 보병부대들이 소탕 작전을 실시하고 있었다. 우리 기갑부대와 사력을 다해 후속했던 보병사단에 대한 소련군의 저항은 눈에 띄게 줄어들었다. 특히 우리 공군의 압도적인 폭격에 적들은 이미 완전히 소멸된 듯했다.

시가지는 황량했다. 중심부 근처의 산업지대와 드네프르(Dnepre)강에 놓인 교량들은 모두 참혹하게 파괴되었다. 폐허로 변한 시내 한가운데에 성당 첨탑만이 하늘을 향해 우뚝 솟아 있었다. 오로지 그 건물만 온전했다. 나는 부녀자들과 노인들을 따라 그 성당으로 향했고, 그 안에 들어서자 깜짝 놀랐다. 참으로 아름다웠다. 소련군도 독일군도 파괴해서는 안 될, 충분히 가치 있는 건축물이었다. 제단은 아름다운 장식물로 채워져 있었고 금으로 장식된 예수, 마리아의 성화들로 가득했다. 성당 내부는 수많은 촛불들로 성스럽고도 아늑한 분위기였다. 내가 부하들과 함께 제단으로 발걸음을 옮기려 하자, 수염이 길고 남루한 옷을 걸친 한 노인이 내 옷을 붙잡고 서투른 독일어로 이렇게 말했다.

"장교님! 저는 레닌-스탈린 시대 이전에 여기서 미사를 집전했던 사제입니다. 그러나 오늘날 수년간 구두수선공으로 숨어 지내며 겨우 생계를 꾸려나갔지요. 우리 도시를 해방해 준 여러분들께 감사드립니다. 부탁입니다만 내일부터 여기서 미사를 봉헌해도 될까요? 제가 첫 미사를 직접 주관하겠습니다."

이번에는 내가 그에게 물었다.

"어떻게 이 도시에서 이 성당만이 온전한거요? 소련군들이 시내를 모두 잿더미로 만들어 버리고 퇴각했는데 이상하게도 이 성당만은 그대로군요."

그의 답변을 듣고 놀라움을 금치 못했다.

기적적으로 무사했던 스몰렌스크의 성당

"짜르 시대에 미국으로 망명한 러시아인 사업가들이 혁명 직후에 이 성당을 모든 보물들과 함께 매입했습니다. 당시 경제적 위기로 다급했던 소련은 미국의 달러가 필요했지요. 이 성당은 미국인의 소유물이고, 그래서 이렇게 모든 것들이 온전할 수 있었던 겁니다."

그 설명의 진위를 확인할 수는 없지만 그리 중요한 일도 아니었다. 나는 별도로 상급부대에 보고하고 승인받는 절차 없이 그 사제에게 다음날 미사를 진행해도 좋다고 말했다. 그는 또 다른 사제들도 함께하고 싶다고 부탁했다.

다음날, 나는 다시 스몰렌스크 시내로 향했다. 물론 사단장에게 미사에 관한 모든 사항을 보고 후 승인을 받았으며, 안전을 위해 정찰장갑차를 타고 1개 정찰팀과 함께 이동했다.

성당 앞의 광경은 그야말로 장관이었다. 성당 앞 광장을 가득 메운 수많은 주민들이 차례차례 천천히 성당으로 향했다. 연락장교와 함께 나는 인파 속을 헤치고 앞으로 나아갔다. 이미 성당 내부에는 빈자리가 없었다. 물론 서 있는 사람도 없었다. 다들 의자에 앉거나 바닥에 무릎을 꿇고 앉아있었다. 우리는 미사에 방해를 주지 않기 위해 한쪽 구석에 서 있기로 했다.

내게 러시아 정교회의 미사는 처음이었다. 그러나 이제 막 시작된 미사의 분위기에 점점 매료되었다. 제단 뒤쪽에 보이지 않는 곳에서 두 명의 사제가 단조의 성가를 부르기 시작했다. 제단 앞에 8성부의 성가대가 화답송을 불렀다. 지휘자와 성가대의 합창은 거대한 성당 전체에 울려 퍼질 정도로 장엄했고, 그 음색은 마치 하늘 위, 천국에까지 울려 퍼질 듯한 감동을 전했다. 무릎을 꿇고 기도를 올리는 모든 이들의 눈가에는 눈물이 고여 있었다. 이곳에서 거의 20년 만에 다시 드리는 미사였다. 내 부하들과 나는 격한 감동을 받았다. 그 엄청난 압제 속에서 살아온 불쌍한 이곳 사람들의 신앙심이 얼마나 깊은지 느낄 수 있었다. 어떤 이데올로기도, 폭압도, 테러도 그들에게서 신에 대한 믿음을 앗아 갈 수 없을 것만 같았다. 나는 그때의 기억을 절대로 잊지 못한다. 이 글을 쓰고 있는 지금도 1980년대 폴란드에서 민주화를 위해 노력한 과정들을 생생히 기억한다. 신앙은 일종의 강력한 정신력이다.[A]

후속하던 보급부대가 도착할 때까지 짧은 휴식을 취했다. 보급품 수송을 담당했던 부대들은 독일부터 전선까지 머나먼 거리를 이동하게 되어 매우 힘겨워했다. 보급 상황도 점점 더 심각해지고 있었다. 파괴된 철도를 복구하고 재가설하는 데 시간이 오래 걸렸으므로, 우선 열악한 도로망을 통해 화물차로 보급품을 날랐다. 모스크바 인근까지 이어지는 간선도로만 양호할 뿐, 그 외에는 도로라고 할 수 없을 정도로 엉망이었다. 우리의 다음 목표는 비야즈마(Wjasma)였다. 스몰렌스크와 모스크바를 잇는 간선도로 상에 위치한 이 도시는 모스크바로부터 불과 200㎞ 떨어져 있었다. 대대의 임무는 도로의 북쪽, 북동부와 동부의 적정을 탐색하고 아군의 측방을 방호하는 것이었다. 임무를 완수하기 위해 우리는 가능한 신속히 진격했다.

50㎞ 남짓 진출했을 때, 갑자기 소련군의 강력한 저지진지가 나타났다. 우리는 드네프르강의 한 지류의 앞에서 정지했다. 소련군은 대안 상의 계곡 동편과 야르체보(Jarcewo)라는 촌락의 북부를 끼고 수 ㎞에 걸쳐 견고한 방어선을 구축했다. 그들은 모스크바까지 함락당할 수 있다는 위기를 인지한 듯했다. 사단의 주력부대도 남쪽에서 소련군의 방어선에 봉착하여 치열한 전투를 전개 중이었다. 소련군은 T-34 전차와 대규모 포병부대를 하천의 동편 언덕에 배치하고 우리를 향해 사격을 가했다. 며칠에 걸쳐 격렬한 전차포와 야포를 이용한 화력전투가 지속되었다.

7월 15일, 내 생일이 되었다. 전투가 한창이었지만 마지막 생일이 될 수도 있다는

A 2차대전 이후 폴란드의 카톨릭 교단은 국내 시민운동의 후원자로 활동했다. 국민 과반수가 카톨릭 신앙을 유지했으므로 공산 정권도 지속적으로 교단과 접촉하지 않을 수 없었다. 특히 폴란드계 태생의 교황 요한 바오로 2세는 폴란드 정부가 불법으로 규정했던 폴란드 자유노조를 후원하면서 폴란드 민주화에 크게 기여했다. (편집부)

생각에 나는 어떻게든 '파티'를 하고 싶었다. 소련군의 방어선에 막혀 공세가 중단되고 양쪽 모두 총성을 멈추자 약간의 여유가 생겼다. 몇몇 동료와 부하 지휘관들 정도는 부를 수 있는 여건이 조성되었다. 한때 내 중대의 전령이었던 '호텔리어' 프리취에는 마법을 써서라도 무언가를 만들어 오겠다고 호언장담했다. 소련군 진지로부터 1,000m 떨어진 서쪽 언덕에 작은 회식 장소를 마련했다. 양은 얼마 되지 않았지만 근사한 음식들이 차려졌다. 평시의 여느 때였으면 그저 그런 음식들이겠지만, 소련에서는 보기 어려운 귀한 것들이었다. 누군가 '어디서 구해온' 보드카 한 병과 몇 병의 모젤(Mosel) 와인으로 불확실한 우리의 미래를 위해 축배를 들었다. 야르체보 전투는 예상보다 시간을 많이 허비했다. 이제 '전격전'은 종말을 고한 듯했다.

군단과 사단은 탄약과 유류를 재보급받은 후 공세를 재개했다. 적 방어선을 돌파하는 데 성공했고, 전차전은 우리의 승리로 끝났으나 심대한 피해를 입었다. 그 와중에 안타깝게도 오토바이보병대대장이 사망하자 사단에서는 내게 그 대대의 지휘권까지 부여했고, 나는 갑자기 두 개의 대대를 동시에 지휘하게 되었다.

적의 저항은 점점 더 거세졌다. 소련군은 장갑과 화력이 향상된 T-50 전차A를 전장에 투입했다. 당시 아군이 보유한 화포 가운데 88mm 포만이 그 전차의 정면을 파괴할 수 있었다. 아직 드네프르강의 상류 지대도 확보하지 못했고, 공격 목표였던 브야즈마까지도 상당한 거리가 남아 있었다.

그해 8월은 무척 더웠다. 기온은 높았지만 내륙으로 들어갈수록 기후가 건조해져 참을 만했다. 그러나 도보로 후속하는 보병들에게는 극히 힘겨운 기상조건이었다.

사단의 주력부대들은 적들과 교전하면서 서서히 전진해나갔다. 그사이에 우리는 사단의 좌측방을 수색하기 위해 북동부로 진출했다. 인접 부대들과 협조된 전선은 존재하지 않았다. 기갑사단들은 측방 노출의 위협을 감수하고 쐐기처럼 돌진했다. 한편 우리는 우거진 수풀 때문에 이동이 어렵고 사람의 흔적이라고는 찾아볼 수 없는, 끝없이 펼쳐진 초원지대를 헤치고 앞으로 전진했다.

어느 날인가, 전쟁 개시 후 처음으로 적 병사와 근거리에서 조우한 적이 있었다. 하천을 건너야 하는데 교량이 파괴되어 도보로 건널 여울이 있는지 정찰 중인 상황이었다. 나무 옆에 숨어서 우리가 지나가기를 기다리는 소련군 병사 한 명을 발견했다. 그도 천천히 총구를 내게 겨누었다. 나에게는 아찔한 위기였고, '내가 죽거나 상대를 죽여야' 하는 양자택일의 순간이었다. 나는 재빨리 기관단총을 들어 먼저 일격

A 이후의 설명을 볼 때, KV전차의 오기로 보인다. (편집부)

을 날렸다. 순간 그는 총을 떨어뜨리고는 땅바닥에 쓰러졌다. 다가가 보니 아직도 숨이 붙어 있었다. 그때 그의 눈빛은 지금까지도 내 머릿속에 남아 있다. 그의 두 눈은 '도대체 왜?'라고 말하고 있었다. 매 순간 '나 자신 아니면 상대의 죽음'을 결정해야 한다는 사실을 이때 처음으로 확실히 깨달았다. 동정심이나 다른 감정을 생각할 겨를이 없었다. 그러나 순간 이 어린 소련군 병사에게도 어머니와 가족이 있으리라는 생각이 들었다. 독일과 소련 모두 엄청난 사상자가 발생했으므로 누구도 그들을 돌봐줄 수 있는 상황이 아니었다. 나도 죽어가는 그를 그렇게 놔둘 수밖에 없었다.

50km 정도 진출하자 어느덧 초원지대를 벗어났다. 소련군과의 조우도 일어나지 않았다. 조그마한 마을이 나타났고, 우리는 경계를 늦추지 않은 채 그 마을로 진입했다. 몇몇 주민들은 자신들의 움막 밖으로 나왔는데, 우리를 소련군으로 착각하는 듯했다. 나는 우리가 독일군이라 설명하자 한 노파가 다가와 이렇게 물었다.

"전쟁이 터졌다고? 우리의 짜르 폐하는 지금 뭘 하고 계시오?"

이들은 소련 혁명, 스탈린, 소련과 우리의 전쟁에 대해 전혀 아는 바가 없다고 했다. 짜르의 시대에 시간이 멈춰 버린 마을이었다. 이데올로기도, 소련도, 독일도 없었다. 대대는 그곳에서 잠시 시간을 보내며 주민들에게 짜르 체제가 붕괴된 후 전 세계에서 무슨 일이 벌어졌는지 설명해 주었다. 그들과 작별할 때 마을의 이장은 내게 성모상을 선물로 건네며 감사를 표했다.

"우리에게 세상에서 벌어진 여러 가지 일들을 알려줘서 고맙소. 그러나 우리는 당신들과 관계없이 지금처럼 여기서 계속 살아가겠소. 신의 은총이 함께하길 바라오."

우리의 진군 속도는 점점 더 더뎌졌고, 앞으로 나가기도 어려웠다. 게다가 적의 저항까지 갈수록 강해졌다. 소련은 모스크바 일대에 주둔했던 최정예 사단들을 투입해서 우리의 진격을 막으려 했다. 설상가상으로 아군의 보급사정도 더욱 어려워지고 있었다. 독일 본토에서 약 1,000㎞ 이상을 이동해야 하는 상황이었다. 다행히 희소식도 있었다. 탄약과 식량, 정비물자를 화물차량으로 직접 수송해 온 대대 군수장교는 동부지역에 점진적으로 물자 보급소가 설치되고 있으며, 철도망도 복구 중이라고 보고했다.

그러나 아까운 시간이 허비되고 있었다. 첫 번째 목표인 모스크바를 고작 200㎞ 남겨 둔 시점에서 진격이 중단되고 말았다. 이런 상황에서 동쪽으로 2,000㎞ 너머에 있는 '대망의 다음 목표'인 우랄산맥을 논하는 것은 어불성설이었다. 그러던 중 사단 참모부를 방문한 나는 총체적인 전황에 대해 몇 가지 정보를 획득했다.

■ 모스크바를 향한 진격은 벌써 2개월째 중단된 상태였다. 히틀러가 이탈리아군을 지원하기 위해 일부 부대를 그리스 전역으로 급파했고, 그 결과 마침내 발칸 지역에서 게릴라들과 대결해야 하는 상황이 벌어졌다. 게릴라들의 활동이 점점 더 거세지고 있었다.

■ 우리 군단보다 남쪽에서 병진 공격을 진행하던 구데리안은 칼루가(Kaluga) 방면, 즉 모스크바에서 약 200km 남쪽에 위치한 지점까지 진출해 있었다. 이들은 툴라(Tula)에서 모스크바와 크림(Krim) 간 간선도로 봉쇄 임무를 수행 중이었다.

■ 곧 겨울이 찾아온다는 기상예보가 있었다. 그러나 우리 국방군은 동계장비와 물자를 전혀 준비하지 못한 상태였다. 히틀러도 총사령부도 동계까지 전투가 지연되리라고는 전혀 예측하지 못했다. 사단장은 모스크바를 신속히 포위하고, 모스크바에서 동쪽으로 향하는 도로들까지 모두 봉쇄해야 한다고 주장했다. "당초 예상보다 전쟁이 점점 더 길어지고 있어. 전격전의 시대는 끝났어." 상황을 냉철하게 분석한 사단장의 결론이었다.

전차부대들이 비야즈마를 목표로 공세를 재개했다. 모스크바로 향하는 간선도로를 이용해 신속히 전진했다. 소련군은 격렬하게 저항했지만, 우리는 그들을 격파하고 비야즈마를 북부와 남부로 우회하여 시가지의 동쪽에서 포위망을 구축했다. 독일군과 소련군 모두 엄청난 피해를 입었다. 언제나 내 곁에서 함께 용감히 싸워주었던 베크도 여기서 안타깝게 부상당했지만, 다행히 그리 심한 부상은 아니었다.

차량도 없이 도보로 한참 뒤에 도착한 보병사단들에게 이 포위망과 소탕작전을 인계했다. 전차부대들은 포위망 동부를 방호, 차단했고, 우리 기갑수색부대들은 동쪽과 북동쪽으로 추진 배치되었다. 우리는 곳곳에서 적의 강력한 저항에 부딪혔다. 그러나 모스크바가 눈앞에 있었다!

비야즈마를 완전히 함락시켰다. 그런데 문득 의문스러운 점이 있었다. 스탈린은 아군에게 생포된 포로들을 포함해 백만 명, 아니 그 이상을 상실했지만, 계속해서 새로운 사단을 전장에 내보내고 있다. 과연 스탈린은 어디서 이런 사단들을 만들어내는 것일까? 수천 대의 전차와 야포는 어디서 가져오는 것일까? 소련군 장교 출신 포로들을 통해 몇 가지 정보를 입수했다. 스탈린이 모스크바 주변, 볼가강의 남쪽에 있던 산업시설들을 재빨리 동쪽 즉 우랄 지역으로 옮겼다고 했다. 아무튼, 소련군은 그야말로 무시무시한 병력동원과 군수지원 능력을 갖추고 있었다.

독일군 수뇌부는 모스크바를 함락하는 계획을 끝까지 고수했다. 대제국의 심장

부인 모스크바를 함락하면 심리적으로 소련 국민은 물론 소련군에게도 분명 중대한 영향을 미칠 것이라는 판단이었다.

북부에서는 레닌그라드(Leningrad)를 포위하고 남부에서는 드넓은 정면에서 동부로 진출한 집단군이 하리코프(Charkow)와 크림반도까지 진격하기로 했다. 그동안 우리 기갑군단은 우선 북동부로, 즉 볼가강 상류에 자리 잡은 도시, 칼리닌(Kalinin)과 모스크바 사이로 이동하여 모스크바-볼가-운하를 도하해야 했다. 이후 북쪽으로 모스크바를 우회한 뒤, 모스크바의 동측방을 확보하는 임무를 부여받았다.

기동을 개시했지만 이동로의 상태가 매우 엉망이었다. 겨우 그 통로를 벗어나자 소련군이 기다리고 있었다. 그들의 격렬한 저항을 격퇴시키고 볼로콜람스크(Wolokolamsk) 일대까지 진출했다. 가을이 끝나갈 무렵이었지만 몹시 추웠다. 그곳부터는 지형도 큰 장애물이었지만, 상당한 수의 소련군이 방어태세를 갖추고 있었다. 진격은 또다시 며칠간 중단되었다. 휘발유와 탄약도 부족했다. 사상자가 속출했고, 내가 지휘한 두 대대에 새로운 보충병들이 들어왔다. 신병들은 일단 험난한 전장 환경에 적응해야 했다. 그들은 전장에 투입되기 전까지 고향에서 '독일군이 엄청난 속도로 진격했다', '소련은 순식간에 끝장날 것이다' 같은 허무맹랑한 선전들만 듣다 현지의 실상을 깨닫고 깜짝 놀라는 듯했다.

그러는 동안 어느덧 10월이 되고, 공세도 재개되었다. 볼로콜람스크에서 소련군의 방어선을 돌파하고 클린(Klin) 부근에 도달했다. 모스크바-칼리닌-레닌그라드를 잇는 중요한 도로상의 소도시였다. 치열한 전투 끝에 클린을 확보했다. 이로써 레닌그라드와 모스크바 간의 도로를 차단하는 데 성공했다. 인접 기갑사단도 칼리닌까지 장악했다. 그 사이에 보병사단들이 후속해서 간선도로 일대를 완전히 폐쇄했다.

그때 나는 클린의 동쪽에 있었고, 모스크바-볼가 운하까지 50㎞가량을 남겨둔 상태였다. 갑자기 사단장이 나를 호출해서 다음과 같은 명령을 하달했다.

"루크! 귀관은 두 개의 대대로 여명 직전에 공격을 개시하여 야흐로마(Jachroma) 인근 운하의 교량을 온전히 확보하라. 사단의 주력이 도착할 때까지 운하 동쪽 대안 상에 교두보를 구축하도록! 그리고 소련군의 반격에 대비하라. 겨울이 목전에 와 있어. 그 전에 우리는 목표를 확보해야 해."

대대로 복귀하려고 사단지휘소를 떠나려 할 때, 사단의 부관장교가 나를 붙잡았다.

"루크! 극비사항입니다. 롬멜께서 당신을 북아프리카의 제3기갑수색대대장으로 보내달라고 요청하셨답니다. 육군 인사청에서 이미 명령을 발송했어요. 그러나 사단장께서는 지금처럼 중대한 시기에는 결코 당신을 놓아주시지 않을 겁니다. 상부의 명령을 거부하실 생각인가 봐요. 그리고 당신에게도 이 사실을 말하지 않으실 거예요. 그저 저는 당신이 알고는 있어야 한다고 생각해서 알려드리는 것뿐입니다."

깜짝 놀랐다. 왜 롬멜이 나를 찾고 있는 걸까? 독일 본토에도 '지휘관 예비자원'들이 충분했다. 모스크바에서 트리폴리로 전출되는 상황은 너무나 뜻밖이었고 지금은 그런 것을 생각할 겨를이 없었다. 공식적으로 확인된 것도 전혀 없었다. 내 머릿속에는 오직 차후 공격을 어떻게 해야 하는가에 관한 생각뿐이었다.

이튿날 새벽, 어둠 속에서 부대이동을 개시했다. 추위를 확연히 느낄 수 있었다. 차량의 조명에 덮개를 씌워서 좁은 틈으로 방출되는 희미한 불빛만 보였다. 차량 전후방의 아군만 알아볼 수 있을 정도였다. 동이 튼 직후 운하에 도달했다. 운하의 동편에 있는 야흐로마에는 적군은커녕 개미 한 마리도 보이지 않았다. 선발대로 보낸 정찰분대가 온전한 교량을 발견했음을 보고했고, 우리는 즉시 운하를 따라 동쪽으로 달렸다. 그 순간 갑자기 운하 건너편 마을에서 포격 소리와 함께 저 멀리서는 차량의 엔진소리가 들렸다. 나는 두 개 대대로 즉시 공격을 개시하여 그 마을을 점령했다. 소련군은 마을을 버리고 허겁지겁 달아났다. 나는 부대원들에게 이렇게 명령했다.

"즉시 이 마을을 샅샅이 수색해라! 오토바이보병대대는 정찰장갑차량에 탑승하고 이 마을의 동쪽 외곽을 경계하라. 우리는 어떻게 해서든 이 교두보를 반드시 확보해야 한다."

나는 내 부관장교에게 마을 중앙에 지휘소로 쓸 만한 가옥을 찾아보라고 지시했다. 사단에도 즉시 상황을 보고해야 했다. 잠시 후 부관은 밝은 표정으로 돌아왔다.

"러시아식 아침식사를 준비했습니다."

부관은 어느 식당처럼 보이는 가옥 하나를 가리키며 말했다. 집안의 식탁에는 사모바르(Samowar)^A, 빵, 버터, 달걀과 말린 훈제 햄이 놓여 있었다. 나는 깜짝 놀랐다. 저절로 환호성이 나왔다.

"황홀한 식사군!"

그때, 이 작은 식당의 주인처럼 보이는 남자가 나타났다. 그는 이곳에서 방금 전까지 소련군 지휘관의 아침식사를 준비하던 중이었고, 그를 포함한 소련군은 독일

A   러시아식 물 끓이는 주전자 (역자 주)

군이 갑자기 나타나자 총도 음식도 버리고 맨몸으로 도망쳤다고 말했다. 마침 배가 고팠던 터라, 잘 차려진 음식을 보자 무척 기뻤다. 부하들과 함께 오랜만에 즐거운 마음으로 아침식사를 만끽했다. 그런데 이 아침식사가 내게는 참으로 중대한 사건이었다. 물론 당시에는 그런 중대한 의미가 있음을 꿈에도 생각지 못했지만, 훗날 포로수용소에서 그 아침식사의 전말을 알게 되었다.

우리가 작지만 중요한 교두보를 확보했음에도 소련군은 반격하지 않았다. 사단의 주력이 속속 도착해서 이 교두보를 확장했다. 전차와 포병도 투입되었다. 모스크바로 향하는 남쪽, 남동쪽 도로는 완전히 개방된 상태였다. 우리 후방에도 보병사단이 도착해서 모스크바와 레닌그라드 간의 주요 도로의 봉쇄 임무를 인수했다.

먼 훗날, 포로수용소에서 나는 '쾨베스'(Köbes)[A]인 비트하우스(Witthaus)를 만났는데 그는 당시의 상황을 이렇게 회상했다.

> "나는 어느 겨울 모스크바 바로 앞까지 진격해 있었죠. 우리 제35보병사단은 칼리닌과 모스크바를 잇는 매우 중요한 도로상에 투입되었어요. 저는 한 정찰분대를 이끌고 모스크바 바로 직전방의 소도시까지 진격했고, 거기서 고립되었습니다. 우리를 격퇴하기 위한 소련군의 반격이 개시될 때까지 며칠 동안 그곳에 숨어 지내야 했죠."

국방군은 당시 제1의 원대한 목표, 모스크바에 이토록 가까운 곳까지 진출해 있었다. 소련군의 대반격이 개시되었을 때, 마침 남서쪽에서 아군의 전차부대가 신속히 밀고 들어와서 절체절명의 위기에 처해 있던 우리를 구해주었다.

10월 말, 겨울 한파가 엄습했다! 하루가 다르게 기온이 내려가 어느새 영하까지 떨어졌다. 게다가 상상할 수 없을 만큼 심한 폭설까지 겹쳤다. 전형적인 대륙성 기후였다. 러시아의 겨울은 참으로 견디기 힘들었다. 단 한 가지 좋은 점이라면 진창과 먼지로 가득했던 도로들이 이제는 흙과 얼음으로 단단해졌다는 것이다. 또한, 도랑과 도로 사이에 패인 곳들도 눈으로 메워졌다. 앞서 언급했듯 우리 국방군은 동계전투를 전혀 예측하지 못했고, 준비도 하지 못한 상태였다. 북부와 중부 전선의 거의 모든 부대들이 폭설 때문에 공세를 중단할 수밖에 없었다. 기계화부대들은 그래도 괜찮은 편이었지만 도보보병이나 오토바이보병과 같은 부대들에게는 정말 최악의 상황이었다. 동계 혹한과 폭설에 대비한 물자가 전무한 상태였기 때문이다.

소련군은 극동과 시베리아에서 스키사단을 차출하여 전장에 투입시켰다. 매우 우

A 쾰른 출신의 애칭 (역자 주)

수한 장비를 갖춘 그들은 우리에게 정말 무시무시한 존재였다. 백색의 탁월한 위장복을 착용한 소련군 보병들은 아군의 방어선을 뚫고 침투했다. 이들의 행동은 보이지도 들리지도 않았다. 그만큼 위장이 훌륭했다.

우리는 나폴레옹의 운명을 떠올리며 곧 닥쳐올 재앙을 예감했다. 최전선의 상황은 매우 급박했다. 독일 본토에서 전선으로 동계물자를 보급하기 위해 조치를 취해줄 것이라는 소식도 있었다. 괴벨스는 국민에게 소리 높여 호소했다.

"전선에서 용감히 싸우는 장병들을 위해 기꺼이 기부하자!"

"독일 국민이여! 전선에서 용맹하게 싸우는 우리의 아들들과 남편들을 위해 스키 장비, 동절기 옷가지, 동물 모피, 따뜻한 내의들을 적극적으로 모으자!"

고향에서 전해진 소식에 따르면, 괴벨스의 연설 후 엄청난 규모의 기부행사가 전국 각지에서 열렸다고 한다. 보급품 수집소는 곧 기부 물품들로 가득 찼다. 그러나 예상대로 대부분의 보급소와 창고에는 관료주의가 만연했다. 그곳의 군인들과 행정관료들은 기부 물품들을 적시에 적재적소로 전달하지 않았다. 우리 기갑부대에게 꼭 필요했던 모피와 같은 방한 의류 대신 썰매나 스키를 지급하고, 주민들의 훈훈한 움막에서 휴식 중이던 후방의 병력에 방한복을 지급하기도 했다. 따라서 우리는 스스로 자구책을 수립해야 했다. 자의든 타의든 그곳 주민들로부터 따뜻한 모피침낭 같은 것들을 얻어서 오토바이보병, 기계화보병 병사들에게 나눠주었다.

혹한의 추위가 사람도 힘들게 했지만, 전차와 차량 등 장비에 미친 영향도 매우 심각했다. 하계용 엔진오일과 윤활유는 너무 묽고 점도도 낮았다. 냉각수도 금방 얼어버렸다. 아침마다 토치로 냉각수를 녹이고 민가들을 지날 때면 더운물을 얻어 다시 주입해야 했다. 그렇지 않으면 밤새도록 엔진을 가동하곤 했다. 서부, 남부 유럽인이나 미국인들에게는 상상하기 어려운, 극한의 겨울이었다. 영하 40도까지 떨어지는 추위와 뼛속까지 파고드는 차가운 바람과 맞서 싸워야 했다. 하루하루가 너무나 힘들었다.

그즈음 내가 조만간 북아프리카로 전출될 것이라는 소식이 들렸다. 베크에게 2,000km 이상 떨어진 독일로 돌아갈지도 모르니 메르세데스를 준비하라고 지시했다. 이틀 후, 베크는 보급중대에 다녀와서 이렇게 보고했다.

"그간 너무 울퉁불퉁한 도로로 운행해서 그런지, 메르세데스의 전방 서스펜션 스프링이 부러졌습니다. 정비소대에서 다른 스프링으로 일단 임시조치를 해 놓았는데, 영하 40도의 추위에서 조립했으니 메르세데스가 잘 견뎌낼지 걱정입니다."

만일 내 곁에 베크가 없었다면 어떻게 되었을까? 참으로 훌륭한 친구였다.

야흐로마의 북쪽, 클린과 칼리닌 사이로 소련군 스키부대들이 침투해 들어왔고, 우리는 고립될 위기에 처했다. 사단장이 나를 불러 명령을 하달했다.

"교두보를 포기한다. 더이상 현재 전선을 고수하기에도 버거워졌어. 자네는 오늘 야간에 접적을 거부하고 모스크바와 레닌그라드를 잇는 간선도로 상에 진지를 편성하여 사단의 주력이 클린의 동부로 철수할 수 있도록 엄호하라. 우리 보병부대들은 볼로콜람스크의 북부와 남부로 퇴각하여 새로운 전선을 구축할 것이다. 사단은 그 일대에서 적의 반격을 저지해야 해."

사단장은 안경 위쪽으로 눈을 치켜뜨며 내게 말했다.

"루크! 이미 예견한 상황이네. 히틀러의 욕심이 너무 컸어. 우리 모두, 특히 불쌍한 도보보병과 기계화보병부대가 고스란히 그 책임을 떠안게 되었지. 부하들에게 철수를 명령하게나. 수많은 장병들이 혼란에 빠질 거야. 어떤 희생을 치르더라도 모두 구해내야 하겠지? 후방을 향한 기동이야. '후퇴'라고 하지 말게. 침착하게 작전을 시행한다면 성공할 수 있을 거야. 많은 장비와 물자들을 잃어버릴지도 모르지. 그러나 반드시 장병들을 온전히 철수시켜야 하네. 건투를 비네, 루크!"

드디어 재앙이 찾아온 듯했지만, 나 스스로가 이러한 현실을 납득할 수 없었다. 지금까지 진행된 전격전은 성공적이었다. 처음으로 퇴각해야 하는 이 상황이 너무나 절망적이었다. 폭설과 추위, 살갗을 파고드는 바람과 이러한 기후에 적응된, 포기하지 않는 적에게 우리가 무릎을 꿇어야 한다는 사실 때문에 머릿속이 복잡했다. 문득 나폴레옹이 떠올랐다. 그토록 당당했던 군대가 러시아에 들어왔다가 지리멸렬한 상태로, 그것도 극소수만 베레지나(Beresina)강을 건너 돌아왔던 역사책 속의 그림을 이제 내가 직접 눈으로 보게 될 것만 같았다.

내 휘하의 병사들과 대부분의 장교들까지도 현재의 심각한 상황을 전혀 인지하지 못했다. 그들에게는 또 다른 걱정이 있었기 때문이다. '내가 탈 전차나 장갑차를 다시 받을 수 있을까?', '충분한 보급품이 과연 최전방까지 언제, 어떻게 공급될까?', '이 끔찍한 추위들을 어떻게 견뎌내야 할까?' 그들의 고민은 이런 것들이었다.

히틀러와 괴벨스는 아직도 국방군의 압승을 호언장담했다. 우리의 철수는 공식적으로는 전선 조정 정도로 표현되었다. 내 무전병은 단파방송에서 나오는 이런 소식들을 가끔 전해 주었다.

12월 3일, 드디어 철수를 시작했다. 사단장의 말 대로 보병부대들이 볼로콜람스크 일대에 서둘러 저지 진지를 구축했다. 사단 예하 부대들도 연이어 클린-야흐로마 근방에서 철수했다. 나는 두 개 대대의 병력들과 함께 아직도 그 작은 마을에 머물러 있었다. 우리 전방의 소련군은 그다지 적극적인 공세를 취하지 않았고, 남쪽과 북쪽으로 우리를 우회하여 고립시키려는 듯했다. 결국 우리도 모스크바-볼가 운하의 동안까지 철수하고, 정찰장갑차들을 동쪽을 향해 부채꼴 모양으로 배치했다. 눈덮인 도로를 이용해 최대한 전개하여 아군의 철수를 엄호해야 했으므로, 두 개의 철수로를 확보하고 길에 덮인 눈을 신속히 치웠다. 도로 양측에는 거대한 눈더미가 생겼고, 이로 인해 도로상의 엄폐물을 이용할 수도 없게 되었다.

소련군은 공세적인 수색 활동을 개시했다. 아군의 규모를 정확히 확인하기 전까지 강력한 정면공격은 자제했지만 소련 공군의 정찰과 폭격은 매우 적극적이었다. 낡은 복좌식 경폭격기들이 아군의 퇴로에 폭탄을 퍼부었다. 독일 공군은 나타나지 않았다. 아마 야지를 활주로로 사용했던 임시기지들을 이미 서쪽으로 옮긴 듯했다. 그렇지 않더라도 추위와 눈보라 때문에 항공기 투입은 불가능했을 것이다.

반면 소련 공군은 무시무시한 폭격을 가했고, 아군, 사단의 본대는 사면초가에 빠져버렸다. 동쪽에서는 소련 지상군이 계속 몰려들었으며, 이제는 후방인 서쪽에서도 소련군이 나타났다. 도보보병부대의 피해가 극심했다. 우마차가 끄는 보급부대들과 포병부대가 다음 희생양이었다. 좁은 도로에는 말들의 사체와 고장나거나 파괴된 차량들로 가득 차 있었다. 병사들은 어쩔 수 없이 차량을 버리고 도보로, 그것도 적과 치열하게 교전하며 서쪽으로 철수했다. 이따금 소련군 스키정찰부대가 측방에서 갑자기 나타나 아군을 기습하기도 했다.

다행히도 우리는 본대와 멀리 떨어진 후위부대였고, 경대공화기도 보유해서 그다지 피해가 크지 않았다. 그 와중에 갑자기 소련군 전투기 몇 대가 머리 위에 나타났고, 철수 중인 우리를 발견한 듯했다. 매우 낡은 기종이었지만 우리 뒤쪽에서 은밀히, 매우 저공으로 날아와서 기총 사격을 가했다. 두 발의 탄이 뒤쪽에서 날아와 베크와 나 사이를 통과해 자동차의 앞 유리에 박혔다. 정말 천운이었다.

모스크바-레닌그라드를 잇는 간선도로의 서쪽 지역에 도달했다. 우리는 적이 배치되지 않은 도로를 찾아 철수해야 했다. 폭설이 내린 도로 양쪽에 아군 전차들의 궤도자국이 선명했다. 우리 대대의 전차와 반궤도장갑차량은 아군의 궤도자국을 따라 이동하면서 지뢰 등 수많은 장애물을 회피했다.

안타깝고도 씁쓸한 장면도 있었다. 죽은 말들 사이에 이미 죽거나 다친 보병 병사들이 눈에 띄었다. 부상병들은 애원했다.

"가능하면 우리를 데려가 주시겠소? 아니면 죽여 주시오."

보급품 수송차량에 최대한 공간을 확보해 부상병을 태우고 임시 구호소로 이송했다. 가슴이 미어졌다. 전투화를 버리고 헝겊 발싸개를 하고 있는 그들에게는 폴란드와 프랑스에서 의기양양하게 돌진했던 그때의 기개를 더이상 찾아보기 힘들었다.

보급 사정도 매우 어려웠다. 이제는 보급물자들을 전혀 공급받지 못하는 날도 있었다. 보급품을 실은 트럭들이 퇴각하는 부대들을 헤치고 힘겹게 전방으로 이동하다 갑자기 연료가 바닥나서 보급품을 전달하지 못하는 사태가 속출했다. 그래서 최악의 상황에 처하면 가장 중요한 전투차량에 물자를 가득 싣고 다른 차량들을 파괴한 후 유기하기도 했다. '신은 그들의 병력과 말과 마차를 모두 괴멸시켰다'[A] 는 노래의 구절이 가슴에 와 닿았다. 아군이 구축한 저지진지까지 가야 목숨을 건질 수 있다는 의지가 혹한과 행군의 고통을 견디게 해주었다. 한순간도 행군을 멈춰서도 또한 소련군의 포로가 되어서도 안 된다는 마음뿐이었다!

사단의 군종목사 마르틴 타르노프(Martin Tarnow)는 자신의 수기, '최후의 시간들'(Letzte Stunden)에서 수많은 이들의 고통과 죽음에 대해 다음과 같이 묘사했다.

> "(중략) '모든 조치를 다 취해 보자' 그 군의관은 어느 중상자를 가리키며 말했다. 그러나 그의 얼굴은 '더 이상 손쓸 방법이 없다' 는 표정이었다. 군의관은 동분서주하며 가능한 많은 환자를 살리려는 열정을 드러냈다. 중상자는 다른 이들처럼 고통을 견디려고 노력했지만, 그 역시 암울한 상황 속에서 무력감을 느끼는 듯했다. 나는 그 중상자에게 말을 걸었고, 그는 잔뜩 겁에 질린 목소리로 이렇게 속삭였다. '내가 아래쪽으로 미끄러졌다면 이렇게 심하게 다치지는 않았을 겁니다. 군의관이 수술해 주겠지요? 제발 목사님께서 저 대신 부탁해 주세요.' 그는 아직 희망을 버리지 않았다. 군의관과 의무병이 할 수 있는 모든 방법을 동원했지만 허사였고, 우리 모두는 한쪽 편에 서서 그 애처로운 광경을 지켜보았다. '이 모든 고난에서 벗어나게 해 주소서. 이 지겨운 전쟁을 끝내게 해 주소서.' 우리 모두는 이렇게 기도했다. 왜냐하면 우리 조국을 너무도 사랑했기 때문이다.
>
> 임시 구호소 주변의 헛간 같은 곳에도 부상자들이 누워 있었고 소련군도 섞여 있었다. 그들은 '물, 물'(Woda)하며 물을 달라고 외쳤다. 죽음 앞에서는 적도 아군도 없었다. '물, 물' 이라 외치는 소련군의 목소리가 점점 더 명확하게 들렸다. 내 수통을 건네자 그

A 동쪽에서 황량한 소리가 들려온다(Aus Osten kam ein wüster Klang)라는 노래의 마지막 구절, 또는 나폴레옹이 러시아 전쟁에서 퇴각하는 내용을 담은 시의 첫 구절 (역자 주)

는 고맙다는 눈빛과 함께 마지막 한 방울까지 단숨에 들이켰다. 그가 덮고 있던 담요를 들어 올리자 피로 흥건한 붕대가 보였다. 복부에 관통상을 입은 것이다. 생존할 가능성이 없는 듯했다. 서로 말은 통하지 않았지만 그는 갑자기 내 목에 걸린 은색 십자가를 움켜쥐었다. 아마도 그의 집에, 부모의 집 벽에도 이런 십자가가 걸려 있겠지. 나는 예수 그리스도의 말이 떠올랐다. '오늘 너는 나와 함께 천국으로 가게 될 것이다.' 그가 움켜쥐었던 십자가가 바닥에 떨어졌고 이내 그의 숨이 멎었다. 나는 그가 평화로운 죽음을 맞이했다고 믿는다. (하략)"

우리는 엄청난 고통과 번민을 함께 견뎌내야 했다. 그 시간들이 마치 영원처럼 느껴졌다. 몇 주 후, 어느덧 볼로콜람스크의 저지 진지에 도착했다. 모스크바로부터 100㎞ 남짓 떨어진 곳이었다. 보병들이 구축해 놓은 진지를 통과해 수 ㎞ 후방으로 이동한 후 전투력을 복원했다. 초라한 농가들이 갑자기 화려한 저택처럼 보였다. 지옥에서 벗어난 데 대해 신(神)께 감사의 기도를 올렸다. 그곳에 남아있던 소수의 주민들이 제공해준 벽난로 곁에 누워 눈을 감았다. 그때 나는 그저 평화로운 잠 속에 계속 빠져 있고 싶었다. 눈을 뜨면 맞닥뜨릴 참혹한 현실이 두려웠던 것이다.

첫 번째 보급수송부대가 도착했다. 동계복장과 훌륭한 무장을 갖춘 보충병력들과 최신예 차량들, 휘발유, 그리고 오랫동안 먹어보지 못했던 독일산 식료품들을 받았다. 고향에서 온 편지들도 있었다. 편지 봉투를 뜯고서야 성탄절이 지나고 새해가 찾아왔음을 깨달았다. 우리는 그동안 그 사실을 잊고 있었다. 1942년에는 과연 무슨 일이 벌어질까?

어느 날, 사단장과의 회의에서 12월 7일에 일본이 진주만을 공격했다는 소식을 접했다. 실낱같지만 희망적인 소식이었다. 드디어 우리 편에서 함께 싸울 세 번째 동맹국이 생겼다. 일본은 조만간 소련에게도 선전포고할 것이 분명하며, 이로써 우리는 동부의 부담을 덜 수 있을 것이다. 그러나 곧 일본이 소련을 공격하지 못한다는 사실을 알게 되었다. 독일에게 너무나 실망스러운 일이었다. 그럼에도 극동지역의 소식들은 우리를 매우 고무시켰다. 일본은 무방비 상태였던 미국을 상대로 완벽한 기습을 달성하며 엄청난 타격을 가했다. 히틀러도 과연 미국에 전쟁을 선포할까? 아니면 미국이 독일에 전쟁을 선포할까? 결국 히틀러가 먼저 미국에 대해 선전포고를 하면서 루스벨트의 결심에 부담을 덜어 주었다. 이제 미국도 총동원을 선포하고 우리와 일본을 상대로 막강한 군사력과 경제력을 투입하게 될 것이다.

이곳으로부터 약 2,500㎞ 떨어진 곳에 두 개의 전선이 존재했다. 분명 영국과 그

동맹국은 그 두 곳, 즉 프랑스의 대서양 해안과 북아프리카 일대로 반격해 올 것이다. 그들이 과연 프랑스에서 상륙작전을 감행할까? 아니면 북아프리카에서 일종의 결전을 시도할까? 그것도 아니면 동부 전선의 전황을 관망할까?

한편, 독일 본토의 소식들은 우리를 매우 당혹스럽게 했다. 연합국 공군은 독일의 주요 도시, 산업시설과 교통의 요지를 목표로 점점 더 강력한 공습을 퍼부었다. 본토의 국민도 1941년 말부터 1942년 초까지 혹독한 추위 속에 힘겨운 나날을 보냈다. 우리의 어머니들과 누이들은 그 참혹함 속에서도 아무런 불평 없이 초인적인 힘을 발휘하고 있었다. 이 전쟁은 아무래도 오래 지속될 듯했다. 과연 어떻게 종결될까?

1월 중순, 사단장의 호출을 받았다. 풍크 장군은 그날따라 나를 반갑게 맞이했다.

"루크! 자네에게 두 가지 중요한 소식이 있네. 내가 자네를 기사십자훈장 후보로 추천했었어. 그런데 몇 주 전에 히틀러가 새로운 훈장 하나를 만들었거든. '독일 십자장 금장'(Deutsche Kreuz in Gold)이야. 1등급 철십자장과 기사십자장 사이의 등급이지. 모든 기사십자장의 훈격이 조정될 거야. 자네는 이번에 만들어진 새로운 훈장을 받게 되었어. 소련군을 상대로 용감히 싸워 준 귀관에게 '총통의 이름'으로 수여하네. 내게도 영광일세."

너무나 놀라운 소식이었다. 커다랗고 뾰족한 별 모양의 금색 바탕에 나치를 상징하는 갈고리 십자가가 중앙에 새겨져 있었다. 그는 내 오른쪽 가슴에 훈장을 달아 주면서 가볍게 웃었다.

"아름답고 가치 있는 훌륭한 물건이야…. 어쨌든 축하하네."

그의 어투에는 왠지 모를 씁쓸함과 조소가 섞여 있었다. 우리는 히틀러가 만든 그 괴상한 훈장에 '히틀러의 달걀 프라이'라는 별명을 붙였다. 훈장을 받았지만 그리 기분이 좋지는 않았고, 그런 훈장을 달고 싶지도 않았다.

"이제 두 번째 소식이야, 루크! 지금 즉시 아프리카 군단으로 가야겠어. 제3기갑 수색대대를 지휘하게 될 걸세. 사실 지난 11월에 이미 명령을 받았네. 그러나 당시에는 자네가 꼭 필요해서 보내줄 수가 없었고, 내가 이 명령에 대해 함구령을 내렸었네. 하지만 지금 즉시 자네를 보내지 않으면 롬멜도 더 이상 참을 수가 없다고 하네. 나로서는 루크 자네를 보내게 되어 너무나 애석하다네. 사소한 충돌은 있었지만 나의 부관으로 임무를 잘 수행했고, 지휘관으로도 훌륭했네. 서두르게나. 자네가 좋아하는 메르세데스를 타고 가게. 일단 베를린의 인사청으로 가야 할 거야. 출발하기 전에 여기에도 잠시 들르게나. 내 부관에게서 인사명령지를 받아가게. 다시 한번 말

'벨리시에서 우크민티까지 저항군 위험지대. 단독 운행하는 차량은 일단 정지해 최소 두 대가 모인 뒤 운행을 재개하라. 무기를 사용할 수 있도록 준비하라.'

하지만 너무나 고마웠네. 신의 은총과 행운이 언제나 함께하길 빌겠네."

대대의 간부와 병사들에게 청천벽력같은 소식이었다. 전쟁이 시작된 순간부터 함께 종횡무진 전장을 누비면서 기쁨도 고통도 나누며 진정한 전우애로 똘똘 뭉친 부대였다. 여건이 그리 좋지 못했지만, 다행히도 며칠 동안의 휴식 덕분에 부대의 사기는 올라와 있었다.

1942년 1월 25일, 떠날 채비를 마쳤다. 베크는 메르세데스를 점검하고 며칠 분의 식량과 휘발유 몇 통을 챙겼다. 남자들이 그렇듯 이별할 때 나도 부하들도 슬픈 기색은 보이지 않았다. 모두 아쉬운 마음을 달래기 위해 농담 몇 마디를 주고받으며 작별했다. 사단 참모들에게 인사하고 전출 명령지를 받을 겸 다시 사단으로 향했다. 명령지에는 이렇게 쓰여 있었다. '목적지 베를린, 후방의 모든 군수지원부대 담당자들은 폰 루크 대위에게 모든 편의를 제공하라' 사단 보급소에 들러 고향에서 온 우편물을 수령하고, 군의관을 찾아가 페르비틴(Pervitin)[A]을 받았다. 이전에 내가 지휘했던 중대 행정보급관을 찾아가 마지막으로 작별 인사를 나누었다. 그 후 나는 베크에게 이렇게 지시했다.

A   메스암페타민. 2차대전 당시에는 마약이라는 인식 없이 각성제로 널리 사용되었다. (편집부)

"러시아를 벗어날 때까지 휴식은 없다. 100㎞마다 교대로 운전하자. 페르비틴을 먹어. 휘발유를 보충할 때만 잠시 정지한다. 출발!"

200㎞ 남짓 달리던 중 보급소가 나타났다. 휘발유를 얻으려 처음으로 정지했다. 보급병을 찾아 휘발유를 달라고 했지만, 대답은 이랬다.

"개별 차량에는 휘발유를 지급할 수 없습니다. 제게는 그럴 권한도 없습니다."

통상 후방의 행정직 군인들을 실버링(Silberling)^A이라고 우리가 비꼬아 부르는 것은 어쩌면 당연한 일이었다.

"죽기 싫거든 지금 즉시 휘발유를 내놔라! 최전방에는 소련놈들이 우리 저지선을 돌파했다. 어쩌면 적군이 내일 아침 여기에 들이닥칠 것이고 여기 모든 보급품들은 고스란히 그들에게 빼앗기겠지. 우리에게 휘발유를 주지 않는 것은 이적행위다!"

나는 거짓말까지 해가며 호통쳤다. 갑자기 큰 소란이 일더니 잠시 후에 휘발유뿐만 아니라 전방에서는 전혀 보지 못했던 코냑 한 병과 담배, 고기 통조림까지 챙겨 주었다. 선물을 받으면서도 후방의 행정직 군인들에게 고마움보다는 증오심을 느꼈다. 게다가 혐오스러운 나치당 고위 인사들까지 보급부대를 따라 동부 전선에 와 있었다. 전쟁 초기에는 주민들이 우리를 해방군으로 반갑게 맞아 주었지만, 지금은 달랐다. 지역의 통제권을 위임받은 고위급 당원들이 주민들을 통제했고, 급기야 '열등 인종, 저질민족'으로 억압하고 학대하기 시작했다. 그 모든 것이 나치당과 선전장관 괴벨스의 지시에 따른 것이었다.

면도도 하지 못한 채, 피곤에 지친 모습으로 백색 페인트로 설상 위장을 한 차량을 타고 나타나도 독일군은 물론 주민들도 못 본 척했다. 중년의 강제 징집된 병사들이 크고 작은 마을 곳곳에, 모든 교량 일대를 경계하기 위해 투입되었다. 이동 중 단 한 번, 나의 명령지를 보여 달라고 요구했던 나이 많은 예비역 병사가 이렇게 물었다.

"장교 양반, 전선에서 오시는 거요? 여기에서는 아무런 소식도 들을 수 없소. 전방 상황은 어떻소? 내 아들 녀석이 전선의 보급부대에 근무하고 있소. 제발 지금 상황을 좀 알려 주시오. 매일매일 아들 녀석 걱정 때문에 한숨도 못 자고 있소."

일단 나는 그를 안심시키며 전선의 상황을 사실대로 알려 주었다.

볼로콜람스크 지역을 벗어나 서쪽으로 계속 달렸다. 우선 적군이 없을 만한 소로 들을 택했다. 가능한 빨리 모스크바-민스크 간선도로에 도달해야 했다. 그 도로에서

A 본래의 뜻은 과거 사용하던 은화(銀貨) (역자 주)

는 좀 더 속도를 낼 수 있을 것 같았다.

도로 양옆으로 격렬한 포격 소리가 들렸다. 서쪽으로 달릴수록 포성은 점점 약해져 갔다. 어느덧 전장의 소음은 더이상 들리지 않게 되고 사방이 고요해졌다. 메르세데스를 타고 달리면서 갑자기 로맨틱한 기분을 느낄 정도였다. 폭설로 뒤덮인 평원과 숲들, 황량한 마을을 뒤로 하고 서쪽으로 달려갔다. 뒤쪽에서 몰아치는 눈보라가 우리의 흔적들을 순식간에 지워버렸다. 소련 공군기가 나타나는 것을 조금이라도 빨리 인지하기 위해 차량의 지붕을 개방하고, 옆자리의 베크는 언제라도 기관단총의 방아쇠를 당길 수 있도록 사격자세를 취했다. 언제 무슨 일이 벌어질지 알 수 없었다. 우리는 사람이 전혀 살 수 없을 것 같은, 공허하지만 대자연의 신비로움을 느낄 수 있는 지역을 통과했다. 베크와 나는 각자 생각에 잠겨 그런 적막감을 만끽했다. 최근 몇 주 동안 무시무시한 일들을 겪었던 그 땅에서 점점 멀어지고 있었다. 그곳에 전우들만 남겨놓고 떠나야 하는 우리의 마음은 너무나 무거웠다.

마침내 우리는 모스크바-민스크 간선도로에 도달했다. 몹시 피곤했지만 방향을 잃지 않기 위해 지도를 펼쳤다. 밤에도 계속 이동하려면 페르비틴이 필요했다. 페르비틴을 복용하자 이내 정신이 멀쩡해졌다. 간선도로에는 차량들이 생각보다 많았다. 이 도로를 타면 브야즈마와 스몰렌스크의 시가지를 북부로 우회할 수 있었다. 나는 스몰렌스크의 성당을 다시 한번 보고 싶었지만, 아쉬운 마음을 달래고 그곳에 설치된 보급소만 잠시 들렀다 다시 출발했다.

나는 공격 당시 사용한 통로로 다시 거슬러 독일로 가려 했다. 일단 경로를 기억하고 있으니 다른 길보다는 훨씬 안전할 것이라 여겼고, 지금은 과연 일대가 어떻게 변했을지 궁금하기도 했다. 그리고 이 경로는 베를린으로 가는 지름길이었다.

우리는 교대로 밤낮없이 차를 몰았다. 민스크 북쪽에서 간선도로를 벗어나 앞서 언급했듯 리투아니아의 수도, 빌뉴스로 향했다. 리투아니아는 과거 발틱 연안의 독립국가였으나 독소불가침 조약의 대가로 히틀러가 스탈린에게 '선사'[A] 하여 1940년 소련에 병합되었다.

문득 차량의 주행거리계를 보니 베를린을 향해 출발한 후 이동한 거리가 약 1,000 ㎞가량이었다. 며칠 밤낮이 지났는지 알 수 없었다. 페르비틴의 효력도 차츰 떨어졌다. 우리는 기진맥진한 상태였지만 졸음을 참기 위해 서로 이야기를 늘어놓거나 노래를 부르기도 했다.

....
A   히틀러는 스탈린의 리투아니아 병합을 묵인했다. (역자 주)

1000㎞를 함께 달려온 불멸의 메르세데스와 베크에게 작별을 고하고 섭씨 50도가 넘는 아프리카로 향했다.

"베크! 빌뉴스는 이제 더이상 러시아 땅이 아니야. 하긴, 원래 리투아니아는 아시아가 아니라 유럽에 속한 곳이지. 지금부터 200㎞ 더 가서 묵을 만한 곳을 찾자."

메르세데스는 눈이 수북이 쌓인 도로 위를 시계태엽처럼 소리 없이 잘 달렸다.

마침내 그날 늦은 오후, 우리가 생각한 지점에 도달했다. 거기에는 독일군의 사단급 지휘소가 설치되어 있었다. 숙소를 얻으려 사단참모부를 찾아갔고 한 친절한 예비역 장교가 우리에게 '레기나'(Regina) 호텔에 방 하나를 내어 주었다.

호텔 방에 들어서자 곧장 침대에 몸을 내던졌다. 8개월 만에 누워보는 침대였다! 그리고 목욕까지 할 수 있었다! 이제야 비로소 러시아 전역에서 벗어난 것이다. 지난 몇 주간의 압박에서 서서히 벗어났다.

"베크! 면도도 하고 목욕도 해라. 레스토랑으로 가자. 그 후에 제대로 눈 좀 붙이자고!"

레스토랑은 완전히 다른 세상이었다. 마치 꿈같은 장면이 펼쳐졌다. 후방 보급부대 소속의 장교들이 그곳의 여성들과 함께 소파에 앉아 수다를 떨고 있었다. '달콤한 시간'(dolce vita)을 즐기고 있는 듯했다. 작은 악단이 흥겨운 음악을 연주했다. 술에 취해 떠드는 사람들의 대화 소리 때문에 악단의 연주가 잘 들리지는 않았지만 참으로 평화로워 보였다. 그러나 그들의 모습이 너무나 역겨웠고 차마 더 이상은 눈 뜨고 볼 수가 없어서 재빨리 음식을 삼켰다. 식사를 마친 후, 이곳의 사단 지휘소에서 받은 식권을 제출하고 오랫동안 그리던 침대와 이불 속에 몸을 맡겼다. 이튿날 정오경에 잠에서 깨어났다.

"베크! 빨리 베를린으로 출발하자. 여기서 꾸물거릴 시간이 없어!"

여전히 600㎞를 더 가야 했다. 우리는 그론드노(Grondno)^A, 바르샤바, 포젠(Posen)을 지나, 이틀 후 베를린에 도착했다. 러시아 전역에 대한 내 이야기는 여기까지다.

"베크, 사막이 우리를 부른다! 가자! 북아프리카로!"

휴식기, 러시아 전역과 북아프리카 전역 사이의 기간

우리가 향한 곳은 베를린 인근의 슈탄스도르프(Stahnsdorf)에 위치한 제3보충대대였다. 아프리카로 떠나기 전까지 그곳에서 숙영하라는 통보를 받았다. 이 보충대대는 전선에서 부상자들이 발생하면 보충되는 병력들을 훈련시키는 곳이었다. 또한, 부상자들을 수용하거나 휴가 복귀자들이 재배치되기까지 대기하는 장소기도 했다. 부상으로 '전투에 참가할 수 없는' 장교나 부사관들은 그 전문성을 인정해 교관으로 활용되었다. 이들의 전투경험을 전수할 수 있다는 이유에서였다. 나는 보충대대장에게 전입을 신고했고 그는 반갑게 맞아 주었다.

"드디어 도착했군. 롬멜과 귀관의 대대가 지난해 11월부터 자네를 기다리고 있다네. 내일 아침 가능한 빨리 인사국(Personalamt)에 가서 신고하게. 이동명령과 모든 정보를 줄 걸세."

첫날 저녁에는 침대가 있는 숙소를 배정받았다. 이튿날 아침 인사청에 가기로 했다. 베크에게는 메르세데스 점검을 맡겼다.

"이 메르세데스는 러시아 전역에서도 잘 살아남았어. 전체적으로 점검해보고 차량 보관소에 잘 가져다 둬. 백색 위장 페인트도 벗겨내야겠지. 서둘러 줘."

내가 출발하기 전까지 베크는 취침 중이었고, 나는 보충대대의 관용차와 운전병을 받아 아침 일찍 베를린으로 향했다. 베를린은 어떻게 바뀌었을까? 마지막으로 베를린을 본 기억을 떠올렸다.

시민들은 모두 잔뜩 겁에 질린 표정으로 생기를 잃은 모습이었다. 동부 전선의 뉴스들이 상세히 전해졌다. 연합군의 공습도 점점 강도를 더해갔다. 식량 배급카드가 있어야만 끼니를 해결할 수 있었고, 나치 고위당직자들과 나치 돌격대원들의 오만불손한 태도는 극에 달했다. 낙천적이고 위트가 넘쳤던 베를린 시민들의 생활은 처참하기 그지없었다.

곳곳에 각종 구경의 대공포들이 배치되었고, 밤에는 집도 거리도 등화관제를 실시해 세상이 칠흑같이 어두웠다. 베를린은 말 그대로 유령도시 같았다. 친구들이 말

A   현재의 흐로도나Γродно (편집부)

하길, 밤마다 공습경보가 울리면 지하실로 즉시 달려가야 하며, 그때마다 비상용 물품과 중요문서가 든 서류가방을 반드시 챙긴다고 했다.

휘발유는 통제품목이라 민간인은 개인적으로 구매할 수 없었다. 따라서 민간 차량들의 운행은 거의 중단되었다. 예전에 활기 넘쳤던 쿠담 거리나 운터 덴 린덴(Unter den Linden) 거리[A] 에는 고위급 공무원이나 나치당원의 차량, 또는 국방군 군용차량들만 보였다.

인사청사의 문을 열었다. 한참을 기다린 끝에 북아프리카 파견담당자를 만났다.

"귀국을 환영합니다. 이제는 한숨 돌리고 푹 쉬도록 하세요. 다시 전장에 나갈 에너지를 되찾으시길 바랍니다. 여기 증명서를 드릴 테니 쿠담 거리의 호텔에 짐을 풀도록 하세요. 그리고 육군 피복보급창으로 가셔서 이 공문을 제출하시면 당신과 전령이 착용할 열대지방 피복류를 수령할 수 있을 겁니다. 그런데 휴가는 어디로 가실 건가요? 당신이 원하는 곳으로 이동 명령지를 발급해 드리겠습니다."

나는 강하게 거부했다.

"11월부터 롬멜 장군께서 저를 필요로 하셨다고 알고 있습니다. 이전 사단장께서 제게 그 사실을 말씀해 주시지도 않았고, 보내주지도 않으셨습니다. 그래서 가능하면 빨리 아프리카로 가고 싶습니다."

"알아요. 저도 잘 알고 있습니다. 롬멜 장군과 참모부는 당신이 이미 러시아 전역에서 귀국했음을 알고 있고, 잠시나마 휴식이 필요할 거라고 통보했어요. 3월 말에 다시 제게 오세요. 4월 1일에 떠나게 될 겁니다. 그러면 4주간의 휴가는 어디로 가시겠습니까?"

그렇다면 명령을 거부할 필요가 없었다. 나는 잠시 생각한 끝에 이렇게 요청했다.

"14일은 어머니 곁에서, 그다음 14일은 파리로 갈 수 있습니까?"

그는 웃으면서 이렇게 말했다.

"파리 말이죠? 나쁘지 않은 생각이군요. 그런데 지금 확답은 해드릴 수 없습니다. 파리에 갈만한 명확한 근거를 만들어야 하거든요."

"거기에 만나고픈 친구들이 많습니다. 전쟁 전에도 여러 번 가본 적이 있습니다. 그 외에도 파리 주둔군 사령관이 과거 제7기갑사단에서 제가 지휘관으로 모셨던 분이라, 그분을 뵙고 싶기도 합니다."

"그거 좋은 생각이군요. 과거 롬멜 사단의 지휘관이라⋯. 그를 보러 간다는 이유

A   베를린의 중심부를 가로지르는 거리 (역자 주)

라면 충분하겠군요. 내일 아침에 이동 허가서를 받으러 오세요."

지금 당장 아프리카로 갈 필요가 없다면 당시의 상황에서는 최선의 선택이었다. 슈탄스도르프에 도착하자마자 베크에게도 4주의 휴가를 주었다.

어머니께서 계신 플렌스부르크로 가기 전에, 전쟁 이후 소식이 끊긴 베를린 주변에 사는 친구들을 잠깐 들러 인사라도 하고 싶었다. 먼저 기젤라 폰 슈코프(Gisela von Schkopp)라는 친구를 방문했다. 그녀는 여전히 한때 내가 근무했던 포츠담에 살고 있었다. 동프로이센의 어느 기사의 영지에서 내 친구 '멋쟁이' 베른하르트(Bernhard)와 정말 재미있는 결혼식을 올렸었다. 그녀는 나를 반갑게 맞이했고 걱정스러운 표정으로 몇 주 전부터 남편에게서 소식이 없다며 울먹였다. 그 또한 동부 전선에 있다고 했다. 기젤라와 함께 식사도 하고 내가 보급소에서 얻어온 원두커피를 마셨다. 기젤라는 오랜만에 원두커피를 마신다며 행복해했다. 그런 순간도 잠시였다. 갑자기 대공포부대의 공습경보 사이렌이 울렸다. 고국 땅에서 처음으로 겪는 연합군의 공습이었다. 기젤라가 소리를 질렀다.

"거의 매일 이래. 빨리 지하실로 가자!"

"아니야. 안 갈래. 밖이 좋아. 무슨 일이 벌어지는지 보고 싶어. 만일 폭탄이 포츠담에 떨어진다면 그때 숨지 뭐."

나는 집 밖 정원으로 나갔다. 정말 무시무시했다. 수많은 탐조등이 하늘을 비추고 멀리서 폭격기들의 굉음 소리와 대공포를 쏘는 포성이 들렸다. 연합 공군의 목표는 베를린이었다. 포츠담은 연합군에게 전략적 가치가 없었다. 지하실에 있던 기젤라를 밖으로 데리고 나왔다.

"불꽃놀이 같지? 하지만 얼마나 많은 건물들이 잿더미가 될까? 얼마나 많은 무고한 사람들이 지하실에서 생매장당할까?"

전선에서 싸우는 우리보다 베를린의 시민들이 더 고통스러울 것 같았다. 안타깝고 불쌍했다. 그들은 무방비 상태에서 속수무책으로 연합군의 공습을 견뎌야 하는 운명이었다. 부상에서 회복한 병사들이 왜 가능한 빨리 다시 전선으로 나가고 싶어 하는지 이제야 이해할 수 있었다.

전쟁터로 나간 내 친구들의 부인들에게 내가 가진 원두커피를 나눠 보내주었다. 당시에는 커피가 금보다 더 귀했다. 제대로 된 원두커피는 군부대에만 있었고, 민간인들은 보리차나 커피와 유사한 음료들로 아쉬운 마음을 달래야 했다.

나는 동부 전선에서 부상을 입지 않고 돌아온 보기 드문 경우였다. 모두들 동부전선에 대해 궁금해했다. 친구들의 희망을 꺾지 않기 위해 실상의 일부는 침묵할 수밖에 없었다. 남편을 전장에 보낸 여성들의 운명은 처절했다. 대부분 결혼 직후 임신한 상태에서 남편의 전사 소식을 받곤 했다. 제대로 된 결혼 생활도 해보지 못하고 과부가 되고 말았던 것이다. 그래서 나도 전쟁 발발 후 결심한 것이 있었다. 전쟁이 끝나기 전에는 결혼을 하지 않겠다고 다짐했다. 그저 친구나 애인 정도면 충분했다. 절대로 결혼은 하지 않겠다는 신조를 끝까지 지키기로 했다.

베를린의 밤문화는 사라진 지 오래였다. 유명한 베르너 핑크는 아직도 자신의 '지하납골당'에서 공연을 열고 있었다. 친구들과 만나는 재회의 기쁨도 잠시였다. 더이상 베를린에 머물 시간이 없었다. 플렌스부르크의 어머니께 가야 했다.

플렌스부르크에는 해군의 작전기지가 있었지만, 연합군의 공습을 받지는 않았다. 1941년 7월 9일, 양아버지께서 세상을 뜨셨다. 그보다 몇 주 늦게, 러시아에서 한창 전투 중에 이 소식을 접했다. 자원해서 포경선을 탔던 남동생은 해군에 입대했고, 어선을 개조한 소해정에 올라 노르웨이 방면의 바다 어딘가를 향해 중이었다. 여동생 안넬리제(Anneliese)만 홀로 어머니를 도우며 집에 머물렀다. 1942년 말부터 안넬리제도 징집되어 네덜란드로 떠나 그곳의 주둔군 사령부에 근무했다. 플렌스부르크의 집에는 방이 일곱 개였는데, 두 남매가 모두 떠나 집이 텅 비자, 시에서는 우리 집을 피난민의 거처로 사용하겠다고 통보했다. 어머니께서는 참으로 대범한 분이셨다. 자식들에 대해 크게 걱정하지 않으셨다. 하지만 어머니께서는 나를 보시자마자 너무나 반갑게 맞아 주셨고, 내가 가져온 원두커피와 군용통조림을 받으시고는 몹시 기뻐하셨다.

며칠간 어머니와 함께한 아름다운 시간들을 뒤로 한 채, 나는 메르세데스를 찾으러 베를린으로 향했다. 이동 허가서를 받은 뒤에 휘발유를 가득 싣고 원두커피도 챙겼다. 일단 본의 뵈젤라거 남작에게 잠시 들렀다. 나를 본 노부부는 매우 반가워했다. 나는 그 노부인에게, 힘든 시기에 그녀가 알려준 카드놀이가 큰 도움이 되었다고 감사를 표했다. 저녁에는 벽난로 앞에 앉아 이야기꽃을 피웠다. 그 전에 그에게 잠시 맡겨둔, 지하창고에 보관된 '뵈브 클리코'(Veuve Clicquot) 한 병을 꺼내 함께 음미했다. 남작은 자신의 견해를 이렇게 밝혔다.

"상황이 점점 어려워지고 있소. 이 전쟁에서 승리할 가능성도 점점 줄어들고 있다는 뜻이지. 서부에서 영국을 상대로 전쟁을 완전히 종결짓지 못하고 소련과 전쟁을 시작한 것 자체가 무모한 짓이었소."

남작 부부는 동부 전선에 있는 아들들에 대해 크게 걱정했다. 이튿날 아침, 나는 그들에게 건강을 기원하면서 작별을 고했다.

베를린과 마찬가지로 파리의 분위기도 매우 실망스러웠다. 보급 사정이 더 어려웠다. 파리 도심에는 보급지원부대 병력들이 우글거렸고 게슈타포가 프랑스 전역을 이미 장악했다.

일단 파리 주둔군 사령부를 방문해서 숙소를 배정받았다. 독일군이 압류한 다수의 특급호텔 중 샹젤리제 거리에 위치한 전망 좋은 호텔 방을 받았다. J.B. 모렐과 클레망 두호아는 나를 보자마자 몹시 반가워했다. 그들은 영국이나 지하조직의 소식통을 통해 동부 전선의 전황을 나보다 더 잘 알고 있었다. 그들은 여전히 독일이 승리할 가능성이 전혀 없다고 주장했다. 여하튼 나는 민간인 복장으로 클레망의 바(Bar), '르 까발리에'에서 잊을 수 없는 추억을 만들었다. 클레망의 바에는 독일인들이 거의 오지 않는다고 했다. 1940년 프랑스 전역 당시 우리가 주둔했던 르 베시네에도 들렀고, 계획했던 것보다 더 일찍 파리를 떠났다. 예전처럼 고향과 같은 아늑함을 느낄 수 없었기 때문이다. 전쟁이 무엇이길래 파리를 이렇게 만들었다는 말인가? 프랑스인들은, '전쟁이란 그런 것이다'(C'est la guerre)라고 대꾸하며 독일군의 패망을 이미 예견하는 것 같았다.

베를린의 보충대대로 돌아왔다. 베크도 이미 도착해 있었다. 그 역시 고향에서 그다지 할 일이 없었다고 했다. 1942년 3월 중순이 되자 혹독했던 겨울이 지났다. 큰 걱정거리가 있었다. 아프리카로 가려면 그곳의 기후에 적응해야 하는데, 뾰족한 방법이 없었다.

베크와 나는 열대용 군복과 장비를 받으러 육군 피복보급창으로 향했다. 그곳에서 '하사받은' 물품들은 옷감도 형태도 하나같이 형편없었다. 독일은 1918년 이래 아프리카 대륙의 모든 식민지를 잃었으므로, 어느 누구도 열대지방에 무엇이 필요한지 전혀 알지 못하는 듯했다. 동맹군인 이탈리아에게 자문을 구했더라면 충분히 문제를 해결할 수 있었을 텐데, 아쉬운 부분이었.

병참부에서는 열대지방용 군장을 과거 프로이센 스타일로 만들어두었다. 질긴 옷감으로 만들어진 카키색 군복은 멜빵으로 몸에 꽉 끼었고 긴 장화 같은 전투화는 끈을 매야 했다. 게다가 열대지방에서 반드시 착용해야 한다는 특이한 방탄모도 정말 가관이었다. 다른 의류들도 마찬가지였다. 통기성이 매우 우수하다는 셔츠와 갈색 넥타이 등은 전장에서 사용하기에는 실용성이 거의 없는 듯했다. 우리는 군장을 받았다는 영수증을 제출했고, 숙소로 돌아와 각종 군복과 군장으로 패션쇼를 열었다.

북아프리카에서 부상을 입고 돌아와 재배치를 위해 대기 중인 병사들이 그곳에 관한 많은 정보를 주었다. 특히 이탈리아군의 실용적인 군복과 군장을 얻기 위해 우리 물품을 사고파는 암거래가 성행하고 있다는 것도 알려 주었다. 롬멜이 사막에서 감행한 최초의 공세에 대한 이야기는 정말 압권이었다. 그 속도가 얼마나 빨랐던지 영국군에게 기습적으로 타격을 가했다고 했다. 사막의 전투 환경들, 이를테면 찌는 듯한 더위, 모래폭풍과 야간의 맹추위에 대해서도 알려주었다.

마침내 모든 준비를 끝냈다. 이동명령서도 받았다. 1942년 4월 1일 우리는 베를린-로마를 운행하는 급행열차의 침대칸에 몸을 실었다. 열차가 출발하며 덜컹거리는 순간 우리 둘은 눈과 얼음으로 뒤덮인 러시아에서 돌아오던 그때를 떠올렸다. 세상만사가 새옹지마인가! 모든 일이 변화무쌍하고 급변하는 오늘날, 앞날을 내다볼 수 없는 인간의 무능함을 새삼 느끼게 되었다.

로마에서는 전쟁을 실감할 수 없을 만큼 평온한 하룻밤을 보냈다. 한 독일군 연락장교가 향후 일정에 대해 알려 주었다. 브린디시(Brindisi)로 이동해서 수송기 편으로 크레타섬을 거쳐 리비아의 키레나이카 지역, 데르나(Derna)로 가야 한다고 전했다.

우리 앞에 과연 무슨 일들이 펼쳐질까? 극도의 긴장감을 느끼면서도 한편으로 두려움보다는 한 번 운명에 맞서 보고 싶은 강렬한 도전정신과 모험심이 불타올랐다.

2. 북아프리카 전역 : 사막의 여우, 롬멜 (1942~1943)

가잘라와 알람 할파

브린디시에서 비행기에 탑승해 몇 시간의 비행 끝에 크레타에 도착했다. 1년 전, 한때 유명한 권투선수였던 막스 슈멜링(Max Schmeling)이 지휘하는 공수부대가 투입되었던 섬이었다. 우리는 따스한 봄 날씨를 만끽했다. 1942년 4월 8일 아침, 속칭 '유 아주머니'(Tante Ju), 융커스(Junkers) 52에 올라 북아프리카를 향해 이륙했다. 비행 중 조종실에 들어가 조종사와 대화도 나누었다.

"해상에서는 저공으로 비행해야 합니다. 우리가 지금은 공중우세를 확보했지만, 그들의 기지가 말타(Malta)에 있어서 지중해에 영국군의 스핏파이어(Spitfire)나 허리케인(Hurricane)이 언제 나타날지 모릅니다. 우리 독일이 왜 아직까지 말타를 확보하지 못하는지 저로서는 이해할 수 없습니다."

이 순간만큼은 향후 내게 닥칠 전쟁에 대해 생각하기 싫었다. 내 머릿속에는 그저 새로운 대륙, 지금까지와는 전혀 다른 아프리카를 경험한다는 설렘으로 가득했다. 갑자기 항공기가 급상승했다. 조종사가 호탕하게 웃으며 말했다.

"운이 좋았어요. 최단 항로로 데르나로 갈 수 있겠는데요."

해변을 따라 가느다란, 이탈리아인들이 경작하는 농토들이 보였다. 대추야자나무, 올리브 나무들로 가득했다. 석회를 바른 하얀 농가들과 '비아 발비아'(Via Balbia)[A] 라 불리는 길게 뻗은 해안의 아스팔트 도로도 있었다. 아프리카 대륙의 첫인상이 었다.

그 도로 뒤에는 척박한 황무지가 있었다. 조종사가 입을 열었다.

"자갈들이 가득한 저 황야의 종심은 약 200~300㎞가량 됩니다. 바위산들이 가득한 저 평원에서 1년 넘게 전투가 지속되었죠. 그 끝에는 엄청난 백색 모래로 뒤덮인

A 도로명. Via가 '도로'를 뜻하므로 '도로'를 생략했다. (역자 주)

북아프리카의 주요 도시와 거점

레케프 튀니스
시칠리아
테베사
말타
지중해
가프사 가베스
마레트 트리폴리
훔스
타르후나
부에라트 시르테
노필리아
마르사 엘
브레가
브린디시
폰 루크의 이동경로
크레타
데르나
벵가지 가잘라
토브룩
마르사 마트룩
엘 알라메인
알렉산드리아
포트사이드

사하라(Sahara) 사막이 있습니다."

사막과 베두인(Beduine)족에 관해서는 책에서 본 적이 있었다. 이 유목민족은 2,500년 이상 아라비아와 리비아 사막에서 유랑생활을 해 왔으며, 국가의 형태를 갖추지 않고 그들만의 규범에 따라 살고 있었다. 갑작스레 과거부터 사막에서 생활해 온 그들을 보고 싶었다. 언젠가 사막과 유목민을 접할 기회를 얻게 되리라 생각했다.

항공기는 거대한 먼지구름을 일으키며 모래 활주로 위에 안착했다. 여름도 아닌데 정오의 햇살이 너무나 따가웠다. 러시아의 뼛속까지 파고드는 추위나 눈 폭풍과는 완전히 대조적이었다. 항공기 엔진이 멈추고 출입구를 열자 누군가 나를 기다리고 있었다. 색이 바랜 카키색 군복을 입은 한 병사가 자신을 소개했다.

"만테이(Manthey) 상병입니다. 폰 루크 소령님[A]이시죠? 한참 기다렸습니다. 소령님을 모시러 왔습니다."

베를린 토박이였던 그의 사투리는 내 귓가에 노랫가락처럼 들렸다. 포츠담과 베를린에서 들어본 적이 있었다. 그의 낡은 전투복을 바라보며, 문득 부대원들이 말끔한 사막용 군복을 입은 우리를 과연 어떻게 생각할까, '이곳의 사정을 전혀 모르는 신병 취급을 하지 않을까?' 하고 걱정했다. 베크와 나는 각자의 군장을 들고 그에게

A 저자는 이전까지 대위였으나 1942년 2~3월 사이에 소령으로 진급했다. 다만 본문에는 직접적으로 진급에 대한 언급이 나오지 않았다. (역자 주)

다가갔다.

"만테이 상병, 고맙다. 그런데 이 뜨거운 열기 속에서 두꺼운 외투가 필요한가?"

나는 베를린에서 지급 받은 사막용 외투를 가리켰다.

"어이없게 들리시겠지만, 예. 필요하실 겁니다. 밤에는 무척 춥습니다. 이탈리아제 군복을 구해드리겠습니다. 이탈리아 놈들은 여기서 필요한 것이 무엇인지 정말 잘 알고 있더군요."

사령관 전용차가 대기하고 있었다. 전면의 방풍유리를 아래로 접고, 햇빛이 반사되지 않도록 덮개로 싸 두고 있었다.

"사단, 대대로 가기 전에 우선 롬멜께 모시겠습니다."

여기서는 장군님, 사령관님이 아니라 '롬멜'이라고 불렀다. 그 정도로 그는 여기서 부하들에게 무한한 신뢰를 받고 있었다. 롬멜은 부하들과 늘 함께했다. 만테이는 운전 중에 지난 몇 년간 전장에서 겪은 경험담을 들려주었다. 특히 자신의 영웅이자 수색대의 '아버지' 폰 베흐마르(von Wechmar) 중령의 성공적인 전투들, 그리고 1941년에 최초로 아프리카 땅을 밟은 베흐마르를 얼마나 존경하는가에 대해 이야기를 늘어놓았다.

"우리 대대는 롬멜께서 가장 신뢰하시는 부대죠."

그가 자랑스레 하는 말들이 나의 뇌리에서 쉽게 지워지지 않았다. 데르나의 중심가를 통과할 때, 만테이는 하얀색 건물을 가리키며 이렇게 말했다.

"우리들은 저 건물을 베흐마르 하우스(Haus von Wechmar)라고 부른답니다. 일종의 요양원이죠. 키레나이카를 수복한 후, 경상자들과 사막 전투에서 오랫동안 고생한 장병들의 휴식을 위해 리모델링했지요."

그는 재미있는 일화 하나를 소개했다.

"매일 아침마다 이곳 아랍인 농부의 어린 아들이 우리들에게 신선한 과일을 들고 와서 팔고 있죠. 어느 날, 병사들이 꼬마에게 독일어로 어떻게 하면 과일을 더 많이 팔 수 있을지 알려 주었습니다. 그다음 날 꼬마는 우리 앞에서 이렇게 외쳤습니다. '신선한 과일을 사세요! 모두 똥(alles Scheiße)이에요. 모두 똥입니다요!' 그 순간, 우리는 모두 자지러졌죠."

데르나 동쪽 외곽을 벗어났다. 올리브나무 숲이 나타났고, 어딘가 롬멜의 사령부가 있을 듯했다.

"적기의 공습을 조심해야 합니다. 놈들은 대부분 우리 뒤쪽에서 공격하거든요."

베크는 후방을 살폈다. 만테이는 갑자기 핸들을 우측으로 꺾었다. 길이 없었다. 자동차 바퀴 자국도 보이지 않았다. 공중에서 식별되지 않기 위해 언제나 모든 바퀴 자국을 지워야 한다고 했다. 차가 정지했다. 그곳이 롬멜의 사령부였다. 차량들이 여기저기 멀리 이격된 채로 주차되어 있고, 그 한 가운데 거대한 차량 한 대가 서 있었다.

"저게 바로 '마무트'(Mammut)죠. 영국놈들에게 탈취해서 롬멜의 지휘용 차량으로 개조했어요."

바퀴가 8개 달려 있는, 기동속도가 매우 빠른 정찰용 장갑차량이었다. 러시아에서는 본 적 없는 최신예 장비였다.[A] 1940년 프랑스 전역 후 단 한 번도 만나지 못했던 롬멜을 이곳에서 보게 되다니! 무척이나 들떴다. 한 부관장교가 롬멜에게 안내했다.

"아프리카 군단 전입을 신고드립니다. 장군님!"[B]

롬멜은 크게 웃으며 반겨주었다.

"드디어 왔군. 오래전부터 자네를 기다렸네. 베흐마르의 건강상태가 좋지 않아서 아쉽게도 독일로 보낼 수밖에 없었어. 자네는 내가 가장 아끼는 대대를 지휘하게 될 거야. 최선을 다해주길 바라네."

롬멜은 인사를 간단히 마치고는 이내 본론을 이야기했다. 전형적인 롬멜의 스타일이었다.

"영국군에게 타격을 주기 위한 새로운, 기습적인 공격을 계획하고 있어. 자네 대대가 중요한 임무를 맡게 될 걸세. 참모장 가우제(Gause)가 설명해 줄 거야. 그리고 사단에 가서 그 임무에 대해 알려주게. 그건 그렇고, 내가 지휘했던 제7기갑사단은 러시아에서 어쩌고 있나? 심각한 상황인가?"

간단하게 러시아 전역의 상황을 보고한 후, 그 자리를 떠났다. 새로운 임무를 준비해야 했다. 향후 자주 함께하게 될 롬멜의 참모장 가우제 소장은 내게 전략적인 상황에 대해 설명해 주며 이렇게 덧붙였다.

"최고 지도부는 아프리카 전역에 무관심하고, 롬멜 장군께서는 그에 대해 매우 실망스럽게 생각하시네. 히틀러와 국방군 총사령부는 북아프리카를 '부차적인', 아니, 별로 중요하지 않은 전역으로 보고 있거든. 그러나 영국의 입장에서는 결전을 감행

A 마무트는 캐빈이 넓은 영국제 AEC 장갑차량에 독일제 통신장비를 탑재한 지휘차량으로, 광폭 타이어를 쓰는 4륜 구조다. 참고로 DAK 사령부에 마무트로 명명한 차량은 막스, 모리츠, 그리고 이름 없는 3호차 등 도합 3대가 있었다. 타이어가 8개 달린 차량이라는 서술을 볼 때, 해당 차량은 당시 DAK 사령부에 있던 sd.kfz.232를 통신용으로 개수한 sd.kfz.263 8x8 장갑차량으로 보인다. (편집부)
B 당시 롬멜은 대장(Generaloberst)이었다. (역자 주)

하려는 지역이야. 또한, 이탈리아 해군도 너무나 무기력하게 연전연패하고 있어. 롬멜 장군께서 그들에 대해 매우 화가 나 있는 상태야. 3월에는 60,000t의 보급품을 요구했는데 겨우 18,000t만 받았어."

롬멜도 이미 아프리카에서는 승산이 없다고 생각하고 있었다. 영국군은 독일의 잠수함 작전으로 막대한 피해를 입고 12,000마일의 원거리를 항해해야 하는 상황임에도 아프리카 전선에 충분한 보급품을 공급하고 있었다. 우리의 상황은 희망적이지 않았다. 그럼에도 롬멜은 다시 한번 유리한 상황을 만들어보려는 의지를 표출했다. 그는 기습적인 공세로 토브룩(Tobruk)을 확보하고 이집트 방면으로 깊숙이 진격하려 했다. 그렇게만 된다면 아프리카 대륙에서 영국군을 몰아내고 주도권을 잡을 수 있다고 생각했던 것이다. 나도 그의 결심에 공감했고 자리에서 일어섰다.

"만테이! 사단(제21기갑사단)으로 가자. 사단에 신고 후 대대로 간다."

"예, 소령님! 그런데 롬멜 장군님께서 개인적으로 대면하시는 것을 보면 소령님을 매우 아끼시는 듯합니다."

만테이가 웃으며 말했다. 나는 그에게 롬멜과의 인연을 이야기해 주었다.

"그렇기는 하지만 러시아에서 여기로 차출할 정도라면 소령님은 매우 특별한 분 같습니다. 베흐마르 대대장님도 최고셨거든요. 그리고 14일 전부터 그의 아들 뤼디거(Rüdiger) 소위도 대대에서 근무하고 있습니다. 이게 바로 전통이죠. 그분들이 이런 전통을 만들었어요."

과거 지휘관에 대한, 가슴속에서 우러나오는 존경심은 정말 놀라웠다. '대체 베흐마르는 어떤 인물이기에 부하들에게 이 정도로 극찬을 받을 수 있을까?' 하는 생각이 들었다.

사단의 참모부는 야자나무와 올리브나무들 아래 잘 위장된 곳에 설치되어 있었다. 폰 비스마르크(von Bismarck) 소장이 나를 반갑게 맞아주었다. 그는 내가 사관후보생으로 군 생활을 시작했던 1930년에 나의 대대장이었으므로 서로를 잘 알고 있었다. 그는 꽤나 수척해 보였다. 깊이 패인 주름살만으로도 한낮의 가혹한 폭염, 야간에 냉동고를 방불케 하는 혹한, 모래폭풍, 수백 마리의 벌레들, 그리고 영국군과 치열하게 싸워야 했던 세월을 그대로 느낄 수 있었다.

"루크! 진심으로 환영하네! 꼭 12년 만에 보는군. 훌륭한 부대의 지휘권을 얻었어. 베흐마르와 그의 대대는 혁혁한 전공을 세웠고, 그래서 롬멜이 가장 신임하는 부대가 되었지. 자네는 러시아에서 돌아와서 좀 쉬었겠지? 여기 상황에 빨리 적응해야 하네. 사단은 곧 결정적인 공세를 시행할 예정이야. 건투를 비네."

사단의 작전참모가 개략적인 상황을 브리핑했다. 3개 기갑수색대대의 명시과업은 남쪽으로 깊숙이 진출, 수색하면서 적이 우회하여 아군의 측방으로 반격할 경우 조기 경고하거나 거부하고, 공세 상황에서는 선봉에 서서 적진을 돌파하는 것이었다. 이어 사단장이 추가적인 상황과 임무를 설명했다.

"영국은 최근에 가잘라(Gazala) 지역에 견고한 방어진지를 구축했다네. 과거 이탈리아인들이 급수지로 건설한 비르 하케임(Bir Hacheim)부터 해안까지 약 50만 개의 지뢰를 포함한 거대한 장애물지대가 있네. 쾨니히(Kœnig)ᴬ 장군 휘하의 프랑스군이 그곳을 방어중이고, 영국군은 그 후방에서 공세를 준비하고 있지. 충분한 물자를 확보하면 즉각 공세에 돌입할 것으로 예상되네. 롬멜께서는 선제공격으로 영국군을 격멸할 의향이시지. 그래서 우리는 극도로 주의를 기울여야 하네. 영국군이 만일 비르 하케임의 남쪽으로 우회하여 아군의 측방을 공격한다면 큰 위기를 초래할 거야. 루크! 사전에 이를 탐지하고 만약 적이 공격한다면 저지하는 것이 귀관의 가장 중요한 임무일세."

우리는 초록빛의 키레나이카를 떠나 남쪽으로 향했다. 통상 사막에서 이동할 때는 모든 장병들이 반드시 나침반을 소지해야 했다. 그러나 만테이는 나침반을 보지 않고도 길을 찾을 수 있을 만큼 이 지형에 익숙했다. 차량은 먼지구름을 일으키며 남쪽으로 달렸고, 간혹 브레이크를 밟을 때면 흙먼지가 우리를 뒤덮었다. 사막의 지표면이 태양열로 이글거렸다. 종종 저 멀리서 반짝이는 '무언가'가 차량인지, 가시덤불인지 분간하기 어려웠다. 얼마쯤 갔을까, 갑자기 '와디'(Wadi), 즉 메마른 계곡이 나타났다. 이곳저곳에 병력과 장비들이 분산되어 있는 모습으로 보아 '나의' 새로운 대대에 도착했음을 직감했다.

대대장의 부재 기간 중 대대를 지휘했던 에버트(Everth) 대위와 몇몇 장교들이 나를 맞이했다. 그들은 '전임 대대장' 베흐마르의 병세가 심각하다는 것을 잘 알고 있는 듯했다.

우리는 오펠-블리츠(Opel-Blitz) 트럭을 개조해 만든 지휘용 차량으로 발걸음을 옮겼다. 에버트는 먼지에 견딜 수 있도록 모든 차량에 특별한 연료 필터를 장착했다고 설명해 주었다. 모래밭에 빠지지 않기 위해 차량들의 타이어는 풍선처럼 부풀어 올라 있었고, 접지면은 매끈했다. 신형 8륜 정찰장갑차량도 눈에 띄었고, BMW 750

A   자유프랑스군의 Marie-Pierre Kœnig (역자 주)

오토바이의 뒤쪽 바퀴를 떼어내고 좌우로 궤도를 장착한 반궤도 오토바이도 신선했다. 모두 사막 전투를 위해 특별히 개발된 장비들이었다.

대대의 전 장교들을 소집시켰다. 깨끗한 사막용 군복을 입고 있던 나는 다소 어색함을 느꼈다. 부대원들과 이곳의 환경에 어울리지 않는 듯했다. 모든 장교들이 낡은 군복을, 일부는 닳아서 해진 이탈리아 군복을 착용했는데, 그들 모두 그러한 군복에 대한 자부심이 강했다. 그간 사막에서의 전투와 승리를 통해 얻은 그들만의 자신감이 군복에서 나타났다.[A]

"나는 전쟁 이전, 포츠담에서 근무할 때부터 대대의 명성을 익히 알고 있었습니다. 예전에 내가 근무했던 대대와 여러분의 대대는 언제나 건전한 경쟁 관계였습니다. 그리고 몇몇 전투에서는 함께 힘을 합쳐 싸우기도 했습니다. 귀관들이 진정 존경했던, 그리고 훌륭했던 폰 베흐마르의 후임으로 대대장이 된 것은 나에게도 큰 영광입니다. 나는 프랑스, 러시아 전역만을 경험했고, 사실 이곳에서 새로이 익혀야 할 것들이 많습니다. 조속히 이곳의 상황을 파악하고자 귀관들의 수색정찰에도 동참하겠습니다. 여러분들의 아낌없는 조언을 부탁드리는 바입니다."

모든 장교와 일일이 악수를 나눴다. 서먹한 분위기는 점점 사라지는 듯했다.

우리의 상대는 영국군 로열드래군(Royal Dragoon), 제11기병(Hussards)연대와 전설적인 스털링 중령[B]이 지휘하는 '롱레인지 사막전투단'(Long Range Desert Group)이었다. 영국군의 전투장비는 '험버'(Humber)라 불리는 장갑차량으로, 아군의 8륜 경수색차량보다 속도는 느렸지만 전반적으로 우수했다. 전투를 치르는 동안 양측은 서로의 강약점을 파악했고 어느새 서로를 존중하고 정정당당하게 승부를 겨루는 분위기가 형성되어 있었다.

처음에는 저 멀리 바다처럼 보였다가 막상 가보면 허허벌판이 나타나는 신기루, 이른바 '파타 모르가나'(Fata Morgana)로 인해 고생했지만 서서히 익숙해졌다. 이탈리아인들이 '기블리'(Ghibli)라 부르는 무시무시한 모래폭풍도 견뎌내야 했다. 모래폭풍은 대개 하루 정도면 끝났지만 3일간 지속될 때도 있었다. 하늘이 갑자기 어두워지고 미세한 모래들이 하늘에서 흩날리거나 땅속의 작은 구멍으로 빨려 들어가기 시작하면 곧 모래폭풍이 들이닥쳐 전투는커녕 정찰도 불가능해졌다.

나침반으로 방향을 탐지하여 차량을 운행하거나 야간에는 각 차량들이 보내는

A 충직한 만테이가 다음날 내게도 그와 비슷한 군복을 구해 주었다. (저자 주)

B 아치볼드 데이비드 스털링 경(Archibald David Stirling, 1915~1990) 스코틀랜드 출신의 영국 육군 지휘관. 북아프리카에서 특수부대의 공수 침투 개념을 창안해 특수부대인 SAS(Special Air Service) 설립에 공헌했다.

롬멜과 가우제 장군은 다음 공격을 실시하기 전, 일선 부대를 방문했다.

신호를 이용하여 대대로 복귀하는 방법도 터득했다. 나는 사막 이곳저곳을 정찰하는 재미에 흠뻑 빠졌다.

몇 주간, 우리 책임 지역 일대는 매우 조용했다. 어느 날에는 영국군 정찰대들이 남쪽에 출현했다가, 부채꼴 모양으로 전개한 우리 정찰팀을 보고 줄행랑을 쳤다. 이럴 때는 아군의 8륜 장갑차의 탁월한 기동성이 특히 유용했다.

1942년 5월 초, 나는 드디어 대대를 완전히 장악하고 사막생활에도 적응했다는 확신이 들었다. 전 중대를 방문해 모든 부대원의 이름과 인적사항을 파악하고 모든 정찰팀과 함께 수색활동에도 동참했다. 이곳의 일상적인 생활에 완전히 익숙해진 상태였다. 아침에 0.5리터의 물을 마시고 낮에는 참았다 저녁에 물을 들이켰다. 보급품은 영국군의 눈을 피하기 위해 며칠에 한 번씩 호송부대와 함께 들어왔다.

야간의 추위도 그럭저럭 참을 만했다. 밤부터 다음날 오전, 열기가 서서히 오를 때까지 두꺼운 사막용 외투와 복제규정에도 없는 두꺼운 솔을 걸치고 있어야 했다. 이것은 베두인족에게 배운 열의 법칙이었다. 복병은 수백 마리의 파리떼였다. 사막 깊숙이 들어가면 파리떼는 서서히 사라졌다. 한낮의 열기도 점점 견디기 힘들었고 조그만 그늘이라도 있으면 모두 찾아 들어가려고 했다. 몇몇 병사들은 달아오른 전차의 장갑판 위에 직접 달걀을 프라이해서 먹기도 했는데, 이는 결코 상상 속의 이야기가 아니다. 나도 직접 경험한 적이 있다.

엄청난 양의 비가 쏟아지는 우기가 지났다. 하지만 소규모 계곡에서는 일단 한 번 비가 오면 수심이 몇 미터에 달하는 격류로 불어나 모든 것들을 휩쓸어 가는 일도 심심찮게 벌어졌다. 언젠가는 와디를 빠져나오지 못한 야전취사차량 한 대가 급류에 휘말려 수백 미터를 떠내려간 날도 있었다.

정찰활동 중에 이따금 베두인족들을 만나기도 했다. 그들은 지하수를 얻기 위해 어디를 파야 할지 잘 알고 있었다. 어느 계곡에서 담수를 발견하면 수수밭으로 개간할 지역을 선정하고 수로를 만들어 물을 끌어와 수수를 재배하면서 수확할 때까지 정착한다. 수확한 곡물을 낙타에 싣고 우물을 메운 다음 날이면 그들을 볼 수 없다. 운이 좋아야 베두인족을 만날 수 있다. 이탈리아인들도 이러한 베두인족의 저수지들을 찾아서 우물로 만들었는데, 이런 우물은 이 지역에서 인간의 생활에 필수적인 시설이었다. 비르 하케임도 이런 급수지였다.

우연히 어느 베두인족을 만났다. 행운이었다. 그들은 정착했던 곳을 막 떠나려던 참이었다. 우리가 접근하자 여성들은 곧장 텐트 안으로 뛰어들어갔다. 여성들은 낯선 사람들과 대면할 수 없다는 그들의 규범 때문이었다. 부족장인 듯한 사람이 우리 앞에 섰다. 나는 독일어, 이탈리아어와 몇몇 아랍어 단어들을 섞어가며 우리가 독일인이라는 것을 알려주었다.

"여러분들을 귀찮게 할 생각도, 내쫓을 생각도 없습니다. 우리는 그저 여러분들의 땅에서 여러분들을 괴롭히게 될까 우려스럽습니다. 전쟁, 지뢰 등이 무섭지는 않습니까?"

그 족장은 이렇게 답했다.

"우리는 언제나 독일군이, 영국군이 어디에 있는지 잘 알고, 행여나 위험하면 회피하는 방법도 알고 있소. 우리에게는 물을 얻을 수 있는 곳, 수수를 재배할 수 있는 지역이 널려 있소. 독일인들을 만나게 되어 기쁘오. 그러나 우리의 영토를 약탈한 이탈리아인들을 좋아하지 않소. 이집트와 다른 아라비아 국가에서 우리의 형제들을 탄압하는 영국사람들도 별반 다르지 않소. 그러나 훗날 독일군이나 영국군, 이탈리아군은 모두 사라질 것이고 언젠가는 우리가 다시 이 사막을 차지하게 될 거요. 여러분 독일군에게 알라의 축복이 있기를 기원하오."

베두인들은 빌헬름 2세 황제(Kaiser Wilhelm II)와 비스마르크(Bismarck)를 존경한다며,[A] 자신들의 원수인 유대인들에 대한 히틀러의 투쟁에 찬사를 보냈다. 그 부분은 정말 소름이 끼쳤다. 이후, 유대인들과 관련된 대화는 가급적 피하려 노력했다.

아프리카에 도착한 지 7주째였던 1942년 5월 24일, 사단에서 갑자기 대대장들을 모두 호출했다. 비스마르크 장군은 이렇게 말했다.

"롬멜께서 드디어 공격을 결심하셨다. 영국군의 공격 시기는 충분히 예상할 수 있다. 그들은 날마다 새로운 보급품들을 공급받고 있으니, 충분한 물량이 확보되는 순간 공격할 것이다. 하지만 우리 측 보급 상황은 매우 어려운 것이 사실이다. 게다가 데르나가 아닌 벵가지(Benghasi)와 트리폴리의 항구를 이용하지. 즉 2,000㎞에 달하는, 단 하나의 해안 도로로 모든 보급품을 수송해야 하는 상황이야. 영국 놈들도 우리가 선제공격하리라는 것을 그 시기까지 분명히 알고 있는 듯하다. 놈들은 우리의 유무선 통화를 감청하고 있어. 한 가지 다행스러운 사실은 우리의 주공 방향이 어딘지만큼은 전혀 모른다는 거야."

비스마르크는 우리에게 전투명령과 롬멜의 강조사항을 하달했다. 롬멜의 작전목적은 토브룩을 고립시키고 동쪽으로, 즉 이집트 국경까지 돌진하여 영국군을 격퇴시키는 것이었다. 이를 위해 모든 아프리카 군단은 대담한 야간 급속행군으로 비르 하케임의 남쪽으로 우회한 후, 즉시 북쪽으로 선회해야 했다. 북부에서는 영국군의 가잘라 방어진지에 양공을 통해 그들을 기만하려 했다. 우리 기갑수색대대의 임무는 군단의 우익으로, 단독으로 비르 하케임과 멀리 이격된 곳에서 남쪽으로 우회한 후 북상하여 토브룩의 동쪽 해안도로를 차단하고, 다수의 정찰팀으로 아프리카 군단의 우익을 방호하는 것이었다.

5월 26일 밤부터 27일 새벽 사이에 부대이동을 개시했다. 칠흑 같은 어둠 속에서 남쪽 하늘에는 무수히 많은 별들이 반짝거렸다. 모든 차량들은 나침반에서 가리키는 숫자로 방위를 구별했다. 야음 속에서 수천 대의 차량들이 혼재되지 않도록 각차량들의 위치를 정확히 지켜야 했다. 유령이라도 나올 듯 소름이 돋았다. 모두들 자신의 앞, 또는 옆 사람, 차량을 주시했다. 먼지를 일으키지 않기 위해, 그리고 바로 옆 차량들과 연락을 유지하기 위해 저속으로 달리도록 통제했다. 우리는 천천히 어둠을 헤치고 전진했다. 비르 하케임을 직접 볼 수는 없었지만, 드디어 그 도시의 남쪽에 이르렀음을 직감할 수 있었다.

A   베두인들 다수가 아직도 이들이 살아 있다고 생각했다. (저자 주)

멀리 북쪽에서는 이탈리아군 포병이 내뿜는 섬광이 보였다. 나중에 알게 된 사실이지만, 롬멜은 연합군의 가잘라 방어선 전방의 평원에 낡은 비행기 엔진을 장착한 트럭과 노획한 영국군 전차를 투입해 마치 대규모 기갑부대가 공격하는 것처럼 기만작전을 구사했다. 효과는 정말 대단했다. 모두의 존경을 받던 아프리카 기갑군단장 크뤼벨(Crüwell)^A의 지휘 아래 이탈리아군 보병사단들이 가잘라 방어진지에 대한 양공에 돌입했다. 영국군은 우리의 주공방향을 전혀 눈치채지 못한 듯했다.

5월 27일 이른 아침, 대대는 제15사단의 우측에서 북쪽으로 선회하여 동서로 뻗은 비포장도로인 트리 카푸초(Trigh Cappuzzo)의 '나이츠브리지'(Knightsbridge)^B 방면으로 진출했다. 그 도로는 우리의 목표이자 곧 이르게 될 비아 발비아와 평행을 이루고 있었다. 우리의 사기와 기분은 최고 수준이었다. 완벽한 기습이었기 때문이다. 비아 발비아까지 불과 수 km만을 남겨 둔 상태였다. 가잘라 방어진지와 토브룩의 영국군은 완전히 포위된 형국이었다.

5월 27일 정오경, 갑자기 동쪽에서 접근해오는 영국군 전차부대를 발견했다. 이들은 여태껏 한 번도 본 적이 없었던 최신 전차를 장비하고 있었다.^C 갑자기 이 전차 몇 대가 남쪽으로 방향을 돌렸고, 우리 대대의 선두에 사격을 가했다. 아군 50mm 대전차포의 사거리 밖이어서 대응사격도 불가능했다. 이에 나는 즉각 진격을 중지시키고 북쪽을 향해 진지점령을 지시하고는, 대전차포 배치와 사격을 직접 지휘하기 위해 지휘용 장갑차에서 내려 대전차포대를 향해 내달렸다. 그곳에 도달하기 직전에 내 오른쪽 다리에 강력한 무언가가 관통하는 느낌이 들었고, 곧 털썩 하며 땅바닥에 쓰러졌다. 계속해서 피가 쏟아졌고 바지는 피로 흥건했다. 몇 초 가량 의식을 잃었다. 장갑차 한 대가 내 앞에 멈춰 서더니 누군가 나를 들어 올려 수백 미터 후방에 위치한 군의관에게 옮겨갔다. 중상이었다. 이제 막 시작된 나의 북아프리카에서의 시간은 여기까지인가! 군의관은 진찰 결과를 알려주었다.

"소령님, 불행 중 다행입니다. 우측 대퇴부에 주먹만 한 구멍이 났지만 정맥이나 뼈, 신경에는 손상이 없습니다. 하지만 여기서는 치료가 불가능합니다. 즉시 상급부대 구호소에서 치료받아야 합니다."

지금 후송을 선택할 수는 없었다. 분명 아프리카 군단은 영국군의 주력을 가잘라

A 루드비히 크뤼벨(Ludwig Crüwell), 기갑병과 대장 (역자 주)

B 기사의 다리라고 번역되는 경우가 있으나, 고유명사에 가까우므로 원어로 표기함. (역자 주)

C 훗날 알게 된 사실이지만 이 신형 전차들은 미국제 '그랜트'(M3 Grant)전차로, 당시 독일군의 4호 전차보다 훨씬 우수했다. 이때까지 아프리카군단의 4호전차나 돌격포는 모두 단포신 75mm 주포를 장착한 형식이어서 그랜트에 맞서기가 쉽지 않았다. (저자 주)

일대에서 포위하는 데 성공했겠지만, 영국군 전차부대들이 그 외부에 있었다. 반대로 보면 우리가 역포위 된 형세였다. 포위망의 동쪽이 풀려버리면 전체적인 작전에 치명적인 차질을 빚을 수도 있었다. 모르핀(Morphium) 주사의 힘으로 어느 정도 통증을 가라앉힌 후, 지휘용 차량에 올라 대대의 주력이 위치한 곳으로 향했다.

"에버트 대위! 내가 지휘하지 못하는 상황이 발생하면 귀관이 대대를 지휘하도록! 롬멜 장군님과 연락을 취해야겠어. 전체적인 전투상황이 어떤지, 다른 추가적인 임무가 무엇인지 여쭤보려면 말이야."

다행히도 롬멜과 무전 교신은 가능했다. 전황은 극도로 위험했다. 토브룩의 남동쪽, 나이츠브리지 인근에서 아프리카 군단의 공세는 중단되었다. 영국군은 포병과 공군을 총동원해 아프리카 군단의 진출을 저지했다. 정면에서 양공을 실시했던 이탈리아군의 상황도 마찬가지였다. 우리 대대는 동쪽을 향해 진지를 구축하는 데 성공했다. 내게는 정말 다행스러운 일이었지만, 동부에서 진출하던 영국군은 방향을 바꾸어 아프리카 군단 예하의 다른 2개 기갑사단을 향해 반격했다. 영국군은 롬멜이 동쪽으로 공세를 확대하리라 추측했던 것 같다. 그들은 반격을 멈추고, 다음날부터는 아군의 공격에 대비했다.

그 순간, 롬멜의 결심은 대담했다. 아프리카 군단에게 동쪽이 아닌 서쪽으로 진출하라고 지시했다. 연합군의 가잘라 방어진지의 지뢰지대에 통로를 개척하여 역포위를 회피하기 위해서였다. 우리 대대에는 동부의 돌파구를 방호하고 적이 남쪽으로 우회하는 것을 저지하라는 명령이 하달되었다.

6월 1일 아침, 롬멜은 이탈리아군 공병의 지원으로 지뢰지대에 통로를 개척하는 데 성공했다. 연료가 바닥나 많은 차량들을 포기해야 했지만, 아프리카 군단 전체가 역포위의 위기에서 벗어났다. 그때까지 5일 동안, 나는 모르핀에 의지하며 지휘용 차량에 앉아 대대를 지휘했다. 대대는 군단의 후위로 가장 마지막까지 적과 접촉을 거부하고 이탈리아군이 구축한 새로운 진지 뒤쪽에 재집결했다.

그동안 부상을 입은 상처가 곪아서 악화되었다. 군의관이 내게 다가와서 소리를 질렀다.

"저는 더이상 책임질 수 없습니다. 대대장님! 최대한 빨리 데르나의 야전병원으로 가셔야 합니다."

나도 더는 전투를 지휘할 수 없다는 것을 알고 있었다. 데르나에서 빨리 치료하고 곧장 전장에 복귀하고 싶었다. 나는 무거운 마음으로 에버트에게 지휘권을 인계했고, 분노와 실망감으로 눈물까지 흘릴 뻔했다. '충직한 만테이'와 항상 내 곁에 있어 준 베크가 나를 데르나까지 데려다주었다. 그곳의 군의관에게 진찰결과를 듣자, 갑자기 공포심이 느껴졌다. 부상의 정도가 심각한 데다 5일간 지휘용 차량에 머물렀고, 여기에 더해 '기블리', 즉 사막 모래폭풍의 먼지로 염증이 악화되었던 것이다.

"소령님은 즉시 독일 본토로 돌아가서 치료를 받아야 합니다. 이탈리아군의 의료지원 선박이 항구에 정박 중입니다. 내일 아침에 유럽으로 이송되실 겁니다."

군의관의 소견은 매우 간결했으며 더 이상의 대화는 없었다. 너무나 깊은 좌절감 속에서 다음날 배에 올랐다.

"안녕, 아프리카! 꼭 다시 돌아오마!"

거대한 증기여객선을 개조한 병원선은 백색의 선체에 대형 적십자가 표시되어 있었다. 훗날 알게 된 사실이지만, 이 배는 유럽대륙으로 갔다가 아프리카로 돌아오는 도중에 연합군의 공격을 받아 격침되었다고 한다. 군수품을 실었다는 명목이었다.

나는 작은 객실로 들어가며 나의 운명을 원망했다. 다음날, 그 배는 이탈리아를 향해 출항했다. 중상자로 분류된 나는 우선 수술실로 옮겨졌다. 이탈리아인들로 구성된 외과팀이 나를 기다리고 있었다. 한 간호사의 말에 의하면 그들은 이탈리아 최고의 의료진이라 했다. 누군가 붕대를 벗겨냈다. 통증이 느껴졌다. 어제부터 모르핀 주사를 맞지 않아 통증은 더욱 컸다. 의사가 상처를 보며 이렇게 말했다.

"모르핀을 계속 맞으면 중독될 수도 있습니다. 다행히도 많이 곪지는 않았네요. 일단 소독한 후에 다시 보도록 합시다."

그들은 짧은 수술이 필요하다며 통증이 클 테니 소량의 마취제를 놓겠다고 했다.

"이를 꽉 깨물어요."

의사가 나지막이 속삭였다. 두 명의 간호사가 나를 붙잡았고 의사가 푸줏간의 도살자처럼 다가와 상처 부위를 도려냈다. 나는 마치 동물처럼 괴성을 질렀고, 상상을 초월하는 통증으로 정신을 잃고 말았다. 몇 분이나 흘렀을까? 누군가의 목소리가 들렸다. 제15기갑사단장 폰 배르스트(von Vaerst) 중장이 수술대 옆에 서 있었다.

"잠시 수술을 중단하시오! 루크! 이게 무슨 일인가? 어디를 다쳤나? 왜 그렇게 비명을 지르나?"

나는 그에게 상태를 설명했고 제발 마취제를 놓게 해달라고 부탁했다. 의사들은 수술이 거의 끝나간다며, 장군이 지시한다면 그렇게 하겠다고 수긍했다.

폰 배르스트 장군도 나와 인접한 곳에서 부상을 입었으며, 롬멜의 참모들 가운데 가우제 장군과 베스트팔(Westphal) 중령도 다쳤다고 전했다. 그가 들은 바에 의하면 롬멜이 서쪽으로 돌파에 성공했고, 그 후 아프리카 군단을 재편성하여 동부로 공세를 재개하기 위해 새로운 계획을 수립 중이라고 했다.

수술이 끝나고 배르스트와 함께 앉아 이런 열악한 보급 상황 속에서도 이집트 방면으로 돌파에 성공할 수 있을지 의견을 교환했다. 나폴리에 도착한 뒤에 다시 검사를 받고 이동해도 좋다는 승인을 받았다. 이튿날 아침, 나는 이탈리아 군병원열차에 올랐다. 열차는 북쪽을 향해 달렸고, 나는 누운 자세로나마 창문을 통해 북부 이탈리아의 평원과 알프스의 경관을 즐길 수 있었다. 밝게 빛나는 태양 아래, 열차 밖의 풍경은 너무나 평화로웠다. 이탈리아에서도 전투가 벌어지고 있다는 사실을 잊게 할 만큼 평온했다. 동승한 의사와 간호사들은 정성을 다해 치료해 주었다. 부상을 입었지만 사막에서 과로와 혹독한 전투로 쌓인 피로를 풀 수 있는 유익하고도 과분한 휴식기였다.

오스트리아 국경에서 독일군 소속의 군병원열차로 옮겨 탔다. 일반열차와 결합된 한 칸짜리 병원열차였다. 종착역은 슈투트가르트(Stuttgart) 인근의 작은 공업도시인 에슬링(Esslingen)이었다. 나와 우리 대대 소속의 예비역 장교 한 명을 포함해 세 명이 중상자로 분류되어 병원으로 이송되었다.

군병원은 시 외곽의 아름다운 언덕에 있었다. 이곳은 원래 시립병원으로, 우리가 오기 전까지는 동부 전선에서 후송된 부상자들만 치료했다고 들었다. 에슬링은 주민들이 식량 배급권만으로 먹고 산다는 점을 제외하면 전쟁과는 거리가 먼 곳이었다. 최소한의 식량 외에는 먹을 것이 전혀 없었다. 그러나 나는 아프리카에서 나올 때 커피원두와 담배를 충분히 챙겼고, 그것만으로도 만족했다. 당시 커피원두와 담배는 금보다 귀한 물품이었다.

나는 가능한 한 빠른 재활을 위해 최선을 다했다. 몇 주 후 목발로, 다음에는 지팡이를 짚고 걸을 수 있었다. 부상을 입었다는 소식을 듣고 누이와 어머니께서 멀리 플렌스부르크에서 나를 보러 오셨다. 연합군의 끊임없는 공중폭격으로 교통의 요지들이 파괴되고 기차들이 장시간 정차하거나 연착되어 오는 길이 매우 험난했다고 한다. 슈투트가르트에 거주하던 숙부께서도 나를 찾아주셨다. 우리는 따스한 햇살 아래 테라스에서 쿠키를 곁들여 커피를 마시며 즐거운 한때를 보내기도 했다.

이곳은 북아프리카와 너무나 멀게 느껴졌다. 그래도 전장의 새로운 소식을 접하기 위해 매일 라디오를 들었다. 군병원에 들어온 지도 벌써 2주째였다. 1942년 6월

21일, 남아프리카공화국군 사령관인 클로퍼(Klopper) 장군이 항복하면서 롬멜이 토브룩을 완전히 장악했다는 뉴스를 들었다. 거의 3만 명에 달하는 포로들과 어마어마한 양의 전쟁물자를 획득했다고 한다. 독일군에게 너무나 절실했던, 엄청난 양의 휘발유도 확보했다. 다음 뉴스는 롬멜이 즉시 동쪽으로 방향을 돌려 6월 23일에 이집트 국경을 넘었다는 소식을 전했다. 이 전공을 통해 롬멜은 50세의 나이에 육군의 원수 반열에 오르게 되었다.

나의 대대는 어떻게 되었을까? 역전의 용사들인 에버트, 폰 팔로이스(von Fallois), 그리고 한때 롬멜의 경호부대를 지휘했던 킬(Kiehl)이 잘 싸우고 있을 것이다. 이전부터 항상 그랬듯이 내 대대는 다시 사막의, 적진 깊숙한 곳에서 임무를 충실히 이행하고 있으리라 확신했다.

북아프리카 전선에서 온 우리 세 사람은 그곳 사람들의 시선을 한 몸에 받았다. 스탈린그라드에서 소련군에게 포위되어 참패하는 등 러시아 전역의 상황이 심상치 않게 전개되자, 북아프리카에서의 롬멜의 성공적인 작전이 부각되기 시작했다. 롬멜의 승리가 국민에게 다시 희망을 안겨주었던 것이다. 그럼에도 불구하고 국민도 이제는 현실을 직시하게 되었다. 이 전쟁이 한층 더 오래 지속될 것이며, 엄청난 피해를 입을 것이라는 불안감에 휩싸여 있었다. 히틀러와 선전장관 괴벨스는 이 기회를 놓치지 않고 롬멜의 성공을 과도하게 높이 평가했다. 하지만 그들에게 북아프리카 전장은 여전히 별로 중요하지 않은 전역이었다.

3주 후, 나는 지팡이로 웬만큼 걸을 수 있을 정도로 회복되었다. 전쟁 직전까지 근무했던 바트 키싱엔이 그리 멀지 않았다. 병원장에게 완치될 때까지 그곳에서 지내고 싶다고 부탁했고, 그도 흔쾌히 승인했다. 오랜 친구들 곁에서 요양지의 분위기를 만끽하고 싶었다. 일요일 아침, 구급차로 바트 키싱엔의 어느 병원으로 향했다. 원래 민간병원이었지만 전쟁 발발 후 전선에서 후송된 부상자들의 회복을 위한 군병원으로 사용되고 있었다. 그날 그 병원의 근무자는 응급대기 간호사 한 명뿐이었다. 그녀는 나를 요양공원이 내려다보이는, 전망 좋은 방으로 안내했다.

"곧 저녁식사를 가져다드릴게요. 이곳에서 편안하게 지내시기를 바래요. 내일 아침 일찍 주임군의관이 진찰하러 올 거예요."

그녀는 곧 돌아오겠다며 방에서 나갔다. 주변에 아무도 없이 홀로 남게 되었다. 전화도 없었다. 어떻게 친구들과 연락을 취할 수 있을까? 나는 눈에 보이는 빗자루를 지팡이 삼아 절룩거리며 몰래 병원을 빠져나와 수백 미터가량 떨어진 '후버 와인

바'로 향했다. 아직 이른 저녁 시간이었다. 낡은 사막용 군복차림으로 그 술집의 문을 열었을 때 그 안에는 단 몇 명의 손님만 앉아있었다. 후버는 깜짝 놀란 눈으로 나를 바라보았다.

"맙소사! 루크씨! 어떻게 여기에 오신 건가요? 부상을 입으셨나요? 소령님! 여기 아무 데나 앉으세요. 소령님께서 오신 것만으로도 영광입니다!"

제프 후버와 그의 아내는 너무나 반갑게 맞이했다.

"자! 여기요. 제가 수년 동안 오늘같이 특별한 날을 위해 아껴둔 마지막 위스키 한 병을 드리지요."

술집에 손님들이 서서히 모이기 시작했고, 나는 언제부턴가 많은 사람들에게 둘러싸여 전쟁 이야기를 들려주었다. 내 눈앞의 광경이 믿기지 않을 정도였다. 전쟁 직전의 그때처럼, 마치 아무 일도 없었던 듯 나와 손님들은 즐거운 시간을 보냈다. 자정이 가까워지고 있었다. 그 무렵 후버는 가게의 문을 닫아야 했지만, 아직도 몇몇 손님들이 남아있다. 그때 문득 불길한 생각에 머릿속이 복잡해졌다. 병원에서 나올 때 열쇠를 가지고 나오지 않았던 것이다. '어떻게 한담? 부대까지는 너무 멀고… 거기까지 걸어가면 부상을 회복하는 데 좋지 않을지도 모르는데…' 이런저런 생각들이 머리를 스쳤다. 후버에게 걱정을 털어놓으니 그는 호쾌하게 웃으며 이렇게 말했다.

"소령님! 누추하지만 우리 집에 방 하나를 준비해 드리겠습니다. 아프리카 전투에서 돌아온 당신이라면 여기 키싱엔에서 누구든 반길 겁니다."

그때 누군가가 가게 문을 두드리며 활기 넘치는 목소리로 외쳤다.

"계십니까? 문 좀 열어주세요!"

예전부터 친했던, 저녁마다 후버 와인바에서 함께 시간을 보낸 외과의사였다.

"루크 소령님께서 키싱엔에 오셨다는 소식을 듣자마자 달려왔어요. 키싱엔에서는 소문이 무척 빠르죠. 그럭저럭 좋은 모습으로 다시 만나 기쁘군요. 대체 언제 여기 오셨고, 어느 병원에 입원하신 거죠?"

"저도 반갑군요. 오늘 이렇게 함께 다시 한잔할 수 있어 기쁩니다."

그에게 입원한 병원과 함께 방금 전에 다른 사람들에게 설명했던 전쟁 이야기를 들려주었다. 그리고 빗자루를 짚고 여기에 오게 된, 그리고 열쇠를 잊어버린 사연도 털어놓았다. 외과의사는 박장대소했다. 나도 그의 대답을 듣고는 크게 놀랐다.

"하하하. 제가 바로 그 병원의 주임군의관입니다. 제게 열쇠가 있어요. 모셔다 드

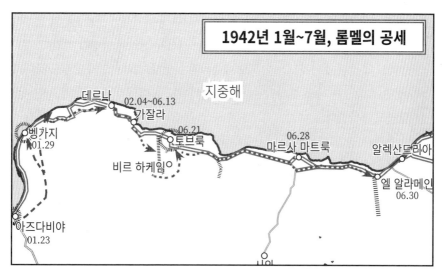

리겠습니다. 그리고 내일 소령님이 쓰실 수 있도록 열쇠 하나를 구해드리지요."

그를 만난 것만으로도 기쁜데 열쇠까지 준다니, 뜻밖의 행운이었다.

7월이 되자 몸 상태가 호전되었다. 의사들은 8월 말이나 9월 초에 다시 전장에 복귀할 수 있을 것이라고 했다. 여전히 지팡이를 짚어야 했지만, 몇 주 뒤에는 혼자서 움직일 수 있는 정도로 회복되어 키싱엔의 옛 친구들을 모두 찾아다녔다. 놀랍게도 전시 상황임에도 매일 저녁 요양공원에서 음악회가 열렸고, 나도 어느 날인가 그곳을 찾았다. 전시라는 생각을 잠시 잊어버릴 만큼 너무나 평화로운 세상이었다. 동부 전선의 속보들과 독일에 대한 연합군의 공습 소식만 없다면 진심으로 그 평온함을 만끽하고 싶었다. 또한, 가능하면 내게 허락된 시간에 충분히 휴식을 취하려 했다. 전선의 모든 동료들이 겪고 있을 고통을 잠시나마 떨쳐 버리고 싶었다.

그 무렵, 라디오에서 롬멜에 관한 뉴스가 흘러나왔다. 롬멜은 이집트 국경을 넘어 동쪽으로 밀고 들어가 알렉산드리아(Alexandria)로부터 서쪽으로 100㎞ 떨어진 엘 알라메인(El Alamein)에서 공세를 중단했다고 한다. 베를린의 보충대대원들과 전화통화를 하며 아프리카에서 귀국한 병사들에게 롬멜이 공세를 멈춘 이유를 전해 들었다. 연료와 보급품 조달 문제가 매우 심각했기 때문이었다. 롬멜이 자신의 요구를 수용하지 않는 총통과 수뇌부, 필수적인 지원을 해줄 능력이 없는 이탈리아군에게 얼마나 크게 분노하고 있을지 충분히 짐작할 만했다.

한편, 키싱엔에서 종종 과거에 근무했던 제37수색대대 주둔지를 찾아가기도 했다. 동부 전선에서 부상을 입고 돌아온 전우들도 만났다. 키싱엔에 가족을 남겨 둔

176/177

채 안타깝게도 전사한 동료들도 많았다. 1941~42년 동부에서의 동계전투와 철수작전으로 장병들의 전투의지는 모두 소진되었다. 러시아 전역이 이렇게 빨리, 그것도 연전연패로 종결될 것이라고는 아무도 예측하지 못했다. 그래서인지 모두들 북아프리카 전역에 참전한 나를 부러워했다. 병사들까지도 롬멜의 안부를 물었고 인사를 전해달라고 부탁했다.

키싱엔의 시장과 대부분의 나치당원들까지도 이제는 전황을 더욱 냉정하게 평가했다. '소련 침공이 히틀러의 오판이었나?'라며 의구심을 피력하기도 했다. 이제는 라디오에서 흘러나오는 괴벨스의 선전 연설을 듣고 있으면 구역질이 날 정도였다. '열등 민족', 독일에게 필수적인 '생활권', 그리고 '우리의 위대한 총통에 대한 믿음'이라는 문구들은 연설에서 항상 빠지지 않았다. 그러나 감히 아무도 자신의 의구심을 공개적으로 언급하지 못했다. 게슈타포의 감시망이 너무나 위협적이어서 어느 누가 밀고할지, 밀고를 당할지, 그 누구도 믿을 수 없었기 때문이다.

내가 가는 곳마다 지인들은 '암시장'에서 구한 음식들로 융숭히 대접했다. 모두들 그동안 모아놓았던, 농부들과 물물교환했던 식료품들을 내놓았다. 그들은 장신구, 향수, 모피와 여러 가지 값비싼 물품들을 식량과 바꾸곤 했다. 때로는 주민들이나 요양객들이 레스토랑에서 '식량 배급권'을 내고 초라한 음식을 먹는 모습을 보았다. 그럴 때면 항상 좋은 음식만 먹는 자신이 부끄럽게 느껴졌다. 그러나 모든 이들이 나를 이해해 주었다. 내게는 마지막 만찬일 수 있다는 배려였다. 나 또한 대접해 주었던 모든 이들에게 남은 커피 원두로 보답했다.

1942년 9월 초, 군의관으로부터 '조건부 참전' 판정을 받았다. 1주가량 어머니 곁에 머무른 후, 베를린 슈탄스도르프의 보충대로 향했다. 그곳에서 몇몇 장교와 부사관들을 만났다. 모두 중상을 입은 후 교관으로 병사들의 교육을 담당했다. 나와 동고동락한 메르세데스도 깔끔하게 수리된 채 차고에 잘 보관되어 있었다. 메르세데스를 타고 오랜만에 베를린의 친구들을 방문했다. 연합군의 폭격으로 베를린의 대부분이 폐허로 변했고, 식량 사정도 참혹했다. 예전에 그토록 행복하고 유머가 가득했던 베를린 시민들의 표정에는 근심과 슬픔, 걱정이 가득했다. 그들은 이미 망상에서 벗어나 현실을 직시하고 있었다.

이제는 더이상 독일에서 시간을 허비할 수 없었다. 다시 전선으로 돌아가고 싶었다. 마침내 9월 중순에 인사청에서 이동 명령을 받아냈다. 로마의 독일군 연락사무소에서 신고를 하고 시칠리아를 경유하여 토브룩으로 가야 했다. 즉 베를린과 고향,

조국과의 이별을 의미했다. 과연 언제 다시 돌아올 수 있을까?

알프스를 넘어 로마로, 다시 곧장 시칠리아로 향했다. 이번에는 블롬운트포스(Blohm & Voß) 사에서 개발된, 거대한 화물수송용 수상기A에 탑승했다. 그리 멀지 않은 말타섬에 주둔했던 영국군이 기지를 건설 중이었다. 수상기는 영국 공군의 감시를 회피하기 위해 바다 위를 낮게 날았다. 바다에서 날아오를 때 일어나는 커다란 물보라는 그야말로 장관이었다. 하늘에서 격렬한 교전으로 폐허가 된 토브룩 시내와 항만이 보이고, 드디어 토브룩의 해안에 도착했다. 옆에는 영국 국적의 화물선이 반쯤 잠긴 채 바다 위에 떠 있었다. 부둣가에 서서 너무나도 익숙했던 뜨거운 사막의 열기를 들이마셨다. 9월 당시의 한낮은 내가 부상을 당했던 때보다 훨씬 더 더웠다. 큰 트렁크를 들고 주차장을 향해 걸었다. 갑자기 차량 한 대가 내 앞에 오더니 정지했다. 운전병이 내 짐을 실어 주었고, 그 차는 마르사 마트룩(Marsah Matruk) 인근의 롬멜 사령부로 향했다. 운전사가 내게 말을 걸었다.

"소령님! 정말 힘겨운 싸움이었지만 우리는 마침내 승리했습니다. 지금 알라메인 전선은 소강상태지만 곧 다시 전투가 벌어질 겁니다. 어느 쪽이 먼저 공격할까요?"

그런 전반적인 전황도 궁금했지만 지금 사막의 깊은 골짜기 어딘가에서 아직도 전투 중일 대대의 상황을 알고 싶었다.

드디어 롬멜과 대면했다. 먼저 건강을 회복했으며, 원수 진급과 그간의 승리를 축하한다는 말로 인사를 대신했다.

"나 또한 자네를 다시 보게 되어 매우 기쁘네. 에버트 대위가 자네를 대신해서 정말 잘해 주었어. 자네 대대가 이번 승리에 크게 기여했다네. 그래서 그에게 기사철십자장을 수여했지. 하지만 안타깝게 에버트도 악성 열대병에 걸렸어. 그도 자네가 복귀하기만 기다리고 있지. 자네와 인수인계 후 본국으로 후송될 거야. 나도 이제 요양을 다녀와야겠어. 자네가 적시에 잘 왔네. 작별 인사를 할 수 있어 다행이야. 나도 가능한 빨리 돌아올 거야. 잘 지내길 바라네. 가우제가 현황을 설명해 줄 걸세."

그때 다소 체구가 작은 장군이 들어왔다. 기갑대장 슈툼메였다.

"어이 루크! 다시 보게 되어 반갑네. 원수님께서 본토에서 요양하시는 동안 내가 원수님을 대신해서 지휘하게 되었네. 조만간 자네 대대를 방문하겠네."

슈툼메는 폴란드 전역 당시 나의 사단장이었다. 신고를 마치고 가우제 장군을 찾

A   BV 222 뷔킹 수상정으로 보인다. 엔진 6대를 장착한 대형 수상정으로, 총 13대가 제작되었다. 최대이륙중량이 49t에 달하는 대전기 최대 규모의 수상정이며, 북아프리카 전선에 인력과 보급품을 수송하거나 일본 방면으로 향하는 특수화물을 수송하는 등의 임무를 담당했다. (편집부)

아가 당시까지의 전황을 들었다.

"이게 누군가! 루크! 드디어 왔구먼. 자네가 다시 돌아오지 못할까 얼마나 걱정했는지 몰라."

갑자기 수척해진 가우제도 매우 피곤한 기색이 역력했다. 약간의 불만 섞인 목소리로, 전투 중에 롬멜이 매번 '최전방에서 진두지휘'하거나 더욱이 연락이 닿지 않는 곳까지 나가버리는 바람에 자신이 직접 상황변화에 따른 최적의 결심을 내리는 데 큰 어려움을 겪었다고 토로했다. 그리고는 당시까지의 상황을 매우 간결하게 설명해 주었다. 특히 이집트를 향한 진격에 대해, 연료와 보급품의 부족으로 알렉산드리아를 겨우 100㎞ 앞두고 알라메인에서 정지할 수밖에 없었다고 말했다. 또한, 국방군 총사령부, 즉 히틀러의 방만한 전쟁지휘에 대해, 충분한 보급품을 조달해주지 않고 성의도 보이지 않는 이탈리아의 태도에 롬멜이 크게 실망하고 분노하고 있다고 언급했다. 이번에는 내가 반문했다.

"방금 원수님을 뵈었는데 역시 현 상황에 대해 매우 안타까워하셨고 한편으로 무척이나 우울하신 듯했습니다. 건강 문제 때문인가요? 아니면 8월 말 카이로까지 진격하는 데 실패한 것 때문입니까? 본토에서 이곳 사정을 제대로 듣지 못했습니다."

가우제는 씁쓸한 표정을 지으며 이렇게 대답했다.

"그 둘 모두야. 원수님의 건강상태가 날이 갈수록 악화되고 있어. 롬멜 사령관님께는 휴식과 요양이 필요해. 그러나 자네도 알다시피 그분은 '자신이 책임져야 하는' 전장에서 떠나지 않으려 하시지. 특히나 곧 다가올 결정적인 전투를 위해서라도 더욱 자신이 이곳에 있어야 한다고, 직접 지휘해야 한다고 생각하시거든. 한편으로는 8월 말 공세에 대한 원수님의 실망감이 매우 크시다네."[A]

가우제는 잠시 쉬었다가 지도를 보며 이렇게 말했다.

"몽고메리(Montgomery)가 결정적인 공세를 준비중임을 우리도 알고 있었네. 그러나 몽고메리도 완전한 승리를 달성하기 위해 필요한 모든 물자를 확보하기까지는 공격할 의도가 없었지. 롬멜께서는 선제공격으로 적의 공세를 사전에 무력화시키고 다시 한 번 전세를 역전시키려 하셨어. 그 마지막 기회가 바로 8월 말, 보름달이 뜬 날이었네. 원래 그 시점에 카발레로(Cavallero) 원수가 롬멜께 유조선으로 연료를 공급해주기로 약속했어. 케셀링(Kesselring)[B]도 매일 500t의 휘발유를 공수해 주겠다고 호언

A 당시 병사들은 알람 할파 전투를 '6일 경주'(Sechs-Tage-Rennen)라고 비꼬아 표현했다. '6일 경주'는 베를린 실내 경기장에서 열리던 인기 스포츠인 6일간의 2인조 자전거 릴레이 종목을 일컫는다. (저자 주)

B 당시 공군 총사령관 겸 남부 전구사령관(Oberbefehlshaber Süd) (저자 주)

장담했지. 그러나 8월 30일까지도 휘발
유는 오지 않았어. 그럼에도 롬멜께서
는 공격을 결심하셨지. 공중 우세를 장
악한 영국 공군이 대단히 위협적이었지
만 엄청난 모래폭풍으로 출격이 제한되
었어. 아군의 메서슈미트 전투기는 연
료 부족으로 비행장에서 뜰 수조차 없
었지. 9월 2일, 마침내 900t의 휘발유가
들어왔네. 이탈리아가 약속했던 5,000t
중 2,600t의 휘발유는 유조선이 침몰하
는 바람에 바다에 뿌려졌고, 1,500t 정
도는 아직도 이탈리아에 남아있었다네.
이튿날 아침에 공세를 개시했어. 그런
데 영국 공군이 마치 퍼레이드라도 하
듯이 연속적인 융단폭격을 실시하고,
특히 이곳 알라메인 전선 후방에서 북
부로 공격하던 아프리카 군단의 주력을

남부 전구사령관 케셀링과 만난 롬멜.

목표로 엄청난 양의 폭탄을 투하했지. 그리고 그때까지 전열을 재정비했던 영국군 1
개 사단이 남쪽으로 진출하여 알람 할파의 능선 일대를 점령했다네. 영국 공군과 이
사단 때문에 우리는 어쩔 수 없이 공세를 중단하고 말았지. 보급품 부족과 연합군의
공중우세로 사실상 공격이 불가능했어. 하지만 어떻게든 자네 대대를 포함한 전 수
색대대들과 아프리카 군단을 동쪽으로 진군시키려 했네. 아프리카 군단이 영국군
후방으로 진출하여 해안선에 도달했고 수색대대들과 함께 카이로를 향해 진군을 개
시했지. 그러나 이들도 영국 공군의 폭격으로 극심한 피해를 입고 말았어."

9월 2일 야간에서 3일 새벽 무렵 롬멜은 눈물을 머금고 공격을 중단시켰고, 알라
메인 선 후방으로 철수할 것을 결심했다. 철수 중 뉴질랜드 사단 소속의 클리프턴
(Clifton) 여단장을 포로로 잡았고 그는 곧 롬멜과 대면했다. 가우제는 그와 관련된 흥
미로운 일화를 소개했다.

"롬멜께서는 언제나 기회가 생길 때마다 포로로 잡힌 영국군의 고위급 장교들과
대화를 나누려 하셨어. 클리프턴도 그중 하나야. 롬멜께서는 먼저 클리프턴 사단의

용감무쌍했던 전투의지에 대해 존경을 표하셨어. 그러나 독일군 포로들에 대한 그들의 잔혹한 행위에 대해 매우 유감스럽다고 말씀하셨어. 클리프턴은 이렇게 답했지. '만일 독일군 포로들에게 잔혹한 짓을 저질렀다면 그들은 뉴질랜드 원주민인 마오리족 사람들일 거요. 이들은 인도의 시크교도(Sikhs)만큼 잔인하기로 유명한 사람들인데, 그들이 그랬다면 유감이오.' 클리프턴은 1940년 프랑스에서도 우리와 싸운 적이 있었어. 이렇게 말했지. '사실상 전쟁의 승패는 결정났소. 당신네 독일군은 곧 끝장날 거요.' 내심 롬멜께서도 그의 말에 동의하시는 듯했어. 그 대화 직후 클리프턴은 화장실에 다녀오겠다는 말만 남기고 수통 하나만 챙겨 탈출을 시도했지. 그러나 사막을 헤매던 중에 다시 우리에게 붙잡혔어. 그는 롬멜께 이탈리아군이 아닌 독일군 포로수용소로 보내달라고 요구했어. 그러나 롬멜께서도 그럴 수 없으셨지. 무솔리니와의 합의에 따라 북아프리카에서 획득한 포로들을 이탈리아군에게 넘겨야 했거든. 롬멜께서도 매우 안타까워하셨어."

훗날 알려진 대로 클리프턴은 여덟 번이나 탈출을 감행했지만 모두 실패했다. 아홉 번째 시도에서야 -부상을 입었지만- 스위스로 탈출하는 데 성공했다고 한다.

"롬멜께서는 클리프턴과의 대화에서 '연합군도 이젠 장차 유럽 동부에서 닥쳐올 위기에 대해 준비해야 할 거요.'라고 언급하셨다네."[A]

가우제는 말을 이었다.

"루크! 롬멜께서 왜 이토록 안타까워하시는지 이젠 이해가 되나?"

롬멜의 공세가 실패로 끝난 후 몇 주가 지나자 이상한 소문이 나돌았다. 어느 이탈리아군 장군이 영국군에게 독일군의 작전계획을 누설했다는 것이다. 당시로서는 이 소문이 사실로 확인되지는 않았다. 그러나 지금으로부터 수년 전에 런던에서 만난, 블레츨리 파크 팀의 일원이었던 진 하워드의 말이 사실이라면 당시 영국은 독일군의 암호를 풀었고, 그래서 우리의 계획을 알게 되었다고 확신한다.[B] 영국군이 우리 의도를 어떻게 그토록 잘 간파했는지 그제서야 깨닫게 되었다.

"우리는 독일군의 무전 교신을 하나도 빠짐없이 모두 감청했어요. 런던뿐만 아니라 아프리카의 영국군 지휘부도 독일군의 기도와 작전계획을 정확히 파악했죠."

영국군이 엄중한 보안유지 아래 운용한 '울트라(Ultra) 암호해독기'가 바로 그 주역이었다. 이러한 감청으로 그들은 이미 우리가 작전을 시행하기 전부터, 우리가 어떻

A 내가 믿었던 대로 롬멜은 선견지명이 탁월한 인물이었다. (저자 주)

B 서부전역에서 같은 내용이 언급됨. (역자 주)

게 행동하리라는 것을 놀라우리만큼 정확히 알고 있었다. 게다가 아군의 보급품 호송선단의 이동과 독일 공군의 작전에도 심각한 문제들이 발생했다.

가우제는 다시 말을 이었다.

"롬멜께서는 독일에서 히틀러를 직접 만나실 생각이야. 그리고 확실히 말씀하실 거야. 충분한 보급 없이는 북아프리카의 전쟁에서 승리할 수 없다고 말이야. 게다가 아군의 소식통에 의하면 8월 초에 처칠이 카이로까지 왔었고 몽고메리가 8월 13일에 제8군사령관으로 취임했다네. 적 진영에 새로운 분위기가 조성되고 있어. 분명 공세를 준비하고 있는 모양이야. 이번에는 결정적인 한 판이 될 가능성이 크다네. 그러나 영국군은 자신들의 알라메인 방어선을 강력하게 보강 중이야. 80만 개 이상의 지뢰를 매설했고 전투력 복원이 완료된 보병사단들이 진지에 투입되어 있어. 그 후방에는 최신예 전차들로 편성된 기갑사단들이 위치하고 있다네. 그러면 자네의 임무를 알려주겠네. 자네 대대는 또 한번 멋진 집결지를 선정했어. 부대원들은 항구도시 마르사 마트룩에서 남쪽으로 300㎞ 떨어진 카타라(Kattara)분지의 시와(Siwa) 오아시스 근처에 있다네. 나도 어제 롬멜 원수님, 바이얼라인(Bayerlein)ᴬ대령과 함께 그곳에 다녀왔네. 정말로 파라다이스 같은 곳이야. 우리의 주전장이 사막임을 감안하면 상상할 수 없을 만큼 좋은 곳이지. 그러나 우리 전력이 반드시 그곳에 주둔해야 하는 이유도 있어. 영국군이 알라메인 방어진지 남쪽으로 우회 공격할 가능성이 매우 높다네. 따라서 그쪽 방면의 위협을 경시할 수 없어. 대대는 지난 몇 달간 치열한 전투 속에서 극심한 손실을 입었네. 따라서 자네는 대대원들과 그곳에서 다음 전투가 벌어질 때까지 쉬면서 그 일대를 정찰해주게. 꽤 괜찮은 임무 아닌가? 활주로에 Ju 87ᴮ이 대기하고 있네. 다른 항공기를 운용하기에는 자네 집결지 쪽에 활주로가 너무 짧고, 피젤러 슈토르히ᶜ로 비행하기에는 거리가 너무 멀어."

슈투카 조종사들은 자신의 기체에 대한 자부심이 대단했다.

"루크! 자네 부대는 기갑군 예하 직할부대로 운용될 수도 있어. 즉 일시적으로 제21기갑사단의 통제를 받지 않을 때도 있다는 말일세. 또 한 가지 유감스러운 점은, 에버트 대위의 병세가 심상치 않다는 거야. 그래서 본국으로 후송될 거야. 하지만 떠나기 전에 자네에게 지금 상황을 상세히 설명해 줄 걸세. 그러면 건투를 비네. 다시

A 저자는 당시 대령이었던 바이얼라인을 장군(General)로 표기했다. 이후 장성으로 장기간 저자와 함께 활동한 기억에 따른 오류로 보인다. (편집부)

B Ju 87 Sturzkampfbomber, 일명 슈투카, 급강하폭격기 (저자 주)

C Fieseler Storch, Fi 156 (역자 주)

전투가 벌어질 때까지 잠시나마 그곳에서 즐기게나."

가우제에게 작별인사를 하고 즉시 공항으로 향했다. 나의 아프리카 참전기 중 가장 흥미진진했던 이야기들이 이제 곧 펼쳐지게 될 것이다.

나는 비행편대장 하메스터(Hamester) 대위를 찾아갔다.

"소령님을 모시고 시와로 비행하게 되어 기쁩니다. 저기 대기 중인 항공기에 곧 탑승하시면 나머지 두 대도 함께 이륙합니다. 세 대의 항공기가 편대로 함께 움직입니다. 영국 지상군과 조우하게 될 경우, 폭탄을 투하하거나 영국군 전투기들과도 교전할 가능성이 있어서입니다. 깊은 사막 골짜기에서 시험 비행을 할 수 있는 좋은 기회라 생각합니다. 언젠가 급강하 폭격과 함께 적의 전투의지를 무너뜨리는 요란한 사이렌 소리에 대해 들어보셨을 겁니다. 아마 '육군'[A] 이신 소령님께서는 정말 기억에 남는 멋진 추억이 되실 거라 확신합니다. 어제 롬멜 원수님을 모시고 시와에 다녀왔던 제 동료들에게 시와의 오아시스에 대해 들었습니다. 클레오파트라가 목욕했던 그곳의 절경은 정말 압권이었답니다. 내일이면 보게 되실 겁니다. 내일 아침 일찍 이륙할 예정입니다. 소령님께서는 후미기관총 사수석에 앉게 됩니다. 아시겠지만 이 항공기에는 좌석이 두 개뿐입니다. 2cm 기관총[B]에 대해 잘 아시죠? 육군의 정찰 장갑차에 탑재된 것과 동일한 화기입니다."

1942년 9월 23일, 롬멜은 항공기로 귀국해 히틀러를 대면한 후 곧 요양을 시작했다. 그날 새벽에 나도 하메스터 대위와 Ju 87에 탑승했다. 후방석은 매우 좁아서 겨우 몸을 밀어 넣었다. 나의 트렁크를 조종사와 내 다리 사이에 수직으로 세우고 헤드폰과 마이크를 착용했다. 아직도 새벽 공기가 차갑게 느껴졌다. 이제 막 떠오르던 태양빛이 사막의 모래밭을 금빛으로 물들였다. 편대장의 목소리가 들렸다.

"엔진상태 이상 무! 시동!"

엄청난 먼지를 일으키며 세 대의 항공기가 공중으로 수직 상승했다. 내가 탑승한 항공기가 선두였고 다른 두 대의 항공기는 간격을 유지하며 좌우에서 날았다. 나는 이따금 좌우의 항공기 조종사들에게 손짓으로 인사했다. 너무나 흥미진진한 비행이었다. 멀미 같은 것은 전혀 느낄 수 없었다. 하메스터가 말했다.

"영국군 전투기들과 언제 조우할지 몰라서 너무 높이 날 수는 없습니다. 그러나 이 고도라면 영국군 지상정찰부대의 대공화기 사격을 피할 수 있습니다. 오늘 비행

A   원문에서 화자는 들쥐(Landratte)라는 저속한 표현을 사용했다. (역자 주)

B   원문은 2cm 포(Kanone), 다만 슈투카의 후방석 화기는 MG81 7.92mm 기관총으로, 육군 장비 가운데 KwK38 20mm 기관포보다는 MG34 기관총에 가깝다. (편집부)

중에 적군과 조우하지 않는다면 소령님께 짧게나마 '모범적인 폭탄 투하'를 시연해 드리겠습니다."

나는 흔쾌히 동의했지만 조금은 걱정스러웠다. 조종사들은 급상승할 때 몇 초간 '블랙아웃'(Black out) 상태, 즉 피가 뇌로부터 빠져나오는 현상이 발생한다는 누군가의 말이 떠올랐기 때문이다.

1시간가량 비행했을까. 항공기는 약 1,000m의 고도를 유지했다. 하늘에서 보는 광경은 이러했다. 바위로 구성된 작은 구릉들과 낙타가시나무 덤불들이 드문드문 펼쳐진 자갈사막은 너무나 평화로웠다. 뒤쪽 멀리 높은 사구들로 가득한 모래사막은 거대한 파도가 몰아치는 바다 같았다. 낙타가 다녔을 법한 통로들과 사막 이곳저곳을 수색한 아군의 정찰차량들의 바퀴자국도 보였다. 아니, 그 바퀴자국은 영국군의 로열 드래군이나 롱레인지 사막전투단의 것일 수도 있었다.

점차 카타라 분지에 가까워지는 듯했다. 좌우 전방 저 멀리에도 적군은 전혀 보이지 않았다. 하메스터가 명령을 하달했다.

"폭탄 투하 연습 준비! 10시 방향 괴상하게 생긴 낙타가시 덤불이 목표다! 내가 선두에 서겠다! 공격!"

하메스터가 갑자기 조종간을 왼쪽으로 틀자 항공기가 아래로 돌진했다. 거의 수직으로 하강하는 느낌이었다. 나는 앞에 있는 트렁크를 꽉 붙잡았다. 몇 초 동안 어디가 아래인지 위쪽인지 모를 정도로 어지러웠다. 그 순간 '탈칵'하는 소리와 함께 폭탄이 투하되었다. 그리고는 다시 '탈칵'하는 소리가 들렸다. 트렁크가 내 허리를 쳤다. 정말 몇 초간 아무것도 보이지 않았다. 그러나 후속하던 두 대의 항공기가 어떻게 폭탄을 투하하는지, 그리고 수직으로 날아오르는지를 정확히 관찰할 수 있었다. 아래쪽에서는 엄청난 폭발음과 함께 어마어마한 양의 모래가 하늘로 솟구쳤다. 하메스터가 물었다.

"어떠십니까? 마음에 드십니까?"

"굉장하군요. 고맙습니다. 하지만 나 때문에 전투에 써야 할 실탄을 낭비한 것 같은데, 대신 시와에서 목욕을 할 수 있도록 해 드리겠소."

"하하하, 감사합니다. 만일 소령님이 아니라 경험이 없는 햇병아리 같은 신병들에게 보여줘야 했다면 우리가 할 수 있는 모든 것을 다 보여주었을 겁니다. 어쨌든 몇 분 후면 시와에 도착합니다."

카타라 분지의 가파른 절벽이 보였다. 높이는 약 50m 정도였다. 내 왼쪽에는 굽이쳐 흐르는 강과 그 일대의 오아시스가 보였다. 문득 이런 생각이 머리를 스쳤다. '저 일대에서 적을 차단하는 것은 그리 어렵지 않겠는걸.' 하메스터의 목소리가 들렸다.

"곧 착륙합니다. 단시간 내에 착륙해서 땅에 닿는 즉시 정지해야 합니다. 활주로 가 굉장히 짧아서 다른 항공기가 착륙할 수 있도록 공간을 내줘야 하거든요."

항공기는 또다시 엄청난 사이렌을 울리며 하강했다. 사막의 원주민들과 내 부하 들도 두려움을 느낄 정도였다. 공포에 질려 도망치는 몇몇 아랍인들의 모습도 보였 다. 그러나 내 대대원들은 이 소리를 듣고서 나를 맞이하기 위해 활주로 일대로 모 여들었다. 하메스터는 공중에서 한 바퀴 선회한 후 착륙하려 했지만, 속도를 줄이지 못해 활주로 앞에서 재차 상승했고, 두 번째 시도에서 착륙에 성공했다. 다른 두 대 의 항공기도 속속 활주로에 내려앉았다. 대대원들 중 누군가가 항공기들을 야자나 무 숲으로 유도해 엄폐된 곳에 정지했다. 기사철십자장을 단 에버트 대위가 밝은 표 정으로 인사했다.

"파라다이스에 오신 것을 환영합니다. 다시 건강하게 돌아오셔서 너무나 기쁩니 다. 이번에는 제가 빌어먹을 열대병에 걸려 조만간 본국으로 돌아가야 합니다."

마중 나온 모든 이들에게 악수로 인사했다. 그중에는 나의 충직한 만테이와 에리 히 베크도 끼어 있었다.

"회복 후 복귀하면서 이토록 아름다운 곳에 오게 될 줄은 생각지도 못했네. 환영 해 줘서 고맙네."

슈투카 조종사들을 클레오파트라의 연못으로 보낸 후, 우리는 '지휘소'로 향했다. 대대의 텐트들은 여기저기 늘어선 야자나무 아래 일정 간격으로 설치되어 있었다. 에버트가 안내했다.

"일부러 아랍인들의 거주지로부터 떨어진 곳에 숙영지를 설치했습니다. 자존감 이 높은 사막 원주민들의 일상을 침해하지 않기 위해서였습니다. 제가 건의 하나 드 려도 되겠습니까? 일단 이 오아시스 지역을 한번 둘러보시는 것이 어떨까요? 지형 을 보시면서 아름다운 전경에 대해, 그리고 대대의 임무에 대해 보고드리겠습니다."

나는 흔쾌히 동의했다.

시와 오아시스

나는 마치 아라비안 나이트의 주인공이 된 것 같았다. 고개를 들면 파란 하늘과 이글거리는 태양이 보였다. 주위에는 거의 다 익은 대추야자나무들이 숲을 이루어

끝도 없이 펼쳐져 있었다. 작은 물줄기들이 오아시스를 가로질렀다. 남쪽의 야자나무숲 끝자락에 새하얗고 드넓은 모래 언덕이 파도치는 바다 같았다. 북쪽에는 높이 50m의 절벽이 수직으로 솟아 있고, 동쪽에는 바싹 마른 소금 호수인 카타라분지가 있었다. 이 분지는 동쪽으로 300㎞ 가량 펼쳐져 있는데, 그 끝부터 북동 방향으로 100㎞가량 이동하면 알라메인이었다. 에버트의 설명이다.

"카타라분지 횡단은 불가능합니다. 오로지 건기에만 하나뿐인 좁은 통로가 생기는데, 그나마도 경자동차 정도만 통과할 수 있습니다. 이 시기에 롱레인지 사막전투단 소속 토미(Tommy)[A]들의 기습에 대비해야 합니다."

우리의 집결지는 마르사 마트룩에서 남쪽 약 300㎞ 지점에 있었다. 알라메인 남쪽 50~70㎞ 지대는 영국군이 통제중이었다. 마르사 마트룩으로부터 알라메인 사이는 아무도 차지하지 않은 진공상태여서 양측 모두 자유로이 군사작전을 구사했다.

시와의 어느 학교를 방문했다. 기원전 51~30년에 있었던, 클레오파트라의 궁전과 그녀가 물놀이를 즐기던 이야기를 들었다. 시와는 원래 암모니온(Ammonion)이라 불렸으며, 1820년 동안 이집트의 지배를 받아왔다. 지금은 공식적으로 의사와 지역 행정관, 우체국장, 세 사람이 지역의 대표였다. 먼 옛날에는 신탁의 성지로 유명해서 알렉산더 대왕도 이곳을 찾았고, 그도 이 오아시스로 향하는 길을 잃을 뻔했다고 한다. 주민은 약 5,000명이며 모두 베두인족으로, 이곳에서 거주한 이래 다른 족속과 피를 섞는 일은 단 한 번도 없었다. 근친혼이 지속되었음에도 그들은 건강에 문제를 겪지 않았다. 세누시(Senussi)족들이 이탈리아인들을 피해서 리비아로부터 탈출해서 이곳 시와에 잠시 머물렀지만, 베두인족의 압박으로 이내 동쪽으로 이주해야 했다고 한다. 모든 가족들은 제각기 족장이 있고, 그 전체 족장들과 주민들을 통제하는 최고지도자(primus inter pares)[B]인 대족장이 있었다.

이집트인 의사는 전체 주민의 건강과 생존을 담당하는 자로 인지도가 매우 높았다. 하지만 주민의 이주에 관해 권한을 가진 지역 행정관의 인지도는 상대적으로 낮았다. 그리고 우체국장은 사실상 쓸모없는 존재였다. 왜냐하면 주민들 모두가 문맹이었기 때문이다. 그래서 그는 부수적인 수익사업을 찾게 되었고, 결국에는 특산품이나 각종 상품들을 매매하는 장사치로 전락했다. 다만 며칠 전에 롬멜이 시와를 방문하자 족장들은 우체국장이 구해준 시와의 우표가 붙은 봉투를 롬멜에게 선사했

A   영국군 보병 (역자 주)
B   동료 중 제1인자 (역자 주)

다. 우표 수집광이었던 롬멜에게는 정말 값진 선물이었다. 우체국장의 진면목이 드러나는 순간이었다.

슈투카 승무원들이 물놀이를 즐기던 클레오파트라의 연못으로 향했다. 폭이 10m 정도 되는 샘이었다. 깊이 6m의 바닥이 선명하게 들여다보일 정도로 물이 깨끗했다. 엄청난 양의 탄산수가 뿜어져 나왔고, 수온은 18도 가량이어서 정말 시원했다. 에버트는 저녁쯤 이곳에 함께 오자고 권유했다.

"시간대를 나눠 모든 병사들이 씻을 수 있도록 통제 중입니다."

그리 멀지 않은 곳에 클레오파트라가 매년 휴양을 했다는 옛 궁전도 있었다. 또한, 여기까지 어떻게 운반했을지 알 수 없는 거대한 육면체의 돌들도 곳곳에 널려 있었다. 에버트가 이곳저곳을 가리키며 상세히 설명해 주었다.

"주민들이 고안한 특별한 구조로, 클레오파트라의 샘과 몇몇 작은 우물에서 나온 물이 족장들의 농장으로 흐르고 있습니다. 그런 방식으로 1년 내내 농사에 필요한 물을 공급하고 있습니다. 이제 저희들이 '시내'라 부르는 곳으로 가시죠. 일단 아랍인들의 방식으로 대족장을 소개해 드리겠습니다. 그들은 소령님을 귀한 손님으로 환대할 겁니다."

시내에 도착하니 커다란 출입구가 보였고, 주위로 높은 담을 두른 곳으로 들어가자 대족장의 농장이 나타났다. 숨이 막힐 정도로 놀랍고 아름다운 전경이 펼쳐졌다. 온통 초록빛이 가득하고 각양각색의 꽃들이 만발해 있었다. 이곳이 사막이라는 것을 순간 잊어버릴 만큼 아름다웠다. 무수히 많은 가느다란 수로들이 울창한 농장을 가로지르고 있었다. 포도 넝쿨과 부겐빌레아(Bougainvillea)가 점토로 만든 벽을 타고 오르며 멋진 분위기를 자아냈다. 외국산 초목들 사이로 곡식과 채소를 재배하는 정사각형의 속칭 중국식 논이 있는데, 여기서 10배의 수익을 얻는다고 했다. 사이사이로 감귤나무, 석류나무, 올리브나무가 보이고 그런 나무들 위로 대추야자나무들이 우뚝 솟아 있었다.

농장의 끝자락에 하얗게 미장된 야트막한 건물이 대족장의 집이었다. 그는 우리에게 허리 숙여 인사했다. 우리도 그의 환대에 감사를 표했다. 우리를 화려한 양탄자가 깔린 거실로 안내했다. 역시 아랍의 생활방식대로 그의 부인과 여성들은 보이지 않았다. 서방에서는 예의라고 생각되는 행동들이 여기서는 결례였고, 특히 여성들에 대해서는 물어보는 것조차 금기시되었다. 우리는 양탄자 위에 양반다리를 하고 앉았는데, 이내 장딴지 근육에 경련이 일어났다. 이렇게 앉는 것에 익숙하지 않았던 탓이다. 그의 아들들이 시원한 과일 주스를 내어왔다. 술도 여기서는 엄격히 금지되어 있었다. 또한, 내가 방문한 시기는 '라마단'(Ramadan), 즉 하루종일 금식하면서 기도하는 기간이었다. 대족장이 먼저 인사말을 꺼냈다.

"독일군 여러분 환영합니다. 며칠 전에 너무나 유명한 롬멜 원수님께서 다녀가셔서 참으로 큰 영광이었습니다. 오늘 이렇게 소령님께서 새로운 대대장으로 부임하셔서 이 또한 반갑고 영광입니다. 우리는 당신들을 응원하고 이 전쟁에서 당신들이 승리하기를 바란다는 것을 여러분께서도 잘 알고 계실 겁니다. 저는 롬멜 장군님께 위대한 지도자 비스마르크[A]님께 경의를 표한다는 말을 전해 달라고 부탁드렸습니다. 유감스럽게도 이 전쟁 때문에 카이로와 알렉산드리아로 향하는 모든 통로가 단절되었습니다. 우리가 생산한 상품을 팔 수도, 다른 곳의 물건을 구입할 수도 없게 되었습니다. 특히 우리의 주 음료인 차가 바닥을 드러내고 있어요."

촌장은 잠시 쉬었다 이내 말을 이었다. 예전에 베두인족에게 들었던 이야기였다.

"언젠가 당신들은 당신네 나라로 돌아가겠지요. 언젠가는 반드시 우리가 사막과 오아시스를 차지하게 될 날이 올 거라 믿습니다. 부디 건강하게 당신네 조국으로 돌아가길 빕니다."

짙은 갈색의 잘생긴 얼굴에 풍채가 좋은 대족장의 모습은 위엄이 넘쳤다. 백색의 수염과 양질의 백색 비단으로 만든 두건 달린 겉옷도 그의 근엄함을 한층 더 돋보이게 했다. 우리는 몇 마디 대화를 나누면서 차를 마셨다. 이내 작별인사를 했다.

"라마단이 끝나는 주에 다시 한번 정식으로 초대하겠습니다."

우리는 슈투카 조종사들을 배웅하러 비행장으로 향했다. 이륙 후 그들은 감사의 표시로 큰 원을 그리며 앞쪽 날개를 흔든 후, 이내 북쪽 하늘로 사라졌다. 알라메인 전선에서 언젠가 벌어질 치열한 전투를 준비해야 하는 조종사들의 마지막 표정은 매우 비장해 보였다.

에버트와 나는 오펠-블리츠 트럭을 매우 멋지게 개조한 지휘소로 돌아왔다. 그 차량은 오늘날의 캠핑카에 비교할 만했다. 에버트는 대대의 임무와 전투준비 상황에 대해 세부적으로 보고했다.

"육로로 보급품이 들어오는 경우는 거의 없습니다. 혹시 모를 영국군 정찰부대나 특공대의 습격에 대비해 별도의 경계부대가 필요하기 때문입니다. 그래서 식량, 휘발유와 탄약 등 대부분의 보급품들은 슈투카나 하인켈(Heinkel, He 111)을 통해 공중으

A   뜻밖에도 그는 히틀러를 언급하지는 않았다. (저자 주)

로 받고 있습니다. 이 항공기들은 항공정찰 임무도 병행하고 있습니다. 그래도 다행히 이 오아시스에서 곡물을 구할 수 있어서 롬멜 장군께서 제빵 소대(Bäckereizug)를 파견해 주셨습니다. 여기서 직접 굽는 빵으로 식사를 하는데, 일요일에는 가끔 따끈한 빵도 맛보시게 될 겁니다. 며칠 전부터 우리의 피젤러 슈토르히와 비슷한 이탈리아군의 항공기 '기블리'^A^가 대기 중입니다. 조종사도 매우 친절하고, 그가 가져온 보급품들도 당시 우리에게 꼭 필요했던 물품들이었죠. 이 오아시스로 적군이 온다면 유일한 통로인 북쪽의 카타라분지 일대나 리비아의 기아라붑(Giarabub) 오아시스 방면을 수시로 정찰해야 합니다. 대대에서 지상 정찰대를 파견하면 많은 양의 휘발유가 필요한데, 그 항공기가 대신 정찰 지원을 해주면서 우리 부담을 크게 덜었습니다. 저는 만일의 사태에 즉각 대비할 수 있도록 기블리 조종사에게 매일 항공정찰을 요청했고, 우리 대대의 똑똑한 장교들을 교대로 탑승시켜 관측장교로 활용하고 있습니다. 다행히도 지금까지 영국군은 잠잠합니다. 그들도 이곳까지는 단 한 번도 항공정찰을 실시한 적이 없습니다. 따라서 우리 방공소대는 현재까지 충분한 휴식을 취하고 있습니다. 단 한 가지 위협이 있다면, 영국군이 깎아지른 절벽이나 기아라붑의 구불구불한 통로를 통해 침투할 수 있다는 겁니다. 하지만 그곳은 사전 폐쇄가 매우 용이해서 적군의 침투가 거의 불가능하다고 보셔도 됩니다. 여기서 남쪽으로 약 300마일 떨어진 곳에 리비아의 유명한 쿠프라(Kufra) 오아시스가 있습니다. 한때 소규모 이탈리아군이 주둔했던 곳입니다. 쿠프라부터 북쪽으로 키레나이카까지 이어지는 유일한 통로도 있습니다. 가능성은 거의 없지만, 영국군이 그리로 우회해 우리 후방을 타격할 수도 있습니다. 롱레인지 사막전투단은 충분히 그럴 만 한 의지와 능력을 갖춘 부대입니다. 따라서 기아라붑과 그 서부 지역에 주의를 기울이셔야 합니다. 여기에서는 그쪽 상황을 정확히 파악하기 어렵기 때문에, 저는 지금까지 항상 절벽 일대의 통로와 오아시스 서측에 두 개의 정찰팀을 파견하고 있습니다."

이제야 여기서 내가 무엇을 해야 하는지, 아마도 주어진 시간이 얼마 없겠지만 시와에서 어떻게 전투준비를 할 것인지 깨달았다.

이튿날 아침, 클레오파트라의 연못에서 목욕을 즐겼다. 너무나 멋진 경험이었다. 에버트는 오아시스로 향하는 차 속에서 흥미로운 이야기들을 들려주었다.

"모든 집, 담장, 그리고 각종 시설물들이 흙으로 만들어져 있습니다. 놀랍지 않으십니까? 야자나무가지를 뼈대로 진흙을 충분히 두텁게 발라 담을 쌓습니다. 이 흙

A   Caproni Ca.309. 1937년에 등장한 이탈리아제 소형 정찰-수송기. (편집부)

들은 며칠만에 건조되어 돌처럼 단단해집니다. 수백 년 동안 비가 한 방울도 오지 않았기 때문에 이런 건축이 가능한 거죠. 단 한 번만 큰비가 내려도 이 집들은 단번에 무너져 버릴 겁니다. 이곳에서 제가 겪은 일들 중에 가장 놀라운 것은 바로 무시무시한 모래폭풍입니다. 오아시스 건너편에서 불어와 티끌까지 모두 쓸어버리는 이 폭풍 때문에 사막 생활은 무척이나 힘듭니다. 하지만 반대로 이 오아시스가 온전히 보존되는 것도 그 모래폭풍 덕분입니다. 엄청난 속도의 모래폭풍이 사하라사막과 오아시스보다 훨씬 높은 사막에서 형성되어 50m 이상 높은 자갈사막을 향해 불기 때문이죠. 이곳에는 목재도 없습니다. 그래서 이곳 사람들은 죽은 야자나무의 가지를 잘라서 가옥의 천장과 측면을 덮는 데 사용합니다. 저 앞쪽 오아시스 한가운데 두 개의 우뚝 솟은 언덕이 보이십니까? 마치 엄청난 폭격을 받은 듯 보이지만 사실 수년 전까지 농부들이 흙으로 된 움막을 짓고 살았던 곳입니다. 여기 사람들은 야자나무 가지로 움막을 덮었지만, 저 위쪽 주민들은 야자나무 가지를 집의 기초로 사용했고, 그래서 야자나무는 아랍인들의 부의 상징이자 함부로 베지 않는 값비싼 건축자재입니다. 십수 년 전에 푸아드(Fuad)[A] 왕이 이곳의 아름다운 오아시스를 관광지로 개발하고 사파리를 만들기로 결정했는데, 당시 시와에는 사람에게 치명적인 모기 수백만 마리가 서식해서 이곳에 들어오는 즉시 말라리아에 감염되다 보니 누구도 오아시스에 접근할 수 없었습니다. 푸아드 왕의 지시로 과학자들이 살충제를 개발해 수로를 따라 살포하자 유충들이 서서히 사라지기 시작했습니다. 몇 년 후에 모기들은 모두 박멸되었지만, 유충의 서식지를 없애기 위해 저기 언덕에 거주했던 사람들은 집을 모두 무너뜨리고 오아시스 아래로 내려와 단층집을 지었습니다. 그들이 야자나무 줄기를 마구잡이로 뜯어내 새로운 집을 짓는 데 사용하는 바람에 야자나무 줄기의 가치가 급상승했습니다. 그래서 저 황량한 언덕들이 생긴 거죠. 푸아드가 저 세 번째 언덕 뒤에 호텔을 지으라고 명령해서 호텔이 들어섰지만, 이곳 사람들은 단 한번도 사용한 적이 없죠. 우리가 임시회의 및 만찬 장소로 잘 쓰고 있습니다. 그곳에서 롬멜 장군과 수행원들을 접대하기도 했습니다."

에버트는 그 외에도 새롭고 재미있는 일들을 자세히 설명해 주었다. 그 사이 날이 저물었다. 눈앞에 너무나 아름다운 경관이 펼쳐졌다. 태양이 카타라분지의 절벽에 걸려 붉게 빛나고 있었고 푸른빛의 오아시스 일대를 밝게 비추었다. 카메라를 소지하지 못해 무척 아쉬웠다. 이토록 아름다운 대자연의 전경은 정말이지 처음이었다.

A   이집트 왕 아흐메드 파드 1세 (1868~1936) (편집부)

다음날, 나는 '기블리'에 올라 첫 항공정찰에 나섰다. 이제야 오아시스의 크기를 가늠할 수 있었다. 발 아래로 자연 그대로의 거대한 모래사막이 한눈에 들어왔고, 북쪽의 절벽들과 동쪽에는 메마른 소금호수와 이를 관통하는 보일 듯 말 듯 한 통로가 있었다. 지금은 낙타를 타는 순례자들도 다니지 않는다고 했다. 리비아의 기아라붑 오아시스 상공을 날았다. 오래된 모스크도 보였는데, 그곳은 모자이크 문양으로 매우 유명한 곳으로, 세누시족의 고서들이 보관되어 있는 곳이기도 했다. 일대는 생물이 살아갈 수 없는 지역이었다. 대추야자 나무들도 말라 죽어 있었다. 논밭은 황무지로 변했고, 말라버린 수로에는 모래가 가득했다. 발보(Balbo)[A] 원수 휘하의 이탈리아인들이 대공사를 시도했지만 실패했다고 한다. 아무튼 다음 주에도 붙임성 좋은 이탈리안군 조종사와 함께 정찰비행을 했다. 어느 날 그가 내게 물었다.

"소령님! 직접 조종을 해보시겠습니까?"

잠시 망설였지만 한번 해보고 싶었다. 그는 내게 조종간을 넘겼고, 난생처음으로 비행기를 조종하게 되었다. 기체가 좌우로 기울면서 춤을 추기 시작했다. 항공기를 제어하기 위해 조종간을 어떻게 움직여야 할지 깨닫기까지 정말로 힘들었다. 그때 조종사면허증을 취득할 수도 있었는데, 아쉽게도 기회를 놓치고 말았다.

시와에 도착하고 2주가 흘렀다. 그러나 여전히 영국군의 움직임은 없었다. 유능한 장교들이 열대병과 휴가로 본국으로 떠났고, 또다시 몇몇을 떠나보내야 했다. 에버트 대위는 귀국 후 다시는 돌아오지 못했고 내 전임자의 부관이었던 폰 팔로이스(von Fallois)가 에버트를 대신했다. 킬(Kiehl) 대위는 이미 오래전에 부대를 떠나 롬멜 원수의 경호부대장 보직을 충실히 수행 중이었다.

마지막 순간까지 남았던 극소수의 '베테랑'들을 포함하여 새로 보충된 중대장들, 소대장들과 부관장교들이 나와 함께 해주었다. 새로 전입온 장병들 중에 전임자의 아들이자 훗날 서독의 런던 대사를 역임한 뤼디거 폰 베흐마르(Rüdiger von Wechmar) 소위가 있었다. 또한 불과 몇 년 전까지 주 룩셈부르크 대사를 지낸 마이어(Meyer) 대위도 신임 중대장으로 부임했다. 현재 브라질에 살고 있는 폰 무티우스(von Mutius) 소위도 당시 새로 보충된 자원이었는데, 그는 훗날 튀니지에서 위험천만한 탈출을 감행해 성공한 인물이다. 예비역 장교 출신으로 활발하고 장난을 즐겼던 벤첼 뤼데케(Wenzel Lüdecke)도 있었다. 그는 입대 전 UFA 영화사[B]의 조연출이었고 지금은 베를린

A   이탈로 발보(Italo Balbo, 1896~1940) 이탈리아군 원수 (역자 주)
B   1918년 창립된 독일 최대의 영화사로 제2차 세계대전 후 해체되었다. (역자 주)

에 있는 한 녹음회사의 사장이다. 훗날 그는 내게 많은 도움을 주었다.

물론 오래전부터 함께한 베테랑들도 있었다. 항상 성실했던 방에만(Bangemann) 대위와 있는 듯 없는 듯 조용했던 베른하르트(Bernhardt) 중위가 대표적인 인물들이다. 이렇게 장교단의 주요직위자의 교체가 아무런 문제 없이 성공적으로 이루어진 것은 비범하고도 유능한 대대 모든 장병들 속에 내재된 고도의 단결력과 관용의 정신 덕분이었다.

다음 주에 슈툼메 장군이 이곳을 방문한다는 통보를 받았다. 물론 그는 우리의 전투태세를 점검하겠다고 했지만, 사실은 소위 '파라다이스'라고 불렸던 시와를 직접 보고 싶은 욕구가 더 큰 듯했다. 그는 우리의 전투준비 상태를 신뢰하고 있었다.

슈투카 한 대가 사이렌 소리 없이 예정대로 활주로에 안착했다. 나는 장교들과 함께 활주로에서 슈툼메 장군을 맞이했다. 목욕을 원했던 조종사들을 클레오파트라의 연못으로 보내고, 우리는 통상적인 'VIP 방문 프로그램'대로 슈툼메를 안내했다. 클레오파트라의 옛 궁전과 오아시스를 둘러본 후, 대족장과 우체국장을 방문했다. 최후의 결전을 목전에 둔 전쟁터에서 마치 관광을 즐기는 기분이었다.

그러나 이 역시 전쟁의 일부이며, 전쟁 중에도 이런 여유 정도는 있어야 한다. 치열하고 잔혹한 전투 사이에는 휴식과 전투력 복원을 위한 시간이 필요하다. 또한, 모든 부대원들은 오늘이 마지막 날이 될 수 있음을 항상 의식하고 있었다. 이어서 상황평가 회의를 실시했는데, 슈툼메는 분명, 조만간 결정적인 전투가 벌어질 것임을 확신했다.

"우리가 수집한 정보에 따르면 영국군은 상상을 초월하는 양의 전쟁물자를 확보했고, 수에즈 운하 일대에서 하역해서 곧장 전선으로 운반하고 있어. 몽고메리도 다른 영국군 지휘관들과 다를 바 없네. 물자로 병력을 대신할 수 있다면 최대한 물자를 확보해서 병력 손실을 줄이려 하고 있지. 그러나 우리의 상황은 그다지 좋지 못해. 우리가 받는 보급품들의 양은 지금 당장 필요한, 최소한의 수준에도 미치지 못하고 있어. 특히 내가 크게 우려하는 점은 영국군이 거의 절대적인 제공권을 장악하고 있다는 거야. 숨을 곳이 없는 사막에서 분명히 치명적인 위협이지. 아군이 운용할 수 있는 전투기도 너무 부족하고, 설상가상으로 그런 전투기마저 대부분이 연료 부족으로 지상에 대기하는 처지라네. 그래서 롬멜 장군님께 방금 급히 무전을 보내드렸네. 장군님의 전 영향력을 동원해서라도 히틀러와 괴링에게 가능한 빨리 휘발유와 추가적인 전차, 88㎜ 포, 공군력 증원을 요청해달라고 말이야. 향후 영국군의 공세가 시작되면 자네의 임무는….”

슈툼메는 잠시 말을 끊고 멀리 사막을 바라보다 다시 입을 열었다.

“아군의 노출된 남측방을 방호하고 영국군의 우회 공격 시도를 저지하는 거야.”

슈툼메는 다시 항공기에 올랐다. 나는 그를 잘 알고 있다. 1939년 폴란드 전역 당시 내가 소속된 사단의 사단장으로 활력이 넘치는 열정적인 인물이었다. 최근에 알게 된 사실이지만, 그는 고혈압 증세로 인해 상당히 힘겨워하고 있었다. 나중에 그의 사망에 결정적인 원인이 된 고혈압은 특히 사막에서 매우 치명적인 질병이다.

어쨌든 1942년 10월까지 전선은 잠잠했고, 우리가 머물렀던 오아시스 지역도 마찬가지였다. ‘기블리’로 매일 공중정찰을 했으나, 작전지역 내에 특별히 감지되는 영국군의 활동은 거의 없었다.

어느덧 오아시스에서 대추야자 수확이 시작되었다. 남성들이 나무에 기어올라 대추야자 가지를 잘라 떨어뜨리면 여성들이 주워서 나귀에 실었다. 오늘도 시와에 당나귀들의 울음소리가 가득했다. 아침마다 야자나무 숲으로 끌려가 저녁이 되면 무거운 짐을 이고 돌아왔다. 몇몇 나귀의 등에는 야자나무와 짐이 실려있고, 다른 나귀의 등에는 남자들이 탔다. 그러나 여성들은 그 옆에서 걸어야 한다. 가부장적인 그들의 관습을 보여주는 모습이다.

어느 날, 시가지를 둘러보던 중에 농장 앞에서 커다란 바위를 옮기는 아랍인을 발견했다. 나는 통역관을 시켜 그에게 말을 걸었다.

“뭘 하는 거요?”

“저는 이집트의 지역 행정관의 지시로 여기에 왔습니다. 여기 농장의 주인이 세금을 납부하지 않았거든요. 행정관이 농장으로 유입되는 물길을 막으랍니다. 그래서 이 돌들로 수로를 막고 있습니다. 내일이면 농부는 세금을 모두 납부하게 될 겁니다. 그러지 않으면 며칠 안에 이곳의 모든 농작물들이 말라 죽게 될 테니까요.”

유럽같은 문명사회는 모든 것이 복잡하고 때로는 귀찮을 수도 있으며, 노동력이 필요하고 비용도 많이 든다. 그러나 이곳에서는 모든 것들이 극히 단순했다. 죄수가 자신의 노동 할당량을 채우지 못하면 며칠 동안 빵을 지급받지 못했던 소련도 이곳과 비슷했다.

10월 중순쯤, 라마단이 끝났다. 아랍 세계 곳곳에 큰 축제들이 열렸다. 대족장과 두 명의 하급 족장이 나를 ‘라마단 파티’에 초대했다. 우체국장은 이 초대가 대단히 영광스러운 일이라고 귀뜸해 주었다. 아쉽게도 그는 초대받지 못했다.

얼마 전에 독일 본토에서 이곳으로 전입 온 젊은 소위를 데리고 우선 하급 족장 두 명의 집으로 향했다. 그들의 방식에 따라 족장의 서열대로 집을 방문하고, 대족장의 집에서 일정을 마무리할 계획이었다. 나는 방문 전에 그 소위에게 단단히 주의를 주었다.

"귀관은 아랍인들에게 아무것이나 좋다고, 아름답다고 말하면 안 돼. 그들은 그 물건을 귀관에게 선물로 줘야 한다는 부담을 가지는데, 이것이 아랍인들의 전통이야. 조심하도록 해."

그래서 집안 여성들을 손님에게 절대 보여주지 않는 것은 아닐까?

우리는 대족장의 집에서 많은 음식을 먹어야 하는 상황에 대비해 결례가 아닌 선에서 모든 음식을 조금씩 맛보았다. 마침내 대족장의 집을 방문했다. 현관에서 인사를 나누고 안내를 받아 집 안으로 들어갔다. 거실은 지난번 방문 당시보다 더 화려했다. 그 순간 나는 너무나 놀라운 광경을 목격했다. 대족장의 어린 딸들이 우리에게 인사를 했다. 더구나 얼굴도 가리지 않은 상태였다. 이는 아랍인이 '무슬림'이 아닌 사람에게 최고의 경의를 표하는, 매우 긍정적인 표현이었다. 커다랗고 검은 눈을 가진 소녀들은 나를 빤히 쳐다보았다. 내가 초콜릿을 선물로 나눠 주자 그녀들은 너무나 기뻐했다.

우리는 거실의 최고급 양탄자 위에 양반다리를 하고 앉았다. 음식이 나왔다. 벽에도 양탄자들이 걸려 있었다. 여자들은 보이지 않았다. 대족장의 아들들이 음식을 날랐다. 아들 중 한 명은 파리채로 음식 앞에 모여든 파리를 내쫓고 있었다. 은쟁반에 담긴 7가지의 양고기 코스 요리가 순서대로 바닥에 차려졌다. 각 요리마다 제각각 맛이 달랐다. 아랍의 전통에 의하면 모든 코스 요리를 반드시 조금씩이라도 맛을 보아야 하며, 그러지 않으면 실례였다. 가장 마지막 코스 요리로 큰 대접에 담긴 곡물 요리^A가 나왔다. 이 음식은 모든 죄를 용서받았다는 상징으로, 이제 우리도 충분한 포만감을 느낄 수 있었다. 음식과 함께 매우 맛좋은 과일 주스를 마셨다. 끝으로 디저트로는 갖가지 과일이 손으로 만든 커다란 은쟁반에 담겨 나왔다. 그때 젊은 소위가 이렇게 외쳤다.

"쟁반이 너무나 아름답군요! 이렇게 아름다운 쟁반은 한 번도 본 적이 없습니다."

내가 그토록 주의를 주었건만, 그 순간 분위기가 어색해졌고 잠시 정적이 흘렀다. 소위는 즉시 자신의 실수를 알아차렸고 결례에 대해 용서를 구하려고 했다. 그러나

A   원문은 Hirsebrei. (편집부)

대족장은 이미 과일을 양탄자 위에 내려놓고 쟁반을 소위에게 건넸다. 소위의 얼굴은 새빨갛게 물들었고, 나는 그에게 이렇게 속삭였다.

"그냥 쟁반을 받아. 그러지 않으면 더 심각한 상황이 벌어질 거야."

그리고 족장을 향해 이렇게 말했다.

"이 젊은 친구와 우리 부대, 그리고 롬멜 장군의 이름으로 멋진 선물에 감사를 표하는 바입니다. 우리가 가지기에는 너무나 훌륭한 물건입니다만 감사히 받겠습니다. 그러나 우리에게도 보답할 기회를 주시기 바랍니다."

난감했지만 나로서도 이 어색한 상황을 타개하기 위해 무척이나 애를 썼다. 결국, 우리는 은쟁반을 손에 들고 허리 숙여 감사를 표하며 작별인사를 나누었다. 돌아오는 길 내내 그 젊은 소위의 표정에는 당황스러움과 미안한 마음이 뒤섞여 있었다. 그는 아직도 상황이 얼마나 심각한지 전혀 이해하지 못한 듯했다. 이제부터는 우리의 이미지를 바로 잡기 위해 무언가 방책을 강구해야 했다.

다음 날 아침, 나는 사령부의 가우제 장군에게 다음과 같은 암호 전문을 보냈다.

"이곳의 족장에게 큰 은혜를 입었음. 다음 보급품을 보낼 때 차 두 상자를 보내주기 바람."

가우제는 흔쾌히 승인했고, 며칠 후 최고 등급의 차 두 상자를 받았다. 대족장과의 만남에서 차가 거의 떨어져 간다는 그의 말이 떠올랐던 것이다. 나는 곧장 젊은 소위와 함께 대족장을 찾아갔다.

"롬멜 원수님께서 오시지 못해 유감입니다. 하지만 원수님께서 친히 여러분들께 감사를 표하라고 하셨습니다. 그리 많은 양은 아니지만, 저도 이 차로 대족장님께 감사드리고 싶습니다. 롬멜 원수님께서도 보잘것없는 물건이지만 당신께서 흔쾌히 받아주기를 바라십니다."

차 두 상자를 그에게 건넸을 때 그의 기뻐하는 얼굴에 우리는 안도했다. 그야말로 그에게는 제대로 된 선물이었다. 그러나 이것만으로는 충분치 않았다. 나는 며칠 내로 모든 족장들을 우리 숙영지에 초대하기로 약속했다.

먼저 지휘용 장갑차를 중앙에 세우고 가로와 세로 20m의 정사각형 모양으로 철조망을 둘렀다. 입구로 사용할 공간에는 두 대의 8륜 장갑차를 배치하고 제빵소대를 시켜 케이크를 구웠다. 족장들이 도착했을 때, 모든 장교들이 두 줄로 도열해서 대대적인 환영의 뜻을 표했다. 우선 차를 대접하면서 축배와 함께 대화를 나누었다. 분위기가 무르익을 무렵, 나는 족장들에게 위스키를 권했다. 그러나 대족장이 난색을 표하면서 정중히 거절했다.

"유감스럽지만 독실한 아랍인들에게 음주는 금물입니다."

"대족장님! 당신이 계신 이 사각의 공간은 치외 법권이 적용되는 지역입니다. 오늘 저는 비록 작은 공간이지만 이곳을 독일제국의 영토로 선언하는 바입니다."

그를 설득하고 싶었다. 일종의 압박이지만 서먹함을 극복하는 최고의 방책이라 판단했다. 그러자 족장들은 기꺼운 마음으로 위스키를 들이켰고, 시간이 흐르자 주위의 눈을 피해 오히려 더 즐기는 듯했다. 이렇게 은쟁반의 결례를 말끔히 해결했다.

"저는 여러분들과의 만남을 영원히 기억하고 싶습니다. 그런 의미에서 이 쟁반을 독일 본토로 가져가 부대 장교식당에 기념물로 전시하여 고이 간직하겠습니다."

그러나 훗날 북아프리카에서 철수하는 과정에서, 안타깝게도 이 쟁반 역시 다른 물건들과 함께 튀니지 땅에 남겨 둘 수밖에 없었다.

아름다운 시와 오아시스에서 지낸 꿈같은 나날들은 우리에게 충분한 휴식기였고 전투준비를 위한 매우 값진 시간이었다. 영국군의 공세 준비에 관한 소식들이 속속 들어왔다. 나는 제빵소대를 포함한 지원부대들을 해안으로 철수시킬 계획을 수립해야 했다. 영국군의 습격을 어떻게 회피하고 막아낼지가 관건이었다.

나는 중대장들과 함께 두 가지 방책을 논의했다. 구불구불한 산길을 통해 북쪽으로 이동하는 방법과 기아라붑 오아시스 방면의 서쪽으로 이동하여 그곳에서 다시 북상하는 방안이 있었다. 일단 휘발유와 탄약은 충분했고, 모든 수통을 물로 가득 채웠다. 향후 영국군의 공격을 받으면 엄청난 혼란에 빠질 것이고, 며칠 내에 이 깊은 사막까지 보급에 차질이 생길 수 있음을 예측해야 했다.

나는 다시 한번 지역의 지도자들과 족장들을 예방했다. 그들도 가까운 시일 내에 무언가 터질 것 같다는, 독일군과 영국군 간의 결전이 시작되리라는 것을 짐작하는 듯했다. 우리에게 알라신 은총이 있기를 기원해 주었다. 그들과 우리는 서로 진실한 친구였음을 재차 확인하고 석별의 정을 나누었다.

며칠 후, 영국군이 공세에 돌입했다.

3. 엘 알라메인 결전

아프리카 기갑군사령부에서 보낸 전문들과 각종 정보에 따르면 전쟁의 승패는 명확했다. 우리는 이미 '보급전'에서 패배한 상태였다. 아프리카 기갑군은 알라메인 진지에 45만 개의 지뢰를 매설하고 종심 깊은 진지를 구축했다.

당시의 정보를 종합해 볼 때, 영국군은 10월 중순을 전후해 1,000대 이상의 전차를 확보했고, 그중 400대는 최신예 셔먼 전차(M4 Sherman)였다. 반면 우리의 전차 전력은 234대의 독일 전차를 포함해 겨우 600대뿐이었다.[A] 영국군을 주축으로 한 연합군의 병력은 총 195,000명이었고, 게다가 모든 부대가 100% 차량화 되어 있었다. 반면 우리의 병력은 60,000여 명에 불과했고, 10월 중순까지 우리가 확보한 보급품의 물량도 부족했다. 11일간 작전에 소요되는 최저한의 물량을 기준으로 해도 불과 44%만을 확보한 상태였다. 휘발유 부족은 더욱 심각해서, 확보한 유류로는 아군 전차들이 겨우 300㎞가량을 이동할 수 있었다. 설상가상으로 영국군이 제공권을 완전히 장악했다. 아군 전투기의 수효도 적었지만, 그 이전에 유류 부족으로 공중전은커녕 출격조차 버거운 상태였다. 무시무시한 재앙이 눈앞에서 펼쳐질 듯했고, 훗날 실제로 목격한 모습은 말 그대로 지옥을 방불케 했다.

10월 23일, 몽고메리가 공격을 명령했다. 1,000여 문의 화포가 동시에 포문을 열었고, 영국 공군은 연속적인 무차별 공습을 개시했다. 아군의 방어진지에 집중적인 포탄과 폭탄이 떨어졌다. 몽고메리는 아군이 설치한 지뢰지대에 통로 하나를 개척하는 데 성공했다. 드디어 우리 대대에도 출동대기 지시가 떨어졌다. 가우제 장군은 무전으로 다음과 같이 지시했다.

"내일 아침 제15기갑사단은 역습을 시행할 예정임. 롬멜 장군께서 승인하셨음. 귀관의 대대는 역습 또는 남측방 방호를 준비하라."

그러나 영국군은 블레츨리 파크의 '울트라'로 아군의 모든 무전을 감청했고, 실시

A   234대 외에는 모두 이탈리아군 전차로, 독일 전차에 비해 성능이 그리 좋지 못했다. (저자 주)

간으로 우리의 움직임을 인지했다. 그로 인해 또 다른 비극이 벌어지곤 했다.

다음날, 또 하나의 충격적인 소식을 접했다. 슈툼메 장군이 전선을 순시하러 나섰다 적군의 기습적인 포격을 받는 과정에서 심근경색으로 사망했다. 롬멜 장군은 즉시 휴양을 중단하고, 건강을 완전히 회복하지 못한 채 10월 25일 데르나로 복귀했다. 그의 복귀 소식은 절망에 빠져 있던 장병들의 전투 의지를 되살려 주기도 했다.

한편, 아군의 역습은 무기력하게 끝나고 말았다. 영국 공군의 폭격기들이 폭우처럼 쏟아내는 폭탄들과, 영국인들이 처음 시도한 전투기의 로켓 공격, 지상의 대전차 포격으로 아군의 역습은 물거품이 되고 말았다. 그러나 아프리카 군단과 이탈리아 군의 사단들은 격렬하게 저항했다. 영국 공군의 끊임없는 맹렬한 폭격과 중포병의 빗발치는 포탄 사격 속에 아군의 방어진지가 완전히 노출되었음에도 '몬티'(Monty)[A]는 10월 29일까지 방어선을 돌파하지 못했다.

영국 공군의 폭격기와 전투기들은 마치 평시에 퍼레이드를 하듯 전장에 나타났고, 야간에도 조명탄으로 전장을 대낮처럼 밝히며 끊임없이 폭탄을 쏟아부었다. 몽고메리는 지상부대를 새롭게 재편하고 1942년 11월 1일 밤부터 다음날까지 결정적인 돌파를 감행했다. 강력한 포병과 공군의 지원 아래 500대의 전차가 북부 전선 상에 아군의 방어 종심이 가장 얕은 곳을 공략했다. 이곳은 기진맥진해 있던 독일군 제90경아프리카 사단의 책임지역이었다. 또한, 2일 오전에는 남서쪽으로 돌파하여 이탈리아군의 '리토리오'(Littorio) 사단과 '트리에스테'(Trieste) 사단을 완전히 유린했다.

롬멜은 즉시 남부에 위치했던 이탈리아군 기갑사단 '아리에테'(Ariete)를 이동시켜 영국군의 돌파구에 투입했다. 그 순간 내게도 명령이 떨어졌다. 남부 측방 방호 중 고립되었던 제10이탈리아군단을 지원하라는 명령이었다. 나는 11월 2일 그동안 준비했던 계획에 따라 제빵소대를 포함한 보급부대들을 키레나이카에 위치한 아군의 작전지속지원시설로 이동시켰다. 보급부대와의 연락을 유지하기 위해 무전용 장갑차량까지 그들과 함께 보냈다.

11월 3일, 동이 트기 전까지 우리는 오아시스를 떠나 제10이탈리아군단의 작전지역에 도착했다. 그때까지 그들은 연합국 공군의 폭격에 시달렸지만, 영국군 지상부대는 별다른 타격을 입지 않은 상태였다.

다행히도 롬멜 사령부와의 통신망은 계속 유지되었다. 곧 롬멜로부터 신속히 철수하라는 명령이 하달되었다. 다수 지점에서 적의 돌파구가 형성되었으며 월등히

A   몽고메리의 별칭 (역자 주)

우세한 전력과 연속적인 항공공격에 아군은 더이상 현 전선을 유지할 수 없다는 판단이었다. 며칠 후 알게 된 사실이었지만, 당시 롬멜은 키레나이카를 포기하고 트리폴리타니아 일대로 이동하여 유리한 지형을 이용해 새로운 방어선을 구축할 생각이었고, 그의 고민은 '2,000km 이상 떨어진 지역에 위치한 수많은 부대들을 어떻게 구출할까' 하는 것이었다. 타격을 입은, 차량화되지 않은 이탈리아군 보병사단까지 구출하는 방안도 관건이었다.

롬멜이 이런 고민에 빠져있던 와중에 간명하고도 축약된 '총통의 명령'이 그에게 전해졌다. 문장을 그대로 옮기면 다음과 같았다.

'승리 아니면 죽음 외에 우리 장병들에게 다른 선택권은 없다.'

이로써 고위급 지휘관들은 그 시각부터 모든 철수작전을 중단해야 했다. 몇 주후, 그가 내게 털어놓았듯이 당시 롬멜은 '자신의 의무를 다하는 것이 과연 무엇인가'에 대해 깊은 고뇌에 빠져있었다. 즉 충성을 맹세한 대로 철저히 복종할 것인가, 아니면 전선의 실상을 감안해 아프리카군의 총체적인 섬멸적 위기를 회피할 것인가를 두고 고민하고 있었다.

11월 3일 오후, 드디어 롬멜이 총통의 철수금지 명령과 함께 적의 진출을 거부하고 진지를 사수하라는 명령을 예하 지휘관들에게 전달했다. 롬멜의 상실감은 이루 말할 수 없었지만, 히틀러의 명령이라 따르지 않을 수도 없었다.

11월 4일 이른 아침, 영국군은 포병의 무차별적인 공격준비사격 이후 아프리카 군단 방면으로 공격을 개시했다. 셔먼 전차를 포함한 200여 대의 전차로 아군의 종심까지 돌파구를 형성하는 데 성공했다. 아군은 20여대의 전차로 격렬히 저항했지만 역부족이었다. 그러나 아프리카 군단은 여전히 건재했고 적에게 심대한 피해를 주었다. 특히 아군의 88mm 대전차포의 위력은 굉장했다. 하지만 영국군은 단기간 내에 손실된 장비와 병력을 보충하여 전열을 가다듬을 수 있었다. 반면, 아군의 경우 전차나 중화기, 탄약 등의 추가적인 보급이 없었다.

한편, 10:00경, 영국군은 북측에 위치한 제20이탈리아군단 정면에 재차 무시무시한 포병사격과 연속적인 폭격을 실시하고, 그 직후 지상군으로 파상공세를 감행했다. 바로 우리 대대가 위치한 지역이었다. 이탈리아군은 그들의 낡은 무기로 영국군의 공세를 도저히 막아낼 수 없었다. 나는 가능한 최선을 다해 지원하려 했지만, 우리가 보유한 정찰장갑차와 취약한 대전차포는 심리적으로는 몰라도 물리적으로는 그다지 도움이 되지 못했다.

이탈리아군 가운데 전투의지가 강해서 진정한 동맹군이라 여겼던 '아리에테' 기갑사단과 '트리에스테' 사단, '리토리오' 사단은 결사적으로 항전했다. 그들의 수많은 전차들[A]이 피격되어 불타고 있었다. 그 모습을 목격한 우리는 너무나 참담했다. 피아가 혼재된 전투상황에서 제20이탈리아 군단이 포위될 때까지 그들과의 무전은 연결되어 있었다. 15:30경 '아리에테' 사단장은 롬멜에게 마지막 전문을 보냈다.

"우리는 모두 포위되었다. 그러나 '아리에테' 사단의 전차들은 아직 전투 중이다."

이날 저녁 무렵, 제20이탈리아 군단은 섬멸적인 타격을 입었다. 우리는 훌륭하고도 용감한 전우들을 모두 잃어버렸다. 그들은 자신들이 처한 극한 상황에서 그들이 할 수 있는 것 이상을 해냈다.

영국군 지상부대는 드디어 정면 20km에 달하는 돌파구를 형성하여 맹렬히 돌진했고 남부로 우회하여 북부에서 필사적으로 버티던 아프리카 군단의 측방을 위협했다. 그제서야 롬멜은 히틀러의 명령을 거부하고 즉시 철수하기로 결심했다. 그때 아프리카군은 내가 보유한 정찰장갑차 12대를 포함하여 총 600여 대의 전차로 영국군의 공세에 맞서 싸우고 있었다.

롬멜의 명령이 도착했다. 우리 대대는 적과의 접촉을 회피하고 우선 시와, 기아라붑 오아시스 일대로 이동하라는 내용이었다. 시와의 서쪽에 있는 그 지역은 리비아의 영토였다. 나의 임무는 '그 일대를 수색하여 아군의 철수 시 남부로 우회, 포위하려는 적의 기도를 탐색 및 저지하는 것'이었다.

11월 5일 아침, 나는 시와-기아라붑 오아시스 북부 지역에 도착했고, 적과의 접촉은 없었다. 나의 부대들이 드넓은 광야 지역에서 동, 남동, 남쪽으로 부채꼴 형태로 흩어져 정찰활동을 전개했다. 갑자기 엄청난 폭우와 함께 모래폭풍이 일었다. 아프리카군의 일부 부대들이 철수를 위해 이용해야 할 협로들도 결국 사용할 수 없게 되었다. 이튿날 영국군의 소규모 정찰대와 조우했다. 아마도 그들도 남쪽으로 우회할 수 있는 통로를 찾는 듯했다. 단시간의 교전 끝에 그들을 격퇴시키는 데 성공했다.

11월 7일, 한 정찰팀이 동쪽으로 멀리까지 수색을 실시하던 중 깊은 사막 한가운데서 람케(Ramcke) 소장을 발견했다. 그는 알라메인 전선의 우익을 담당했던 공수여단장이었다. 람케 장군과 몇몇 부하들은 정찰차량에 실려 내 지휘소로 왔다. 매우 초췌한 모습이었다. 그는 내게 롬멜 장군께 가야 한다며 차량지원을 요구했다. 자타가 공인하는 최정예부대였던 그의 공수부대원들은 사막 한가운데서 상상을 초월하

A   우리는 이탈리아군의 전차를 '정어리 통조림'이라 비꼬기도 했다. (저자 주)

는 고초를 겪으며 극도로 위험한 상황에서 몇 날 며칠을 보냈다고 한다. 차량이 없었던 람케의 부대는 제20이탈리아 군단 지역에서 영국군의 돌파로 고립되었다. 그때 영국군의 보급부대를 습격하여 차량과 연료를 탈취했고, 이를 통해 기진맥진했던 병사들을 포함해 절반가량의 병력과 중화기를 차량으로 옮길 수 있었다. 하지만 많은 병력들은 모래사막 한가운데서 걸어가야 했다. 이렇게 그들은 서쪽으로 이동을 개시했던 것이다.

나는 즉각 롬멜에게 전문을 보냈다.

'모든 화기와 병력을 온전히 챙겨서 철수 중이던 람케 장군과 700명의 병력을 발견했고, 현재 람케 장군도 내 지휘소에 있음.'

연료가 부족해서 차량 가운데 절반 정도는 사람의 힘으로 끌려 왔고, 나머지 병력들은 3일 밤낮을 걸어서 철수했다. 곧 롬멜의 답변이 도착했다. 그렇잖아도 롬멜은 공수부대의 생존 여부에 대해 크게 걱정했고, 거의 포기한 상태였으므로 생존 소식을 매우 다행스럽게 여긴다며 람케와 그의 부하들이 롬멜의 지휘소로 이동할 수 있도록 내게 차량을 내어주라고 덧붙였다.

나는 걸어서 사막을 횡단하다 녹초가 된 당시 람케 부대원들의 모습을 절대로 잊을 수 없다. 차량의 탑승공간이 부족해서 식수와 화기 외에는 모두 버리고 왔지만 그들의 군기와 사기는 너무나 높았다. 그저 놀라울 따름이었다.

11월 8일 아침, 이집트와 리비아 국경선 동쪽에 위치했던 내 지휘소에 갑자기 롬멜이 나타났다. 그는 총체적인 전황을 개략적으로 알려주었다. 11월 4일부터 아프리카군 전체가 리비아 국경 방면으로 철수를 개시했고, 아프리카 군단은 전선에서 마지막 남은 힘을 다해 영국군의 강력한 공세를 저지중이었다. 벵가지에 연료가 도착했지만 독일군 기갑사단들에 보급할 시기를 놓쳤고, 따라서 연료가 떨어진 아군 전차 몇 대는 어쩔 수 없이 자폭시켜야 하는 상황이었다. 당시 아군의 가용 전차는 4대뿐이었고 적의 공세를 저지하는 임무에는 주로 88㎜ 대전차포가 투입되고 있었다.

롬멜은 해안도로의 상황이 얼마나 참혹한지도 알려 주었다. 영국군 전차부대의 추격과 끊임없는 융단폭격으로 인해 도로는 유기되고 전소된 차량들로 가득 찼으며, 병사들은 걸어서 탈출하고 있었다. 차량이 통과할 수 없을 정도로 장애물들이 많아 보급수송부대들이 전방으로 진출할 수도 없는 상태라 했다.

롬멜의 의도는 리비아로 향하는 국경 통로들을 개방하여 아프리카군 주력을 온전히 철수시키는 것이었다. 롬멜의 얼굴에는 고뇌와 좌절감이 가득했다.

리비아-튀니지 방면의
주요 도시와 방어거점

시칠리아

튀니스

테베사   카세린

가프사

가베스

마레트   트리폴리

포움   홈스

타타오이네 타르후나

부에라트   시르테

노필리아

말타   지중해

크레타

데르나

벵가지

마르사
엘 브레가

아즈다비야

"히틀러의 어이없는 고수방어 명령으로 너무나 중요한 며칠을 허비했어. 피해도 무척 크다네. 재기할 수 없을 지경이야. 더이상 키레나이카 사수가 불가능해졌어. 그래서 바이얼라인 대령에게 아프리카 군단의 남은 전력을 폭우와 모래폭풍 속에서 키레나이카 남부를 통과해 서쪽으로 철수하라고 지시할 생각이야. 마르사-엘-브레가(Marsa-el-Brega) 일대에 새로운 방어선을 구축해야겠어."[A]

롬멜은 말을 이었다.

"영국놈들이 수색부대와 경수색차량으로 우리 아프리카군의 남측방으로 우회할 통로를 탐색 중이고, 그 통로로 공격한다는 첩보를 입수했어. 만일 그들이 그쪽으로 공세를 취한다면 큰일이야. 그래서 루크 자네가 포스 기갑수색전투단(Aufklärungsgruppe Voß)[B] 을 직접 지휘하게. 영국놈들이 우회를 시도한다고 해도 3개 수색대로 충분히 저지할 수 있을 걸세. 포스 대대는 어제 해안도로 일대의 푸카(Fuka)에서 아프리카군 후위로서 임무를 성공적으로 완수했네. 그 후 남측방으로 진출했던 영국군의 포위 망을 뚫고 영국군에게 심대한 피해를 입혔지. 건투를 빌겠네. 부디 잘 싸워 주게."

롬멜은 아직도 희망을 버리지 않은 듯했다. 그러나 당시에는 절체절명의 위기상 황에 직면할때까지 본인이 아무 일도 하지 않았다며 자책하며 괴로워했다. 그토록

A   그러나 그 선은 이미 리비아 영토 내, 트리폴리 일대였다. (저자 주)

B   포스(Voß) 소령이 지휘하는 제580기갑수색대대와 리나우(Rinau) 소령 휘하의 제33기갑수색대대 (저자 주)

저자는 기갑수색대대의 임무에 적합한 피젤러 슈토리히를 지급받았다. 사진의 인물은 왼쪽부터 리나우 소령, 저자 한스 폰 루크, 포스 소령.

의기양양했던, 전투에서 매번 승리를 구가하던 롬멜의 아프리카군이 왜 이렇게 되었을까? 얼마 전까지만 해도 단 몇 번의 작전으로 점령했던 모든 지역을 겨우 며칠 만에 포기해야 했던 그의 마음은 얼마나 착잡했을까? 우리 모두는 이제 '우리의 롬멜' 편에서 함께 싸워야 한다고 굳게 다짐했다.

아프리카군의 기갑수색전투단으로 임무를 완수한 포스 소령과 리나우 소령이 그들의 대대를 이끌고 내게 왔다. 포스로부터 해안도로 일대의 비극적인 상황을 들었다. 영국 공군의 끊임없는 맹폭격으로 완파된 아군 차량이 즐비했고 병사들은 사막 한가운데로 도망쳤으며, 그중 일부는 퇴각하는 차량들을 놓치지 않으려고 사력을 다하는 광경이 그야말로 처참했다고 한다. 포스는 이렇게 전했다.

"상태가 괜찮은 극소수의 차량에 우리 병사들과 이탈리아군 병사들이 마치 포도송이처럼 매달린 모습이 너무나 참혹했습니다. 휘발유가 떨어진 몇몇 전차들은 버려진 상태였습니다. 보급품을 적재한 차량들은 퇴각하는 병력들 때문에 전방으로 이동하는 것 자체가 불가능했습니다. 가장 심각했던 것은 영국 공군의 폭격에 속수무책이었다는 겁니다. 이들은 밤낮없이 유일한 통로였던 아스팔트 포장 해안도로를 무차별 폭격하고 기총을 난사했습니다."

나는 세 개의 대대로 빈틈없이 감시하기 위해 책임지역을 셋으로 분할했다. 다음 날 가우제는 우리에게 피젤러 슈토르히 한 대를 추가로 보내주었다. 시험 삼아 항공 정찰과 연락 용도로 사용했는데, 생각보다 큰 효과가 있었다. 대신 이탈리아 항공기 인 '기블리'를 돌려보내야 했다. 슈토르히는 우리의 보물이나 마찬가지였다. 슈토르 히를 지상에 주기할 때 사용하기 위해 별도의 위장망을 제작했다. 작전지역 전체를 돌아보거나 만일 있을지도 모를 적의 움직임을 찾아내기 위해 나의 부관이나 내가 직접 매일 1, 2회씩 슈토리히를 타고 날아올랐다. 그 덕분에 우리는 정찰 차량의 연 료를 절약할 수 있었다.

11월 5일, 한때 그토록 사기충천했던 아프리카군은 리비아의 국경을 넘었다. 4일 만에 종심 400㎞에 달하는 지역을 상실했다. 11월 24일까지 극심한 손실을 입고 전 투력이 소진된 아군 부대들이 마르사-엘-브레가 방어선에 도달했다. 그러나 큰 피해 를 입고 단 4대의 전차만 남은 제21기갑사단과 같은 부대들은 아직도 1,000㎞ 떨어 진 전선에서 사투를 벌이고 있었다.

11월 8일, 군사령부로부터 미군이 모로코에 상륙했고 아프리카군이 동서 양방향 에서 포위될 위험에 처해 있다는 통보를 받았다. 그에 따라 11월 9일에 독일 공군부 대들이, 11월 11일에는 공수부대들이 튀니스(Tunis)에 급파되고, 후속해서 독일군 제 10기갑사단과 이탈리아군 1개 사단이 아프리카 전역에 투입되었다. 이 부대들로 제 5기갑군이 편성되었다.

튀니지에서 멀리 떨어져 있던 우리는 미군의 상륙 소식에 매우 당황했다. 차드 (Tschad) 공화국ᴬ에서 프랑스인들이 1개 전투단을 편성하여 사막을 가로질러 튀니지 방면으로 진군하고 있다는 소문도 있었다. 이들이 남쪽에서 우리를 압박할 수도 있 다는 위기감이 감돌았다.

며칠 뒤, 롬멜의 군사령부에서 내게 이탈리아군 기갑수색대대 '니짜'(Nizza)를 증원 해 주겠다는 통보를 보내왔다. 그다지 반가운 소식은 아니었다. 무장도 그리 좋지 않고 전투의지도 그리 높지 않은 부대라는 생각이 앞섰다. 그러나 곧 내 추측이 착 각이었음을 깨달았다.

....
A 리비아 남부에 위치한 중앙아프리카의 공화국 (역자 주)

이탈리아군

얼마 후, 니짜대대는 소규모 부대로 나뉘어 우리 지역에 속속 도착했다. 심각한 피해를 방지하기 위한 조치였다. 그들의 전투력은 만만치 않았다. 덩치 큰 금발의 소령이 내게 와서 본인이 지휘관이라고 소개했다. 나중에 그에게 들은 바에 의하면 자신은 왕족과의 스캔들로 처벌을 받아 여기로 오게 되었다고 말했다. 장교들과 병사들 모두 북부 이탈리아의 피에몬테(Piemonte)와 베네치아(Venezia) 출신으로, 자부심이 가득했고, 싸움에 자신 있고 전투를 잘 한다는 것을 증명하려 했다. 그 지휘관과 장교들은 내게 이렇게 요구했다.

"우리 정찰대도 귀하의 부대와 함께 적정 정찰을 나가도 될까요? 지금 상황에서 훈련할 수 있는 최상의 방법이죠."

나는 그들의 정찰장갑차와 무기를 살펴보았다. 주위의 내 부하들이 말했다.

"야! 이거 정어리 통조림(sardinenbüchsen)이잖아!"

실제로 그들의 장비는 형편없었다. 우리가 폴란드 전역에서 타고 나갔던 장비의 수준에도 미치지 못했다. 영국군의 경장갑차나 대전차포를 만나면 속수무책으로 당할 수밖에 없는 장비들이었다. 그럼에도 불구하고 그들은 전선에 나가려 했다. 감동과 연민 사이에서 내 감정이 흔들렸고 이토록 용감무쌍한 병사들과 힘겹고 험난한 몇 주를 보냈다. 이들은 엄청난 피해를 입었고 부상자도 속출했지만, 포기하지 않고 전투가 끝날 때까지 우리와 함께한 훌륭한 전우들이었다. 우리는 여태껏 동맹군인 이탈리아군을 홀대했고, 우리 병사들은 그들을 '스파게티만 먹는 놈들'이라고 조롱했다. 그들은 전투능력 면에서 우리에게 도움은커녕 짐이 되었던 적이 많았다. 그러나 우리는 다음과 같은 사실을 단 한 번도 깊게 생각해 본 일이 없었다.

- 우리나 영국군과 동일한 군사적인 잣대로 그들을 평가해서는 안 된다.
- 그들의 무기나 장갑차량은 북아프리카 전역에서 우리와 적들이 보유한 장비에 비해 저급한 수준이었다.
- 이탈리아 친구들은 심리적 측면에서 기후 등의 이유로 여러 가지 어려움을 겪고 있었다. 따라서 그들에게 이곳에서의 전투는 엄청난 부담이었다.

이탈리아인의 본성은 매우 유쾌하고 호의적이며, 우리 독일인들과는 전혀 다른 사고방식을 가지고 있다. 나중에 그들로부터 듣게 되었지만, 자신들은 '살기 위해 일한다'고 했다. 반면 우리 독일인은 '일하기 위해 산다'고 말한다. 어떤 인생 철학이 더 나은 것인지 논하고 싶지는 않다. 그러나 세계적으로 유명한 예술가, 건축가, 도로건설가들이 이탈리아에서 배출되었다. 이탈리아인들은 가장 아름다운 오페라를 전 세계에 선사했고, 가장 훌륭한 클래식 음악 연주가들을 배출했다. 과거 로마 문화는 오늘날까지도 전 세계에 각인되어 모든 문화권에 영향을 주고 있다. 그토록 아름다운 나라를 방문하는 모든 이들은 이탈리아의 지중해성 기후와 고혹적이고도 유쾌한 매력에 흠뻑 빠져버리곤 한다.

이탈리아 군인들에게도 그들만의 고유의 특성들이 내재되어 있었다. 그들은 심각하게 고민하지 않은 채 이 전쟁에 참가했고, 승산이 없으면 포기했다. 히틀러의 비장하고도 냉소적인, '독일 군인은 조국을 위해 총을 들고 진지를 사수하거나 목숨을 바친다'는 대원칙은 이탈리아인들에게는 너무나 생소하고 섬뜩한 말이었다.

그래서 어느 지방에서 수십만의 청년이 전장에 나가게 되었을 때, 그 지방에는 신병을 훈련시킬 베테랑들이 전혀 존재하지 않는다는 사실도 그리 놀랄만한 일이 아니다. 종종 내가 단기간 로마에 머무를 때면 이렇게 묻는 사람들이 적지 않았다.

"아! 북아프리카에 우리 이탈리아 원정군단이 하나 있잖아요? 곧 그들의 승전 소식이 들려오겠죠?"

나는 애써 대답을 피했다. 물론 병사들의 가족들은 그렇지 않았지만, 어떤 이들에게는 사막에서 사투를 벌이는 병사들의 운명보다 향락이 더 중요했다. 게다가 부정부패는 일상적인 일이었다.

이러한 이유에서 동맹군으로서 이탈리아군은 능력 면에서 무솔리니가 원하는 승리를 일궈내기 어려웠다. 한편, 이탈리아 해군은 두 척의 최신예 전함을 보유했다. 물론 여러 가지 제한사항도 있었지만 앞서 언급한 동일한 이유로 인해 지중해 건너편의 우리에게 충분한 양의 보급품을 안전하게 전달해 줄 수 있는 능력도, 의지도 없었다. 그러나 우리와 함께한 '니짜' 수색대대의 경우는 달랐다. 우리가 그들을 칭찬하고 높이 평가할수록 그 부대의 장교와 병사들은 더욱 용감하게 우리 곁에서 최후까지 사력을 다해 싸웠다.

보급 상황

알라메인 전선에서 카이로-알렉산드리아 방면으로 진격하려다 실패했다는 사실은 앞에서 언급했다. 그때부터 이미 보급 상황은 매우 좋지 않았다. 화기와 탄약, 유류, 모두 부족했다. 더욱이 철수하는 상황에서 보급 문제는 가히 참혹한 수준이었다. 수많은 전차와 장갑차량들을 견인하거나 자폭시켜야 했다. 연료가 바닥난 기갑군단의 일부 부대들은 영국군 전차부대의 압박과 영국 공군의 맹폭에 속수무책으로 당할 수밖에 없었다.

11월 18일. 우리가 원했던 데르나가 아닌, 벵가지에 도착한 5,000t의 휘발유 가운데 2,000t이 -블레츨리 파크의 암호 해독으로 정보를 입수한- 영국 공군의 폭격으로 유류 저장고에서 전소되었다. 그나마 남은 3,000t의 휘발유도 항구에서 움직이지 못하는 상황이었다. 전선으로 향하는 도로가 꽉 막혀있었고, 설상가상으로 수송 수단인 차량마저 부족했다. 500t의 휘발유를 벵가지로 운반할 예정이었던 구축함 한 척은 갑자기 트리폴리로, 즉 서쪽으로 항로를 전환했다. 벵가지가 함락당할 위기라고 인식했던 모양이다.

다행히도 우리 수색대대는 보급장교의 탁월한 임무수행 덕에 그럭저럭 견딜 수 있었다. 그는 사막 한가운데를 통과하여 소규모 이동경계부대를 이끌고 대대가 필요로 했던 휘발유를 지속적으로 공급해 주었다. 어느 날 한 번은 그의 소규모 이동경계부대가 영국군과 조우하여 큰 피해를 입었다. 그러나 함께 파견되어 당시 상황을 보고했던 무전통신용 장갑차량은 두꺼운 장갑판 덕에 온전히 복귀할 수 있었다.

식수는 개인별로 할당했다. 1인당 하루에 반 리터의 물을 나눠주었고, 모두 열흘치의 분량만 보유하고 있었다. 시간이 흘러 차량의 냉각수와 1리터의 식수밖에 남지 않았다. 씻는 것도, 면도도 이미 포기한 지 오래였다. 모든 것이 절실했다. 우리에게는 희망도 없었고 물도 부족했다. 그렇게 깊은 사막 한가운데서 헤매고 있었다. 아무것도 없이 우리는 열흘을 견뎌냈다.

사막에서 진행된 수색작전

11월 6일부터 우리 수색전투단[A]은 기아라붑 오아시스를 빠져나와 모래사막에서 남쪽으로 300㎞를 이동하여 더 깊숙한 사막지대에 집결지를 편성했다. 이곳의 자갈사막은 대규모 기동부대의 작전이 가능한 북부만큼 평탄하지 않았다. 남쪽으로 들어갈수록 더 험한 산악지대가 나타났다. 일부 지역은 풍화작용으로 북쪽에서 남쪽으로 절벽들이 형성되어 있었고, 그것만으로도 방자의 입장에서는 매우 양호한, 공자가 극복하기 어려운 장애물이었다. 그리고 더 남쪽에는 차량이 통과하기에 불가

A   독일군 3개, 이탈리아군 1개 등 4개의 수색대대를 통합 편성했다. (역자 주)

능한, 높고 가파른 사구들로 이루어진 모래사막이 다시 펼쳐져 있었다. 길게 형성된 와디, 소위 메마른 계곡들은 우리에게 유용한 엄폐물이었고 이곳에서 적의 기습에 도 대비할 수 있었다.

낮에는 무척 더웠고 밤에는 너무 추웠다. 그러나 다들 외투와 숄을 이용해 잘 견 뎌내고 있었다. 기습적으로 찾아오는 거대한 모래폭풍과 엄청난 폭우와도 맞서 싸 워야 했다.

갑자기 적과 접촉했다. 적군이기는 했지만, 당시 우리의 기분은 마치 '옛 전우'를 만난 듯 반가웠다. 언젠가 알라메인으로 진격 도중에 조우했던 로열드래군과 제11 경기병연대 예하의 병력들이었다. 우리의 임무는 아프리카군이 서쪽으로 안전하게 철수하도록 엄호하는 것이었지만 나의 부대원들 모두는 스스로 후퇴하고 있다는 사실을 망각할 정도로 전투의지가 넘쳤다. 우리는 사방으로 흩어져 적과 접촉했고, 영국군의 기도를 정확히 파악하기 위해 기민하게 움직였다. 반드시 적군을 생포해 서 그들의 계획을 빼내기로 결심했다.

우리 전투단은 이른바 '그물망 전술'을 개발하기도 했다. 15km 이상의 시계가 확 보된 평지에서 기동성이 탁월한 8륜 장갑차들을 이용하여 커다란 원형진지를 구축 했다. 그 후 영국군의 험버 장갑차와 경정찰차량들을 유인했고, 그물망에 걸린 적 차량들을 좌우 양측방에서 사격으로 완파시켰다. 이 전술은 대부분 성공적이었 지만, 때때로 험버에 장착된 강력한 화포 때문에 오히려 우리 장갑차들 일부가 피해를 입기도 했다.

드디어 포로를 잡았다. 내 앞으로 끌려온 영국 군인들이 먼저 인사를 건넸다.

"다시 만나게 되어 반갑소! 정찰대장 양반!"(Glad to meet you again, Recces.)

역시 영국인들은 어떠한 상황에서도 유머를 잃지 않았다. 통상적인 '짧은 대 화'(small talk) 끝에, 몽고메리가 오히려 자신들의 보급로를 습격당하는 상황을 우려했 다는 것과, 이를 거부하기 위해 두 개의 수색대대를 이곳에 투입했음을 알아냈다. 이 어서 한 젊은 장교는 생각 없이 롱레인지 사막전투단의 임무에 대해 몇 마디 말들을 내뱉었는데, 무척이나 흥미로웠다. 물론 그는 나중에 자신의 경솔한 행동을 무척이 나 아쉬워했다. 그의 진술에 따르면 스털링 소령이 지휘하는 롱레인지 사막전투단 의 임무는 영국군 1개 기갑사단의 전 차량들이 산악지대를 우회할 수 있는 남부 일 대의 통로를 찾는 것이었다. 그때부터 우리는 소위 '스털링 사냥작전'(Jagd auf Stirling)에 돌입했다. 이따금 그의 정찰차량이 남긴 타이어 자국들을 발견하기도 했지만, 그들은 교활하게도 매번 우리가 습격하기 직전에 그 지역을 이탈하곤 했다. 몇 주 후, 한 정찰대가 길을 잃고 헤매던 롱레인지 사막전투단 지휘차량과 승무원을 생포했다. 그 차량에서 산악지대를 관통하는 이동로가 정확히 표시된 지도를 입수했는데, 자세히 살펴보니 1개 기갑사단 전체가 통과할 수 있을 뿐만 아니라 해안지대에 설치된 아군의 저지진지들을 충분히 우회할 수 있는 통로였다. 이 지도를 우리가 탈취한 덕분에 롬멜은 아프리카 군단 일부가 완전히 포위될 위기에서 벗어날 수 있었다. 또한 지속적인 정찰활동을 통해 우리는 두 개의 영국군 수색대대 지휘관의 이름을 파악했다. 우리에게 잡힌 포로들도 종종 내게 이렇게 말하곤 했다.

"당신이 폰 루크 소령이군. 내 손으로 당신을 꼭 잡고 싶었는데…."

아프리카군은 해안에서, 그리고 키레나이카를 가로질러 질서정연하게 철수했다. 그러나 그 후위부대들은 격렬한 전투를 치렀고, 특히 적의 무차별 폭격에 시달렸다. 그동안 우리 4개 수색대대는 다행히 적들의 전차 및 공중공격을 받지 않고 3주 동안 우리의 의지대로 자유롭게 작전을 수행할 수 있었다.

페어플레이

우리는 현 상황과 지형에 따라 나름대로 전투방식을 발전시켰다. 모든 정찰부대는 어둠이 찾아오기 직전에 집결지로 복귀하기 위해 17:00경에 작전활동을 중단했다. 적의 습격을 방지하기 위해 집결지는 차량으로 둘러싸인 요새 형태를 갖췄다. 어둠이 깔리면 나무 한 그루 없는 모래사막에서는 방향을 제대로 파악할 수 없었으므로, 집결지로 복귀하기란 거의 불가능했다. 적에게 노출되지 않도록 라이트 사용도 가급적 통제했고 비상시에만 신호를 주고받는 데 사용했다. 영국군의 두 대대도 우리와 비슷하게 행동했다. 그들도 우리도 17:00가 되면 모든 정찰 및 전투활동을 중단하고 다음 날 아침 동이 트면 활동을 재개했다. 나는 부하들에게 이런 농담을 건네기도 했다.

"영국놈들과 17:00부터 다음 날 아침까지 휴전하자고 제의해도 되겠는걸?"

"정말 그래도 되겠는데요."

유머 감각이 뛰어난 UFA 영화사 출신인 벤첼 뤼데케 소위는 이렇게 맞장구를 쳤다. 그리고는 이렇게 덧붙였다.

"영국놈들도 유머라면 뒤지지 않습니다. 우리가 먼저 이런 조건을 제안해 보면 어떨까요?"

그러던 중에 뜻하지 않은 행운이 찾아왔다. 어느 날 저녁 무렵, 내 휘하의 모든 정찰팀이 무사히 복귀했음을 확인하고 쉬고 있을 때 통신장교가 내게 보고했다.

"로열 드래군 측에서 무전으로 소령님과 통화를 원한답니다."

나는 즉각 무전소로 향했다.

"반갑다. 나는 독일군 지휘관이다. 무슨 일인가?"

"나도 반갑다! 나는 로열 드래군 지휘관이다. 귀관과 무선통화가 연결된 것도 매우 특별한 일이라 생각한다. 귀측에 확인할 사항이 있다. 가능하면 협조를 부탁한다. 오늘 저녁 아군의 스미스(Smith) 소위와 그의 경정찰부대가 실종되었다. 귀관이 이 부대를 데리고 있는가? 만일 그렇다면 내 부대원들의 상태가 어떤가?"

실제로 아군 정찰대가 그들을 생포했다.

"그렇다. 그들은 이곳에 있다. 병력들의 건강 상태도 이상 없다. 그들의 동료와 가족들에게 자신들은 잘 있다고 전해줄 것을 요청했다."

그 순간 문득 좋은 아이디어가 떠올랐다.

"혹시, 만일 우리 측에서도 아군 누군가가 실종되면 귀관이나 제11경기병연대에서 확인해 줄 수 있는가?"

"동의한다! 귀관이 호출한다면 언제나 환영이다!"

그렇게 몇 개 조항의 '신사협정'(Gentlement agreement)를 맺기까지 며칠이 걸렸다.

- 17:00을 기해 모든 적대행위를 중단한다. 우리는 이 시간을 '티타임'(tea-time)이라 불렀다.
- 17:05을 기해 영국군과 무전으로 포로나 기타 궁금한 사항에 대한 정보를 주고받는다.

실제로 17:00 이후에 우리와 15㎞ 정도 거리를 두고 집결지를 편성한 영국군이 석유 버너로 차를 끓이는 광경을 종종 관찰하곤 했지만 교전은 없었다. 이 '신사협정'은 튀니지에서 접촉을 단절해야 할 때까지 지켜졌다. 당시 우리 쪽과는 관계없는 몇 가지 불의의 사태가 발생했기 때문이다. 포로들은 보급품 차량들이 도착해서 그들을 이송할 때까지 며칠 가량 우리가 데리고 있어야 했다. 식량이 부족한 와중에도 포로들에게 식량을 나눠주는 호의를 베풀기도 했다.

어느 날 저녁 무렵, 라디오의 주파수를 베오그라드 방송에 맞추자 '릴리 마를렌 (Lilli Marleen)의 노래'가 흘러나왔다. 몇몇 포로들도 따라 흥얼거렸다.

"우리 영국군들도 매일 저녁 '릴리 마를렌'을 들어요. 이미 영어로 발표되었죠. 몬티(몽고메리)가 이 노래 듣는 것을 엄격하게 금지시켰지만, 그래도 우리는 이 노래가 너무 좋아요. 특히 감성적인 가사가 정말 좋지요."

훗날 알게 된 사실이지만 프랑스인들과 미국인들도 이 노래를 즐겨 들었다. 당시로서는 어떻게든 들으려면 쉽게 들을 수 있었다.

여기에 '17시 티타임' 협정에 관한 몇 가지 재미있는 사례를 소개한다.

어느 날 저녁, 한 정찰팀이 영국군 지프 한 대를 잡았다. 사막 한복판에서 탈취한 차에는 키 크고 젊은 금발의 영국군 소위와 운전병이 타고 있었고, 그들은 내 앞으로 끌려왔다. 그 소위는 '오만방자하고 자존심이 강한' 전형적인 영국인이었다. 그를 심문하려고 했지만, 자신의 군번만 말할 뿐 어떤 정보도 캐낼 수 없었다.

그와 수차례 대화를 시도했다. 내가 런던에서 사귄 친구들, 특히 근위대의 대위에 대해 이야기했다. 그러자 그도 서서히 마음을 열고 드디어 결국 입을 열었다. 그는 자신이 플레이어스(Player's) 담배회사 소유주의 조카라고 소개했다. 뒤에서 듣고 있던 내 부하장교들이 소곤거리는 말을 듣고 나는 박장대소했다. 즉시 그에게 이렇게 제안했다.

"소위! 이러면 어떻겠나? 내 부하들의 제안인데 말이야. 당신과 당신의 운전병을 풀어주는 대신 담배를 구해 줄 수 있겠나? 지금 담배가 너무 필요하단 말이야."

"그거 좋은 생각이군요."

"귀관의 가치를 담배로 환산하면 얼마나 되겠나? 귀관의 지휘관에게 어느 정도 양을 제안해야 되겠나?"

그는 잠시도 머뭇거리지 않고 답했다.

"백만 개비의 담배도 문제없습니다. 그러면 십만 갑이겠죠."

통신장교는 즉시 로열 드래군과 무전을 연결했고, 나는 우리의 요구사항을 제시했다.

"잠시 대기바람. 즉시 응신하겠음."

몇 분 후 이런 답신이 돌아왔다.

"유감스럽지만 우리도 담배가 매우 부족하다. 60만 개비 정도는 가능하다."

나는 깜짝 놀랐지만, 그보다 더 놀라운 일은 그 젊은 소위의 반응이었다. 그는 그 제안을 딱 잘라 거부했다.

"백만 개비의 담배가 뭐가 그리 많다고, 젠장!"

그는 결국 자신의 거만한 자세 때문에 포로 신세로 남아야 했다.

그다음 주 어느 날, 어둠이 깔리기 직전에 군의관이 내게 찾아와 산책을 나가겠다고 말했다. 나는 그에게 주의를 주었다.

"산책을 해도 좋습니다. 다만 너무 멀리까지 나가지는 마시기 바랍니다! 곧 어두워질 겁니다."

집결지 후방의 언덕 쪽으로 나간 후 소식이 끊겼다. 내 주의를 무시하고 너무 멀리 나갔던 것이다. 30분이 지나도록 그가 돌아오지 않자 부하들이 술렁이기 시작했다. 부하들 사이에서 평판이 좋고 열대지방의 경험도 풍부한 군의관은 우리의 생존을 위해서도 꼭 필요한 존재였다. 나는 즉시 수색작전을 지시했고 신호탄도 쏘아 올렸다. 그러나 군의관은 돌아오지 않았다. 길을 잃은 것일까? 아니면 영국군에게 잡힌 것일까? 이튿날까지도 소식이 없자 우리는 영국군에게 물어보기로 했다. 무전기를 통해 들은 그들의 응신은 다음과 같았다.

"그렇다. 너희 군의관은 우리가 데리고 있다. 아군 집결지로 복귀하던 정찰팀에게 붙잡혔다. 이제 우리가 한 가지 방안을 제시하겠다. 일본놈들 때문에 동아시아와 교역이 차단되어 키닌(Chinin) 공급이 끊겼고, 그래서 지금 말라리아에 시달리고 있다. 너희 군의관을 보내는 대신 독일에서 만든 아테브린(Atebrin)ᴬ과 교환하자. 답신을 기다리겠다."

"잠시 우리에게 생각할 시간을 주기 바란다."

일단 나는 현실과 양심적인 문제를 두고 고민에 빠졌다. 무엇이 더 중요한가? 말라리아에 고통받는 영국군을 방치해 적의 전투력을 약화시켜야 하는가? 아니면 우리 군의관을 되찾아야 하는가? 결심에는 그리 긴 시간이 걸리지 않았다.

"좋다! 당신들의 제안에 응하겠다. 아테브린이 얼마나 필요한가?"

협상 끝에 우리에게 필요한 양만 제외하고 어느 정도의 양을 넘겨준 후, 군의관을 돌려받기로 했다. 다음날 우리와 영국군은 각자 지프에 백색 깃발을 달고 약속한 지역에서 만났다.

"군의관! 산책의 대가가 너무 컸습니다. 하지만 당신이 돌아와 준 것만으로도 기쁩니다."

언젠가 우리 부대를 방문한 롬멜에게 이 일화에 대해 보고했는데, 그도 이해해 주었다.

"나도 어느 정도까지는 영국군을 신뢰할 수 있다고 생각하네. 자네가 여기 사막에서 페어플레이를 실천하고 있다니 기쁘군. 자네와 자네 부대원들의 성공적인 작전 덕분에 아직도 아군이 지중해 해안에서 건재할 수 있으니 그 또한 기쁜 일이지."

단 한 번, 우리 측이 내 의도와 관계없이 '협정'을 깨뜨린 적이 있었다. 어느 날 저녁에 한 정찰팀이 집결지로 복귀하는 길에 영국군 보급수송차량 한 대를 탈취해 끌고 왔다. 팀장은 독일 본토에서 우리 부대로 전입온 지 얼마 되지 않은 소위였다. 그는 의기양양한 표정으로 내게 이렇게 보고했다.

A 독일 Bayer 제약회사가 생산한 항말라리아 작용제 (역자 주)

"소령님! 트럭에 염장쇠고기와 통조림, 맥주, 담배가 가득합니다!"

나는 혹시나 하는 생각으로 퉁명스럽게 질문을 던졌다.

"언제, 어디서 이 차량을 탈취했지?"

그는 협약한 시간 이후인 17:30경 그 차량을 탈취했다고 실토했다.

"정신이 나갔나? 협정에 대해 모르는 건가? 귀관 때문에 내일 당장 무슨 일이 벌어질지 정말 걱정되는군. 귀관은 무슨 생각에서 이런 일을 한 건가?"

나의 질책에 그는 놀란 얼굴로 자신의 행위를 정당화하려 했다.

"그러나 엄청난 양입니다. 우리에게는 정말 필요한 물건들입니다. 그리고 영국군의 사기도 떨어뜨릴 수 있다고 생각했습니다. 전쟁은 전쟁입니다!"

향후 상황이 어떻게 돌아갈지 너무나도 뻔했다. 즉시 롬멜에게 무전을 보냈다.

"영국군이 남쪽으로 우리를 우회하려는 의도가 식별되었습니다. 집결지를 남쪽으로 옮기도록 하겠습니다."

롬멜은 내 건의를 승인했다. 추가로 또 다른 소부대를 파견하겠으니 현재 우리의 집결지를 인수인계하라고 지시했다. 다음날, 나는 그 소부대 지휘관에게 당시까지의 상황을 알려 주었다. 그리고 영국군 정찰대의 습격에 대비하라고 각별히 당부하며 뜻밖의 습격으로 병력이나 장비에 손실을 입을 수도 있다고 말해 주었다. 오후에 나는 남쪽으로 이동했다. 내 예상은 적중했다. 17:30에 영국군 전투부대들이 그 부대를 습격해 두 대의 트럭을 탈취하고 어둠 속으로 사라졌다. 그래도 '신사협정'은 여전히 유효했던 것이다.

이후, 튀니지의 사막 깊은 곳 어딘가에서 우리의 협정은 끝을 맺었다. 수일 동안 두 개의 영국군 대대와의 연락이 끊긴 것이다. 어느 날 저녁, 부관장교가 지휘용 차량의 문을 두드렸다.

"한 베두인이 소령님을 뵙고자 합니다."

그는 허리를 굽혀 큰절을 하고 내 차 안으로 들어왔다.

"안녕하십니까? 당신께 드릴 편지를 가지고 왔습니다. 답변을 기다리겠습니다."

베두인이 아무도 우리를 찾을 수 없는 깊은 사막에 나타나 편지 한 통을 전하다니, 그저 놀라울 따름이었다. 베두인들은 우리도 적군도, 언제 어디에 있는지 항상 알고 있는 듯했다. 나는 편지봉투를 열었다.

친애하는 폰 루크 소령!

우리 임무가 변경되어 더이상 당신과 연락할 수 없게 되었습니다. 아프리카에서의 전쟁은 이미 승부가 결정되었고, 아쉽지만 당신에게 유리하게 돌아가지 않게 되었습니다. 하지만 나는 내 휘하 장병들의 이름으로 당신과 당신의 부하들에게 지금까지 우리 양측이 전투 간에 지켰던 페어플레이에 대해 감사를 표하는 바입니다.

나와 내 대대는 당신들의 안녕과 평안을 빌며, 전쟁이 끝나면 무사히 고향으로 돌아갈 수 있기를 기원합니다. 또한, 언젠가 기회가 된다면 지금보다 더 좋은 여건에서 서로 만나 평화로운 시간을 함께 즐길 수 있기를 바랍니다.

최고의 존경을 표합니다.
로열 드래군 지휘관으로부터

나는 깊은 감명을 받았다. 이 편지를 읽은 내 부하들도 마찬가지였다. 서로 총을 겨누었던 상대였지만 경의를 표할만했다. 그 즉시 책상에서 나도 그와 비슷한 내용의 답장을 써서 그 베두인에게 건넸다.

"제게 편지를 보낸 사람에게 이 답장과 감사하는 말을 꼭 전해 주시오. 그리고 어디서 우리를 발견했는지를 절대 비밀로 해 주시오."

베두인은 다시 큰절을 하고 발길을 돌렸다.

롬멜의 예언

엄청난 폭우가 쏟아졌다. 영국군은 물자보급에 차질이 생겼을 뿐만 아니라 부대를 진출시키는데도 큰 문제에 봉착했다. 몽고메리는 잠시 휴식을 취하기로 결정했고, 이로써 아군은 마르사-엘-브레가 방어선을 공고히 할 수 있는 시간을 확보했다.

세찬 비는 대홍수를 방불케 할 정도였다. 그로 인해 생긴 물길은 우리에게도, 영국군의 두 수색대대에게도 장애물이었다. 깊이가 수 미터에 이르는 급류가 형성되어 모든 것을 집어삼켰고, 그동안 우리에게 엄폐를 제공했던 와디는 이용할 수 없게 되었다. 우리는 트리폴리 방면의 키레나이카 경계선이었던 남부의 아즈다비야(Agedabia)에 집결지를 편성하고 있었다.

11월 20일, 롬멜에게 호출을 받았다. 피젤러 슈토르히에 오른 지 몇 시간 후, 한 비행장에 안착했다. 롬멜의 임시 사령부는 그 비행장 근처에 설치되어 있었다.

롬멜의 안색은 무척 좋지 않았다. 몹시 지친 모습이었다. 후퇴 중 치렀던 힘겨운 전투로 깊은 상실감에 빠져있었고, 병세도 아직 완치되지 못한 상태였다. 롬멜은 짧은 인사를 건넸고, 내게 주겠다던 새로운 명령 대신 내 팔을 잡고는 이렇게 말했다.

"가세! 잠시 산책이나 하세!"

가우제 장군은 힐끗 나를 바라보며 가벼운 웃음과 함께 고개를 끄덕였다. 롬멜에게 기분 전환이 필요한 시점에 마침 잘 되었다는 표정이었다. 우리는 활주로의 갓길을 따라 걸었다. 롬멜이 입을 열었다.

"그게 말이야… 거참, 보급 문제를 어떻게 해야 할지… 더이상 방법이 없어. 며칠 전에 이탈리아 해군 구축함 한 척이 500t의 휘발유를 싣고 벵가지로 오다 항로를 바꾸어 트리폴리에서 하역했다네. 케셀링은 휘발유를 공중으로 수송해 주겠다고 약속했지만… 지금 50대의 Ju 52 항공기들이 이곳으로 향하고 있다네."

저 멀리서 항공기 엔진소음이 들리는 듯했다. 그러나 이내 지상의 기관포 소리가 들렸고 50대의 항공기 중 고작 5대가 착륙했다. 나머지는 영국군의 대공포탄에 피격되어 바다로 추락했다. 영국군은 휘발유를 공수한다는 사실을 어떻게 알았을까? 이번에도 역시 '블레츨리 파크'가 힘을 발휘한 것일까? 롬멜은 깊은 시름에 잠긴 듯했고 이내 강한 분노를 표출했다.

"루크! 이제 끝이야! 트리폴리타니아도 지키기 어렵게 되었으니. 튀니지로 철수해야겠네. 하지만 거기로 가면 미국놈들을 만나겠지. 혹시 프랑스놈들도 있을지 모르네. 프랑스인들이 차드 공화국에서 전투단을 편성했고, 사막을 통과해서 남튀니지로 이동했다는 첩보도 있지. 내가 이미 몇 주 전부터 우려했던 일들이 현실로 드러나고 있네. 북튀니지에 상륙한 의기양양했던 아프리카군과 새로 투입된 사단들을 모두 잃어버렸어. 처음엔 스탈린그라드에서 베테랑 20만 명을 잃어버렸고 이제 여기 아프리카에서 최정예 사단들을 모두 다 잃고 말았지."

나도 비장한 각오로 이렇게 말했다.

"원수님! 아직도 우리에게는 우리 장병들을 온전히 철수시킬 기회가 남아 있습니다. 그리고 아직 사기도 충천해 있잖습니까! 충분한 보급품만 공급받는다면 능히 해낼 수 있다고 믿습니다."

롬멜의 말투는 매우 냉소적이었다.

"나도 알아! 나도 자네처럼 우리 장병들을 믿고 자랑스러워하네. 그러나 충분한 보급품을 받기도 어려운 상황이야. 히틀러와 수뇌부도 이미 이 전역을 포기한 듯해. 그러면서 히틀러는 '독일군 병사들은 총을 들고 진지를 사수하거나 그렇지 않으면 목숨을 바쳐라'같은 말로 장병들에게 죽음을 강요하고 있어. '독일판 됭케르크'가 필요해. 장비와 물자를 포기하더라도 수많은 장교와 병사들, 특히 특수부대 요원들만은 반드시 시칠리아로 철수시켜야 해. 우리가 유럽대륙에서 결전을 치르기 위해서는 반드시 그들이 필요해."

내가 이렇게 물었다.

"히틀러를 어떻게 설득해야 할까요?"

"나는 일단 케셀링과 이탈리아인들을 설득할 걸세. 그리고 라스텐부르크 (Rastenburg)^A로 가서 히틀러를 만날 생각이야. 내 생각을 확실히 그에게 전달해야지. 특히 우리 국민과 내 부하들의 안전을 위해서도 내가 꼭 해야 할 일이라고 생각하네. 새로운 사단들이 들어오고 항공기와 보급품들을 받을 수 있다고 해도, 현재 상황을 돌이키기에는 너무 늦어버렸어. 북아프리카에서는 더이상 가망이 없음을, 이미 우리가 패배했음을 인정해야 하네."

너무나 놀랐다. 모든 것이 물거품이 되어버렸단 말인가?

"아직 아군은 소련 영토 깊숙한 곳까지 진격해 있고, 유럽의 절반을 우리가 장악했습니다. 북아프리카에서 입은 손실이 크다고 해도 우리는 유럽에서 전쟁을 계속할 수 있다고, 그래서 현재 상황을 충분히 역전시킬 수 있다고 생각합니다."

나의 소신을 피력했다.

"이봐 루크! 우리는 휴전을 요구해야 하네. 그것도 지금 즉시 말이야. 아직 우리가 내놓을 것이 있기 때문이지. 가능하다면 서방 연합국들과 휴전해야 하네. 또한, 우리 스스로, 자진해서 해야 할 것들이 있지. 첫째로 히틀러가 반드시 하야해야 하고, 둘째로 유대인들에 대한 박해를 즉각 중단하고 기독교 교회의 자율권을 인정해야 해. 이상적인 이야기로 들리겠지만, 더이상의 출혈과 우리 본토의 도시들이 파괴되는 것을 막을 수 있는 유일한 길이라네."

롬멜은 무엇 때문에, 어떤 계기로 이 전쟁과 히틀러에 대한 견해를 이렇게 완전히 바꾸게 되었을까? 자신의 주장과 이 전역의 중요성이 무시되고 홀로 버려졌다는 실망감이 너무도 컸던 것이다. 우리는 천천히 사령부 방향으로 걸었다. 롬멜은 다시 한번 내 어깨를 잡았다.

"루크! 자네가 내 말을 꼭 기억해 주기를 바라네. 우리 국민만이 아니라 유럽에 위기가 닥치고 있어. 동쪽으로부터 말일세. 유럽 민족이 뭉치지 않는다면, 언젠가 위기가 현실이 된다면 서유럽은 초토화가 될 거야. 요즘 생각건대 하나로 단결된 유럽을 만들 수 있는 유일한 '위인'은 말이야… 처칠이야."

....
A   동프로이센 (저자 주)

나는 롬멜의 말에 크게 감복했다. 이 얼마나 놀라운 선견지명이며 얼마나 혁신적인 생각인가!

대화를 마친 후, 사령부에서 차후 철수작전과 남측방 방호에 관한 새로운 명령을 수령했다.

12월 초에 가우제 장군이 알려준 바에 의하면, 롬멜은 11월 24일, 케셀링과 카발레로, 두 원수와 중요한 회의를 했다. 또한, 11월 28일에는 히틀러를 만나러 라스텐부르크로 향했다. 히틀러와의 대면은 성사되었지만 롬멜이 원하는 답을 얻는 데는 실패했다. 아니, 정반대의 결과를 낳고 말았다. 히틀러는 병든 롬멜이 이젠 쓸모없게 되었다고 판단했고, 롬멜의 상황평가가 과장되었다며 무시하고 비난했다. 그는 롬멜에 대한 기대를 버린 듯했다. 그 순간을 기회로 포착한 괴링이 전면에 나섰다. 괴링은 자신의 공군으로 북아프리카의 전세를 역전시키겠다고 호언장담했다. 그 말을 들은 롬멜은 괴링의 사단들과 친위대가 '총통의 근위대'일 뿐이며, 육군에 귀속되어야 한다고 주장했다. 이에 괴링은 롬멜에게 버럭 화를 냈다고 한다. 롬멜은 히틀러로부터 더이상의 지지도 지원도 받을 수 없었다. 결국, 북아프리카 전역은 조기에 끝날 운명을 맞게 되었다. 주변 사람들은 열대병을 치료해야 한다고 롬멜에게 조언했다. 그러나 롬멜은 주변의 만류를 뿌리치고 '그의 부하들'에게 돌아왔다. 롬멜의 탁월한 선견지명이 돋보인 예언은 훗날 현실로 입증되었고, 무수히 많은 독일 국민과 유럽인들은 쓰디쓴 고통을 겪게 되고 말았다.

리비아를 포기하다

11월 13일, 토브룩의 모든 시설을 폭파시키고 물자들을 불태웠다. 영국군은 토브룩에 무혈입성했다. 지난 18개월 동안 독일군과 영국군은 엄청난 피를 흘렸고, 앞으로도 피비린내 나는 혈투를 벌여야 했다.

한편, 남부 키레나이카를 횡단하는 철수작전에서도 롬멜은 특유의 걸출한 능력을 발휘했다. 수많은 물자들을 포기해야 했지만, 인명 피해는 거의 없었다.

휘발유 부족은 갈수록 심각해졌다. 250t을 공중보급해 준다고 했지만 겨우 60t만 도착했다. 아군은 이 연료로 150km를 철수할 수 있게 되었지만, 적과의 교전은 회피해야 했다. 때마침 내린 강한 폭우로 영국군의 추격 속도가 둔해졌다. 휘발유를 싣고 오던 이탈리아군의 구축함은 항구 앞에서 다시 뱃머리를 서쪽으로 돌렸다. 재차 휘발유가 바닥난 아프리카 군단은 오도 가도 못 하는 진퇴양난에 봉착했다. 기갑부

브리핑을 받는 세 명의 원수들. 왼쪽부터 롬멜, 바스티코, 카발레로.

대들은 마지막 남은 예비연료로 마르사-엘-브레가 방어선 후방까지 가까스로 철수할 수 있었다. 가우제 장군은 북부 데르나에서 서쪽으로 이동하는 대규모 영국 호송선단이 관측되었다고 알려 주었다. 아군의 후방으로 상륙해서 우리를 포위하려는 것일까?

한편, 롬멜은 영국군이 대부대를 마르사-엘-브레가 일대의 염호 남쪽으로 우회시켜 포위공격을 감행하리라 예측했다. 바로 내 임무가 이 지역을 샅샅이 정찰하는 것이었다. 그즈음 나의 수색전투단이 해체되었다. 포스와 리나우, 두 대대는 아프리카 군단으로 배속되었고 니짜대대와 나의 대대만으로 작전을 수행했다.

무전기에서 가우제의 목소리가 들렸다.

"휘발유 부족으로 우리는 마르사-엘-브레가와 그 남부 일대에서 영국군을 저지할 수 없다고 판단했다. 틀림없이 영국군의 대규모 공세가 곧 시작될 것이다."

롬멜은 각고의 노력 끝에 트리폴리로부터 소량의 휘발유를 수송하는 데 성공했다. 그는 마침내 마르사-엘-브레가 방어진지를 은밀히 포기하고 아프리카 군단의 잔여 전력을 서부 노필리아(Nofilia)로, 다시 북서쪽으로 150㎞ 떨어진 시르테(Syrte) 지역으로 철수시키기로 결심했다. 거기서 아프리카 군단으로 방어선을 구축하고, 그 후방에 독일군과 이탈리아군의 기갑부대로 기동예비를 편성하여 역습을 감행한다는 계획이었다. 물론 영국군의 포위공격을 저지하기 위해서였다. 가우제는 내게 다음과 같은 명령을 하달했다.

"자네의 수색대대는 아군의 남측방을 방호하라. 자네는 모든 수단을 총동원해서 영국군이 남쪽으로 우회하는 것을 조기에 식별하고 그 즉시 보고하라."

얼마 후, 영국군은 단단히 결심한 듯 엄청난 포탄을 쏟아붓고 폭풍우가 휘몰아치듯 맹렬한 공중폭격을 시행한 후, 마르사-엘-브레가 남쪽으로 우회 공격을 감행했다. 하지만 허망하게도 아군의 방어진지는 텅 비어 있었다.

12월 6일 이후 도보보병과 차량을 상실한 독일군과 이탈리아군의 부대들이 튀니지에 속속 도착했다. 휘발유 부족 문제는 그리 쉽게 해결되지 않았다. 다른 보급품 문제도 점점 더 심각해지고 있었다. 그러나 나는 이따금 대대군수장교의 탁월한 능력에 감탄하지 않을 수 없었다. 그는 언제나 대대가 필요로 하는 최소한의 휘발유와 식수를 구해왔고, 이탈리아해군 구축함과 소규모 수송선단의 계속된 침몰 소식도 전해주었다. 소식에 따르면 12월 중순경에는 하루 만에 3,500t의 휘발유와 물자를 상실한 경우도 있었다.

그러나 상급부대에서는 보급 우선순위에 의거해, 가용 보급물자들을 우리 대대에 먼저 공급해 주었다. 깊은 사막 한가운데서 휘발유와 식수 없이는 임무 수행을 할 수 없었기 때문이다. 보급이 중단되면 우리가 선택할 수 있는 대안은 목말라 죽거나 포로가 되는 것, 두 가지뿐이었다.

다른 사단들과 일부 부대들은 휘발유 부족으로 기동력을 상실하여 옴짝달싹하지 못하는 경우가 빈번했다. 그러나 일단 극소량의 휘발유가 공급되면, 그 순간에 어떻게든 적의 포위로부터 벗어나는데 성공하기도 했다. 많은 전투경험과 탁월한 사기 덕분이라 해도 과언이 아니다.

롬멜의 사령부에서 전문이 도착했다. 나의 '피젤러 슈토르히'를 반납하라는 지시였다. 이로 인해 대대가 적의 기습공격을 받을 가능성이 높아졌다. 따라서 전보다 정찰팀들의 간격을 더 좁혔다. 다행히 가우제는 아군의 항공정찰대를 남쪽으로 이동시켜 우리를 지원해 주겠다고 했지만, 정작 항공정찰대는 우리가 이렇게 남쪽 깊숙한 곳에 집결 중이라고는 생각지 못했고, 그 결과 간혹 아군 항공기가 우리를 공격할 때도 있었다. 우군의 폭격에 우리는 모든 차량을 버리고 20~30m 내달려 사막 한

가운데에 몸을 숨겨야 했다. 무전병들은 홀로 차량에 남아 무전으로 아군임을 알리는 용맹한 모습을 보이기도 했다.

영국군은 '진공상태'였던 마르사-엘-브레가 일대로 돌진한 후, 대형을 재편해 아군이 급편 방어진지를 구축한 노필리아 방어선을 공략하기 위한 준비에 돌입했다. 앞서 언급한 대로 롬멜은 그 방어선 후방에서 아프리카군 예하의 남은 기갑전력으로 역습을 준비하고 있었다. 이때 항공정찰대로부터 대규모 영국군 전력이 노필리아 방어선을 우회하기 위해 남쪽으로 이동 중이라는 보고가 들어왔다. 완편된 1개 기갑사단 정도 규모였다. 12월 7일, 대대에 전투명령이 하달되었다. 북쪽으로 이동하여 아프리카 군단 일부와 함께 적 기갑사단의 측방을 공격하는 임무였다. 우리는 영국군과 조우하여 20여 대의 적 전차를 완파시켰고, 이로써 잠시나마 롬멜과 아프리카군은 절체절명의 위기를 모면할 수 있었다.

롬멜도 우리 장병들도 노필리아 방어선을 고수하기에는 역부족임을 잘 알고 있었다. 이에 롬멜은 이탈리아군과 함께 부에라트(Buerat)에 방어진지를 구축하기로 결심했다. 이미 리비아의 영토를 많이 상실한 상태였다. 부에라트는 시르테 서부 외곽에 있었고 트리폴리로부터 불과 200km 떨어진 곳에 있었다. 그는 다수의 기만진지와 88mm 대전차포 포신 모형물들을 설치했다. 마르사-엘-브레가 방어선과 마찬가지로 영국군이 대공세를 감행할 경우 철저히 기만하기 위해서였다.

아프리카군의 잔여부대들이 휘발유가 부족한 상황에서도 해안에서 사력을 다해 싸우는 동안 우리는 다시 사막으로 방향을 돌렸다. 영국군이 재차 우회 공격을 시도한다고 가정하면, 그들이 남쪽으로 우회하는 것만으로도 큰 위협이었기 때문이다.

부에라트 방어선 남쪽에서 우리는 다시 영국군 '전우'들을 만났고 과거 그들과 맺었던 '17시 협정'을 준수하기로 합의했다. 사막에서 차량의 바퀴자국을 발견했고 그 뒤를 추적했다. 이 바퀴자국은 롱레인지 사막전투단의 흔적으로 판단되었다. 부대는 분명 서쪽으로 이동한 듯했다. 역시 전설적인 스털링 중령이 지휘하는 부대가 틀림없었다.

한편, 가우제 장군은 영국군이 공세를 중단하고 잠시 휴식에 들어갔다는 소식을 전했다. 영국군도 꽤 늘어난 병참선을 재정비할 시간이 필요했던 것이다. 아군의 부에라트 방어선도 보강되어 어느 정도 적을 효과적으로 저지할 만했다. 그러나 우리는 영국군이 반드시 이 방어선을 우회하여 공격하리라 예측했다. 내게 부여된 임무는 홈스(Homs)와 트리폴리 사이의 남부지역을 물샐틈없이 수색하는 것이었다. 얼핏

보기에도 홈스와 트리폴리 사이의 북쪽에서 남쪽으로 뻗은 구릉은 극복하기에 무척 어려운 지형이었지만, 만일의 사태에 대비하기 위해 주의를 기울여야 했다.

성탄을 앞둔 어느 날 오후 16:00경, 문득 남쪽에 약 12㎞ 떨어진 고지가 보였다. 그곳에 서면 멀리까지 관측할 수 있으리라는 단순한 생각에 무작정 그리로 향했다. 무전기도 장착되지 않은 경장갑차량에 올랐다. 물론 17:00까지 돌아올 수 있을 거라고 가볍게 생각했다. 장갑차 조종수와 나는 집결지를 나섰다. 경솔한 행동이었다.

그 고지에 올라섰지만 그리 특이한 것들을 발견할 수 없었다. 집결지로 돌아가려는 순간 저 멀리 영국군 정찰부대를 발견했다. 그들은 내가 서 있던 고지와 대대 집결지 사이에 멈춰섰고, 어둠이 깔리자 그곳에 숙영지를 설치하려는 의도를 보였다. 다행히도 영국군은 우리를 발견하지 못한 듯했고, 나는 즉시 남쪽으로 방향을 돌렸다. 어느 정도 이동한 후 서쪽으로 돌아가면 집결지로 복귀할 수 있다고 생각했다. 지형도 무척 험난했고 영국군을 회피하느라 많은 시간을 허비했다. 그동안 사방은 컴컴해지고 있었고 어떻게 대대로 복귀해야 할지 막막했다. 이제는 그냥 서 있을 수밖에 없는가? 무전기도 없이, 지금껏 나침반에 의지해서 움직였다. 문득 서쪽 하늘에 태양의 마지막 한 줄기 빛이 기다란 와디 하나를 비추었다. 일단 그곳으로 가서 은거하기로 결심했다. 조종수와 함께 그 와디의 끝자락에 도착하자 수많은 천막들과 낙타들이 보였다. 베두인족이었다. 나는 백색 솔을 두르고 베두인들에게 다가갔다. 족장과 함께 모든 사람들이 나를 보러 모여들었고, 나는 그들에게 자신이 독일인임을 밝혔다. 서투른 이탈리아어와 아랍어, 손발을 써가며 내 처지를 표현했다. 그들이 알아들었는지 알 수는 없었지만, 다음 날 아침까지 묵을 수 있게 해달라고 도움을 청했다.

"독일인 양반, 환영하오! 당신은 우리 손님이니 당신을 해치지 않을 거요. 내일 아침까지 편히 쉴 수 있도록 해드리겠소. 우리는 내일 아침에 남쪽으로 이동할 예정이오. 당신들과 영국인들이 이곳에서 사라질 때까지 이렇게 이동하면서 살아야 하오."

항상 그렇듯 여성들은 천막 안에서 나오지 않았다. 우리 외부인들을 힐끔힐끔 훔쳐볼 뿐, 모습을 드러내는 일은 없었다. 나이가 가장 많아 보이는 족장이 우리를 불이 있는 곳으로 안내했다. 우리는 그 주위에 둘러앉았다. 가시덤불나무를 장작으로 불을 피웠고 그 위에 세 개의 주전자를 걸었다. 아라비아식 '티타임'이 시작되었다.

주전자 하나에는 설탕물이, 다른 주전자에는 찻잎을 넣은 물이 담겨 있었다. 세 번째 주전자에 끓는 설탕물과 차를 부어 섞었다. 이 과정을 여러 번 반복하니 마지막에는 강한 향과 함께 끈적끈적한 차가 만들어졌고, 이 차를 양철통에 가득 채웠다. 곁이 황동으로 된 작은 도자기 찻잔이 나왔고 이내 경이적이고도 엄숙한 행사가 진행되었다.

족장은 작은 도자기 찻잔을 사람 수에 맞게 늘어놓더니 그 위에 양철통의 주둥이를 갖다 대었다. 갑자기 일어서서 양철통을 들어 올리더니 찻잔에 따르기 시작했다. 차의 물줄기가 광채를 내면서 1m 높이에서 단 한 방울도 밖으로 튀지 않고 찻잔 속으로 빨려 들어갔다. 나중에 알게 된 사실이지만 이렇게 해야 차가 공기와 섞여 차의 아로마가 공기 중에 발산될 수 있다고 한다. 그들은 낙타의 등위에서도 차를 정확히 따를 수도 있는데, 이는 아무도 흉내 낼 수 없는 그들만의 기술이라고 자랑했다.

나와 나의 조종수, 그리고 베두인족 남자들이 모닥불 주위에 둘러앉았다. 그동안 시간은 이미 자정을 넘은 듯했고 하늘에는 별빛이 가득했다. '남십자성'을 정확히 알아볼 수 있었다. 다들 말이 없었다. 소름이 돋는 듯한, 하지만 아늑한 적막감이 흘렀다. 모두 두건 달린 외투의 옷깃을 여미었고 시선들도 모닥불의 불꽃을 향했다. 모닥불 때문인지 모든 이들의 얼굴이 불그스레한 빛으로 바뀌어 있었다.

갑자기 1,000년 전부터 여기에 앉아있었고, 향후 1,000년에도 이곳에 누군가 앉아 있을 수 있다는 생각이 들었다. 그 순간만큼은 시간이라는 관념을 초월한 느낌이었다. 몇 시간이나 흘렀을까. 우리는 외투 속에 몸을 파묻었다. 모닥불이 있었지만, 밤 공기가 무척 차가웠다. 깜빡 잠이 들고 말았다.

동이 트기 직전, 베두인들은 자신들의 천막을 걷기 시작했다. 족장은 우리를 깨웠고 작별 인사를 건넸다.

"독일 양반, 우리는 이제 물이 있는 곳으로 떠나야 하오. 당신들은 여기서 낙타를 타고 3시간 정도, 저기 보이는 소로를 따라가시오. 그러면 또다른 소로를 만나게 될 거요. 거기서 우측으로 5시간을 더 가면 큰 고지가 보일텐데, 거기로 가면 당신의 친구들을 만날 수 있을 거요. 영국군이 당신을 발견하게 되는 일은 없소. 당신에게 알라의 가호가 있기를 기원하고, 건강한 몸으로 당신네 나라로 돌아가길 바라오."

우리는 악수를 나눴고, 이내 그는 자신의 낙타들을 이끌고 사막 쪽으로 향했다. 나는 도저히 납득할 수 없었다. 그는 어떻게 우리 부대와 영국군이 주둔하고 있는 곳을 그토록 정확히 알고 있을까? 나는 낙타 이동시간을 장갑차량 이동시간으로 환산했고, 나침반을 보며 그가 내게 알려준 좁다란 길을 따라 조심스레 전진했다. 그러자 정확히, 그리고 무사히 대대의 집결지에 도착할 수 있었다.

지난 이틀 동안 대대에서는 큰 소동이 벌어졌다. 어둠이 몰려오기 직전에 소규모 정찰팀들이 나를 찾기 위해 출동했지만, 끝내 빈손으로 라이트 신호를 따라 대대로 복귀했다. 내 부하들은 급기야 로열드래군과 제11경기병연대에도 연락을 취했다. 혹시 나를 포로로 붙잡고 있는지 전문을 보냈지만, 그들의 답변은 다음과 같았다.

"미안하지만 아니다. 너희 지휘관이 복귀하면 우리의 인사를 전해 주기 바란다!"

1942년 성탄절을 사막에서 맞이했다. 물론 축제를 즐길 여유가 없었다. 나무 한 그루도 가시덤불도 없는, 태양이 하루종일 내리쬐는 깊은 사막 한복판에서 우리 모두 고향의 친지들을 그리워하며 성탄절을 보냈다. 하지만 고향의 가족들도 식량 배급을 받으며 배고픔에 시달리고, 연합군의 폭격에 힘든 나날을 보내고 있으리라는 생각이 들었다.

영국군의 수색활동이 눈에 띄게 강화되었다. 특히 시르테 남부로 우회하여 홈스와 트리폴리로 공격할 징후가 너무나 뚜렷했다.

12월 25일, 영국군 또한 성탄절을 즐길 여유가 없었다. 그들도 아프리카군의 정면을 고착하고 시르테 남부로 돌아 부에라트 방어선에 대한 공세에 돌입했다. 한 전투부대는 남쪽으로 멀리까지 내려갔다가 다시 서쪽으로 진격하려는 듯했다. 설상가상으로 방어든 저지든 대규모 작전을 수행하기에는 우리 아프리카군의 탄약과 휘발유가 매우 부족했다. 그러나 영국군이 갑자기 진격을 중단했다. 아마도 그들도 보급에 문제가 생긴 듯했다. 그 덕분에 아프리카군 예하의, 당시까지 전투력이 남아있던 부대 일부가 12월 말까지 부에라트 방어선에 도달할 수 있었다.

12월 31일 롬멜이 갑자기 자신의 피젤러 슈토르히를 타고 나를 찾았다. 그는 현 상황과 자신의 계획을 내게 알려 주었다.

"루크! 조만간 영국놈들이 다시 공격에 나설 걸세. 부에라트 방어선을 남쪽으로 우회해서 공략하겠지. 나는 북쪽에서 기갑사단 일부로 적의 공격을 막아낼 생각일세. 다시 수색대대들을 파견해서 자네에게 전투단을 편성해 주겠네. 며칠 후에 리나우와 포스대대가 귀관에게 배속될 걸세. 피젤러 슈토르히도 다시 받게 될 거고. 빈틈없이 수색 작전을 실시해 주게. 나는 말이야… 현재 상황이 너무나 걱정스러워."

잠시 침묵이 흐른 뒤 다시 그는 입을 열었다.

"만일 말이야. 미군이 대규모 전력으로 아틀라스 산맥을 넘어 공격한다면, 그리고 가베스(Gabes)로 진출해서 북튀니지에 위치한 제5기갑군을 고립시킨다면 정말 큰 일이지. 오늘 아침에 바스티코(Bastico) 원수[A]를 만났네. 나는 부에라트에서 아프리카군 전체가 소멸되어서는 안 된다고 주장했고, 이탈리아군 총사령관도 내 생각에 전적으로 동의했네. 나는 만일 미군이 공격한다면 제21기갑사단의 잔여부대를 남튀니지로 이동시킨 후에 전투력을 복원시켜서 막아내야 한다고 제안했지."

롬멜은 몇 주 전에 내게 했던 말들을 재차 언급했다.

"물론 경험이 풍부하지만 이처럼 열악한 보급 상황에서 전투할 힘을 상실한 부하들과 함께 이 전세를 역전시킬 수도 없고 더욱이 승리할 수 없다는 생각에는 변함이 없네. 가능한 많은 병사들과 물자들을 튀니지로 이동시켜야 하네. 아니, 그리고 싶네. 그곳은 방어에 매우 유리한 곳이지. 그리고 유사시 가능한 많은 병력을 최단거리로 시칠리아까지 철수시킬 수 있는 곳이기도 하고 말일세. 이제 자네 임무를 말해 주겠네. 자네의 수색전투단이 홈스와 트리폴리 남부 전체를 방호해 주길 바라네. 어떠한 경우에도 영국군이 아군의 후방으로 침투해 들어와서는 안 되네."

1943년 1월 중순, 전선은 고요했다. 별다른 상황이 없었다. 1월 13일, 제21기갑사단은 트리폴리 남부의 마레트(Mareth) 방어선을 점령하고 그곳에서 전투력을 복원했다. 아직 미군이 여러 갈래의 통로가 발달한 아틀라스산맥을 넘어 동부로 향하고 있다는 징후도 없었다.

포스와 리나우가 자신의 대대를 이끌고 내게 왔다. 피젤러 슈토르히도 도착했다. 우리는 남쪽 방향으로 넓은 부채꼴 형태로 수색작전을 펼쳤고, 영국군 '전우'들과의 연락도 유지되고 있었다. 나의 대대는 트리폴리 남서부 일대에서 며칠 동안 머물렀는데, 뜻하지 않게 전투력을 회복할 수 있는 호기를 얻었다. 포스 소령에게 전투단의 나머지 부대의 지휘권을 인계하고 오랜만에 야자 숲에서 충분한 휴식을 만끽할 수 있었다. 병력도 보충되었고 탄약과 휘발유도 보급받았다. 짧은 기간이었지만 트리폴리를 방문할 기회도 있었다. 오아단(Ouadan) 호텔의 바에 들러 이탈리아인 바텐더에게 칵테일 한 잔을 주문했더니 그는 이렇게 푸념을 털어놓았다.

"아마 다음번에는 몽고메리 장군을 접대해야 할 수도 있겠지요?"

이탈리아인들은 그런 상황을 쉽게 받아들이는 듯했다.

1월 13일 나는 다시 전투단으로 복귀했다. 1월 15일, 영국군은 엄청난 포병사격과 공중폭격을 실시한 후 지상군을 투입하여 독일군의 부에라트 진지에 대한 공세에 돌입했다. 그다음 대규모 전투력을 동원해 진지의 남부로 우회하여 타르후나(Tarhuna)

A 에토레 바스티코 (Ettore Bastico) 당시 리비아의 총독 겸 리비아 주둔 이탈리아군 총사령관 (역자 주)

와 홈스를 잇는 선까지 진출했다. 드디어 그들은 트리폴리를 공격 목표로 선정했던 것이다.

이에 우리 전투단은 제164사단과 공수부대 일부와 함께 적의 공세를 저지하는 데 투입되었다. 영국군은 무수히 많은 전차와 장갑차들을 상실하면서도 가리안(Garian)과 아지지아(Azizia)까지 계속 진출했고, 결국 그들은 두 지역을 확보했다. 이로써 영국군은 트리폴리의 남서쪽에 도달했다.

롱레인지 사막전투단이 남부 고지대에 형성된 소로를 발견한 덕분에 1개 기갑사단 전체가 남부로 진출하고 있었다. 아군으로서는 홈스-타르후나 방어선이 무너질 수 있는 절체절명의 위기였다. 롬멜도 이제는 아군의 전멸을 피하기 위해 방어선을 포기하기로 결심했다. 1월 20일, 트리폴리 쪽에서 엄청난 폭발음이 들렸다. 남쪽 사막 깊숙한 곳에 있던 우리에게 들릴 정도로 무척이나 큰 소리였다. 아군의 보급부대원들이 초인적인 능력을 발휘하여 보유했던 물량의 95%를 트리폴리에서 튀니지 방면으로 이동시키는 데 성공했고, 그 후 모든 항구와 보급시설을 우리 손으로 폭파하면서 난 폭발음이었다. 식량 저장고는 이탈리아인 시장(市長)에게 양도했다고 한다.

1월 23일, 마침내 영국군은 트리폴리에 무혈 입성했다. 며칠 후, 우리가 트리폴리 남서쪽에서 아군의 철수를 엄호하고 있을 무렵 한 정찰팀으로부터 다음과 같은 보고를 접수했다.

"약 6~8㎞ 북동쪽에서 영국군 고급 지휘관들이 회동 중임. 한 사람은 몽고메리로 판단됨. 일대에 다수의 전차와 정찰장갑차들이 배치되어 경계 중임."

나는 즉시 그곳으로 달려갔다. 확실히 몽고메리였다. 더욱이 놀라운 것은 그곳에 처칠 같은 체구의 인물도 보였다. 우리가 보유한 화포로 그곳까지 사격하기에는 너무 멀었고, 내 주위에는 88㎜ 대전차포나 야포도 없었다. 즉시 가우제 장군에게 무전을 보냈다.

"추측건대 00지점ᴬ에 처칠과 몽고메리가 식별됨. 적군의 경계가 삼엄하고 현 위치에서 너무 멀어 우리 대대가 타격하기는 불가함."

나중에 알게 되었지만, 그 인영은 실제로 처칠이었다. 처칠은 카사블랑카(Casablanca)를 방문하러 가던 도중에 몽고메리와 그의 부대원들을 방문했고, 이때 영국군 부대가 잠시 진격을 중단했던 것이다. 우리 쪽의 경우 히틀러는커녕 국방군 총사령부의 고위급 장군 중 단 한 명도 북아프리카에 모습을 드러낸 적이 없을 지경이

A 정확한 좌표로 불렀다. (저자 주)

었으니, 참으로 대조적이었다.

1월에는 롱레인지 사막전투단의 지휘관 스털링 중령을 생포하는 데 성공했다. 내 앞에 끌려온 그의 첫 인사말은 다음과 같았다.

"만나서 반갑소! 꼭 한번 만나고 싶었소. 며칠이겠지만 당신과 함께 있게 되어 기쁘오. 그리고 명망 높은 롬멜 원수를 만날 수 있다면 더할 나위 없이 영광이겠소."

엄중한 감시를 붙여 그를 사령부로 압송했다. 그는 며칠 후 은밀히 탈출했지만, 불운하게도 우리와 친분이 두터운 베두인족에게 발각되는 바람에 즉시 우리에게 다시 인도되었다.

튀니지에서 최후까지

영국군은 진격을 중단하고 재보급을 위해 잠시 휴식에 들어갔다. 아군은 생사를 걸고 전력투구한 끝에 영국 공군의 지속적인 폭격을 피해 리비아-튀니지 국경 너머 마레트에 새로운 방어선을 구축했다. 2월 중순에 제15기갑사단의 후위부대까지 그곳에 도착했다.

튀니지로 들어온 후 우리 수색전투단은 다시 해체되었고, 아쉽지만 피젤러 슈토르히 역시 아프리카군사령부에 반납했다. 나의 임무는 마레트 남부에서 영국군의 진출을 저지하거나, 저지할 수 없다면 최소한 영국군의 진출 상황을 즉시 사령부에 보고하는 것이었다. 특히 사막 한가운데 건설된 포움 타타오이네(Foum Tatahouine) 요새지대로부터 북쪽으로 뻗은 소로들을 예의주시해야 했다. 프랑스군이 차드 공화국에서 사하라를 통과해서 우리의 남측방으로 진출할 가능성도 있었다. 그러나 그들은 결국 영국군이 요구했던 시점에 튀니지 영토에 진입하는 데 실패했다.

나는 롬멜 사령부에 연락장교를 급파했다. 현재 상황과 튀니지에서의 차후 작전에 관한 상급지휘부의 의도를 파악하기 위해서였다. 연락장교는 복귀해서 내게 다음과 같이 보고했다.

'마레트 방어진지의 벙커들은 과거 프랑스군에 의해, 그들의 식민지 남측방을 방호하고 리비아의 침공에 대비하기 위해 구축되었다. 현재 이 벙커는 완전히 비어 있으며 적의 포격에 방호를 제공할 수 있는 수준이다. 한편, 롬멜은 몇몇 통로를 통해 아틀라스 산맥 일대에 집결 중인 미군을 공격할 계획을 수립 중이다. 전투경험이 전무한 미군에게 일격을 가하고 그들의 후방으로 우회하여 기습적으로 북쪽으로 진격하려 한다.'

제3수색대대가 이 작전을 위해 이미 준비를 완료한 상태였다. 그 순간, 롬멜의 부관장교가 방공포와 경포병을 각각 1개 소대씩 이끌고 우리의 집결지에 도착했다.

"소령님! 롬멜 원수님의 명령을 가져왔습니다. 롬멜 원수께서는 영국군이 남부로 대우회기동을 시도하거나 프랑스군 전투단이 전장에 나타날 가능성이 높다고 생각하십니다. 따라서 소령님께서는 증강된 대대로 포움 타타오이네 요새지대로 이동해서 그 지역을 점령 중인 프랑스군을 격멸하고, 그곳으로부터 남쪽과 남동부 방면을 수색하셔야 합니다. 적에게 절대로 발각되어서는 안 되며, 수색을 마친 후 즉시 마레트 방어선으로 철수하십시오. 내일 아침 일찍 출발하시고 어느때든 반드시 무전교신이 가능해야 합니다."

참으로 흥미롭지만 목숨을 담보로 한 위험천만한 임무였다. 우리는 넓게 전개해서 전진했고 한동안 별다른 큰 문제는 없었지만, 순조로운 상황은 잠시뿐이었다. 영국 공군 정찰기가 우리를 발견하고는 우리 상공을 한 바퀴 돌더니 이내 사라졌다. 갑자기 불길한 생각이 들었다. 나는 즉시 가우제 장군에게 무전을 보냈다.

"우리 전투단 상공에 적 공중공격이 예상됨. 급히 아군 전투기를 보내주기 바람. 만일 공군의 지원이 가능하다면 타타오이네 요새까지 진출하는 데 큰 문제가 없을 듯함."

무전 송신을 마치자마자 하늘에서 항공기 엔진음이 들렸다. 드디어 올 것이 오고야 말았다. 허리케인과 스핏파이어 전투기들이 태양을 등지고 땅에 닿을 듯 고도를 낮추며 우리에게 다가왔다. 우리를 발견한 허리케인 전투기들은 기총을 난사했고 스핏파이어는 고도를 높여 이들을 엄호했다.

특별한 명령이 필요 없었다. 정찰차량들은 그 자리에 정지했고 모든 병력들은 차량에서 내린 후 모래사막 한가운데로 30m가량을 정신없이 달려가 몸을 숨겼다. 오토바이에 탑승한 보병들은 기관총으로 적기에 대응사격을 했으나 허사였다. 허리케인 전투기의 하판에는 장갑판이 장착되어 있었는데, 우리는 그 사실을 전혀 몰랐다. 방공소대가 즉각 사격을 실시했으나 그 즉시 적기의 표적이 되어 반파되었다.

두 번째로 날아온 적기 편대의 목표물은 나의 포병소대였다. 포병소대의 차량과 화포는 그 자리에서 불길에 휩싸였다. 적 전투기들은 엄청난 속도로 솟구치더니 어디론가 날아가 버렸다. 부대는 순식간에 아수라장으로 변하고 말았다.

허리케인 전투기들이 우리 정찰장갑차량을 보았으니 틀림없이 그들은 재차 공격을 시도할 것이다. 무전기를 잡았다.

"허리케인의 공격을 받았음. 방공, 포병소대가 중파되었음. 적기의 재공습이 예상됨. 메서슈미트를 지원 바람!"

영국군의 공군기지가 이곳에서 멀지 않은 곳에 있음을 직감했다. 몇 분 후, 그들이 다시 공격해 왔다. 이번에는 우리 장갑차량을 향해 기총 사격을 가했다. 나는 수 미터 거리에서 허리케인에서 발사된 로켓이 장갑차를 완전히 관통하는 무시무시한 광경을 직접 목격했다. 난생처음 보는 참혹한 광경이었으며, 말 그대로 공포의 도가니였다. 통신장교는 홀로 장갑차에 남아 계속해서 무전으로 지원을 요청했다. 그 차량 옆에는 정보장교가 몸을 숨긴 채 내가 소리치는 말들을 무전병에게 전달했다.

그때, 갑자기 캐나다 공군 표식을 부착한 또 한 대의 전투기가 날아왔다. 매우 낮은 고도로 날아와 무전병이 남아있던 장갑차량을 공격하려는 듯했다. 적기가 약 20m 거리까지 근접하자 캐노피 너머 조종사의 얼굴까지 또렷하게 보였다. 그러나 그 조종사는 기총을 발사하지 않고 우리 통신장교에게 빨리 차량에서 이탈하라는 손짓을 보냈다. 그리고는 다시 하늘로 날아올랐다. 나는 그 즉시 소리를 질렀다.

"무전기를 탈거해서 차량에서 이탈하라! 너희 둘ᴬ 모두 빨리 엄폐물 뒤로 숨어!"

그 전투기는 공중에서 한 바퀴 돌더니 이내 태양을 등지고 우리를 향해 날아와서 이번에는 로켓을 발사하여 무전차량을 명중시켰다. 다행히 큰 피해는 없었다. 이처럼 무자비한 전장에서 -캐나다인 아니면 영국인이겠지만- 그 조종사의 행동은 일종의 페어플레이의 대표적인 사례였다. 그 조종사의 얼굴과 손짓은 내 머릿속에서 영원히 지울 수 없을 것이다.

어쨌든 우리는 완파된 두 대의 차량을 버리고 서둘러 남은 차량에 탑승하여 진격을 준비했다. 몇몇 차량들은 견인해서 끌고 가야 했다. 그러나 여전히 우리 상공에는 영국군 전투기들이 선회하고 있었고, 세 번째 공습을 예상했다. 그때, 갑자기 저쪽 하늘에서 메서슈미트 편대가 나타났고 즉시 영국군 전투기들과 공중전이 벌어졌다. 적기들은 북쪽으로 달아나기 시작했고, 곧 적기 한 대가 추락하는 장면을 목격하기도 했다. 이렇게 세 번째 공습을 모면했고, 적기가 격추되는 것을 보면서 안도의 한숨을 내쉬었다.

우리는 즉시 포움 타타오이네를 향해 출발했다. 사막 한가운데의 지형은 평평해서 큰 어려움 없이 진격할 수 있었다. 가우제 장군에게 무전으로 이상 없이 이동 중

A   통신장교와 정보장교 (역자 주)

이라고 보고했다. 그 순간, 우리 앞에 자그마한 사막 요새가 나타났다. 나무 한 그루 없고 가시덤불 하나 없는 사막 한복판에 돌을 쌓아 여러 층으로 만든 인공구조물이 덩그러니 서 있었다. 군인들이 몇 개월 또는 몇 년 동안 이곳을 지켜야 했다니 참으로 안타깝다는 생각이 들었다. 정신병이 생길 정도로 열악한 환경이었다. 갑자기 어디선가 기관총 소리가 들리고 총탄이 날아왔다. 우리는 몸을 숙였다. 부하들에게 손짓으로 전투명령을 하달했다. 두 정찰팀을 요새 뒤쪽으로 보내서 어렵지 않게 그곳의 적군들을 제압했다. 두 문의 야포와 오토바이보병에게 엄호를 지시하고 장갑차량들의 호위를 받으며 나는 그 요새 앞으로 나아갔다. 한 프랑스군 대위가 내 앞에 끌려왔다. 그의 부하들도 화기를 내려놓고 두 손을 위로 들어 항복을 표시했다. 내가 먼저 물었다.

"당신들은 여기서 뭘 하는 거요? 이미 전선은 튀니지로 옮겨졌소."

"우리는 1년 넘게 이곳을 지켜왔소. 우리의 임무는 이 요새를 사수하는 것이었소. 그 외에는 다른 명령을 받지 못했소."

나는 그와 함께 허름한 그의 지휘소로 들어갔다. 무전기 한 대가 눈에 띄었다. 정보장교에게 손짓으로 그 무전기를 폐기하라고 지시한 후 프랑스군 대위에게 말했다.

"당신과 당신의 부하들은 포로 대우를 받게 될 거요. 필수적인 물건들로 짐을 꾸리시오. 이제 우리와 함께 가야겠소."

그 사이에 대대의 소규모 정찰팀들이 요새 앞에 속속 도착했고 나는 그들에게 요새 내부를 샅샅이 뒤져서 가용한 무기들을 찾으라고 지시했다. 또한, 몇몇 정찰팀들을 남부와 남동부로 전개시켜 적정을 탐색했다. 몇 시간이 흘렀고 정찰팀이 빈손으로 복귀했다. 적에 관한 어떠한 흔적이나 활동은 없었고, 가우제에게 즉각 상황을 보고했다.

"포움 타타오이네를 확보했음. 수비대원들을 생포했고 무전기를 폐기했음. 남부 정찰 결과 적과의 접촉은 없었음. 전투단은 마레트 방어선으로 복귀하겠음."

어두워질 무렵, 우리는 마레트로부터 50㎞ 떨어진 지점에 도달했고, 그곳의 모래사막에서 밤을 보내기로 결심했다. 영국군도 야간에는 진격을 멈추기 때문에 큰 위협은 없을 것이라고 판단했다. 그곳에서도 앞서 언급했던 것과 유사한 로열 드래군의 '작별 통지서'를 받았다.

이튿날 아침, 우리는 별다른 어려움 없이 마레트 방어선에 도달했고 대대는 방어선 후방에서 차후 작전을 위한 예비대로 일단 휴식을 취했다. 포움 타타오이네에서 획득한 포로들을 방첩장교에게 이송했다. 나중에 밝혀졌지만, 그 대위는 '프랑스군 총사령부 제2국(Deuxième Bureau), 즉 정보부 소속이었다. 그의 임무는 프랑스인들이 개발한 급수원인 사막 정중앙의 요새에서 독일군의 접근을 탐색하고 영국군과 차드에서 진출 중인 프랑스군에게 독일군의 상황을 보고하는 것이었다.

우리는 극심한 손실을 입은 이번 요새 습격전 이후 전투력 복원을 위해 며칠간의 휴식을 부여받았다. 나는 이 기회를 이용해 가우제 장군을 만나 당시의 전세를 정확히 파악할 수 있었다. 가우제는 롬멜의 향후 구상에 대해서도 알려 주었다.

롬멜은 전투력이 완전히 회복된 제21기갑사단과 폰 아르님(von Arnim) 대장(제5기갑군 사령관) 예하 아프리카 전역에 증원된 제10기갑사단, 기타 아프리카 군단의 모든 전력을 총동원하여 미군의 해안 방면 진출을 방해 및 저지하고, 가능하다면 그들의 후방 깊숙이 들어가 타격하려 했다. 가우제는 이렇게 설명했다.

"롬멜께서는 충분히 성공할 가능성이 있다고 믿고 계셔. 미군의 전투경험이 매우 부족하다는 것이 주된 이유야. 그러나 미군에 대한 타격이 성공하기 위한 전제조건도 있어. 이탈리아군이 모든 전력을 동원해서 마레트 방어선을 전담해야 하는데, 그게 문제야. 소금호수를 이용해서 가베스와 그 서부에서 방어진지를 편성하는 편이 더 유리한데 말이야. 하지만 무솔리니와 이탈리아군 총사령부에서 마레트 방어선을 고수해야 한다고 주장하고 있어. 유감스럽게도 아르님 장군과의 협조도 그리 원활하지 않아. 그는 자신만 전공을 세우면 된다는 생각에 눈이 멀어 있어. 때마침 폭우 덕분에 영국 공군의 작전이 잠시 중단된 것만은 다행스러운 일이야."

가우제는 대대의 임무를 하달했다.

"자네 대대는 가베스 서쪽을 수색해 주기를 바라네. 제5기갑군 예하의 부대들이 고립되지 않도록 말일세. 그런 상황이 벌어지면 절대 안 되네. 롬멜 원수님의 건강상태도 그리 좋지 않아. 하지만 장병들과 지금의 고통을 함께하려 하셔. 또한, 자신의 계획이 성공한다면 절호의 기회가 될 수 있다고 믿고 계신다네."

절망적인 상황에서 한 줄기 희망의 빛이 보이는 듯했다. 지금까지의 사막지대와는 전혀 다른 지형이었지만 우리는 이미 그런 환경에 익숙해 있었다. 지도를 보니 아틀라스산맥의 좁고 험한 통로들과 가파른 산악을 극복해서 염호 인근의 평원과 농경지를 통과하여 북부로 이동해야 했다. 가우제의 말은 계속된다.

"지금 막 롬멜께서 이탈리아군 총사령관으로부터 무전을 받으셨네. 총사령관은 롬멜의 건강 악화를 문제 삼아 마레트 방어선에 도착한 후 이탈리아군의 메세(Messe) 장군에게 지휘권을 넘기라고 했다는군. 그 장군은 여태껏 러시아 전역에서 이탈리아 원정군을 지휘했던 사람이야. 롬멜께서는 아직 자신의 용퇴 시점을 결정할 수 있는 권한이 있으시다네. 지금 롬멜 원수께서 택하실 수 있는 대안은 두 가지야. 첫째, 우리가 시칠리아로부터 지금 당장 필요한 모든 자원들, 특히 전차A와 대전차무기, 탄약을 보급받고 집중적인 공중지원을 요청하는 거야. 둘째, 우리가 먼저 미군의 후방으로 깊숙이 진출해서 주요 통로들을 점령하고 마레트 방어선에서 영국군을 저지하는 거야. 이를 통해 지금 유럽 전역에서 필요한, 전쟁 경험이 풍부한 가용전력을 모두 튀니지에서 탈출시키는 거야. 유감스럽게도 지금 가능성이 가장 높은 대안은 두 번째지. 자네도 미군에 대한 공세를 준비해 주게."

이탈리아군이 마레트 방어선에서 저지 진지를 구축하는 동안 1943년 2월 1일, 전투력 복원이 끝난 제21기갑사단은 파이드(Faid) 통로를 향해 진격했다. 북쪽으로 진군해 잠시 공격출발진지를 점령한 후, 미군의 후방을 급습했다. 기습을 당한 미군은 혼비백산했고 1,000명의 병력이 생포되었다. 제21기갑사단은 미군이 이동했던 모든 통로들까지 장악했고, 2월 중순에는 파이드 통로 일대의 교두보에서 북부로 진출하여 미군 제2기갑사단과 조우했다. 치열한 전차전 끝에 미군 사단의 주력을 괴멸시켰다. 전장에는 엄청난 수의 '그랜트'(Grant), '리'(Lee), '셔먼'(Sherman) 전차들이 불길에 휩싸여 있었다. 제21기갑사단은 다시 적의 후방을 습격하여 완강히 저항하던 미군의 잔여부대들까지 모조리 유린하고 광대한 지역을 확보하는 데 성공했다. 미군 전차 150대를 파괴하고 1,600명의 포로를 획득했다. 미군은 가프사(Gafsa) 일대의 중요지역을 상실했다. 그 지역은 아군이 북쪽으로 진출하기 위해 꼭 필요한 지역이었다.

제21기갑사단을 후속하던 아프리카군과 제5기갑군 전력은 즉시 남서쪽, 서쪽과 북쪽으로 진격하며 엄청난 양의 휘발유를 획득했고, 미군은 야지 활주로에 주기중인 항공기 30여 대를 불태우고 철수해버렸다. 우리 기갑수색대대도 가프사 일대를 빠져나와 북부로 진출한 후, 미군에게 숨돌릴 틈을 주지 않기 위해 계속 전진했다.

나중에 가우제 장군에게서 들었는데, 롬멜은 테베사(Tebessa)로 진격해서 적의 후방을 완전히 타격하려 했다. 그러나 이탈리아군 총사령부와 아르님은 위험한 계획이라고 판단했는지 롬멜의 계획을 거부했다. 이 과정에서 레 케프(Le Kef)까지만 진격이 허용되었고, 그 결과 미군의 주력 후방과 근접한 지역에 전선이 형성되었다.

A 전투력이 우수한 티거 전차 포함 (저자 주)

2월 19일 밤, 나는 기습적인 공격으로 카세린(Kasserine) 통로를 확보하고 후속하는 부대의 초월을 지원하는 임무를 부여받았다. 미군에게 기습을 가할 수 있다는 희망을 안고 여명 직전에 오토 바이보병을 선두로 부대이동을 개시했다. 그러나 미군은 방심하지 않고 아군의 공격에 철저히 대비하고 있었다. 통로 좌우의 고지에 관측병도 배치중이었고, 이들이 우리를 식별하자마자 포병화력을 유도해서, 우리의 머리 위로 엄청난 양의 포탄들이 떨어졌다. 결국, 대대는 이곳을 확보하지 못했고, 후속하던 1개 보병연대도 이 지역까지 진출하는 데 실패했다.

롬멜은 카세린 일대에서 미군과 최초로 접촉했다.

미군

대대는 미군과 치열한 전투를 벌였다. 마침내 전투에서 승리했고, 미군 제34사단 예하 몇몇 병사들을 포로로 획득했다. 그 순간 우리는 너무나 놀랐다. 미군의 최신예 장비와 물자들은 상상을 초월했다. 모두가 개인별로 '1일 분량의 전투식량'을 소지했는데, 봉투를 개봉해 보니 초콜릿, 츄잉껌, 버터와 담배도 들어있었다. 내용물도 생소했지만, 봉투의 겉면에 쓰인 글귀도 참으로 인상적이었다.

'귀관을 양성하기 위해 조국은 세계 최고의 비용을 들였고 최고 수준의 장비와 무기를 지급했다. 이제는 귀관이 최고 수준의 전사임을 증명할 차례다.'

미군은 세계 최고의 전차와 대전차무기를 보유했으며, 전선의 후방에는 무엇이든 신속히 보충할 수 있는 거대한 보급시설이 구축되어 있었다. 전쟁 경험이 부족하다고 해서, 그리고 우리 같은 '사막의 여우들'을 상대로 전투에서 패배했다고 해서 아무도 그들을 비난할 수는 없다. 어떤 측면에서는 그들의 동맹인 영국군보다 훨씬 더 훌륭했다. 미군은 특히 융통성이 탁월했다. 급변하는 상황에 신속히 대처하는 능력, 격렬한 전투에서도 끈질기게 저항하는 근성도 강했다.

오늘날까지도 나의 뇌리에 남아 있는, 감명 깊은 전투 장면도 있다. 어느 통로를 따라 동진하던 셔먼 전차부대가 강력한 88㎜ 포를 장착한 아군의 티거 전차 몇 대와 조우했다. 티거 전차에 비해 장갑이 취약했던 미군 전차들은 한 대 한 대 차례로 완파되었다. 물론 그들의 진격은 물거품이 되고 말았지만, 우리는 미군의 무모할 정도로 저돌적인 전투의지에 감탄할 수밖에 없었다. 애석하게도 그들은 첫 번째 전투에서 엄청난 손실을 입었다. 그러나 그런 상황에서도 미군들은 포기하지 않았다. 훗날 이탈리아 전역에서, 개인적으로는 1944년 프랑스 전역에서 미군들이 자신의 경험들을 얼마나 빨리 교훈으로 승화시키는지 목격했다. 또한, 융통성 있고 혁신적인 전투수행기법으로 발전시켜 결국에는 승리를 일궈내는 모습도 확인할 수 있었다. 영국군과 미군은 전투방식과 성향이 달랐지만, 어쨌든 두 군대에게는 경의를 표할 만했다.

종말을 향해

전세를 역전시킬 수 있다는 희망을 품고 시작된 북부를 향한 공세가 중단되었다. 실패의 첫 번째 원인은 레 카프를 지향했기 때문이었고, 또 다른 원인은 휘발유, 탄약 등 보급품의 부족이었다. 산악지대에서는 계속해서 우리 머리 위로 빗발치는 적 포탄들로 인해 한 걸음을 더 전진하기도 힘겨웠다. 설상가상으로 때마침 내린 강한 폭우로 이동 자체가 불가능해졌다. 북부에서 제5기갑군이 견제공격을 시행하는 동안 우리는 카세린 통로 일대까지 철수했다. 제5기갑군도 미군의 필사적인 저항에 부딪혀 돌파구를 형성하는 데 실패했다.

당시 남부에는 메세 장군이 지휘하는 이탈리아군이, 북부에는 폰 아르님 대장의 독일군 제5기갑군이 위치했는데, 2월 말에 롬멜이 '아프리카 집단군사령관'에 임명되자 그들 모두 롬멜의 지휘를 받게 되었다.

생각보다 나의 책임지역 정면이 너무나 넓었다. 이에 병력 부족을 감안하여 중요지점 몇 군데만 점령하기로 결심했다. 곧 몽고메리가 마레트 방어선을 공략한다는 첩보가 입수되자, 롬멜은 1943년 3월 초 선수를 치려 했다. 몽고메리보다 먼저 마레트 방어선 앞으로 나아가 공세를 취하기로 결심한 것이다. 몽고메리는 이를 탐지하고 강력한 대전차방어 지대를 구축하여 우리의 공세를 저지했고, 아군은 마레트 방어선을 포기하고 가베스에 새로운 저지진지를 구축했다. 물량 면에서 연합군이, 특히나 미군이 우리를 압도했다. 롬멜은 이제 남부 튀니지까지 포기하고 '집단군'의 잔여부대를 이용해 수도 튀니스와 보네(Bône)반도 일대에 강력한 방어거점을 형성하려 했다. 그곳이라면 적어도 전투경험이 풍부한 아프리카군의 일부라도 유럽대륙으로 철수시킬 수 있다는 판단이었다. 그러나 그 계획은 상부에서 기각했다.

3월 초, 가우제 장군은, 롬멜이 곧 '총통의 총사령부'로 갈 예정이라고 전해 주었다. 최대한 많은 병력을 아프리카 대륙에서 구출하기 위해 히틀러를 만나 담판을 짓겠다는 의도였다. 우리 대대도 예비대였지만 전투차량도 몇 대뿐이었고 탄약도 거의 바닥난 상태였다. 더이상 정상적인 전투를 치를 여력이 없었다. 대대와 멀지 않은 곳에 위치한 롬멜의 지휘소로 달려갔다. 마침 가우제가 밖에 나와 있었다.

"롬멜 원수님을 뵐 수 있을까요? 원수님께 잘 다녀오시라 인사드리고 싶습니다."

"당연하지. 원수님도 가장 총애하는 대대장을 보면 기뻐하시겠지."

롬멜은 그의 '마무트'에서 언제나처럼 상황판을 들여다보고 있었다. 그를 보지 못한 몇 주 사이에 매우 수척해 있었다. 걱정스러울 지경이었다.

"원수님! 총사령부로 가신다는 소식을 들었습니다. 현재 상황에서 귀국하시면 다시는 뵙지 못하게 될 것 같습니다. 한때 처음으로 북아프리카에 도착한 대대의 대대장으로, 그리고 원수님과 모든 전역에서 함께 싸운 대대장으로서 제 대대원들 모두의 이름으로 그동안의 은혜에 감사 인사를 드리려 합니다. 다들 '언제 어디서든' 원수님을 다시 뵙고 싶어 합니다. 원수님께서 저희들에게 친히 보여주신 솔선수범과 진두지휘의 원칙에 따라 이곳에서 저희들도 최선을 다해 싸우겠습니다."

롬멜은 지긋이 나를 바라보며 일어섰다. 그의 눈가에는 눈물이 고여 있었다. 늘 자기 자신과 치열하게 싸웠고, 항상 자신의 부하들을 아끼고 사랑했으며, 이 전역에 모든 열정을 쏟았던 롬멜의 당시 심정이 어땠을까? 나는 당시 어느 누구에게도 롬멜의 눈물에 대해 언급하지 않았다. 전후 포로생활을 마치고 돌아와서 롬멜 원수의 부인 루시를 만났는데, 그제서야 그녀에게 남편의 눈물과 그의 예언에 대해 이야기해 주었다. 롬멜은 지휘용 차량 한쪽 벽의 책장으로 걸어가서 사진 한 장을 내게 보여주었다. 승리를 만끽하는 건강했던 시절 자신의 사진이었다. 그는 사진에 서명을 하더니 내게 건넸다.

"루크! 받게나. 용감무쌍한 자네 대대를 높이 평가하고, 나도 감사하게 생각한다는 마음의 표시네. 건강하게나. 우리가 고향에서 다시 만날 수 있기를 바라네. 신께서 항상 자네와 함께하시기를 기도하겠네."

그는 돌아섰고 나도 울컥하는 마음을 억누르고 막 쏟아지려는 눈물을 참으며 그 자리를 나왔다.

3월 9일 롬멜은 독일로 돌아갔다.

상황은 급속도로 전개되었다. 폰 아르님 장군이 아프리카 집단군의 지휘권을 인수했다. 아프리카 지역에 대한 지식과 경험이 풍부했던 장군참모장교 출신인 가우제 장군이 그를 보좌했다. 마레트 방어선에 대한 몽고메리의 대공세의 가능성이 날이 갈수록 점점 더 증폭되고 있었다. 하지만 우리는 아틀라스산맥에서 해안으로 진출하려는 미군과 혈투를 벌였다. 우리와 미군, 양측 모두 피해가 매우 컸다.

3월 23일, 몽고메리가 드디어 공세에 돌입했다. 1개 기갑사단으로 마레트 방어선을 우회하여 취약한 방어진지를 구축했던 이탈리아군을 유린했다. 마레트 방어선은 단번에 함락되었고, 대부분의 화포들은 진지에서 이탈하지 못한 채 괴멸당했다. 오늘날 이탈리아 제1군이라 불리는, 당시 이탈리아 아프리카 기갑군의 잔여부대는 다시 한번 가베스에서 방어선을 구축하려 했다. 한편, 우리 대대는 이들의 서측방을 방호해야 했고 보급부대들은 이미 보네반도 지역으로 철수한 상태였다.

'특별 임무'

3월 말 아르님 장군은 내게 속히 사령부로 오라고 지시했다. 영문을 알 수 없었다. "베른하르트 대위! 내가 복귀할 때까지 대대를 지휘하라. 항상 부대 기강을 바로 세우는데 신경 쓰도록! 절대 혼란이 생겨서는 안 된다. 최대한 빨리 돌아오겠다."

가우제 장군이 나를 반갑게 맞이했다. 그러나 표정은 굳어 있었다.

"롬멜 원수님께서는 히틀러를 만나지도 못하셨어. 충분한 보급물자를 기대할수도 없어. '총통'은 '독일의 됭케르크'를 이해하지도 못했고 이해하려고 하지도 않아. 그는 롬멜에게 요양이나 가라고 호통쳤고 아프리카 복귀도 금지시켰어. 따라오게. 사령관님께서 기다리셔."

아르님은 도대체 내게 무엇을 원하는 것일까? 나도 그도 서로를 전혀 모르는 사이였다. 키가 크고 날씬한 남자가 날카로운 표정으로 나를 바라보았다. 나는 거수경례로 인사했다.

"장군님! 명을 받고 왔습니다."

"루크! 귀관을 만나게 되어 반갑네. 자네에게 두체(Duce)^A의 이름으로 '메달리아 다

A 베니토 무솔리니의 칭호 (역자 주)

르젠토'(Medaglia d'Argento)^A^를 수여하게 되었네. 나도 참으로 기쁘다네. 우리의 '철십자 훈장'과 동일한 훈격이야."

그는 훈장증서를 건넨 뒤, 내 가슴에 훈장을 달아 주었다. 뜻밖의 훈장을 받게 된 것은 기뻤다. 내 동료들과 '니짜' 대대에도 감사할만한 일이었다. 이 훈장을 받으면 매월 소액의 연금을 받고 평생 이탈리아 전역의 철도에서 두 명이 1등석을 무료로 이용할 수 있었다. 그러나 아르님이 이 훈장만 주려고 나를 부른 것은 아닌 듯했다. 이내 나를 찾은 이유를 말하기 시작했다.

"루크! 롬멜 원수, 가우제와 논의한 결과에 따라 나는 자네를 즉시 총통의 사령부로 보내기로 결정했네. 히틀러를 설득해 주게. 가능한 많은 병력이 여기서 구출될 수 있도록 말일세. 히틀러에게 그 계획을 제시하고 납득시켜야 하네. 일단 로마로 날아가서 케셀링 원수에게 이 계획에 대한 동의 서명을 받고, 다시 베를린으로 가서 구데리안 대장^B^과 슈문트(Schmundt) 장군^C^에게도 서명을 받도록 하게. 그 즉시 베르히테스가덴(Berchtesgaden)의 총통 사령부로 가서 카이텔(Keitel)과 요들(Jodl)을 만나 히틀러를 접견할 수 있는 일정을 확인하게. 자네는 1,000W 무전기와 특수 암호코드로 어디서든 우리와 연락이 가능하네. 자이데만(Seidemann) 소장^D^이 자네에게 자신의 하인켈 He 111 항공기를 제공해 줄 거야. 시간이 없네. 가능한 빨리 출발했으면 하네."

"장군님! 이런 막중한 임무를 주셔서 저로서는 영광이지만 전선에서 온 한낱 미천한 소령을 히틀러가 만나주겠습니까? 그리고 저는 마지막까지 제 부대원들과 함께하고 싶습니다."

"우리도 모든 정황을 면밀히 검토했네. 총통은 특히 고위급 육군 장성들을 의심하고 불신하고 있네. 롬멜마저 냉대를 받았고, 곧 파면될지도 모르네. 스탈린그라드에서 패배한 뒤로 히틀러는 '승리 아니면 오직 죽음뿐이다. 절대 물러서면 안 된다'는 구호를 고집하고 있네. 이 때문에 어쩌면 사기충천했던 13만여 명의 최정예 병력을 북아프리카에서 모두 희생시키는 참혹한 결과를 초래할 수도 있지. 그래서 그런 재앙을 피하기 위해, 히틀러가 전선의 참상을 직접 경험한 '젊은 소령'의 말이라면 들어 줄지도 모른다는 판단에서 자네가 선택된 걸세. 자네가 현재 이곳의 실상과 분위기를 정확하게 전달해 준다면 상황을 바꿀 수도 있겠지. 빛바랜, 먼지로 가득한 군

A 이탈리아군의 은성무공훈장 (역자 주)
B 당시 기갑병과 총감(Generalinspekteur der Panzertruppe) (저자 주)
C 국방군 총사령관 비서실장(Chefadjutant der Wehrmacht) 겸 육군인사청장 (Heerespersonalchef) (저자 주)
D 튀니스의 공군사령관. 베를린에 머무를 때 그와 그의 부인과도 친하게 지냈다. (저자 주)

복을 그대로 입고 가게. 그래야 히틀러에게 더 강렬한 인상을 줄 수 있지 않겠나. 자네가 가지고 갈 계획문건은 이미 며칠 전부터 검토과정을 거쳐 완성되었네. 가장 핵심적인 장교들과 전선의 용사들, 정비사들을 엄선해 철수하는 계획일세. 세부적인 사항은 가우제 장군이 알려 줄 걸세. 자네가 꼭 성공하기를 바라네. 매일 무전으로 상황을 보고해 주게."

아르님과 나는 힘주어 악수했고 이내 헤어졌다. 가우제는 나의 임무에 대해 상세히 설명해 주었다.

"자네는 지금 당장 출발해야 해. 그래서 자네 대대로 갈 시간이 없어. 본 반도에 위치한 보급소로 이동하게. 그곳에 피젤러 슈토르히 한 대가 도착할 거야. 그 비행기로 모레 아침까지 야지 비행장으로 가게. 비행장에 대기 중인 하인켈이 여명 직전에 출발할 거야. 케셀링, 구데리안, 슈문트에게 이미 자네가 간다고 통보해 두었네. 자네가 성공할지, 실패할지, 다시 아프리카로 돌아올 수 있을지 나도 확신할 수 없네. 잘 해보게. 서두르게! 위급한 상황이야. 하루하루 시간을 허비할수록 철수는 더욱 어려워질 거야. 행운을 비네, 루크!"

깊은 한숨을 내쉬었다. 너무나 갑작스럽고 막중한 임무였다. 수년 동안 전선에서 온갖 임무를 수행했지만, 이번만큼은 '대대장' 수준을 넘어서는, 상당히 부담스러운 과업이었다.

가우제는 '계획'이 담긴 큰 봉투를 내밀었다. 보급대대는 그리 멀지 않은 곳에 있었고, 어두워지기 직전에 도착했다. 내 부하들에게 '특별 임무'로 독일에 돌아간다는 사실을 어떻게 알릴지 막막하고 심란했다. 하지만 무전기를 찾아 베른하르트 대위에게 상황을 알려야 했다.

"내 생각에는 1주일 후에는 복귀할 거다. 꿋꿋하게 참고 기다려 주기 바란다. 그리고 가능한 한 많은 병력을 보네 반도로 철수시키기 위해 노력해주기 바란다. 모두에게 안부를 전하도록!"

이튿날, 나는 필수적인 몇 가지 짐을 쌌다. 롬멜의 사진을 포함한 군장은 지휘용 차량에 실어 대대로 돌려보냈다. 오후에 피젤러 슈토르히 한 대가 도착했다. 젊은 조종사는 다음날 05:30까지 야지 비행장으로 가야 하며, 영국 공군기, 즉 스핏파이어 전투기들이 나타나기 전에 하인켈을 타고 지중해를 건너야 한다고 알려 주었다.

그 순간, 갑자기 '니짜' 대대의 장교들이 무리를 지어 나타났다. 당시까지도 작전을 수행 중인 유일한 전투정찰팀을 보유한 부대였지만, 거의 전멸 직전이었다. 그들은 몇 병의 키안티(Chianti)^A와 함께 고향에 자신들의 가족들에게 보낼 편지와 소포를 내게 건넸다. 저녁 무렵, 우리는 야자나무 아래 둘러앉았다. 그곳에는 전장의 포성도 없고 사방이 고요해서 마치 파라다이스에 온 듯했다. 그리고는 깜박 잠이 들었다.

피젤러 조종사에게 나를 깨워 달라고 부탁했지만, 그도 잠이 들어버렸다. 우리가 깨어났을 때 이미 계획보다 늦은 시간이었고, 급히 서둘러 피젤러에 탑승했다. 동이 트는 모습을 바라보며 이륙했다.

몇 분 후, 비행장이 보였다. 하인켈이 엔진에 시동을 건 채 이륙을 준비하고 있었다. 피젤러가 착륙하자마자 나는 하인켈 쪽으로 뛰어갔다. 하인켈의 조종사는 매우 경험이 많은 듯한 상사였다. 조종석에 앉은 그는 내게 소리를 질렀다.

"소령님! 빨리요, 빨리! 이미 늦었습니다. 스핏파이어가 곧 나타날 겁니다!"

나는 기수의 20㎜ 기관포가 장착된 기총사수석에 앉았다. 이 비행기에 탑승하려면 그 좌석밖에 없었다. 조종사는 내게 물었다.

"소령님! 20㎜ 포 쏘실 줄 아시죠?"

"우리 정찰부대들은 당신들이 기저귀를 차고 있던 시절부터 이 포를 정찰장갑차에 달고 다녔을 거요."

"좋습니다. 곧 바다 위로 나갈 겁니다. 그때 한 번 시험 사격을 해보시죠. 저고도로 비행하겠습니다."

동쪽에서는 태양이 떠오르고 있었다. 항공기 엔진 출력을 높이자 굉음이 들렸고, 불과 몇 분 후에 우리는 바다 위를 날고 있었다. 수면으로부터 약 10~15m 위를 비행하는 듯했다. 아래쪽에 고요한 물결이 보였다. 나는 기관포에 탄약을 장전하고 격발을 해보았다. 탄이 발사되지 않았다. 다시 재장전 후 격발했지만 여전히 탄이 나가지 않았다. 조종사에게 소리쳤다.

"아니, 뭐 이런 고물 같은 포를 달고 다는 거요?"

계속해서 장전을 확인하고 방아쇠를 당겼다. 비행 중에 포신을 절반쯤 분해하고 재결합 후 장전, 격발을 반복했지만, 여전히 발사되지 않았다. 조종사는 큰소리로 이렇게 말했다.

"만일 영국 전투기들이 정면에 나타나면 소령님께서 사격해주셔야 합니다. 계속 격발을 시도해 주십시오. 이미 해가 완전히 떴는데요!"

그 고물 같은 기관포에 온 신경을 집중하느라 우리가 얼마나 높이 날고 있는지도

A   이탈리아 투스카니(Tuscany) 지방의 적포도주 (역자 주)

눈치채지 못했다. 어디선가 영국 공군기들이 출현해도 모를 지경이었다. 갑자기 조종사가 고도를 높이면서 말했다.

"시칠리아에 거의 다 왔습니다. 이제는 적과 조우할 가능성도 거의 없습니다."

나는 기관포에 신경을 쏟느라 이 말도 겨우 알아들을 지경이었다. 그때 마침 기관포가 작동했다. 연발로 발사된 탄이 허공으로 날아갔다. 나는 환호성을 질렀다.

"우와! 이제야 됐네!"

"사격을 중지하십시오!"

조종사가 외쳤다. 지상에서 몇 발의 대공포탄들이 날아와 허공을 갈랐지만, 다행히 쉭쉭 소리를 내며 비껴갔다. 이탈리아 방공부대들이 우리를 하인켈을 탈취한 영국군으로 오인하고 대공사격을 가했던 것이다. 조종사가 아군이라는 신호를 보내자 그들은 사격을 중단했고, 우리는 무사히 이탈리아 땅에 착륙하는 데 성공했다. 나는 그 상사에게 감사를 표했다.

"비행 수고하셨소. 다음에는 내 포를 챙겨 오겠소. 하하하!"

이날 또다시 연락용 항공기를 타고 로마로 향했다. 로마에서는 한 독일군 연락장교가 베네토 거리(Via Veneto)에 위치한 고급스러운 엑셀시오르(Excelsior) 호텔로 안내했다. 그곳에서 하룻밤을 보낸 뒤, 다음 날 아침에 케셀링을 만나기로 되어 있었다.

로마는 생각보다 매우 평온했다. 독일처럼 등화관제를 하지도 않았다. 시내에는 군용차량도 없었다. 로마에서 유명한 베네토 거리는 마치 평시처럼 활력이 넘쳤고 사람들의 표정도 밝았다. 빛바랜 사막용 전투복을 입은 내가 어색할 지경이었다.

호텔에 들어서자마자 나는 호텔 직원에게 이탈리아 전우들이 부탁한 편지를 건네며 그들의 고향에 보내달라고 부탁했다. 그 직원은 내 군복에 있던 '메달리아 다르젠토'를 보고는 입이 벌어졌다. 나 같은 전쟁 영웅을 보게 되어 영광이며 축하한다고 말했다. 객실에서 그렇게도 하고 싶었던 목욕을 끝낸 후 '체즈 알프레도'(Chez Alfredo)로 향했다. 스파게티를 잘 하기로 유명한 알프레도는 이탈리아 왕가로부터 금으로 된 포크와 나이프 세트를 하사받았다. 그는 자신이 존경하는 사람에게만 금 포크와 금 나이프로 대접했다. 콜로나 광장(Piazza Colona)에 위치한 그의 작은 레스토랑에는 유명한 정치가, 배우, 그리고 작가들의 서명이 담긴 사진들이 장식되어 있고, 그의 '금빛 방명록'은 전 세계의 저명인사들이 이곳을 다녀갔음을 말해 주고 있었다.

허름한 사막용 전투복을 입은 내가 레스토랑에 들어서자 알프레도는 곧장 내게 달려왔다.

"오! 소령님! 메달리아 다르젠토를 받으신 분께 축하를 드립니다. 저희 집을 찾아주시다니! 너무나 큰 명예이자 기쁨입니다. 제가 개인적으로 최고의 스파게티를 대접하고 싶습니다. 전쟁 중이지만 제게 있는 모든 재료를 총동원해보지요."

알프레도가 스파게티를 가져오면서 특별한 가방에서 금 포크와 금 나이프를 꺼내자 모든 손님들이 깜짝 놀란 눈으로 나와 알프레도를 번갈아 쳐다보았다.

잠시 후 참으로 놀라운 광경이 연출되었다. 레스토랑에 불이 모두 꺼졌다. 주방장이 '서프라이즈 오믈렛'(Omelette Surprise)ᴬ을 만들어 내 식탁에 갖다 놓았다. 알프레도는 불을 켜면서 이렇게 외쳤다.

"영웅께서 우리 집에 오셨습니다!"(Ecco maestoso!)

식당 안의 모든 손님들이 내게 박수갈채를 보냈다. 나는 어안이 벙벙했다.

'오늘 아침에 북아프리카의 전쟁터에서, 생사의 갈림길에 있던 내가 이제는 전쟁과 죽음과는 거리가 먼 이곳에 와 있다니…'

아프리카에 남겨둔 부하들을 생각하며 쓸쓸한 생각이 들었다.

식사를 마친 후 알프레도에게 감사를 표했다.

"정말 최고였습니다. 맛있게 잘 먹었어요. 아프리카에서는 꿈도 못 꾸던 멋진 식사였습니다. 이제 성대한 식사의 마지막을 모카로 마무리했으면 합니다."

알프레도는 눈물을 글썽이며 이렇게 말했다.

"장교님! 전쟁 때문에 커피가 떨어진 지 오래되었습니다. 정말 유감스럽군요. 이 빌어먹을 전쟁 때문에… 죄송합니다."

나는 가방에서 커피 원두 한 팩을 꺼내 그에게 건넸다.

"알프레도 씨! 자, 여기 있습니다. 모카입니다. 당신과 주방장님께 드리고 싶습니다. 제게는 딱 한 잔만 주세요. 괜찮죠?"

그토록 환한 표정을 짓던 알프레도의 모습을 아직도 생생히 기억한다. 그는 내 손을 잡아끌었다. 주방장의 성역인 주방으로 가자고 했다. 우리 셋은 주방장의 식탁에 앉아 모카의 그윽한 향을 만끽했다. 그 유명한 주방장과 대면한 것도 내게는 큰 영광이었다.

알프레도는 내게 음식값을 받지 않았다. 다만 금장 방명록에 서명을 받았고, 이제 내 이름도 수많은 저명인사들 틈에 속하게 되었다. 로마의 평온한 밤을 즐기며 베네토 거리의 호텔로 돌아와서 오랜만에 침대에서 숙면을 취했다.

A 아이스크림을 오믈렛처럼 만든 디저트 (역자 주)

다음 날 아침, 연락장교의 차량이 호텔 앞에 서 있었다. 그 차로 케셀링의 사령부가 있는 로마 인근의 와인 생산지인 프라스카티(Frascati)라는 소도시로 이동했다. 시간이 완전히 멈춰버린 곳 같았다. 전쟁의 분위기를 전혀 느낄 수 없었다. 도시 주변의 언덕은 온통 포도밭이었다. 이제 완연한 봄이었고, 로맨틱한 정취를 느낄 수 있었다.

차가 멈춰서고, 나는 누군가의 안내로 곧장 케셀링을 만났다. 그는 이미 내가 온다는 통보를 받은 상태였다.

"루크! 기다리고 있었네. 비행은 즐거웠나? 자이데만의 하인켈을 타고 지중해를 건너는 데 불편하지는 않았나?"

20㎜ 기관포에 대해 이야기하자 그는 박장대소했다.

"히틀러에게 우리 계획을 보고한다고? 그가 승인해 줄까? 나는 그리 크게 기대하지 않는다네. 그래도 시도는 해봐야겠지. 그리고 슈문트와 구데리안의 서명을 받아야 한다고? 자네는 오늘 연락용 항공기를 타고 베를린으로 갈 수 있을 거야. 1분 1초가 너무도 중요하네. 행운을 비네!"

그는 힘주어 내 손을 꼭 잡았다. 일단 프라스카티에서 무전으로 아르님에게 상황을 보고한 후 베를린으로 향했고, 몇 시간 후에 무사히 베를린 공항에 안착했다. 물론 먼지로 가득한 빛바랜 사막용 군복을 입은 상태였다.

베를린의 분위기는 로마와는 전혀 딴판이었다. 도시는 말 그대로 폐허로 변해 있었다. 많은 건물들이 기둥만 남아 있었다. 수많은 사람이 바삐 움직였고, 얼굴에는 근심이 가득했다. 그들은 히틀러와 괴벨스가 부르짖는 '최후의 승리'를 더이상 믿으려 하지 않았다. 물론 아무도 '불편한 진실'을 감히 입에 담지 못했다. 누군가 밀고라도 한다면 목숨을 잃을 수도 있었기 때문이다.

저녁 무렵 나는 슈문트 소장을 만났다. 그도 내가 온다는 사실을 통보받은 상태였고, 인사 관련 총책임자였던 그는 철수계획을 수용할 수밖에 없었다. 그는 계획서를 살펴보지도 않고 서명해 주었다.

이튿날 아침에 기갑병과 총감 구데리안 대장을 찾아갔다. 전쟁이 시작된 이래 단한 번도 그를 만난 적이 없었다. 하루하루 패색이 짙은 절망적인 상황에서 피로에 찌든 얼굴이었지만, 반짝이는 눈빛만은 예전 그대로였다.

"이게 누군가! 루크! 우리 기갑병과의 옛 전우를 건강한 모습으로 다시 보니 반갑구먼. 의기양양한 기갑부대원들이 너무도 많이 희생되었어. 스탈린그라드를 잃으면서 수많은 유능한 장교들과 병사들이 죽거나 포로가 되고 말았지. 그리고 아프리카에서도 똑같은 위기가 다가오고 있어. 막강한 전투력과 사막에서 풍부한 전투경험을 가진 아프리카 군단의 3개 사단 병력과 튀니지에 투입된 사단들을 허무하게 잃어버리는 것은 정말 있을 수 없는 일이야. 그래서 나는 롬멜이 오래전부터 제시한 철수계획을 승인하기로 결심했네. 물론 히틀러가 승인하도록 설득할 가능성은 거의 없지만 말이야. 그래도 히틀러가 '패배주의'에 젖어 있다고 주장하는 우리들보다는 자네처럼 오랜 기간 전투를 직접 경험한 '전사'를 보면 생각이 바뀔지도 모르지. 자네는 오늘 야간열차로 베르히테스가덴으로 가게. 내일 오전이면 도착할 거야."

"장군님! 떠나기 전에 한 가지만 여쭙겠습니다. 예전에 장군님께서는 히틀러에 의해 파면되셨다고 알고 있습니다. 그런데 왜 지금에야 다시 돌아오셨습니까? 모두들 궁금해하고 있습니다."

"그래? 답해주지. 만일 이기적인 생각으로 나 자신만을 고려했다면 나는 이 직위를 거부했겠지. 그러나 내가 거절했다면 아마 기갑부대 전술을 전혀 모르거나 히틀러 생각에 무조건 동의하는 '예스맨들'(Jasager)이 이 자리를 차지했을 게야. 우리 장병들을 살릴 수 있다면 무엇이든 해보고 싶었다네. 최악의 상황은 피하도록 최선의 노력을 다해야 하지 않겠나! 서방 연합군이 곧 들이닥칠걸세. 이탈리아나 남부 프랑스, 아니면 그 두 지역 모두 미군과 영국군의 위협을 받게 되겠지. 그에 대비하기 위해 경험 많은 최정예 기갑부대가 반드시 필요하다네. 자네들을 위해서도 내가 할 수 있는 최선을 다할 생각일세."

구데리안은 잠시 생각에 잠기더니 뜻밖의 부탁을 했다.

"루크! 자네는 롬멜과 각별한 사이라던데, 그를 만난지 꽤 오래되었군. 롬멜과 대화를 나누고 싶네. 혹시 롬멜에게 총통사령부나 다른 곳에서 만나고 싶다는 의사를 전해 줄 수 있나? 그가 동의한다면 뮌헨이 가장 좋겠군. 아무도 우리가 만나는 것을 몰랐으면 하네. 만일 히틀러가 알게 되면 우리가 반역을 꾀한다고 의심할지도 몰라. 그러면 나는 물론 그에게도 별로 좋지 않겠지. 은밀히 내 의지를 전해 줄 수 있나?"

"물론입니다. 장군님. 꼭 전해 드리도록 하지요. 그리고 롬멜 원수님의 답변도 전달해 드리겠습니다."

내 대답에 그는 큰 소리로 호탕하게 웃었고, 나는 베르히테스가덴으로 떠났다. 아르님에게도 무전으로 베를린에서 거둔 성과와 다음날 총통을 방문할 예정에 대해 보고했다. 야간 침대열차에 올랐다. 연합군의 공습소리가 희미해지면서 마음 놓고 잠들 수 있었다.

베르히테스가덴에서 처음으로 만난 인물은 폰 보닌(von Bonin) 대령이었다. 그는 1942년 12월 31일 롬멜과 함께 사막 한가운데 있던 내 지휘소를 방문한 적이 있었다. 그가 먼저 인사했다.

"아니, 자네가 여기에 웬일인가? 튀니지에서 한참 전투 중일 거라 생각했는데?"

나는 은밀히 내 임무를 알려 주었고 누구를 만나면 가장 빨리 히틀러와 대면할 수 있는지 물었다. 그가 대답했다.

"이 친구야! 여기는 전쟁터가 아니라네. 롬멜 원수라도 여기서는 어쩔 수 없을 거야. 여기는 행정 관료들이 판을 치는 곳이야. 자네는 먼저 '아프리카 담당행정관'을 찾아가야 할 걸세. 아마 계급은 대령쯤 될 거야. 그가 요들 대장에게 데려다주겠지. 다시 요들이 카이텔 원수에게 접견을 승인받을 거고. 그러면 자네에게 언제, 어떻게 총통을 만나라고 알려 줄 걸세. 그러나 12:30부터 14:00까지는 중식 시간이라네. 아무도 만날 수 없는 시간이지. 따라오게. 내가 '첫 번째 실무자'를 만나게 해 주겠네."

그저 놀라울 뿐이었다! 아프리카에서는 지금 이 순간에도 수십만 명의 병사들이 목숨을 걸고 피를 흘리며 싸우는데 여기서는 점심시간에 쉬느라 모든 업무가 중단된다니, 참으로 어이가 없었다.

이름을 알 수 없는 X대령이 나를 반갑게 맞아 주었다. 나는 그에게 특별 임무에 관해 설명했고 즉각 요들에게 보고해 달라고 부탁했다.

"이보게 친구! 철수작전에 대한 것은 잊게. 북아프리카 전역은 실질적으로 이미 포기한 상태라네. 우리는 전투를 계속할 수 있도록 많은 보급물자들을 보냈지만 그리 희망적이지 않아. 하여튼 그 혼란 속에서 자네가 살아 돌아와 줘서 기쁘구먼. 자네 어머니께서도 귀관이 건강하게 돌아와서 고마워하실 거야."

등골이 오싹할 정도로 소름이 돋았다. 아프리카 전역을 '포기'했다는 말을 이렇게 쉽게 내뱉는 그를 보고 놀라지 않을 수 없었다. 나는 큰 목소리로 이렇게 대꾸했다.

"혹시 아십니까? 그곳이 얼마나 열악한지, 그리고 우리 후방의 상황이 어떤지 말입니다! 우리가 전쟁에서 패한 이유는 보급품이 충분하지 못했기 때문입니다! 제발 오늘 오후에 요들 대장님과 만날 수 있도록 도와주십시오!"

결국 그는 15:00에 요들을 만나기로 일정을 잡아 주었다. 보닌과 함께 그곳을 나와 허름한 식당에서 식사하며 그에게 롬멜의 주소와 전화번호를 받았다. 롬멜에게도 히틀러 접견의 결과를 알릴 생각이었다.

15:00 정각, 철수계획이 담긴 큰 봉투를 손에 든 채 요들과 대면했다. 내 임무와

왜 아르님이 나를 선택했는지 설명해 주었다.

"장군님! 정말 상황이 심각합니다. 지금 이 시간에도 우리 군은 영국군과 미군 양쪽으로부터 엄청난 압박에 시달리고 있습니다. 특히 비가 오지 않으면 영국 공군의 폭격으로 아군은 오도 가도 못하고 있습니다. 현재 아군의 남은 전력으로는 가베스부터 튀니스까지의 전선이 너무 길어서 그 일대를 확보하기도 어려운 실정입니다. 엄청난 재앙이 닥치고 있습니다. 그것을 피할 수 있는 길은 오직 하나뿐입니다. 가능한 많은 병력을 즉시 철수시켜야 합니다. 그리고 서방연합군이 유럽대륙에 상륙할 지역에 그들을 배치해야 합니다. 상륙작전 자체를 거부해야 합니다. 그런 목적으로 제가 직접 철수계획을 보고드리러 왔습니다. 세부적인 사항까지 면밀한 검토과정을 거쳐 완벽하게 작성된 문건입니다. 케셀링, 구데리안, 슈문트 장군들까지도 동의했습니다."

나는 봉투를 그에게 건네며 이렇게 말을 이었다.

"제가 선택된 이유는, 저같은 소부대 지휘관이 여기까지 오면 총통께서 측은한 마음으로 받아 주시리라는 일말의 희망 때문이었습니다."

요들은 봉투를 열어보기는커녕 한동안 말없이 나를 물끄러미 바라보다 잠시 후 입을 열었다.

"이봐! 루크라고 했나? 아프리카군의 일부를 철수시켜야 한다는 생각을 버려! 그리고 귀관이 얘기한 '독일의 됭케르크'를 실행해야 한다는 생각도 버리라는 말이야! 총통께서는 '철수'라는 말 자체를 받아들이지 않으실 걸세. 또한, 나도 귀관에게 총통과 대면할 기회를 줄 생각이 없어. 총통이 만일 자네를 만나서 자네의 말을 듣게 되면 분노를 이기지 못해서 미친 듯 날뛸 것이고, 귀관은 그 자리에서 당장 쫓겨날 걸세. 최근에 그는 루마니아의 안토네스쿠(Antonescu)와 정상회담을 가졌어. 정치적으로 상당히 좋은 성과가 있었지. 요사이 총통의 기분이 매우 좋아. 그래서 우리도 매우 기뻤다네. 그런데 지금 철수작전에 관한 이야기로 이렇게 좋은 분위기를 망칠 수는 없어."

요들은 말을 끊더니 내 팔을 잡아끌었다. 한쪽 전체 벽에 걸린 커다란 상황판의 구석을 가리키며 이렇게 말했다.

"이곳이 동부 전선이야. 스탈린그라드를 잃어버렸어. 자네는 스탈린그라드에 대해 어떻게 생각하나?"

"장군님! 저희들은 지금 북아프리카 전역의 상황에 대해 분노하고 있습니다. 스탈린그라드의 상황과 비교할 여유가 없습니다. 저희들은 단지 여쭙고 싶습니다. 수십만 명의 역전의 용사들이, 자신의 운명을 포기하도록, 그들이 어떻게 되든 내버려둘 수밖에 없습니까? 스탈린그라드는 저희들에게 정말로 무서운 단어입니다. 지금이라도 빨리 구출 가능한 병력들을 데려오지 않는다면 그들도 스탈린그라드의 병사들처럼 참혹한 운명을 겪게 될 겁니다."

요들은 입을 꾹 다물었다. 잠시 후, 그는 내 손을 잡았다.

"자네 말은 모두 이해하네. 그러나 아르님에게 자네가 '헛걸음'했다고 전해 주게."

깊은 실망감에 울화가 치밀었다. 즉시 무전통신소로 달려가 아르님에게 결과를 보고했다.

"총통 접견은 실패했음. 요들이 계획을 거부했음. 로마를 경유하여 튀니지로 복귀하겠음."

나는 X대령에게 인사한 후, 다시 한번 보닌을 만났다.

"혹시 가능하시면 롬멜 원수께 제 임무가 실패했음을 전해 주실 수 있으십니까? 저는 지금 곧장 아프리카로 돌아가야 합니다. 만일 불가능하시다면 제가 롬멜 원수께 직접 연락을 취해 보겠습니다."

독일에서는 내가 할 수 있는 일이 없었다. 부하들에게 빨리 돌아가고 싶을 뿐이었다. 그런데, 로마에 도착했을 때 독일군 연락장교가 내게 공문 한 장을 건넸다. 청천벽력 같은 내용이었다. 유럽대륙에서 아프리카로 병력 이동을 일체 금지하며, 오로지 보급품 수송에 한해 항공기를 보낼 수 있다는 내용이었다. 수단과 방법을 가리지 않고 부하들에게 돌아가고 싶었지만 이마저도 포기해야 했다. 일단은 로마에 머물며 매일 독일군 연락사무소로 나가 전황을 파악했다.

매일 전선의 소식들이 들어왔다. 그야말로 절망적이었다. 결국, 마레트 방어선이 무너졌다. 아직 아프리카군의 잔여부대가 가베스를, 제5기갑군이 튀니스의 서쪽과 남서쪽을 고수하고 있었지만, 갑자기 이 두 군 사이에 거대한 간격이 형성되었다. 미군이 그곳을 뚫고 들어온다면 절체절명의 위기에 처할 수밖에 없었고, 미군으로서는 두 군을 각개격파할 수 있는 호기였다. 그러나 다행히도 미군은 그 기회를 놓치고 말았다.

반대로 히틀러가 철수를 승인했다면 4월 초순에 그 호기를 이용해 아군의 주력부대를 보네 반도와 북부 튀니스에서 시칠리아로 이동시킬 수도 있었다. 당시 Ju52, 고속정이나 구형 항공기 엔진으로 움직이는 유명한 대형 '지벨 페리'들을 충분히 활용할 수 있었다. 보급품을 수송한 융커스들이 텅 빈 채로 복귀하는 모습은 정말 안타까웠지만, 부상자를 제외하면 단 한 명의 병사도 튀니지를 벗어나면 안 된다는 명령이 또다시 하달되었다.

4월의 어느 날, 로마에서 가우제 장군을 만났다. 그는 이탈리아군 총사령부로 전출되었다.ᴬ 그리고 중상을 입고 후송된 바이얼라인의 얼굴도 볼 수 있었다.

4월 말이 되자 아프리카 전선은 붕괴 직전의 위기에 노출되었다. 탄약과 휘발유도 바닥난 상태였고, 더이상 증원할 병력도 없었다. 그러던 와중에 갑자기 총통 사령부에서 뜻밖의 명령이 도착했다. '모든 가용 수송 수단을 총동원해서 즉시 독일군과 이탈리아군을 튀니지에서 철수시켜라. 지금 즉시 철수작전을 개시하라'는 내용이었다. 몇 주 전에 내가 요들에게 넘겨준, 바로 그 철수계획에 담긴 문장이었다. 모든 융커스가 튀니지를 향해 이륙했고 모든 고속정, 지벨 페리들이 그 즉시 출항했다. 나의 대대는 아직도 아프리카군의 남측방 방호 임무를 수행 중이었고, 보네 반도로 탈출할 기회를 상실한 상황이었다. 베른하르트 대위와 마지막으로 무전으로 교신한 내용은 다음과 같다.

"휘발유도 탄약도 모두 바닥났습니다. 기동 자체가 불가능한 상태이며 영국군의 마지막 공세가 예상됩니다. 존경하는 대대장님과 고향의 가족들에게 마지막 인사를 보냅니다. 제3기갑수색대대는 최후까지 임무를 완수하겠습니다. 이상!"

철수계획에 의해 제1제대로 선정된 장교들과 병사들이 야지의 활주로에 막 도착했지만, 이미 여러 대의 미군 전차들이 그 일대를 완전히 장악한 후였다.

"자, 친구들! 이제 너희들은 끝났어!(Come on boys, it's finished)"

총통의 총사령부에서 2주 이상의 소중한 시간을 허비한 참혹한 결과였다. 이제야 '독일의 됭케르크'를 시행하려 하다니! 그때 요들과 히틀러가 우리의 계획을 승인했다면 수천 명의 병력들을 온전히 데려올 수 있었다.

연합군은 모든 전력을 동원해 공세를 감행했다. 5월 6일, 그토록 막강한 전력을 자랑했던 아프리카군 예하 독일군과 이탈리아군은 항복했고, 13만 명의 독일군 장병들이 포로가 되고 말았다.

영국군과 미군은 포로들을 인간적으로 대우했다. 그러나 포로가 되는 것은 예나 지금이나 '국가적'으로도, '개인적'으로도 치욕이었다. 이 때문에 많은 이들이 포로가 되지 않으려고 목숨을 건 탈출을 시도했고, 때로는 기상천외한 방법으로 성공한

A 아르님은 이런 방법을 써서라도, 롬멜을 위해서도 유능한 장군참모장교들을 살리고 싶어 했다. (저자 주)

이들도 있었다.

공수사단 예하 일부 병사들은 Ju 52 항공기 탑승구에 자신의 몸을 동아줄로 묶고서 시칠리아까지 탈출하는 데 성공하기도 했다. 항공기 내부는 병력으로 가득해서 여유공간이 전혀 없었기 때문이다.

로마에서 뜻밖에도 대대원이었던 폰 무티우스(von Mutius) 소위를 만났다. 그는 자신의 탈출기를 이렇게 설명했다.

"저는 수색차량도, 탄약도 없어서 보네 반도에 위치한 보급대대에 잔류했습니다. 패색이 짙어질 무렵에 우연히 항구에 잘 위장된 깨끗한 지벨 페리 한 척을 발견했습니다. 정비사들에게 항해가 가능한지 점검을 부탁했고, 철수계획에는 포함되지 않았지만 주변에 돌아다니던 병력들을 모아 시칠리아로 가자고 권했습니다. 다음날 새벽에 거의 백여 명의 병력을 태우고 출항했습니다. 오로지 제 나침반 하나에 의지해 배를 몰았습니다. 그리고 큰 문제 없이 시칠리아의 어느 선착장에 도착했습니다. 그런데 그곳의 누군가가 자신들의 섬에 상륙하는 것을 거부했습니다. 항해 허가서가 없다는 이유로 말입니다. 그래서 저는 이탈리아인들에게 '그럼, 안 들어가겠다. 잘 살아라!' 라고 외치고 인적 없는 다른 부두를 찾아 육지로 들어갔습니다. 그렇게 여기까지 왔습니다."

대대원 중 폰 베흐마르는 전후 독일에서 UP통신[A]의 특파원으로, 먼 훗날에는 외국 주재 독일 대사를 역임했다. 그는 다음과 같이 자신이 겪은 운명을 털어놓았다.

"1942년 8월 말, 아프리카군 교도대대에 근무 중 독일로 귀국했습니다. 1943년 4월 초에 수많은 옛 전우들과 함께 그리스군에게서 인수한 세 척의 구축함에 올라 다시 튀니지로 향했습니다. 우리의 이동을 감지한 영국 공군의 공습으로 두 척의 구축함이 격침되고 말았습니다. 다행히도 제가 탄 배는 일부 피해를 입기는 했지만, 가까스로 튀니지의 항구에 도착했습니다. 그러나 제 대대로 복귀하는 과정도 그리 만만치 않았습니다. 저는 전쟁이 거의 끝날 무렵 북부지역에 있었고, 아프리카군이 항복했다는 소식을 접하고는 다른 장교들과 함께 부대를 이탈했습니다. 미군 지프 한 대를 발견하여 탈취한 후 모로코를 향해 탈출을 시도했습니다만, 알제리에서 휘발유를 탈취하던 중에 미군에게 발각되어 포로가 되고 말았습니다. 거의 모든 독일군 동료 포로들과 마찬가지로 우리는 미국으로 이송되었습니다. 콜로라도주 트리니다드(Trinidad)의 포로수용소에서 미군으로부터 정말 좋은 대우를 받았죠. 저는 당시 포로가 된 것이 너무나 원통하고 분했습니다. 그러나 돌이켜보면 이렇게 살아있어서 다행이기도 합니다."

....
A   현재 UPI, United Press International로 불리는 언론사 (역자 주)

다음은 절친한 친구의 조카였던 빈프리트 폰 생 파울(Winfried von St. Paul)의 이야기다. 그는 내 추천으로 1942년 말에 우리 대대로 전입했고, 전투력이 강했던 '몰리나리(Molinari) 정찰팀'에 배치되었다. 전쟁이 끝나고 세월이 흐른 후 우연히 함부르크에서 그를 만났다. 그는 대대의 마지막 순간에 대해 이렇게 언급했다.

"저희들은 당시에 남부 튀니지에 있었는데, 영국군이 대대 집결지를 급습해서 저희들은 곧장 그 지역을 이탈했습니다. 그때 영국군에게 소형 트럭까지 빼앗겨버렸습니다. 다음날 탈출하기 위해 이동하던 중 그 차량이 우리 앞에 나타난 겁니다. 영국군 지휘관이 타고 있더군요. 그는 이렇게 말했습니다. '식량도 물도 없이 이 사막을 벗어날 수 있겠나? 차마 그렇게 보낼 수는 없겠는데? 자 타라! 그리고 물도 먹어. 너희들의 대대로 데려다주지.' 저희들은 또 한 번 '페어플레이' 정신을 느낄 수 있었습니다."

생 파울은 잠시 생각에 잠기더니 다시 이야기를 시작했다.

"대대장님께서 독일로 귀국하신 후 베른하르트 대위가 대대를 지휘했습니다. 저희들은 1943년 5월 초까지도 남부지역에서 싸웠죠. 대대원 중 90명 정도가 남아 있었지만, 휘발유도 정찰차량도 모두 잃은 상태였지요. 5월 9일에 저희들은 영국군에게 항복했습니다. 항복을 접수한 영국군 장교가 베른하르트에게 이렇게 말하더군요. '귀관과 제3수색대대를 생포한 것만으로도 큰 영광입니다. 당신은 권총을 소지해도 좋소. 당신들을 위해 무언가 하고 싶소. 말해보시오.' 베른하르트가 이렇게 대답했지요. '그러면 부탁 하나 합시다. 지금 너무나 피곤해서 걸어서는 튀니지까지 갈 수는 없소.' 영국군 지휘관이 곧장 자신들의 트럭 한 대를 구해주어서 저희들은 모두 차량으로 포로수용소까지 갈 수 있었습니다. 차로 이동하면서 걸어서 이동하는 수많은 포로들을 보았는데 그중에는 장군들도 있었습니다. 콘스탄틴(Constantine)부터 기차로 카사블랑카로 이송되었습니다. 기차 안에는 몽둥이를 든 미군 경계병들이 있었습니다. 저희들은 그들에게 이렇게 소리쳤습니다. '우리는 개가 아니다. 그 몽둥이를 치워라!' 그때부터 저희들에 대한 대우가 달라지더군요. 경계병들과 대화도 했습니다. 서쪽으로 이동하던 중에 축구장 크기의 거대한 휘발유, 탄약 저장고를 보았습니다. 저희들 모두는 이구동성으로 '우리에게 만일 저렇게 엄청난 물자들이 있었다면 승리는 우리의 것이었을텐데' 라고 이야기했습니다. 앨라배마주 오펠리카(Opelika)의 포로수용소에서 출소하기까지 최고의 대우를 받았습니다. 1946년 4월 초, 아쉽게도 영국으로 이송되어 1년 더 수용소 생활을 했고 그 후 집으로 돌아오게 되었습니다."

몇몇은 당시 로마에서, 다른 몇몇은 전쟁 후에 만나 이런저런 많은 이야기를 들었다. 처절하고도 참혹한 종말이었지만 북아프리카 전역에 그나마 페어플레이가 존재했다는 것만큼은 주목할 만한 일이다.

이미 로마에서는 연합군이 이탈리아로 상륙할 것인가, 어디로 어떻게 들어올 것인가에 대한 소문이 무성했다.

여기서 아프리카 전역에 대한 이야기를 끝내려 한다. 나는 지금 이 순간에도 나와 함께 바다를 건너 고군분투했던 전우들과 치열한 전투를 치렀던 그때를 떠올리곤 한다. 당시 로마에 머물렀던 나의 머릿속에는 온통 이런 생각들뿐이었다. '이제 또 나는 무엇을 해야 할까? 어떤 날들이 내 앞에 펼쳐질까?'

휴식기 (1943~44)

기차는 북쪽을 향해 달리고 있었다. 아펜니노(Appenin)산맥, 포 평원(Poebene)을 거쳐 알프스를 넘었다. 창밖의 모습들이 너무나 평화로웠다. 이탈리아인들은 전쟁의 참상을 모르는 듯, 나 자신도 그런 현실을 잊게 만들 만큼 아늑한 풍경이었다. 농사에 여념이 없는 농부들도 보였다. 초여름의 따스함까지 분위기를 더했다. 나는 로마의 연락장교로부터 받은 명령지를 다시 살펴보았다. 뮌헨을 거쳐 베를린으로 이동하라는 지시가 담겨 있었다.

뮌헨에서 몇몇 친구들도 만났지만, 구데리안이 부탁했던 롬멜과의 회동도 주선해야 했다. 국방군은 내게 발터슈필(Walterspiel) 형제가 소유한, 너무나도 유명한 '피어 야레스자이텐'(Vier Jahreszeiten)ᴬ 호텔 객실을 숙소로 제공했다. 나는 암 젬머링(Am Semmering)에서 요양 중인 롬멜에게 전화를 걸었다. 내 임무를 완수하지 못했으며, 너무 늦게 철수 승인이 떨어졌다는 사실을 보고했다. 롬멜은 아무 말이 없었다. 아마도 누군가 우리의 전화를 도청중이라고 느끼는 듯했다.

나는 일종의 '암호화'된 용어로 구데리안의 부탁을 전했고, 롬멜은 흔쾌히 응했다. 이후 구데리안과 전화로 야레스자이텐 호텔에서 회동 날짜를 정했다. 발터슈필 사장에게 부탁하여 방 하나를 예약하며 고위급 장군들의 만남이니 철저한 보안 유지가 필요하다고 주의를 주었다.

두 장군의 회합이 계획된 시각, 롬멜이 먼저 도착했다. 나는 거수경례로 인사했다. 그는 내가 유럽으로 오기 전까지 최후의 상황에 대해 물었다. 롬멜은 히틀러가 자신에게 실망감과 노여움을 드러냈다며, 짧은 시간이지만 구데리안과 의견을 교환하게 되어 기쁘다고 말했다. 잠시 후, 구데리안이 호텔 입구에 들어서며 우리에게 인

A 사계절이라는 의미의 최고급 호텔. 우리말로 '사계절'이라고 번역하거나 영어식으로는 '포 시즌'으로 할 수 있으나 유명한 호텔명이므로 독일어를 우리말 발음으로 옮김. (역자 주)

사를 건넸다. 그 즉시 두 장군은 회합 장소로 들어갔다. 대화 내용에 대해서는 나도 아는 바가 없다.

고위급 인사의 방문을 영광으로 여겼던 발터슈필 사장은 내게 다른 호텔 손님과 다소 떨어진 곳에 식탁을 준비해 주고는 '특별한 음식'을 제공했다. '일반 손님'이라면 고액의 비용을 지불한다고 해도 주문할 수 없는 음식들이었다. 식사 후 호텔 로비에서 두 장군을 기다리면서 나는 담배 한 대를 입에 물었다. 그때 잘 차려입은 노부인이 내 옆에 다가와 내가 피우다 재떨이에 버린 담배꽁초를 집더니 자신의 손가방에서 꺼낸 은색 깡통에 넣었다. 그 안에는 여러 개의 꽁초가 들어있었다.

"혹시⋯ 결례였다면⋯ 죄송해요."

몹시 괴로워 보였다.

"담배 배급이 너무 적어요. 그래서 꽁초라도 제게는 정말 귀하답니다. 커피도 다 떨어진 지 오래되었고요. 제게 남은 담배도 딱 한 개비뿐이랍니다. 견디기가 너무 힘든 시기네요. 다시 한번 사과드립니다."

깊은 절망감에 사로잡혔다. 조국의 동포들이 부족한 식량 배급에 힘겨워했고 연합군의 폭격에 시달리고 있었다. 또한, 전선에 나간 아들, 남편에 대한 걱정으로 얼마나 큰 고통의 나날을 보내며 비참한 현실을 인내하고 살아가는지 새삼 깨닫게 되었다. 나는 가지고 있던 담배 몇 갑을 모두 그 노부인에게 건넸고, 그녀는 깜짝 놀라면서도 한편으로는 연신 고맙다며 미소를 지었다.

구데리안과 롬멜이 각자 떨어져 호텔 로비에 나타났다. 그 두 사람 모두 짧은 인사와 함께 내게 악수를 건넨 후 사라졌다.

"몸 조심하게, 루크!"

뮌헨에서 며칠을 머무른 후, 나는 다시 베를린으로 이동했다. 폭격으로 폐허로 변해버린, 한때 '유럽의 심장부'였던 베를린에 도착했다. 아프리카 전역에서 나의 부관 장교였으며 과거 UFA 영화사의 조감독이었던 벤첼 뤼데케^의 펜트하우스를 숙소로 사용했다. 고맙게도 그는 내가 베를린에 가면 쿠르퓌르스트담 근처에 위치한 자신의 집을 쓸 수 있도록 모든 조치를 취해 놓은 상태였다. 보충대대에 전입신고를 하고, 그곳에 맡겨 두었던 소중한 메르세데스를 찾아왔다.

다음 보직 때문에 인사청에 들렀다 슈문트 장군과 만났다. 결국 특별 임무를 완수하지 못했다고 말하자, 잠시 침묵이 흘렀다. 그 순간 이런저런 생각에 머릿속이 복잡

A   그는 튀니스에서 미군에게 포로로 잡혔다. (역자 주)

했다. 이제 나는 어디서 무엇을 해야 할 것인가? 동부 전선으로 가야 할까? 그때 슈문트가 침묵을 깨뜨리며 이렇게 말했다.

"루크! 자네는 지금부터 1년간 '지휘관 예비부대'로 전속될 거야. 그동안 다수의 고위급 지휘관들이 희생되었네. 이탈리아나 프랑스에서 다시 전쟁을 수행할 가능성도 농후해졌어. 그래서 일종의 예비부대를 만들어야 했지. 자네의 경험을 후배들에게 전수할 기회를 주겠네."

깜짝 놀랐다. 1년씩이나 독일 본토에서 머무를 수는 없었다. 다시 전선으로 돌아가고 싶었다. 문득 한 가지 생각이 머리를 스쳤다.

"장군님! 호의에 감사드립니다. 제게 한 가지 좋은 생각이 떠올랐습니다. 1년 대신에 반년 정도만 기갑수색부대 지휘관 교육과정이 있는 파리로 가고 싶습니다. 장차 기갑수색부대 지휘관이 될 후배들에게 최선을 다해 제 경험을 전파하겠습니다. 승인해 주시겠습니까?"

슈문트는 크게 웃었다.

"그럼, 물론 가능하지! 역시 기갑수색병과 장교들은 특유의 무언가가 있어. 언제나 사고가 유연하고 비범한 해법을 제시하거든. 승인하고말고."

며칠 후, 파리의 학교로 전속명령을 받았다. 문서상 나의 전속 기간은 1943년 8월부터 1944년 3월까지였다. 아프리카 시절 전임 대대장의 사촌형인 폰 베흐마르 대령이 그 학교의 책임자였다.

1943년 5월 말, 폐허가 된 베를린에도 따스한 봄기운이 완연했다. 펜트하우스에서 짐을 정리했다. 저녁에는 등화관제를 해야 했다. 언제나 대피할 때는 중요 문건들과 튀니스의 급양창고에서 얻어온 원두커피, 담배가 담긴 손가방을 준비했다. 연합공군의 공습에 대비한 사이렌이 울리면 -거의 매일 그랬다 나는 급히 그 가방을 들고 지하 방공 대피호로 몸을 숨겼다. 공습을 밖에서 구경할 수는 없었다. 베를린의 건물 밀집지역에서는 폭탄 파편과 건물의 잔해들 때문에 매우 위험했다. 더욱이 정부의 '대공 경계지침'을 반드시 따라야 했다. 연합군은 언제부턴가 엄청난 양의 황린소이탄(Phosphorbomben)을 투하했다. 폭탄이 땅에 닿는 순간 대규모 화재와 함께 무시무시한 화염 폭풍이 천지를 휩쓸었다. 내가 머물렀던 펜트하우스에도 피해가 있었지만, 다행히 나는 무사했다. 그리고 내게는 식량배급권도 있었다. 너무나 많은 이들이 굶주림에 허덕였고, 제대로 먹고사는 이들은 극소수였다. 하지만 보충대대의 음식은 그럭저럭 괜찮았다. 물론 전선에 투입될 병사들의 건강 유지를 위해서였다.

나는 메르세데스를 타고 쿠르퓌르스텐담에서 보충대대까지 출퇴근했다.

베를린에 거주했던 과거 수많은 친구들의 얼굴은 더이상 볼 수 없었다. 일부는 전쟁을 피해 스스로 지방으로 떠났다. 다른 유대인 혈통의 친구들과 예술가들은 어디론가 끌려가서 더는 만날 수 없었다. 해외로 망명하지 못한 유대인들은 국내의 강제수용소(Konzentrationslager, KZ)ᴬ로 이송되었다. 우리 같은 전선의 장병들이나 나와 가까운 독일인 친구들은 강제수용소의 존재와 '감금'의 개념 정도만 알고 있었다. 철조망에 둘러싸인 곳 안에서 어떤 참혹한 일이 벌어지고 있는지는 전혀 알지 못했다.

6월 초, 나는 프로이센 왕족의 한 부인으로부터 파티 초대를 받았다. 전쟁 이전에 친구였던 폰 파펜의 소개로 알게 된 부인이었다. 아프리카에서 돌아왔다는 '이국적인 분위기'와 원두커피 선물 덕인지 다른 손님들보다 훨씬 더 나를 환대해 주었다. 거기서 나는 다그마(Dagmar)를 알게 되었다. 그녀는 유럽 최대의 농원 소유주의 딸이었다. 그날의 모임은 그녀의 스물한 번째 생일 파티였다.

우리 둘은 첫눈에 서로 반했다. 이튿날 내가 그녀를 저녁식사에 초대했다. 그녀는 문득 이런 표현을 썼다.

"네 조상이 어떤 혈통인지 너도 알지? 너는 아마 1등급 독일인일 거야. 하지만 나는 유대계 혼혈 1/8등급이야. 그래도 '아리아인의 권리'를 누리고 있어."

그녀의 어머니는 베를린에서 가장 세련된 여성 중 한 명이었고, 유대계 혼혈 1/4등급으로 지정되었다. 독일에서 '유대인 문제'가 얼마나 관료적으로 다뤄지고 있는지 극명하게 보여주는 사례였다. 그야말로 암울했다. 나는 다그마의 부모도 만났다. 두 사람 모두 당시로서는 국제적인 세계관을 가진 지식인들이었고 다그마처럼 영어와 프랑스어를 유창하게 구사했다.

나는 여유가 생길 때마다 그녀를 만났다. 다그마는 나치당원을 포함하여 '제3제국'의 권력을 군국주의로 표현했다. 그녀는 이들을 더이상 두려워하지 않고 대담하게 발언했다. 당시 나는 약혼이나 그다음 인생 계획도 생각해야 했지만, 전쟁이 종식되기 전까지는 그런 것들에 대해 신경 쓰지 않기로 했다. 단지 파리 생활만은 함께하고 싶었다. 교관으로 일할 때만이라도 함께 있고 싶었고, 연합군이 연일 폭탄을 쏟아붓는 베를린에서 그녀를 벗어나게 하고 싶기도 했다. 또한, 더이상 1/8 혼혈아라는 모욕적인 대우를 받지 않고 아리아인 여성으로 살기를 원했다. 그래서 그녀에게 함께 파리로 가자고, 꼭 파리로 데려가겠노라고 약속했다.

A   당시 베를린 근처의 작센하우젠(Sachsenhausen)의 수용소가 가장 유명하다. (저자 주)

6월 말, 휴가를 내어 잠시 베를린을 떠났다. 함부르크의 친구들과 플렌스부르크의 어머니와 누이를 만나기 위해서였다. 절친했던 친구 보스(Boos)는 함부르크 외곽에 살고 있었다. 비스마르크가 노년을 보낸 저택이 위치한 프리드리히스루(Friedrichsruh)와 멀지 않은 곳이었다. 내가 플렌스부르크로 떠나기 바로 전날 밤, 함부르크는 전쟁 기간 중 최악의 폭격을 당했고, 건물 밀집지역 전체가 완전히 무너져 내렸다. 사상자는 헤아릴 수 없이 많았다. 우리는 보스의 정원에서 아비규환 속에 불꽃이 치솟는 함부르크를 그저 넋을 잃고 바라볼 수밖에 없었다. 새벽 무렵, 수천 명의 피난 행렬이 인산인해를 이루었고, 그들 가운데 많은 이들이 황린에 화상을 입은 채 걸어서 함부르크 외곽으로 빠져나갔다. 나는 오늘날까지도 그때의 화상에 시달리는 사람들을 보곤 한다. 목숨만 붙어있을 뿐, 아무것도 할 수 없는 정말 불쌍한 사람들이다. 나는 그제야 당시의 많은 부상자들이 왜 하루빨리 전선에 돌아가려고 발버둥 쳤는지 이해하게 되었다. 전장에서는 어떤 사태가 발생하면 결정과 행동에 능동적으로 참여하여 최소한 생명을 부지할 수 있지만, 일반 주민들은 그저 속수무책으로 앉아서 죽음을 기다려야 했기 때문이다.

플렌스부르크에는 해군 기지가 있었지만, 함부르크와 달리 연합군의 공습도 없고 평온했다. 우리 집은 주변의 다른 집들에 비해 비교적 넓어서 정부는 방 두 개를 피난민들에게 제공하라고 요구했다. 누이는 네덜란드 군정사령부로 강제징집되었고, 어머니께서는 농장 주인들로부터 버터와 고기를 얻기 위해 물물교환을 하곤 했는데, 그 와중에 친아버지께서 동아시아에서 가져온 진기한 물품들을 내다 파셨다. 식량 배급량이 너무 적어서 이렇게 해서라도 먹고 살아야 했다. 나이든 여성들은 이른바 '총력전을 위한 생산동원'에 참가하지 않는다는 이유로 어떤 특식도 받지 못했다. 나는 어머니께 프랑스에서 필요한 모든 것을 보내드릴 테니, 더이상 물건을 팔지 마시라고 설득했다. 마음이 너무나 쓰리고 괴로웠다. 하지만 남편이 세상을 떠난 후에도 세 자녀를 모두 전쟁터에 보내고 하루하루 용감히 견뎌내신 어머니께 존경심마저 들었다. 어머니를 위로하면서 잠시나마 둘만의 좋은 시간을 보냈다. 가져온 원두커피를 드렸더니 어머니께서는 앞으로 몇 주 동안은 행복할 거라고 말씀하셨다.

베를린으로 돌아와 며칠이 흘렀다. 보충대대에서 이제 막 군인이 되는 젊은 병사들에게 여러 전쟁터를 누비며 얻었던 나의 경험들을 전했다. 유대인으로서 아리아인의 신분증을 갖지는 못했지만, 저명인사의 부인이었던 다그마의 어머니는 유대인 수용소로 끌려가는 상황만은 면했다. 그녀는 스위스의 친구를 방문한다는 명목으로 독일에서 탈출하려 했다. 시시각각 위험이 다가오고 있음을, 더이상 베를린에 머물 수 없음을 직감한 듯했다. 그러나 그녀의 남편과 딸인 다그마는 베를린에 거주해도 그리 크게 위험하지 않았다.

나는 다그마와 몇몇 친구들과 조촐하게 나의 서른두 번째 생일을 보냈다. 폰 뵈젤라거 남작에게 내가 맡긴 샴페인과 코냑 몇 병을 받았다. 문득 '이것이 내 마지막 생일이 아닐까?'하는 생각도 들었다. 하지만 마지막 생일은 꼭 고향에서 보내고 싶은 마음이 간절했다.

1943년 8월의 어느 날, 언제나처럼 불확실한 미래를 위해 모두와 헤어질 시간이었다. 특히 다그마와의 이별은 생각보다 훨씬 힘들었다.

"어떻게 해서든 너를 꼭 파리로 데려갈 거야. 나를 믿어."

전출명령지를 받고 메르세데스에 올라 베를린을 떠났다. 뤼데케의 펜트하우스에 남겨둔 내 물건들을 다그마에게 맡겼다. 그녀는 베를린 외곽의 농원에 그것들을 잘 보관하겠다고 약속했다. 14일 후, 그 펜트하우스도 연합군의 황린소이탄에 의해 전소되었다는 소식을 접하고 나는 가슴을 쓸어내렸다. 그렇게 모두 불타버릴지도 모른다는 나의 예감이 적중했던 것이다. 탁월한 선견지명이었다.

본 근처에 이르러 폰 뵈젤라거 남작에게 잠시 들러 인사를 하고 곧장 파리로 향했다. 파리에 도착하자마자 기갑수색병과학교의 지휘관인 폰 베흐마르 대령과 파리 주둔군사령관 폰 보이네부르크(von Boineburg) 장군에게 차례로 신고했다. 폰 보이네부르크 장군은 러시아 전역에서 제7기갑사단 예하 기계화보병여단장으로 나오는 서로 잘 아는 사이였다.

"루크! 이렇게 건강한 모습으로 자네를 다시 만나 정말 반갑군. 앵발리드돔(Invalidendom) 일대의 자네 학교 주변에 숙소를 배정해 주겠네."

"감사합니다. 장군님! 파리에서 메르세데스를 탈 수 있는 허가증을 받을 수 있겠습니까? 소련에서도 수개월 동안 탔던 자동차라 애착이 큽니다."

파리 시내 전체를 조망할 수 있는 너무나 아름다운 펜트하우스를 숙소로 받았다. 빅시오 거리(Rue Bixio)에 위치한 이 집은 원래 스위스 출신의 사업가가 소유한 집이었으나, 그 주인은 파리 주둔군사령부에 이 건물과 청소부 아주머니까지 헌납하고 고향으로 돌아갔다고 한다. 나는 그녀에게 당시 파리 어디에서도 구할 수 없던 먹거리를 가져다주곤 했다. 훗날 그녀는 잊지 못할 시간이었다고 털어놓았다.

첫 번째 4주간의 교육이 곧 시작된다. 지난 기수의 수료식 후 다음 기수의 입교 사이에 1주의 휴식 기간이 주어졌다. 그러나 휴식이라기보다는 지난 교육을 결산하는 시간이어서 하루하루가 바쁘게 흘러갔다. 첫 번째 교육과정에 그때까지 동부 전선의 격전장에서 돌아온 절친했던 친구 프란츠 폰 파펜이 참가했다. 그다음 기수에는 훗날 독일 연방군의 장군이 된 드 메지에레(de Maizière)와 훗날 우리 제21기갑사단에서 대대를 지휘한 발도브(Waldow) 소령도 입교했다.

J.B. 모렐과 클레망 두호도 만났다. 건강한 모습으로 재회한 우리 모두는 매우 기뻐했다. 그들은 서부 연합군이 조만간 프랑스의 어딘가로 상륙하리라 확신했다.

"한스! 독일은 연합군의 상륙을 절대로 막을 수 없어. 서부와 동부 두 전선에서, 그것도 전쟁물자가 부족한 독일은 전쟁에서 결코 승리할 수 없어. 다시 한번 말하지만, 전쟁이 끝날 때 너는 반드시 여기 있어야 해. 우리가 너를 꼭 보호해 주겠어."

그들의 호의에 감사해 하면서도 나는 고개를 가로저었다.

"하지만 너희들도 잘 알잖아. 나는 절대로 그럴 수 없어. 너희들과는 다르게 커 왔거든. 그리고 히틀러에게 충성을 맹세했어. 만일 필요하다면 말이야… 괴롭겠지만 최후까지 싸워야 해."

몇 주 후 클레망이 내 집으로 헐레벌떡 달려왔다.

"한스! 큰일 났어! 게슈타포가 J.B.를 체포했어. 어디로 끌려갔는지도 몰라. 그가 레지스탕스와 결부되어 있다거나 독일 정부에 대한 부정적인 발언을 했다는 혐의야. 너도 알다시피 J.B.는 프랑스군 장교 출신에다 열정적인 애국자잖아."

그를 찾아서 풀려 날 수 있도록 내가 할 수 있는 모든 것을 해보겠다고 약속했다. 우연히 알게 된 사실이지만, 빅시오 거리의 내 아파트에는 고위급 게슈타포가 살았고, 엘리베이터나 길거리에서도 몇 차례 마주친 적이 있었다. 몇 마디지만 대화도 주고받았다. 그는 나를 최전방에서 온 충성스러운 장교라 여기며 호감을 가지고 있는 듯했다. 내가 그런 부류의 인간들을 싫어해서 다소 껄끄럽기는 했지만, 일단 그에게 도움을 청하기로 했다. 그의 집을 찾아가 문을 두드렸다. 그는 반가운 얼굴로 나를 맞이했고, 나는 곧장 J.B.에 관해 알고 있는지 물었다.

"그를 알고 계신다니 이 말씀을 꼭 드리고 싶습니다. 1940년 당시 J.B. 모렐은 우리 독일군의 적이었습니다. 비록 적이었지만 매우 용감한 군인이었고 또한 열렬한 애국자입니다. 그러나 그가 우리 독일 정부를 비난했거나 적대적인 발언을 했을 리 없습니다. 거기에 대해서는 제가 보증하겠습니다. 아마도 스탈린그라드 전투와 북아프리카 전역의 종결이 이 전쟁에 있어 결정적인 전환점이라는 발언 정도는 했을 지도 모릅니다. 저 또한 그 생각에 동의하는 바입니다. 당신이라면 모렐을 충분히 풀어주실 수 있으리라 확신합니다. 꼭 부탁드립니다."

확실히 위험한 발언이었다. 이런 말을 입에 올린 나도 나치스트와 게슈타포들에게는 '패배주의자' 또는 '반역자'로 비칠 것이 분명했다. 4일 후, J.B.가 내 집 앞에 나타났다. 눈에는 눈물이 가득 고여 있었다.

"한스! 내 이 은혜를 평생 잊지 않겠네. 정말 고맙네!"

나는 그날 그 게슈타포를 찾아가 코냑 한 병을 선사했다.

그즈음, 나는 다그마를 파리로 데려오기 위해 백방으로 뛰어다니다 파리 주둔군 사령부의 누군가에게 한 가지 확실한 방법을 들었다. 만일 다그마가 프랑스의 회사에 일자리를 얻었다는 보증만 있으면 쉽게 파리로 올 수 있다는 이야기였다. 샹젤리제 거리 인근에서 나를 돕겠다는 회사 하나를 찾았다. 목탄 엔진을 일반 트럭에 장착, 개조ᴬ하는 회사였다. 그 회사는 흔쾌히 다그마를 통역관으로 쓰겠다고 했다.

나는 파리 주둔군사령부로부터 다그마의 파리 체류 및 취업허가서를 받았고, 너무나 기쁜 마음에 그녀에게 편지와 함께 각종 서류를 보냈다. 그러나 그녀의 답장은 청천벽력같은 흉보였다. 그녀의 아버지가 히틀러를 비난했다는 죄목으로 게슈타포에게 체포되어 작센하우젠(Sachsenhausen)의 유대인수용소에 감금되었다는 소식이었다. 놀라지 않을 수 없었다. 자존심이 강하고 보수적인 사상에 심취했던 그로서는 충분히 그런 발언을 할 만했지만, 나는 그 소식에 너무나 놀랐다.

게슈타포를 통해 J.B.를 출소시켰듯이 다그마의 아버지도 그곳에서 빼내기 위해 파리에서 할 수 있는 최선의 노력을 다했다. 폰 베흐마르에게 나의 처지를 이야기했고 이번 교육이 종료된 후 4일간의 휴가를 주겠다는 답변을 받았다. 한 주 한 주가 너무도 길었다. 수료식을 마치고 휴가 첫날 이동 승인서와 필수적인 몇 가지 물품을 챙겨서 학교에서 지원해준 운전병 한 명과 함께 베를린으로 향했다. 1,000km가 넘는 거리를 단 한 시간도 쉬지 않고 달렸다. 파리 주둔군사령부의 도움을 받아서 파리에 근무 중인 몇몇 고위급 친위대 장교들과 게슈타포들의 추천서까지 받았다. 최전방에서 돌아온 충성심 강한 나를 최대한 도와주라는 내용이 담겨 있었다.

드디어 다그마와 재회했다. 반갑고 기뻐야 했지만, 너무나 원통하고 침울했다. 아버지를 너무나 사랑했던 그녀는 무척 슬퍼했고, 1/8 유대계 혼혈아로서 '제3제국'을 증오한다고 털어놓았다. 하지만 그녀는 태연하게 자신의 운명을 받아들였고, 내가

A   휘발유는 이미 오래전부터 구하기 어려운 상황이었다. (저자 주)

백방으로 동분서주하는 모습에 그리 큰 희망을 품지 않으면서도 매우 고마워했다.

이튿날, 우리는 메르세데스를 타고 작센하우젠으로 떠났다. 군복^A과 훈장들, 폰 보이네부르크의 친서는 효과 만점이었다. 수용소의 책임자까지 나를 맞이하러 정문에서 대기하고 있을 정도였다. 다그마는 그곳의 규정상 내부로 들어갈 수 없었다. 그래서 다그마가 준비한 음식물이 담긴 큰 바구니를 내가 직접 들고 홀로 면회실로 들어갔다. 수용소장은 내게 자신감에 가득 찬 목소리로 이렇게 말했다.

"우리도 조국이 전선에서 거둘 승리를 위해 이렇게 크게 기여하고 있습니다."

나는 어처구니없는 그의 말에 대꾸하지 않았지만, 다그마의 아버지를 출소시켜 준다면 그가 지껄이는 어떤 말이라도 들어줄 용의가 있었다. 잠시 후 다그마의 아버지가 초췌한 모습으로 누군가에게 끌려 나왔다. 몹시 침울한 표정과 두려움에 질려 있는 눈빛이 역력했다. 그토록 건강하고 강직했던 한 남자를 지난 몇 주간 누가, 무엇이 이렇게 만들었단 말인가?

"잘 지내십니까?"

듣기에 따라서는 황당한 말이겠지만, 일상적인 인사로 내가 먼저 입을 열었다.

"다그마가 수용소 정문에 와 있습니다. 아쉽게도 여기로 데려올 수는 없었습니다. 다그마가 아버님을 꼭 껴안고 싶어 합니다."

그와 무슨 이야기를 해야 할지 도무지 머릿속에서 떠오르지 않았다. 한 친위대원이 면회실 구석에서 우리의 대화를 엿듣고 있었다.

"몇 가지 음식들과 커피, 담배를 조금 가져왔습니다. 모두 다그마가 직접 쌌습니다. 내일 칼텐부르너(Kaltenbrunner)^B와 만나기로 했습니다. 고위급의 추천서도 가져왔습니다. 조만간 여기서 나오실 수 있을 겁니다. 제가 꼭 그렇게 되도록 노력하겠습니다."

그러나 그의 표정에는 희망이 보이지 않았다.

"고맙네. 나 때문에 일부러 파리에서 여기까지 오다니. 내 딸에게 안부를 전해 주게나. 둘 모두 행복하게 살기를 기도하겠네."

감시병이 면회가 끝났음을 알렸다. 그는 곧 일어섰다. 우리는 두 손을 힘주어 맞잡았다.

"힘내십시오! 여기서 나오실 수 있도록 제가 최선을 다하겠습니다. 꼭 나오실 수

A   항상 사막용 전투복을 입고 다녔다. (저자 주)

B   친위대 보안대장(Chef des SS-Reichssicherungshauptamtes) 친위대 총사령관인 힘러 다음인 친위대 서열 2인자였다. (저자 주)

Mit Rommel an der Front

있을 겁니다.”

그는 고개를 끄덕였다. 한때 건강한 모습으로 대쪽같았던 그는 어깨를 축 늘어뜨린 채 터벅터벅 면회실을 떠났다.

다음날 해가 뜨자마자 친위대 사령부로 달려가 칼텐부르너와 면담을 요청했다. 양어깨에 친위대 장군 계급장을 달고 나타난 그는 환한 표정으로 나를 맞이했다.

“고급 훈장을 수여 받은, 최전선에서 온 훌륭한 국방군 장교를 만나게 되어 정말 반갑네. 전방에서 싸우는 자네들처럼 우리도 독일 내부의 전선에서 최후의 승리를 위해 최선을 다하고 있네.”

그가 늘어놓는 이런저런 말들을 모두 듣고 있자니 정말이지 역겨웠다. 그러나 그로부터 무언가를 얻어내야 하는 나로서는 겉으로라도 성의를 보여야 했다. 힘들었지만 끝까지 그의 말을 들어 준 뒤 마침내 내 용건을 전달했다.

“저는 겨우 4일의 휴가를 받았습니다. 밤새도록 휴식도 없이 직접 운전해서 베를린에 왔습니다. 어제는 작센하우젠의 수용소에서 제 장인어른을 만났습니다. 그분의 모습을 본 저는 너무나 안타까웠습니다. 그분은 자신이 왜 체포되셨는지도 모르고 계십니다. 장군님! 저를 믿어 주십시오. 제 장인께서는 훌륭한 독일인이시며 베를린에서도 저명한 인사이십니다. 무슨 이유에서건 그분이 벌을 받는다는 것은 당치도 않다고 생각합니다. 무언가 오해나 착오가 있었던 것이 확실합니다!”

칼텐부르너도 고개를 끄덕이며 이해한다는 듯 표정을 지었고 그의 부관을 불렀다.

“부관! 음… 이름이 뭔가? 그 양반에 대한 문건을 가져오게.”

잠시 후 부관이 다시 들어와 이렇게 답했다.

“작센하우젠의 수감자에 대한 모든 문건들은 체코슬로바키아로 이관되었습니다. 문건을 이리로 보내달라고 요청해 놓았습니다.”

그 말을 들은 칼텐부르너는 나를 바라보며 이렇게 말했다.

“루크! 미안하네. 내가 그 문건을 직접 확인해 보겠네. 하지만 시간이 다소 걸릴 거야. 귀관은 이제 그만 돌아가게. 자네 장인이 출소하도록 내가 힘써보겠네. 자네처럼 충직하고 용감한 최전선의 장교에게 도움을 주어야 할 텐데…. 당장 도움을 주지 못해서 유감이네. 내가 반드시 책임지고 해결해 주겠네.”

내 부대 주소를 메모해 그에게 건네자 그는 악수를 청했다. 과연 그가 도와줄까? 칼텐부르너와 게슈타포 요원들을 믿어도 될까? ‘문서를 이관했다’는 것도 나를 쫓

아내기 위한 핑계가 아니었을까? 확신할 수 없었다. 이런저런 의구심만 안고 그곳을 빠져나와 극도의 절망에 빠져있던 다그마에게 칼텐부르너의 말을 전해 주었다.

"나는 그 사람들을 믿지 않아. 비열하고 잔혹한 사람들이야. 그러나 네가 이렇게 와준 것만으로도 정말 고마워. 그리고 파리로, 너에게 갈 수 있게 되어 기뻐. 지금의 현실에서 벗어날 수도 있겠지. 이젠 여기서 아버지를 위해서 내가 할 수 있는 일도 전혀 없으니 말이야."

나는 파리로 돌아가야 했다. 다그마는 베를린의 집에서 필요한 것들을 정리한 후 곧장 파리로 왔다.

다그마도 파리 생활에 점차 적응했다. 전시만 아니었다면 행복한 꿈에 부풀어 살았겠지만, 현실은 암울했다. 그녀에게 자전거 한 대를 마련해 주었다. 파리의 버스와 전철이 움직이지 않을 때도 다그마는 자전거로 어디든 갈 수 있었다. 우리는 빅시오 거리의 펜트하우스에서 행복한 시간을 보냈다. 종종 J.B.와 클레망을 불러서 함께 대화를 나누거나 클레망의 '까발리에'에 들러 즐거운 시간을 보내기도 했다. 그곳에서 막스 슈멜링(Max Schmeling), 혹은 당시 꽤 유명했고 클레망과 친분이 있었던 여배우 비비안느 로망스(Vivienne Romance)와 저녁식사를 함께하기도 했다. 다그마와 함께 향수와 실크 스타킹, 옷감 등을 구입해서 플렌스부르크의 어머니께 보내드렸다. 식료품과 바꿀 수 있는 물품을 보내 생계에 도움을 드리기 위해서였다.

어느새 겨울이 끝나가고 있다. 내게 부여된 파리에서 머물 시간도 이제 막바지를 향해가고 있다. 다그마와 약혼하기로 했다. 우리는 방돔 광장(Place Vendôme)의 유명한 보석가게에서 반지 두 개를 구입했고, J.B. 모렐과 클레망 두호아가 참석한 가운데 조촐한 약혼식을 올렸다. 다그마의 부모님이 함께하지 못해 분위기는 침울했다.

여태껏 다그마의 아버지에 대해서는 어떤 소식도 없다. 그녀가 작센하우젠으로 몇 통의 편지를 보냈지만, 그 누구도 답장을 보내지 않았다. 다그마도 이젠 아버지를 살아서 다시 만날 수 있다는 희망을 버린 지 오래였다. 그녀의 어머니도 소식이 끊겼다. 다그마에게 스위스에서 미국으로 떠난다는 편지를 보냈을 뿐, 그 뒤로는 연락이 없었다. 칼텐부르너에게도 아무런 통보를 받지 못했다.

총통의 총사령부에 근무하는 한 친구를 통해 1/8 유대계 혼혈인과 결혼해도 되는지 넌지시 알아보았다. 황당한 답변을 듣게 되었다. '폰 루크 소령이 만약 예비역 장교라면 1/8 유대계 혼혈인과의 결혼은 순수 독일인의 권리에 따라 문제가 없지만, 현역 장교로서 그러한 결혼은 허용할 수 없다.'는 내용이었다. 이는 '인종 차별법'의 논리와 해석에 따른 것이었다. 그렇다면 대체 예비역 장교와 현역 장교 간에는 어떠한 인종적 권리의 차이가 있다는 말인가!

3월 초, 나는 단기간의 연대장반 교육에 참가하기 위해 독일로 가야 했다. 교육 중에 내가 기갑교도사단의 연대장 보직을 받게 될 것이라는 통보를 받았다. 그 사단장은 아프리카에서 함께 했던 역전의 노장 바이얼라인 장군이었다.

4월 초에 파리로 돌아왔다. 가재도구들을 정리하기 위해서였다. 가능한 오랫동안 다그마를 파리에 두고 싶었다. 파리 주둔군사령부로부터 그녀가 파리에 체류할 수 있도록 승인받았고 J.B.와 클레망도 기꺼이 그녀를 보살펴 주겠다고 약속했다.

"다그마! 만일에 말이야…. 상황이 위태로우면 네가 어디든 갈 수 있도록 조치해 둘게. 만일 그것도 안 되면 파리 주둔군사령부로 가. 보급수송차량으로 독일로 갈 수 있을 거야."

이제는 더이상 함께 있을 수 없었다. 언제, 어떻게 우리가 다시 만날 수 있을지조차 알 수 없을 만큼 우리의 미래는 불확실했다.

바이얼라인의 사단은 노르망디나 브르타뉴 어딘가에 주둔했다. 메르세데스를 타고 사단으로 가던 도중에 파리의 서쪽, 라 로쉬 기용(La Roche Guyon) 일대에 위치한 롬멜의 B집단군사령부에 들러 인사라도 하기로 결심했다. 아프리카에서 그의 충실한 장군참모장교이자 참모장이었던 가우제 장군이 나를 반갑게 맞이했다.

"왔군! 건강한 모습으로 다시 만나 기쁘네. 나는 곧 내 후임인 슈파이델(Speidel) 장군에게 업무를 인계해야 한다네. 조만간 적군의 상륙이 예상되지만, 어쨌든 프랑스 전역에 오게 된 것을 환영하네."

롬멜 원수를 만날 수 있을지 물었고 그는 흔쾌히 허락했다.

"그럼, 당연하지! 그러나 지금 원수님은 매우 우울하신 상태야. 적들의 상륙에 어떻게 대비해야 할지 나름대로의 구상안을 히틀러에게 보고하다 거부당하셨다네. 그러나 자네를 보면 기뻐하실 거야. 원수님과 산책이라도 해드리게. 기분 전환이 필요하실 때니까."

롬멜은 그만의 특유한, 호쾌한 웃음으로 나를 맞이했다. 내 기억 속에 남은, 언젠가 마지막으로 만났을 때보다는 훨씬 좋은 얼굴이었다.

"자네를 여기 서부 전선에서 다시 만나게 되다니! 무척 기쁘군! 몇 주 후, 우리 앞에 닥쳐올 사태들을 생각하면 준비해야 할 것들이 많을 거야. 자네가 지휘하게 될 연대에 전투의지 고양도 필요할 테고… 사태의 심각성을 잘 인식해야 해."

롬멜과 함께 프랑스 어느 성의 공원을 걸었다. 그는 북아프리카에서 그랬듯이 또다시 불길한 예감을 표출했다.

"나는 모든 폭력적인 해법에 반대하네. 이 전쟁에서 더이상은 승산이 없네. 할 수 있는 일이란 고작 종말을 연기시키는 방법뿐임을 히틀러가 깨닫게 해야 할 텐데 말일세. 만일 연합군이 이곳에서 상륙작전에 성공해서 두 번째 전선이 생긴다면 결국 우리 독일은 패배할 수밖에 없다는 사실을 히틀러에게 알려야 해. 최대한 빨리 그를 다시 만나서 이야기하거나, 안되면 서면으로라도 보고할 생각이야. 단 한 명의 적군도 프랑스 땅에 발을 딛게 해서는 안 되네. 그들이 상륙하기 전에 바다에서 격퇴시켜야 하네. 유일한 방법은 아군의 기갑사단들을 해안 근처에 배치하는 것이고, 연합군의 막강한 공군력을 공중에서 분쇄할 수 있는 충분한 전투기들도 필요하다네. 괴링은 이미 한 번 아프리카에서 우리를 배신했어. 스탈린그라드에서도 자신의 약속을 지키지 않았지. 나는 그가 수천 대의 전투기를 보내줄 거라는 말을 더는 믿지 못해. 루크! 잘 해주게나. 나는 향후 몇 주간 자네 사단을 수시로 방문할 계획이야. 할 수 있는 데까지 우리의 의무를 다해 보자고!"

그의 말에 깊은 감명을 받았지만, 불현듯 태산 같은 걱정과 불안감이 밀려왔다. 그렇게 롬멜과 헤어졌다.

기갑교도사단에 도착해서 즉시 바이얼라인 장군에게 신고했다. 그는 반갑게 맞이했지만 한 가지 '나쁜' 소식을 전했다.

"루크, 잘 왔네! 자네를 사단의 전차연대장으로 쓰려 했네만, 며칠 전에 새로 재편된 제21기갑사단으로 즉시 보내라는 명령을 받았네. 사단장은 포이히팅어(Feuchtinger) 소장이야. 그는 총통의 총사령부에 유력한 연줄이 있는 듯해. 내 개인적으로는 너무 아쉬운 일일세. 아프리카 최고의 전사인 자네와 함께할 수 없어서 말이야."

나 또한 너무나 속상했다. 그러나 명령이니 어쩔 수 없었다. 그보다 더 답답한 사실은 제21기갑사단이 어디 있는지 아무도 모른다는 것이었다. 나는 라 로쉬 기용으로 되돌아가서 다시 가우제 장군을 만났다.

"제21기갑사단은 최근까지 헝가리로 이동 중이었어. 그곳에서 소련놈들이 소요사태를 일으킬 수 있다는 첩보가 있었거든. 그러나 지금 막 다시 명령이 내려왔네. 그 사단을 노르망디 일대의 대도시인 캉(Caen)에 배치하라는 내용이었지. 지금쯤 브르타뉴의 렌 부근에 있을 거야. 거기서 포이히팅어에게 이 명령을 전해 주게."

1944년 5월 초, 사단 지휘소를 찾아 포이히팅어 장군에게 전입을 신고했다.

"진심으로 환영하네. 제125기계화보병연대장인 마엠펠(Maempel) 대령이 건강 문제로 본국에 돌아갔네. 정식으로 연대장 보직 명령이 발령될 때까지 잠시 연대를 지휘하게. 빠른 시일 내에 명령이 내릴 걸세."

이 사단은 아프리카 전역에서 연합군에 항복한 후 독일군에서 사라졌지만, 이후 러시아 전역에 투입된 단위부대들을 모아서 독일 본토에서 재창설되었다. 물론 다수의 신병들로 병력 보충을 받은 상태여서 전투력은 그리 강하지 않았고, 게다가 몇 가지 관점에서 비정상적인 기갑사단이었다.

사단장인 포이히팅어 장군은 포병병과 출신으로 전투경험이 전무했고, 단 한 번도 기갑부대에서 근무한 적이 없었다. 그는 독일 본토에서 이른바 '제국나치당 기념일' 행사에서 군사부문의 총책임자로 히틀러와 당 고위급 인사들로부터 신임을 얻었다. 이러한 '연줄'을 적극 활용하여 나를 마엠펠의 후임으로 끌어왔던 것이다.

이 사단을 재창설할 당시, 독일군에는 장비와 보급품이 턱없이 부족했다. 사단 재창설을 급히 서두르다 보니 서부전역 사령관의 승인 하에 1940년 프랑스 전역 이후 노획한 프랑스군의 장비를 활용할 수밖에 없었다. 게다가 프랑스산 장비 및 물자를 징발하고 관리하는 '파리 특별부서'(Sonderstab)까지 설치하기에 이르렀다.

이런 과정에서 예비역 장교이자 서부 독일의 작은 공장의 소유주였던 베커(Becker) 소령의 역할이 매우 컸다. 기계와 기술 면에서 천부적인 재능을 가졌던 그는 방위산업체 인사들과 각별한 관계를 형성했고, 포이히팅어와도 개인적으로 절친한 사이였다. 이를 통해 배커는 노획한 프랑스군 장비와 자재들을 자유롭게 사용하고 무기체계를 개발하는 권한까지 누릴 수 있었다.

베커는 파리 시내의 호치키스 공업사(Hotchkiss-Werken)ᴬ에서 막대한 양의 전투차량용 차대를 찾아냈고, 이 차대에 독일에서 생산한 장갑판과 포신을 장착해 돌격포 (Sturmgeschütz)를 생산하는 방식으로 자신의 돌격포대대를 창설했다.ᴮ 베커는 그밖에도 '로켓포'(Raketenwerfe)를 독자적으로 설계하고 제작도 진행했다. 이 신무기는 1944년 5월 노르망디에서 롬멜과 야전군 사령관들 앞에서 시연되었고, 개발 결과를 보고 받은 히틀러로부터 격찬을 받았다.ᶜ 그의 돌격포대대는 두터운 고위층 인맥을 활용

A Société Anonyme des Anciens Etablissements Hotchkiss et Cie, 미국의 무기개발자 벤자민 호치키스가 세운 업체. 포와 기관총으로 명성을 얻었고 이후 상용차량 판매까지 사업을 확장하고 프랑스 육군을 위한 전차도 납품했다. (편집부)

B 당시 제작된 차량들은 프랑스제 호치키스(Hotchkiss), 르노(Renault), FCM 등의 궤도차대에 독일제 7.5cm PAK40 대전차포나 10.5 cm leFH18, 그리고 구형 중보병포등을 장착했지만 장갑은 두텁지 않았다. (편집부)

C 당시 개발된 병기는 Maultier로 불리는 sd.kfz.4/1 하프트랙 차량의 차대에 장갑전투실을 얹고 15cm 10연장 로켓포를 장착한 자주식 로켓포, Panzerwerfer 42를 모방하고, 프랑스제 Soumua MCL 하프트랙 차대에 장갑판을 두르고 8cm 로켓탄을 얹은 자주식 로켓발사기였다. 이 병기는 제식화되어 8cm Raketenwerfer auf Fahrgestell S 303(f)로 구분되었다. (편집부)

롬멜은 연합군이 노르망디에 상륙하기 직전에 베커 소령이 설립한 제200(돌격포) 포병대대를 방문했다.

해 최신예 무전기도 보급받았다.

베커는 자신의 돌격포중대들을 전차 및 기계화부대들과 긴밀한 협동전투를 할 수 있도록 훈련시켰다. 나중에 이들은 아군의 주방어 전력으로 결정적인 역할을 해 냈다. 우리 기갑장교들은 '흉물'스러운 돌격포를 처음 보았을 때는 비웃곤 했지만, 시간이 지날수록 전투 효율성이 입증되었고, 우리도 이 장비를 효과적으로 운용하기 위한 능력을 습득했다. 포이히팅어도 이런 베커의 능력을 크게 칭찬했고 파리의 '특별부서'로 불러서 베커가 원하는 일이면 모두 할 수 있도록 배려해 주었다.

한편, 포이히팅어는 '향락에 빠져 사는 인간'이었다. 파리에서 취할 수 있는 모든 쾌락을 즐기며 시간을 허비하는 것을 낙으로 삼았다. 앞서 언급했듯 그에게는 전쟁 경험도 없었고 전차부대에 대한 지식도 없었다. 따라서 부대의 전투지휘권과 일상 적 운용에 관한 명령권을 경험 많은 예하 지휘관들에게 위임하기 일쑤였다.

제125기계화보병연대는 러시아에서 전투를 경험한 베테랑들과 본토에서 새로 이 징집된 보충병들로 편성되었으므로, 인적 구성면에서 매우 복잡한 부대였다. 예 하 부대는 연대 참모부와 반궤도장갑차량을 보유한 제1대대, 일반트럭을 보유한 제 2대대로 편성되어 있었다. 이것이 내가 지휘해야 할 연대, 그리고 내가 적응해야 할 사단이었다.

포이히팅어는 내게 당시 전황에 대해 간략히 설명했다.

"대서양 방벽은 아직 완벽하게 구축되지 못했어. 전투경험이 거의 없는 보병사단들이 이 지역을 점령하고 있지. 우리 사단은 그 대서양 방벽, 특히 이곳 노르망디 해안 직후방에 배비된 유일한 기갑부대지. 이곳 캉은 매우 중요한 공업도시일 뿐만 아니라 다방면으로 대비가 가능한 군사적 요충지이기도 해. 그래서 상부에서는 이곳의 대서양 방벽에 1개 기갑사단을 배치하기로 결정했지. 적들은 본격적인 상륙을 기만하려고 대규모 특공작전이나 공중강습을 시도할 거야. 우리는 여기에 대비해야 해. 그래서 롬멜께서는 우리 사단을 후방에서 언제, 어디로든 전투수행이 가능한 진지에 배치해 놓으셨고 매우 중요한 전력이라고 생각하신다네. B집단군(롬멜)의 명령에 따라 자네의 연대는 우리 사단에 즉시 배속되었고, 캉의 북동부와 오른강의 동부 일대가 자네의 책임지역이야. 캉의 북부와 오른강 서부는 제192연대가 맡고 있지. 캉의 남쪽에는 전차연대와 포병부대, 여타 사단의 직할부대들이 배치되어 있어. 또한 베커의 돌격포대대 예하 2개 중대가 자네 연대를 직접 지원할 걸세. 적군이 상륙작전을 개시하면 반드시 B집단군 승인을 받고 움직여야 한다는 명령을 받았네. 적군을 격멸하는 것도 중요하지만 명령을 수령한 이후에 행동해야 한다는 점을 명심하게. 그리고 롬멜 원수께서는 야간에도 전투를 수행할 수 있도록 모든 부대들이 지형을 완벽히 숙지해야 한다고 강조하시면서 반복적인 훈련을 실시하도록 독려하셨다네. 자네가 하루빨리 연대를 완전히 장악해 주었으면 하네. 행운을 비네."

5월 들어 롬멜은 우리 사단을 자주 방문했다. 부대의 사기와 훈련 수준을 확인하기 위해서였다. 어느 날, 그는 우리 연대를 순시하며 나와 마주한 자리에서 매우 불안한 눈빛으로 이렇게 털어놓았다.

"1940년 프랑스에서, 그리고 북아프리카에서 영국군과 싸워봐서 자네도 나도 그들을 잘 알잖아? 그들은 분명 우리가 가장 가능성이 없다고 판단한 곳으로 들어올 거야. 여기가 될 수도 있어."

광활한 해안지역에 축성시설도 턱없이 부족하고 상태도 부실했다. 이를 보강하기 위해 롬멜은 해안과 후방지역에 낙하거부용 목책 장애물을 설치했다. 이것이 유명한 '롬멜의 아스파라거스'(Rommelspargel)[A]다.

A 독일군은 적 항공기 착륙 또는 공중강습을 거부하기 위해 강습예상지역에 4~5m의 나무기둥을 철조망으로 연결하고, 나무기둥에 지뢰를 설치하거나 기관총을 하늘로 지향하고 사수를 배치시키는 등의 방법 등을 동원했다. (역자 주)

민간인들, 특히 농부들의 생업 활동은 절대로 통제하지 않았지만, 그들이 자유롭게 이동할 수 있는 환경을 만들어 주기는 꽤 힘들었다. 지뢰지대에도 통로를 만들어 주었다. 민간인들을 소개하거나 철수시키는 계획은 없었다. 특별히 그럴 만한 이유가 없었기 때문이다. 적들이 어디로 공중침투를 감행할지 전혀 알 수 없었다. 게다가 노르망디 지역의 레지스탕스들은 주민들의 보호를 받으며 자유롭게 활동했다. 특히 이들이 우리 독일군의 진지와 전차, 야포가 배치된 지점들, 지뢰지대의 정확한 현황을 영국군에게 그대로 전달할 가능성도 있었다. 나중에 영국군 포로를 잡은 뒤에야 비로소 그런 우려가 실제로 이뤄졌음을 알게 되었다. 그들은 아군의 진지 위치가 정확히 기입된 상황판을 소지하고 있었다.

몇 주가 훌쩍 흘렀다. 기갑사단은 통상 지금까지 수행한 전역에서 기동전의 주역이었다. 그러나 이곳에서는 그저 집결지에 주저앉아 시간만 보내고 있었다. 긴장감도 서서히 풀리고 있었다. 특히 장병들은 이 지역에서 생산되는 칼바도스(Calvados)와 시드레(Cidre) 같은 술들을 마시곤 했는데, 그 순간에는 긴장감이 전부 사라지곤 했다. 게다가 과연 우리 지역 상공으로 적이 침투할지 의구심이 증폭되기도 했다.

나는 매일 연대 예하 부대를 방문했다. 장교와 부사관들의 얼굴을 익히고 모든 병사들을 일일이 찾아다니며 이름을 물었다. 부하들의 신뢰를 얻기 위해서였다. 사단 참모부에서 회의할 때마다 나는 인접 사단 예하 부대장들과도 인사를 나눴다. 그들 모두 전투경험이 풍부했고 저마다 최고급 훈장을 달고 있었다. 또한, 그들은 적들의 상륙이 예상되는 지점이 아닌, 종심 상에 기갑사단을 배치시킨 히틀러의 결심에 대해서도 불만을 토로했다.

1944년 5월, 나는 또 한 번 파리에 돌아갔다. 포이히팅어는 내게 '베커의 특별부서'를 방문해 볼 것을 권하며, 베커가 개발한 돌격포와 로켓포를 살펴보고 그러한 무기로 우리 기계화보병부대가 효과적인 작전을 수행할 수 있는 방안을 구상해 보라고 했다.

다그마에게도 내가 곧 간다는 소식을 알렸다. 그녀는 매우 기뻐하면서 나를 놀라게 할 한 가지 이벤트를 준비했다. 마침 카라얀ᴬ이 프랑스 필하모닉 오케스트라와 함께 베토벤 교향곡 제5번을 연주할 예정이었고, 카라얀의 부인과 절친한 사이였던 다그마는 쉽게 공연 입장권을 구했다. 아름다운 선율의 음악을 들으며 전쟁과 내일에 대한 고뇌를 잠시나마 잊을 수 있었던, 짧지만 행복한 시간이었다.

....
A 헤르베르트 폰 카라얀(Herbert von Karajan) 20세기 최고의 지휘자 중 하나로 꼽히는 오스트리아 출신의 거장. (편집부)

5월 30일, 롬멜은 마지막으로 사단을 방문했고, 노르망디 해안에서 베커가 자신의 로켓포 사격을 시연했다. 롬멜은 매우 만족스러운 표정을 지었다. 사단 예하 전 지휘관들과의 마지막 간담회에서 롬멜은 의미심장한 표정으로 재차 경계를 강화해줄 것을 강조하면서 다음과 같이 마무리했다.

"제군들! 기상이 양호하고, 맑고 화창한 날에, 그리고 밝은 대낮에 적들이 몰려온다고 생각하면 큰 오산이다!"

사단의 상급부대 지휘관인 제84군단장이자 포병병과 대장인 마르크스(Marcks)는 자신에 찬 모습으로 이렇게 말했다.

"영국놈들에 대해서는 제가 조금 압니다. 그들은 6월 4일 일요일에 교회에서 예배를 보고, 다음날인 월요일에 침공할 겁니다."[A]

해군과 우리 기상대의 기상예보에 따르면 연합군이 상륙 또는 공습하기에 가장 적절한 시점은 1944년 6월 5일이었고, 그다음 시기는 6월 28일경이었다.

6월 초, 노르망디 일대에 영국 공군기들의 정찰활동이 늘어났다. 롬멜의 사령부에서 들은 바에 의하면 130여 대의 메서슈미트 요격기가 프랑스 지역에 전개중이라고 했다. 괴링이 단번에 '1,000대의 전투기'를 보내주겠다며 호언장담한 것을 보면, 지휘부에서는 이곳 상황이 그리 심각하지 않다고 판단하는 듯했다. 그러나 130대의 요격기들 대부분이 이동 중 연합군 공군에게 격추되고 말았다.

그즈음 롬멜은 직접 히틀러와의 면담을 요청해서 6월 4일에 독일로 떠났다. 그날 포이히팅어와 그의 작전참모도 파리의 '특별부서'로 이동했다. 우리는 그 두 상급지휘관이 자리를 비웠다는 사실을 전혀 알지 못했다. 결국, 6월 5일 야간부터 6일까지 우리가 예상치 못했던 사태가 벌어지고 말았다. 공교롭게도 결정적인 전투가 벌어진 그 시점에 그 두 지휘관 모두 자신이 있어야 할 곳이 아닌 각자 다른 곳에서 청천벽력같은 비보를 접했던 것이다.

설상가상으로 우리는 B집단군 또는 서부 전선사령관 폰 룬트슈테트(von Rundstedt) 원수의 승인 없이는 어떠한 행동도 할 수 없다는 명령을 받은 상태라 이러지도 저러지도 못하는 상황이었다.

1944년 6월 5일 캉의 북부, 오른강의 양쪽에 집결해 있던 두 기계화보병연대는 전투진지를 보수하고 전투훈련을 실시했다. 제2대대장은 내게 예하 중대의 야간훈련과 공포탄 사용을 건의했다. 모든 중대들이 교대로 야간훈련을 시행해야 한다는 지

A   실제 노르망디 상륙작전의 D-Day는 6월 6일 '화요일' 새벽이었다. (편집부)

침도 있었고 예전에 수립된 훈련계획에 따른 일상적인 훈련이었다. 브란덴부르크 (Brandenburg) 중위의 제5중대가 훈련할 차례였고, 공포탄 사용은 상급부대의 지침에 의거 이미 통제된 것이었다. 여느 날처럼 그날도 특별한 사태가 발생할 거라고는 전혀 생각지 못했으므로, 나는 야간훈련과 공포탄 사용을 별다른 생각 없이 승인했다.

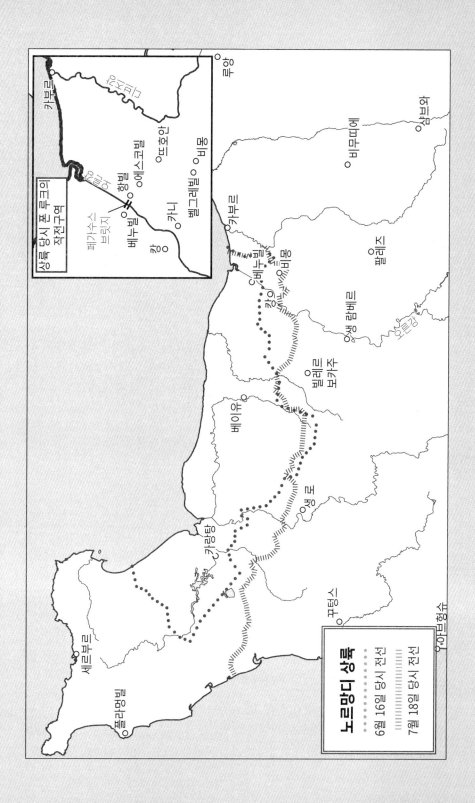

셰르부르

쿠탕스

카랑탕

바이외

베이유

생로

쿠탕스

카랑탕

카부르

캉

비뫼

벨그레빌

생 람베르

발레르 보카주

팔레즈

리지외

비마따예

아브랑슈

플레르

아르장탕

노르망디 상륙

••••• 6월 16일 당시 전선

══════ 7월 18일 당시 전선

상륙 당시 포르루그의 작전구역

카부르

페가수스 브릿지

항빌

에스크빌

베누빌

캉

카니

벨그레빌

비뫼

뜨후안

우앙

4. 노르망디에서 동부독일로 (1944~1945)

연합군의 노르망디 상륙작전

1944년 6월 5일, 해가 지고 어둑해졌다. 밤공기가 차갑고 음산했다. 자욱한 안개로 험준한 노르망디 해안의 언덕 외에는 아무것도 보이지 않았다. 낮에는 종일 폭우가 내렸다.

캉은 노르망디 지역의 공업의 중심도시이자 항구도시로 유명하다. 그 동쪽의 소도시 비몽(Vimont)에서 수 km 떨어진 벨그레빌(Bellegreville) 마을의 한 가옥에서 나는 연대 훈련 준비를 위해 지도와 문서더미에 파묻혀 있었다. 나의 부관, 헬무트 리베스킨트(Helmuth Liebeskind) 중위는 이 마을에 설치한 지휘소에 머물렀다. 나는 당시 32세의 소령이었고, 6주 전에 제21기갑사단 예하 제125기계화보병연대장으로 부임한 상황이었다. 7월 말이면 중령으로, 2개월 후에는 대령으로 진급할 예정이라는 사실은 연대원들 모두에게 알려져 있었다. 내 나이에 비해 꽤 빠른 진급이었다.

사단을 거쳐 전달받은 해군 기상대의 정기 광역기상예보에 의거해, 6월 5일과 6일에 적 공습경보가 '해제'되었다. 높은 파도와 돌풍, 자욱한 먹구름으로 연합군의 대규모 해상 및 공중작전이 사실상 불가능하다고 판단했던 것이다. 따라서 공중강습과 상륙작전이 실행될 가능성도 희박하다고 여겼다.

이날 저녁, 나와 내 부하들은 현 상황과 우리의 임무에 대해 불만을 토로했다. 나는 군 생활을 시작한 이래 기동전에만 익숙해져 있었고, 지금까지 다른 전역에서 치열한 기동전을 수행했다. 그러나 이번에는 달랐다. 시기는 알 수 없지만, 언젠가 반드시 다가올 적의 침공을 그저 기다려야 하는 입장이었다. 항상 불안과 초조, 노이로제에 시달리고 있었다. 설상가상으로 고위급 지휘관들이 노르망디가 아닌 파 드 칼레(Pas de Calais)를 상륙지점으로 판단하고 있다는 소식을 들은 순간 분노가 치밀었다. 노르망디는 가파른 절벽이 있고 영국과의 거리도 멀다는 것이 판단의 근거였다.

비가 부슬부슬 내리던 그날 밤, 나는 제2대대의 야간훈련 종료 보고를 기다렸다. 제2대대는 뜨호안-에스코빌(Troarn-Escoville) 일대, 즉 해안에서 매우 근접한 지역에 집결 중이었고, 장갑차량과 반궤도차량을 보유한 제1대대는 후방의 대기진지를 점령한 상태였다.

당시 나는 독단적인 판단과 결심에 따라, 연합군 특공대가 기습 상륙이나 공중강습을 감행하면 그 지역을 책임지는 대대와 중대가 즉각 출동해서 적 부대를 제압하라는 작전명령을 이미 하달해 놓았다. 상급부대의 지침도 무시할 각오가 되어 있었다. 서부 전선 사령부가 승인해야만 적과 교전할 수 있다는 어이없는 지시사항은 수용할 수 없었다. 승인여부보다 초전에 선제적으로 적을 제압하는 것이 더 중요했다. 하지만 악천후 예보를 들은 날 야간에 그와 같은 교전이 발생하리라고는 전혀 생각지 못했다.

갑자기 자정 무렵 우리 상공을 향해 날아오는 항공기들의 굉음이 들렸다. 오늘 또 아군의 후방 기동로를 폭격하려는 것일까? 아니면 독일 본토에 대한 공습일까? 비행 고도가 유난히 낮았다. 날씨 때문일까? 나는 창밖을 내다보았고 이내 정신이 번쩍 들었다. 여러 발의 신호탄이 하늘로 솟구쳤다. 그 순간 전화가 울렸다. 부관의 목소리였다.

"소령님! 적 공수부대들이 낙하하고 있습니다. 우리 지역에 글라이더도 착륙하고 있습니다. 일단 제2대대에 상황을 전파하고 소령님께 즉시 이동하겠습니다."

나는 즉각 명령을 하달했다.

"전 부대에 비상을 걸고 사단에 보고하라. 제2대대를 그 지역에 즉시 투입해라. 가능한 한 적군을 생포해서 내게 데려와라."

나는 즉시 지휘소로 달려갔다. 공포탄으로 야간훈련을 실시했던 제5중대는 아직도 복귀하지 않은 상태였다. 그야말로 절체절명의 위기였다. 첫 번째 상황보고가 들어왔다. 뜨호안 상공에서 영국군 공수부대가 낙하산을 펼쳤다는 보고였다. 제2대대장은 이미 다른 지역에 배치된 부대들을 수습하여 역습을 개시했고, 뜨호안으로 진입하는 데 성공했다고 전해 왔다. 그곳은 제5중대의 일부가 철수해서 은거 중인 지역이었다. 나는 뜨호안의 어느 건물 지하실에 숨어있던 제5중대장에게 무전을 보냈다.

"브란덴부르크! 잠시만 참아라. 대대가 공격 중이며, 잠시 후면 너희들을 구출해 줄 것이다."

"예! 알겠습니다. 영국군 제6공수사단 군의관을 생포했습니다."

"상황이 종료되면 즉시 내게 보내라!"

그동안 부관이 사단에 전화로 상황을 보고했다. 아직도 사단장 포이히팅어 장군과 작전참모는 복귀하지 않은 상태였다. 사단의 연락장교 메스머(Messmer) 중위에게 간단하게 현 상황을 알려주고 사단장이 복귀하면 즉시 집중적인 야간 공세를 감행할 수 있도록 집단군의 승인을 받아 달라고 요청해 두었다.

시간이 흐르면서 우리는 상황을 더 정확하게 파악할 수 있었다. 낙하지점을 잘못 판단한 연합군 공수병들은 우리의 제한적인 역습에 생포되었고, 곧 내 앞에 끌려왔다. 그들로부터 많은 정보를 획득했다. 사단의 명령에 따라 포로들을 사단으로 압송하기 전에 '짧은 대화'를 통해 정보를 확인했다. 영국군 제6공수사단은 야간에 강습 작전으로 항빌(Ranville) 일대에서 오른강의 교량들을 확보하고, 6월 6일 아침으로 계획된 상륙 이후 실시될 다음 작전을 위해 오른강 동편에 교두보를 확보하는 임무를 수행할 예정이었다.

점점 분노가 치밀어 오르기 시작했다. 지금 당장, 적이 혼란에 빠진 상황을 이용한 즉각적인 반격이 필요했다. 그러나 아직 상부의 승인이 떨어지지 않았다. 지금쯤이면 사단을 통해서 군단장, 서부 전선 사령관에게 상황이 전달되고도 남을만한 시간이었다. 지금 해안으로 진격한다면 적의 교두보 확보를 저지할 수 있을까? 아니, 적어도 방해만이라도 할 수 있을까? 순간 나는 고민에 빠졌다.

요즘도 첫 포로였던 영국군 군의관을 떠올리곤 한다. 그의 낙하산 장비는 다른 공수부대원들의 장비와 다르지 않았다. 그는 한 치의 흐트러짐도 없는 꼿꼿한 자세로 내 앞에 서 있었다. 훌륭한 영국인이었다. 자신의 첫 전투에서 생포되었다는 사실을 자책했고, 내게 불려왔을 때 자신의 군번과 이름만 밝힐 뿐 어떤 것도 발설하지 않겠다는 강한 의지를 보였다. 나는 영국군 포로를 대할 때면 언제나 그랬듯이 짧은 대화로 분위기를 전환했다. 1939년 3월에 런던을 마지막으로 방문했고 피카딜리 서커스를 구경했다는 이야기나 영국인 친구들에 대한 이야기를 들려주었다. 그러자 그는 이내 경계심을 풀고 영국군의 기도와 제6공수사단의 임무를 털어놓았다.

몇 시간이나 흘렀을까? 그동안 노르망디에서 시간을 허비하며 전투준비에 소홀했던 독일군이 결국에는 참혹한 운명을 맞게 될 상황이었다. 우리가 구축했던 방어진지들은 무용지물이었다. 비상이 발령되고 위기수준이 최고조에 달했지만, 전차연대와 제192기계화보병연대를 비롯한 사단 예하 부대들은 전혀 움직이지 않았다. 아니, 전투에 참가할 의지조차 보이지 않았다. 나의 부관이 다시 한번 사단에 전화를 걸었다. 전화를 받은 이는 포로심문을 맡았던 사단의 정보참모 포르스터(Forster) 소령이었다. 그에게는 현재 명령을 변경할, 전투를 승인할 권한 자체가 없었다. 한편, 야전군에서는 영국군이 밀짚 인형을 낙하산으로 떨어뜨렸다는 정보를 입수하고는 이 공격이 기만작전이라는 결론을 내렸다고 전했다. 분통이 터졌다!

새벽 무렵, 즉각 반격 승인을 받아내기 위해서 부관인 리베스킨트 중위를 직접 사단 지휘소로 보냈다. 리베스킨트가 지휘소에 도착했을 때, 누군가 격분한 목소리로 통화하는 광경을 목격했다. 야전군의 누군가에게 포이히팅어가 호소하고 있었다.

"장군님! 방금 전에 제가 파리에서 복귀하는 길에 카부르(Cabourg)의 동쪽 해안으로 접근하는 대규모 함대를 직접 보았습니다. 엄청난 숫자의 전함과 보급지원함, 상륙정들이었습니다. 사단의 가용한 모든 전투력을 동원해 오른 동편 일대로 즉시 공격하겠습니다. 해안으로 밀고 들어가야 합니다."

하지만 건의는 묵살되었다. 오히려 상급부대의 승인 없이는 일체의 군사 작전을 금지한다는 엄명이 떨어졌다.

하필이면 그날 늦은 밤까지 업무를 보았던 히틀러가 아침 늦게까지 침대에서 나오지 않았다. 아무도 감히 그를 깨울 수 없었던 것이다. 게다가 그 누구도 이날의 상황을 정확히 예측하지 못했다.

이로 인해 결국에는 참담한 비극이 벌어지고 말았다. 해안의 방어진지에서 사력을 다해 견디고 싸웠던 장병들은 폭풍우처럼 쏟아지는 적의 포탄, 폭탄 속에서 끝까지 버티지 못하고, 겨우 몇 시간을 견뎌내다 전멸하거나 진지를 이탈했다. 특히 연합군의 함포사격에 노출된 곳은 순식간에 초토화되곤 했다. 그즈음 즉각 전투에 투입할 수 있었던 독일군의 유일한 기갑사단인 우리는 전선 후방에서 옴짝달싹하지 못한 채 발만 동동 굴렀다. 또한, 제공권을 장악한 연합군은 대규모 폭격기 부대들을 동원해 해안선의 보병사단과 캉 일대를 집중 폭격했다. 이른 새벽, 나는 캉의 동쪽 언덕에서 어마어마한 규모의 연합군 함대를 두 눈으로 직접 확인했다. 무수히 많은 글라이더 수송기와 관측용 비행선이 상륙부대의 상공에 떠 있었고 비행선의 관측 결과에 따라 전함들의 대구경 함포들이 우리를 향해 집중 사격을 가했다.

나는 연대를 두 개의 전투단으로 재편해서 오른강을 중심으로 동쪽과 서쪽에 각각 배치하고, 일단 반격 명령이 떨어질 때까지 좀 더 기다리기로 했다. 연합군 상륙 함대의 규모는 실로 상상을 초월했다. 그들을 본 순간, 바다로 밀어내기는 도저히 불가능하다고 판단했다. 예비대인 우리가 전방으로 이동하는 것조차 극도로 어려운 상황이었다. 드디어 그토록 우려했던 '두 번째 전선'이 형성되는 순간이었다. 당시 동부에서도 소련군이 압도적인 우세한 전력을 앞세워 독일 본토로 향하고 있었고, 독일의 주요 산업지대와 철도망을 쉴 새 없이 폭격했다. 이제는 제아무리 경험이 많고 용감무쌍한 병력들을 투입한다 해도, 이 전쟁에서 절대로 승리를 기대할 수 없는 상황에 이르고 만 것이다. 서부에서도 연합군의 상륙작전이 성공했다. 독일제국에게는 종말의 서막이었다.

1987년 5월 초, 나는 노르망디 전투 당시 전혀 알지 못했던, 매우 충격적인 사실을 접했다. 당시 사단에서 함께 싸웠던 기갑장교로, 제21기갑사단의 부대사(die Geschichte der 21. Panzerdivision)[A]를 집필했던 베르너 코르텐하우스(Werner Kortenhaus)는 내게 두 건의 문서를 보여주었다. 당시 B집단군의 참모장 슈파이델 장군이 1979년 말, 코르텐하우스에게 보낸 편지였다. 1979년 10월 26일자 편지에는 이렇게 적혀 있었다.

> "(전략)…나는 1944년 6월 6일 01:00에서 02:00 사이에 포이히팅어에게 전화를 걸었지. 그러나 그와 통화를 할 수 없었어. 6월 6일 오전에야 나의 작전참모가 그와 통화를 할 수 있었지… 포이히팅어는 그 전에 이미 '포괄적인 지침'을 받은 상태였네. 적이 공중강습할 경우 즉시 반격하라는 내용이었지. (중략)"

1979년 11월 15일의 글은 다음과 같았다.

> "(전략)…제21기갑사단은 만일 적이 공중강습을 할 경우, 즉각 이를 격퇴하라는 명령을 수령한 상황이었어. 그것도 전 사단의 전력을 동원해서 말일세. (하략)"

적이 공중강습을 시도하면 사단의 전력을 총동원해서 적군을 격퇴하라는 '포괄적인 지침'이 있었다는 사실은 내게도, 내 부관이자 훗날 독일연방군의 장군이 된 리베스킨트에게도 금시초문이었다. 만일 슈파이델의 편지 내용이 사실이라면, 특히 6월 5~6일 야간에 사단 지휘부의 누군가가 그 명령에 대해 알고 있었다면, 안타까운 일이 아닐 수 없다. 그러나 당시 사단 참모부 이외의 모든 예하 부대들도 이런 지침과 명령의 존재를 전혀 알지 못했다. 우리 모든 연대장, 대대장들은 소규모의 군사행동도 오로지 B집단군의 승인이 있어야 가능하다는 명령을 철저히 이행했다.

A   독문판과 영문판으로 출간되었다. (역자 주)

역사에 '만일'은 의미가 없지만, 스스로 자문해 본다. 만일 내가 적의 공중강습 상황에서 즉각 출동하라는 명령을 알고 있었다면 독단적으로 베커의 돌격포대대와 함께 내 연대 전체를 동원해 오른강 동부에 낙하한 적 부대를 완전히 격멸할 수 있었을 것이다. 당시 리베스킨트는 적이 착지할 때 혼란을 최대한 이용해 반격했다면 적군을 해안으로 격퇴시키고 베누빌(Bénouville) 일대 오른강의 두 교량을 확보했을 것이라고 말했다. 그의 의견에 전적으로 동의한다. 이후 제192연대와 전차연대도 역습에 동참시켜 사단 전체가 적 부대를 해안으로 격퇴시킬 수 있었다. 그랬다면 연합군의 상륙작전을 완전히 거부하지는 못하더라도 최소한 해안 상륙을 지연시키고 영국군에게 막대한 피해를 강요할 수도 있었다. 불명확한 명령 하나가 작전 전반에 얼마나 큰 영향과 지장을 초래하는지를 극명하게 보여준 사례였다.

1987년 6월 초, 나는 또 하나의 흥미로운 사실을 알았다. 당시 총참모부 소속 대위였으며 훗날 독일연방군의 장군에 오른 바게만(Wagemann)이 1987년 5월에 한 역사가에게 전해 준 자료를 보게 되었다. 바게만은 전방 견습을 목적으로 1944년 5월부터 6월까지 사단 참모부에 파견되었다. 6월 5일 야간부터 6일까지 포이히팅어와 파리에 체류했던 작전참모 대리로 사단 지휘소에 머물렀고, 결정적인 순간에 지휘소의 현장 상황을 그 누구보다도 정확히 알고 있었다. 바게만은 이렇게 기술했다.

- 1944년 6월 5일, 저녁 늦게 사단의 통신중대가 영국군의 무선통신 암호를 해독했다. 화물수송용 글라이더에 병력탑승이 완료되었다는 내용이었고, 이 전문을 즉시 상급부대에 보고했다.
- 예하 부대의 공중강습에 대한 첫 번째 보고를 접수한 후, 즉각 사단 전체에 비상을 걸고 6일 새벽 02:00부터 03:00에 파리에 있던 포이히팅어에게 당시 상황을 보고했다. 포이히팅어는 작전참모와 함께 06:00-07:00 사이에 지휘소에 도착했다. 우리로서는 이해되지 않는 부분이 있다. '포괄적인 지침'을 알고 있고 6월 6일 02:00에 사단에 전화했던 슈파이델도, '즉각 모든 전력을 동원하여 오른강 동쪽으로 공중 침투한 적 부대를 격멸하라'는 반격 명령을 하달하지 않았다는 점이다. 훗날 돌이켜 보건대 도저히 납득하기 어려운 처사였다. 상급지휘관들은 절체절명의 위기에서 상황파악조차 제대로 하지 못한 채 사단의 예하지휘관들에게 모든 책임을 맡겨버린 것이다.

함멜(Hammel) 일병은 1944년 6월 5일 밤부터 6일 사이에 경계 근무 중이었다. 그는 사단 예하 기갑수색대대 소속이었고 이 부대는 사단의 예비로 캉 남부의 작은 마을 근처에 집결해 있었다. 그는 훗날 당시의 상황을 이렇게 기억했다.

"가만히 앉아서 무위도식하는 것이 너무나 힘들었습니다. 모든 전투에서 우리는 언제나 사단의 '선봉'이었는데, 몇 주째 진지에 앉아 어쩌면 우리 앞으로 나타나지도 않을 적군의 '상륙'만을 기다리고 있었습니다. 롬멜의 명령에 따라 거의 매일 야간훈련을 했습니다. 만일 있을지도 모를 적의 공중강습에 대비하고 해안으로 이어지는 지형을 익히기 위해서였습니다. 그리고 한때는 적의 '글라이더 수송기' 착륙을 저지하기 위해 롬멜의 '아스파라거스'를 설치하거나 대서양 방벽 후방 지역에 방어진지를 구축하느라 분주해지기도 했습니다. 대대원 모두가 집결한 적은 단 두 번 뿐이었는데, 첫 번째는 사단의 군종목사 타르노프(Tarnow)가 야외에서 예배를 주관할 때였고, 두 번째는 6월 초에 사단의 군악대가 '야외 공연'을 열었을 때였습니다. 그러던 중에 6월 5일 자정부터 6일까지 갑자기 적군이 들이닥쳤는데, 생지옥이 따로 없었습니다. 경계초소에 앉아 있다 공중에서 조명탄이 터지는 모습을 목격했고, 이어서 연합군의 폭격기들이 캉 일대에 무수히 많은 폭탄을 투하했습니다. 속으로 '이제 드디어 시작되었구나'라고 생각했습니다."

당시 기갑수색대대원이었던 루프레히트 그르지멕(Rupprecht Grzimek) 소위는 이날의 상황을 정확히 기억했다.

"6월 5일 야간에서 6일로 넘어갈 무렵, 폰 루크 소령의 제125기계화보병연대 지역에 적의 공수부대가 낙하했고, 글라이더 수송기가 착륙하면서 비상이 발령되었습니다. 캉 일대에 엄청난 폭격과 함께 소규모 특공대가 아닌 대규모 공중강습작전이 벌어지고 있음을 직감했습니다. 오직 상부의 승인이 있어야만 반격할 수 있다는 명령을 받은 상태였지만 우리는 최단시간 내에 전투준비를 마쳤습니다. 대대장 발도프 소령은 휴가 중이었고, 6월 8일에 복귀할 예정이었습니다. 동이 틀 무렵, 우리는 폰 루크 소령에게 연락장교를 보내 오른강 동편에 연합군의 1개 공수사단이 강습작전을 실시했고, 해안에는 엄청난 규모의 함대가 정박 중이며, 상륙작전이 개시되었다고 보고했습니다. 이후 전함의 대구경 함포들이 상륙작전을 지원하기 위해 불을 뿜었는데, 아마 해안의 방어선은 아군의 전투력이 약해서 금방 무너졌을 겁니다. 그제야 명령이 내려왔습니다. '대대는 현 시간부로 루크의 전투단에 배속된다. 폰 루크 소령의 통제를 받아 즉각 캉 동쪽 12km 지점의 뜨호안 방면으로 이동하라'는 내용이었습니다. 이동 중에 엄폐물이 될 만한 것들을 최대한 이용하며 정오가 조금 지난 오후에 뜨호안 서쪽까지 진출하는 데 성공했고, 그다지 큰 문제는 없었습니다."

그다음 상황은 함멜 일병의 진술로 살펴보자.

"우리는 6월 6일 정오경 북동쪽으로 이동하며 오른강을 넘어 북쪽을 향해 저공으로 비행하는 두 대의 메서슈미트 전투기를 보았는데, 그날 본 유일한 독일 공군기였습니다. 캉의 동쪽에는 낙하 중에 아군의 총에 맞아 사망한 영국군 공수병의 시체가 널려 있었습니다. 우리는 낙하산의 천 조각들을 잘라 숨을 쉴 때 먼지를 막아줄 머플러를 만들었습니다. 부대대장이 반격 명령을 하달했고, 그제야 본격적인 반격이 시작되었습니다. 멀리 서쪽에서 피아가 교전하는 총성이 들렸는데, 아마도 역습 중인 우리 장갑차부대들이 사격하는 소리인 듯했습니다. 적들도 그곳에 어마어마한 양의 함포탄을 쏟아부었습니다. 서쪽 방면의 반격은 정말로 위험천만한 듯했습니다. 그 순간 연합군의 항공기들도 그곳 상공에 나타났고, 그 덕분에 우리는 상대적으로 용이하게 에스코빌의 외곽까지 진출할 수 있었습니다. 항빌과 오른강의 두 교량에서 불과 수 km 떨어진 지점이었습니다."

6월 6일 새벽, 공중강습과 전함, 상륙정, 민간선박을 포함한 대규모 함대의 출현과 동시에 상륙작전이 시작되었다. 당시 상황과 상부의 불명확한 명령 때문에 대혼란이 야기되었다.

- 이른바 '포괄적인 지침'이 이미 사단에 하달된 상태였지만, 야간 반격작전에 대한 승인은 떨어지지 않았다.
- 포이히팅어는 이른 아침까지도 사단 역습에 대한 승인을 받아내지 못했다.
- 서부전선사령관(폰 룬트슈테트)과 총사령부의 히틀러는 여전히 연합군의 노르망디 상륙을 기만작전이라고 생각했다. 그들은 곧 칼레에서 본격적인 상륙작전이 실시될 것이라고 확신했다.
- 그들과는 달리 우리 군단장 마르크스 장군은 이 상륙작전을 '연합군의 본대, 주력'이 시행하는 주요작전이라 판단했다.
- 나중에 우리가 들었던 대로 롬멜은 히틀러를 대면하지 못하고 자신의 집단군 사령부로 돌아오는 중이었다.

결국에는 6월 5일 야간과 6일 새벽의 귀중한 시간을, 초동조치를 취할 수 있었고 초동조치를 취해야 했던 황금 같은 시간을 이렇게 허비해 버렸다. 당시 노르망디에 있던 우리들 모두는 이렇게 생각했다.

"늦어도 너무 늦어버렸어!"

모두들 극도로 당황한 표정이었고 한편으로는 분노하고 있었다. 이제는 상급지휘부도 신뢰할 수 없는 상황이었다.

명령권을 위임받았는지 확실치는 않으나, 마침내 마르크스 장군이 우리 사단에 역습명령을 하달했다. 마르크스는 즉시 사단의 전투력을 총동원해서 오른강 동편으로 진격해 그곳에 착륙한 영국군 제6공수사단을 포함한 적군들을 격멸하고 서쪽 방면의 다른 연합군과의 연결을 차단하라고 지시했다. 곧 사단명령이 하달되었지만, 역습을 준비하는 과정에도 얼마간의 시간이 필요했다. 그동안 해안에서는 연합군 부대들이 본격적인 상륙작전에 돌입했고, 드디어 상륙 전력의 규모가 어느 정도인지 분명해졌다.

우리가 이동을 개시하자 영국 공군 전투기들이 계속해서 우리를 방해했다. 적 항공기의 기총 사격과 폭격을 뚫고 한참을 기동하던 중, 이번에는 제7야전군으로부터 새로운 명령이 떨어졌다.

"제21기갑사단은 주력을 오른강 서쪽으로 진출시켜 그 일대에 착륙한 적 부대를 공격하라. 루크 연대전투단의 일부만 오른강 동쪽에 투입하여 아군의 차후 이동을 위한 교두보를 확보하라."

이 명령으로 부대 이동 중에 큰 혼란이 야기되었다. 사단을 재편성하는데 시간이 꽤 많이 걸렸다. 대부분의 부대들이 오른강을 건너 캉에 이르는 바늘구멍 같은 단일 통로를 이용해야 했는데, 주력부대들이 그 기동로에 들어서던 중에 연합군의 공습을 받아 또다시 많은 시간을 허비했고, 설상가상으로 병력과 장비 피해도 대단히 컸다. 캉 역시 연합군의 함포사격과 공군의 맹렬한 폭격이 계속되고 있었다.

포이히팅어는 내게 다음과 같은 명령을 하달했다.

"장갑차량을 보유한 제1대대와 여타 부대로 별도의 전투단을 편성하게. 그리고 오른강 서쪽에서 해안으로 진출시켜서 상륙한 적군을 격멸하라고 지시하게. 내가 그 부대를 직접 통제하겠네. 그리고 자네는 제2대대와 몇몇 증원부대를 직접 지휘해서 오른강 동쪽을 확보하게. 제21기갑수색대대와 제200돌격포대대(베커 소령), 88㎜ 대전차포 소대를 증원해 주겠네. 자네의 임무는 연합군 제6공수사단의 교두보를 제거하고 베누빌 일대에 있는 오른강의 교량 두 개를 탈환하는 거야. 또한, 해안의 아군부대와 연결을 회복하게. 일부 포병부대가 자네 부대를 지원할 걸세. 모든 증원부대들이 자네 쪽에 도착하는 즉시 공격을 개시하게나."

기갑수색대대가 다소 마음에 걸렸다. 나도 지금까지 기갑수색부대원으로 모든 전투에 참가했고 언제나 사단의 선봉이었지만, 그들이 가진 장비를 고려한다면 당시와 같은 전면전을 수행하기는 어려웠다.

추가로 6월 6일 17:00까지 전차연대의 제4중대가 도착한다는 소식이 들어왔고, 베커 소령의 포대들도 6월 7일 야간에는 내 지역에 도달한다는 연락을 받았다. 하지만 그들의 도착을 기다릴 시간이 없었다. 증원 없이 역습을 시행하기로 결정했다.

제2대대는 지상에 착륙한 연합군의 공수부대와 치열한 전투를 벌였다. 적들은 그 일대에서 소규모의 교두보를 확보하고 확장하기 위해 안간힘을 다했다. 대대장에게 전투지휘를 위임하고 다른 곳을 둘러보러 이동했다.

늦은 오후, 제2대대의 역습과 거의 동시에 장갑화된 제1대대도 오른강 서쪽으로 반격에 돌입했다. 목표는 에스코빌-헤루빌레트(Hérouvillette)를 통과하여 항빌에서 오른강을 건너는 두 교량이었고, 그 방면으로 돌진해야 했다.

수색대대도 부대이동과 동시에 적과 교전에 돌입했다. 에스코빌 방향으로 기동하여 공황에 빠진 적군을 밀어붙였고, 때마침 도착한 전차중대도 이 공격에 참가해 수색대대를 지원했다.

우리 연대와 연합군 간의 교전은 지옥을 방불케 했다. 여기저기서 비보가 들려왔다. 구경이 380㎜에 달하는 전함의 함포탄과 지상군의 포병탄, 폭격기들의 폭탄들이 끊임없이 우리 머리 위로 떨어졌다. 실로 상상할 수 없을 정도로 많은 포탄이 떨어졌다. 살아있는 것만으로도 다행일 지경이었다. 무전망은 단절되었고, 부상자들을 후방으로 이탈시켰다. 수색대대원들은 모두 엄폐물 뒤에서 몸을 숨기고 있었다. 당시 나도 수색대대원들과 함께 반격에 참가했고 대대장이 있던 곳까지 접근하는 데 성공했던 터라, 당시의 참상을 두 눈으로 똑똑히 목격할 수 있었다. 나는 그에게 다음과 같이 명령했다.

"피해가 속출하고 있어. 즉각 공격을 중단하고 전차연대의 제4중대와 함께 에스코빌의 남쪽 외곽의 진지로 철수하게. 귀관은 그곳에서 저지선을 구축해야 하네. 어떻게 해서든 적의 돌파를 허용해서는 안 되네. 꼭 막아야 해! 베커 소령의 돌격포부대에게 자네를 증원하도록 지시하겠네. 부하들과 함께 장갑차 승무원들도 참호를 구축해서 생존을 보장하는데 전력을 다해 주게!"

나는 연대의 무전통신소로 돌아왔다. 부관 리베스킨트는 사단에 공격이 중단된 상황을 보고했다. 이에 포이히팅어는 다음과 같은 사실을 알려주었다.

상륙한 영국군 제3보병사단과 제3캐나다보병사단 사이에 간격이 발생했고 나의 제1대대를 주축으로 한 기갑전투단이 그 사이로 들어가 해안에 도달했다. 그러나 연합군의 엄청난 함포사격과 연속적인 공중폭격, 그리고 아군 후방에 낙하한 공수부대의 압박에 견디지 못하고 전투단도 철수하고 말았다. 적에게 포위될 위기에서 가까스로 벗어났던 셈이다. 인접 부대였던 제192연대도 우리와 거의 비슷한 선에서 급편방어진지를 점령했다.

롬멜이 그토록 우려했던 일들이 현실로 나타나기 시작했다. 상륙초기에 사단의 모든 전투력을 동원해 적군을 공격해 바다로 격퇴시켜야 했는데, 그러지 못한 것이 결정적 패착이었다. 다른 두 개의 기갑사단들은 멀리 후방에 집결해 있었다. 괴링이 약속했던 '1,000대의 전투기'는 그림자도 보이지 않았다.

1944년 6월 6일 저녁 무렵이 되어서야 히틀러는 연합군의 이번 상륙작전이 비교적 규모가 크다고 인식한 듯했다. 그러나 포이히팅어의 말에 의하면, 그때까지도 히틀러와 총사령부의 고위급들은 장차 칼레에서 또 다른 대규모 상륙작전이 벌어질 것을 확신했다고 한다. 칼레 일대의 기갑사단들과 예비부대들은 히틀러의 명령 없이는 단 한 발자국도 움직일 수 없는 상황이었다.

결국 상부의 잘못된 예상과 판단으로 인해, 당시 나와 함께 전장에 있던 말단 병사들은 엄청난 고통을 겪어야 했다. 당면한 현황과 앞으로 닥칠 미래는 너무 불확실했다. 연합군의 상륙작전은 이미 성공한 것이나 다름없었다. 파리로, 결국에는 독일 본토로 공세를 펼치기에 충분한 전력이 상륙하기까지는 몇 주, 아니 며칠이면 족할 듯했다.

빌어먹을! 연합군에게 제공권만 빼앗기지 않았다면 무언가 해 볼 수 있었을 텐데! 그러나 당시로서는 진지를 벗어나기조차 어려웠다. 이날 밤 내내 항공기들의 불빛이 온 세상을 환하게 비춰서 크리스마스 트리가 공중에 떠 있는 것만 같았다. 폭격기들은 쉴 새 없이 폭탄을 투하했고, 아군의 역습을 저지하기 위해 연합국 해군 함정들도 우리의 진지를 향해 함포를 발사하거나 캉 시가지에 무차별적인 포격과 폭격을 가했다. 캉을 중심으로 아군의 저지선 연결과 통신망을 끊기 위한 공격이었다.

서서히 날이 밝아오자 연합군의 공격폭격과 함포사격은 한층 더 강해졌다. 전투기들과 함포들은 아군이 움직이기 시작하면, 특히 아군의 장갑차와 전차를 표적으로 한 대 한 대 정확히, 집중 사격을 가했다. 아군의 유무선 통신 중계소도 적의 핵심 표적이었다. 연합해군은 전체 상륙지역과 종심지역을 지도상의 격자로 분할하여 번호를 매기고 한 지점에 모든 화력을 집중하는 방식으로 기습적인 타격을 가했다.

우리 모두는 연합군의 기습적인 포격과 야간 폭격에 대비해 차량들을 분산시켜 주차하고 그 인근에 참호를 구축해 몸을 숨겼다. 이렇게 해서라도 부하들을 하나하나 살려야 했다. 파리에서 오는 보급품 수송도 오로지 야간에만 가능했다.

6월 7일로 넘어가는 야간에 명령이 내려왔다. 다음날 주간에 에스코빌로 공격을 감행하라는 내용이었다. 사단장의 메시지는 다음과 같았다.

"사단은 오른 동부로 어떻게든 진출해서 매우 작은 규모라도 교두보를 확보해야 한다!"

6월 7일 아침, 에스코빌의 북부 능선에는 백여 대의 글라이더 수송기가 착륙해 있고, 영국군 제6공수사단 소속 병력이 이곳저곳에 착지한 흔적들도 널려 있었다.

기갑수색대대의 중대들은 아직도 에스코빌의 남부 외곽의 참호 속에 있었다. 한 전투정찰팀이 에스코빌 내로 들어갔고, 극심한 피해를 입으면서도 13명의 포로를 잡았다. 그들 중 한 명이 내게 끌려와서 이렇게 실토했다.

"우리의 임무는 에스코빌을 거쳐 남쪽으로 공격해서 교두보를 확장하고 목표지점을 확보하는 것이었소. 그러나 증원부대를 기다리던 중에 당신들에게 붙잡히고 말았소."

나는 제6공수사단 소속의 한 부사관 포로와 함께 지휘소로 왔다. 약간의 부상을 입었으므로 군의관을 불러 치료해 주었다. 그는 신사적인 처우를 고마워하면서도 임무를 완수하지 못한 데 대해 몹시 씁쓸해했다.

"나는 존 하워드(John Howard) 소령의 B중대 소속입니다. 우리 임무는 6대의 글라이더를 타고 베누빌 지역에 도달하여 오른강의 교량 2개소를 온전한 상태로 확보하는 겁니다. 이 작전을 위해 1년 넘게 훈련했습니다. 우리는 그 교량 일대에 정확히 착륙했고, 우리를 발견한 당신네 독일군들은 완전히 넋이 나간 상태였습니다. 교량을 폭파하려고 폭약을 준비했지만, 손을 쓸 시간조차 없었을 겁니다. 나는 우리가 제일 먼저 프랑스 땅에 발을 딛었다는 사실을 알게 되었고, 무척이나 자랑스러웠습니다. 게다가 피해도 거의 없었습니다. 작전을 개시하기 전에 존 하워드 소령은 우리에게 강습에 성공한 후 차후 작전을 위해 영국으로 귀환할 것이라고 이야기했습니다. 그러나 어제저녁에 존 하워드는 오늘 아침 일찍 교두보를 확장하기 위해 에스코빌의 마을을 공격하라는 명령을 받았습니다. 이런 과업은 예상도 하지 못했고, 한 번도 연습한 적이 없어서 사실은 좀 당황스러웠습니다. 우리가 그 마을로 들어섰을 때, 온 사방에서 독일군의 사격을 받았습니다. 특히 당신네들이 보유한 빌어먹을 '88'[A]

....
A   88mm 포 (역자 주)

포탄들도 날아왔습니다. 나는 우리 중대 절반 이상이 죽거나 다치고 포로가 되었다고 생각합니다. 교량 일대에서는 생각보다 독일군의 저항이 미미했습니다. 그러나 결국 이곳에서 전투력이 뛰어난 당신들의 부대와 만난 겁니다. 중대장 존 하워드 소령은 '기습'(coup de main)의 성공에 대해 매우 자랑스러워했는데, 여기서 결국에는 모든 성과가 물거품이 되고 말았습니다. 하지만 바다에서 아군의 상륙작전이 성공했다는 사실도 알고 있습니다. 조만간 우리는 파리로 진군할 겁니다. 물론 당신들은 우리를 막지 못할 테고, 이 전쟁에서 승리할 수 없다는 사실을 곧 깨닫게 될 겁니다."

그제야 비로소 알게 되었다. 영국군에게 차후 작전을 위해 그 두 교량이 너무나 중요했던 것이다. 그 다리 중 하나가 바로 하워드 소령이 속한 '옥스퍼드셔 앤드 버킹엄셔'(Oxfordshire and Buckinghamshire)ᴬ 연대의 부대마크에서 이름을 딴 '페가수스'(Pegasus) 다리다.

그즈음 우측방 부대들의 상황보고가 속속 들어왔다.

제2대대는 방어진지에서 격렬한 전투에 휘말렸다. 특히 개활지로 형성된 우측방의 뜨호안과 그 북쪽의 상황은 더욱 심각했다. 그곳에서는 적의 돌파를 절대로 허용할 수 없었다. 6월 7일, 제2대대장 쿠르존(Kurzon) 대위가 전사했다. 그는 철십자장과 함께 소령으로 추서되었다. 6월 6일로 넘어가는 야간에 적과 최초로 교전했던 제5중대장 브란덴부르크 중위도 사망했다. 이 둘 모두 후방에 가매장했다 훗날 독일로 이장되었다. 이 두 명의 전사는 우리 모두에게 심각한 손실이었다.

사단에서는 이날 예비역 대위 쿠르츠(Kurz)를 신임대대장으로 임명했다. 그는 보병병과 장교였지만 러시아 전역에서 쌓은 전투경험이 풍부해서 현재의 임무를 능히 감당할 수 있는 적임자라 판단했다. 그는 단시간 내에 부대원들을 장악했고, 이후 전투단에서 내가 가장 신뢰하던 지휘관 중 하나가 되었다.

6월 8일에는 우리도, 영국군도 감히 공격에 나서지 못했다. 양측 모두 부상자를 치료하고 결원을 보충해야 했다. 갑자기 우리 상공에 메서슈미트 몇 대가 나타났고, 그 순간 병사들의 표정이 환해졌다. 드디어 위기에서 벗어날 수 있다는 일말의 희망을 품었다. 곧 연합군 전투기들을 상대로 치열한 공중전이 벌어졌다. 영국군 진영 상공으로 영국 전투기 한 대가 추락했다. 우리는 양손을 번쩍 들어 올리며 환호성을 질렀다. 그러나 괴링이 약속했던 '1,000대의 전투기'가 정말 올 수 있을까?

ᴬ 해당 영국군 경보병 연대의 명칭 (역자 주)

그때, 이번에는 메서슈미트 한 대가 격추당했다. 조종사는 낙하산으로 탈출해서 수색대대 진지 부근에 착지했다. 내 부하들이 그 조종사를 내게 데려왔다. 그는 팔에 묻은 먼지를 떨어내며 혼잣말로 불만을 토했다.

"우리더러 몇 대뿐인 전투기로 저들의 공중우세를 어떻게 이겨내라는 거야! 빌어먹을 1,000대의 전투기는 도대체 어디 있는 거지?"

우리로서는 그의 불만에 대꾸할 수도, 물음에 답할 수도 없는 어이없는 상황이었다.

오후 무렵, 휴가를 마친 발도브 소령이 복귀를 신고했다. 수색대대원들은 크게 기뻐했다. 그는 부하들로부터 매우 존경받는 지휘관으로, 항상 부하들을 위해주었고 불필요한 손실을 회피하기 위해 최선을 다했다. 발도브의 복귀와 동시에 사단에서 명령이 하달되었다.

"루크 연대전투단은 6월 9일 새벽에 에스코빌, 항빌 방면으로 공격을 개시하여 오른강 교량들을 반드시 확보하라. 이에 제21기갑수색대대, 제22전차연대 예하 제4중대, 베커 소령의 제200돌격포대대 예하 3개 포대, 제220대전차대대 예하 88㎜ 대전차포를 보유한 1개 중대가 증원될 것이다. 또한, 사단의 포병부대들이 탄약 보유량을 감안하여 루크 전투단의 공격을 지원할 것이다."

나는 오후 늦게 연대 예하 모든 지휘관과 포병 관측장교들을 지휘소로 소집했다.

"적의 공중공격과 함포사격을 피하기 위해서 여명 이전에 기동을 실시한다. 수색대대의 오토바이보병부대와, 현재까지 적과 교전하지 않은 제2대대의 보병들이 연대의 선두로 공격한다. 오늘 야간에 연대로 복귀한 제1대대와 제4전차중대, 베커의 돌격포들이 후속한다. 또한, 88㎜ 대전차포는 에스코빌 남부의 언덕에 진지를 편성하여 영국군 전차부대의 역습 시 이들을 제압하라."

만일 연합군의 함포사격과 전투기들의 공습만 피할 수만 있다면, 우리 연대전투단의 작전계획은 매우 대담했고 성공할 가능성도 충분하다고 판단했다. 그날 밤, 우리는 적의 엄청난 함포사격과 공중폭격에 시달렸다. 아마도 우리의 진지가 노출된 듯했다.

일출 1시간 전, 이동을 개시했다. 지휘용 차량에 탑승한 나는 수색대대 후미에서 기동했다. 결정적인 지점과 시기에 신속히 결심을 내리기 위해 소규모 기동지휘소를 운용했다. 오토바이보병으로 이날 공격에 참가한 함멜 일병은 당시의 상황을 이렇게 기억하고 있다.

"우리는 전차와 돌격포의 지원사격을 받으며 신속히 에스코빌로 들어갔습니다. 그 마을에 남았던 대부분의 주민들은 모두 교회에 대피해 있었습니다. 우리는 교회 주위에서 뛰어놀던 몇몇 어린애들을 발견해서 아이들의 부모를 찾았습니다. 그리고 이들의 안전을 위해 교회로 데리고 갔습니다. 그 마을을 수색하자 숨어있던 영국군 제6공수사단의 병사들이 나타나 격렬히 저항했습니다. 날이 밝아오자 이 마을 남부와 중심부에 연합군의 함포탄들이 빗발치듯 떨어졌습니다. 그때 자신의 부인을 떠나온지 하루만에 발도브 소령이 전사했다는 비보를 접했고, 우리는 더이상 전진하지 못했습니다. 엄청난 충격이었습니다. 적의 함포사격 때문에 우리는 그의 시신을 옮길 수조차 없었습니다. 밤이 되어서야 영국군이 신사적인 아량을 베풀어 길을 열어준 덕에 한 정찰팀이 발도브 소령의 시신을 후방으로 이송해 가매장했습니다. 훗날 영국군이 항빌에 위치한 그들의 전몰 군인묘지로 이장해 주었습니다. 과거의 적군들과 함께 영면하라는 배려였죠."

나로서도 개인적으로 그의 죽음은 너무나 안타까웠다. 교관시절 파리에서 나의 교육생이었던 그와 종종 대화를 나눈 적이 있다. 발도브는 내게 히틀러에 대한 증오심을 털어놓았는데, 훗날 알게 되었지만 그는 7월 20일 쿠데타[A] 조직에도 가담했었다. 나도 발도브에게 롬멜의 예언을 들려주었고, 그 역시 롬멜에게 희망을 걸고 있다고 고백했다. 발도브는 오래된 프로이센 귀족 명문 출신 장교였지만, 소박하고 검소했으며 항상 부하들의 행복과 안녕만 생각했다. 훗날 그의 누이를 만난 적이 있는데, 그녀는 러시아 전역에서 발도브가 겪은 이야기를 전해주었다.

　　언젠가 발도브가 게릴라들이 은거한 마을에서 포위당한 적이 있었다. 마을 주민들은 며칠 동안 먹을 것이 없어 굶주림에 시달렸고, 이에 발도브와 부하들은 자신들의 식량을 마을의 여자와 아이들에게 나눠 주었다. 그날 밤, 게릴라 단체의 대표 한 사람이 발도브를 찾아와 이렇게 말했다고 한다.
　　"독일군 양반! 우리의 여자들과 아이들에게 식량을 나눠주었다는 사실을 들었소. 고맙소! 그에 대한 감사의 표시로 오늘 밤 당신과 당신의 부하들을 공격하지 않겠소. 그리고 이 마을을 떠날 수 있도록 길을 열어주겠소."

양측 모두 훌륭한 인도주의를 실천한 사례였다. 발도브를 대신하여 사단에서 지휘관 예비요원으로 대기 중이던 브란트(Brand) 대위가 수색대대의 지휘권을 인수했다.

A　슈타우펜베르크 대령이 주도한 히틀러 암살사건을 뜻한다. (역자 주)

6월 9일은 당시 제4전차중대 예하 전차장이었던 베르너 코르텐하우스에게도 지옥 같은 날이었다.

"우리가 지금까지 치른 전투 중 이날의 전투가 가장 격렬했고 참혹했습니다. 10대의 전차가 에스코빌 남부 가로수 아래에서 출동 준비를 마쳤습니다. 해치를 닫고 1열 종대로 이동하던 중에 우측 편에 어떤 대저택이 있고, 그곳을 지나자 울타리를 두른 드넓은 목초지가 나왔습니다. 이동 대형을 변경해 10대의 전차를 모두 전개시켜 공격 대형을 갖췄습니다. 보병들은 전차 후방, 또는 측방에서 함께 전진했습니다. 그때 정말 순식간에 끔찍한 사태가 발생했습니다. 단지 몇 분 만에 4대의 전차가 완파되었는데, 아마 적의 함포탄이 전차 포탑 위에 정확히 떨어진 듯했습니다. 내가 탑승했던 전차A의 포탑도 움직이지 않았습니다. 들판의 울타리 쪽에서도 총탄이 빗발쳤고, 그래서 저는 기관총으로 대응했습니다. 그것 외에는 할 수 있는 일이 없었습니다. 적의 함포사격과 총포사격이 더 거세졌고, 우리는 루크 소령의 명령에 의해 보병들과 함께 퇴각해야 했습니다. 정말이지 엄청난 양의 포탄이 떨어졌고, 30에서 40명의 보병들이 목숨을 잃었습니다. 6월 9일 저녁 무렵, 결국 우리는 영국군을 바다로 밀어낼 수 없다는 사실을 깨달았습니다. 1960년 그 저택이 폐허로 남아 있는 그곳에서 다시 한번 당시의 전투 상황을 그려 봅니다. 성공 자체가 불가능한 공격이었습니다. 그 울타리 뒤에는 튼튼한 성벽이 버티고 있었고, 그곳을 무너뜨리고 통과하려면 우리 전차의 포신에 손상이 생길 수밖에 없었습니다. 성벽 앞에는 해자 형태로 방자에게 유리한 참호가 있고, 성벽 일대에 함포탄에 의해 생긴 탄흔 구덩이들도 있었습니다. 방자가 철수하는데도 용이한 지형이니, 결론적으로 전차로 공격해서는 안 될 지역이었습니다."

정찰팀들의 보고가 속속 들어왔다. 6월 8일, 영국군의 제51스코틀랜드 하이랜더 보병사단이 격전 끝에 큰 피해를 입은 제6공수사단을 후방으로 보내기 위해서 연합군의 교두보에 투입되었다. 이제 우리가 연합군의 교두보를 제거할 가능성이 점점 더 희박해졌다. 나는 북아프리카에서 제51사단에 대해 들어 본 적이 있었다. 전투경험이 매우 풍부한 엘리트 군인들로 구성된 최정예부대였다.

치열한 전투가 한창 진행되던 중에 놀랍고도 반가운 일도 있었다. 정찰을 마친 한 전투정찰팀이 DKW 오토바이를 타고 복귀했다. 그때 나는 그 카키색의 오토바이를 유심히 살펴보았다. 진흙받이에 과거 내가 지휘했던 제3기갑수색대대 마크가 붙어 있었다. 이 오토바이는 마치 소소한 '사파리' 여행을 하고 돌아온 친구 같았다. 북아

A   단포신을 장착한 4호 전차 (저자 주)

프리카에서 영국군에게 빼앗겨 영국으로 넘어갔다 다시 노르망디로 돌아온 것이다. 흠집 하나 없이 온전한 모습으로 돌아와서 너무나 반가웠다.

그즈음 6월 7일 야간부터 8일 사이에 두 개의 기갑사단[A]이 이동을 개시해 심대한 피해를 감수하면서 연합군의 상륙거점인 캉의 남부와 동부 지역에 도착했다. 두 사단은 즉시 적의 진출을 저지하기 위해 캉의 서부로 역습을 감행했다. 연합군의 공군이 지속적으로 이들의 이동을 방해했다. 큰 손실을 입은 그 기갑사단들은 캉 서부에 구축된 연합군의 교두보에 접근하지도 못한 채 사면초가의 상황에 빠지고 말았다.

그제야 히틀러도 연합군의 노르망디 상륙이 기만작전이 아니었음을 깨달은 듯했다. 그러나 히틀러는 시행하지도 않을 칼레에서의 '장차작전'에 아직도 미련을 버리지 못했다.

롬멜은 어느 날 전선을 시찰하면서 나와 함께 이런저런 이야기를 나눴다. 그는 자신이 히틀러에게 문서와 육성으로 '제발 전선에 나와 보라, 전투 현장에 있는 야전부대의 상황과 분위기를 직접 느껴보라!'고 했다는 이야기를 해 주었다. 그것은 '육군의 총사령관'에 대한 우리의 최소한의 기대이기도 했다. 그러나 히틀러는 여전히 오버잘츠베르크(Obersalzberg)에서 명령을 하달했다. 그 명령 중 하나가 바로 총통의 명령 없이는 어느 사단이든 한 발짝도 움직일 수 없다는 것이었다. 그래서 우리는 처칠이 함께하는 영국군이 부러웠다. 그는 상륙작전 당시에도 최전방에 나와 있었고, 병사들에게 자신의 모습을 드러냈으며, 용기를 북돋아 주었다.

히틀러가 당시 상황을 너무나 낙관적으로 평가했고, 사단과 군단들을 '마음 내키는 대로, 무의미하게 이리저리 이동'시켰다는 사실에 롬멜뿐만 아니라 우리 모두 실망했다. 그런 조치로 인해 사단과 군단은 극심한 피해를 입었다. 그러나 놀랍게도 부대들의 사기와 전투의지만큼은 매우 높았다. 서부에서 연합군의 승리는 곧 우리의 종말을 의미했다. 우리 모두가 이 사실을 이미 알고 있었다. 하지만 일부 고위 인사들은 V1 로켓이나 이후 등장한 V2 로켓의 배치와 '경이적인 신무기'(Wunderwaffe)[B]가 개발되었다는 발표로 전쟁의 전환점을 맞이할 수 있다는 일말의 희망, 아니 망상에 사로잡혀 있었다.

6월 12일, 사단은 재차 공격명령을 하달했다. 우뚝 솟은 언덕에 위치한 생 오노힌(St. Honorine) 마을을 탈환하는 계획으로, 적의 동태를 살펴서 영국군을 격퇴시키고, 그

A   기갑교도사단과 제12SS기갑사단 (저자 주)
B   제2차 세계대전 말기 나치당에서 선전용으로 제작한 시제 무기체계들 (역자 주)

곳의 진지를 점령하는 것이 목적이었다. 내 전투단에는 여러 부대들이 추가 증원되었다. 구경 210~300㎜의 로켓 300발 이상을 사격할 수 있는 네벨베르퍼를 보유한 로켓포병여단이 연대를 지원했다. 이 로켓은 심리적인 면에서 실질적인 화력 이상으로 효과적이었다. 발사된 로켓은 전장 상공을 날아가면서 귀에 거슬리는 강한 소음을 발산했고, 이에 놀란 적 병사들은 곧장 엄폐물을 찾아 몸을 숨기곤 했다.

여명을 기해 막대한 양의 연막 로켓을 발사한 후, 수색대대 예하 2개 오토바이보병중대와 제1대대의 하차보병들을 선두로, 온전한 전차가 몇 대뿐인 제4전차중대와 베커가 제작한 돌격포들의 지원 하에 생 오노힌을 향해 공격을 개시했다. 그곳을 지키던 캐나다 사단 예하의 부대들이 우리의 기습을 받자 즉각 그 마을을 비우고 퇴각했다. 나는 오토바이보병부대를 후속하여 이 언덕의 마을에 들어섰고, 처음으로 근거리에서 적진을 직접 관측할 수 있었다. 언덕 아래 북쪽에 수백 대의 글라이더가 착륙해 있었다. 우리는 이 언덕을 사수하기 위해 북쪽 언저리에 즉각 참호를 구축했다.

그 순간, 지금까지 겪어보지 못했던 엄청난 함포사격이 머리 위로 쏟아졌다. 각종 전함과 구축함, 순양함의 함포에서 불을 뿜는 광경까지 직접 목격했다. 최대구경이 380㎜에 달하는 포탄들이 마치 커다란 여행가방처럼 하늘에서 날아와 폭발하며 우리 진지 일대에 거대한 크레이터를 만들었다. 한쪽에서는 영국군 전폭기들이 날아와 우리 상공에서 무차별 폭격을 가했다. 말 그대로 생지옥이었다.

잠시 후, 캐나다군이 지상에서 양측방으로 우리를 공격했다. 그들은 포탄의 연기와 먼지를 이용해서 소총의 유효사거리까지 이동한 후, 우리에게 사격을 가했다. 막대한 피해를 입은 우리는 그 마을을 포기할 수밖에 없었다. 연합군의 압도적인 화력과 공중우세 속에서 대체 어떻게 해야 할지, 이 위기에서 벗어날 해결책이 도무지 떠오르지 않았다.

결국, 영국군의 교두보를 제거할 수 없다는 결론에 도달했다. 또한, 노출된 우측방에 형성된 연합군의 교두보가 그들에게 얼마나 중요한지도 깨달았다. 함멜 일병은 훗날 이렇게 털어놓았다.

"생 오노힌 일대에 포탄이 폭우처럼 떨어졌습니다. 지금껏 겪었던 포격 중 최악이었고, 참호 속에서 할 수 있는 것은 오로지 신께 기도하는 것뿐이었습니다. 진지에서 간신히 빠져나와 수 km 남쪽에 위치한 쿠버빌(Cuverville) 마을에 이르자 다시 무수히 많은 포탄들이 우리 머리 위로 쏟아졌습니다. 정말 아찔했습니다. 사방을 둘러봐도 편히 숨 쉴 수 있는, 잠을 청할 수 있는 곳이 아무 데도 없었습니다."

그래도 당시까지 연속적인 역습과 수색작전을 계속한 덕에 적어도 한 가지 성과를 거뒀다. 영국군이 갑자기 자신들이 확보한 진출선에 지뢰를 매설하기 시작했던 것이다. 이는 당분간은 다시 진격할 의도가 없다는 확실한 의사 표현이었다.

이후 몇 주간 연대 작전지역에 정적이 흘렀다. 피아간 몇몇 정찰팀이 서로의 동태를 살피기 위해 여기저기 활동했을 뿐, 교전은 없었다.

우리는 6월 15일에 다시 한번 다수의 포병대대의 화력 지원 하에 에스코빌을 공략했다. 에스코빌은 오른강의 교량을 탈환하기 위해서도 매우 중요한 지역이었다. 양측 모두 심각한 손실을 입었던 이 공격도 시작과 동시에 실패하고 말았다. 목표나 전투지역이 연합군 해군의 함포 사거리 내에 있는 한, 적이 완전히 제공권을 장악하는 한, 우리에게는 전세를 역전시킬 수 있는 뾰족한 방도가 없었다.

6월 16일, 그간 매우 용감히 싸웠던 제21기갑수색대대는 그만큼 피해도 컸다. 당장 후방으로 철수시켜야 했지만, 6월 29일까지는 캉의 동부 외곽에서 캉과 오른강의 교량을 확보하려는 적을 저지하라는 임무를 부여받은 채 일선에 머물러 있었다. 대대는 6월 30일이 되어서야 전투력을 복원하기 위해 캉 남부로 집결하라는 명령을 받고 전선을 이탈할 수 있었다.

갑자기 포이히팅어가 내 지휘소에 나타났다. 그는 연합군의 상륙 이후 모든 전선이 고착되었지만, 일부 지역에서 이미 연합군의 소규모 거점들이 형성되었다며 이렇게 전했다.

"연합군이 해안의 교두보에서 조만간 언제, 어디로든 내륙으로 진출을 시도할 거야. 틀림없어. 그런 의도가 없다면 이런 대규모 상륙작전을 했을 리가 없어. 아군의 약점은 바로 우측방이야. 루크 자네의 지역이지. 자네의 남쪽과 동쪽에는 더이상 투입할 예비대도 없어. 자네에게 한 가지 다행스러운 점이 있다면 오른강과 범람한 디브즈(Dives)강 사이의 지역이 너무 좁아서 기껏해야 1개 사단 정도만 교두보에서 빠져나올 수 있다는 점이야. 여기에 대비해 주게. 증원부대를 추가해 주겠네. 종심으로 견고한 방어진지들을 구축하게. 이 지형이 기갑부대를 이용한 공격에 유리하기는 하지만, 다수의 촌락들과 삼림지대들을 잘 활용한다면 '전차들의 무덤'(tank-killing country)을 만들기에 충분하다고 생각하네. 자네의 임무는 그대로야. 적들이 교두보에서 남쪽, 남동쪽으로 진출하는 것을 반드시 저지해야 하네."

6월이 지나고 7월로 접어들었다. 혹독한 더위와 득실거리는 모기떼에 시달렸다. 몇몇 병사들은 눈 주위가 부어올라 군의관에게 진료를 받기도 했다. 들판의 곡식은 이미 익어 추수를 기다렸지만 농부들은 적으로 오인되어 사살될까 두려워서 들판에 나가기를 꺼렸다. 제2대대는 거의 매일 적의 강력한 돌파 시도를 저지했고, 사상자 들이 속출하는 와중에도 잘 버텨내고 있었다. 어느 후덥지근한 날 오전에 나는 쿠르 츠 소령과 함께 전선을 둘러보러 나갔는데, 갑자기 날아온 적의 소총탄이 내 모자를 관통했다. 정말 운이 좋았다.

7월 초, 연합군은 기습적인 대규모 공세에 돌입했다. 이른바 '에프솜 작전'(Operation Epsom)ᴬ을 개시한 것이다. 적들은 오른강의 서쪽, 제192연대 지역을 돌파하기 위해 총력을 기울였다. 영국군 부대는 '핍 로버츠'(Pip Roberts) 소장ᴮ이 지휘하는 제11기갑사 단이었다. 그는 영국군에서 가장 젊고 많은 전투경험을 보유한 기계화부대 지휘관 이었다. 핍 로버츠는 이미 북아프리카에서부터 제7기갑사단 예하 기갑여단장으로 명성이 자자했다. 그러나 당시의 제11기갑사단은 최근에 신규편성되어 전투경험이 전무했다. 영국군은 늘 그랬듯이 이번에도 보병부대 없이 전차만으로 공격을 감행 했다. 그래서 나는 수풀과 수목지대를 이용해 소규모 대전차방어진지를 구축했고, 비교적 쉽게 영국군 전차들을 저지할 수 있었다. 측방에서 캉으로 진입한 영국군과 캐나다군 보병들에게는 어쩔 수 없이 캉 서측 진입을 허용했지만, 대전차포를 총동 원하여 영국군의 주공인 전차부대의 진출만은 막아냈다. 다행히도 연대의 주방어선 은 아직 건재한 상태였다. 포이히팅어는 7월 초에 내게 비교적 많은 전력을 추가로 증원하겠다고 통보했다.

- 티거 전차를 장비한 제503중전차대대가 연대 지역에 배치될 예정이었다. 티거 는 강력한 88㎜ 주포와 견고한 장갑을 장착했다. 화력과 장갑 면에서 모든 연합군 전 차들보다 월등히 우수했다. 그야말로 무적의 전차였다.ᶜ
- 5개 중대로 편성된 베커의 제200돌격포대대 전체가 내가 지휘할 수 있도록 증 원되었다. 나는 이들에게 기계화보병과 긴밀한 협동전투를 하도록 지시했다.
- 전차연대 예하에 남아있던 1개 전차대대를 내게 배속시켜 주었다.ᴰ
- 네벨베르퍼 로켓포 1개 대대도 증원되었다.

A 영국군은 작전명을 영국의 스포츠 경기장 이름으로 사용하곤 했다. (저자 주)
B 본명은 조지 필립 브래들리 로버츠(George Philip Bradley Roberts) (저자 주)
C 언급되지는 않았으나, 더욱 강력한 티거, 쾨니히스 티거 1개 중대도 포함되어 있었다. (저자 주)
D 다른 한 개 대대는 5호 전차 '판터'(Panther)로 장비를 교체하기 위해 본토로 이동했다. (저자 주)

치명적인 8.8cm 포로 무장한, 모든 적들이 두려워하던 '쾨니히스 티거'

- 제16공군지상전투사단(Luftwaffefelddivision)[A]예하 1개 대대가 내 지휘를 받게 되어, 연대의 진지 전방에 취약지점을 보완하기 위해 배치시켰다.
- 3개 88㎜ 대전차대대도 증원되었다. 포이히팅어의 지시대로 이들을 보제부 (Bourgebus)의 고지와 그 후방에 배치하여 저지진지를 구축했다. 사단의 포병부대들도 추가로 증원되었다.
- 내 휘하의 제125연대 제1, 2대대는 공군 지상전투대대 후방, 좌우로 소위 '저지진지'(Blockpositionen)를 점령하고, 그곳에서 곧장 역습을 시행하거나 방어선을 구축할 수 있도록 배치했다. 이곳에 베커의 돌격포를 함께 투입시켰다.

이로써 우리는 약 15km의 종심에 수 개의 저지진지들을 구축했다. 만일 적이 공세를 실시한다면 조기에 돈좌시킬 수 있을 만큼 완벽하게 준비했다.

영국 공군이 공중정찰을 강화했지만, 우리의 종심방어 체계는 눈치채지 못한 듯했다. 훗날 알게 된 사실이지만, 그들은 우리의 방어 종심을 겨우 7km 정도로 판단했다. 그리고 노획된 영국군의 상황도를 근거로 유추해 보면 영국군은 자신들이 공격할 지역에 독일군이 최소 2~3개 기갑사단을 배치할 것이라고 예측했던 듯하다. 이런 오판은 후일 연합군이 더욱 조심스럽게 진군하는 원인이었을지도 모른다.

한편, 모두의 거센 반대에도 불구하고 보병출신인 군단장[B]의 명령에 따라 두 개의

A 히틀러는 1941-42년 육군의 심각한 병력 손실 이후, 이듬해 동부 전선의 하계공세를 위해 추가적인 지상군을 요구했고, 공군은 1942년 9월 12일 히틀러의 지시에 따라 200,000명의 병력을 육군에 지원해야 했다. 그러나 괴링은 병력을 양도하는 대신 20개의 지상전투사단을 창설했다. (역자 주)
B 제21기갑사단은 1944년 6월 12일 제1SS기갑군단에 배속되었고 군단장은 제프 디트리히였다. (역자 주)

전차대대를 최전선 바로 뒤에 배치시켰다. 역습을 위해 보다 후방에 배비하는 것이 더 적절한 방책이었다. 이러한 결정은 훗날 처참한 결과를 초래하게 되었다.

7월 14일 오후 늦게 제1SS기갑군단장이자 육군의 대장 격인 친위대 상급지도자(SS-Obergruppenführer) '제프' 디트리히(Sepp Dietrich)가 나를 호출했다. 얼마 전부터 그는 내 직속상관이었다. 다그마와의 결혼 문제로 그에게 조언을 구한 적이 있는데, 그때부터 알게 된 사이였다. 디트리히가 히틀러의 총사령부로부터 받은 '모호한 답변'이 이상하다며 자신이 선처해 주겠다고 약속한 적도 있었다. 그러나 격렬한 전투상황에서 나의 개인 신상 문제를 입 밖에 꺼낼 수는 없었다.

군단 지휘소에 들어서자 디트리히가 반갑게 맞아주었다. 포이히팅어도 이미 와 있었다. 디트리히가 먼저 입을 열었다.

"루크! 반갑네. 6주 동안, 적이 상륙한 이래 자네가 연대전투단을 정말 훌륭하게 지휘했네. 영국군이 아군의 동측방을 조기에 돌파할 수 있었는데, 자네가 잘 저지해 준 덕분에 이렇게 전선이 유지되고 있다네. 그 전공을 인정하여 군사령관께서 자네에게 기사철십자장을 하사하셨어. 내가 알기로는 내일이 자네 생일이지? 그리고 자네 약혼녀도 파리에 있고. 그래서 자네에게 며칠이나마 휴가를 주기로 했네. 내 참모장교를 대신해 파리에서 해야 할 별도의 임무도 있어. 오늘 밤에 곧장 출발해서 18일 아침 일찍 복귀하게. 즐거운 시간을 보내길 바라네."

나는 당황스러웠다.

"장군님! 너무나 감사한 일이지만 저는 그럴 수 없습니다. 이토록 심각한 상황에서 제 부하들만 이곳에 남겨두고 떠날 수는 없습니다. 조만간 영국군이 제 방어진지를 습격하고 돌파할 것으로 판단됩니다. 장군님의 배려에 감사드립니다만 저는 이곳에 남도록 하겠습니다."

제프 디트리히는 빙긋 웃으며 이렇게 답했다.

"루크! 아군의 정보판단에 따르면 향후 10~14일 이내에 적이 새로운 공격을 시도할 가능성은 없다네. '에프솜' 공세에서 영국군의 피해가 상당해서 다시 부대를 재편성 중이며 그에 상응하는 보급시설을 구축하고 있다고 하네. 그냥 가도록 하게."

디트리히는 물론 포이히팅어도 강권했고, 나는 하는 수 없이 그 제안을 수용했다. 다그마를 다시 만날 수 있다는 것만으로도 감사한 일이었다.

연대 지휘소로 복귀한 후, 제1대대 지역으로 가서 대대장에게 18일까지 전투단의 지휘권을 맡겼다. 전방부대에 잠시 지원해 주었던 내 메르세데스를 가져와 노르망디에서 얻은 물품들을 가득 실었다. 야전군의 유선전화를 통해 파리의 민간 전화망에 연결해 다그마와 청소부 아주머니에게 곧 파리로 간다는 소식을 전했다. 복잡한 심정으로 지휘소를 나왔다. 경계와 대공 감시를 위해 운전병 한 명을 데려갔다. 파리에서 3일간의 휴가라….

군단장이 준 '임무'를 마치고 잠시나마 '파리 특별부서' 방문을 마쳤다. 마침내 다그마와 친구들을 만날 차례였다. 내가 가져온 식료품들은 약 50㎏ 정도였는데, 모두들 너무나 기뻐했다. 특히 그중 2㎏가량의 커피 원두가 가장 인기 있었다. 파리에서도 원두를 더이상 구할 수 없는 상황이었기 때문이다. 그중 J.B.가 가장 반가워했다.

"우리는 그동안 '커피 대용품'(Ersatz)으로 견뎌왔어. 이런 구질구질한 의미의 독일어 단어를 그대로 사용할 정도로 비참한 상황이야."

재회의 기쁨 속에서도 나는 몹시 불안했다. 매일 사단에 전화를 걸어 전선의 상황을 물었다. 그때마다 답변은 한결같았다.

"매우 조용하다. 지극히 평온하다. 달라진 상황은 없다."

다그마와 친구들과 함께 만일 파리가 위태로워졌을 때 어떻게 해야 할지 진지하게 논의했다. 다그마는 나와 가장 가까운 곳에 있기를 원했으므로, 마지막 순간까지 파리에 남기로 했다. 7월 17일 밤, 우리는 다시 한번 모여 샴페인 한 병을 개봉했다.

7월 18일 새벽에 길을 나섰다. 날이 밝기 전, 허리케인과 스핏파이어들이 공중에 나타나기 전에 지휘소에 도착하기 위해서였다. 야간을 이용해 보급품을 수송하는 차량들 틈에 끼어 복귀하는데 생각보다 많은 시간이 걸렸다. 09:00를 막 지난 시각에 나는 연대 지역의 동쪽 고지에 도달했다. 내 지휘소와 불과 수 ㎞ 떨어진 곳이었다. 차를 멈추고 하늘에 적기가 날고 있는지 확인했다. 사방에 안개가 자욱했고 별다른 문제는 없는 듯했다.

'굿우드 작전' (Operation Goodwood)

09:00를 조금 넘은 시각에 지휘소에 도착했다. 노르망디에서 아름다운 전경을 만끽하며 맛있는 아침식사를 할 소박한 기대에 부풀어 있었다. 외출용 군복을 입은 채로 식사를 하고 전투복으로 갈아입을 생각이었다.

제1대대장이 나를 맞으며 짧은 인사를 건넸다. 부하들 모두가 불안한 모습으로 지휘소에 와 있었다. 불길한 예감이 들었다. 그중 누군가가 상황을 보고했는데, 정말 충격적이었다. 숨이 막힐 지경이었다.

"새벽 05:00부터 영국군이 수천 대의 폭격기로 우리 지역을, 특히 제1대대의 진지 일대를 쉴새 없이 폭격했습니다. 폭격 후에는 함포탄들이 빗발치듯 떨어지다가 30분 전에 멈췄습니다."

나의 첫 번째 질문이었다.

"제1대대 상황은 어떤가? 보고받은 게 있나?"

대대장이 답했다.

"아직 없습니다. 무전이 두절되었습니다."

"티거 전차부대와 우리 연대 전차대대의 상황은?"

"거기도 무전이 끊겼습니다. 상황이 어떤지 알 수 없습니다."

"그러면 제2대대와 베커 소령의 돌격포들은? 사단에는 보고했나?"

나는 점점 더 큰 소리로 다그쳤으나 제대로 답변하는 부하는 단 한 명도 없었다. 이제 곧 연합군이 돌파를 시도할 것이라는 확실한 징후였다. 그런데 아무것도, 정말 아무것도 준비되어 있지 않다니! 잠시 연대의 지휘권을 맡았던 대대장도 쇼크 상태에 빠져 어쩔 줄 모르고 있었다. 그에게 향후 처벌을 기다리라고 명령했다. 며칠 후, 나는 부관을 육군 인사청으로 보내 그 대대장의 보직해임을 요청했고 그 건의는 즉시 승인되었다.

나는 이 경험으로 큰 교훈을 얻었다. 평시에는 걸출한 교관 자격까지 갖춘, 상관에게 신뢰받고 동료들에게 인정받던 장교와 부사관들이 절체절명의 위기에 봉착하면 평정심을 잃고 대범하게 대응할 수 없는 무능한 사람으로 돌변할 수 있음을 새삼 깨달았다. 훗날 적장이 아닌 친구로 만나게 된 핍 로버츠 장군도 나와 똑같은 경험이 있다고 털어놓았다. 내가 대대장을 보직해임 시켰듯이 로버츠 장군도 같은 이유로 여단장 한 명과 연대장 한 명을 해임해야 했다. 부대에 영향이 없다면, 부대 전체 사기가 떨어지지 않게 하기 위해서라도 즉각적인 보직 교체가 필요하다는 것이 또 하나의 교훈이었다.

내가 직접 나서야 할 때라는 생각이 머리를 스쳤다. 적이 대공세에 돌입할 것이 분명했지만, 부하들은 무슨 일이 벌어지고 있는지 전혀 인식하지 못했다. 잘 차려진 아침식사는 커녕 전투복으로 갈아입을 시간도 없었다. 전차연대에서 내게 지원해준 지휘용 4호 전차로 뛰어가 조종수에게 담배 한 개비를 건네며 이렇게 명령했다.

"시동을 걸어라! 가자, 캉 방향으로!"

부관을 향해 돌아서서 큰 소리로 이렇게 말했다.

"내가 직접 나가보겠어. 즉시 사단과 통신해서 상황을 보고해. 만일 통신망이 단절되어 사람을 보내야 한다면 자네가 직접 가서 현 상황을 알리고 영국군의 진출을 저지할 예비대가 필요하다고 해. 각 전차부대에는 장교 한 명씩 보내서 상황을 알려줘. 역습을 준비하라고!"

전차에 올라 천천히 도로로 나갔다. 연합군은 보이지 않았다. 카니(Cagny) 마을까지도 적과의 조우는 없었다. 그곳은 연대 책임지역의 정중앙으로, 우리가 미처 병력 배치를 하지 않은 상태였다. 마을 동쪽의 교회까지는 온전했지만 서쪽은 연합군의 폭격에 완전히 폐허로 변해 있었다. 마을 서쪽 외곽에 도달했을 때 온몸에 소름이 돋을 정도로 깜짝 놀랐다. 저 앞쪽에 25대에서 30대가량의 영국군 전차가 캉으로 향하는 동서 방향의 도로를 횡단하여 남쪽으로 이동 중이었다. 다행히 그들은 나를 발견하지 못한 듯했다.

제1대대가 저지진지를 편성했던 북쪽으로 시선을 돌렸다. 그 지역에도 온통 영국군 전차들로 가득했다. 모든 전차들이 서서히 남쪽으로 이동하고 있었다. 나는 혼잣말로 이렇게 중얼거렸다.

"큰일이다! 연합군의 함포와 폭격기들이 제1대대를 노렸구나! 대대 지휘소를 찾기도 어렵겠어!"

이제야 모든 것이 분명해졌다. 영국군은 좁은 정면에서, 지금까지와는 전혀 다른 방식으로 집중적인 포격과 폭격 이후 아군 진지 돌파를 시도중이었다. '돌파된 이 지역을 어떻게 막아야 할까? 강력한 티거 전차와 4호 전차로 역습한다면 성공할 수 있을까?' 일단 대책을 마련하기 위해 연대 지휘소로 복귀하기로 마음먹었다.

카니 마을의 온전한 교회를 지나쳤을 때 나는 또 한 번 깜짝 놀랐다. 독일 공군 소속의 88㎜ 4문을 보유한 방공포대가 그곳에 있었고, 모든 포들은 공중을 지향하고 있었다. 문득 이런 생각이 들었다. '저들은 지금 여기서 뭘 하고 있는 걸까? 이곳까지 오면서 그들을 전혀 못 봤는데?' 전차를 정지시키고 그곳으로 뛰어갔다. 한 젊은 대위가 나를 보고 거수경례했다.

"소령님! 여기 대체 어떤 용무로 오셨습니까? 무슨 일이십니까?"

"귀관들은 여기서 뭘 하고 있는 건가? 귀관들의 좌측방에서 무슨 일이 벌어지고 있는지 알고는 있나?"

"저희들은 공군 예하 방공부대로 캉의 산업시설과 시가지를 보호하기 위해 적의 공중 공격에 대비하고 있습니다. 지금은 차후 공습 시 적기들을 격추하기 위해 준비

중입니다.”

나는 그 대위에게만 들리도록 가능한 한 조용히 말했다.

“맙소사! 적 전차들이 이미 귀관들이 있는 이곳을 지나쳤어. 저기 북쪽에는 무수히 많은 전차들이 진격을 준비 중이야. 귀관들은 지금 즉시 4문의 포를 카니 마을의 북쪽 외곽으로 이동시켜서 진지를 편성하고 남쪽으로 진격하는 전차를 격멸해 주게. 이미 남쪽으로 진출한 전차들은 신경 쓰지 말고! 반드시 적 전차의 측면을 사격해야 해. 그래서 적이 진격을 중지하도록 해주게! 부탁하네!”

그는 수용하기 어렵다는 표정으로 이렇게 답했다.

“소령님! 제 임무는 적 항공기를 제압하는 것입니다. 전차와 싸우는 것은 제가 아니고 소령님께서 하실 일인데요?”

그리고는 고개를 돌리며 내 제안을 거부하려 했다. 나는 권총^A을 뽑아 그를 향해 겨누며 이렇게 말했다.

“귀관은 지금 여기서 시체가 될 수도 있고 큰 전공을 세운다면 나중에 훈장을 받을 수도 있다. 귀관이 결정할 차례다.”

그 젊은 대위는 이제야 나의 절박한 마음을 이해한 듯했다.

“제가 졌습니다. 그러면 어떻게 하면 될까요?”

그의 손을 붙잡고 나무가 우거진 마을의 북쪽으로 달렸다.

“여기 사과나무 숲에 4문의 포진지를 점령하게. 밀밭에 곡식들이 자라 있어서 은엄폐가 매우 용이하네. 나는 연대로 복귀해서 자네 쪽으로 기계화보병 1개 소대 지원 가능 여부를 알아보겠네. 자네들이 적 보병으로부터 기습을 당하지 않도록 말일세. 만일 상황이 위태로우면 자네들도 포를 파괴하고 남쪽으로 철수하게. 나도 가능한 빨리 티거 전차대로 우측방에서 역습을 시행할 생각이야. 귀관들과 전차대대가 긴밀히 협력하면 적의 전차들을 격퇴할 수 있다고 생각하네. 아니, 반드시 격퇴해야 해. 그나마 다행스러운 것은 적들의 공격에 보병이 빠져 있다는 거야. 30분 내에 다시 돌아오겠네. 이해했나?”

그는 여전히 머뭇거렸지만 결국 고개를 끄덕였다.

“예. 잘 알겠습니다!”^B

연대 지휘소로 돌아왔다. 치밀하게 계획된 적의 ‘융단폭격’이 어느 정도였는지 정

A 파리로 갈 때부터 권총을 소지했으며 아직도 외출용 군복을 입고 있었다. (저자 주)

B 당시 공군 소속 8.8cm 대공포대가 저자의 부대와 함께 전투에 참가했음은 분명하지만, 공군 측 기록은 해당 부대가 저자의 지시가 아닌 자의적 판단에 따라 전투에 돌입했다고 주장하고 있어, 해당 일화에 대해서는 추가적인 검증이 필요하다. (편집부)

확히 가늠할 수 있었다. 연락장교가 내게 와서 티거 전차대대가 이동 중 미국 공군의 맹폭에 큰 피해를 입었다고 전했다. 62t의 거대한 전차들이 완파되어 고철덩이로 변해 있는 모습을 직접 목격했으며, 온 사방에 지름 10m 이상의 크레이터가 가득해서 전차들이 그 일대를 통과하기조차 어렵고, 그래서 몇 시간 내에 역습 시행은 불가능할 것이라고 보고했다. 4호 전차대대의 상황도 마찬가지였다. 당시 내 지휘소에 함께 있었던 베커 소령도 자신의 포대들과 무선교신 후 이렇게 언급했다.

"한 개 포대는 적의 폭격으로 완전히 전멸했고, 그나마 전투력이 남아있는 좌측방의 2개 포대로 영국군 보병들과 교전 중인 제1대대를 지원하겠습니다. 다른 2개 포대는 우측에서 언제든 전투에 투입할 수 있도록 준비 중입니다. 훌륭하게도 제2대대장 쿠르츠 소령이, 상부의 명령이 없었지만, 독단적으로 그곳에 방어선을 구축했다고 합니다."

사단으로 갔던 부관 리베스킨트가 돌아왔다. 다음과 같은 포이히팅어의 말을 전했다. '사단에는 더이상 연대 좌측방의 간격을 차단할 수 있는 예비대가 없다. 그러나 연대의 우측방을 방호하기 위해 브란트 대위가 이끄는 기갑수색대대가 증원될 것이며, 노출된 우측방을 돌파해 동부로 진출하려는 적을 반드시 저지해야 한다'는 내용이었다. 이날 오전에 브란트 대위가 내 지휘소에 와서 배속을 신고했다.

"소령님! 다시 소령님의 연대에 배속되었습니다. 대대는 뜨호안에서 동쪽으로 약 7km 떨어진 곳에 있습니다. 저희들은 7월 6일부터 캉의 남부에서 예비대로 집결해 있었고 병력과 물자 보충도 어느 정도 완료되었습니다. 오늘 아침 일찍 이곳에 엄청난 폭탄이 떨어지는 것을 보았습니다. 연대의 피해는 어느 정도인지요?"

브란트에게 대강의 상황을 알려주었고 전투명령을 하달했다.

"연대의 좌측방, 그러니까 제192연대 지역과 캉 일대 사이에 비교적 큰 간격이 발생했어. 그러나 보제부 언덕에 88㎜ 대전차대대 3개 포대를 배치해 놓았어. 영국군이 보병을 투입하지 않는다면 우리 대전차대대가 영국군 전차부대를 능히 저지할수 있을 거라 믿어. 하지만 여기 연대 지휘소와 쿠르츠 소령의 제2대대 사이에도 틈이 생겼는데, 이곳도 역시 매우 위험한 상황이야. 만일 영국군 전차들이 이곳으로 돌파한다면 남동쪽으로 향하는 길은 무방비상태나 마찬가지야. 자네는 이곳을 맡아주게. 우측에는 쿠르츠, 좌측으로는 나와 저지선을 형성해야 해. 75㎜ 장포신 대전차포^A를 보유한 베커의 1개 포대를 자네에게 지원해 주겠네. 이들을 잘 활용해 적 전

A   제200돌격포대대의 대전차자주포인 마더를 의미한다.

차들을 격멸하도록 하게. 그리고 연락장교 한 명을 내게 보내주게. 우리 함께 사력을 다해 잘 싸워보자고! 우리가 오늘의 위기를 반드시 해결해야 하네."

곳곳에 배치된 부하들의 보고와 포로들의 심문을 토대로 평가한 상황은 너무나 암담했다. 전쟁이 끝난 후 당시 영국군 측의 보고서들을 접할 수 있었는데, 당시 상황은 내 생각과 똑같았다.

몽고메리는 소규모 교두보에서 대공세를 개시하여 프랑스의 후방 깊숙한 팔래즈(Falaise) 방면으로 진격하기로 결심했다. 막대한 양의 보급품을 확보하고 극도의 보안 하에 다음과 같이 공세를 준비했다.

- 제11기갑사단, 근위기갑사단(Guard Armourd Division), –북아프리카에서 맞서 싸운 적이 있던– 제7기갑사단으로 편성된 제1기갑군단이 공세의 주력이었다.
- 측방호를 위해 우측에는 1개 캐나다군 보병사단이, 좌측에는 1개 영국군 보병사단이 투입되었다.
- 야포와 함포를 합쳐 도합 1,000문 이상이 공세를 지원했다.
- 교두보 방어를 위해 제6공수사단과 제51스코틀랜더 하이랜더 사단이 잔류했다.
- 공격준비사격 개념의 폭격 및 공중지원을 위해 영국 공군과 미국 공군은 당시까지 유례가 없었던 최대 규모의 연합비행단을 편성했다. 약 2,500여 대의 폭격기가 투입되어 정면 약 4km와 종심 약 7km의 공간을 폭격할 예정이었다. 사실상 그 정도 폭격이면 개미 새끼 한 마리도 살아남을 수 없는 상황이었다.
- 공군의 '융단폭격' 이후 1,000여 문의 화포와 함포들이 막대한 양의 포탄을 집중하고, 그 직후 첫 번째 전차부대들이 교두보를 나와 진격할 계획이었다.
- 첫 번째 목표는 공격선으로부터 약 15km 떨어진 보제부 언덕이었다.

당시 공세에 참가한 모든 연합군 지휘관들은 부하들에게 이렇게 말했다고 한다.

"그 누구든 이러한 지옥불 속에서 살아남을 수 없을 것이다. 우리는 전차를 타고 그냥 전진하기만 하면 된다. 파리로 향하는 길은 열려 있을 것이다."

그러나 전쟁이 끝난 후 내가 만난 영국군 기갑군단 예하 많은 지휘관들은 이렇게 털어놓았다.

"우리가 얼마나 상황을 오판하고 크게 착각했는지 전투가 시작되자마자 곧바로 깨닫게 되었다."

지뢰가 제거된 몇몇 통로로 엄청난 규모의 대부대를 기동시키는 것부터 사실상

무리였다. 그러나 영국군의 두 기갑사단은 광활한 전선에서 아군의 저지선을 돌파하기 위해, 보제부 언덕을 확보하기 위해 그 좁은 통로를 이용해 꼬리에 꼬리를 물고 서서히 진출했다.

나의 유일한 희망은 카니의 88㎜ 방공포대와 2개의 75㎜ 돌격포대가 적 전차의 진출을 저지하는 것이었다. 그들이 아군 예비대가 도착할 때까지만이라도 저지해 주었으면 했다. 당시 예비대로 제1SS기갑사단과 제12SS기갑사단이 있었지만, 이 두 사단도 이제 막 전선에서 이탈하여 팔래즈와 리지외(Lisieux) 일대에서 전투력을 복원 중이었다.

7월 18일 정오 무렵, 제1대대 좌측방에 배치되었던 베커의 2개 포대로부터 보고가 들어왔다.

"제1대대 예하 중대들이 적 전차부대를 후속하는 보병들과 교전 중입니다. 저희들이 가능한 범위 내에서 지원하겠습니다. 영국군 전차부대들이 카니 일대에서 돈좌되었습니다. 영국군 후속 전차부대는 서쪽으로 방향을 전환하여 보제부 언덕 방면으로 진격 중입니다. 저희들도 포위되지 않기 위해 천천히 철수하는 것도 고려해야 할 상황입니다."

베커 소령은 내 곁에, 지휘소에 있었다. 나는 그에게 소리쳤다.

"베커! 잘 들으시오! 그 어느 때보다 귀관의 포대들이 절실히 필요하오. 적의 폭격에 두 개의 전차대대가 큰 피해를 입은 지금으로서는 믿을 수 있는 부대가 귀관의 포대들밖에 없소. 모든 포대들을, 특히 좌측방에 고립된 포대들은 포대장들이 독단을 발휘해서 적 전차의 진출을 반드시 막아내라고 지시하시오. 가능한 범위 내에서 아군의 보병부대들도 지원해 주고 공격 중인 영국군 전차들의 측방을 타격해야 하오. 반드시 적 전차들의 공격을 저지해 주시오."

당시 영국군 제11기갑사단의 전차연대 예하 중대장이었던 빌 클로즈(Bill Close) 소령은 오늘날 나와 절친한 사이가 되었다. 그의 중대는 그날 서쪽으로 선회한 전차부대였다. 그는 훗날 당시의 상황을 이렇게 설명했다.

"우리 앞에서 기동하던 근위기갑사단의 전차부대장들은 카니 마을 일대를 통과할 때 조심하라는 경고를 전달받았지만, 앞만 보고 전진하다 카니 마을 입구에서 순식간에 20대가량의 전차가 격파당했습니다. 선두에 있던 우리 연대 예하 전차들도 카니 일대에서 날아오는 대전차포탄을 피하느라 큰 혼란에 빠져 버렸습니다. 계속해서 어디선가 날아온 대전차포탄에 수많은 전차들이 불길에 휩싸였습니다. 이제는 동쪽의 숲속에서도 포탄이 날아왔습니다. 공격을 중단할 수밖에 없었습니다. 문득 서쪽에 길이 보였고, 우리는 그쪽을 향해 전속력으로 달렸습니다. 그래서 위력적인 88㎜ 포탄을 피해 목숨을 건질 수 있었습니다. 서쪽으로 계속 기동하다 파리와 캉을 잇는 도로가 나타나 그 도로를 횡단해 남쪽으로 내려갔는데, 오른편에서는 캉의 일부 지역이 불타는 모습까지 볼 수 있었습니다. 남쪽에 위치한 우리의 목표, 보제부 언덕을 약 5㎞ 남겨둔 지점까지 진출했습니다. 아직도 이른 아침 시간이었고, 우리는 목표를 확보할 수 있을 거라 확신했습니다. 독일군의 저지진지도, 장애물도 보이지 않고, 별다른 문제도 없는 듯해서 우리 중대는 종대에서 횡대대형으로 전환해서 천천히 진격했습니다. 그 언덕 위의 마을 근처, 약 1㎞가량을 앞둔 지점에 도달하니 갑자기 측방에서 88㎜ 포탄들이 날아왔습니다. 불과 몇 초 만에 15대의 전차들이 피격되어 불타올랐습니다. 다들 좌우로 회피기동을 했지만 소용없었습니다. 오후 늦게까지 전투에 휘말린 우리 중대에는 온전한 전차가 거의 남지 않았습니다. 우리 중대를 후속했던 다른 중대의 상황도 마찬가지였고, 우리는 진격을 중단하고 철수할 수밖에 없었습니다. 곧이어 여단에서도 공격 중지 명령이 떨어졌고, 그날의 작전은 거기까지였습니다. 다음날 새로운 명령이 하달되었습니다.”

수색대대가 도착한 후, 우측방의 상황은 어느 정도 안정되었다고 생각했다. 나는 전투복을 갈아입을 여유도 없었고, 아침식사를 하지 않았지만 배고픔도 느끼지 못했다. 향후 작전의 성패는 카니에 전개 중인 방공포대의 임무수행 여부에 달려 있었다. 나는 다시 지휘용 전차에 올라 조심스럽게 그 마을로 올라가서 교회 옆에 전차를 세우고 방공포대장에게 달려갔다. 실로 형용하기 어려운, 믿기 어려운 광경이 눈앞에 펼쳐져 있었다.

4문의 88㎜ 대공포가 한 번의 일제사격 후 장전, 일제사격을 반복했다. 4발의 포탄이 밀밭을 가르며 날아갔다. 공중에서 보았다면 마치 바다의 어뢰처럼 보였을 것이다. 용사들의 표정은 매우 밝았다. 대공포가 아닌 대전차포 부대원으로서 자신들의 첫 전투에 매우 자랑스러워했다. 4문의 대공포는 모두 온전한 상태였다.

저 멀리 마을의 북쪽 밀밭에도 최소 40대 이상의 영국군 전차들이 불타오르거나 고철 덩어리로 변해 있었다. 캉과 파리를 잇는 도로를 넘었던 전차들도 서서히 퇴각 중이었다.

베커의 돌격포들도 이 전투에 참가했다. 일부 영국군 전차들은 이 마을을 우회하려 했으나, 그 우측방에 숨어있던 돌격포들이 그들을 모조리 격파했다.

방공포대의 젊은 대위가 의기양양한 표정으로 내 앞에 나섰다. 나는 그의 노고를 치하했다.

"잠시 후에 나의 연대 본부중대 예하 1개 소대가 이곳에 도착할 거야. 그들이 자네 중대를 엄호해 줄 걸세. 오늘 아침에 하달한 명령은 아직 유효하네. 자네 포대는 가능한 한 오랫동안 이곳에 진지를 점령하고 영국군의 전차부대 공격을 저지해야 해. 만일 상황이 여의치 않으면 화포들을 모두 파괴하고 보병들과 함께 내 지휘소로 철수하게."

7월 18일 전투에서 결정적인 역할을 수행한 포대원들 모두에게 격려와 치하를 한후 지휘소로 돌아왔다. 포이히팅어에게 7월 18일 정오까지의 상황을 보고하고 이렇게 마무리했다.

"장군님! 뜻밖에도 카니에서 만나 지상전에 투입된 88㎜ 방공포대 덕분에 영국군의 공세를 저지할 수 있었습니다. 물론 연대 전투단의 일부도 그 전투에 동참했습니다. 그러나 연대의 우측방은 아직도 위험한 상황입니다. 영국군이 보병을 투입한다면 방어지역 종심이 너무 얕은 저희 연대 전선에 큰 위기를 초래할 것입니다. 지금까지는 견딜 만했지만, 오후에는 추가적인 예비전력을 보내주셔야 합니다."

"그래, 루크! 잘 막아줘서 고맙네. 한 가지 좋은 소식이 있어. 제1SS기갑사단에게 전투임무가 하달되었네. 즉시 팔래즈에서 우리 쪽으로 이동하고, 보제부 언덕 일대에서 적을 저지하는 임무야. 그리고 제12SS기갑사단에게도 우리 사단의 우측방, 즉 자네의 우측에 진지를 점령해 자네 연대를 지원하고 적군이 남쪽으로 돌파하는 상황을 저지하라는 임무가 하달되었다네. 제1SS사단은 오늘 오후 늦게, 제12SS기갑사단은 내일 정오쯤이면 도착할 예정이야. 그때까지는 우리 힘으로 막아야 하네."

저녁이 가까울 무렵에 포이히팅어와 다시 한번 전화통화를 했다.

"제1SS사단의 일부 부대가 도착했어. 우리 사단은 그들과 함께 수많은 적 전차들을 격멸했어. 자네가 격파한 것과 합치면 영국군은 적어도 200대 이상의 전차를 상실했을 거야. 자네가 우측방을 잘 지켜줘서 매우 안심이네. 쿠르츠(제2대대장)에게 내가 공로를 치하한다는 인사를 전해주게."

오후가 되어서야 기분이 한결 나아졌다. 전투복을 갈아입을 여유도 생겼다. 한편, 티거 전차대대는 10대가량의 전차를 전투에 투입할 준비를 마쳤으며, 내게 적의 좌측방을 타격하겠다고 보고했다. 티거 전차중대장이었던 프라이헤르 폰 로젠(Freiherr von Rosen) 소위는 당시의 상황을 훗날 이렇게 술회했다.

티거 전차조차 굿우드 작전 중 실시된 압도적 폭격에 대응하지 못했다. 62톤급 중전차가 폭격에 전복된 모습.

"7월 18일 이른 아침, 우리가 지금껏 전장에서 한 번도 경험한 적이 없었던 엄청난 폭격을 당했습니다. 정말 최악이었습니다. 전차를 타고 엄폐진지 속에 들어가 있었는데도 사상자가 많이 나왔습니다. 폭탄의 파열로 발생한 직경 10m가 넘는 크레이터에 62t짜리 전차 몇 대가 처박혀 있었습니다. 그 육중한 전차들조차 마치 종잇조각처럼 공중으로 붕 떴다가 땅속에 처박히곤 했습니다. 병사들은 패닉에 빠졌고, 제 부하 두 명은 스스로 목숨을 끊기도 했습니다. 제 휘하의 티거 전차 14대 가운데 단 한 대도 온전하지 않았습니다. 온 천지가, 모든 전차가 흙먼지로 가득했습니다. 포탑도 고장났고 엔진의 냉각장치도 파손되었지만, 오후 무렵까지 몇 대의 전차를 수리해서 전장에 투입할 수 있게 되었고, 즉시 서쪽으로 이동했습니다. 영국군 전차부대의 측방을 타격하기 위해서였습니다."

노획된 지도와 영국군의 작전계획 문건들을 통해 알게 된 사실이지만, 몽고메리는 근위기갑사단을 남동쪽으로, 중앙의 제7기갑사단을 남쪽으로, 최전선의 제11기갑사단을 남서쪽으로 투입할 계획이었다.

최선두에서 전투에 투입된 근위기갑사단은 매우 조심스레 아군의 동향을 탐지하며 전진했지만, 우리의 대전차포 공격을 받아 무수히 많은 전차를 잃고 퇴각하는 상황을 반복했다. 반면, 아직까지 제7기갑사단과의 접촉이나 교전은 없었다. 그들은 7월 18일 늦은 오후에야 지뢰지대에 좁은 통로를 개설했고, 여전히 교두보를 벗어나는 중이었다.

폰 루크 전투단의 지휘관으로 영국군에 역습을 가하기 위해 캉-노르망디 방면 교두보를 관찰하는 저자와 당시 저자의 부관인 헬무트 리베스킨트

　지금까지의 전세는 그리 나쁘지 않았다. 어쨌든 오늘까지 적이 남동쪽으로 돌파하는 상황만은 막아냈고, 몽고메리의 입장에서 본다면 작전 실패였다. 제1SS기갑사단의 선두부대가 보제부 언덕에 도달했고, 영국군의 제2, 3제대들을 모두 격퇴시켰으며, 적들이 큰 손실을 입었다는 소식도 들어왔다.

　7월 18일의 영국군 공세는 돈좌되었다. 아직까지는 영국군이 확보한 지역이 그리 넓지 않았다. 돌파에 성공했다고 보기도 어려울 정도였다. 그러나 우리는 틀림없이 영국군이 다음날부터 공세를 재개하리라 확신했다. 이미 약화된 아군의 전력으로 다시 한번 적군의 공격을 막아낼 수 있을지가 관건이었다.

　그러나 7월 19일 오전까지는 비교적 조용했다. 영국군 전차부대가 몇 차례 공격을 시도했지만, 그때마다 번번이 전차들이 피격당하는 수모를 겪고 퇴각하곤 했다. 하지만 오후 무렵 몽고메리는 대공세를 개시했다. 포병이 공격준비사격을 실시한 후, 보병의 지원을 받는 3개 기갑사단이 총동원되어 공세에 돌입했다.

　전투경험이 부족했던 근위기갑사단은 매우 신중하게 움직였다. 역설적이지만 아프리카에서부터 전투경험이 풍부했던 제7기갑사단도 노련한 만큼 극도로 조심스럽게, 우리의 입장에서는 신기하리만치 천천히 진격했다. 어쨌든 그들이 대담하게 행동하지 않은 덕에 우리 연대는 또 한 번 적의 공세를 막아낼 수 있었다. 영국군의 2개 기갑사단 모두 심각한 손실을 입었다. 이 모든 것이 쿠르츠 소령의 제2대대와 기갑수색대대, 베커의 돌격포들이 사력을 다해 싸워준 덕분이었다. 수색대대에서 연락장교 한 명이 연대 지휘소에 도착했다.

"소령님! 전투 결과를 보고드립니다. 저희 대대의 전력만으로 역습을 시행하여 적들을 격퇴시켰습니다. 가끔 영국군 응급구호부대들이 전선에 투입되었고, 1시간 전에는 백기를 단 영국군 전차 한 대가 나타나 우리 독일군의 부상자 일부를 실어서 철수하기도 했습니다. 우리는 즉시 고맙다는 신호를 보냈습니다."

이것이야말로 진정한 페어플레이였다!

좌측방에서 단독으로 전투하는 베커의 두 포대와 사단으로부터 전투 상황을 통보받았다. 16:00경 영국군 제11기갑사단의 기계화보병들이 전차와 중포병의 지원하에 보제부 언덕의 북쪽 언저리에 위치한 두 개의 마을을 목표로 공세에 돌입했고, 그 지역은 제1SS기갑사단의 일부가 방어하고 있다고 전했다.

잠시 후 돌격포대로부터 다시 보고가 들어왔다.

"적군이 두 마을을 점령했습니다만 그곳에서 공세가 중단되었습니다. 우리 두 포대는 전투 중입니다. 현재까지 손실은 없으며 보제부 언덕을 고수하고 있습니다."

이제 곧 심각한 사태가 발생할 듯했다. 그러나 영국군의 공세는 진전이 없었고, 다시 중단되었다. 연대의 작전지역에서 적군이 과도하게 머뭇거리고, 우리가 적들의 공세를 너무나 훌륭하게 저지하고 있는 현재 상황만으로도 그저 놀라울 따름이었다. 아군의 88㎜ 대전차포와 몇 대의 티거 전차들, 베커 휘하 돌격포의 위력에 영국군은 큰 충격에 빠져버린 듯했다. 한편 동쪽에서는 겨우 400여 명의 기계화보병들이 긴 전선을 지켜야 했다. 연합군이 강력한 전력으로 공세를 감행했다면 완전히 무너질 수도 있는 위기 상황이었다.

17:00경, 마침내 제12SS기갑사단의 선두부대 일부가 도착했다. 그 사단의 참모장교가 나를 찾아왔다.

"사단은 다소 큰 피해를 입었지만, 아직도 기동 중입니다. 영국군 전투기들이 계속해서 폭탄을 투하하고 기총사격을 가해서 우리 부대도 기동간에 지속적으로 엄폐진지를 점령해야 했습니다. 야간이 되면 사단의 주력이 이곳에 도착할 겁니다. 이곳의 전세는 어떻습니까?"

그는 제12SS기갑사단이 우리 연대지역을 인수할 것이라고 통보했고, 나는 개략적인 상황을 그에게 알려주었다. 잠시 후 사단에서도 명령이 하달되었다.

"루크 연대 전투단은 야간에 적과의 접촉을 단절하고 작전지역을 제12SS기갑사단에게 인계하라. 그 후 뜨호안의 동서 양면과 범람한 디브즈강 동쪽 대안까지 저지 진지를 점령하라. 라우흐(Rauch) 전투단[A]도 현 지역에서 이탈하여 디브즈강의 동편으로 이동할 예정이다."

작전지역을 인수인계하고 진지에서 이탈하는 동안 큰 문제는 없었다. 치열한 싸움으로 녹초가 된 부하들에게 잠시나마 휴식을 줄 수 있어서 다행이라 여겼다. 7월 19일 밤이 되자 당시까지 영국군이 어디까지 진출했는지, 과연 무슨 성과를 이뤄냈는지 가늠할 수 있었다. 그들은 초기 작전에서 확보한 소규모의 교두보로부터 9km 정도 진출하여 캉까지 완전히 장악했지만 팔레즈 돌파는 실패했다. 훗날 몽고메리는 이렇게 주장했다.

"비록 최초 설정한 목표까지는 도달하지 못했지만 굿우드 작전의 목적은 충분히 달성했다. 그러나 우리가 다수의 독일군 기갑사단들을 고착시켰기 때문에 미군이 훨씬 더 수월하게 계획된 지점보다 더 서쪽으로 진출할 수 있었다."

그러나 나를 비롯한 많은 이들이 그의 논리에 의문을 제기했다. 이유는 다음과 같다.

- 캐나다군 포로의 말을 빌리면, 몽고메리는 공격 직전에 자신의 부하들과 캐나다군에게 이렇게 소리쳤다고 한다. "제군들! 우리의 목표는 팔레즈다! 그곳으로 가자! 그후 우리는 파리로 진군한다!"
- 몽고메리의 야심과 공명심은 너무도 유명했다. 그리고 북아프리카에서 그의 작전들을 정확히 분석해보면 몽고메리는 결코 '독일군 기갑사단을 고착하는 것'이나 '교두보를 확장하는 것'만으로 만족할 만한 인물이 아니었다.

또 한 가지 이유는 '굿우드 작전'에서 영국군은 450여 대 이상의 전차를 상실했다는 점이다. 사실상 군수 준비나 계획 면에서는 완벽한 작전이었으나, 독일군은 돌파 시도를 저지하는 데 성공했다.

7월 19일에서 20일로 넘어가는 야간에는 억수 같은 폭우가 쏟아졌다. 우리 전투단이 철수하는데도 어려움이 있었다. 북쪽으로 방향을 틀어 야간 행군을 했는데 그 통로 주변에는 젖소들의 사체가 널려 있었다. 그때의 역겨운 악취들은 너무나 지독해서 지금까지도 잊을 수 없을 지경이다. 7월 20일에는 하늘이 무너질 듯한 천둥 번개가 천지를 뒤흔들었고, 온 사방은 진창으로 변해버렸다. 그래도 악기상 덕분에 연

....
A 21기갑사단 예하 192기계화보병연대 (역자 주)

합군 공군기들이 출격하지 못했다는 것만큼은 다행스러운 일이었다. 그러나 우리가 새로운 저지진지 일대에 도착했을 때, 두 가지 충격적인 소식을 접했다.

- 7월 17일, 에르빈 롬멜 원수가 차량 이동 중 적기의 공습을 받고 큰 부상을 입었다. 지금까지 불사신이나 다름없던 롬멜의 부상 소식에 우리는 큰 충격에 휩싸였다.
- 7월 20일 밤, 영국군 항공기에서 전단이 살포되었다. 처음에는 그 글의 내용을 믿지 않았다. 그러나 아군의 무전을 통해 베를린에서 어떤 사태가 발생했음을 알게 되었다. 히틀러를 암살하고 정권을 제거하려는 쿠데타가 벌어졌던 것이다.

우리 가운데 나이 든 사람들 사이에서는 혼란스러운 와중에도 희비가 교차했다. 하지만 젊은 장병들은 분노를 감추지 않았다.

"이런 최전방에 우리를 보내놓고 후방에서는 뭐 하는 짓이야!"

제프 디트리히는 그 순간 슈파이델과 함께 대화를 나누고 있었고, B집단군으로부터 쿠데타 소식을 접했던 그의 반응은 다음과 같았다.

"누구 짓이야! 친위대? 아니면 국방군인가?"

1943년 북아프리카에서, 그리고 1944년 프랑스의 노르망디에서 롬멜과 나누었던 대화 내용을 떠올려 본다.

"히틀러에 대한 쿠데타는 또 하나의 '배신행위'(Dolchstoßlegende)[A]일 뿐이야. 그리고 서부에서 연합군이 상륙해서 두 번째 전선이 형성되는 즉시 우리는 종말을 맞게 될 거야. 그래서 우리는 히틀러에게 사임을 요구하고 서방 연합군과는 평화협상을 해야 하네. 연일 속출하는 피해를 막고 동부 전역에 모든 전력을 집중해야 해."

다음날, 한 종군기자가 연대 지휘소에 나타나서 내게 물었다.

"소령님! 총통에 대한 쿠데타가 벌어졌습니다. 여기 전선에서 장병들의 의견은 어떤가요?"

나는 조금도 망설이지 않고 즉시 대답했다.

"기자 양반! 잘 들으시오. 우리는 지난 몇 주 동안 이곳 전투에 목숨을 걸었고, 정말 사생결단의 마음으로 전투에 임했소. 그런 것들 따위에 관심을 가질 여유도 없소. 여기 우리 부대원들을 보시오. 내 말을 제대로 이해했다면 당장 돌아가시오!"

무심하면서도 위험천만한 대답이었다. 그러나 그 이상 무슨 말이 더 필요했을까?

A '단도로 찌르다'라는 뜻. 제1차 세계대전 말기 독일이 등 뒤를 단도에 찔려, 즉 국내의 사회주의자들의 배신으로 패망했다는 주장을 뜻한다. (역자 주)

공격을 앞두고 회의중인 부관 헬무트 리베스킨트(우측에서 두 번째), 몇 주에 걸친 싸움으로 피로해 보인다.

아브헝슈(Avranches) 전투, 그 이후

영국 공군은 끊임없이 폭탄을 쏟아부었다. 근위사단도 강력한 정찰대를 편성하여 동쪽으로 향하는 돌파구를 만들기 위해 안간힘을 다했다. 이런 상황에서도 우리 연대는 며칠 동안 휴식을 취할 수 있었다. 엄청난 폭우로 디브즈강이 범람했고, 강을 건널 수 없는 상태였다. 7월 18일 당시 내게 가장 중요했던 과업은 적의 폭격으로 거의 전멸에 가까운 피해를 입은 제1대대를 재편성하는 일이었다.

며칠 후, 사단에서 인원과 장비를 보충해준 덕분에 제1대대는 단시간 내에 어느 정도의 전투력을 복원했다. 야전보충대대 예하 간부예비자원과 독일 본토에서 잘 훈련된 신병으로 병력을 보충했고, 공장에서 막 출시된 신형 병력수송장갑차도 수령했다. 수리부속과 탄약, 새로운 차량들도 전선에 속속 도착했다. 지금껏 전장에서 보급품 조달이 이렇게 원활했던 경우는 처음이었다. 그저 놀라울 따름이었다.

1주 후, 사단은 전투력 복원을 완료하기 위해 '저지진지'에서 다시 후방으로 철수했다. 부상자 치료를 위해 며칠간 추가적인 휴식을 취할 것이라는 희망도 있었다.

그러나 그즈음 영국군이 또다시 대공세를 감행하리라는 첩보가 입수되자 우리의 휴식도 끝나버렸다. 이번 작전명은 '블루코트'(Bluecoat)였다. 이틀 후, 사단 예하 전 부대는 베이유(Bayeux) 남부의 175번 간선도로 상에 위치한 빌레르 보카주(Villers Bocage)의 남쪽까지 진출했다. 그곳에서 적과 조우한 우리 연대는 용감무쌍한 제21기갑수색대대와 함께 저지선을 유지하는 데 성공했다.

연대의 장병들은 거의 탈진 상태였다. 피해도 컸다. 8주 내내 쉴 새 없이 전장을 종횡무진으로 움직였고, 따라서 다른 사단들보다 더 오랜 기간 전투를 치른 셈이었다. 그럼에도 불구하고 사기는 매우 높았다. 병사들은 지쳐 쓰러질 때까지 싸웠다.

그러나 7월 25일, 미군이 4시간여 동안의 무차별 폭격을 실시한 후 아군의 기갑교도사단 지역을 돌파했다. 우리는 전선조정을 위해 후방으로 물러나야 했다. 아브헝슈와 생로(St. Lô)에서 캉의 남부를 잇는 저지선을 구축했다.

7월 31일에 비보를 접했다. 아브헝슈 일대의 유명한 관광지인 몽생미셸(Mont St. Michel) 인근에서 미군이 아군의 방어선을 돌파했다는 소식이었다. 연합군 지휘관들 중 가장 기민하고 명석하기로 정평이 나 있던 기갑부대 지휘관 패튼 장군이 그 주인공이었다. 연합군이 프랑스 내륙으로, 그리고 파리와 독일 본토로 향하는 길이 완전히 개방된 듯했다. 이제 우리로서는 연합군의 진격을 막을 방법이 없었다.

이때 히틀러는 즉각 반격을 지시했다. 그는 에버바흐(Eberbach) 기갑병과 대장을 사령관으로 하는 기갑집단군을 신속히 편성해 패튼과 그 후속부대 간의 연결을 차단하기 위해 아브헝슈로 급파했다.

이번에도 역시 블레츨리 파크에서 아군의 암호문을 해독했고, 미 공군은 에버바흐의 역습을 초전에 무력화시킬 기세로 맹폭을 가했다. 그러나 그보다 더 우려스러운 점은 서부에 투입된 모든 독일군 사단이 포위당할 위기에 처했다는 사실이었다. 패튼이 우리의 등 뒤에서 동부로 진출하고 있었지만, 이를 저지할 수 있는 부대가 전혀 없었다.

그 순간부터 상황이 급변하기 시작했다. 우리도 후퇴할 수밖에 없었다. 이미 큰 피해를 입고 전투력이 저하된 사단들은 연합군의 계속되는 공세를 저지할 수 없었다. 지연전을 구사하며 남동쪽으로 철수하여 캉의 남부 팔래즈까지 도달하는 데 2주의 시간이 소요되었다. 이로써 군사적으로, 경제적으로 중요 거점이었던 항구도시 셰르부르와 코탕탱(Cotentin)반도 전체가 연합군의 손에 떨어졌다.

그 사이에 몽고메리 또한 '굿우드 작전'으로 확장된 교두보를 이탈하여 공세에 나섰다. 그는 제4캐나다 기갑사단과 폴란드 기갑사단으로 팔래즈 북동부 지역을 공략했다. 북서쪽에서는 몽고메리, 남서쪽에서는 패튼이 진격해 오고 있었다. 노르망디 전선의 독일군 전체가 거대한 포위망에 갇힌 형세였다. 절체절명의 위기였다.

8월 17일, 캐나다 기갑사단뿐만 아니라 폴란드 기갑사단도 우리 사단의 저지선을 돌파했고, 그 결과 사단이 둘로 쪼개졌다. 제192기계화보병연대를 주축으로 제21기갑수색대대, 그리고 마지막으로 8대의 전차를 보유한 라우흐 전투단이 포위망에 갇혔고, 나의 전투단과 사단 참모부는 가까스로 포위망 밖에 위치했다.

그 순간, 연합군의 폭격기들이 퇴각하는 독일군 사단들의 상공에서 쉴 새 없이 폭탄을 쏟아내고, 미군의 대규모 포병 전력도 밤낮을 가리지 않고 모든 도로와 소로에 어마어마한 양의 포탄을 사격했다.

독일군 보병사단들의 상황은 그야말로 최악이었다. 도보, 또는 우마차로 동쪽으로 이동하기 위해 사력을 다했다. 이들로 인해 모든 도로는 마비상태가 되었고, 때로는 무시무시한 광경이 연출되기도 했다. 전차, 장갑차들과 보급수송부대의 트럭들까지 동쪽으로 이동하기 위해 눈에 보이는 모든 공간을 비집고 들어왔다. 동쪽으로 향하는 모든 도로와 그 주변에는 연합군의 폭탄과 포탄에 파괴된 차량들이 널려 있었고, 우마의 사체들도 여기저기에 나뒹굴었다. 부상자들로 가득한 의무후송차량들도 도로 한쪽에서 불길에 휩싸였다. 대담한 몇몇 장교들이 혼란을 수습하기 위해 나섰으나 대부분 허사였다.

드디어 내 전투단에도 명령이 떨어졌다. 서쪽을 향해 저지진지를 점령해 폴란드 기갑사단과 캐나다 기갑사단의 진출을 막으라는 지시였다. 비무티에(Vimoutier) 서쪽 능선 위에 오르니 전방으로 드넓은 평야가 한눈에 들어왔다. 그곳은 7월 17일에 롬멜이 적의 폭격으로 중상을 입은 장소였다. 저 멀리 연합군의 항공기들이 기총을 쏘고 폭탄을 투하하고 있었다. 그들은 아군의 움직이는 모든 것을 무력화시키려는 듯했다. 폭발로 인한 거대한 섬광과 버섯구름, 그리고 곳곳에서 불타는 차량들과 철수하는 차량에 매달려 울부짖는 부상자들도 보였다. 적군의 포위망 안에서 벌어지는 광경은 형언할 수 없을 만큼 비참했다. 우리도 속수무책이었다. '신은 그들의 병력과 말과 마차를 모두 괴멸시켰다'는 구절[A]을 연상시킬 정도로 참혹했다. 이와 흡사한 상황을 이미 두 번이나 경험했다. 1941년 12월 모스크바를 목전에 두었을 때와 1943년 북아프리카였다.

그나마 다행스럽게도 연합군의 포위망이 완전히 닫히지 않았다. 남쪽의 디브즈강변에 샹브와(Chambois)라는 작은 마을이 있었고, 미군과 몽고메리군이 그 일대에서 미처 연결되지 못해 간격이 발생했다. 한편으로는 아군이 계속해서 폴란드 기갑사단

A   1213년 팔레스타인에서 십자군 전쟁에 대한 시 Aus Osten kam ein wüster Klang 참조 (저자 주)

의 진출을 저지했고, 다른 한편으로는 패튼이 그곳에 별로 관심이 없었기 때문에 발생한 간격이었다. 패튼은 센강을 따라 단숨에 파리로 진격하려 했다. 몽고메리에 대해 일종의 분노와 증오를 표출한 것이다. 결과적으로 우리에게는 유익했다. 이 틈을 이용해 포위망에 갇힌 부대들은 대부분의 장비나 물자를 포기해야 했지만, 상당한 병력을 탈출시킬 수 있었다. 라우흐 대령과 기갑수색대대장 브란트 소령도 천신만고 끝에 포위망에서 빠져나오는 데 성공했다. 그들과 그 부대원이 어떤 고난의 과정을 거쳐 탈출했는지 훗날의 몇몇 전우의 증언을 통해 살펴보자.

라우흐 전투단은 몇몇 SS기갑사단의 잔여부대들과 협력하여 포위망이 폐쇄되기 직전에 동쪽으로 향하는 작은 통로를 개척했다. 적의 엄청난 포병사격을 뚫고 야간에 디브즈강을 건넜다. 제4전차중대 예하에서 살아남은 전차장들 중 하나였던 코르플뤼어(Korflür) 하사는 당시 상황을 이렇게 전했다.

"8월 19일에 '탈출할 수 있는 모든 병력은 탈출을 시도하라'는 명령이 떨어졌습니다. 우리는 4호 전차 두 대 중 한 대에 모두 올라 동쪽으로 통로를 개척했습니다. 옷이 모두 불에 타거나 그리고 몸의 절반 정도의 화상을 입은 전차병들의 시신을 보면서 살아남은 우리들은 반드시 포위망을 빠져나가야겠다는 생각뿐이었습니다. 전차에서 바라본 주변의 광경은 그야말로 지옥 같았고, 그 와중에 불운하게도 우마차들을 피하려다 우리 전차도 전복되었죠. 우리는 전차를 버리고 걸어야 했습니다. 야간에는 포복으로 기어서 연합군의 진지를 통과하기도 했습니다. 그들의 눈을 피하느라 무척 힘들었습니다. 아침이 되어서야 그 지역을 벗어나면서 일단은 탈출하는 데 성공했지요."

제192연대 예하 제8중화기장갑중대 소속 횔러(Höller) 소위는 탈출과정을 이렇게 털어놓았다.

"8월 20일 야간에 당시 진지에서 이탈하여 뜨헝(Trun) 방향으로 이탈하라는 명령을 받았습니다. 그곳에는 약 5km가량 정면의 간격이 있었는데, 이 간격의 존재를 몇몇 연합군 정찰대들만 알고 있었던 모양입니다. 철수하는 동안 우리를 엄호해 준 인접 부대원들은 거의 초인적인 능력을 발휘했습니다. 출구에 가까워질수록 눈앞의 광경은 더 처참해졌습니다. 완파되거나 전소된 몇 대의 차량들이 여기저기에 널려 있어서 도로가 꽉 막혔고, 탄약들은 이미 폭발해서 사용할 수도 없는 상태였습니다. 전차들도 이곳저곳에서 불타고 말들은 지쳐서 누워있거나 길길이 날뛰고 있었습니다. 결국 말들은 고삐를 풀어서 도망가게 해주었습니다. 온 사방이 똑같았습니다. 정말 그 참혹함은 말로 표현할 수 없을 지경이었습니다. 그 순간, 온 사방에서 적 포탄이 날아왔고, 또 한 번 대혼란이 벌어졌습니다. 모두들 서둘러 동쪽으로 퇴각했습니다. 한때 전방지휘소가 설치되었던 생람베르(St. Lambert) 마을을 통과해야 했는데, SS사단 예하 판터와 티거 전차부대들이 아직도 배치되어 있었습니다. 그때, 연합군의 대전차화기와 야포들이 이 마을을 향해 집중 사격을 가했고, 우리는 앞뒤 돌아볼 겨를도 없이 또다시 동쪽으로 달렸습니다. 완파된 전차들과 차량들 틈새로 통과하면서 도로 위의 수많은 부상자들과 전사자들의 시체를 보았습니다. 앞서 철수한 부대들이 퇴로를 개척하려다 피해를 입은 듯했습니다. 우리는 가능한 차량의 공간에 부상자들을 태우거나 최소한의 응급처치를 해주었습니다. SS전차부대를 엄호하기 위해 장갑차에서 내린 적도 있었는데, 정말 많은 적 대전차포를 제압했습니다. 철수하면서 장군도 두 명 만났는데, 자신들의 보병사단이 전멸했다며 우리의 무모한 탈출 시도에 고개를 저으면서도 우리와 함께 길을 나섰습니다. 야간에는 짧은 휴식을 취하며 잠시나마 병사들을 휴식시키고 부상자들도 치료할 수 있었습니다. 적들은 SS기갑부대의 저돌적인 역습에 큰 피해를 입었고, 다음날인 8월 21일도 포위망을 완전히 폐쇄하지 못했습니다. 우리 전차부대들이 진지를 고수하여 그 틈을 벌려놓은 동안 아군 부대들은 계속 동쪽으로 철수할 수 있었습니다. 나침반만 보고 무조건 동쪽으로 걸어간 끝에, 마침내 우리는 그 지옥에서 빠져나오는 데 성공했습니다."

8월 21일 오후 무렵, 결국 포위망이 완전히 폐쇄되었다. 포위망 안의 병력을 빼내려는 모든 시도가 물거품이 되고 말았다. 결과는 무서울 정도로 참혹했다. 그날 마지막으로 탈출구가 봉쇄되기 전까지 포위망 안에는 어림잡아 9만 명에서 10만 명의 병력이 남아 있었다. 최고지휘부는 긴급명령을 발동해서라도, 신신당부해서라도 아군을 적시에 철수시켰어야 했다. 그러나 히틀러는 수수방관했다. 아니, 목숨을 걸고 저항하라고 강요했다. 만일 조금만 더 빨리 움직였다면 1만 명 정도는 목숨을 잃었겠지만 4~5만 명 정도는 충분히 탈출할 수 있었을 것이다. 연합군은 이 포위전투에서 약 4만 명의 아군 포로를 획득했다. 그중에는 몇몇 장성급 부대 지휘부와 15개 사단의 예하 부대들도 있었지만, 보병이 대다수였다. 다행히도 수많은 장병들이 이 포위망에서 빠져나오는 데 성공했고, 그 즉시 집결해서 다시 적을 저지하기 위해 힘을 모았다. 그나마 우리의 매우 우수한 교육훈련 수준이 입증되었음을 위안으로 삼아야 했다. 그러나 여기서 위기가 끝난 것은 아니었다. 사단장이 내게 다음과 같이 무전을 보냈다.

"상황이 너무 어렵게 되었네. 패튼이 8월 18일에는 이미 파리의 남서쪽 샤르트르

(Chartres)에, 21일에는 퐁텐블로(Fontainebleau)에서 센강 변에 도달했다네. 정확하지는 않지만 몇몇 보고를 종합해 볼 때 그는 센강을 건너서 이미 2개의 소규모의 교두보를 형성했을 수도 있어."

포이히팅어는 잠시 숨을 골랐다가 말을 이었다.

"패튼이 자신의 야전군의 일부를 샤르트르에서 북쪽으로 방향을 선회시켜 루앙 방향으로 진격시켰어. 그를 저지할 수 있는 아군의 전력은 사실상 없다고 봐야 하네. 이제 센강의 남쪽과 서쪽에 새로운 포위망을 형성하여 우리를 위협하고 있어. 그곳의 교량들을 모두 폭파해야 할 듯싶네. 라우흐 전투단^A과 기갑수색대대는 알다시피 이미 앞선 포위전에서 거의 모든 장비를 잃어버렸어. 그들에게 즉시 센강을 건너 파리의 북동부 지역에 집결하라고 지시했네. 거기서 전투력을 복원시킬 계획이야. 사단 참모부는 그보다 더 동쪽으로 옮길 거네. 아마도 포게젠(Vogesen)^B의 서쪽 인근까지 가야겠지. 그곳에서 프랑스 남부에서 퇴각한 부대와 함께 방어진지 및 저지선을 구축할 생각이야. 루크! 자네에게 현재까지 전투력이 남아 있는, 사단 예하의 전 부대에 대한 지휘권을 맡기고 싶네. 루앙의 북동부에 모두 집결해 있다네. 아쉽게도 전차는 한 대도 없지만 말이야. 그 대신 수색대대 예하에 마지막으로 남은 두 개의 정찰팀은 자네가 운용할 수 있어. 만일 지금 몽고메리가 대담하게 공세를 감행한다면 말이야… 자네가 센강 건너편으로 철수하는 것도 어려워질 수 있어. 지금부터 천천히 센강 방향으로 철수하게. 공병대대의 잔여 부대들이 센강에서 자네 부대의 철수를 지원하기 위해 마지막 문교를 대기시켜 놓고 기다릴 걸세. 이제부터 자네는 스스로 판단하고 움직이도록 하게. 자네에게 어디서 휘발유와 탄약, 식량을 수령할 수 있을지는 나로서도 알려 줄 수가 없어. 힘내게! 사단이 집결 중인 지점을 목표로 삼아 동쪽으로 이동하게. 나도 철수가 완료되는 대로 한 번 더 자네에게 연락을 취하겠네. 행운을 비네, 루크! 되도록 많은 병력을 데려오게!"

또다시 결전의 날이 다가오고 있었다. 8월 21일, 나는 저지진지에서 내 전투단을 재편성했다. 8월 22일, 적과의 접촉을 단절하고 진지에서 이탈했다. 다행히 몽고메리의 행동은 그다지 대담하지 않았다. 오히려 매우 조심스러웠다. 어떠한 모험도, 위험도 감수하지 않으려 했다. 그 덕분에 우리에게는 다소 여유가 생겼다. 연합군의 공군도 더 이상 정밀 폭격을 할 수가 없었다. 연합군과 아군이 혼재되어 있어 공중

A 제192기계화보병연대 전투단 (역자 주)
B 프랑스식 명칭은 보주산맥Vosges (역자 주)

에서는 누가 누구인지 피아를 식별하기가 너무나 어려웠다.

8월 23일, 우리는 루앙 일대의 상황을 탐색했다. 그러나 아직도 몽고메리의 사단들은 보이지 않았다. 문득 포이히팅어가 준 정보 때문에 근심거리가 생겼다. 패튼이 우리와 평행선을 그리며 루앙으로 진출중이라는 정보였는데, 그렇다면 누가 먼저 루앙에 도달할지, 어떻게 그들보다 빨리 센강을 넘을 것인지가 관건이었다. 정찰팀을 전개시켜 알아본 바로는 패튼이 지휘하는 부대들의 위치는 탐지되지 않았다. 그 대신 SS기갑사단 예하의 부대들과 접촉하는 데 성공했다. 루앙의 서부, 센강의 어느 만곡부로 이동해서 공병의 지원 하에 센강을 건너기로 계획되어 있었다. 우리는 반드시 센강을 모두 함께 무사히 건너기로 다짐하며 다시 행군을 개시했다.

전쟁이 끝난 후 알게 된 사실이었지만, 당시 몽고메리는 영국군과 미군의 작전지역을 분할하는 새로운 전투지경선을 설정했다. 파리 서부의 센강 변 멍트(Mantes)에서 북동 방향으로 아미엥(Amiens)-릴을 경유하여 벨기에의 헨트(Gent)에 이르는 선이었다. 그 결과, 패튼은 루앙으로 진출 중이던 자신의 부대들을 철수시킨 후, 새로운 방향으로 공격을 재개해야 했다. 따라서 우리는 몽고메리만 상대하면 되는 상황이었고, 그가 생각보다 지나치게 조심스레 움직였으므로 영국군의 공격기세도 둔화되고 말았다. 우리로서는 납득할 수 없지만, 몽고메리는 분명 우리의 반격을 우려했던 것 같다.

드디어 센강 변에 도달했다. SS기갑사단 예하 전차들에게 남쪽 방면에 대한 경계임무를 부여했다. 그러나 상황이 급변했다. 갑자기 몰려든 수많은 병력들로 인해 단시간 내에 모든 병력을 도하시킬 수 없었다. 절망적이었다. 단정과 문교로 쓸 나룻배들도 부족했고, 설상가상으로 폭력까지 동원해 수습해 온 패잔병들과 여기저기 흩어져 있던 부대들, 보병사단의 보급부대들이 이곳으로 들이닥치는 바람에 혼란이 가중되었다.

어쩔 수 없이 우리 연대는 그 지역을 다른 부대에게 양보하고 다른 곳에서 도하하기로 결정했다. 부대를 이동시켜 선정한 도하지점에서는 다른 부대들의 편의를 봐줄 수는 없었다. 전투차량과 병력들을 모두 강 건너편으로 옮기고 싶었다. 그러나 당시 단 하나의 문교를 보유한 공병의 능력으로는 우리 연대를 전부 도하시킬 수 없었다. 400m의 강폭을 극복하기 위해 함께 고심했고, 모든 수단과 방법을 총동원하기로 했다.

몇 시간 후, 한때 나의 부관이었던 크레글링어(Kreglinger) 대위가 나를 찾아와, 인접 마을에서 그와 그의 부하들이 가옥의 대문을 뜯어다 빈 휘발유 드럼통을 연결해 물에 뜰 수 있는 뗏목을 만들었다고 보고했다. 그의 아이디어 덕에 여러 개의 뗏목을 만들고, 뗏목 하나당 8명을 실어 나를 수 있었다. SS기갑부대 소속 전차승무원들과의 협력도 매우 원활했다. 나는 그들에게 문교를 이용해서 마지막 제대로 도하시켜주겠다고 약속했다. 우리 연대 장병들은 매우 침착했다. 병사들은 도하지점 일대의 수풀에 몸을 숨기고서 자신의 순서가 될 때까지 차분히 기다렸다. 무수히 많은 병력이 몰려들어서 대혼란이 벌어졌던 루앙 일대와 같은 사태는 전혀 없었다.

나도 본부중대에서 VW 슈빔바겐[A] 한 대를 발견했다. 지금껏 단 한 번도 사용해본 적이 없는 차량이었다. 참모들에게 이 차량의 상태를 물어보니 누군가 이렇게 답했다.

"수상 주행은 가능할 것 같습니다."

지금까지 겪은 고초로 나 또한 매우 피곤했고 목숨이 위태로운 상황이었지만, 모든 부하들을 먼저 문교로 보낸 후에 마지막 제대로 수륙양용차량을 타고 강을 건너기로 결심했다. 나는 부대원들에게 8월 26일까지 도하를 끝내고 대안에 집결해 있으라고 명령했다.

8월 29일로 넘어가는 새벽까지 수륙양용차량을 수풀더미로 위장해 놓았다. 연합군 공군 조종사들에게 발각되지 않도록 하기 위해서였다. 이른 새벽, 내가 운전대를 잡고 조수석에는 부관 리베스킨트를, 뒷좌석에는 운전병과 항공기 관측병을 태웠다. 경사가 완만한 지점을 찾아내어 조심스럽게 강물 안으로 들어갔다.

"조심해! 어디서든 물이 새어 들어올 수 있어!"

차체가 물에 떠서 움직이기 시작했다. 강의 흐름을 따라 대안으로 차를 몰았다. 리베스킨트는 대안 상으로 올라설 지점을 찾아냈고, 나는 조심해서 핸들을 오른쪽으로 돌렸다. 그 순간, 관측병이 소리쳤다.

"좌측에 적기 출현!"

나는 즉시 엔진 시동을 껐다. 공중에서 보면 수풀 더미가 강물에 떠내려가는 듯이 보였을 것이다. 역시 전투기 조종사도 우리를 수풀 더미로 인식한 듯했다. 리베스킨트는 계속해서 대안 상의 평지를 찾았지만, 대부분 급경사지거나 수풀이 무성했다. 대안 상으로 올라서는 것조차 불가능할 것 같았다. 그렇게 거의 15㎞를 떠내려간 끝에 상륙 지점을 발견했다. 다행히 육지로 올라가는 길도 있고, 사람들의 눈에도 띄

A   폭스바겐 슈빔바겐(Schwimmwagen), 경기동차량인 퀴벨바겐을 기반으로 개발한 수륙양용차량. (편집부)

지 않는 한적한 곳이었다. 약 1시간 후, 우리 전투단이 집결한 곳에 도착했다. 모두들 내가 실종된 줄 알고 걱정이 컸다고 털어놓았다.

때마침 사단장으로부터 연락이 왔고, 당시 상황과 연대의 임무에 대해 통보해 주었다. 포이히팅어와의 마지막 접촉이었다.

"루크! 자네 전투단 병력 모두가 센강을 건넜다는 소식을 들었네. 고맙고 매우 기뻤다네. 현재 전체적인 상황은 한 치 앞도 내다볼 수 없을 정도로 불확실하다네. 나도 군단으로부터 호출을 받아 갔었는데 군단도 미군의 공격 때문에 쫓기듯 철수하고 있더군. 그 누구도 아군이 어디에 있는지, 적군이 어디까지 진출해 있는지 모르는 상황이야. 이틀 전에는 사단 참모부와 심대한 피해를 입은 라우흐 전투단, 그리고 보급부대들을 즉시 스트라스부르(Straßburg)의 서쪽 몰샤임(Molsheim) 지역으로 이동시켜 전투력을 복원하라는 명령을 받았어. 향후 사단은 더 서쪽으로 이동해서 저지진지를 점령할 계획이야. 남프랑스 지역에서 벨포르(Belfort)를 경유해서 철수 중이고, 이미 전투력이 저하된 제1, 19야전군을 지원하기 위해서지. 8월 15일에 대규모 미군 전력이 남프랑스 일대에 상륙해서 북상 중이네. 자네 전투단은 재편성되는 대로 즉시 동쪽으로 이동해야 하네. 가능한 한 빨리 스트라스부르의 서쪽 지역에 도착해야 하네. 센강을 넘어 횡으로 전개하여 진출 중인 미군과 충돌하지 않도록 조심하게. 자네가 어디서 어떻게 휘발유, 탄약, 식량을 보급받을 수 있을지 나도 장담할 수 없네. 자네가 알아서 잘 하리라 믿어. 행운을 비네."

탄약이 거의 바닥난 상태였고 스트라스부르까지의 거리도 매우 멀었다. 정상적인 교전은 불가능할 지경이었다. 적과 충돌하지 않는다 해도 최소 1주일은 소요될 듯했다. 북쪽으로 진격 중인 미군에게 습격당할 가능성도 있었다. 이에 나는 다음과 같이 명령을 하달했다.

- 기갑수색대대 예하 두 개의 정찰대는 계획된 주 이동로의 남쪽을 정찰하고 적을 발견하면 신속히 무전으로 보고한다.
- 100km마다 중요한 교차로 지역에 무전기를 보유한 장교 1명을 매복시켜 적의 이동 상황을 식별하고 보고한다.
- 보급부대는 세 대의 트럭과 무전기가 장착된 두 대의 병력수송장갑차를 운용하여 이동 간 지속적으로 보급품 저장창고를 찾도록 한다. 보급창고는 비교적 큰 도시 근처에 반드시 설치되어 있을 것이다.
- 전투단의 주력은 제대별로 간격을 두고 일부는 소로를 이용해서 동쪽으로 이동

한다. 내가 직접 일일 단위로 목표지점을 설정해 주기로 했다.

이동을 개시했다. 우선 루앙의 북부로 크게 선회했다. 파리 일대에서도 북쪽으로 우회한 후 동쪽으로 향했다. 2일차까지는 속도를 조절하며 천천히 이동했다. 적과 대치한 전선과 평행하게, 그리고 미군이 계획했던 공격 방향을 가로질렀다. 셋째 날이 되자 휘발유가 거의 떨어졌다. 이날 저녁, 마침 보급부대들이 휘발유를 싣고 나타났다. 게다가 식량까지 구해왔다. 보급부대들은 부여된 과업, 즉 반드시 휘발유를 획득하고 가능하면 탄약까지 확보하라는 임무를 충실히 수행했다. 모든 부대원들이 그들에게 감사를 표했다. 보급부대 지휘관이 씩씩거리며 직접 겪은 에피소드를 우리에게 이야기했을 때는 포복절도하기도 했지만, 한편으로 씁쓸했다.

"저희들이 보급품 저장창고를 발견해서 휘발유를 요구하자, 뻔뻔하게 생긴 놈 하나가 창고담당자라며 이렇게 대답했습니다. '정식 공문이 없으면 아무것도 내어 줄 수 없소.' 제가 이렇게 물었죠. '아니 만일 내일 미군이 여기로 밀고 들어올 텐데 그때는 어떻게 할 거요? 이게 말이나 되는 일이오?' '그러면 우리는 지시받은 대로 여기 창고를 모두 폭파해야겠지요.' 제 부하들은 너무 화가 나서 그 담당자를 죽이겠다며 달려들었죠. 제가 그들을 일단 말렸습니다. 그 지독한 관료주의적인 놈에게 조용히, 하지만 또박또박 이렇게 얘기했습니다. '30분 내에 휘발유와 탄약, 식량을 주지 않으면 내 부하들이 당신을 어떻게 해도 나는 모르오. 자, 어서 물러나시오!'"

보급부대들의 탁월한 노력 덕분에 내가 계획한 집결지에 도달할 때까지 보급문제도 해결할 수 있었고, 다행스럽게도 우측방의 위협 역시 작용하지 않았다. 아마 미군은 그들 전방에 독일군 연대전투단 하나가 자신들의 진출로를 가로질러 동쪽으로 이동하는 상황을 예측하지 못했던 것 같았다. 연합 공군들 또한 나타나지 않았다. 단 한 번, 두 개의 정찰팀이 이런 보고를 한 적이 있었다.

"미군의 수색부대를 발견했습니다. 그러나 그들은 우리를 보지 못하고 방향을 전환했습니다."

4년 전, 히틀러가 프랑스인들에게 항복을 받아낸 콩피뉴를 지나 베흐덩(Verdun)을 경유하여 메츠(Metz) 방향으로 이동했다. 전장에서 완전히 이탈한 상태였으므로 휴식도 자주 취했다. 피로한 조종수와 운전병들에게 휴식을 부여하고 분산된 부대를 집결시키기 위한 조치였다. 때로는 보급창의 인원들을 폭력으로 위협해야 하는 상황도 있었지만, 이제는 보급사정도 꽤 좋아졌다. 메츠에서 남동쪽으로 방향을 돌려 낭시(Nancy) 방면으로, 다시 바카라(Baccarat)를 지났다. 행군을 시작한 지 11일째 되는 날인 9월 9일, 우리는 사단에서 지시한 스트라스부르의 서쪽 일대에 도착했다.

부대원 모두가 기진맥진한 상태였다. 3개월 이상 정상적인 휴식 없이, 쉬지 않고 전투를 치렀다. 인원, 장비, 물자의 긴급보충과 휴식이 절실했다. 기계화보병중대들의 병력은 크게 감소하여 약 50여 명 선이었다. 연대 전투단의 집결지는 포게젠과 스트라스부르 사이, 즉 마지노선과 서부방벽 사이였다. 부하들에게 인근 마을들을 확인하여 쉴 수 있는 공간을 확보하도록 지시하고 나는 사단 지휘소를 찾기로 했다.

가을이었지만 여전히 햇살은 따가웠다. 구불구불한 길을 지나 포게젠의 고지대로 올라서자 발 아래로 평화로운 라인 평원(Rheinebene)이 눈에 들어왔다. 4년간의 전쟁을 무색하게 할 만큼 고요했다. 그곳에서 사단의 보급차량을 우연히 마주쳤다. 그 운전병의 말에 따르면 포게젠의 서쪽 어딘가에 사단의 참모부가 있는 듯했다. 무전으로 사단 참모부를 찾았지만, 아무도 응신하지 않았다.

그때, 군사령관 깃발을 단 고급차량 한 대가 지나갔다. 그 차에 탄 장군이 나를 보더니 내 차 옆에 차를 멈추었다. 하소 폰 만토이펠(Hasso von Manteuffel) 중장이었다. 그는 1941년 러시아 전역에서 제7기갑사단 예하 기계화보병연대장으로 활동한 옛 '전우'였다. 나는 곧장 차에서 내려 거수경례를 했다. 그는 반가운 표정으로 내게 인사했다.

"루크! 이게 얼마만인가? 몇 년 만이지? 여기서 뭘 하는 건가?"

나는 간단하게 현재까지의 경과를 설명했고, 그에게 혹시 사단 참모부가 어디에 있는지, 이곳 상황이 어떤지 물었다.

"상황이 아주 심각해. 나는 벨기에에 있다 어제 이곳에 도착했네. 제5기갑군의 지휘권을 인수하라는 지시를 받았어."

만토이펠이 알려준 당시의 상황은 전혀 희망적이지 않았다.

"내가 벨기에를 떠나기 직전에 몽고메리와 그의 집단군은 전투력이 저하된 아군을 물리치고 9월 3일에는 브뤼셀(Brüssel)에, 9월 4일에는 앙트워프(Antwerpen)까지 도달했어. 그러나 그보다 훨씬 더 위협적인 인물은 미군 제3야전군 사령관인 패튼 장군이야. 그는 아브헝슈에서 대규모 돌파작전에 성공했고, 남측방이 노출된 상태에서도 위협을 무시하고 동쪽으로 급속히 진격했지. 가히 '아메리카의 롬멜'이라 부를 만해. 아이젠하워(Eisenhower)도 그를 높이 평가하고 있어. 미국인들에게 그는 영웅이야.

미군 포로들의 진술을 들어봐도 그렇고. 8월 말에 셰르부르와 몇몇 노르망디의 항구에서 이어지는 보급로가 너무 늘어나 미군은 어쩔 수 없이 공격을 중단하고 휴식을 취해야 했지. 그러나 9월 초부터 미군은 진격을 재개했어. 미군 제1군은 9월 2일까지 몽(Mons)에 도달했고 3만 명의 아군 포로를 획득했어. 우측방 노출의 위협도 아랑곳하지 않고 패튼은 최대한 멀리까지 진출했지. 베흐덩은 이미 함락되었고 메스, 낭시, 그리고 모젤강으로 돌진 중이야. 프랑스 제1야전군까지 합세한 미군 제6집단군은 남부 프랑스에서 이동하여 패튼과 연결작전을 기도하고 있다는 첩보를 입수했어. 지중해 지역과 대서양 해안에서 퇴각 중인 아군 부대들이 디종(Dijon) 일대에서 최대한 버티고 있지만 언제 함락될지 모르는 상황이야.”

만토이펠은 잠시 먼 하늘을 응시하다가 다시 말을 이었다.

“한 가지 더 심각한 사실은 말이야… 히틀러는 더이상 존재하지도 않는, 전멸된 사단들을 갖고 놀고 있다는 거야. 그리고 설상가상으로 히틀러가 이제는 디종에서 북부로 기갑부대로 공격하라고 지시했어. 그가 즐겨 쓰는 표현대로라면 ‘측방에서 패튼을 찔러 후방과 연결을 차단하고 포위섬멸해야 한다’고 주장하고 있지. 아직도 우리가 취할 수 있는 방책이 무엇인지도, 사태의 심각성도 너무나 모르고 있어!”

나도 너무나 혼란스러웠고 실망스러웠다. 이번에는 내가 물었다.

“사령관님께서는 지금 우리가 어떻게 해야 한다고 생각하십니까?”

“이곳 포게젠의 서측 경사지와 서부 자르브뤼켄(Saarbrücken)의 지세를 이용해서 기동방어를 시행할 생각이야. 다시 서부방벽을 확보하고 그곳에서 저지할 수 있도록 말일세. 한동안 적을 저지할 수 있는 방법은 이것뿐이야. 동부에서 소련군의 공세를 저지하기 위해서라도 서부에서는 시간을 벌어야 하네. 하지만 이것도 망상일지 모르지. 루크! 행운을 비네. 최후의 전장에서 무사히 살아 돌아오길 바라네.”

그는 악수를 청했다. 우리는 그렇게 헤어졌고 전쟁이 끝나고 오랜 시간이 흐른 뒤에야 다시 볼 수 있었다.

마침내 나는 사단 참모부를 찾아냈다. 포이히팅어는 나를 보자 매우 반가워했고, 내 전투단을 온전히 철수시켜주어 기쁘다고 말했다. 만토이펠과 만난 것과 그에게 들은 전황도 보고했다.

“전체적인 상황을 알려 줘서 고맙네. 우리 사단도 만토이펠 장군의 제5기갑군 예하로 편입되었다네. 나도 아직 그를 만나지 못했지. 그리고 우선 축하할 일이 있어.”

그는 자신의 부관에게 손짓으로 신호를 보냈다.

"총통의 이름으로 명예와 축복을 담아 자네에게 기사철십자장을 수여하네."

그는 흑색으로 된 함에서 훈장을 꺼내 내 목에 걸어주었다. 미리 대기시켜 두었던 한 병사가 카메라를 들고 들어왔고, 나와 포이히팅어는 '포즈'를 취했다.

"이 훈장은 이미 8월부터 여기 있었네. 하지만 자네가 '오랫동안' 행군 중이어서 이제야 주게 되었어. 특히 7월 8일 몽고메리의 '굿우드 작전'을 막아내는 등, 자네가 보여준 용기와 독단적인 전투에서 세운 전공을 감안하면 이미 오래전에 주었어야 했는데 너무 늦어 미안하네."

누군가 샴페인 한 병을 가져왔다. 우리는 '최후의 승리'보다는 모두가 이 전쟁에서 건강하게 가족들의 품으로 돌아가기를 바라는 마음으로 함께 건배했다. 물론 나도 훈장을 받아 매우 자랑스러웠다.

"장군님! 제가 아니라 제 부하들 모두가 받아야 할 훈장입니다. 그들이 아니었다면 절대로 이곳까지 오지 못했을 겁니다. 그러나 그들을 대신해서 저만 이 훈장을 받아서 다소 미안한 마음이 듭니다."

이어서 상황평가회의가 시작되었다. 포이히팅어가 입을 열었다.

"자네는 일단 부하들과 함께 휴식을 취하게. 보급품과 1개 공군 예하 보충대대가 도착했다네. 최고 수준의 조종사들과 16~17세의 젊은이들로 편성되어 있다네. 하지만 이들과 함께 우리가 어떻게 연합군을 저지할 수 있겠나! 적들은 막대한 물량과 병력을 보유하고 있어. 히틀러가 아무리 보충병들을 보내준다고 해도 무의미한 희생만 낳게 될 것이 뻔해. 자네도 이미 만토이펠 장군께 들어서 알고 있겠지만, 우리가 저지선을 구축해야 하네. 그것도 서쪽과 남쪽에서 철수한 야전군의 잔여부대와 함께 이곳과 스위스 국경 사이의 틈새를 막아야 해. 어제는 마음이 조금 무거웠어. 휴식과 보충이 절실했던 라우흐 대령의 연대를 에피날(Epinal) 지역으로 이동시켜야 했지. 그에게 모젤강의 도하지점들을 사수하라고 지시했어. 방금 들어온 보고에 따르면 패튼이 일부 전력을 낭시에서 남쪽으로, 프랑스군 제2기갑사단을 서쪽에서 디종으로 진격시켰다네. 우리가 이들을 반드시 저지해야 해. 추측대로라면 며칠 후에는 자네 부대도 전장에 나가야 할 거야."

나는 자리에서 일어나 차에 올라서 문득 지도를 들여다보았다. 그리 멀지 않은 곳에 '크리스탈 수공예'로 유명한 바카라가 있었고, 잠시 틈을 내어 그곳을 둘러 보고 싶었다. 그곳에서 장인 한 명이 전시된 상품들을 소개해 주었다. '탈레랑'(Talleyrand)이라는 디자인이 너무나 마음에 들어 가격을 물었다.

"장교님! 저희 지하실에 이것과 똑같은 크리스탈 컵 한 세트가 있습니다. 미국 사람이 주문한 거죠. 그러나 원하신다면 기꺼이 당신에게 팔겠습니다."

다행히 가격이 비싸지 않아서, 대가를 먼저 지불하고 이튿날 운전병을 통해 물건을 받기로 했다. 다음 날 저녁에 그 물건이 도착했다. 베를린으로 떠날 보급수송차량 한 대를 수배해서 운전병을 통해 다그마에게 꼭 전해 달라고 당부했다. 그녀는 당시 폭격을 피하기 위해 베를린 외곽의 농원 지하실에 기거하고 있었다. 안타깝게도, 전쟁 중에 수집했던 '1,000여 개의 술병'을 프랑스인

철십자장을 수여받았음에도 피곤해 보이는 저자의 모습

들에게 빼앗겼듯이 이 크리스탈 역시 훗날 러시아인들의 손에 들어갔다.

몰샤임은 스트라스부르의 서부 라인 평원에 위치한 작은 도시였다. 우리 전투단은 이곳과 인근 마을에서 전투력을 회복했다. 이곳의 모든 주민은 독일어와 프랑스어를 유창하게 구사한다. 여느 알사스-로렌의 주민들처럼 이들도 독일과 프랑스 간의 전쟁 때마다 국적을 바꾸곤 했다. 지금은 히틀러가 알사스-로렌을 지배하고 있으니 독일 국적이지만, 몇 주 후면 다시 프랑스가 이 지역의 주인이 될 듯했다. 부대원들이 머물렀던 집들은 독일 내 슈바르츠발트(Schwarzwald) 지역의 주거형태와 유사했다. 대다수 병사들에게는 몇 개월 만에 처음으로 침대에 누워보는 꿈같은 시간이었다. 연대의 참모부는 작은 여관에 자리를 잡았다. 부관과 참모장교들이 한 방에 둘러앉아 이 일대에서 유명한 와인인 '트라미너'(Traminer)를 준비한 채 나를 기다리고 있었다. 내가 방에 들어섰을 때 모두들 '와!'하는 함성을 질렀다. 기사철십자장이 내 목에 걸려있다는 사실을 잊고 있던 나도 깜짝 놀랐다.

"중령님![A] 축하드립니다! 기분이 정말 최고입니다!"

나는 손을 내저으며 이렇게 화답했다.

"아니야! 이 훈장은 우리 연대원 모두의 것이네! 귀관들을 대신해서 대표로 받은

A 원문 역시 이곳에서 처음 중령이라 불렸다. 중령으로 진급한 시점에 대한 별도의 언급은 없다. (역자 주)

것뿐이야. 내가 영광이지.”

내가 할 수 있는 말은 이것이 전부였다.

“베를린에 통화를 한 후, 귀관들에게 현재 상황과 우리 임무를 설명해 주겠네.”

15분 후, 정보장교가 들어왔다.

“베를린과 연결되었습니다.”

비록 전화였지만 다그마의 목소리를 들을 수 있어서 매우 반가웠다. 다그마가 먼저 기쁜 목소리로 이렇게 말했다.

“천만다행이다! 네가 살아있어서 정말 기뻐. 요즘은 잠도 잘 못 자. 네 소식을 알고 싶어서 친구들을 통해 수소문했어. 인사청에도 몇 번이나 찾아갔어. 네 소식을 아는 사람이 아무도 없었어. 그들 모두 ‘알 수 없다. 상황이 매우 불확실하다’고 대답했어. 잘 지내는 거지?”

“그럭저럭 잘 지내. 조금 피곤할 뿐이야. 나도 매일 네 걱정을 하면서 백방으로 수소문했어. 네가 무사히 파리에서 빠져나갔는지 궁금했지. 너는 어떻게 지냈어?”

“연합군이 파리로 진입하기 이틀 전에 파리 주둔군사령부 관계자 한 명이 나를 찾아왔어. 그가 나와 자전거를 화물차에 실어서 베를린으로 보내줬지만 파리의 친구들과 헤어지는 게 너무나 아쉬웠지. 그들은 전쟁이 끝날 때까지 남부 프랑스로 피난가서 숨어 지내자고 제안했는데 내가 거절했어. 그들도 네게 안부를 전해달라고 부탁했어.”

다그마에게도 기사철십자장에 대해 말하려 했을 때 전화가 끊기고 말았다. 서로가 건강히 살아있음을 확인한 것만으로 만족해야 했다.

모든 지휘관들을 호출해 만토이펠과 포이히팅어에게서 전달받은 상황을 전파했다.

“앞으로 2, 3일 내에 전 부대는 사단의 보충대와 보급부대들과 협조하여 보충인원과 물자들을 받아야 한다. 숙련된 부사관들과 병사들이 어린 보충병들을 잘 포용하고 그들이 조기에 부대에 적응할 수 있도록 각별히 관심을 가지도록! 조기에 전투에 투입될 수 있다는 생각으로 모두 전투준비에 만전을 기하기 바란다.”

우리는 모두 지도를 펼쳐놓고 쪼그려 앉아서 최후의 순간까지 살아남자고 맹세했다. 그리고 갑자기 눈앞에 닥친 명확한 현실들을 직시했다. 이제 우리는 독일제국에서 불과 몇 km 떨어진 곳에 있었고, 히틀러의 무조건적인 요구. 즉 최후의 승리까지 싸우거나 아니면 목숨을 바치라는 강요를 받아야 했다. 선전장관 괴벨스도 연일 같은 발언을 쏟아냈다.

"중령님! 히틀러가 서방 연합군과 단독 강화하려는 뜻을 내비쳤다는 소문이 있습니다. 소련과의 전쟁에 집중하기 위해 배후의 위협을 제거하겠다는 뜻인 것 같습니다. 그 소문을 믿으십니까?"

병사들 사이에서 화두로 떠오른 문제 중 하나였다. 나는 이렇게 대답했다.

"절대 사실이 아닐 거야. 물론 금지된 일이지만, 자네들도 영국 방송을 들었을 거야. 처칠과 미국인들은 히틀러와 그의 지도체제를 완전히 제거하려 해. 그래서 단독 강화는 절대로 말이 안 돼."

어느 때보다도 주변의 시선을 고려하지 않고 말하고 싶었다. 현실과 희망을 분별하기 위해서라도 냉정함을 유지해야 했다. 다행히 그 누구도 패배주의에 젖어 있지 않았다.

"나도 만토이펠 장군의 구상이 유일한 해법이라고 생각해. 아직 늦지 않았다면 서부방벽을 다시 확보하는 것. 우리가 연합군의 공중폭격과 포격에 대비해 그곳을 지켜야 해. 내가 알기로는 1940년에 모든 무기와 통신설비들을 해체하여 대서양 방벽에 설치했다고 하는데, 그래서 완전히 방어하기는 어려울 거야. 나로서는 동부 전선의 상황이 걱정이야. 소련이 마지막 대공세를 준비하고 있다고 하는데, 그들이 머지 않아 독일 본토로 들이닥칠 거야. 우리 부녀자들에게 잔혹한 만행을 저질렀다는 소식 때문에 걱정이야."

각자 트라미너 한 잔을 앞에 놓고 침울해져 있었다. 모두들 현재 상황과 다음 주, 다음 달에 대해 생각했다. 이틀간의 휴식은 그렇게 지나갔다.

사단에서 명령이 도착했다. 연대의 제2대대를 라우흐 전투단에 배속시켜 에피날의 모젤강 변의 도하지점에 배치하라는 지시였다. 쿠르츠 소령에게 주어진 보충병과 보급품들은 매우 적었다. 작별하기 전에 나는 쿠르츠에게 몇 가지 사항을 당부했다.

"노련한 베테랑들에게 어린 보충병들을 잘 교육하도록 강조하고, 그들이 빨리 전장에 적응하는데 지휘 관심을 경주하게. 나도 며칠 후에는 전장에 투입될 것으로 예상하네. 나는 리르(Liehr) 소령의 기계화보병대대가 신형 장갑차를 수령하는 데 신경 쓸 생각이야. 쿠르츠, 미안하다! 병력과 물량 면에서 적군이 압도적으로 우세해. 우리가 적보다 우월한 것은 오로지 '전투경험' 뿐이야. 일단 한번 부딪쳐 보자고!"

쿠르츠는 지난 몇 개월간의 전투에서 자신의 능력을 입증한 탁월한 지휘관이었다. 우수한 지휘력과 강한 용기를 발휘하여 용의주도하게 부대를 지휘했기에 나는 이번에도 그를 믿어보기로 했다.

잠시 후, 내게도 전투에 참가하라는 지시가 떨어졌고 사단장이 나를 호출했다.

"루크! 라우흐 대령이 부상을 입어 본국으로 후송될 예정이네. 자네가 지금부터 그의 전투단까지 지휘하게. 이제부터 자네 부대의 명칭은 제21기갑사단 전투단^A이네. 히틀러는 고집을 꺾지 않고 있어. 에피날의 서부에서 북쪽으로 패튼의 측방을 깊숙이 타격하기를 원하고 있지. 미군이나 우리나 모두 체력적으로 지쳐있는 현 상태를 고려하면 사실상 미친 짓이나 다름없어. 어쨌든 새로이 편성된 3개 기갑여단이 도착했어. 총사령부의 새로운 개념에 의거해 창설된 부대야. '판터' 같은 최신 무기체계와 경험이 출중한 지휘관들로 편성된 부대지만, 아이러니하게도 지휘관들은 장비에 대해서 모르고, 장비에 탑승한 병력들에게는 전투경험도, 전술적 지식도 없어. 중대급 부대들은 단 한 번도 전투훈련이나 실전에 투입되지 않았지. 심대한 피해를 입은 우리에게는 왜 신형장비를 주지 않는지 답답할 뿐이야. 아무튼, 자네의 임무는 1개 기갑여단이 에피날 서부에서 북부로 역습하는 동안 에피날 북부 일대에 저지진지를 구축하고 적의 모젤강 도하를 거부하는 거야. 보병사단들의 잔여부대들도 그 기갑여단을 지원할 거야. 그러나 조심해야 할 게 있어. 남쪽에서 진출 중인 프랑스 제1군의 일부와 서쪽에서 진격 중인 프랑스군 제2기갑사단의 부대들이 연결작전을 시도하고 있어. 그들이 연결되고 디종을 손에 넣은 후 동쪽으로 진격하게 되면 아군의 기갑여단과 보병사단들이 포위될 수가 있어. 프랑스 놈들이 어떻게 하느냐가 관건이지. 오늘 밤 자네 참모들을 시켜 사단의 전투단을 인수하게. 이후 명령은 다음에 또 하달하겠네."

9월 12일 아침, 우리는 기갑여단의 역습을 지원하라는 명령을 받았다. 기갑여단은 예하의 판터 전투단으로 에피날 서쪽에서 북부로, 4호 전차 전투단으로는 프랑스군 제2군을 상대로 역습하기로 계획되어 있었다. 우리는 판터 전투단을 지원해야 했다. 드디어 '에피날 파멸의 날'이 시작되고 있었다.

우리는 그간 1940년 당시의 기억으로 인해 프랑스군을 과소평가했다. 그러나 최신예 장비를 보유하고 특히나 명성이 높은 르끌레르(Leclerc) 장군이 지휘하는 -그리고 연합군의 집중적인 공중지원과 미군의 대규모 포병의 지원을 받는- 프랑스군 제2기갑사단의 전투력은 상상 이상이었다. 그들은 최초로 파리에 입성했을 뿐만 아니라,

----

A 원문은 Kampfgruppe der 21. Panzerdivision. (편집부)

'증오의 대상'인 나치로부터 프랑스를 해방했던 주역이었다. 그때 우리가 상대해야 할 적이 바로 이들이었다.

몇몇 포로들을 붙잡아 심문했더니, 민간인들이 프랑스군 랑라드(Langlade) 대령[A]에게 내 전투단이 에피날에서 서부로 이동했음을 알려 주었다고 진술했다. 이에 랑라드는 9월 13일 아침 일찍 공격을 개시했다. 그는 북부에 위치했던 판터 전투단을 공격하고, 이들을 남부의 전력과 분리시켜 포위하려 했다. 내 전투단이 투입되어 판터 전투단을 구원하기 전에 그들을 격멸하려 했던 것이다. 그의 공격은 성공적이었다. 4대의 판터만 그 포위망을 뚫고 내 전투단의 지역으로 퇴각했다. 남쪽에서 역습을 시행했던 4호전차 전투단도 적의 무차별 공중폭격과 포병사격 때문에 프랑스군 기갑부대를 타격하는 데 실패하고 말았다.

9월 13일 하루 만에 두 전차 전투단은 34대의 판터와 26대의 4호전차를 상실했다. 아군 보병들도 거의 전멸 수준이었다. 이곳의 붕괴를 막기 위해, 늦은 오후부터 우리 전투단이 -단 한 대의 전차도 없이- 역습을 감행했다. 처음에는 진출이 순조로웠으나 연합군의 강력한 저항에 부딪혀 공세를 중단하고 일단 물러났다.

9월 14일, 나의 전투단과 4호 전차 전투단의 연결작전이 성공했고, 남아 있던 17대의 전차와 함께 다시 한번 역습에 돌입했다. 포병도 없이 겨우 240명의 기계화보병으로 일부 지역을 획득했으나, 미군 포병의 집중적인 포격을 받고 또다시 공격을 멈출 수밖에 없었다.

총사령부에서도 이날 야간에 에피날 서부의 후방진지로 철수하여 전투력을 보존하라는 명령이 떨어졌다. 패튼의 측방을 타격하는 임무에 우리를 투입하기 위해서였다. 아직도 히틀러가 자신의 역습계획을 고집하고 있었던 것이다. 아군의 보병사단들은 적의 포위망에서 탈출하는 데 실패했다. 불과 500여 명이 우리가 구축한 방어선에 도착했고, 7,000명의 병력이 포로로 잡히거나 목숨을 잃었다.

프랑스군 제2기갑사단과 남부에서 진격했던 프랑스 제1야전군은 연결작전을 완료한 후 9월 14일에 우리 부대의 남쪽에서 모젤강을 건넜고, 9월 15일에는 낭시가 미군에게 함락되었다. 9월 16일, 사실상 모젤강 서쪽에는 독일군이 존재하지 않았다. 히틀러의 구상, 즉 패튼의 제3군의 측방을 타격하여 섬멸한다는 계획은 실현 불가능한 망상이었음이 사실로 입증되었다. 우리뿐만 아니라 만토이펠도 이미 예상했던 일이었다.

....
A   프랑스군 제2기갑사단 예하 제2전투여단장 (역자 주)

적이 어딘가에서 우리를 우회하거나 아군의 취약한 방어선을 돌파할 가능성도 있었다. 서쪽에서부터 순서대로 모젤강, 모르타뉴강(Mortagne), 뫼흐트강(Meurthe), 세 개의 하천이 포게젠으로부터 북서부로 평행하게 흐르고 있다. 우리는 최대한 세 하천을 이용해서 축차적인 방어를 실시해야 했다. 낭시의 남동부에 위치한 뫼흐트강변의 뤼네빌(Lunéville)은 매우 중요한 교통의 요지였다. 만일 연합군이 낭시에 이어 뤼네빌까지 점령한다면, 포게젠의 북부를 통해 자르브뤼켄까지 진군하는 것은 시간문제였고, 나아가 독일 본토로 가는 길이 개방되는 것이나 마찬가지였다. 우리로서는 그야말로 절체절명의 위기였다.

9월 중순이 지나고 뤼네빌에서 치열한 전투가 벌어졌다. 미군이 이 시가지를 장악했고, 곧 독일군의 신규편성 기갑여단 세 개 가운데 두 개 부대가 역습을 실시하여 격렬한 전투 끝에 이 시가지의 일부를 탈환했다. 백병전까지 벌어진 피비린내 나는 시가지역의 전투로 인해 양측 모두 막대한 손실을 입었다.

우리 제21사단 전투단의 임무는 1개 대대로 뤼네빌 남부 모르타뉴강의 도하지점들을 차단하고 전투단의 주력으로 뤼네빌 확보를 위한 역습을 실시하는 것이었다. 쿠르츠 소령의 제2대대에게 긴 하천선 방어 임무를 부여했으나 그의 병력은 겨우 140여 명이었다. 뤼네빌 공략은 제192연대가 맡는데, 공군의 보충대대원들로 충원되었음에도 대대별 병력은 고작 100명 선이었다. 포이히팅어가 뤼네빌 확보에 온 신경을 집중하는 동안, 나의 관심은 온통 제2대대에 쏠려 있었다.

우리는 재차 프랑스군 제2기갑사단과 조우했다. 쿠르츠 소령은 그 사단이 확보한 교두보를 탈취하는 데 성공하며 상당한 전과를 올렸다. 그러나 다시 프랑스군 제2기갑사단이 우리를 타격하기 위해 대규모 공세를 감행했다. 미군 포병도 막대한 화력을 지원해 주었다. 전투력이 증강된 프랑스군 기갑부대의 첫 공격은 아군의 포병과 몇몇 88㎜ 대전차포의 지원으로 격퇴할 수 있었다. 그러나 노련한 프랑스군은 9월 18일에서 19일로 넘어가는 야간에 단 한 번의 총공세로 다시 모르타뉴강을 건너 교두보 형성에 성공했다.

연합군은 한편으로 남부에서 모르타뉴강 일대의 아군 방어선상의 몇몇 취약지점에서 돌파를 시도했다. 또 한 번의 심각한 위기였다. 일련의 압박 때문에 우리 제21기갑사단 전투단은 다시 뫼흐트강 동쪽으로 철수해야 했고, 결국 G집단군으로부터 철수 명령이 떨어졌다. 그곳에 설치되었던 부교들은 모두 해체될 예정이었는데, 이 날 밤까지 운 좋게도 단 하나의 부교가 남아 있었고, 우리는 그 부교를 이용해서 강

빌헬름 쿠르츠 소령의 기사철십자장 수여식. 왼쪽부터 사단참모 헤링어, 사단장 포이히팅어, 쿠르츠, 저자, 참모장교 1대대장 리르 소령.

을 극복했다.

뤼네빌 전투는 참으로 처절했다. 그동안 우리는 두 번째 하천을 포기해야 했다. 하지만 다행히도 연합군이 일시적인 휴식을 위해 진격을 중단했다. 보급부대들을 전방으로 추진하기 위해서였다. 그 순간에도 프랑스군은 뫼흐트강 일대까지 정찰팀을 보내 아군의 동향을 파악했다. 그 정찰팀은 우리를 식별하자마자 곧바로 철수해 버렸다. 결국, 뤼네빌은 치열한 교전 끝에 함락되고 말았다.

10월 초, 사단 지휘소에서 나와 내 부하 지휘관 몇몇을 호출했다. 포이히팅어 장군은 제2대대장 빌리 쿠르츠 소령에게 기사철십자장을, 제1대대장 리르 소령에게는 금장 독일십자 훈장을 수여했다. 이 둘은 노르망디 전투에서 큰 공을 세웠던 지휘관들이었다.

1944년 10월 25일, 포이히팅어는 또 한 번 나를 호출했는데, 이번에는 본부중대장 칼 좀머(Karl Sommer) 중위와 그의 중대원 마우러(Maurer) 일병과 함께 사단 지휘소로 갔다. 에피날과 뤼네빌, 샤텔(Chatel)의 방어전투에서 용감히 싸운 좀머 중위는 금장 독일십자훈장을, 마우러는 기사철십자장을 받았다. 수여식은 매우 엄숙했다. 일병이 기사철십자장을 받는 매우 이례적인 행사였으므로, 전시종군기자와 선전물 영상제작팀도 그 자리에 있었다. 마우러가 최고등급의 훈장을 받았다는 사실은 그의 전공이 매우 컸다는 의미도 있지만, 당시 독일군 용사들의 훌륭한 교육훈련 수준뿐만 아니라 드높은 사기를 대변하는 사례였다. 여기서 그들의 일화를 소개하려 한다.

우리 전투단이 한창 철수 중일 때였다. 나는 본부중대장 좀머 중위에게 이렇게 명령했다.

"자네는 전투단 전체가 차후 저지진지에 도달할 때까지 가능한 한 오랫동안 여기 고지 일대에서 전투단의 철수를 엄호하라!"

당시 좀머에게는 포병이나 대전차화기의 지원도 없었고 몇 정의 중기관총뿐이었다. 그 고지에서 우리 전투단을 추격하는 연합군을 향해 기관총탄을 퍼부었다. 적군은 갑작스레 쏟아지는 총탄을 피하느라 엄폐물을 찾았고, 그들의 공세는 중단되었다. 이로써 우리는 새로운 저지선을 구축하는데 필요한 시간을 획득했다. 좀머는 기관총 사수였던 마우러 일병에게 탄약수 한 명과 함께 본부중대의 좌측방을 방호하고 최대한 적을 저지하다 적의 압박이 거세지면 즉시 퇴각하라는 임무를 부여했다. 마우러와 탄약수는 기관총 한 정만을 소지한 채 좌측방에서 적절한 진지를 찾아 헤매다 중대와 거리가 과도하게 이격되어 중대와의 통신이 두절되고 말았다. 하지만 그는 어느 고지 위에서 최상의 기관총 진지를 발견했고 임무를 완수할 수 있다는 자신감을 가지게 되었다.

그때, 마침 계곡 아래에서 적이 일렬종대로 남쪽을 향해 행군하는 모습을 식별했다. 그 순간, 이런 생각이 그의 머리를 스쳤다. '연합군들이 이곳을 우회해 측방으로 공격하려는 것이 분명하군. 고지 아래쪽에 적의 차량들이 꼬리를 물고 이동하는 것으로 봐서는 이 고지에 우리가 있다는 것을 전혀 모르고 있는 것 같군.'

적군이 기관총의 유효사거리 내에 들어오자 그는 즉시 방아쇠를 당겼다. 갑자기 멈춰선 차량에서 이탈한 수많은 연합군 병사들은 혼비백산하여 모두들 엄폐물을 찾아 허둥대고 있었다. 마우러는 탄약수의 도움을 받아 기관총 탄약띠를 교체해가며 총탄을 퍼부었다. 선두에 있던 차량은 이내 불길에 휩싸였고, 연합군 병사들이 있던 계곡 아래쪽은 그야말로 아비규환이었다. 한참 후 드디어 적들이 대전차포와 경(輕)야포로 고지를 향해 대응사격을 하기 시작했다. 마우러는 웃으며 이렇게 말했다.

"적들은 사각 때문에 제가 있던 진지를 절대로 명중시킬 수 없었습니다. 그래서 저는 탄띠를 교체하고서 재장전 후 격발했죠."

실제로 그의 머리 위로 연합군이 쏜 탄들이 휙휙 소리를 내며 날아갔고 곧이어 그 고지를 향해 적군들이 돌격했다. 그는 탄약수에게 이렇게 소리쳤다.

"쿰펠(Kumpel)!ᴬ 이게 마지막 탄약이야. 이제 가야 할 때가 됐어. 중대로 복귀한다!"

그러나 중대 지역으로 복귀하자 좀머 대위는 이미 철수한 뒤였다. 그럼에도 마우러

ᴬ 탄약수의 이름 (역자 주)

는 낙담하지 않았다.

"할 수 없군. 동쪽으로 가자! 어딘가 우리 중대나 루크 중령님이 지휘하는 전투단의 본대가 있을 거야."

두 병사는 곧 중대를 찾았고, 좀머 대위가 그를 내게 데려왔다. 마우러는 자신이 해낸 일이 그리 대수롭지 않다는 듯 이렇게 말했다.

"그것이 제 임무였고, 저는 임무를 수행했을 뿐입니다."

전투에 투입된 이후 마우러보다 짧은 시간 내에 기사철십자장을 받은 이도, 그만한 전공을 세운 이도 흔치 않았다. 각종 선전매체들은 그를 '훌륭한 영웅'으로 칭송했다. 점점 더 많은 젊은이들이 전장에 투입되고 있었던 시기에 그 선전보도 자료들은 젊은이들을 고무시키기 위한 목적으로 이용되었다. 유감스럽게도 좀머는 11월에 연합군의 포로가 되고 말았다.

10월이 지나갔다. 연합군의 보급 및 병참선 문제도 해결된 듯했다. 패튼 장군은 북동쪽, 자르브뤼켄 방면으로 진군을 개시했다. 우리는 포게젠을 등지고 프랑스군 제2기갑사단의 공세를 가까스로 막아내고 있었다.

여기서 당시 반대쪽에서 나와 맞서 싸웠던 어느 프랑스인을 간략하게 소개한다. 미쉘 뒤프렌(Michel Dufresne)은 현재 크게 성공한 사업가로, 옛 귀족의 후손인 엘리자베스(Elisabeth)와 결혼하여 비머(Vimer)라는 성(城)을 얻었다. 비머는 한적한 소도시인 비무티에서 단지 몇 ㎞ 떨어진, 노르망디 인근의 매우 아름다운 고성이다. 비무티에는 1944년 7월 연합군의 폭격에 에르빈 롬멜 원수가 중상을 입었던 안타까운 사건으로 유명했고, 8월에도 이 도시 주변에서 팔래즈의 포위망을 뚫으려는 독일군과 포위망을 폐쇄하려는 연합군 사이에 혈투가 벌어졌다. 나도 당시 이 도시의 북부에 내 전투단으로 방어선을 구축하여 영국군의 진격을 차단했던 경험이 있다.

엘리자베스 뒤프렌은 그녀의 성에 '적십자'가 그려진 커다란 깃발을 세우고 성을 전시 군병원으로 개조해서 적군과 아군을 구별하지 않고 모든 부상자들을 치료해주었다. 그녀의 남편 미쉘은 프랑스군 제2기갑사단 소속으로 전투에 참가했다.

이제부터가 그에 대해 소개하려는 이유에 대한 이야기다. 미쉘은 전쟁이 종식된 후 전쟁사 연구에 심취한, 소위 마니아였다. 노르망디 전투, 특히 팔래즈 포위전에 관해 큰 관심을 가졌고, 독일과 연합국 양측의 기록물들을 연구하거나 저명한 지휘관들과 유명한 수많은 역사가들을 직접 찾아다니며 인터뷰했다. 그는 나를 만나기 위해 함부르크까지 찾아왔고, 이후 우리는 절친한 친구가 되었다.

1944년 10월 말, 우리 둘은 에피날-뤼네빌-바카라 일대에서 서로 대치 중이었다. 당시에는 우리가 장차 친구가 되는 상황을 상상조차 할 수 없었다. 그는 군에서 계급이 가장 낮은 '일개 병사'였고 상대는 독일군 기계화전투단 지휘관인 '한스 폰 루크 대령'[A] 이었다. 미쉘은 훗날 내게 이렇게 털어놓았다.

"당시 나는 르끌레르 장군의 제2기갑사단 예하 제4공병중대 소속 어느 소대장의 차량운전병이었어요. 10월 30일에 우리 사단은 뫼흐트강 도하 공격을 개시했죠. 공격 준비가 다소 부족해서 독일군과 조우하자마자 퇴각할 수밖에 없었지요. 10월 31일 야간에 은밀하게 독일군 진지에 접근했고 지뢰도 제거했습니다. 우리는 포병의 대규모 공격준비사격 후에 전차를 이용해 바카라의 북서부에서 뫼흐트강을 도하할 수 있었어요. 어느 작은 마을에서 몇몇 독일군 포로도 획득했습니다. 16살짜리 어린 포로를 종일 내 지프에 태우고 다니기도 했습니다. 포로들의 진술로 우리의 반대쪽에 독일군 제21기갑사단이 저지진지를 구축하고 있다는 사실을 알게 되었죠."

나 역시 바카라 일대의 전투에 대해 생생히 기억한다. 물론 우리가 프랑스군의 공격을 막아냈던 전투였다. 단지 유감스러웠던 점은 포이히팅어가 그 전승을 과도하게 과장해 보고했다는 사실이다.

"포병과 몇 문의 대전차포의 지원 하에 우리는 최단시간 내에 40여 대의 적 전차를 완파했다."

한편으로는 충분히 이해할 만했다. 절망적인 상황에서 그와 같은 보고로 상급지휘부에게는 일말의 희망을 안겨주며, 우리의 전과를 알려 제21기갑사단의 명예를 드높이고, 또 아군의 용사들에게는 용기를 북돋울 수도 있었다. 그러나 전투를 직접 지휘했던 부대장으로서 그렇게 과대 포장하는 것을 도저히 납득할 수 없었다.

미쉘 뒤프렌도 우리가 당시 상황을 어떻게 인지했는지 알고 싶어 했다. 내가 전황과 함께 말미에 포이히팅어의 과대평가된 승전보에 대해 설명하자 그는 이렇게 말했다.

"우리 소대에도 수많은 사상자가 발생했어요. 10월 30, 31일 공격에서 사단은 십수 대의 전차와 다수의 병력을 상실했죠. 파리의 '문서 보관소'(Archives-Musée)의 문건을 보고서 '역사적 사실'(Fonds Historique)을 확인할 수 있었습니다만, 숄리(Cholley) 장군이 밝혀냈듯 포이히팅어의 보고는 확실히 '과장'인 것 같네요."

....
A   당시 계급은 중령이었다. 대령은 최종 계급을 의미한다. (역자 주)

그 후, 며칠 동안 우리는 포게젠에서 서쪽으로 향하는 통로들을 차단하는 데 성공했다. 그때, 다시 우리에게 명령이 떨어졌다. 14일간 전투력 복원을 위해 11월 12일까지 스트라스부르의 서부지역으로 이동하라는 내용이었다.

11월 9일에는 폭설이 내렸다. 기온도 급격히 떨어져 단시간 내에 모든 도로가 결빙되어 차량 이동 자체가 몹시 어려웠다. 하지만 당장 연합군이 포게젠으로 밀고 들어올 수도 있었으므로, 구불구불한 도로 위의 두꺼운 얼음을 극복하고 힘겹게 서쪽으로 이동해야 했다. 다행히 적들의 진군 속도도 더뎠다. 그때부터 그들은 스트라스부르의 북동부를 지향하고 있었다.

한편, 우리는 슬로바키아에서 차출된 보병사단에게 진지를 인계하고 후방으로 철수했다. 며칠간의 휴식과 병력, 물자 보충을 기대했지만 11월 11일 밤, 우리 사단에게 북쪽, 메츠와 자르브뤼켄 사이의 니드(Nied)강변으로 이동하여 패튼의 진출을 저지하라는 명령이 떨어졌다. 며칠간의 치열한 전투 끝에 적은 우리의 좌측으로 우회했고, 11월 18일에는 우리도 후방으로 철수해야 했다. 우리는 마치 소방대처럼 불이난 곳이면 어디든 투입되었다. 그러나 온 사방이 불타고 있었다.

프랑스 일대에서 치른 전투는 여기까지다.

이튿날, 우리는 북쪽으로 이동을 시작했다. 자를루이(Saarlautern) 일대에서 서부방벽의 전초진지를 점령해야 했다. 옛 프랑스-독일 국경을 넘으면서 이제는 우리가 조국의 영토에서 싸우게 되었음을 절감했다. 11월 초, 중병에 걸렸던 부관 리베스킨트를 군병원으로 후송시켰다. 크리거(Krieger) 대위가 부관 임무를 대신 수행했다. 리베스킨트는 12월 22일경에 다시 복귀했지만, 그의 단 하나뿐인 아들이 졸링엔(Solingen)에서 연합군의 폭격으로 죽었다는 소식을 전해 듣고 즉시 특별휴가를 보내 집으로 보내주었다.

그 옛날, 우리 독일이 스스로 자랑했던 '난공불락'의 요새인 서부방벽의 전초진지에 드디어 도착했다. 요새 시설을 대충 살펴보니 두려운 마음에 갑자기 등골이 오싹해졌다. 1940년 프랑스 전역 이후 벙커와 방어시설 주변에는 잡초와 가시덤불이 무성했다. 무기와 통신장비들이 해체되거나 대서양 방벽으로 이전되었으므로, 군사시설로 재사용하기에는 제한이 많았다. 전초진지의 벙커 일대에도 야생화와 잡초들이 가득했고 너저분한 콘크리트 구조물에는 잡초와 화초들로 뒤덮여 있었다. 그래도 사격진지만은 그럭저럭 쓸만했다. 즉시 서부방벽의 주진지 일대로 정찰팀을 보냈다. 그곳의 시설도 사용할 수 있는지 확인하기 위해서였다. 연락장교가 돌아와서는 이렇게 보고했다.

"중령님! 벙커시설의 자물쇠를 열어야 했는데 주변의 마을의 '공무원'이 그 열쇠를 가지고 있다고 해서 그를 찾아갔습니다. 그와 함께 시설을 둘러본 결과 방어진지로 활용하기 위해서는 족히 몇 주 정도 정리를 해야 할 듯싶습니다. 중화기와 대전차포, 지뢰지대를 설치하기에도 애로사항이 많았습니다. 그 공무원은 시설에 관한 도면을 본 적도 없고, 도면이 존재하는지조차도 모르더군요. 방어진지로 사용하는 것 자체를 포기해야 할 듯싶습니다."

우리가 저지진지로 사용할 지역 인근의, 자르강의 서쪽에 발러팡엔(Wallerfangen)이라는 소도시가 있었다. 작은 가옥들로 마을이 형성되어 있고, 그 중앙에는 성 하나가 서 있는데, 바로 이 발러팡엔의 성이 파펜의 생가였다. 나는 재빨리 차를 몰아 그곳으로 갔다. 절친한 친구였던 파펜의 누이 두 명이 아직도 그 성에 살고 있었기 때문이다. 나는 빨리 그 성을 떠나야 한다고 그녀들을 설득했다. 조만간 치열한 전투가 벌어질 것이고, 아무도 그들과 그 성을 보호해 주지 않을 거라고 말했다. 처음에는 두 여자의 의지가 확고해서 무슨 일이 벌어지든 고향에 남으려 했다. 하지만 결국 고뇌하면서 내 말에 동의하고는 짐을 싸서 마을을 떠났다. 발러팡엔은 얼마 후 잿더미로 변하고 말았다.

적의 중포병사격이나 공중 폭격에 겨우 우리 몸만 숨길 수 있는 벙커들을 찾아 진지를 편성했다. 11월 19일에 미군은 자를루이와 메츠의 동부에 걸친 '자를루이-오르숄츠(Orscholz) 방어선'을 돌파하기 위해 자르강 도하공격을 개시했다. 우리는 미군 제10기갑사단과 제90보병사단을 상대해야 했다. 그들은 자를루이와 오르숄츠 사이의 광정면에서 공격을 감행했다. 그들의 목표는 분명, 자르강을 넘어 북동쪽으로 이동하여 카이저슬라우터른(Kaiserslautern)을 지나 라인강 선을 돌파하는 것이었다.

우리 전투단은 이곳저곳에 분산되어 있었다. 자를루이를 방어했던 쿠르츠 소령의 제2대대는 대검을 입에 물고 건물을 기어오르는 적병들을 상대로 치열한 시가전에 휘말렸다. 그동안 리르 소령의 제1대대는 제25기계화사단을 지원하기 위해 메르치히(Merzig)로 이동 중이었다. 그곳의 전투도 매우 격렬했다. 미군은 아군의 방어선에 조그마한 구멍을 내기 위해 혈안이 되어 대규모 포병으로 한 지점에 집중 사격을 가했다.

11월 23일과 12월 11일 사이에 자를루이, 딜링엔(Dillingen), 메르치히를 포함한 전

전선에서 격렬한 교전이 벌어졌고, 연합군은 11월 29일 자를루이에서 동부로 진출하기 위한 돌파구를 형성하는 데 성공했다. 제21기갑사단 예하의 남은 전력은 우리 연대 전투단뿐이었다. 심각한 피해를 입었던 우리마저 전투력 복원을 위해 12월 중순에 동부로 퇴각하여 자르브뤼켄을 통과하여 피르마젠스(Pirmasens)와 바이센부르크(Weißenburg)ᴬ 일대로 이동했고, G집단군의 예비 임무를 부여받았다.

마침내 패튼의 제3군이 라인강에 이르는 길은 완전히 개방되었고 그들은 카이저슬라우터른을 향해 북부로 진격했다. 연합군의 위협은 그뿐이 아니었다. 남부와 남서부에서 북부로 진출 중인 미군의 1개 집단군이 낭시-바카라 지역에서 포게젠의 산악지대를 지나 카이저슬라우터른과 콜마르 사이의 라인평원으로 진출하고 있었다. 이들의 목표는 스트라스부르를 확보하고 라인강을 건너는 것이었다.

우리에게 잠시나마 꿈같은 휴식이 허락되었다. 6개월 이상 쉴 새 없이 전장에서 동분서주하는동안 피해도 무척 컸지만, 탁월한 베테랑 장병들 덕에 어린 보충병들이 조기에 전투 환경에 적응할 수 있었다. 젊은이들은 전선에서 현실을 깨달았고, 이미 히틀러에 대한 기대와 '천년의 제국'을 건설하겠다는 망상을 포기한 지 오래였다. 그들은 나치의 선전과 현실이 확연히 다르다는 것을 분별하기 시작했다.

우리는 당시 사용이 불가능했던 서부방벽과 피르마젠스 사이의 자르강 변에 머물렀다. 1944년 12월 31일 참모들과 함께 둘러앉아 이런저런 이야기를 나누었다. 앞으로 전쟁이 어떻게 전개될 것인지 아무도 예측하지 못했다. 더는 승산이 없다는 의견에도 모두 동의했다. 하지만 오직 우리에게 주어진 의무를 다해야 한다는 신념만은 충만했다.

그즈음 몇 가지 사건이 벌어졌다. 1944년 12월 16일 히틀러는 소위 '아르덴 공세'(Ardennenoffensive)ᴮ를 개시했다. 우리에겐 별 관심 없는 일이었다. 라디오에서는 연일 괴벨스의 날카로운 목소리가 들렸다. '우리 국방군은 위대한 공세에 돌입했다. 우리는 적군을 섬멸할 것이며 온 사방에서 그들을 포위할 것이다. 우리의 목표는 파리다!' 나도 우리 부대원들도 입을 모아 이렇게 이야기했다.

"히틀러는 과연 무엇을 하려는 걸까? 눈 덮인 아르덴과 얼어붙은 구불구불한 도로를 전투경험도 없고 장비와 물자를 제대로 갖추지도 못한 사단들이 어떻게 극복할 수 있을까? 그것도 연합군의 압도적인 공중우세 속에서…."

A   현재 프랑스 비상부르(Weissembourg) (역자 주)
B   연합국 쪽에서는 벌지전투(Battle of Bulge)라고 부른다. (역자 주)

이 기습 공세는 초반에는 성공적이었으나, 결국 12월 28일에 실패하고 말았다. 그러나 우리는 12월 31일까지도 그 사실을 알지 못했다.

해가 바뀌었다. 우리는 한 잔의 펀치(Punch)^A를 들고 새해를 맞으며 각자의 소원을 빌거나 현재 상황에 대한 의문점들을 서로에게 묻고 의견을 나누기도 했다. 그즈음 나에게 사단 지휘소로 즉시 오라는, 그리고 예하 부대들은 야간에 출동 준비를 갖추라는 명령이 하달되었다. 사단 지휘소에 들어서자 포이히팅어는 새해 인사를 건네며 매우 심각한 표정으로 이렇게 말했다.

"나는 12월 28일에 G집단군 사령부에 다녀왔어. 거기서 군단장과 사단장들을 만났지. 곧 폰 룬트슈테트가 회의를 주관했네. 폰 룬트슈테트는 히틀러가 그날 오후 바트 나우하임(Bad Nauheim)을 방문하며 그가 우리를 보고 싶어 한다고 말했어. 우리는 곧바로 이동해서 카이텔 원수, 요들, 힘러와 보르만을 만났지. 고위급 육군 지휘관과 당 지도자들이 모두 와 있었어. 히틀러가 중대 성명을 발표할 거라고 직감했어. 그는 여느 때처럼 긴 연설문을 읽었고, 이렇게 강조했지. '우리는 세계정복을 향한 전쟁을 수행했고 그 전쟁의 패배는 곧 독일 민족의 멸망을 의미한다. 나는 결코 이 전쟁에서 패했다고 생각하지 않는다. 프리드리히 대제와 그의 7년 전쟁을 기억하라!' 그다음 히틀러는 아르덴 공세에 대해 이야기했어. 최초부터 기대했던 목적은 달성하지 못했지만, 부차적인 목표는 달성했다는 거지.^B 바로 우리가 상대해야 할 미군의 취약점을 식별했다는 거야. 그 취약점을 타격하는 '북풍'(Nordwind)이라는 작전을 개시할 거라고 했네. 히틀러는 미군 4~5개 사단이 우리 전방에 있고, 아군의 8개 사단으로 이들을 전멸시킬 수 있다고 생각해. 그 후에는 연속적인 공세로 전체 미군을 흔들어 놓을 수 있다고 확신하고 있어. 히틀러는 이렇게 연설을 마무리했네. '서부에서는 모든 사태를 공세적으로 완벽하게 해결해야 한다. 이것이야말로 우리의 최종적인 목표이며, 우리 국민 모두가 열렬히 원하는 목표다'라고 말이야."

사단장은 잠시 숨을 돌렸다가 말을 이었다.

"12월 31일 '북풍' 작전이 개시되었네. 우리 사단은 집단군의 예비대야. 히틀러의 계획은 이렇다네. 몇몇 기계화부대들을 1개 전투단으로 편성, 마지노선을 통과하여 피르마젠스의 남쪽으로, 그리고 포게젠의 서쪽 외곽에서 남쪽으로 진출시켜서, 콜마르 일대에 교두보를 형성한 제19군과 연결작전을 실시한다는 거야. 5개 보병사단

A 럼주, 설탕, 레몬, 차, 물의 5종을 섞어 만든 일종의 칵테일 (역자 주)
B 내 생각에도 극단적인 낙관이었다. (저자 주)

(Volksgrenadierdivision)[A]도 눈 덮인 포게젠과 라인평원을 거쳐 서쪽으로 진격해서 연결작전에 참가한다네. 자네에게 새로운 병력과 물자, 그리고 판터와 4호 전차를 합쳐 74대의 전차가 보충될 거야. 그러나 연합군이 제공권을 완전히 확보했고 미군이 압도적인 포병 전력을 보유하고 있다는 사실을 반드시 염두에 두게. 또한, 우리 병사들도 이미 탈진상태고 보충병들은 전투경험이 없어. 사단은 1945년 1월 1일, 마지노선의 북부에서 전투를 준비해야 해. 자네와 부대원 모두에게 행운을 비네!"

포이히팅어 말을 듣고서 히틀러가 드디어 최후의 1인까지 싸울 것을 결심했으며, 독일 민족 전체를 파멸로 몰아가고 있다는 느낌을 받았다. 내 옆에 있던, 당시 제192연대를 지휘했던 슈프로이 소령과 눈이 마주쳤다. 말은 하지 않았지만, 그의 생각도 나와 같은 듯했다.

결국에는 예상했던 사태가 오고야 말았다. 미군은 그들의 우익에서 독일군의 공세를 예견하고 주도면밀하게 대비했다. 마지노선을 이용하여 진지를 강화했다. 아군은 전력을 두 개로 분리시켰고, 게다가 전투경험이 부족한 보병부대로 역습을 감행했다. 결국, 지휘부가 원했던 성과를 달성할 수는 없었다.

하지만 우리가 탈취한 미군의 보고서들과 포로들로부터 얻은 정보에 따르면, 아이젠하워가 아르덴 공세와 12월 31일 개시된 '북풍' 작전의 압박으로 북부 알사스에서 서부방벽에 대한 공세를 중지시켰다고 한다. 각종 보고서에 의하면 1월 3일, 아이젠하워와 드골이 스트라스부르의 방어를 위해 전투력이 저하된 부대들의 공격을 중단시키고 알사스 남쪽 마지노선으로 철수시키는데 합의했던 것이다. 아군의 '북풍' 작전도 중단되고 말았다. 역습을 개시했던 두 개의 사단이 눈 쌓인 서부 포게젠을 극복하지 못했기 때문이다.

사단으로 가서 새로운 명령을 수령했다. 그런데 포이히팅어가 갑자기 사라졌지만, 우리 사단과 제25기계화보병사단이 마지노선을 넘어서 바이센부르크의 남쪽에서 남동쪽으로 우회, 하게나우(Hagenau) 분지에서 적을 포위, 격멸하라는 명령이 떨어졌다. 두 사단은 동쪽으로 이동하여 이 공격을 준비해야 했다.

이제 극적인 최후의 전투가 벌어질 순간이 시시각각 다가오고 있었다. 작전명령을 받고서 내가 사단 지휘소를 막 떠나려 했을 때, 사단 참모부의 연락장교가 조용히 나를 붙잡았다.

A 명칭은 '국민척탄병사단'(Volksgrenadier Division)이지만, 실질적 구성은 일반 보병사단이었다. 1944년 독일 국방군은 중부집단군의 붕괴와 심각한 병력 손실로 황급히 보충병을 모아 사단급 부대를 편성하는 과정에서 '국민척탄병사단'이라는 이름을 붙였다. 따라서 본문에서도 보병사단으로 표기했다. (역자 주)

"중령님! 긴히 말씀드릴 것이 있습니다. 중령님께서 꼭 아셔야 할 것 같아서요. 사단장님께서 군법회의에 회부되신듯 합니다. 10일 전에 서부전역 사령관님께서 포이히팅어 장군님을 호출하셨습니다. 1944년 6월 5일부터 6일까지 왜 지휘소가 아닌 파리에 계셨는지 해명하시기 위해서였습니다. 포이히팅어 장군님께서는 지금도 지휘소가 아닌 독일에 계십니다. 12월 24일에도 제가 독일에 계셨던 사단장님을 모시고 서부전역 사령관님께 다녀왔습니다. 저는 이 사실을 우리 전투단의 지휘관이신 중령님께 꼭 말씀드리고 싶었습니다. 상급지휘부에서 우리처럼 용감하게 싸운 사단에 대해 평판이 왜 그리 좋지 못한지 이제야 그 이유를 알게 되었고, 중령님께서도 아셔야 한다고 생각했습니다."

나는 마치 머리를 한 대 얻어맞은 듯했다. 크리스마스 이브 날, 우리가 자를루이의 서부방벽에서 절망적인 상황에서도 사력을 다해 싸우는 동안 사단장은 고향에 머물고 있었던 것이다. 포이히팅어의 '노련한 처세술'(Savoir vivre)도, 전쟁 이전부터 나치의 고위급 인사들을 상대로 쌓아 올린 그의 각별한 친분 관계도 잘 알려져 있었다. 그리고 우리는 그의 그런 모습들을 좋아하지 않았다. 더욱 이해할 수 없는 점은 연합군이 침공했던 결정적인 시점에 그가 파리에, 파리의 '특별부서'에 있었다는 사실이다. 그런데도 우리 예하지휘관들은 포이히팅어에게 항상 충성을 다했다. 다른 기갑사단의 동료들이 우리 사단장의 지휘스타일과 품행에 대해 비방해도 묵묵히 우리가 해야 할 과업만 생각하며 충실히 임무를 수행했다. 이제는 상급부대 지휘관들도 그의 행위가 도를 넘어 섰다고 판단한 듯했다.

'죽은 사람에 대해 채찍질하지 말라. 좋은 것만 기억하라.'(de mortuis nil nisi bene)라는 격언은 모두가 지켜야 할 도리다. 나 스스로도 양심적으로 그런 언행은 옳지 못하다는 것을 누구보다도 더 잘 알고 있다. 하지만 지난 6개월 동안 용맹하게 잘 싸워준 내 부하들과 수천 명의 사상자, 실종자들을 떠올리면, 우리 사단이 형편없는 부대로 전락한 것은 참으로 억울한 일이다. 이와 같은 평가에 대해 포이히팅어의 책임이 매우 크며, 그의 행위는 비난받아 마땅하다.

1945년 1월 말, 치열한 전투가 종결된 후, 포이히팅어 장군은 예하 지휘관들과 마주한 자리에서 작별을 고했다. 우리의 능력을 유감없이 발휘해 준 것에 대해 고마움을 표시했지만 우리는 그의 말에 감흥을 느끼지 못했다.

그는 3월에 개최된 군법회의에서 사형 선고를 받았다. 그러나 '상부의 입김'에 의거 감형되고, 줄줄이 터진 다른 사건들로 인해 형이 집행되지 않았으며, 그의 처벌은 사람들의 관심에서 멀어졌다.

오랜 시간이 흘러 내가 소련의 포로수용소에서 풀려나 독일로 돌아온 후, 포이히 팅어에 대한 전후 군법회의 결과를 듣게 되었다. 그는 미군의 포로수용소에서 출소한 뒤에 각종 일거리로 생계를 이어오다, 자신이 추가로 법적 기소를 당하기 직전인 1950년대 말^A에 세상을 떠났다.

아떵(Hatten)-리터스호펜(Rittershoffen) 전투

1945년 1월 초, 폭설로 포게젠은 눈 속에 파묻혔고 바이센부르크-하게나우와 라인강 변까지의 평원에는 30㎝ 이상 눈이 쌓였다. 혹한의 추위로 도로도 빙판으로 변했다. 주민들은 또 한 번 격렬한 전투가 자신들의 마을에서 벌어지지 않을까 걱정하며 전쟁의 공포에 떨고 있었다. 집집마다 수도관이 얼어붙고 마을에서는 식수도 씻을 물도 구할 수 없는 혹독한 겨울이었다.

바이센부르크는 팔츠(Pfalz)와 맞닿은, 북부 알사스에 위치한 소도시였다. 란다우(Landau)-아르바일러(Ahrweiler) 주변 지역의 경사지에는 품질 좋은 팔츠 와인이 나는 포도밭이 가득했다. 동쪽으로는 라인강이 그리 멀지 않았으며, 남쪽으로는 슈바르츠발트의 바덴바덴이 근접해 있다. 포게젠의 동쪽 능선과 라인강 사이에는 스트라스부르까지 광활한 평원이 펼쳐져 있었다. 우리는 바이센부르크의 북부 지역으로 이동했다. 결빙된 도로 때문에 이동하기 어려웠지만 겨우 극복하고 1월 5일에서 6일로 넘어가는 야간에 마침내 그 지역에 도착했다. 제25기계화보병사단은 포게젠의 서쪽에서 마지노선을 통과하는 데 실패했고, 길을 돌아서 이튿날에야 우리 후방지역에 도달했다. 이미 예견한 일이었다.

우리의 임무는 두 개의 전투단으로 포게젠의 동쪽 능선을 이용해 남쪽으로 이동하여 마지노선을 돌파하고 포게젠에서 독일 본토로 향하는 모든 통로를 차단하며 스트라스부르로 향하는 연합군의 병참선을 포함한 모든 연결을 절단하는 것이었다.

나는 마지노선의 벙커와 각종 요새시설에 대한 정확한 설계도와 상황도를 요구했지만, 상급부대에도 그런 문건들은 존재하지 않았다. 한편으로는 걱정을 덜었다. 아직까지 연합군이 마지노선을 점령하지 않았다면 장애물이 되지도 않기 때문이다.

1월 6일, 우리는 '적에 관한 어떤 정보도 없이' 무작정 남쪽으로 이동했다. 첫 번째

....
A   정확히는 1960년 1월이었다. (역자 주)

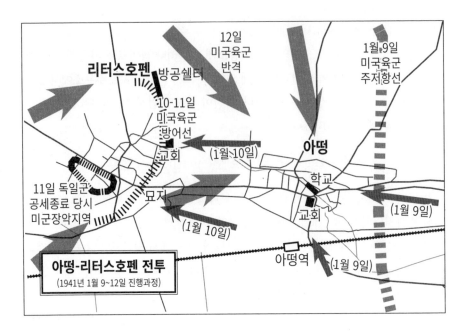

벙커에 도달하기 직전에 갑자기 적군의 강력한 저항에 직면했고, 이내 미군 포병의 포탄이 우리 머리 위로 빗발치듯 낙하하기 시작했다. 오후 무렵, 우리 두 전투단은 적 부대를 격퇴했지만 마지노선의 벙커들을 통과하지 못했다.

1월 7일 새벽, 우리는 야음을 이용해 다시 공격을 감행했다. 라인평원에는 안개가 자욱했다. 100m 앞도 보이지 않는 상황에서 우리 앞에 예상치 못한 벙커가 나타났다. 엄청난 규모의 사격이 쏟아지고, 아군의 선두에 있던 장갑차량들은 종심 상에 설치된 지뢰지대에 봉착했다. 연합군의 포병들도 불을 뿜었다. 적들은 목숨을 걸고 마지노선을 지킬 각오로 저항했다. 일단 마지노선을 고수한 후, 스트라스부르와 라인강으로 향하는 통로를 개방하려는 강한 의지를 드러냈다.

1개 기계화보병연대 수준에 불과한 우리 사단의 전력은 이곳을 돌파하기에는 역부족이었다. 마지노선의 전초 진지에 배치되었다 생포된 미군 포로들로부터 우리 전방에 배치된 부대들에 관한 정보를 입수했다. 전투경험이 풍부한 미군 제79보병사단을 주축으로 미군 제14기갑사단의 일부, 제42보병사단의 일부, 그리고 대규모 포병부대들이 버티고 있었다. 이후 우리는 그들과 14일 동안 피비린내 나는 혈투를 벌여야 했다. 우리 집단군 쪽에서도 미군이 생각보다 훨씬 강하다는 사실을 이제야 인식한 듯했다.

1월 8일, 헤르(Herr)^A 대위가 재차 자신의 기계화보병들과 공병을 대동하고 남쪽으로 공격을 감행했다. 이 특공대는 12대의 판터 전차와 함께 적 벙커 하나를 제압하고 셔먼 전차 3대를 완파했으며, 많은 포로를 획득했다. 그러나 적군의 지뢰지대에서 판터 한 대를 잃었다. 그 순간, 미군 포병의 대규모 포격으로 전차 위에 타고 있던 20여 명의 기계화보병과 공병 병사들을 잃었고, 어쩔 수 없이 철수를 선택했다.

집단군은 새로운 명령을 하달했다.

'이틀 전에 하게나우의 삼림지대의 남쪽, 스트라스부르의 북쪽에서 라인강 건너편에 교두보를 형성하는 데 성공했다. 이 교두보를 이용해 서쪽으로 진격하여 하게나우의 삼림지대 북부에 위치한 적을 포위, 격멸한다. 제25기계화보병사단은 1월 9일, 이 삼림지대의 북쪽 외곽에서 서쪽으로 진출하여 마지노선과 포게젠의 동쪽 능선 일대를 돌파하라. 제21기갑사단은 그 우측에서 공격을 준비하고 제25기계화보병사단이 돌파에 성공하는 즉시 서쪽으로 진격한다.'

1월 8일, 독일 본토에서 20문의 돌격포가 전선에 도착했고, 헤르 대위에게도 아직 11대의 판터가 남아 있었다. 이날 두 개의 전투단을 보유한 제25기계화보병사단이 공격 준비를 마쳤고 우리 연대 전투단이 포함된 제21기갑사단도 제25기계화보병사단 후방에 바싹 붙어 공격준비를 완료했다.

혹한의 추위에 눈까지 내렸다. 달빛도 보이지 않았다. 함박눈이 내리는 주변은 완전히 어두웠고, 우리 앞에는 콘크리트 흉물들같이 생긴 무언가가 서 있었다. 거대한 벙커였다. 그 벙커 앞의 철조망들을 절단하고 지뢰를 제거해야 했다. 그러나 우리 부대는 극소수의 공병과 16~17세의 어린 보충병들뿐이었다.

1월 9일 야간에 제25기계화보병사단의 선봉에 섰던 특공조가 철조망을 절단했다. 구름을 벗어난 달빛이 지상을 비추면 모두들 숨을 죽이고 행동을 멈춰야 했다. 새벽 04:00경, 통로가 완전히 개척되어서 벙커까지 고작 100m 남겨둔 지점에 도달했다. 특공조는 낮은 포복으로 벙커에 근접하는 데 성공했다. 미군은 취침중인 듯했다. 갑자기 총안구 하나가 열리더니 기관총이 나왔다. 매우 위협적이었다. 병사들은 포복으로 벙커 뒤쪽으로 돌아갔다. 철문은 잠겨 있었고, 특공조의 지휘자 격인 부사관 하나가 개머리판으로 문을 두드렸다. 문이 천천히 열리기 시작했다.

벙커 안에 있던 미군들은 우리 독일군을 본 후 너무나 놀란 나머지 어쩔 줄을 몰

A   독일어로 Mr.에 해당하는 단어지만 여기서는 사람의 이름으로 사용했다. (역자 주)

랐다. 특공대원들은 신속히 그들을 제압했다. 총격과 비명소리로 다른 벙커와 야지 곳곳에 구축된 진지에서도 비상이 발령되었다. 그 즉시 모든 총포들이 일제히 불을 뿜었다. 미군 포병도 벙커 일대로 아군의 진출을 저지하기 위해 포문을 열었다. 그 순간, 제25기계화보병사단 예하 1개 전투단이 돌격포의 지원을 받아 특공조가 뚫은 통로로 돌진했다. 비 오듯 쏟아지는 포탄 때문에 그리 빨리 진출하기는 어려웠다. 이들은 좌측으로 방향을 전환하여 북쪽으로 이동하며 작은 마을인 아떵으로 진입했다.

그와 동시에 우리 사단의 기계화부대들도 아떵을 통과하기 위해 부대이동을 개시했다. 몇 대의 전차들이 지뢰지대에 봉착하자 전차부대의 진출은 중단되었다. 내가 지휘하는 1개 보병대대가 북쪽에서 아떵으로 진입하는 데 성공했고, 제25기계화보병사단으로부터 진지를 인수했다.

한편, 미군 보병부대가 이 마을의 남부에 견고한 방어진지를 구축한 상태였다. 미군이 마을을 탈환하기 위해 역습을 감행했으나 아군에게 격퇴되었다. 우리는 1월 9일에 돌파구를 만드는 데 성공했다. 집단군과 군단에서는 계속 공격을 실시하라고 독촉하며, 마지노선 일대에 돌파구를 확장해서 서쪽으로 계속 돌진해야 한다고 지시했다.

1월 10일 야간에는 나의 제125연대전투단이 주공이 되어 벙커지대를 공격했다. 오른쪽에는 인접 부대인 제192연대가 병진공격을 감행했다. 사단은 포병연대 하나를 추가로 지원받아 우리의 포병화력은 다소 증강된 듯했다. 한편, 제25기계화보병사단의 전차부대가 아떵의 서쪽에 위치한 작은 마을인 리터스호펜을 공략하려 했으나, 끝내 실패하고 말았다. 1월 10일에는 우리 사단도 리터스호펜을 탈취하기 위해 준비했다.

제192연대장이었던 라우흐 대령이 중상을 입어 후송되자 예비역 소령 출신인 빌리 슈프로이(Willy Spreu)가 연대를 지휘했다. 1월 초에 사단 지휘소에서 그를 만난 적이 있었다. 1월 9일, 제192연대도 아떵의 북쪽에서 마지노선을 돌파하려 했지만, 심대한 피해를 입고 벙커 전방에서 공격을 중단하고 말았다. 슈프로이 휘하의 중대 병력은 급격히 줄어들었다. 그가 보유한 마지막 예비대는 공병 1개 소대뿐이었고, 그 소대는 중사 1명, 하사 1명, 대부분 전투경험이 없는 병사 20명으로 구성되어 있었다. 이날 저녁, 슈프로이는 남아 있던 대전차포와 중화기들을 전방으로 추진시켜 적 벙커를 향해 집중 사격을 퍼부었다. 그는 그날의 상황을 이렇게 묘사했다.

"어둑한 새벽에 저는 공병소대와 함께 돌격을 감행했습니다. 그동안 중화기들이 끊임없이 적 벙커의 총안구를 겨냥하고 집중 사격을 가했습니다. 우리는 쌓인 눈을 헤치며 통로를 개척했고, 몇 분 후 적 벙커 앞에 도달했습니다. 공병 병사들이 총안구에 수류탄을 투척하는동안 다른 병사들은 철조망을 절단하고 지뢰를 제거했습니다. 우리가 벙커 뒤쪽 출입문 쪽으로 돌아 들어가자 문이 스르르 열렸습니다. 5명의 장교들과 117명의 병사들이 백기를 들고 나타났습니다. 총안구에 있던 4명의 장교들은 눈 주위에 심한 부상을 입은 상태였습니다. 즉시 연대 군의관을 시켜 그들을 치료해 주고, 다른 포로들은 후방으로 이송했습니다. 그 벙커를 살펴보니 중화기가 설치된 포탑이 있고 여러 갈래의 통로로 다른 요새들과 연결되어 있었습니다. 그곳이 바로 적 지휘소였습니다."

슈프로이 소령은 이튿날 리터스호펜 북쪽의 고지를 공격하던 중 중상을 입고 군병원으로 후송되었다. '뛰어난 돌격정신'을 발휘한 그는 2월 24일에 기사철십자장을 받았다.

1월 10일, 나는 연대 전투단을 이끌고 리터스호펜으로 진격했다. 11일로 넘어가는 새벽에 연대의 일부가 그 마을에 진입했다. 그러나 아띵에서 그랬듯이 연합군 보병들은 가옥에 숨어 저항하고, 전차와 보병으로 반격했다. 특히 마을 중앙에 위치한 교회 인근에 진지를 점령했던 나의 제2대대가 집중 공격의 대상이었다. 아띵과 리터스호펜은 불길에 휩싸이며 순식간에 폐허로 변했다. 이 두 마을은 서부 전선 최악의 격전지였으며 최대의 사상자가 발생한 곳이었다. 미군은 스트라스부르 일대를 차단당하지 않기 위해 수단과 방법을 가리지 않고 마지노선을 탈환하려 했다. 나는 리터스호펜을 겨우 20m 앞둔 지점에 있었고, 우리 병사들과 미군들은 이 마을의 가옥을 진지 삼아 대치 중이었다. 어떤 건물의 경우에는 아군이 2층에, 적군이 지하실에 있거나 그 반대인 경우도 있었다.

거의 2주 동안 치열한 시가전이 계속되었다. 양측 모두 쉴 새 없이 포탄을 쏘아댔고 화염방사기까지 투입했다. 미군은 황린소이탄을 투척해서 모든 가옥들을 불태웠다. 우리는 미군 제827전차대대 소속의 포로들을 붙잡았는데, 이 대대는 대부분 흑인 병사들로 구성된 부대였다. 그 포로들은 자신들이 '나치'라 부르는 독일인들이 숨어있는 모든 가옥들을 파괴하거나 불태우라는 임무를 받았다고 털어놓았다.

나는 어느 건물 지하실을 지휘소로 선정했고, 그곳에는 밖을 내다볼 수 있는 창문이 하나 있었다. 갑자기 그 창문 앞에서 황린소이탄이 파열해 숨이 막혀 질식할 뻔했다. 그 순간 도망치듯 지하실에서 빠져나가 곧장 제2대대장 쿠르츠 소령의 지휘소가 있는 바로 옆 건물의 지하실로 이동했다. 이런 상황에서도 공격을 해야 한다는 극심한 스트레스에 시달리던 대대장은 미군 제14기갑사단의 포로들에게 욕설을 퍼붓고 있었다.

"젠장! 또다시 이런 빌어먹을 격전에 휘말리다니! 이탈리아에서 치른, 두 번 다시 기억하고 싶지 않은 안치오(Anzio) 전투보다 더 역겨워!"

아직도 두 마을의 주민들은 자신들의 집에 머물러 있었다. 집집마다 여자들과 아이들, 노인들이 지하실에 숨어있는 상태였다. 전기도 끊기고 식량도 바닥을 드러냈고 물도 없었다. 상수도마저 얼어버렸다. 우리는 가능하면 주민들을 돕고 싶었고, 도우려 했다. 낮에는 밖으로 나가면 곧바로 사살당하거나 포탄에 맞아 목숨을 잃곤 했다. 그래서 보급품 수송도 야간에, 그것도 장갑차를 이용해야 했다. 적군이 조명탄으로 주위를 밝히면 적의 관측을 피할 수 있는 저지대를 이용해서 물자를 받았다. 이틀째가 되자 연대 군의관이 씩씩거리며 내게 다가와 이렇게 말했다.

"제가 있는 지하실에 부상자가 50명이 넘습니다. 치료가 시급합니다. 모르핀도 다 떨어졌고 붕대도 없습니다. 다른 지하실에는 40구 이상의 시신도 있습니다. 여기서는 가매장도 불가능합니다. 치료가 필요한 민간인들도 있습니다. 어쨌든 제가 할 수 있는 한 최선을 다해 보겠습니다."

밤이 되면 수차례에 걸쳐 부상당한 민간인과 부하들을 장갑차에 태워 아떵을 경유하여 후방으로 보냈다. 돌아올 때는 탄약을 실어오도록 지시했다. 예하 대대의 병력 부족으로 나의 참모부에 장교와 병사들이 모두 전선에 있었으므로, 나의 부관 장교 뮐러-템메(Müller-Temme)가 직접 전방의 병사들에게 탄약 상자를 가져다주곤 했다. 미군은 1개 기갑사단과 두 개의 보병사단의 일부를 이곳에 투입했고, 아군은 우리 전투단뿐이었다. 적군도 우리도 리터스호펜에서 물러나지 않으려 했다. 이 두 마을의 전황들은 국방군 뉴스에서 실시간 방송되고 있었다. 며칠 후, 제25기계화보병사단의 일부도 리터스호펜에 진입했다는 사실을 알게 되었고, 우리는 일시적이지만 두 마을에서 미군 제21보병사단의 주력을 포위할 수 있었다. 이들은 심대한 피해를 입었음에도 계속해서 우리에게 싸움을 걸었다. 전투 8일째, 뜻밖에 반가운 소식을 접했다. 공수부대 1개 대대가 우리를 증원하기 위해 리터스호펜으로 오고 있다는 소식이었다.

이 마을은 흡사 유령도시처럼 변해 있었다. 쿠르츠 소령의 병력들이 고수했던 거의 모든 가옥들과 교회는 폐허나 다름없었다. 많은 집들이 불길에 휩싸여 밤에도 시가지가 환할 지경이었다. 거리는 시체로 가득했는데, 그중 다수는 주민들의 주검이었다. 고작 15~20m 거리를 두고 적과 대치하고 있었기 때문에, 우리도 부대원들의 시체들을 회수할 수 없었다. 외양간에서는 가축들이 먹이를 달라고 울부짖었고 짐 승들의 사체가 썩어 악취가 온 사방에 진동했다.

전투가 시작된 지 8일이 지났다. 우리는 무엇 때문에 그곳에서 싸우고 있는지 도무지 이해할 수 없었다. 과연 거기서 진지를 고수하는 것이 전술적으로 의미가 있을까? 아니면 자존심 때문에 싸워야만 했던 것일까? 너무나 용감했던 우리 병사들도, 연합군의 병사들도 머릿속에는 그저 살아남기 위한 생각뿐인 듯했다.

벌써 며칠째 사단과의 통신망이 두절된 상태였다. 제1대대 예하 장갑차는 매일 밤마다 부상자들을 후송시키고 보급품을 실어 날랐다. 목숨을 걸고 그 장갑차에 탑승했던 승무원들의 증언에 따르면 아띵의 상황도 여기 리터스호펜과 다를 바 없다고 했다. 그곳도 처음에는 미군 제79보병사단의 1개 대대가 포위당했고, 하루 내내 격렬한 전투를 치른 후 포위망을 뚫고 탈출했다. 그리고 아띵의 북부와 서부 일대를 아군이 장악했고, 나머지 지역에서는 미군이 완강하게 저항하고 있었다.

제25기계화보병사단의 특공대가 1월 10일에 아띵 일대의 요새지대를 급습해서 300여 명의 포로를 획득했다는 소식을 접했다. 이제 마지노선 상에 약 10㎞가량의 정면에 돌파구가 형성되었다. 그러나 정작 우리는 아띵, 리터스호펜과 그 북부 일대에서 고착되어 꼼짝할 수 없는 상황이었다. 매일 어마어마한 양의 포탄이 우리 머리 위로 떨어졌다. 노르망디에서 겪었던 것보다 훨씬 더 강력한 포격이었다. 수많은 죄 없는 마을 주민들이 그 포격에 희생되었다. 훗날 100명 이상의 사망자가 집계되었는데, 그들 중 대부분은 어린이들과 노인들이었다. 너무나 처참하고 가슴 아픈 일이었다. 평생 머릿속에서 지울 수 없는 광경들을 직접 목격하곤 했다.

1월 14일, 미군은 리터스호펜을 탈환하기 위해 재차 공격해 왔고, 미군 제79보병사단의 2개 대대가 아군이 구축한 아띵의 포위망에서 풀려났다. 나의 전투단과 제25기계화보병사단의 장병들은 참으로 용감하게 싸웠다. 우리는 심대한 피해를 입으면서도 미군의 공격을 격퇴하는 데 성공했다. 포로들을 심문한 결과, 1월 14일부로 미군 제14기갑사단이 아띵-리터스호펜 일대의 작전을 인수했다는 정보를 입수했다. 이들을 직접 지원하는 부대는 한때 우리에게 포위되었던 미군 제79보병사단 예하 1개 대대와 제42레인보우사단(Rainbow-Division)의 일부였다. 미군 제14기갑사단의 부대사에는 당시의 전투를 이렇게 기록하고 있다.

"잔인하고 피비린내 나는, 그리고 지지부진한 전투였다. 지금까지 치렀던 그 어떤 전투보다 참혹했다."

다음 날부터 미군은 계속해서 공격을 감행했지만, 매번 실패하고 말았다. 매일 양측이 10,000발 이상의 수류탄을 던졌다.

1월 17일, 다시 폭설이 내렸다. 100m 앞도 가까스로 보일 지경이었다. 새벽녘 어둑한 시각에 미군이 45대의 전차와 보병으로 리터스호펜과 아떵을 탈환하기 위해 공격을 개시했다. 대규모 포병의 지원사격도 있었다. 여명 속에 한 특공대가 기습적으로 리터스호펜의 시가지로 진입했고, 이에 깜짝 놀라 공황에 빠진 아군의 제25기계화보병사단 예하 제119기계화보병연대의 연대 및 대대 참모부 요원들과 일부 휴식 중이던 아군들을 생포했다. 그 시각에 한 통신병이 우리 지휘소로 들어와 숨을 헐떡이며 내게 말했다.

"중령님! 저희 연대 참모부와 다수의 병력들이 미군들에게 생포되었습니다. 저는 그때 바로 빠져나왔습니다. 혹시 저희 연대를 구해 주실 수 있으십니까?"

다행히 내게는 예비로 공수부대와 수색대대의 일부가 남아 있어서 즉시 역습을 시행할 수 있었다. 이 역습으로 대부분의 아군 병력을 구출하고 80명 이상의 미군을 포로로 붙잡았다.

미군은 14:00경부터 이 두 마을에 엄청난 양의 포탄을 쏟아부었다. 연대의 제2대대와 공수부대 일부가 그곳에서 적과 혈투를 벌였다. 미군은 심대한 피해를 입고 퇴각했다. 아군의 포병 지원사격이 그날 거둔 승리에 결정적인 요인이었다.

이날 밤 사단의 한 연락장교가 나를 찾아왔다.

"G집단군 사령관님의 의도와 사단장님의 명령을 중령님께 전해드리겠습니다. 1월 19일에 확장된 돌파구를 이용해 1개 기갑군단과 공수사단이 라인강을 넘어 하게나우 삼림지대의 남쪽으로 공격을 실시할 예정입니다. 우리 사단은 이 작전에서 제외되어 전투력 복원을 해야 합니다. 그러나 상부에서도 지금 당장은 제21기갑사단과 25기계화보병사단의 철수는 불가능한 것으로 판단하고 있습니다. 따라서 아떵과 리터스호펜에 투입된, 전투력이 소진된 두 사단은 특공대를 편성하여 수차례 습격을 감행하고 강력한 포격을 동원해서 이곳에서 양공(陽攻)을 해야 합니다. 이쪽에서 공격을 계속하려는 아군의 의도를 노출시켜 이 지역에 투입된 연합군 전력을 고착시키기 위함입니다. 상급지휘부의 작전목적은 하게나우를 통과해서 서쪽으로 진격해 그 후 모데르(Moder)강 북부에 위치한 적부대를 포위, 격멸하는 것입니다. 그리고 중령님께 흥미로운 소식 하나를 더 전해 드리겠습니다."

이 젊은 장교는 음흉한 웃음을 지으며 말을 이었다.

"중령님! 히틀러가 힘러에게 남부 라인강 지역에 대한 작전지휘권을 맡겼습니다. 그리고 히틀러가 하게나우 삼림지대 남부에 대한 새로운 공격을 직접 계획하고 명령을 하달했습니다. 이제는 더이상 실패는 용납할 수 없다는 의미일겁니다."

등골이 오싹할 정도로 무섭고도 의미심장한 농담이었다. 그 장교와 나 사이에 강등이나 사형까지도 당할 수 있을 법한 내용의 대화가 오갔다. 그러나 그 누구도 우리를 벌할 수 없는 상황이었다. 그 연락장교를 돌려보내는 길에 그에게 이렇게 속삭였다.

"좋아! 알았어! 힘러와 그의 '전쟁경험'을 한번 믿어보자고!"

두 마을에는 갑자기 정적이 흘렀다. 이따금 날아드는 미군의 대규모 포격을 제외하면 90%가 폐허로 변한 그 두 마을은 이틀 가량 너무나 고요했다.

그동안 단 한 차례 교전이 있었다. 아떵에서 전차 몇 대의 지원하에 공수부대들이 다시 한번 미군 제79보병사단을 공격했는데, 미군은 소총, 권총, 바주카포에 가옥들을 뒤져 찾아낸 식칼까지 들고 격렬히 저항했고, 이에 아군의 공격은 중단되고 말았다.

1월 19일 저녁 무렵, 제47보병사단(Volksgrenadierdivision)[A]의 선발대가 아떵 일대에 도착했다. 독일에서 철도로 수송된 이 부대가 우리와 교대할 예정이었다. 야간에는 큰 피해를 입은 제25기계화보병사단 일부가 전투력 복원을 위해 후방으로 철수했다. 1월 21일 밤까지 그토록 용맹하게 싸웠던 제25사단의 나머지 부대들도 완전히 후방으로 이동했다.

혹한의 겨울날 아침이었다. 리터스호펜 일대가 이상할 정도로 고요했다. 나는 쿠르츠 소령에게 정찰팀을 편성해 적의 동향을 파악하도록 지시했다. 나도 지하실의 창문을 통해 폐허로 변한 가옥들과 반대편 도로를 살폈다. 미군 병사 몇몇이 도로 위를 이리저리 가로지르며 뛰어다니는 모습도 종종 보였다.

어느 순간, 갑자기 온 사방이 고요해졌다. 미군의 포격도 사라졌다. 그때 쿠르츠 소령이 내 지휘소로 달려왔다.

"중령님! 미군 놈들이 사라졌습니다. 어젯밤 미군 포병이 엄호사격하는 동안 보병들이 마을을 비우고 완전히 철수했습니다."

....
A   국민척탄병사단에 대한 각주 참조

쿠르츠의 낯빛은 이미 녹초가 되어 있었다. 나는 그의 손을 꽉 붙잡았다.

"드디어 끝났군! 쿠르츠! 잘 싸워준 자네와 자네 병사들에게 정말로 고마워!"

우리 둘의 얼굴은 면도를 하지 못해 턱수염으로 덥수룩했다. 다들 아직도 이토록 처참하고 야만적인 전투가 끝났다는 것을 믿을 수 없다는 표정들이었다.

"그렇지만 우리가 승리한 것은 아니야. 승자도 패자도 없어. 무엇 때문에 우리가 이처럼 처절한 전투를 해야 했던 걸까!"

기진맥진한 병사들이 하나둘 지하실에서 올라오고, 주민들도 거리로 나왔다. 그들의 눈가에는 눈물이 고여 있었다.

"이제 끝난 거죠? 이제 죽은 이들을 묻어줘도 되는 거죠?"

"이처럼 아름다운 마을의 여러분들께 너무나 죄송합니다! 이 빌어먹을 전쟁! 이곳만큼은 이제 전쟁이 끝난 겁니다."

쿠르츠와 함께 우울하고도 참담한 마음으로 마을 중앙에 있는 교회로 향했다. 아직도 교회 건물 일부는 그대로 남아있었다. 무너진 벽을 통해 안으로 들어가 부서진 제단 앞에 섰다. 위쪽에 오르간이 보였다. 다행히 온전했다. 병사 몇 명이 그쪽으로 걸어갔다. 나는 그곳의 일병에게 소리쳤다.

"저쪽으로 가서 오르간 위쪽을 한번 살펴보게!"

오르간의 위쪽 송풍구를 살펴보게 했다. 나는 오르간 앞에 직접 앉았다. 정말 신기하게도, 믿기지 않을 정도였지만 음색과 울림에 전혀 문제가 없었다. 머리에 떠오르는 대로, '모두 지금 하느님을 찬미하며'^A라는 찬송가 연주를 시작했다. 오르간의 파이프에서 흘러나오는 찬송가가 폐허가 된 교회 밖으로 울려 퍼졌다. 점점 더 많은 병사들이 교회로 들어왔고 나이든 여자들과 아이들이 그 뒤를 따랐다. 그들은 바닥에 무릎을 꿇고 기도하기 시작했다. 그리고는 모두들 하염없이 눈물을 흘렸다. 군복을 입고 눈물을 흘리는 내 부하들의 표정에는 부끄러워하는 기색보다는 '이제 살았다'는 기쁨이 역력했다.

그러나 대체 왜일까? 미군은 마지노선을 탈환할 기회를 포기하고 왜 이 마을을 떠났을까? 며칠 후, 포로로 잡힌 미군 장교들을 통해 정황을 파악하게 되었다. 이 지역을 책임지고 있던 미군 제7군은 상급부대인 집단군에 당시 상황을 보고했는데, 아땅-리터스호펜에 투입된 사단들의 전투피해가 너무 크고 전력이 매우 약화되어 더이상 진지를 고수할 수 없다는 내용이었다. 이에 미군의 집단군 사령관은 아땅과 리

A 원문은 Nun danket alle Gott, 바흐 칸타타 192번. (편집부)

터스호펜과 하게나우 삼림지대 북부의 마지노선을 포기하고, 포게젠에서 하게나우를 지나 동쪽으로 흐르는 모데르강 일대에 공격준비진지를 점령하라고 지시했다.

한편, 독일군 제39군단과 제13SS군단이 공수사단과 함께 라인강의 교두보에서 서쪽으로 진출하여 하게나우 지역에 도착했다. 이로써 하게나우 삼림지대 북쪽에서 미군을 포위할 수 있는 호기를 포착했다.

1월 21일, 전력이 증강된 2개 전투단이 리터스호펜에서 서쪽으로 진격했다. 22일 아침에 우리는 보병사단에게 작전지역을 인계하고 하게나우 서쪽의 모데르강 변에 도착했다. 제25기계화보병사단도 대담하게 눈 쌓인 하게나우 삼림지대를 통과하여 빙판으로 변한 도로를 통해 가까스로 남쪽으로 이동해 모데르강변에 도착했다. 당시 우리 연대 예하 기계화보병중대의 병력은 겨우 20명에서 30명에 불과했다. 그럼에도 불구하고 전투의 성과는 매우 컸다. 스트라스부르 일대의 미군을 포위하여 후방과의 연결을 차단하는 것은 시간문제였다.

그 순간, 갑자기 사단에서 명령이 하달되었다. 1월 25일에 후방으로 철수하여 라인강의 서쪽, 칼스루에(Karlsruhe)의 능선 위에 있는 소도시 칸델(Kandel) 일대에서 전투력 복원을 위해 집결하라는 내용이었다. 전혀 예측하지 못한 명령이었다. 1월 24일, 제25기계화보병사단도 이미 철수하여 칸델의 북쪽으로 이동 중이었다.

참혹했던 전투 이후 며칠간 휴식을 취할 수 있다는 생각에 한편으로는 다행이라는 생각이 들었지만, 왜 우리가 목표를 목전에 둔 시점에 후방으로 철수해야 하는지 납득할 수 없었다. 나중에 언급하겠지만 우리는 생각보다 훨씬 빨리 그 이유를 알게 되었다.[A]

칸델에서 우리는 공장에서 막 생산된 신형 장비와 보급품들도 수령했고, 1개 대대 규모의 병력을 보충받았다. 전쟁 중에 그런 순간을 '기쁨'이라는 단어로 표현하기는 부적절하지만, 마음만은 즐거웠다. 그동안 최신예 전차와 장갑차, 돌격포들은 누가 조종하는지, 최신예 야포들은 누가 다루는지 궁금했는데, 그런 장비들을 직접 보고 만져보니 기분이 나쁘지 않았다. 그러나 지금까지 죽거나 부상당한 베테랑 조종수, 포수, 전차장들이 너무 많았다. 주요 직책의 결원이 매우 심각한 수준이어서, 아쉬운 대로 보충병들을 필수적인 과제 위주로 밤낮없이, 강하게 훈련시켰다.

1월 30일, 사단 예하 전 지휘관들이 사단 지휘소로 호출되었다. 지난 몇 달 동안 전령용 차량으로 운용하던 나의 메르세데스를 타고 사단으로 갔다. 사단 지휘소에

A   동부 전선으로 이동하기 위한 철수였다. (역자 주)

도착하자 포이히팅어 장군은 나를 반갑게 맞이했고 모두 앞에서 마지막 작별 인사를 했다.

"친애하는 제군들! 귀관들도 알겠지만 오늘부로 나는 여러분 곁을 떠나 지휘관 예비부대로 전출되었네. 여기 지휘관 예비부대에서 온 졸렌코프(Zollenkopf) 대령을 소개하겠네. 새로운 지휘관이 도착할 때까지 대령이 사단을 지휘할 거야. 그리고 한 가지 기쁜 소식도 있어. 폰 루크 중령이 오늘부로 대령으로 진급했고, 동시에 2등급 철십자장을 받게 되었어. 폰 루크는 33세에, 그러니까 독일 육군에서 최연소 대령 중 한 명이 되는 거지."

나는 그다지 기쁘지 않았다. 전쟁 막바지에 진급하고 훈장을 받는 것은 내게 별로 중요하지 않았다. 단지 가능한 한 많은 부하들을 전쟁이 끝나는 순간까지 살리는 것, 건강한 모습으로 고향에 돌려보내는 것이 내게는 가장 중요한 일이었다.

포이히팅어는 화제를 돌렸다.

"동부 전선이 매우 위급하다는 소식이 들어왔어. 1월 14일부터 소련놈들이 3개의 전선군(집단군)으로 마지막 대공세를 개시하여 며칠 후에는 슐레지엔의 오더(Oder)강까지 이르렀다네. 그들은 중부에서 폴란드를 통과해서 우리 제국의 국경지역을 위협하고 있어. 며칠 후면 오더강변 프랑크푸르트(Frankfurt am Oder)ᴬ와 퀴스트린(Küstrin)의 옛 성곽 일대까지 함락될 가능성이 농후해. 이제 베를린이 직접적인 위협을 받게 되었지. 지금까지 치열한 전투에 휘말린 아군 사단들의 전투력은 급격히 떨어졌어. 그들로는 우리보다 훨씬 우세하고 최신 장비로 무장한 소련놈들의 쇄도를 막기에 역부족이야. 해서 히틀러는 특별 명령을 하달했어. 제25기계화보병사단과 우리 사단을 즉각, 신속히 수송하여 퀴스트린 일대로 이동시키고 소련군의 베를린 진입을 차단하라고 말이야. 상급부대에서 파견된 수송장교가 이동 문제를 해결해 줄 거야. 우리 용맹한 부대원들에게 끝까지 힘겨운 일을 맡기게 되어 매우 유감스럽네. 자네들과 부하들 모두가 마지막 전투까지 살아남기를 기도하겠어. 그리고 소련놈들이 우리 조국에 한 발자국도 들여놓지 못하도록 모두가 마지막까지 남은 힘을 모아주길 바라네."

포이히팅어는 모두에게 마지막 인사를 건네고 자신의 방으로 들어가 버렸다. 갑자기 분하고도 비장한 기분이 들었다. 그러나 어쩔 수 없는 노릇이다. 최전선의 군

A 독일의 프랑크푸르트는 두 곳으로, 서독지역의 마인강변 프랑크푸르트(Frankfurt am Main)과 동독지역의 오더강변 프랑크푸르트(Frankfurt am Oder)가 있는데, 여기에서 말하는 프랑크푸르트는 후자다. (역자 주)

인인 우리는 지휘관이든 전차 포수든 모두 각자의 책임을 짊어져야 했고, 스스로의 운명에 대해 결심해야 한다는 것, 그것만이 전부라는 사실을 매우 잘 알고 있었다. 7개월 보름 동안 우리는 서부에서 연합군과 끊임없이 전투를 치렀고, 또 이제부터는 동부에서 조국을 지키기 위해 소련군과 혈투를 벌여야 했다.

깊은 고민에 잠긴 채 내 차로 돌아왔다. 불현듯 어떤 생각이 머리를 스쳤다. 이 메르세데스만은 절대로 소련군, 아니 가능하다면 영국군이나 미군에게도 빼앗기고 싶지 않았다. 한 가지 해결책이 떠올랐다. 이 차를 다그마에게 보내기로 결심했다. 그녀는 당시 베를린 서부, 나우엔(Nauen)의 농원에 머물고 있었다. 나는 즉시 수송장교와 연락을 취했다.

"이 메르세데스를 베를린 남서부 어딘가에 내려줄 수 있나? 그러면 내가 차를 나우엔으로 가지고 가서 여자친구에게 넘기고, 다시 베를린의 남동부 어딘가에서 다시 기차에 탑승하겠네. 가능하겠나?"

수송장교에게 '메르세데스 카브리오의 이야기'를 들려주자 그는 매우 협조적인 태도를 보였고 이에 다음과 같이 제안했다.

"베를린 남서부 화물하역장에서 기차를 잠시 정지하겠습니다. 거기라면 대령님께서 차를 내리기 편할 겁니다. 연합 공군의 폭격을 피해야 하고 베를린 주변의 철도교통량도 많아서 우리 열차는 밤새 베를린 남쪽으로 이동할 겁니다. 대령님께서는 다음날 국방군 전용역인 초센역(Wehrmachtbahnhof Zossen)에서 탑승하시면 됩니다."

그 수송장교와 내가 같은 객실에 탑승할 예정이어서 큰 문제가 없을 것이라 확신했다. 즉시 지휘소로 돌아와 모든 대대장, 중대장들을 소집했고, 회의를 시작하기 전에 다그마와의 전화 연결을 시도했다.

"다그마! 네 목소리를 다시 듣게 되다니! 정말 기뻐! 어떻게 지내? 거기 나우엔은 안전한 거지?"

"넌 지금 어디에 있는 거야? 괜찮은 거지? 이곳은 폭격에는 안전한 편이야. 그러나 매일밤마다 하늘을 비추는 대공포 탐조등 빛이 보이고, 연합군의 폭격기들의 굉음과 폭탄이 터지는 소리가 들려. 우리 모두 '조국에서 치르는 전쟁'에 점점 익숙해지고 있지만, 조만간 소련군이 베를린에 들이닥칠 거라는 소문이 무성해. 혹시 아는 게 있어?"

"그 소문… 사실일지도 몰라. 어쨌든 우리도 다른 기갑사단들과 함께 동부 전선으로 이동할 거야. 어디로 가는지 네게 말해 줄 수는 없어. 말해서도 안 돼. 지금부터 잘 들어. 2월 4일 아니면 5일에 내가 메르세데스를 타고 너에게 갈 거야. 그 즉시 네가 운전해서 나를 기차역까지 데려다줘야 해. 그리고 다시 차를 타고 집으로 돌아가. 만나서 다 설명해 줄게. 반드시 2월 4일과 5일에 집에 있어야 해. 혹시라도 일이 틀어져서는 안 돼. 알겠지?"

"그래, 알았어. 너무 짧은 시간이지만 너를 다시 볼 수 있는 것만으로도 정말 기뻐. 기다릴게."

마음이 한결 가벼웠다. 아직도 예하 지휘관들이 모두 도착하지 않았다. 그 틈을 이용해 리베스킨트와 함께 책상에 앉아 다그마가 이동할 때 필요할지도 모를 공문을 작성했다.

발신 : 제21기갑사단 전투단
수신 : 모든 군부대 및 관공서, 나치 당사의 관계자

다그마 양은 공무상의 목적으로 이 메르세데스 승용차로 플렌스부르크까지 최단거리로 이동할 예정입니다. 그녀의 임무는 이 차량을 그곳의 지역사령부에 인계하는 것입니다. 제21기갑사단의 '특수 전투단'이 전쟁에서 복귀하기 전까지 그곳에 이 차량을 맡기고자 합니다. 이에 교통 관련 및 검문소 관계자께서는 이 차량이 통제 없이 모든 도로를 통과할 수 있도록, 다그마 양이 무사히 임무를 수행할 수 있도록 적극 지원해 주시기를 부탁드립니다.

전투단의 승리를 위해!
제21기갑사단 전투단장 대령 폰 루크
(관인과 서명 추가)

훗날, 소련에서 돌아온 후 다그마를 만났다. 그때 그녀는 이 '공문'이 매우 큰 효력을 발휘했다고 이야기했다. 특히 '특수 전투단'이라는 명칭과 관인, 그리고 최전선의 군인이자 대령의 서명을 본 순간 모두들 놀랐고, 행정관청과 보급소 역시 그 누구도, 어떻게, 왜, 23세의 아가씨가 운전대를 잡고 있는지 물어보지 않았다고 했다.

"나는 종종 속으로 웃곤 했어. 모두들 얼마나 내게 친절히 대해 주던지. 4월 말, 히틀러가 '정부수반'으로 임명한 되니츠(Dönitz) 제독이 자신의 사령부를 플렌스부르크로 옮겼거든. 그래서 모두들 내 임무를 '전투단을 위한 중대한 일'이라고 생각했던 것 같아.”

베를린의 총참모부와의 좋은 연줄 덕분에 다그마는 ‘베를린 전투’ 직전에, 매우 시기적절한 시점에 나우엔을 떠나 무사히 플렌스부르크의 어머니께 도착했다. 유감스럽게도 내가 그토록 아꼈던 메르세데스는 프랑스에서 가져온 1,000병의 포도주, ‘바카라의 크리스탈’과 같은 운명을 맞이했다. 영국 점령군이 플렌스부르크에서 이 차를 발견하고 전리품으로 압류해버렸다. 수많은 격전장에서 온전히 살아남았던 메르세데스는 아마 지금도 영국, 또는 스코틀랜드의 어느 도로 위에서 클래식카의 위용을 뽐내고 있을 것이다. 나로서는 아쉽지만 어쩔 수 없는 일이다.

다시 전장의 이야기로 돌아가자. 나는 대대장, 중대장들과 함께 칸델의 어느 작은 카페에 앉았다. 사단에서 포이히팅어에게 받은 새로운 명령과 임시 사단장 촐렌코프에 대해 이야기했다.

“우리는 동부 전선으로 간다!”

모두들 크게 한숨을 내쉬었다. 그리고는 이구동성으로 이렇게 소곤거렸다.

“드디어 올 것이 오고 말았다. 결국, 마지막은 이렇게 되는군. 정말 설상가상이다. 대체 얼마나 더 이런 전쟁을 계속해야 하는 건가? 이제 늙은이들과 14~15세의 어린 아이들까지 ‘국민돌격대’로 투입되겠지? 그들이 최후의 희생양이 될 거야…”

소련군의 계속되는 진격을 저지해야 하며, 우리 국민이 무시무시한 고통을 받지 않도록 우리가 무언가를 해야 할 책임이 있음을 부하들에게 납득시키기는 쉽지 않았다.

“우리가 기대할 수 있는 것은 단 하나뿐이다. 서방연합군이 가능하면 동쪽으로 더 빨리, 더 멀리까지 진출하는 것이지. 어쨌든 2월 3일에서 5일 사이에 열차에 탑승할 거야. 남은 시간 동안 귀관들은 휴식을 병행하면서 보충병들을 훈련시키는 데 최선을 다해주기 바란다.”

우리는 한참 동안 앉아서 이야기를 나누었다. 다들 부족한 커피를 대신해서 즐겨 마시던 무케푸크(Muckefuck)[A]를 한 잔씩 들고 노르망디, 팔래즈의 치열했던 포위전과 참혹했던 리터스호펜의 시가전을 떠올리며 이런저런 추억을 되새겼다.

사단에서 들은 바에 의하면 1944년 6월 6일 이래 사단에서 발생한 사상자와 실종자는 약 16,000명에 달했다. 6월 6일 전투 당시 사단의 병력이 15,000명 내외였음을 감안한다면 엄청난 피해였다.

....
A Mocca faux라는 프랑스어에서 생겨났다는 설도 있다. (역자 주)

우리는 스스로에게 질문을 던졌다. 전쟁 초기에 막대한 손실을 입은 소련이 대체 어디서, 어떻게 그 많은 병력과 물자를 확보했을까? 그리고 난해한 수송 문제들을 어떻게 극복했을까? 포로가 된 후 알게 된 사실이지만 스탈린이 루스벨트 대통령과 '대륙양여법'에 의해 1만대 이상의 스투드베이커(Studebaker) 트럭을 포함해 엄청난 양의 각종 군수물자들을 조달받았다. 만일 그런 장비와 물자가 없었다면 소련군이 그렇게 신속히 공세를 취하지 못했을 것이다.

전황이 매우 심각했지만, 우리 전투단의 장병들, 특히 '베테랑' 간부 및 병사들의 분위기는 그리 나쁘지 않았다. 모두들 앞으로 닥칠 전투에 대해, 어떻게 하면 승리할 수 있을지 고민하는 듯했다. 일부는 고향의 '부모, 가족'들의 안전과 생사여부에 대해 걱정할 뿐, 자신의 건강, 생사에는 전혀 관심이 없었다. 그리고 지금 이 순간 침대에 누워있는 것, 그리고 자신의 가족들과 전화할 수 있는 것만으로도 충분히 만족해했다. 다시 한번 동부에서 적을 맞아 사력을 다해 싸우겠다는, 필승의 의지만은 충만했다. 게다가 소련군의 잔악한 만행에 관한 소식을 접할 때마다 부하들은 더욱 전의를 불태웠다.

우리 연대에서는 히틀러를 '그뢰파츠'(Gröfaz, größter Feldherr aller Zeiten)[A] 라 비꼬아 불렀는데, 어느 날 '그뢰파츠'의 긴급명령이 떨어졌다. 국방군 내 연대급 이상의 모든 부대에 '나치스 지도장교(NSFO, Nationalsozialistische Führungsoffizier)를 파견하여 야전부대의 지휘부와 전투부대를 감시하겠다는 내용이었다. 우리 연대에도 '지도장교'가 필요했다. 이는 1944년 7월 20일 사건[B] 이후 히틀러가 얼마나 국방군을 불신하는지 잘 보여주는 사례였다. 나는 연대의 군목사를 정치장교로 임명했다. 당시 교회가 히틀러를 열렬히 지지했다는 사실도 어이없는 일이지만, 당시의 상황에서는 패배주의에 젖어 있을 수 없었다. 패배주의는 곧 죽음을 의미했다. 히틀러는 오로지 '최후의 승리를 위한 강한 의지'만을 요구했고, 의지를 보이지 않을 경우 목숨을 잃을 수도 있었다. 전쟁 막바지에, 최후의 순간에 부하들에게 지도자를 비난하지 말라고 통제하거나 그들을 설득할 수도 없었다. 하지만 나는 그들에게 현실을 직시해야 한다고 강요해야 했다. 연대원들에게 한 명도 빠짐없이 칸델 인근 숲속의 커다란 공터에 집결하라고 지시했다.

그날 부하들의 얼굴에는 절망적인 기색이 역력했다. 모두 지쳐있었다. 그들은

A 역사상 가장 위대한 최고사령관이라는 뜻이다. (역자 주)
B 클라우스 폰 슈타우펜베르크 대령 등이 주도한 히틀러 암살을 포함한 쿠데타 시도. (편집부)

1944년 6월 6일 이래 모든 전투에서 나와 함께했고, 결국 이렇게 살아남았다. 특히 보충병들은 아직도 어린 티를 벗지 못한 얼굴이었고, 장차 자신들에게 무슨 일이 벌어질지 전혀 모르는 듯했다.

그들에게 무슨 말을 해야 할까? 적절한 단어들을 찾기가 무척이나 어려웠다. 그러나 그들에게 무언가 메시지를 전해야 했다. 그렇게라도 해서 내가 그들을 위험에 빠뜨리지 않을 것이며, 죽게 내버려 두지 않을 것이라는 믿음을 심어줘야 했다. 다른 무엇보다도 당시에는 전우애, 동료애를 가지도록, 그리하여 서로를 신뢰하도록 해야 했다.

"오늘, 지금 이 순간이 내가 여러분들과 함께하는 마지막이 될 수도 있습니다. 그리 많은 말을 하고 싶지 않습니다. 나는 1944년 6월 6일 이래로 여러분들과 함께 격전을 치렀습니다. 그간 나와 함께한 여러분과, 본토에서 이곳으로 와서 난생처음 전쟁과 생존을 위한 투쟁이 무엇인지 경험했을 젊은 용사들에게 몇 가지 전해야 할 말이 있어 이렇게 모이라고 지시했습니다.

첫째, 나는 최후의 순간까지 여러분의 지휘관으로 남을 것입니다. 그리고 모든 고난과 고통을 여러분과 함께할 것을 약속합니다.

둘째, 내 옆에 이분은 우리의 군종 목사님이십니다. 당 지도부의 명령과 총통의 지시에 따라 나는 이분을 '국가사회주의 지도장교'로 임명합니다. 앞으로 우리 부대에 패배주의의 분위기가 있는지 감독하실 것이며 우리에게 '최후의 승리'라는 목표를 인식시켜 주실 것입니다. 우리 목사님이 최고의 적임자라고 생각하는 바입니다.

셋째, 나와 함께 지금껏 고난과 역경을 훌륭하게 견뎌낸 여러분 모두에게, 치열한 전투를 훌륭히 수행해 준 귀관들에게 고맙다는 말을 전합니다. 여러분들은 정말 너무나 훌륭히 임무를 수행했습니다. 정말 고맙게 생각합니다!

넷째, 우리는 수일 후에 동부 전선으로 이동하여 오더강 변의 퀴스트린 고성 일대에서 소련군의 공세를 저지해야 합니다. 베를린은 연합군의 폭격으로 큰 피해를 입었습니다. 하지만 소련 지상군이 베를린에 들어오는 것만은 절대로 막아야 합니다. 아마 우리는 그곳에서 마지막 전투를 치르게 될 수도 있습니다.

'천년의 제국', '최후의 승리는 우리 것이다'라는 슬로건은 잊도록 합시다. 우리는 이제 오로지 살아남기 위해, 그리고 우리 조국을 위해, 우리의 여성, 어머니, 아이들을 위해 싸워야 합니다. 우리가 막지 못하면 그들은 상상할 수 없는 가혹한 운명을 맞게 될 것입니다. 그들을 반드시 구해야 합니다. 다음 주 우리가 싸워야 할 이유는 이것뿐입니다. 귀관들 모두에게 신의 가호가 있기를 기원합니다! 건투를 빕니다!"

2월 3일에서 5일까지 사단의 전 병력이 수송열차에 탑승했다. 이 열차는 아직 파괴되지 않은 마지막 라인강 철교를 건너 동쪽으로 달렸다. 연합군의 폭격으로 철도 허브들이 파괴되어 복구 중이었으므로 자주 정차해야 했다. 그런 상황에서 보여준 수송부대원들의 탁월하고도 조직적인 대처에 놀라움을 금할 수 없었다. 베를린에 가까울수록 정차시간도 꽤 길어졌다. 민간인들과의 접촉도 있었는데, 그들의 표정은 매우 어두웠고 절망에 빠져 있었다. 이들은 누구의 눈치도 보지 않고 우리 군인들에게 거침없이 말했다.

"이제 그만두시오. 더이상 싸울 이유가 없지 않소?"

"날이 갈수록, 당신들이 전쟁을 오래 끌수록 희생자의 숫자만 더 늘어날 뿐이오."

반면, 일부 역에서 우리와 인사를 나눈 나치당의 간부들은 '최후의 승리를 위해 불굴의 의지를 보여 달라!', '끝까지 싸워 달라!', '아직도 희망이 있다!'라고 당부하며, 불안해하는 주변 사람들을 안심시키기 위해서 갖은 노력을 다했다.

계획대로 열차는 베를린의 남부 어느 역에 정차했다. 나는 메르세데스를 열차에서 내려 나우엔의 농원으로 향했다. 농원 정문 앞에서 다그마는 서성이며 나를 기다리고 있었다. 나를 보자마자 그녀는 눈물을 글썽이며 기뻐했다.

"이게 정말 꿈은 아니지? 너를 다시 볼 수 있을 거라곤 생각지도 못했어. 이제 어떻게 되는 거니? 어디로 가는 거야?"

"다그마! 시간이 없어. 일단 내가 가져온 커피 원두를 받아. 곧바로 가야 해. 기차에 다시 올라타야 해."

메르세데스를 타고 베를린 남부를 우회하는 동안 그녀에게 내 계획을 들려주었다. 리베스킨트와 함께 작성한 문건도 다그마에게 건넸다.

"상황이 위급해져서 네가 나우엔을 떠날 때 가져가야 할 문건이야. 너도 베를린의 총참모부에 지인이 꽤 있잖아? 그들과 접촉하면 베를린을 떠나야 할 적절한 시점을 알려 줄 거야. 이 차의 트렁크에 예비 휘발유를 실어 놓았어. 플렌스부르크까지 가기에는 충분할 거야. 내 어머니께 가서 전쟁이 끝날 때까지 기다리도록 해. 그리고 이 자동차를 어딘가에 숨겨줘. 만일 내가 무사히 돌아오게 되면 적어도 자동차 한 대는 가지게 되겠지. 우리 독일이 패망하는 최악의 경우라도 어디든 갈 수 있지 않겠어? 그건 그렇고, 작센하우젠에 네 아버지에 대한 소식은 없니?"

"응. 예상했던 대로 전혀 소식이 없어. 전화를 걸어도 소용없었어. 아무도 통화 연결을 시켜주지도 않고, 아무도 아버지를 모른대. 살아서 아버지를 만날 희망은 이미 오래전에 버렸어. 게다가 나도 다음 주, 다음 달까지 살아있을지 장담할 수 없고…."

어느새 초센역에 도착했다. 열차는 아직 도착하지 않았다. 얼마간의 시간이 남아 있었다. 다그마와 함께 있는 일분일초가 아쉬웠다. 한 시간 후, 열차가 도착했고 나는 객차에 올랐다. 전쟁이 끝나기 전, 내가 기억하는 다그마와의 마지막 순간일 것 같았다. 아쉬운 마음으로 작별의 인사를 나눴고, 다그마는 내가 탄 열차가 시야에서 사라지는 순간까지 기차역의 플랫폼에서 하염없이 눈물을 흘리고 있었다.

동부 전선, 최후의 결전

우리가 탄 열차는 베를린의 남부를 지나 계속 동쪽으로 향했다. 1개 사단 병력이 단 48시간 내에 서부에서 동부의 목적지에 도달했다. 이 모든 것은 독일제국 철도청의 탁월한 능력 덕분이었다. 프로이센 동부선(Preußische Ostbahn)은 베를린과 동프로이센의 쾨니히스베르크를 연결하는 철도로, 내가 장교후보생 시절 드레스덴, 베를린으로 여행할 때 종종 이용한 적이 있었다.

기차역도 아닌 철길 위에서 갑자기 열차가 멈췄다. 베를린으로부터 동쪽으로 약 50km, 퀴스트린 요새로부터 서쪽으로 20km 정도 떨어진 곳이었다. 임시로 제작된 플랫폼을 이용해 하차했다. 사단 참모부는 이미 도착해 있었다. 촐렌코프 대령이 나를 호출했다.

"다음 제대가 도착할 때까지 기다리지 말고 자네는 지금 즉시 퀴스트린으로 가게. 그곳의 남서부 외곽 일대에 소련군이 교두보를 구축했어. 남동쪽 방향에서 그 일대를 공격해서 포위되어 있는 약 8,000명의 아군 병력과 연결을 도모하고 그들을 구출하는 것이 우리의 임무야. 우리와 함께할 제25기계화보병사단은 이미 1월 31일부터 그곳에 투입되어 한창 전투 중이야. 그들이 소련군의 교두보 확장을 저지하기는 했지만 아직까지 퀴스트린을 연결하는 통로를 개방하지 못했어. 자네의 연대 병력이 모두 열차에서 내리는 대로 몇 대의 전차와 포병을 지원해 줄 테니 즉시 공격작전을 시행해야 하네. 사단 예하의 부대들도 하차하면 곧장 자네에게 증원하겠네. 이 공격계획은 히틀러가 친히 수립하고 지시했어. 그리고 오더강 너머로 적군을 격퇴하기를 바라고 있어. 우리의 상대는 주코프 원수의 제1백러시아 전선군(Weißrussischen Front)이야. 전투력이 소진된 수많은 아군 부대들이 그들에게 이미 전멸당했고, 주코프는 단 14일 만에 폴란드를 통과해 이곳까지 들어왔어. 작전참모가 세부적인 사항을 알

폰 루크 전투단의 1945년
동부전선 이동 경로

----- 철도 이동

——— 부대 기동

함부르크

슈체친

퀴스트린

베를린

구벤

소련군
점령지역

루켄발데

바루트

자간

카셀

슈프렘베르크

코트부스

브레슬라우

드레스덴

라이프치히

괴를리츠

라우반

오펠른

히르쉬베르크

6월 19일

뉘른베르크

오스트라우

타트라

려 줄 걸세. 건투를 비네!"

알사스에서 어느 정도 전투력이 복원된 우리 사단은 당시 30여 대의 4호 전차와 4호 구축전차(Jagdpanzer IV), 30대의 판터를 보유했다. 내가 지휘하는 제125연대의 전투력은 편제 대비 75%, 포병은 90% 수준이었다. 신규 보충병들과 젊은 장교들의 질적 수준을 고려하면 부대원의 전투력과 전투경험 면에서는 1944년 6월 6일의 수준에는 미치지 못했지만, 당시의 정황을 고려한다면 이 정도에 만족해야 했다.

퀴스트린은 나폴레옹 시대에 세워진 두께 4m의 장벽과 포탑이 설치된 요새로, 성벽의 전면이 모두 동쪽을 향하고 있었다. 그래서 소련군은 자신들이 구축한 교두보로부터 퀴스트린의 시가지 남쪽과 북쪽으로 진출하여 이 요새의 후방을 차단하여 포위, 탈취하려 했다.

퀴스트린은 도로와 철도 교통의 요지였다. 서쪽으로는 '독일제국 1번 국도'가 연결되어 있었고, 베를린-쾨니히스베르크를 잇는 '프로이센 동부선' 철도와 오더강 변의 프랑크푸르트-발트해에 면한 슈테틴 간의 철도가 만나며, 슐레지엔의 브레슬라우(Breslau)에서 슈테틴, 쾨니히스베르크로 향하는 철도까지 통과하는 지역이었다.

2월 6일에 공세를 개시했지만, 공세는 거듭 지연되었다. 베를린으로 향하는 도로가 피난민들로 가득 차 있었기 때문이다. 아군 헌병이 대거 투입되자 차츰 통로가 개방되기 시작했다.

2월 7일 여명을 기해 다시 진군을 개시했지만, 이번에는 드디어 소련군의 저항에 부딪혔다. 저항은 격렬했다. 우리는 특공대를 편성해 습격을 시도했고, 소련군은 심대한 피해를 입고 물러났다. 그 결과, 우리는 일부 지형을 얻을 수 있었다. 이튿날 천천히 전방으로 나아갔다. 그 사이에 사단 예하 나머지 부대들도 열차에서 내려 2월 9일의 결전을 위한 준비를 완료한 상태였다. 한편, 제25기계화보병사단은 우리의 북부 지역에서, 적이 구축한 교두보를 없애기 위해 공격을 준비하고 있었다. 공군의 전폭기 대대도 우리를 지원할 예정이었다. 전투마다 혁혁한 전공을 세워 명성이 드높은 루델 대령이 이끄는 비행대대였다. 그의 '특기'는 슈튜카를 타고 소련군 전차부대의 상공에서 수직으로 급강하하며 대전차기관포를 쏘거나 폭탄을 떨어뜨려 적 전차를 파괴하는 것이었다.

2월 9일의 지상전은 말 그대로 격전이었다. 어느 순간 루델의 폭격기들이 나타나 소련군의 전차, 대전차포와 야포들을 모조리 쓸어버렸다. 모처럼 '제대로 된 공군 베테랑'의 지원을 받게 되어 무척이나 기뻤다. 한동안 연합군의 공군기들 때문에 힘겨운 나날을 보냈던 터라, 루델의 폭격기들이 정말 반갑게 느껴졌다. 또한, 난생처음 전투에 참가한 젊은 병사들의 사기도 매우 높았다. 이 역시 그날의 전승에 매우 중요한 요인이었다.

정오 무렵, 몇몇 특공대가 남서부에서 퀴스트린의 외곽까지 진입하여 그곳의 교량을 확보하고, 후속 부대들과 협공으로 요새지역까지 폭 2㎞ 가량의 통로를 개방하는 데 성공했다. 그동안 적에게 포위된 상황에서도 용감히 버틴 퀴스트린 요새의 수비병력들을 구원하게 되어 참으로 기뻤다. 다행히도 야간에는 보급수송부대들이 수비병력들에게 절실했던 보급품까지 공급할 수 있게 되었다. 그러나 그즈음 히틀러는 오더 강변의 프랑크푸르트와 퀴스트린을 '고수'하라고 명령했다. 최후의 1인까지 싸우거나 목숨을 바치라는 의미였다. 한편, 제25기계화보병사단도 북부의 교두보를 점령했던 적군들을 물리치고 그 지역을 확보했다. 2월 9일 전투에서 승리한 후, 정오부터 교전행위는 점차 잦아들었다. 소련군도 상실한 교두보를 재탈환하기 위한 반격을 더이상 시도하지 않았다. 소련군의 무전통신을 감청, 분석한 결과, 주코프 원수도 보급 문제로 몹시 어려운 상황인 듯했다. 그가 바익셀(Weichsel)강을 넘었던 1월 12일부터 획득한 지역의 종심은 350㎞에 달했다. 차량으로는 보급품을 실어나를 수 없는 거리였다. 또한, 철도로 수송하려면 소련 지역에서 유럽지역으로 진입하면서 궤간을 조정해야 하므로[A] 기술적으로도 많은 시간이 소요되었다. 게다가 주코프의 우측방도 노출되어 있었다. 설상가상으로 로코소프스키(Rokossowski) 원수의 지시로 인해 제2백러시아 전선군과 커다란 간격이 발생했다. 2월 9일 정오부터 우리는 오더 강 서편에 방어진지를 구축했고, 퀴스트린까지 이어지는 통로도 개방한 상태였다.

나는 한 농가의 지하실에 지휘소를 설치하기로 결심했다. 적 포병과 공중공격에 대비하기 위해서였다. 그 지하실 문을 열었을 때 우리의 눈을 의심할 정도로 깜짝 놀랐다. 수백 병의 프랑스산 향수, 코냑, 샴페인과 수십 개의 실크스타킹, 옷감들, 세련된 구두들이 쌓여 있었다. 통상 독일 전역에서 도시인들이 버터와 고기, 우유를 얻기 위해 행하던 '물물교환'의 결과물인 듯했다. 도시인들의 식량 사정이 그만큼 어려웠음을 보여주는 증거였다. 밖에서는 때때로 아군의 포격 소리와 산발적인 총성이 들렸다. 아이러니하게도 간간히 들리는 총성이 마음을 편하게 해주기도 했다. '폭풍 전야의 고요함'은 오히려 긴장감을 더욱 고조시키기 때문이다.

이미 밖은 어두웠다. 누군가 내 지휘소 문을 열었다. 다그마였다. 내 앞에 펼쳐진 광경을 나 자신도 믿을 수 없는 순간이었다.

"이럴 수가! 어떻게 여기에 온 거야? 어떻게 나를 찾았어?"

내 부관과 연락장교들도 믿기지 않는다는 듯 우리 둘을 번갈아 바라보다 이내 자리를 비켜 주었다.

"너도 알겠지만, 베를린 총참모부에 지인들이 조금 있잖아. 그들이 네 지휘소가 여기쯤 있을 거라고 알려줬어. 오늘 아침 일찍 베를린에서 전철을 타고 시가지를 빠져나왔고, 자전거로 1번 국도를 따라 한참 달리다 어느 군용트럭 운전병을 만났는데, 그 병사가 여기까지 태워줬어."

"하지만 여긴 네가 와서는 안 되는 곳이야. 사방에서 총탄이 날아다니는 최전방이라고! 만일 소련군이 이곳으로 역습을 시행한다면 큰일이 날 수도 있어! 다그마! 널 다시 만나서 정말 반갑고 기뻐. 하지만 네 행동은 너무 경솔했어."

그녀는 말없이 편지 한 통을 내게 건넸다. 작센하우젠의 강제수용소에서 보내온 것이었다.

　　　당신의 부친, S⋯씨가 사망했음을 통보합니다.

....
A　소련은 제정 러시아 시절부터 궤간 1524mm의 광궤 철도를, 독일은 궤간 1435mm의 표준궤를 사용했다. 철도의 표준 문제는 독일의 소련 침공 과정에서 보급 지연의 요인 중 하나로 작용했으며, 소련군이 독일의 영토에 진입할 때도 비슷한 문제를 야기했다. (편집부)

수용소 사무관과 약속을 잡으시면 시신을 돌려드리겠습니다.

하일 히틀러
수용소장 0000

너무나 당황스러웠다. 그녀에게 무슨 말을 어떻게 해야 할지 막막했다. 내가 말을 꺼내기도 전에 다그마가 먼저 입을 열었다.

"난 오래전부터 이렇게 될 줄 알았어. 그리고 소련군이 베를린을 점령하고 수용소들을 찾아내기 전에 모든 수용소들을 옮길 거야. 그래서 모든 노약자들과 병자들을 사살했대. 친한 지인에게 들었어. 미친 나치스트들의 '최후의 해법'(Endlösung)^A에 대해 너도 들었지?"

"다그마! 잘 들어! 넌 지금 가능한 한 이곳에서 빨리 벗어나야 해. 곧 치열한 전투가 벌어질 거야. 너무 미안하고 유감이라는 말밖에, 너를 어떻게 위로할 수 있을지 모르겠어. 모든 것들이 너무나 아쉬워. 칼텐브루너와 만나 대화를 나누었을 때까지도 희망적이라 생각했었어. 이런 빌어먹을…. 우리는 이렇게 최전방에서 목숨을 걸고 가족과 국민을 위해 싸우고 있는데 후방에서는 훌륭한 애국자들을 참혹하게 살해하는 만행을 저지르고 있다니 정말 어이없고 안타까울 뿐이야!"

연락장교를 시켜 보급품을 수송하기 위해 베를린으로 향하는 화물트럭을 수배했다. 운 좋게 30분 후 보급차량 한 대가 출발한다는 보고를 받았다. 어떻게든 다그마를 위험지역에서 벗어나게 하고 싶었다. 그때. 갑자기 지휘소 문이 열리고 가슴에 '근무유공 철십자훈장'(Verdienstkreuz)^B을 단 평시 군용 정복 차림의 대령 한 명이 들어와서는 다그마와 나를 번갈아 쳐다보았다. 마치 우리를 정신병원의 환자처럼 여기는 듯한 눈빛으로 나를 보면서 '이 대령은 뭐지?'라는 표정을 지어 보였다. 내가 먼저 입을 열었다.

"당신은 누구요? 대체 여기서 뭘 하는 거요? 길을 잃은 거요?"

"제국외무장관 폰 리벤트로프 각하와 제국청년단장(Reichsjugendführer) 악스만(Axmann) 각하께서 당신과 대화를 원하십니다."

"내가 베를린에 가야 하는 거요? 아니면 여기서 뭘 어떻게 하라는 거요?"

"아니오. 두 분께서는 밖에, 차 안에서 당신을 기다리고 계시오."

A   나치 유대인 말살 계획의 명칭 (역자 주)
B   전투 이외의 유공으로 군인 또는 민간인에게 수여했던 훈장 (역자 주)

"그러면 미안하지만 두 분이 직접 여기로 오셔야 할 듯싶소. 나는 내 지휘소를 떠날 수 없소."

잠시 후, 두 사람이 나타났다.

"하일 히틀러! 대령! 총통께서 퀴스트린의 상황을 확인하시기 위해 우리를 여기로 보내셨소. 소련군이 베를린까지 들어올 가능성이 얼마나 되오? 그만큼 위험한 상황이오?"

"폰 리벤트로프님!ᴬ 오더강 서편의 진지에 저희 기계화보병 병력들과 전차들이 투입되어 있습니다. 저와 함께 그곳에 직접 가보시면 현재 상황을 더욱 정확히 파악하실 수 있을 듯합니다."

리벤트로프는 양손을 내저으며 거부했다.

"귀관이 현재 상황을 말해 준다면 그럴 필요까지는 없지 않겠소?"

그의 시선은 다그마를 향했다. 내 응수에 그녀는 매우 재미있다는 표정으로 살며시 미소를 지었다.

"아가씨, 실례하오! 국방군 여비서들까지 이렇게 최전방에서 고생하고 있는지 전혀 몰랐네요. 아가씨! 너무 위험한 곳에 나와 있는 거 아니오?"

다그마는 장관의 질문에 대답하지 않고 작센하우젠에서 받은 편지를 건넸다.

"폰 리벤트로프님! 제발 이 편지 좀 봐주세요. 저는 이것 때문에 제 약혼자인 폰 루크 대령을 만나러 베를린에서 여기까지 왔어요."

그 편지를 읽은 리벤트로프의 얼굴은 창백하게 변했고 당황한 기색이 역력했다.

"정말 유감이군요. 미안합니다."

입술을 굳게 다문 후 그의 시선은 다시 나를 향했다.

"나는 여기 퀴스트린 전방 상황을 충분히 이해했소. 전투력이 막강한 두 기갑사단의 능력으로 적들의 진격을 충분히 막아낼 수 있다는 확신을 가졌소. 총통께 이 기쁜 소식을 가능한 한 빨리 알려드리겠소. 하일 히틀러!"

그 두 남자는 서둘러 내 지휘소를 나섰다. 문이 닫히자 우리 모두는 고개를 설레설레 흔들면서 박장대소했다.

"젠장! 히틀러를 안심시키기 위해, 자기네들의 불안을 없애기 위해 외무장관을 최전방까지 보내다니. 우리가 꽤 멀리 오긴 했나보군."

A 나는 그를 좋아하지 않았다. 그래서 일부러 '장관 각하'(Herr Minister)라고 호칭하지 않았다. 최전선의 우리 군인들은 그를 '샴페인 장사꾼'(Sektverkäufer)라고 비꼬아 표현하곤 했다. (저자 주)

'소방대'였던 제21기갑사단 - 종말의 시작

서서히 어둠이 몰려들었다. 양측의 포병과 기관총 사격이 점차 거세지고 있었다. 하지만 이젠 그런 것들도 일상적인 '취침 인사'로 받아들일 정도로 여유로웠다. 다그마와 그녀의 자전거는 화물차에 실어서 베를린으로 떠나보냈다. 차에 오른 그녀와 나는 서로의 모습이 보이지 않을 때까지 손을 흔들었다. 언제 또다시 볼 수 있을지 기약할 수 없는 이별이었다.

몇 시간 후, 갑자기 '긴급명령'이 하달되었다. 현 진지를 제25기계화보병사단에게 인계하고 즉시 이동하라는 명령이었다. 어두웠지만 사단은 도로와 철도를 이용해 남부의 자간(Sagan) 지역으로 이동했다. 주코프 원수가 오더강 일대의 퀴스트린과 프랑크푸르트에서 지체되어 있을 때, 코네프(Konjew) 원수의 우크라이나 전선군 (Ukrainischen Front)이 슐레지엔 일대로 공격을 감행하여 오더강을 넘어 서쪽으로 진출했고 전투력이 저하되어 있던 독일군 부대를 일거에 유린했다.

독일군 지도부는 소련군의 주력이 어디로 향하는지 파악하기 위해 분주했다. 서쪽으로 진출하여 엘베강 변의 드레스덴과 라이프치히(Leipzig)로 향할까? 아니면 남부의 산업지대인 체코슬로바키아의 매리쉬(Mährisch)-오스트라우(Ostrau)가 목표일까? 1942년 초, 러시아 전역에서 떠나기 전까지 소련군 지도부에 관해 많은 정보를 입수하고, 그들의 성향을 파악한 나로서는 그 해답이 분명해 보였다. 공세를 준비하고 전략 계획을 수립할 때, 그들은 항상 보급을 최우선적으로 고려했다.

2월 10일 이른 아침, 우리는 행군을 개시했다. 한참 행군하던 중에 신임 사단장이 부임했다. 베르너 마르크스(Werner Marcks) 장군이었다. 한때 북아프리카 전역에서 그를 잠시 만난 적이 있었다. 대담한 공세행동으로 공을 세워 기사철십자장을 받았지만, 열대병에 걸려 1944년 초까지 요양했고, 회복 후 러시아에서 제1기갑사단장으로 참전하여 '백엽철십자장'(Eichenlaub)까지 받았다. 그러나 또다시 중병에 걸려 요양을 떠난 후, 우리 사단장이 되어 나타났다. 마르크스 장군의 평판이 그리 좋지 않아서, 그와 함께할 생각을 하니 그다지 유쾌하지는 않았다. 마르크스 장군은 공명심이 강하고 고집 센 풋내기 같은 성향으로, 명령이 떨어지면 막무가내로 밀어붙였다. 사단의 상급지휘관인 중부집단군 사령관 쉐르너(Schöner) 원수도 비슷한 부류의 인물이었다. 쉐르너도 제1차 세계대전 당시 이탈리아 전선에 참전했고 롬멜과 더불어 '푸르 르 메리트'를 받았다. 하지만 그는 롬멜의 명성과 인기를 매우 부러워했으며, 특히 성격이 냉혹하기로 유명했고 모든 일을 결과만으로 인정받으려 했다. 쉐르너의 '현지 즉결재판'도 매우 악명 높았다. 그는 히틀러의 명령에 따라 탈영과 명령불복종, 징집거부를 뿌리 뽑고 패배주의 확산을 차단한다는 미명 하에 장병들에게 공포심을 심어주기 위해 현지에서 사형까지 집행했다. 상고나 재심의 기회도 없었다. 특별히 선발된 군사재판관들은 전장에 총살 집행부대를 대동하고 다니며 해당부대장들의 보고나 해명을 듣지 않고 장병들에게 사형을 선고하고 즉시 집행할 수도 있었다.

몇 주 뒤, 어느 '현지 즉결재판관' 때문에 어이없고도 비극적인 일을 겪었다. 대전차소대장으로 최고 수준의 무공훈장까지 받은, 내 부대원 가운데 가장 뛰어난 중사 한 명이 있었다. 몇 대의 장갑구난차량이 수리를 위해 정비중대에 후송되어 있었는데, 그 차량들이 급히 필요한 상황이 발생했다. 나는 그 중사에게 차량들을 인수해 전방으로 가져오라고 지시했다. 몇 시간 후, 그는 자신의 전령을 시켜 다음 날 아침에 모든 차량들을 전방으로 이동시키겠다고 보고했다.

그런데, 이튿날 장갑구난차량을 몰고 온 운전병 중 한 명이 급히 나를 찾아와 그날 저녁의 상황을 상세히 보고했고, 이내 그의 눈에는 눈물이 고였다. 그의 목소리도 겨우 알아들을 수 있을 지경이었다.

"어제 야간에 마지막 차량들까지 수리가 완료된 것을 확인하고 우리는 어느 작은 선술집에 모여 앉았습니다. 전투식량을 나눠 먹으며 우리의 미래와 가족들에 대해 이야기를 나눴습니다. 군인들이 무슨 특별한 이야기를 했겠습니까! 그때 갑자기 누군가 문을 박차고 들어왔습니다. 한 참모장교와 몇 명의 헌병이 우리를 둘러쌌습니다. 그리고는 이렇게 말했습니다. '나는 상급군사재판관이다. 쉐르너 원수께서 직접 하달하신 명령을 가지고 있다. 지금 최전선에서 우리의 용감한 병사들이 목숨을 걸고 싸우고 있는데, 너희들은 왜, 여기서 무엇을 하고 있는 거냐?' 이에 저희 소대장은 이렇게 답했습니다. '저희 연대장님이신 폰 루크 대령님의 명령에 의거, 여기 정비중대에 맡겨둔 장갑차들을 수리가 끝나는 대로 최대한 빨리 전방으로 가지러 왔습니다.' '그렇다면 너희들은 물론 그런 내용의 공문을 소지하고 있겠지?'라고 재판관은 물었고 소대장은, '저는 연대장님의 구두 명령만 받았을 뿐입니다.'라고 답변했습니다. '탈영병들과 집총거부자들 모두가 그렇게들 말하지. 총통의 이름으로, 중부집단군 사령관 쉐르너 원수의 권한을 위임받아 너에게 사형을 언도한다. 명백한 탈영이다. 총살형에 처한다.' 소대장은 깜짝 놀라 소리를 질렀습니다. '안됩니다! 그럴 수는 없습니다. 저는 전쟁 기간 내내 최전방에서 참전했습니다. 여기 보십시오. 제 훈장도 있지 않습니까!' 재판관은 이렇게 말했습니다. '그러나 지금 너는 그런 전쟁영웅이 아니야. 지금도 전방에는 병사들이 필요하다고! 이러한 위급한 시기에 귀관은 비겁하게 슬쩍 도망치려고 하고 있어. 그렇지? 판결을 내린다! 번복할 수 없어!' 그 즉시 헌병들이 소대장을 데려갔고 식당 뒤쪽의 뜰에서 사살했습니다."

그 병사는 더이상 말을 잇지 못했다.

"우리는 헌병들이 지켜보는 가운데 그를 땅에 묻어 주었습니다. 탈영병의 무덤이라며 십자가도 세우지 못하게 했습니다. 잠시 후, 재판관은 나타났을 때처럼 순식간에 사라졌습니다."

비록 적과 대치 중이었지만, 격분했던 나는 그 즉시 사단 참모부에 전화를 걸어 믿기 어려운 만행에 대해 보고 및 항의했다. 나는 그 군사재판관의 이름을 요구하며 상부에 고발하려 했다. 그러나 사단의 한 장교는 이렇게 답변했다.

"그것은 불가능합니다. 마르크스 사단장님께서도 전적으로 지지하시고 쉐르너 원수님께서도 철저히 위임하신 사항입니다."

나는 매우 당황스러웠고 그대로 물러설 수 없었다.

"이봐! 내 가장 충직한 소대장이 총살당했다고! 알아들었어? 내가 직접 보고서를 올려서라도 그 재판관을 반드시 찾아내고야 말겠어!"

전쟁에서는 패배하더라도, 그래서 비참한 종말을 맞이하는 한이 있더라도, 이렇게 억울하고 부당한 처사에 대해서는 반드시 누군가에게 책임을 묻고 싶었다. 정비중대 소속의 병사들이 그의 무덤을 제대로 정리했고 부대명의로 십자가를 설치했다. 나는 그의 부모에게 '당신의 아들은 자신의 임무를 완수하던 중 유감스럽게도 주검으로 발견되었다.'고 통지해 주었다.

공교롭게도 그 사건 이후 부대 내에 혼란이 가중되었고, 전투력이 와해되는 현상이 빈번히 일어났다. 소련군에 의해 유린당한 아군의 방어진지 일대가 특히 더 심했다. 패잔병이나 낙오병들은 포로가 되지 않기 위해, 자신의 본대로 복귀하기 위해 필사적으로 노력했다. 심리적 압박도 상당히 심했다. 특히 국민돌격대(Volkssturm)라 불린, 판저파우스트 하나만을 든 채 적 전차를 멈춰 세우라는 지시를 받은 14, 15세의 어린 병사들이 느끼는 공포심이란 이루 말할 수 없을 정도로 컸다. 그들은 적 전차가 다가오면 판저파우스트를 쏘고, 즉시 적에게 사살당했다. 전투경험이 없는 그들로서는 단지 살고 싶다는 욕망을 표출했을 뿐인데도 말이다.

우리와 같이 아직 전투력이 남아 있는 사단들은 낙오병들을 흡수해 부대원으로 편입시켰고, 그들에게 새로운 장구류와 무기를 지급했다. 그리고 우리 병사들의 사기를 저하시킬 수 있는 탈영병들에게는 형벌을 부여하기도 했다.

공황에 빠진 수많은 민간인들이 피난길에 올랐다. 여성들에 대한 강간이나 잔혹한 행위에 대한 소문을 듣기도 했다. 패잔병들은 그들이 소속되었던 사단 지역에 적 포탄이 장시간 쏟아지고, 이후 돌입한 소련군에게 유린당했다고 이야기했다. 패잔병들과 민간인, 특히 여성들로부터 그들이 겪은 참상을 들을 때면 한없는 연민을 느끼기도 했다.

즉결재판관 투입은 아무런 효과가 없었다. 독일이 전쟁에서 더이상 승리할 수 없다는 사실만은 분명했다. 히틀러의 사령부가 위치한 베를린의 제국수상 벙커에서는 연일 '목숨을 걸고 사수하라!'는 호소문과 '최후의 승리'를 위한 슬로건이 계속해서 하달되었지만, 최전선의 우리에게는 그저 조롱거리에 지나지 않았다.

2월 12일, 사단 예하 차량화부대들이 베를린-브레슬라우 간의 고속도로를 이용해 니더슐레지엔(Niederschlesien) 지역의 자간 방면으로 이동했다. 차량과 연료가 부족해서 몇 대의 차량을 왕복 운행하고, 전차와 장갑차들은 철도의 화차로 수송했다.

이날 아침, 소련군은 광정면에서 대공세를 감행하여 베를린-브레슬라우 고속도로를 횡단해서 아군의 거점을 위협했고, '브란덴부르크'(Brandenburg) 기갑사단 예하의 일부 부대는 적의 압박을 견디지 못하고 퇴각해야 했다.

2월 13일 아침, 내 전투단이 반격을 시도했다. 우리는 그 고속도로선을 확보하는데 성공했지만, 소련군이 우리의 측방으로 우회하는 상황을 막지 못했다. 그 사이에 우리를 증원했던 사단의 일부 부대와 급파된 제17기갑사단의 1개 전투단과 함께 적을 단숨에 저지하는 데 성공했다. 소련군은 그다음 날에도 지속적으로 우회 공격을 시도했고, 그 결과 우리 사단의 전력은 소부대 단위로 분산되고 말았다.

2월 17일, 소련군은 우리 사단의 일부 지역에서 돌파구를 형성했고, 그 순간 우리는 포위, 섬멸될 위기에 빠졌다. 그러나 절체절명의 상황에서 우리 독일군은 특유의 '전우애'와 '독단 발휘'로 결국 위기를 타개해냈다. 우리의 전투력이 어느 정도인지 행동으로 입증했던 최고의 순간이었다. 같은 사단 예하 제192연대의 대대장 하네스 그리밍어(Hannes Grimminger) 소령은 포위된 우리의 위기를 인식한 후, 상부의 명령이 없는 상황에서 단 1초도 주저하지 않고 우리를 구출하기 위해 행동에 나섰다. 전투 준비가 완료된 브란트(Brand) 소령의 수색대대와 몇 대의 전차들을 직접 통제하여 역습을 개시했다. 완전한 기습이었다. 기겁한 소련군은 큰 손실을 입은 끝에 퇴각했고 아군도 포위망에서 풀려났다.

3월부터 그리밍어가 제192연대의 지휘권을 직접 행사했지만, 뜻밖의 부상때문에 후방으로 이송되었다. 그는 고향에서 단기간 병원에 입원하던 중 3월 11일 백엽기사철십자장을 받았고, 3월 21일에 결혼식을 올렸다. 그러나 결혼 후 4주가 채 지나지 않은 4월 16일에 전선으로 돌아와 끝내 전사하고 말았다. 그의 부하들은 드레브카우(Drebkau)의 성(城) 내 공원에 그를 안장했고, 사단 목사인 타르노프가 장례식을 주관했다. 전쟁이 끝난 후 그리밍어는 할베(Halbe)의 전사자묘지로 이장되어, 처절했던 최후의 전투에서 목숨을 잃은 2만여 명의 장병들과 함께 그곳에 묻혔다.

필사적인 피난민의 행렬이 줄을 잇는 가운데, 이제 마지막 전투를 치러야 한다는 결의를 다졌다. 하지만 자겐 일대를 더이상 사수할 여력은 없다고 판단했다. 몇몇 온전한 기갑사단들도 포위될 위험에 놓여 있었다. 이에 쉐르너 집단군에서는 나이세(Neiße)강을 건너 철수하라고 명령했다. 후위부대들과 패잔병들, 민간인들이 강 건너 서쪽으로 이동할 수 있도록 교량 일대의 일부 통로를 개방해 두었다.

나이세강은 과거 주데텐란트의 산악지역에서 괴를리츠(Görlitz)를 거쳐 북쪽으로 흘러 프랑크푸르트의 남부에서 오더강에 합류한다. 나이세-오더강 선은 엘베강이 흐르는 드레스덴과 베를린 전방에 위치한 최후의 자연장애물이었다.

2월 20일 무렵, 연일 계속된 전투에서 기진맥진해 있던 장병들은 괴를리츠의 북부에서 나이세강을 건넜고, 즉시 저지진지를 구축했다. 한때 막강했던 몇몇 기갑사단들과 유린된 보병사단들의 병력을 재편성한 부대들이 힘을 모아 괴를리츠로부터 구벤(Guben)을 경유, 나이세강과 오더강의 합류지점까지 새로운 방어선을 형성했다. 비록 사단의 병력이 크게 감소했지만 우리가 그 방어선의 중앙을 담당했다.

코네프 원수는 단숨에 나이세강 동편까지 진출했다. 그러나 진격은 거기까지였다. 일부 전투부대가 공세적인 정찰활동을 병행하며 아군이 확보한 교량지역을 탈취하기 위해 소규모 습격만 시행했을 뿐, 본격적인 공격에 나서지 않았다. 프랑크푸르트와 퀴스트린에서 주코프 원수가 보급 문제로 공세를 중지했듯이 코네프도 같은 문제에 봉착한 듯했다. 이로써 4월 중순까지 나이세-오더강 선을 지킬 수 있었다.

사단 참모부를 방문해 대강의 전황에 대해 알게 되었다.

나이세-오더강 일대의 방어선을 구축하는 동안, 오더강 동부의 슐레지엔의 전 지역이 소련군 수중에 떨어졌다. 브레슬라우 요새지대는 포위되었고[A] 동부 글라이비

A   전쟁이 종식될 때까지 아군이 사수했다. (저자 주)

츠, 오버슐레지엔의 주요 산업지대까지도 이미 소련군이 장악했다.

아군의 방어선은 괴를리츠로부터 동부로 뻗어 있으며, 라우반(Lauban)의 북부와 브레슬라우의 남부를 거쳐 오펠른(Oppeln)에서 남부로 꺾여 타트라(Tatra)의 고지군까지 연결되어 있다. 이 방어선은 매우 취약해서, 매리쉬(Mährisch)-오스트라우(Ostrau) 일대의 체코의 산업지대를 목표로 강력한 공세가 실시될 경우에는 지탱하기가 매우 어려운 상황이었다. 코네프는 이 같은 상황의 흐름을 정확히 인식하고서 공격을 계획하는 듯했다.

1945년 3월 15일, 제1우크라이나 전선군은 오버슐레지엔 지역에서 글라이비츠 남서부를 향해 공세를 개시했다. 적의 강한 공세에 밀려 우리는 하는 수 없이 예전의 독일제국과 체코슬로바키아의 국경 산악 지대로 방어선을 옮겨야 했다. 괴를리츠에서 서쪽으로 나이세강의 방어선과 연결을 도모하기 위해서였다.

라우반 전투

히틀러는 공세로 브레슬라우를 탈환하는 계획을 수립, 하달했다. 쉐르너의 중부 집단군에게 그에 상응하는 명령을 하달하는 동안, 붉은 군대는 대규모 기갑부대를 앞세워 괴를리츠-라우반, 즉 독일군의 두 야전군의 전투지경선 일대에서 드레스덴 방면으로 돌파를 시도했다. 독일군 1개 보병사단이 사력을 다해 격렬히 저항했지만, 소련군은 라우반 일대에서 베를린-괴를리츠-오버슐레지엔을 잇는 철로를 차단하는 데 성공했다. 베를린-브레슬라우-오버슐레지엔 고속도로는 나이세강에서 이미 단절되었다. 그 결과, 오버슐레지엔 지역에 남게 된 일부 부대는 보급로가 끊겨 고립되고 말았다.

2월 22일, 사단에서는 내게 전투단과 사단 예하의 가용한 전차를 모두 동원해 즉시 라우반 서부 지역으로 이동하고 집단군 사령관 쉐르너의 직접 통제를 받을 것을 지시했다. 쉐르너의 인물됨을 고려할 때, 그리 달가운 일은 아니었다. 23일로 넘어가는 야간에 나는 그를 찾아가, 간단한 인사를 나눈 후 작전명령을 받았다.

"2월 17일 이후로 소련놈들은 라우반의 남측과 북측으로 돌파하여 드레스덴으로 향하는 통로를 개방하려고 노력 중이야. 제17기갑사단 예하 1개 전투단의 역습으로 잠시나마 적을 저지할 수 있었어. 하지만 적들은 계속해서 전차부대를 밀어 넣고 있어. 제6보병사단이 용감히 버티고 있으나 어제부터 적들은 3개 기갑군단으로 밀어붙이고 전략적으로 중요한 오버슐레지엔으로 향하는 철로를 차단했어. 자네에게 지금 즉시 제17기갑사단의 1개 전투단과 전멸된 부대에서 간신히 살아남은 전차들과 돌격포들로 구성된 1개 부대를 주겠네. 2월 24일 아침 일찍, 자네는 괴를리츠와 라우반 방면의 동쪽으로 진출해서 적의 측방을 타격하게!"

그때, 나는 앞서 언급한 '현지 즉결재판' 사태에 대해 쉐르너에게 설명하고 재판관의 처벌을 요구하려 했으나, 이미 시간이 너무 지난 일이라 그 일에 대해 언급하지 못했다. 아쉽고 후회되는 순간이었다.

연대의 임시 지휘소로 돌아오자 내가 통제해야 할 부대들이 속속 도착했다. 제17기갑사단 예하의, 어깨에 중령 계급장을 단 연대장 한 명이 나를 찾아왔다. 그는 어릴 적 플렌스부르크에서 나와 함께 학창시절을 보냈던 '슐레스비히-홀슈타인-글뤽스부르크'(Schleswig-Holstein-Glücksburg) 공작의 아들이었다. 깜짝 놀란 나는 먼저 인사를 건넸다.

"아니 이게 누군가! 여기 전방에서 뭘 하는 건가? 내가 알기로는 히틀러가 귀족의 자제나 친인척들을, 그들의 국제적인 친인척 관계 때문에 최전방에 투입하는 것을 금지했다던데?"

"물론 그랬어. 나도 최전방 지휘관으로 나가려고 수차례 신청했다가 거절당했지. 그러나 많은 지휘관들이 전장에서 목숨을 잃게 된 후부터 인사청에서 나의 지원을 조용히 처리해 주더군. 물론 상황이 좋지 않지만 지금 여기서 자네를 오랜만에 만나게 되니 반갑네."

그는 며칠 전에 전투에서 큰 전공을 세워 기사철십자 훈장을 받았고, 나는 그에게 2월 24일 새벽에 개시될 공격계획을 알려 주었다.

우리는 소련군의 측방에 기습적인 일격을 가했다. 혼비백산하는 소련군은 엄청난 피해를 입고 퇴각했다. 그동안 용감하게 버텼지만 일시적으로 후퇴했던 아군의 보병부대에게 원래의 진지를 되찾아 주었다. 그러나 아직도 라우반 일대의 철로는 폐쇄된 상태였다. 나의 전투단은 다시 쉐르너의 예비 임무를 부여받아 후방으로 철수했다. 나의 학창시절의 친구도 다시 자신의 사단으로 원복했다.

2월 말, 히틀러는 라우반 일대에서 대공세를 감행해서 브레슬라우 요새지역을 탈환하려 했다. 훗날 알게 된 사실이지만 이 작전은 히틀러가 직접 계획한 '춘계공세'(Frühjahrsoffensive)의 서막이었다. 우리 사단 내부적으로 명명된 '라우반 작전'(Operation Lauban)은 그나마 어느 정도 승산이 있었지만, 브레슬라우 요새를 탈환하는 작전은 너무나 허황된 것이었다. '춘계공세'는 망상에 가까웠다.

히틀러와 국방군 총사령부는 여전히 실제로 존재하지도 않는 사단, 또는 최신예 장비를 보유했지만 전혀 훈련되지 않은 보충병들로 편성된, 전투를 수행할 능력도 없는 '사단'들을 지도 위에서 이리저리 움직이며 돌려막으려 했다. 그리고 압도적인 우세를 확보한 소련군을 아직도 효과적으로 막아낼 수 있다는 착각에 빠져 있었다. 라우반 전투 이후 우리 연대에 '위장병 환자 대대'(Magen-Bataillon)와 '귀머거리 대대'(Ohren-Bataillon)ᴬ가 보충되었을 때는 진심으로 절망스러웠다. 이들 가운데 일부는 극심한 위장병 환자로, 군병원이나 고향에서 강제 징집되었으며 그들만을 위한 특별 취사부대를 편성해서 음식을 제공해야 했다. 괴벨스가 그토록 부르짖던 '최후의 승리'까지 '총력전을 수행'하기 위해 이제는 마지막 남은 예비자원들까지 동원해야 하는 처참한 상황이었다. 그만큼 서서히 종말이 다가오고 있음을 절감할 수 있었다.

라우반 전투에서 승리하기 위해서는 소련군은 물론, 그곳에 이미 투입된 아군 보병들까지도 철저히 속여야 했다. 특히 라우반 동부와 서부에 배치된 각 1개의 기갑군단이 전투준비를 완료하고, 쉐르너와 그의 참모들도 어느 정도 수준의 전투지휘 능력을 발휘해야 했다.

1945년 3월 2일 새벽, 우리는 공세에 돌입했다. 나의 전투단은 쉐르너의 지시에 따라 좌측의 기갑군단에 배속되었다. 88㎜ 대전차포 부대의 지원 아래 대규모 부대가 대거 투입된 그 공세는 완벽한 기습을 달성했다. 이후 3월 9일까지 지속된 치열한 전투 끝에 라우반과 주요 철로를 확보하는 데 성공했고, 소련군을 멀리 북쪽으로 몰아냈다. 이 과정에서 적군은 80대 이상의 T-34 전차를 상실했고, 야포 48문도 유기한 채 달아났다. 우리 전투단 단독으로 격파한 적 전차는 25대였고, 나머지는 제17기갑사단의 전과였다. 이로써 일단 1단계 작전목적은 달성된 것이나 다름없었다.

브레슬라우를 탈환하는 2단계 계획이 남아있었다. 그러나 앞서 언급했듯이 소련군의 압도적 전력 우세를 감안할 때, 사실상 실현 불가능한 과업이었다. 라우반 전투는 제2차 세계대전을 통틀어 보더라도 비교적 대규모 공격작전에 속하는, 독일군이 실시한 최후의 공세였다.

괴벨스는 이 전투의 성과를 과도하게 포장하여 우리 군과 국민의 전쟁 의지를 북돋우기 위한 선전으로 활용했지만, 우리의 눈 앞에 펼쳐진 광경은 너무나 암울했다. 재탈환한 마을들을 둘러보며 전쟁이 시작된 후 처음으로, 지난 몇 주간 소련군이 얼

A 위장병이나 청각장애가 있는 병사들로 구성된 부대. 소위 '최종 승리'를 위해 1943년부터 공통질환 대대나 청각장애인 대대, 경증 성신질환자 대대 등이 편성되었다. (역자 주)

마나 잔인하고 포악한 짓을 저질렀는지 직접 목격했다. 그 참혹한 광경을 평생 잊을 수 없을 정도였다. 무차별적인 성폭행을 당해 극도의 고통에 시달리던 여성들이 너무나 많았다. 무표정의 얼굴로 우리를 피하는 이들도 있었고, 울부짖으며 살려달라고 애원하는 이들도 있었다. 노년, 중년의 여성들이나 처녀들, 어린 여자아이들까지 피해자였다. 가옥들은 노략질로 텅텅 비었고 나이든 남자들은 모두 시체로 변해 있었다. 이런 참혹한 광경을 본 우리는 스스로에게 자문했다. 과연 러시아인들의 복수가 이런 것인가? 지난 4년간 목숨을 잃거나 독일로 강제로 끌려온 민간인들을 포함한 백만 러시아인들의 한 맺힌 분풀이인가? 아니면 러시아인들은 자신들이 점령한 모든 지역에서 동물적인 본능을 허용하거나 본능을 통제할 수 없다는 말인가? 우리는 결국 그 해답을 찾지 못했고, 이렇게 잔인한 심리는 결코 납득할 수 없었다.

우리들 가운데 동부지역 출신 장병들은 참혹한 만행에 한층 더 분노하고 비탄에 빠졌다. 한편으로는 이제라도 한 치의 땅이라도 되찾기 위해 더 끈질기게 싸우겠다는, 그리고 주민들이 서쪽으로 피난 갈 수 있도록 지원을 아끼지 않겠다는 각오를 다졌다.

3월 중순에 라우반에서 승리한 후, 나는 쉐르너의 통제에서 벗어나 내 참모부와 남은 전차부대들을 이끌고 사단으로 복귀했다. 사단은 괴를리츠 북부, 나이세강 변의 저지진지에 투입되어 있었다. 그즈음 부관 리베스킨트가 어떤 사건에 연루되어 곤욕을 치른 일화를 여기서 잠시 소개하고자 한다. 그는 '장군참모장교로서의 준비 과정으로 최전방 보직'을 경험해야 한다는 규정 때문에 잠시 내 휘하에서 제1대대장으로 근무했다. 2월 중순, 내가 쉐르너의 통제하에 있을 때, 리베스킨트는 후방으로 이동하던 중 적의 진출을 저지하면서 나이세강 선으로 후퇴하고 있었다. 그는 내게 당시의 상황을 이렇게 보고했다.

"5일 동안 밤낮없이 전투를 치르면서도 그다지 큰 피해 없이 조블리츠(Zoblitz)에 도달했습니다. 그곳의 나이세강 교량 일대에서 마르크스 사단장이 저를 반갑게 맞아 주었죠. 성공적인 전투지휘에 대해 치하하면서 새로운 임무를 하달했습니다. '나이세강 동쪽의 작은 교두보는 신경 쓰지 말고, 강 서쪽으로 대대를 이동시켜 진지를 점령하도록. 만일 적이 거세게 공격해 온다면 이 교두보를 포기하고 교량을 폭파하게. 교량 폭파에 관한 사항은 여기 공군 소령이 귀관을 지원할 거야. 어떤 경우에도 이 교량이 온전히 적에게 넘어가서는 안 되네. 레마겐(Remagen)ᴬ에 관한 이야기를 알고 있겠지?' 마르크스 장군의 지시는 거기까지였습니다. 저는 모두에게 단편명령을 하달하고 통신망도 이상 없음을 확인했습니다. 그 후 교량에서 약 60m 떨어진 곳에 지휘소를 설치했습니다. 실내가 무척 더웠고 피곤까지 겹쳐 잠시 눈을 붙였습니다. 그러나 정말 깊이 잠들어 버렸고, 다음 날 아침까지 일어나지 못했습니다. 누군가가 저를 흔들어 깨우더니 이렇게 말했습니다. '사단장님께서 전화 받으시랍니다.' 마르크스 장군은 몹시 화가 나 있었습니다. '오늘 새벽에 왜 교량을 폭파한 거지? 그리고 왜 이제야 내게 보고하는 건가? 자네를 군법회의에 회부하겠네. 죄명은 근무태만과 이적행위야!' 무슨 일이 있었는지 저도 의아했습니다. 부하들을 불러 확인해보니, 야간에 아군의 마지막 전차부대들이 강 서편에 도착한 직후 소련군이 그 교두보를 공략했고 탈취했는데, 곧 강 서쪽으로 넘어올 기세였다고 합니다. 그래서 공군 소령이 명령에 의거 폭파했답니다. 문제는 상황근무 중이었던 연락장교가 그 상황을 사단에 보고하는 것을 깜빡 잊어버렸다는 겁니다. 다음 날 아침, 어느 건물 지하실에서 포병연대 지휘관을 재판관으로 삼아 군사재판이 열렸습니다. 그는 재판을 간단히 끝내라는 지시를 받은 듯했습니다. 저는 그 교두보를 방어했던 중대장 비데만(Wiedemann) 중위와 함께 재판을 받았습니다. 기소 내용과 마르크스 장군이 하달한 판결의 지침은 정말 어이없는 것이었습니다. 알고 보니, 히틀러가 계획한 '춘계공세'를 실행하기 위해 총사령부에서는 그 교량이 전략적으로 매우 중요하다고 판단했다는데, 그걸 폭파했다는 이유로 저희들이 기소된 것이었습니다. 마르크스는 그 내용에 대해 저희들에게 언급한 적도 없었고, 마르크스가 폭파를 지시한 것에 대해서도 재판부에서는 전혀 모르고 있었습니다. 교량이 폭파된 것에 대해 자신에게 책임을 물을까 두려워 저희들을 희생양으로 삼아 사태를 해결하려 했던 거죠. 그러나 우리가 모든 정황의 원인을 설명했고 재판관, 군 변호사 큄멜(Kümmel)과 검찰관들이 상의를 하더니 명백한 무죄로 기소를 취하한다고 선고했습니다."

이는 마르크스가 '위신만 중시하는 비정한 측면'에서는 쉐르너 원수와 별반 다르지 않은 인물임을 드러낸 사건이었다.

폭풍 전의 고요

3월 중순이 되자, 소련군의 공중 및 지상 정찰활동이 부쩍 늘었다. 곧 최후의 대공세가 시행될 징후였다. 제1, 2백러시아 전선군의 목표는 분명 베를린이었다. 코네프 원수의 우크라이나 전선군이 어디를 지향하고 있는가에 대해서는 의견이 분분했다. 히틀러는 그들이 프라하를 경유하여 드레스덴으로 돌파할 것이며, 그 일대에서 미

A 정식 명칭은 루덴도르프 교. 연합군이 라인강 도하를 위해 장악했으나 다리 일대에서 발생한 전투와 독일 측의 폭파 시도로 인해 붕괴되었다. (저자 주)

군과 조우하여 독일 제국을 두 개로 분할, 점령하려 한다고 판단했다.

한편, 쉐르너는 코네프가 나이세강을 넘은 후 북으로 방향을 돌려 남쪽에서 베를린을 공략할 것이며, 특히 그의 경쟁자인 주코프가 베를린에 입성하기 전에 먼저 들어가려 할 가능성이 높다고 예상했다. 결국 쉐르너의 판단이 옳았다. 그러나 히틀러는 끝까지 자신의 생각을 고집했고, 코네프의 진출을 저지하기 위해 괴를리츠-라우반 남동쪽에 기계화부대를 예비대로 배치하라고 지시했다. 이에 우리 제21기갑사단을 포함하여 3개의 기갑사단이 차출되었다. 이 부대들은 향후 리젠(Riesen)산맥의 북쪽으로 이동해 '육군 총사령부의 예비대'로 전투력 회복을 위해 잠시나마 휴식을 취할 예정이었다.

4월 초, 우리는 나이세강 방어선에서 철수하여 히르쉬베르크(Hirschberg) 인근으로 이동했다.[A] 우리는 보충병과 함께, 5호 전차 판터와 정찰장갑차량 푸마를 비롯한 구축전차와 적외선 야시장비[B] 등 최신예 전투장비를 수령했다.

1945년 4월 1일, 집단군에서 '교육훈련 수준', '부대 사기와 군기', 기타 애로사항 보고를 지시했는데, 우리는 다음과 같이 답변했다.

> 나이세강변의 진지에서 훈련과 전투 후 '교육훈련 수준'이 다소 향상되었지만, 보충병들의 사격수준 및 야지훈련 경험은 매우 부족했다. 특히 연일 계속된 전투에서 많은 사상자가 발생한 부사관이 턱없이 부족했다. 보급부대 및 공군부대에서 차출해 온 보충병들의 훈련수준은 내가 원하는 조건에 전혀 부합하지 못했다.

모든 전선에서 연일 계속된 패배로 '부대의 분위기'는 매우 침체되어 있었다. 특히 장병들의 압도적인 다수가 서부 독일 출신이었고 가족의 생사를 알 수 없으므로 걱정과 근심으로 사기가 떨어져 있었다. 민간인들에 대한 소련군의 잔혹한 만행도 부대의 사기에 큰 영향을 미쳤다. 그러나 대다수 장병의 전투의지는 꽤 높았다. 지휘관들의 진두지휘와 솔선수범의 수준, 임무형 지휘 능력도 우수했고 부하들은 그런 지휘관들을 크게 신뢰하고 충직하게 명령을 이행했다.

기타 애로사항으로 연료 부족이 큰 문제였다. 종종 연료에 물이나 기름찌꺼기들이 섞여 있어서 주유를 하지 못하고 폐기해야 할 때도 있었다. 일부 부품이 빠져 있거나 엉성하게 결합된 무기들이 공급되는 경우도 나왔는데, 날이 갈수록 많은 전쟁

A 이곳은 전쟁 이전에 종종 스키를 타던 곳이었다. (저자 주)
B 공식적으로 확인된 적외선 야시장비를 지급받은 부대는 서부의 판저레어 사단 일부, 베를린 방어전 당시 클라우제비츠 사단 소속 판터 전차부대 등 극히 일부이므로, 부대 단위가 아닌 극소수의 장비만 수령했거나 저자의 착오일 가능성이 있다. (편집부)

포로들이 무기제조 공장에 투입되었으므로, 이런 문제는 그들의 사보타주(Sabotage)[A]
가 분명했다.

빌리 쿠르츠(Willi Kurz) 소령의 일화

코네프는 일부 전력으로 괴를리츠 지역에서 강력한 돌파작전을 시도하는 듯이,
소위 '양공'을 취하고 주력으로 나이세강을 건너 대공세를 시행하려 했다. 물론 대
공세의 의도를 가능한 한 은폐하려 노력했다. 아무튼 우리 사단의 일부는 괴를리츠
지역으로 계속해서 역습을 감행했다. 내 전투단 예하 빌리 쿠르츠 소령의 제2대대도
역습에 투입되었고 이 전투에서 쿠르츠가 부상을 입었다. 그는 1944년 6월 노르망
디 전투 때부터 나와 함께 한 충직한 부하이자 최고등급의 훈장까지 받은 탁월한 지
휘관이었으며, 개인적으로도 각별한 친구로서의 우정을 나눈 사이여서 그의 부상은
내게도 너무나 비통한 일이었다.

1986년 5월, 토론토(Toronto)의 마사소가(Massassauga)에 거주하던 그를 방문했을 때 듣
게 된, 그의 '로빈슨 크루소 풍 여행기'를 여기서 소개하고자 한다.

"저는 다른 부상자들과 함께 군용 앰뷸런스와 의무후송열차를 타고 이곳저곳으로
옮겨 다닌 끝에 주데텐란트의 라이트메츠(Leitmeritz) 군병원에 이르렀습니다. 체코에서
반 독일 봉기가 일어나자 우리는 1945년 5월 8일에 다시 어디론가 떠나야 했습니다. 그
즈음 크리거[B]도 부상을 입고 우리 곁으로 실려왔습니다. 우리는 유명한 휴양지인 칼스
바트(Karlsbad)[C] 방면으로 향했습니다. 그런데 그 도시는 소련군과 미군이 점령했던 지역
의 경계선상에 위치한 곳이었습니다. 우리는 내심 미군의 포로가 되기를 바라는 마음
에서 미군에게 항복했습니다. 그러나 소련군과 맺은 협정을 정확히 지키고 싶었던 미군
장교들은 우리를 칼스바트의 '소련 점령지역'으로 보냈습니다. 미군은 우리가 어떤 운
명을 겪게 될지 잘 모르는 듯했습니다. 소련군이 차지한 칼스바트는 완전히 폐허로 변
해 있었습니다. 기차역에는 3량의 의무후송열차가 서 있고, 그 사이에는 탄약을 실은
화물열차도 있었습니다. 갑자기 의무후송열차 한 곳에서 화재가 발생했고 바로 앞에
탄약 화물차까지 불이 옮겨붙었습니다. 유독가스와 열기 때문에 쓰러지기 직전이었지
만 포로인 우리가 직접, 가까스로 화재를 진압했습니다. 소련군인들은 팔짱을 긴 채 구
경만 하고 있었습니다. 오랫동안 역내에 화재의 열기가 가득했습니다. 제 옆에는 두 다

A 고의적인 파괴나 태업 등 조업방해 행위 (역자 주)
B 한때 나의 부관이었다. (저자 주)
C 현재 체코의 카를로비바리(Karlovy Vary) (역자 주)

리가 절단된 16살의 소년병이 있었는데 붕대가 없어서 14일째 같은 붕대를 감고 있었습니다. 그는 죽을 힘을 다해 고통을 참으며 미군의 '의무부대'가 와 주기를 학수고대했습니다. 아군의 의무병들도 밤마다 머리에 붕대를 두르고 우리 곁에서 잠을 잤습니다. '부상병'으로 가장하기 위해서였습니다. 소련군 병사들이 계속해서 우리의 전투화, 시계 등 소지품들을 갈취하려고 했지만, 우리는 끝까지 거부했습니다. 그들은 먹을 것도 전혀 주지 않았습니다. 걸을 수 있는 이들은 매일 민간인들에게 구걸해서 얻어먹었습니다. 어느 날 갑자기 우리들 가운데 한 명이 기발한 생각을 해냈습니다. 우리 군의관이 소련군 지휘관을 찾아가 '열차 안에 전염병이 발생했는데 어떻게 할까요?'하고 물었습니다. 그 즉시 소련군 사이에 공황사태가 벌어졌고 3량의 열차 모두 미군에게 인계해 버렸습니다. 미군 지휘관에게 자초지종을 설명하자, 그는 다행히도 우리의 '간계'를 이해해 주며, 우리가 타고 있던 3량의 열차를 '군 야전병원'으로 선포했습니다. 그러나 당시의 분위기는 특히 우리에게 매우 위험했습니다. 도처에 무장한 체코 시민들이 마치 '군인'인 양 거리를 활보하며, 자신의 조국을 강탈한 히틀러의 점령군에게 뒤늦게라도 복수를 하려는 듯 우리 독일군들을 찾아다녔습니다. 다행히도 그들과의 충돌은 없었고 그럭저럭 시간이 흘렀습니다. 며칠 후 미군의 수송 차량을 타고 독일 국경 근처의 프란첸스바트(Franzensbad)의 군병원으로 이동했습니다. 중상자들은 그곳에서 치료를 받을 수 있었습니다. 저는 14일 후 프란첸스바트 인근 마을인 에게르(Eger)의 포로수용소로 이송, 수감되었습니다. 포로수용소에는 우리 전우들로 가득했고, 3만여 명의 포로들과 하늘을 천장 삼아 지내야 했습니다. 며칠 후 갑자기 확성기에서 '빌리 쿠르츠 소령! 즉시 통제실로 오시오!'라는 소리를 들었습니다. 초소 앞에는 미군 헌병대 지프 한 대가 서 있었습니다. 누군가 꽤 묵직하고 낮은 음성으로 이렇게 말했습니다. '이봐요, 소령! 당신을 심문하기로 했소. 자, 차에 오르시오!' 어쩐지 불길한 예감이 들었습니다. 그 차를 타고 통제실 건물까지 달렸습니다. 수용소 통제실 건물 앞에는 한 젊은 장교가 서 있었습니다. '이리로 오시죠.' 내 군복에는 훈장과 계급장이 모두 그대로 달려 있었습니다. 내가 큰 방 안으로 들어서자 미군 장교들이 나란히 두 줄로 서서 나를 바라보았고, 방 맨 끝에는 기다란 탁자 하나가 있었는데 중앙에는 장군 한 명이, 그 좌우에는 고위급 장교들이 앉아 있었습니다. 나는 탁자 앞으로 끌려갔습니다. 군사재판인 듯했습니다. 그런데 무엇 때문에 끌려왔는지 도저히 납득할 수 없었습니다. 내가 그 탁자 앞으로 다가서자 그 장군과 고위급 장교들이 일어나더니 이렇게 말했습니다.

'당신이 제21기갑사단 소속의 빌리 쿠르츠 소령이오?'

'예. 그렇소.'

저는 그때까지 어찌 된 영문인지 전혀 알 수 없었습니다.

'귀관은 폰 루크 대령의 제125연대 소속이 맞습니까? 그리고 리터스호펜과 알사스 전투에 참전했습니까?'

'그렇소. 내가 경험한 전투 중 가장 치열했던 14일이었소.'

리터스호펜 전투에 참가했다는 죄목으로 처벌하려는 듯싶었습니다.

'나는 미육군 제79보병사단장이오. 리터스호펜에서 귀관과 싸운 적이 있지요. 내 옆에 있는 사람들은 나의 참모들이고, 귀관의 뒤쪽에 있는 장교들까지도 모두 당신에게 경의를 표하기 위해 모인 사람들이오. 나와 사단의 모든 장병들의 이름으로, 그 대표로 내가 용감히 싸웠던 귀관과 귀관의 용사들에게 존경과 경의를 표하오. 귀관과 귀관의 부대원들에게 언젠가 반드시 경의를 표하고 싶었소.'

마치 한 대 얻어맞은 기분이었습니다. 눈물을 보이지 않으려고 무척이나 노력했지요. 리터스호펜에서 참혹한 전투를 치른 후, 지난 몇 개월 동안 너무나 힘든 시간을 보내다 부상까지 입었는데, 이제는 갑자기 적장에게 이토록 큰 환대를 받게 되다니... 감개무량했습니다. 나는 평정심을 되찾은 후 이렇게 대답했습니다.

'장군님, 그리고 여러분, 그리고 사단의 모든 장병들에게 저희들 또한 경의를 표합니다. 일시적이었지만 여러분의 3개 대대는 포위된 상태에서 며칠을 버텼으며, 목숨을 걸고 아뗑과 리터스호펜을 지켜낸 여러분들의 용기와 강인함에 우리들도 감탄했습니다. 특히 야간에 은밀히 시행한 철수작전에서 귀하의 부대원들은 정말 귀신같았고, 우리들은 전혀 눈치채지 못했습니다. 당신들이 철수한 후 우리들은, 리터스호펜에서는 승자도 패자도 없다는 진실을 깨달았습니다. 그날 아침 우리 연대장, 폰 루크 대령께서 폐허가 된 교회에서, 다행히 온전했던 오르간으로 찬송가를 연주했습니다. 그 순간 우리 장병들과 전장의 잔혹함을 몸소 체험한 민간인들은 눈물을 흘렸습니다.'

그 장군이 다시 입을 열었습니다.

'나는 이제부터 며칠 동안 당신과 내 부하장교들과 함께 몇 가지 토의를 하고 싶소. 독일군 측의 입장에서 당신들이 리터스호펜에서 어떻게 전투를 계획하고, 준비하고 실행했는지, 당신들의 전술과 강약점, 그리고 문제점이 무엇이었는지 알고 싶소. 당신으로부터 몇 가지를 교훈을 얻을 수 있을 거라 확신하는 바요.'

깜짝 놀랐습니다. 미군은 내 얘기에 생각보다 더 큰 관심을 보였으며 소련군을 상대한 전투에 대해서도 설명해 달라고 요구했습니다. 며칠 동안 그들과 함께 앉아서 서로 의견을 나누었으며, 그 후 나는 부상자로 분류되어 즉시 수용소에서 풀려났습니다."

여기까지가 빌리 쿠르츠의 이야기이다.

1988년 초에 제79보병사단의 전투사례집, '로레인의 십자가'(The Cross of Lorraine)를 접했다. 거기에는 이런 문장도 있다.

"유럽에서 전쟁이 끝났을 때, UP통신은 뉴욕타임즈에 게재된 이야기를 보도했다. 그 제목이 바로 '쿠르츠 소령의 일화'였다."

1960년 쿠르츠는 목재 매매업을 위해 캐나다로 건너갔다. 몇 년 후 브라질로 떠났다가 다시 제2의 고향인 캐나다로 돌아갔다. 나는 토론토의 마사소가에서 그가 직접 건축한 멋진 집에서 과거를 회상하며 대화를 나눈 적도 있다. 1987년 마지막으로 쿠르츠를 만났는데, 몇 달 후에는 유감스럽게도 심근경색으로 세상을 떠났다.

1945년 3월, 전투경험이 출중한 쿠르츠 소령과 크리거 대위가 부상으로 전장에서 이탈해 몹시 아쉬웠다. 그러나 그 두 사람이 그들의 고향으로 돌아갔을 것이라는 생각에 한편으로는 매우 기쁘기도 했다.

최후의 전투

1945년 4월 초, 코네프 원수의 공격 방향이 한층 더 명확해지고 있었다. 남서쪽이 아니라 나이세강을 넘어 곧장 베를린으로 진격할 기세였다. 이에 쉐르너는 독단적으로 우리 제21기갑사단과 총통근위사단(Führerbegleitdivision)을 슈프렘베르크(Spremberg)-코트부스(Cottbus)로 이동하라고 명령했다. 그 지역은 나이세강의 서쪽, 호수와 늪지대가 많은 슈프레발트(Spreewald) 일대였는데, 그곳과 베를린의 거리는 100㎞에 불과했다. 이제는 종말이 가까운 듯했다.

4월 12일에서 13일로 넘어가는 야간에 사단의 전 병력은 긴급수송열차를 타고 북쪽으로 이동했다. 소련군의 압도적인 공중우세 때문에 오로지 밤에만 움직일 수 있었다. 4월 15일 새벽까지 첫 번째 부대들이 21량의 열차로 새로운 작전지역에 도착했다. 후속 열차 6량은 아직도 이동 중이었다. 히틀러가 뒤늦게 쉐르너의 계획을 승인하면서 제21기갑사단과 총통근위사단을 육군의 예비로 지정했다.

한편, 아군의 통신감청부대로부터 다음과 같은 정보를 얻었다.

- 주코프의 제1백러시아 전선군은 오더강의 퀴스트린 일대에 7개 야전군을, 프랑크푸르트 일대에 2개 야전군을 집결시켰다.
- 코네프는 제1우크라이나 전선군 예하 6개 야전군으로 나이세강 대안 상에서, 우리가 진지를 편성했던 그곳에서 공세 준비를 완료한 상태였다.
- 피아 전투력 비교 결과는 보병 6:1, 포병 10:1, 전차 20:1 공군 30:1 이다.

게다가 독일군 사단들은 한때 막강했던 전투력을 이미 상실했으며, 병력의 질적 측면에서도 과거에 비해 크게 떨어진 상태였다.

4월 16일, 소련군의 대공세가 시작되었을 때, 우리는 새로운 지형에 아직 적응하지 못한 상황이었다. 05:00부터 소련군은 퀴스트린과 나이세강변의 아군의 방어진지를 표적으로 40,000문 이상의 화포를 동원해 집중적인 사격을 가했다. 전투기들과 폭격기들의 지원 아래 소련군의 대규모 전차부대가 진격했고 단숨에 아군의 방어선을 돌파했다. 그 직후 순식간에 엄청난 사태들이 벌어졌다.

우리 사단과 근위사단이 즉각 역습을 시도했지만, 그 과정에서 두 사단 사이에 발생한 간격 그 자체가 심각한 위협이 되었다. 소련군은 기다렸다는 듯 정확히 그 틈을 노리고 대규모 전차부대를 투입시켰다. 우리 사단은 퇴각할 수밖에 없었고, 그 결과 소련군에게 포위될 위기에 빠져버렸다. 부세(Busse) 대장의 제9군의 주력도 우리와 함께 포위된 상태였다.

적의 압박을 견디지 못한 우리 사단은 말 그대로 갈기갈기 찢어지고 말았다. 북쪽으로 이탈한 포병단은 베를린 외곽에서 그리 멀지 않은 지역까지 밀려났고, 며칠 후에 적의 포위망을 뚫고 베를린으로 철수했다. 인접 부대였던 제192연대는 어디선가 단독으로 격전에 휘말려버렸다. 처절한 종말까지 그들과의 연락은 완전히 두절된 상태였다. 내 전투단은 마지막으로 남아있던 폰 고트베르크(von Gottberg) 소령이 지휘하는 전차부대의 지원을 받아 치열한 저지전투가 벌어지고 있던 우측방으로 이동했다. 당시 소련 기갑군이 근위사단과의 간격을 인지하고 그곳을 파고들고 있었다.

다행히 사단 지휘부와의 통신망은 아직 살아있었다. 그러나 작전명령이나 단편명령은 더이상 하달되지 않았고, 전체적 전황 파악도 불가능했다. 배후에서 포위섬멸당하는 상황을 막기 위해 나는 연대를 후방으로, 우측방으로 이동시키며 남쪽에서 북상하는 적을 저지하려 했다.

4월 16일 저녁 무렵, 우리는 그곳에 가까스로 방어선을 구축하는 데 성공했고, 야간이 되자 적은 일단 공격을 중단하고 물러갔다. 늦은 저녁 무렵에 연대정보장교가 전화기를 가져다주었다.

"사단장께서 찾으십니다."

"폰 루크입니다…."

더 이상 말을 이을 수 없었다. 누군가 다짜고짜 고래고래 소리를 질러 댔다.

"누구신가요? 잘 들리지 않습니다. 제발 고함치지 마시고 차분히 말씀해 주시죠!"

여전히 요란한 괴성만 들릴 뿐이다. 얼핏 '군사재판'이라는 단어도 들렸다.

"저는 당신이 누구신지 알 수가 없군요. 목소리를 좀 낮추고 말씀해 주십시오."

고트베르크와 부관, 연락장교는 금방이라도 포복절도할 듯한 표정을 짓고 있었다.

"나야! 사단장이야!"

이제야 한결 목소리가 부드러웠다.

"자네! 누가 전선을 뒤로 빼라고 승인한 건가?"

"여기 상황 때문에 어쩔 수 없었습니다. 제가 결심했습니다. 소련군의 진출상황과 제 우측방의 위협 때문에 전선을 조정해야 했습니다. 사단장님! 제발 여기 전방에 나오셔서 직접 상황을 보셨으면 합니다! 지휘소에서는 지금 상황을 제대로 판단하시기 어려우실 겁니다."

사단장을 제외한 우리 모든 지휘관들은 이제는 스스로가 결심을 내리고 우리 부하들을 살려야 한다는 현실을 직시했다. 마르크스도 더는 할 말이 없다는 듯 전화를 끊었다. 사단에서도 우리에게 총체적인 상황에 대해 아무런 정보를 주지 않았다. 따라서 나는 다음 날 아침 사단 참모부로 가서 사단장과 참모들이 전황을 어떻게 파악하고 있는지 알아보기로 했다. 사단 지휘소는 어느 고성에 설치되어 있었다. 성문을 열고 들어가자 정면의 커다란 로비에 놓인 탁자 앞에 참모장교 한 명이 앉아 있었다.

"좋은 아침이야! 사단장님을 뵈러 왔네."

면도도 하지 못한 지저분한 얼굴로, 흙먼지 투성이인 군복으로 그렇게 화려한 건물 내부로 들어가려는 것 자체가 결례인 듯싶기도 했다.

"사단장님께서는 아직도 주무십니다. 대령님! 제가 도와드릴 것은 없으신가요?"

"아니야. 어제 저녁에 사단장님과 고성이 오간 후 사단장님을 뵙겠다고 보고 드렸어. 시간이 별로 없어. 사단장님을 깨워 주시게."

우리 둘의 대화가 꽤 시끄러웠던 모양이다. 2층 발코니에 사단장이 나타났다. 잠옷을 입고 가운을 걸친 상태였다. 그 모습만으로도 어이가 없었는데, 그다음 행동은 참으로 실망스러웠다.

"부관! 코냑 좀 갖다 줘!"

현재의 위기에 대처할 능력도, 의지도 상실해 버린 사단장의 말과 행동이 너무나 충격적이었다.

"사단장님! 우리 사단의 상황과 총체적인 전황에 대해 알고 싶습니다. 또한, 최전선의 상황을 직접 가서서 확인해 주실 것을 건의 드리겠습니다. 지금 당장 제가 모시겠습니다. 사단의 장병들이 얼마나 힘든 상황에 있는지, 그들이 얼마나 훌륭하게 잘 버티고 있는지 정확히 알게 되실 겁니다."

"여전히 앞으로의 상황을 예측할 수 없어. 너무나 불확실해. 그 때문에 내가 여기 지휘소에 있어야 하는 거야! 그리고 자네! 폰 루크 대령! 경고하겠네! 경거망동하지 말게! 귀관은 내가 지시한 그곳에서 싸우라는 말이야. 더 이상의 독단적 판단과 행동은 용서할 수 없네!"

"사단장님! 언젠가 이 전쟁이 끝나는 순간, 제 결정과 판단이 옳았다는 것을 사단장님께서도 결국 아시게 될 겁니다!"

이렇게 우리의 대화는 끝났다. 정말 온몸에 소름이 돋는 오싹한 순간이었다.

휴전 직후 사단의 지휘관들 가운데 한 명이 직접 작성한 보고서에 따르면, 수많은 지휘관들이 포위망에서 빠져나가기 위해 독단적으로 결심하고 실행에 옮겼다고 한다. 그들은 마르크스 사단장을 체포, 구금하여 부대원들의 퇴각 승인을 요구하며, 함께 탈출하자고 강권했다. 결국 마르크스는 부하들에게 굴복하여 탈출을 시도했지만, 불행히도 실패하고 말았다. 그들은 때마침 들이닥친 연합군에게 생포되는 운명을 맞았다.

당시 오더강 일대에서 격전에 휘말린 부대들은 양측방으로부터 곧 포위당할 위기에 빠져 있었다. 그제야 히틀러는 그들의 철수를 승인했지만, 이미 너무 늦어버렸다. 소련군은 베를린-드레스덴, 베를린-프랑크푸르트를 잇는 두 개의 고속도로가 만나는 지점을 중심으로 이후 할베 포위망으로 불리게 될 포위망을 구축하는데 성공했다. 그곳은 베를린으로부터 남동쪽으로 약 80km 떨어진 지역이었다. 안타깝게도 1945년 4월 19일 저녁 무렵까지 북쪽으로 방향을 전환했던 제21기갑사단의 일부와 제9군의 주력이 그곳의 포위망에 갇혀 버렸다.

크리거의 부상으로 리베스킨트가 다시 부관이 되어 내 곁을 지켜주었다. 이날 저녁 무렵 전투가 소강상태에 접어들자 모두 녹초가 된 채 지휘소에 둘러앉았다. 라디오에서는 베를린 중심가 어느 곳에 설치된 총통의 벙커지휘소에서 방송하는 괴벨스의 목소리가 흘러나왔다. 그의 목소리는 아직도 쩌렁쩌렁했다.

"친애하는 우리 총통 각하의 생일 전야에, 선전장관인 본인은 독일 국민과 용맹한 우리의 독일군 전사들에게 호소합니다! 위대한 영웅을 믿으시오! 위대한 우리의 신을 믿으시오! 오늘의 국가적인 위기를 타개하기 위해 우리의 위대한 총통을 충성으로 따릅시다!"

괴벨스는 프리드리히 대제를 빗대어 히틀러를 찬양하고 루스벨트의 서거와 관련해서는 '연합군 수괴의 비참한 운명'에 대해 설파했다.

그즈음 서방연합국과 소련과의 사이가 틀어졌다는 소문도 퍼졌다. 아직도 히틀러에게 충성을 다하는 무리들이 의도적으로 그런 여론을 조성하는 듯했다. 히틀러도 자신이 했던 말들을 라디오를 통해 널리 유포하도록 지시했다.

"모든 사태에 대한 책임을 내가 지겠다. 만일 승리를 쟁취하지 못한다면 독일 국민은 살아남을 권리도 없다!"

정말 지나친 요구였다. 몇몇 병사들은 불만을 표출하기도 했다.

"헛소리 집어치우라고 해. 히틀러가 모든 책임을 떠안겠다고? 그러면 우리와 가족들, 폐허가 된 도시를 대체 어떻게 할 거냐는 말이야!"

우리 모두 베를린 인근의 들판에서 죽거나 포로가 될 수밖에 없음을 잘 알고 있었다. 기적이 일어나지 않는다면 그런 비극적인 운명을 피할 방법은 없었다.

4월 20일, 소련군이 360여 대의 전차와 그 두 배가 넘는 트럭들로 우리를 우회해서 북쪽으로, 즉 베를린을 향해 진격중임을 확인했다. 남쪽에서는 소련군의 전차들이 내 우측방을 공략했다. 그 이튿날 소련군은 정면에서 다시 우리를 밀어붙였고, 이에 나는 재차 전선을 뒤로 물릴 수밖에 없었다. 포위망은 점점 좁혀지고 있었다.

히틀러는 포기하기 않으려 했다. 그는 얼마 전까지 베를린 서쪽에서 미군의 진격을 저지 중이던 '벵크군'(Armee Wenck)ᴬ까지 동쪽으로 전환시켜 할베 포위망에 갇힌 부세 장군의 제9군과 합류하여 베를린을 사수하도록 명령했다. 당시 우리 전투단은 제9군의 통제 하에 있었고, 벵크의 부대는 엘베강 변의 마그데부르크(Magdeburg)에서 막 베를린을 향해 이동을 시작한 상태였으므로 우리와 그들 간의 거리는 100km 이상이었다.

나의 전투단은 사단의 후위를 맡아 천천히 북쪽으로 퇴각했고, 4월 25일에 할베 지역에 도착했다. '할베 포위전투'로 너무나 유명한 곳이다. 물론 그곳의 광경은 말로 형용할 수 없을 만큼 참혹하고 비통했다. 갑자기 부세 장군으로부터 다음과 같은 명령이 내려왔다.

"오늘 밤 귀관의 전투단에 몇 대의 전차와 장갑차를 배속시켜 주겠네. 20:00부로 베를린-드레스덴 간의 고속도로를 횡단하여 서쪽으로 공격하게. 작전목적은 베를린으로 진출 중인 제1우크라이나 전선군의 일부를 격멸하고 그 배후에 위치한 루켄발

A   발터 벵크(Walther Wenck)가 지휘하는 제12군 (편집부)

데(Luckenwalde) 지역을 확보하는 것이야. 베를린-라이프치히 간의 고속도로상에 있는 마을이지. 소련군이 돌파한 지역을 우리가 역으로 탈취해야 해. 또한, 도보로 퇴각 중인 제9군의 부대들을 서쪽으로 이동시키기 위해서 그 지역을 반드시 확보해야 하네. 다음 전투를 위해서 전투차량의 피해를 최소화해 주게. 휘발유는 모두 전투차량에 옮겨 채우거나 별도로 싣도록 하게. 이 작전이 민간인들에게 노출되어서는 안 되네. 또한, 수천 명의 피난민들로 인해 작전에 차질이 생기지 않도록 주의하게."[A]

부세 장군의 약속대로 19:00까지 정말 몇 대의 전차가 우리 집결지에 도착했다. 작지만 민첩한 '햇처'(Hetzer)[B]도 다수 증원되었다.

우리의 전투준비 상황과 이동계획의 존재를 민간인들에게 완전히 숨길 수는 없다. 날이 어두워지자, 우리를 따라 피난을 가려는 수백 명의 민간인들이 손수레와 간단한 보따리를 들고 마을의 광장에 모여들었다. 여자들과 아이들의 처량한 모습에 차마 막무가내로 그들을 돌려보낼 수도 없었다. 고심 끝에 이들을 이곳에서 격렬한 전투에 휘말리게 할 수도 없고 그렇게 해서도 안 된다고 결심하고, 안전하게 우리 뒤를 따라오라고 당부했다.

4월 25일 20:00경, 나는 전투단을 이끌고 진격했다. 지도를 보면서 계획된 통로를 따라 이동했다. 첫 번째 목표는 베를린-드레스덴을 잇는 철도가 지나는 바루트(Baruth)였다. 깜깜한 밤에 어느 울창한 숲속으로 들어갔는데, 그곳의 소로는 폭이 좁고 험해서 야간에 이동하기에 매우 힘겨웠다.

일단 초반의 이동은 순조로웠다. 베를린-드레스덴 간의 고속도로도 멀지 않은 곳에 있었다. 그 고속도로를 이용해 북쪽으로 이동하는 소련군의 보급차량들을 관측할 수 있었다. 즉각 그 도로의 북쪽과 남쪽을 차단했다. 부대 후미로 더 많은 민간인이 몰려들었다. 우리가 정지하면 그들도 멈추고, 우리가 이동하면 그들도 발걸음을 내딛었다.

자정 무렵, 바루트 근방에 이르렀다. 독일의 주요 철로 중 하나가 이곳을 통과했고, 그와 나란히 잘 포장된 도로가 북쪽으로 뻗어 있었다. 조심스럽게 삼림지대를 벗어나자 갑자기 기관총탄과 전차포탄이 빗발치듯 우리를 향해 날아왔다. 이미 소련군의 주력은 베를린 근처에 있었고 바루트 근방은 본대와 멀리 떨어진 후방이었

....

A   당시 제12군은 할베 포위망 돌파를 위해 동쪽을 향한 공세에 나섰고, 제9군은 이에 호응해 제21기갑사단의 폰 루크 전투단, 제35경 찰척탄병사단, 제10SS기갑사단 프룬즈베르크로 구성된 전투단을 선두에 세워 서쪽으로 돌파를 시도했다. 부쉐의 명령은 이 돌파시도를 의미한다. (편집부)

B   체코제 38(t) 전차를 기반으로 개발한 구축전차 (역자 주)

지만, 코네프 원수는 길게 노출된 측방 방호에 상당히 주의를 기울인 듯했다. 순식간에 격렬한 전차전이 벌어졌다. 그때 처음으로 '스탈린 전차'를 보게 되었는데, 화력이나 장갑면에서 우리 전차에 비해 훨씬 우수해 보였고, 차체가 낮아서 식별도 쉽지 않았다.

나는 야음을 이용해 부대를 재편했다. 일부 부대로 바루트 북쪽으로 우회하고, 그 후에 보병부대로 그곳을 탈취하기로 결심했다. 그 즉시 강력한 저항에 부딪혔으나 적의 저지를 뚫고 서쪽으로 계속 진격할 수 있다고 제9군사령부에 보고했다.

교통의 요지인 바루트만 확보한다면 한결 쉽게 서쪽으로 진출할 수 있을 듯했다. 한편, 상황은 매우 불리했고, 장기간의 전투를 감당할 수 있는 여건도 아니었다. 탄약은 비교적 충분했지만, 휘발유의 양은 엘베강변까지 겨우 이동할 수 있는 수준이었다. 또한, 우리가 시간을 지체하면 할수록 매우 기민하게 움직이는 소련군의 방어력은 시시각각 강화되고 있었다.

그런 여러 가지 근거로 즉시 진출을 재개하겠다고 야전군 사령부에 건의했다. 그러나 야전군에서는 내 요청을 기각했다.

"다른 부대들이 포위망에서 탈출할 때까지 대기하라!"

그때, 5호 전차 한 대가 어둠을 뚫고 나타났다. 친위대 장교 한 명이 포탑에서 뛰어내려 내게로 걸어왔다. 그는 한때 절친했던 친구이자 동기생인 뤼디거 핍코른 (Rüdiger Pipkorn)이었다.

"이게 누구야? 뤼디거! 여기에 웬일이야? 어떻게 친위대 군복을 입게 된 거야?"

"맙소사! 루크! 이게 도대체 얼마만이야? 장군참모장교 보직을 그만두고 친위대로 옮겼어. 지금은 제35SS경무(警務)척탄병사단(SS-Polizeidivision)ᴬ을 지휘하고 있어. 내 임무는 제21사단의 남쪽에서 소련군의 저지선을 돌파하는 것이었지만, 지금 상황에서는 돌파는 불가능하고 철수가 불가피. 내게는 몇 대의 판터 전차가 남아있어. 여기 상황은 어때?"

나는 핍코른에게 이곳의 개략적인 상황과 여기서 대기하라는 제9군의 명령에 대해서도 설명해주었다. 그의 반응은 예상했던 대로였다.

"정말 어이없군! 우리 등 뒤의 소련군 전력은 계속 증가하고 있어. 우리도 곧 포위될 거야. 자네 계획은 뭐야?"

"날이 밝으면 소련군이 전력을 증원하기 전에 북쪽에서 바루트를 공략하고 소련

A   직역하여 경찰사단이 표기하는 경우도 있으나, 경무사단으로 번역함. (역자 주)

군의 저지선을 돌파하는 거야. 뤼디거! 네게 부탁 하나 하자! 네 판터로 여기 진지에서 우리를 엄호해 주다가 내가 바루트에 들어서면 곧장 진격해서 들어왔으면 좋겠어. 해 줄 수 있겠니?"

"좋은 생각이야, 루크! 그렇게 하자. 더이상 적군을 서쪽으로 보내서는 안 되겠지. 내가 바루트 외곽의 상황이 어떤지 한번 보고 오겠어."

"안 돼! 절대 안 돼! 너무 위험해! 여기 나와 함께 있든지, 꼭 가려면 포복으로 은밀하게 가라. 스탈린 전차의 차체가 낮아서 겨우 포탑 정도만 보이니까, 전차로 갔다가는 피격당하기 십상이야."

핍코른은 내 충고를 뿌리치고 자신의 전차에 올랐고, 그의 전차는 숲속으로 사라졌다. 이내 깊은 숲속에서 포성이 울렸고 잠시 후 핍코른의 지휘용 전차가 서서히 모습을 드러냈다. 그 전차는 내 앞에서 멈췄는데, 포수 옆에는 핍코른의 주검이 있었다. 그가 조금만 신중했더라면, 내가 좀 더 강하게 말렸다면 그를 살릴 수 있었을 텐데… 절친했던 친구가 비명횡사하고 말았다. 아쉽고도 안타까운 순간이었다.

그 후, 우리는 북부에서 바루트를 공격하기 위해 재차 전투편성을 조정했다. 친위대 전차들까지 내가 지휘해야 했다. 공격을 개시하자 또다시 소련군의 기관총탄과 대전차포탄들이 빗발쳤다. 잠시 후에는 야포탄까지 떨어졌다. 유탄들이 나무들 사이에서 폭발했고, 그 파편들이 수백명의 민간인들까지 덮쳤다. 숲속에서 포탄과 파편을 피하느라 모두들 우왕좌왕 날뛰고 비명을 질러댔으며, 이곳저곳에서 부상자가 속출하는 등, 혼란 그 자체였다. 이후 몇 시간에 걸친 치열한 총격전에 휘말렸다. 우리는 수차례 북쪽으로의 진출을 시도했으나 결국 실패하고 말았다. 소련군이 막대한 증원전력을 투입해 우리의 진격을 저지했다. 탄약도 바닥났다. 탄약 수송차량이 우리가 위치한 곳까지 들어 올 수도 없었다. 휘발유도 부족했다. 드디어 내가 나서서 무언가 결정해야 할 순간이었다. 날이 밝기 직전 나는 중대장들을 모두 불러 모았다.

"잘 들어주기 바란다. 우리의 후방은 이미 봉쇄되었다. 탄약도 없고 휘발유도 부족한 상태다. 이제부터 내가 귀관들에게 내릴 명령은 없다. 나의 명령을 기다리지 마라. 그리고 각자 흩어져서 이곳을 벗어나도록 해라. 그리고 장갑차에 남은 연료를 모두 전차로 옮겨라. 귀관들은 소규모 단위로 야음을 이용해 보병을 전차에 탑승시켜서 서쪽으로 길을 뚫고 탈출하기 바란다. 연대 군의관은 여기 남아서 민간인을 포함한 부상자들을 치료해 주었으면 한다. 나는 부관, 연락장교와 함께 포위망 안으로 다시 들어갈 것이다. 군사령부에 상황을 보고하고 참모부에서 무언가 대책을 수립할 수 있도록 하기 위해서다. 지금까지 나와 함께 해준 귀관들 모두 대단히 고생 많았고 고마웠다! 부디 다들 몸조심하고, 끝까지 살아남길 바란다!"

부하들 한 명 한 명과 눈빛을 교환했다. 모두들 비통한 표정이었고 안타까운 순간이었다. 그러나 다들 나의 결정을 이해해 주었다. 나는 스스로 겁쟁이나 탈영병이 되기는 싫었다. 이 모든 책임을 내가 안고 싶었다. 중대장들이 서로 작별인사를 나누는 동안 나와 몇몇 전우들은 기관단총을 목에 걸고 포위망 안으로 다시 발걸음을 옮겼다.

세월이 흐른 뒤에 알게 된 사실이지만, 연대 예하 소부대들은 엘베강까지 이동한 후 그나마 다행스럽게도 미군의 포로가 되었다. 장교들과 병사들 대부분은 포로가 되었지만, 당시 여성이나 아이들의 운명에 대해서는 전혀 들은 바가 없다. 나는 몇 년 전에 수색대대장이었던 브란트 소령이 1945년에 직접 작성한 충격적이고도 감동적인 보고서를 접했다. 그가 포위망에서 탈출에 성공하기까지의 기상천외한 모험에 관한 이야기였다. 일단 나의 러시아 전역의 마지막 이야기를 끝낸 뒤, 그의 일화를 소개하기로 한다.

그날, 나를 비롯한 일부 부하들은 울창한 삼림지대를 통과해 동쪽으로 수 km를 행군한 후, 4월 26일부터 낮에는 이동을 중단하고 은거하기로 했다. 4월 27일 밤에는 다시 이동을 재개했다. 물론 먹고 마실 것이 바닥난 상태였지만, 지난 몇 시간 동안의 혼란 속에서 먹고 마시는 것 자체를 잊어버렸다. 저 멀리서 기관총 사격 소리가 들리기도 했고 동쪽에서는 차량들이 이동하는 소리가 나기도 했다. 넓은 숲길을 횡단하려고 했을 때, 대략 100m 거리에서 행군을 멈춘 소련군의 화물차량 행렬이 보였다. 어둠 속에서 소련군 병사들의 잡담 소리를 들었는데, 이동 중에 휴식을 취하는 모양이었다. 재빨리 그 길을 건넜다. 소련군 병사들은 우리를 보지 못한 듯했다. 우리는 다시 드넓은 고속도로를 횡단해야 했다. 마지막 장애물이었다. 그 사이에 날이 밝았고 이동을 중단해야 했다. 사방을 둘러보며 엄폐물을 찾았다. 몸을 숨길만한 빽빽한 수풀을 발견했다. 그 순간, 갑자기 소련군 병사들이 고함을 지르며 수풀 지역을 샅샅이 수색하기 시작했다. 그리고 점점 우리 쪽으로 다가오는 것이 아닌가! 나는 부하들에게 귓속말로 이렇게 속삭였다.

"빨리 여기를 빠져나가야 해! 여기서부터 약 80m 떨어진 저쪽 작은 나무들이 보이나? 저쪽까지 뛰어가서 숨는다!"

소련군 보병들이 일렬로 늘어서서 우리에게로 서서히 접근하고 있었다. 일촉즉발의 순간이었다. 나는 나지막한 목소리로 명령했다.

"가자!"

우리들 모두는 일거에 뛰어나가 잡목지대에 도착했지만, 그 순간 소련군에게 발각되고 말았다. 그들은 '저쪽이다! 저쪽이다!'라고 외치며 우리 뒤를 쫓아왔다. 몇몇은 달리면서 사격을 가했다. 다행히도 총탄은 우리를 피해갔다. 하지만 설상가상이었다. 그 잡목지대 뒤쪽을 바라보니 암담한 상황이 펼쳐져 있었다. 일대는 수 미터 깊이의 저지대였고, 그 뒤에는 호수가 펼쳐져 있었다. 거기까지였다. 더이상 도망칠 곳도 없었다. 나는 부하들에게 마지막 명령을 하달했다.

"무기를 호수에 던져라!"

수많은 소련군 병사들이 총구를 겨누며 우리를 둘러쌌다. 그곳에서 탈출할 수 있다는 희망은 물거품이 되고 말았다. 우리는 천천히 양손을 머리 위로 들어 올리고, 서로를 바라보며 쓴웃음을 지었다. 1945년 4월 27일 아침, 그곳에서 마침내 나의 전투가 끝을 맺었다.

마지막으로 제21기갑수색대대장 브란트 소령의 경험담을 소개한다. 그는 1945년 7, 8월 가슴 찡하고도 무척이나 힘들었던 '할베 포위전'에 관한 보고서를 작성했다. 안타깝게도 오늘날 그는 말을 제대로 할 수 없는 중병에 시달리고 있다. 나는 독자들에게 최후까지 싸웠던 장병들과 주민들이 겪은, 말로는 도저히 표현할 수 없는 극도의 고통과 고난을 전하고자 한다.

우리 대대는 4월 22일부터 베를린의 남쪽에서 소련군 전차부대와 한창 전투 중이었다. 그들은 이미 포츠담 방면으로 급습해서 베를린 주위를 완전히 포위하려 했다. '자이들리츠-부대'(Seydlitz-Truppen)가 활동을 개시하면서 우리 군부대 내에도 큰 혼란이 야기되었다.[A]

소련군의 공격계획과 작전은 매우 훌륭했다. 우리 독일군은 기갑사단과 SS기갑사단만이 격렬하게 저항했을 뿐, 보병사단들은 거의 전멸한 상태였다. 사단급 이상의 상급 지휘부는 실질적으로 존재하지 않았다. 연대장과 대대장들이 주도적으로 전투를 지휘

A 폰 자이들리츠(von Seydlitz) 장군은 스탈린그라드에서 소련군에게 투항하여 독일군 장병들에게 소련군의 포로가 되라고 설득했다. 그는 반(反)나치, 반(反)히틀러 조직인 '자유독일연맹'(Nationalkommitee Freies Deutschland)을 창단했고 '독일장교연맹'(Bund Deutscher Offizier)의 일원이기도 했다. 히틀러 체제 종식을 위해 앞장서서 부하들을 독려했으며 자이들리츠-부대의 조직원들은 소규모 단위로 독일군 부대에 침투해서 혼란을 조성하거나 소련군에게 독일군의 임무와 역습, 저지 계획을 밀고했다. 독일군 내에서 '자이들리츠-부대원'이 발각되면 현장에서 즉시 사살되었다. (저자 주)

했다. 히틀러와 총사령부의 고위직들은 절체절명의 위기를 막을 수 없음을 알면서도 그나마 남아있는 독일군 모두를 끝까지 희생시키려 했다…

(중략)

…나도 우리 부대원들도 모두 심리적으로 갈등했다! 모든 것을 책임질 각오로 탈출을 해야 할 것인가? 아니면 전장에 남아서 죽음을 택하거나 포로가 될 것인가? 마지막으로 남아있던 베를린으로의 통로를 이용해 킬호른(Kielhorn) 소위를 베를린의 가족에게로 돌려보냈다. 그의 부모에게 하나뿐인 아들이었다…

(중략)

…아군의 포병연대는 우리의 예비연료를 모두 압수하더니 북서쪽으로 퇴각해버렸다. 이로써 우리 부대의 전투력은 70%로 떨어졌다. 1시간 후, 할베의 포위망은 완전히 폐쇄되었고 우리가 전멸하는 것은 시간문제였다…

(중략)

…시간이 갈수록 상황은 더 심각해졌다. 적들이 계속해서 우리를 추격했다. 잠을 잘 수도 먹을 수도 없었다. 식량도 다 떨어졌다. 소련군은 곳곳의 우물마다 치명적인 독극물을 살포했다. 포위망은 점점 좁혀지고 있었다. 소련 공군은 하루 종일 우리가 은거한 지역을 집중폭격했다. 부하들의 사기도 현저히 떨어졌다…

(중략)

…4월 27일에는 폰 루크 연대원들이 대거 탈출을 시도했다는 소식을 접했다. 그의 연대는 거의 전멸상태였고, 포위망 안으로 들어간 루크도 포로가 되었다고 했다. 나는 27일과 28일에 두 차례나 부상을 입었다. 하지만 그 상태로 대대를 지휘해야 했다. 내가 포기하면 대대가 전멸할 위기였다. 전차연대 소속이었던 고트베르크(Gottberg)와의 약속대로 마르크스 장군을 체포하고 탈출 지시를 요구하기로 했다. 마르크스는 결국 굴복하여 우리 의견에 동의했으나 이미 시간이 늦어버려 탈출하는 데는 실패했다.[A] 각 부대마다 대규모 피해가 발생했다…

(중략)

…4월 29일 이른 새벽, 다시 탈출을 시도했다. 낙오한 2,000여 명의 장교, 병사들, 그리고 수많은 민간인들이 내 뒤를 따랐다. 공세적으로 포위망을 뚫었다. 초반에는 대성공인 듯했다. 포위망을 형성했던 소련군은 큰 피해를 입고 물러났다. 우리가 할베의 서쪽 방면의 고속도로로 진출하자 갑자기 사방에서 폭풍우처럼 적의 총탄이 쏟아졌다. 그제야 함정이라는 것을 깨달았다. 순식간에 수백 명의 사상자가 발생했다. 민간인들은 혼비백산하여 이리저리 날뛰고 비명을 지르고 있었다. 아수라장이었다. 나는 내 전차에 곧 숨이 넘어가는 세 명의 소위를 태우고 무작정 전방으로 돌진했다. 부대도 민간인도 패닉 상태에 빠졌다. 통제 불능 상태였다. 어느 숲속에 이르자 강간당한 여성들의 시체

A   나도 포로가 된 후 그 소식을 접했다. (저자 주)

가 여기저기에 널려 있었다. 세 명의 소위도 어느새 시체로 변해 있었고, 마르크스도 부상을 입었다. 다리가 잘린 채 길가에 누워있던 루에스케(Rueske)를 전차에 태웠다. 프레제 (Frese)는 복부에 치명적인 관통상을 입었다. 수많은 민간인이 자살을 택하기도 했다…

(중략)

…어느샌가 우리 상공에 나타난 소련 전투기의 폭격으로 나는 또다시 부상을 입고, 모르핀으로 고통을 견뎌야 했다. 나는 대대원들에게 모두 흩어져서 탈출하고, 군의관만 부상자들과 함께 남으라고 명령했다. 소부대 단위로 서쪽으로 빨리 탈출해서 목숨만은 건지라고 지시했다…

(중략)

…나는 병사 5명, 부상을 입은 장교 2명과 함께 3일 동안 길을 헤매다 어딘지 알 수 없는 곳에서 잠들고 말았다. 어느 순간 잠에서 깼을 때 사방에는 소련군 소속의 몽고인들로 가득했고 우리는 결국 포로가 되고 말았다. 그들은 완전히 폐허로 변한 한 마을에 설치된 소련군 기갑여단의 참모부에 우리를 인계했다. 소련군 병사들은 우리를 흘겨보며 비웃고 있었다. 포로가 된 SS소속의 장교들을 건물의 벽 쪽에 세워 놓고 사살했지만 우리는 죽이지 않았다. 포로대우도 그럭저럭 괜찮았고 소련군 군의관이 상처를 치료해 주기도 했다. KGB 요원들이 우리를 수용소로 데려갔고 그곳에는 또 다른 나의 대대원들도 있었다. 저녁마다 독일인 소녀들이 겁탈당하고 민간인들이 학대당하는 것을 그저 지켜봐야 했다. 모두들 처참한 신세를 한탄했다.

다음날, 39명의 포로가 추가로 들어왔고 그다음 열흘 동안 이 수용소에서 저 수용소로 끌려다녔다. 우리는 루켄발데에 설치된 KGB 교도소에 수감할 예정이라고 했다. 최소한의 치료와 음식물이 제공되었다. 이동 중에 인민돌격대 요원들이 학살당하는 광경을 목격하기도 했다…

(중략)

…나는 부상이 점점 더 심해져 도저히 걸을 수 없는 상태였다. 소련군은 작은 수레를 제공했고 동료들이 나를 옮겨주었다. 젠프텐베르크(Senftenberg)의 어느 야전병원으로 이송되었다. 의사들의 수준이 낮아서 수술이 불가능했다. 배고픔을 잊기 위해 모르핀을 맞기도 했다. 그 순간에도 머릿속에는 온통 소련군에게서 탈출해야 한다는 생각뿐이었다. 외상을 치료한다는 명목으로 탈출할 계획을 세웠다. 위조된 신분증도 만들어야 했다. 6월 1일, 한 간호사와 함께 죽은 민간인의 옷을 훔쳐 탈출했다. 어느 마을에 이르러 다시 체포되었지만, 또다시 탈출했다. 이번에는 주민들 사이에 숨어들었다. 그들은 우리를 극진히 보살펴 주었다. 너무나 고마운 사람들이었다. 슈타흐(Stach) 소위는 우리와 헤어져 홀로 베를린을 향해 떠났는데, 무사히 가족의 품으로 돌아갔다고 했다…

(중략)

…어느 날에는 위조된 신분증 때문에 다시 체포되어 포로수용소에 수감되었다. 3일

후에 탈출을 감행하여 비텐베르크(Wittenberg) 일대의 엘베강변에 도달했다. 부상을 입은 플로르(Flohr)가 고통을 호소하여 10일이나 휴식을 취했다. 그 후 데사우(Dessau)의 엘베강변으로 이동해서 강을 건너려다가 또 체포되었다. 이번에도 포로수용소에서 많은 이들이 총살당하고 독일 여성들이 겁탈당하는 광경을 비통한 마음으로 지켜보았다. 그래도 부상자들은 치료를 받을 수 있었다…

(중략)

…6월 말경, 우리는 술로 소련군 장교 한 명을 매수할 수 있었다. 그는 야간에 우리를 엘베강변으로 데려다주고, 초병들까지 포섭해 배 하나를 구해 주었다. 그 덕분에 결국 무사히 엘베강을 건널 수 있었다. 서쪽 강변에 도달한 후 큰 어려움은 없었다. 즉시 미군에게 자수했다.

1945년 7월 4일, 나는 가족이 거주했던 베스트팔렌(Westfalen)의 뮌스터(Münster)에 이르렀다. 시가지는 거의 100% 폐허로 변해 있었다. 그러나 다행히도 우리 집은 온전했다. 마침내 그토록 그리웠던 어머니와 재회했다. 평생 절대로 잊지 못할 순간이었다. 그 후 나는 혈액순환장애로 큰 병을 얻게 되었다…

(중략)

…'할베 포위전'을 개략적으로 살펴보면 제21기갑사단 병력의 약 15%가 사망했고, 83%가 소련군에게 생포되었으며, 겨우 2%만이 탈출하는 데 성공했다. 그토록 막강했던 제21기갑사단은 전투부대로부터 보급부대에 이르기까지 그 포위전에서 완전히 전멸하고 말았다…

…sches Kriegsgefangenenlager Nr. 518/1
Tkwibuli / Georgien (Kutaisi).

III. 소련의 포로수용소에서

1. 포로수용소로 이송되다

4월 27일 아침, 모든 것이 끝났다. 4년 이상의 시간이 흐른 뒤, 이 전쟁이 종결되었다. 거의 모든 전선에서 총성이 사라졌다. 나는 가급적이면 피하고 싶었던 동부 전선에서 종막을 맞이했다. 연합군의 노르망디 상륙작전 이후 우리 모두에게 곧 종말이 찾아오리라는 것은 분명했다. 그래도 만일 포로가 될 수밖에 없다면 어떻게 해서든 서방연합군에게 투항하고 싶었다. 적어도 그들은 제네바 협정에 따라 우리를 대우해 줄 것이라 여겼기 때문이다. 소련군은 이미 괴벨스의 '열등민족에 대한 선동'으로 자극을 받은 상태였고, 그들의 잔혹한 만행 때문에 우리는 자신의 미래에 대해 극도로 우려했다.

포로가 된 군인은 어떤 느낌일까? 부상을 입거나 목숨을 잃을 수 있는 전투상황, 그리고 여러 위험한 상황은 일단 지나갔다. 하지만 지금부터는 또 다른 고민에 봉착했다. 불안하다. 어디로 갈 것인가? 이들이 나를 어떻게 할까? 고문할까? 아니면 총살할까?

내면에서 싹트는 두려움을 이겨내고, 담대한 모습을 보이고 싶었다. 패전에 관한 생각, 다음 달, 그리고 그다음 해에 대한 내 운명에 대한 걱정과 고민을 떨쳐버리려고 노력했다. 두려움과 나약함을 보이기 싫었다. 매 순간이 힘들었지만, 그때마다 각오를 단단히 다지고 자존감 있게 행동했다. 지난 몇 해 동안 나는 연합군 포로들의 행동을 보며 감동받았던 적이 있었다. 나도 그렇게 행동하려 했다. 군인으로서 인생을 뒤돌아보는 중대한 순간이었다.

사방에서 소련군 병사들이 우리를 향해 총을 겨누며 쇄도했다. 우리는 천천히 두 손을 들어올렸다. 순간 나는 깜짝 놀랐다. 몽고인들이었다. 옆으로 째진 가느다란 눈을 가진 그들의 표정은 호기심과 탐욕, 증오심에 가득 차 있었다. 그들이 내 철십자 훈장과 시계를 갈취하려는 그때 갑자기 한 젊은 장교가 뛰어들었다.

"멈춰! 그에게서 떨어져라! 그는 '게로이'(Geroi), 영웅이다. 그에게 예를 갖추어라!"

나는 그를 응시하면서 '스파시바'(고맙다)라는 말만 되풀이했다. 전혀 예상하지 못한 소련군의 반응에 나도 깜짝 놀랐다.

그 젊고 신사적인 장교는 즉시 우리를 인접한 연대지휘소로, 한 기갑병과 대령에게 데려갔다. 내 부관과 연락장교는 다른 곳으로 끌려갔고, 나는 대령과 함께 한 농가로 들어갔다. 그 대령은 나를 안심하라며 편하게 대우해 주었다. 나는 짧은 러시아어 실력으로 그의 질문에 응했다.

"내가 보기에 너는 나와 같은 '폴코브닉'(Polkownik), 즉 대령인 듯싶다. 소속이 어디인가?"

몇 마디 대화 후 그가 누군지 금방 알게 되었다. 과거 우리가 라우반에서 어느 전차연대와 싸워 큰 피해를 준 적이 있었는데, 바로 그가 그 연대장이었다. 한때 정말 잔인한 인상을 주었던 건장한 남자가 내 앞에서 다리를 꼬고 앉아 웃고 있었다. 그가 입을 열었다.

"이봐! 이제는 공평해졌구먼! 너희들은 내 전차부대를 박살냈어. 그리곤 우리가 물러났지. 그런데 이제는 내가 너를 사로잡았군."

그는 유리잔 두 개를 가져오더니 러시아 방식대로 보드카를 가득 채워 한 잔을 내게 건넸고, 우리는 단숨에 들이켰다. 나는 내 부관과 연락장교를 어디로 데려갔는지 물었고, 그의 대답에 또 한 번 놀랐다.

"그들도 계급에 상응하는 내 부하들과 함께 있다. 우리 소련군에는 4개의 계층이 있어. 몰랐나보군. 장군과 대령, 영관급 참모장교, 대위와 중, 소위, 그리고 병사들이지. 너무 걱정하지 말게나."

계층에 따라 식사에도 질적인 차이가 있었다. 공산주의 사상에도, 국가의 조직에도 이러한 차별이 있다는 것은 미처 몰랐던 사실이었다. 독일 국방군에서는 이러한 차별은 결코 있을 수 없는 일이다.

대화를 주고받던 중 갑자기 밖에서 총성이 울렸다. 그는 벌떡 일어나더니 내게 이렇게 말하고는 즉시 밖으로 뛰어나갔다.

"부탁한다! 내가 돌아올 때까지 절대로 이 방을 나가지 마라. 너를 믿는다."

나는 창문 밖으로 상황을 살폈다. 반대편 숲에서 우리 사단 예하의 기갑수색대대 일부 부대가 포위망을 탈출하려다 적과 조우한 모양이었다. 소련군 대령은 권총을 뽑아 들고 자신의 전차승무원들에게 달려갔다. 권총으로 그들을 위협하며 전차를 출동시키라 재촉했다. 역시 아군의 탈출은 수포로 돌아갔고, 잠시 후에 그 대령은 욕설을 퍼부으며 다시 돌아왔다.

"이 멍청한 부하들은 아직도 독일군을 두려워하고 있다는 말이야."

나는 그 대령과 함께 그날 밤을 보냈다. 피로에 지친 한 병사가 밖에서 나를 감시했다. 나는 대령이 준 파피로시(Papyrossi) 담배 한 개비를 초병에게 건넸다. 그 순간 문득 이런 생각이 들었다. 낮에 그 젊은 소위와 이 대령의 태도는 내가 생각하던 소련군의 이미지와는 전혀 맞지 않았다. 독일에서 널리 알려진 그들의 만행은 의심할 여지가 없는 사실이며, 오히려 그 이상, 상상을 초월하는 수준이다. 그러나 우리도 소련군에게 엄청난 피해를 입혔고, 러시아 주민들에게도 큰 고통을 주었으며, 소련군 포로들을 가혹하게 대했다. 특히 나치스트들은 소련 영토 내에서 파괴적인 행동과 만행을 일삼았다. 그런 행동들이 반대급부로 러시아인들의 심대한 증오를 낳게 하고, 소련의 선전선동이 그런 증오심을 더욱 증폭시켰으며, 급기야 그들도 만행을 자행하게 되었다. 이는 틀림없는 사실이다. 그러나 나는 개인적으로 세계 여러 나라의 군인들을 만나본 경험을 토대로 그들 모두 한 가지 공통점을 갖고 있음을 깨닫게 되었다. 그들은 조국을 지키기 위해 이 직업을 선택했으며, 국가로부터 부름을 받았다는 것, 그리고 그들도 자신들과 다를 바 없는, 의무를 다하고자 하는 상대방의, 적국의 군인들을 존중해 준다는 것이다.

전쟁은 정치가들에 의해 시작된다. 그들은 원래부터 군국주의자들이자 군인 성향의 인물들이다. 그들에게는 희망이 없다. 하지만 이러한 장교들의 행동을 본 후 나는 장차 다가올 미래에 대해 희망을 가지게 되었다. 그다음 해부터 혹독한 시련과 고통을 견뎌야 했지만, 나는 종종 그 대령처럼 생각하고 행동하는, 수많은 소련군 병사와 장교들을 만나곤 했다. 특히 전쟁이 종식되고 선전의 효과가 서서히 시들어 가자, 더욱 많은 군인들이 신사적이며 인간적인 태도로 변해 갔다.

다음 날 아침, 그 대령이 나를 찾아왔다. 다행히도 그의 손에는 보드카가 없었다. 그는 아쉽지만 나를 포로수집소로 보내야 한다고 통보하면서 악수를 청했다. 나도 짧았지만, 그의 호의에 감사를 표한 후, 그의 부하들을 따라 그곳을 떠났다.

3일 동안 걸었다. 목적지가 어딘지 모른 채 계속 걸었고 새로운 포로들이 합류하면서 행렬이 점점 더 길어졌다. 파견된 소련군 특수부대 요원들이 우리를 감시했다. 밤에는 대개 황량한 마을에서 휴식을 취했다. 감시가 용이하도록 몇몇 좁은 가옥에 모든 포로들을 밀어 넣고 잠을 재웠다. 영국군이나 미군이 있을 것으로 추정되는 엘베강까지 30km가량 떨어진 지역인 듯했다. 탈출의 기회를 노렸고 몇 차례 기회가 있었지만, 유감스럽게도 그럴 수 없는 상황이 되고 말았다. 이날, 나는 계급과 러시아 말을 조금 한다는 이유로 포로의 대표자로 선정되었고, 그때부터 소련군 지휘관과 함께 행렬의 맨 선두에서 걸어야 했다.

몇 차례인가, 내가 감시병의 시선을 따돌리고 그 기회를 틈타 십여 명의 포로들이 숲속으로 도망칠 수 있도록 도와주었다. 그들 모두가 무사히 엘베강변에 도달하기를 바랄 뿐이다. 그러나 나는 이송되어야 하는 포로들의 숫자가 명확히 정해져 있다는 사실을 몰랐다. 다음 휴식 장소에서 소련 군인들은 몇몇 포로가 사라졌음을 인지하고는 또다시 포로들이 도망친다면 나를 사살하겠다고 위협했다. 설상가상으로 탈주한 포로들 때문에 상황은 더욱 악화되었다. 소련 군인들은 포로들의 숫자를 맞추기 위해 통과하는 마을마다 눈에 보이는 모든 민간인 남자들을 포로의 행렬에 끼워 넣었다. 안타깝게도 그들도 우리와 운명을 함께 해야 했다. 결국, 나도 동료들에게 이제는 탈출을 중단해야 한다고 설득할 수밖에 없었다. 몇몇 동료들은 건강상태가 매우 좋지 않았다. 나는 소련군 지휘관에게 행군을 시키려면 우마차를 내어달라고 부탁했고, 그는 내 부탁을 들어주었다.

며칠 후, 드레스덴의 북부에 있는 호이어스베르다(Hoyerswerda)라는 마을에 도착했다. 이 마을은 맹렬한 폭격으로 전쟁 막바지에 완전히 폐허로 변해버렸다. 이곳의 허술한 포로수용소는 시설에 약 10,000명의 포로들로 북적였다. 또다시 나는 포로들의 대표로 선정되었다. 소련군 지휘관과 접촉하고 수용소 안의 질서와 규율을 유지하도록 포로들을 통제하는 것이 내 임무였다. 절망에 빠진, 수많은 포로들을 통제하기란 쉬운 일이 아니었다. 더욱이 나의 지시에 저항하는 이들도 많았다.

"이젠 명령하지 마시오! 이젠 우리 모두 똑같은 포로잖소? 장교들은 더이상 나서지 마시오!"

최전선에서 온 장교들은 대부분 솔선수범하고 모범적으로 행동했으나, 전투를 경험하지 못한, 후방에서 근무하다 생포된 이들은 추한 모습을 보이기도 했다. 상상조차 하지 못했던 힘겨운 환경을 감내하기란 그들에게 무척이나 어려웠던 것이다.

내일의 운명보다 지금, 현재 직면한 문제들도 많았다. 식량의 질은 심각했다. 껍질도 벗기지 않은 귀리나 대부분 돼지 사료로 사용하는 어분으로 끓인 멀건 죽, 300g의 빵이 배급되었다.

나는 종종 소련군 장교와 함께 다음날 먹을 양식을 구하기 위해 인접 포로수용소와 마을을 방문했다. 그리고 차량으로 이동하던 중에 한 수용소 구석에 커피원두가 가득 찬 자루더미가 쌓여 있는 모습을 보았다. 콜롬비아산 커피였다. 나는 소련군 장교에게 저기 커피원두를 조금 가져가도 되겠냐고 물었고, 그는 별생각 없이 순순히 허락했다. 그 자루들을 차에 가득 실어서 수용소로 가져왔다. 도착하자마자 그 소련군 장교도 커피 맛을 보러 나를 찾아왔다. 물에 넣어 오랫동안 진하게 우려낸 후 그에게 건넸고 그는 맛을 보더니 이렇게 말했다.

"너희 독일인들은 정말 저질이야. 짐승처럼 이렇게 딱딱한 콩을 먹다니 웃기는 종족들이구나."

그 후, 나는 원두를 잘 보관했다가 수용소의 독일인 요리사에게 주며, 그 주 일요일에 모든 수용소 포로들에게 커피 한 잔씩을 대접하라고 일러 주었다. 동료들도 이런 절망적인 상황에서 뜻밖의 커피 한 잔에 즐거워하는 듯했다.

며칠 후, 러시아인들은 모든 포로들을 소련 땅으로 이송하기 위해 수송부대들을 집결시키기 시작했다. 밤낮으로 술에 만취해 있는 상냥한 수용소 내 러시아인 중년 의사는 좋은 정보를 내게 알려 주었다. 오직 건강한, 일할 수 있는 포로들만 소련으로 데려간다는 것이었다. 이에 포로들을 4개의 부류로 구분하여, 제1~3등급을 받으면 소련으로 끌려가고 제4등급, 즉 일할 능력을 상실한 부류는 고향으로 돌아갈 수 있다고 했다. 그때부터 그 의사와 보조원들은 모든 포로들의 건강상태를 검사했다. 이에 나는 한 가지 아이디어를 짰다. 15세 내외의 정말 어린 꼬마들, '최후의 전투'에서 대전차 무기만 손에 쥐고 전장에 투입되었던 어린아이들과 내 부하들 가운데 몇몇 병사들에게 4등급 판정을 받게 해주었다. 신체검사를 받기 전에 그들에게 수용소 외부를 4바퀴 정도 돌게 하고 무릎을 굽혔다 펴기를 몇 번 시키는 등의 방법을 써서 의사가 청진기를 갖다 대었을 때 심장박동이 너무 빠르거나 불규칙하게 했고, 그들은 4등급 판정을 받았다. 나는 그 대가로 의료물자 창고에서 순도 100% 에탄올 한 병을 얻어 와서 그 의사에게 선물했다. 다음날, 그는 만취 상태로 나타나 다시 우리를 도와주곤 했다. 그는 나의 의도를 알면서도 결코 입 밖에 내지 않았다.

모두들 출소자들에게 부탁해서라도 고향의 가족들에게 우리가 살아있음을 알리려 했다. 그러나 메모나 글로 된 문서를 맡기는 행위는 일체 금지되어 있었고, 이러한 규정을 위반할 경우에는 가혹한 처벌이 뒤따랐으므로, 출소자들에게 우리의 주소와 이름을 외우게 하는 방법 외에는 달리 방도가 없었다. 출소자들 몇몇에게 어머니께 내 소식을 전해달라고 부탁했으나, 결국에는 전달되지 못했다. 내가 집에 돌아가기 전까지 어머니와 친구들 모두 내가 생존해있다는 사실을 전혀 알지 못했다.

거의 매일 포로를 실은 트럭들이 동쪽으로 이동했다. 동료들이 떠난 수용소는 점점 적막해지기 시작했다. 마지막으로 나를 포함한 장교 포로들에게 집결하라는 지시가 떨어졌고, 그 후 기나긴 고난의 길이 시작되었다. 이제는 더이상 살아남지 못하리라는 공포와 허탈감이 밀려왔다.

약 60명의 포로가 화물열차에 올랐다. 천장과 사면이 모두 막힌 가축수송용 화차였다. 좌우에 2단으로 된 나무 침상이 있었으나, 모든 이들이 동시에 취침할 수 있는 여건은 아니었다. 열차 한가운데 용변을 위한 작은 구멍이 있었다. 작은 틈새로 약간의 빛이 들어왔지만, 밖을 내다볼 수는 없었다. 문들은 굳게 잠겨있었다. 오로지 하루에 세 번, 식사로 묽은 죽을 나눠주는 시기에만 조그마한 창문이 열렸다. 모두 고독과 사투를 벌였다. 열차가 정지하면 그 즉시 험상궂게 생긴, 증오로 가득 찬 눈빛의 경비병들이 화물칸을 향해 기관단총을 겨누었다. 그들도 이런 상황에서 우리가 탈출을 시도할까 몹시 두려워했다.

실제로 기차가 정차했을 때, 동료 한 명이 용변을 핑계로 탈출을 시도한 적이 있었다. 그가 무사히 고향으로 돌아갔을지 확신할 수는 없지만, 사살되거나 포획되지 않은 것만은 확실하다. 나는 시도 자체를 포기했다. 소련군의 경계도 삼엄했고 광활한 대지에서 살아남을 수 있을지 자신도 없었으며, 내부자들의 밀고 위험도 있었기 때문이다.

몇 날 몇 주가 흘렀다. 우리의 목적지에 대한 정보도 전혀 없었다. 기차는 계속 동쪽으로 향했다. 언젠가 정차했을 때 어디선가 '브레스트-리토프스크'(Brest-Litowsk)라는 말을 들었고, 열차가 폴란드-소련 국경선에 이르렀음을 직감했다. 거기서 우리는 소련에서 생산된, 한 대당 48명씩 실을 수 있는 18t의 화물열차로 갈아탔다. 다수의 환자들은 다시 재분류되어 그곳에 남게 되었다.

그런데 갑자기 어디선가 독일어가 들렸다.

"동지들! 우리는 스탈린그라드에서 포로가 되었다가 시베리아 수용소에서 풀려나 지금 고향으로 가는 길이라오. 주소를 메모해 주시오. 가족들에게 여러분들이 살아 있다는 소식을 전해 주겠소."

우리는 머뭇머뭇 그들에게 다가갔다. 그러나 경계병들이 우리를 제지했고 우리 모두 아쉬운 표정으로 등을 돌려야 했다.

열차가 출발했다. 여전히 우리 앞에 어떤 운명이 펼쳐질지 전혀 예측할 수 없었다. 예전에는 도저히 상상하지 못한 현실이었다. 가능하면 현재에 잘 순응하기 위해 노력했다. 맨손체조로 건강을 유지하려는 이들도 있었지만 아무 생각 없이 침상에 누워 시간을 보내는 사람들도 많았다. 열차 내에서 가장 연장자였던 나는 계급과 러시아말을 할 수 있다는 이유로 또다시 대표로 선정되었다. 따분함을 이겨내기 위해 우리 모두 각자 살아온 인생에 대해 이야기하기도 했다. 포로들 중 훗날 나와 절친한 친구가 된 해럴드 할리 몸(Harald Hally Momm)은 유명한 독일 승마선수이자 경마 챔피언이었다. 그는 히틀러에 대해 '비판적인' 발언을 했다는 이유로 대령에서 대위로 강등당하고, 악명 높은 딜레방어(Dirlewanger) SS여단으로 전출되었다. 그는 히틀러 주변의 유명 인사들과 만났던 이야기들을 늘어놓았다.

이동이 길어질수록 -이미 4주 이상 열차를 타고 있었다- 어쩔 수 없이 반복되는 일상에 더 익숙해졌다. 왜 이 전쟁에서 패배했는지에 대해 끊임없이 토론했다. 주로 나이가 든 사람들은 히틀러에게 책임을 돌렸다. 폴란드를 기습적으로 침공해서 승리하고, 또다시 프랑스를 전격전으로 물리치자, 이에 고무된 히틀러는 영국을 굴복시키기 위해 우선 소련을 무찔러야 한다고 생각했고 그 결과, 이렇게 처참한 패망을 맞게 되었다는 논리였다. 또한, 독일 장군단의 무능함을 지적하는 이들도 있었다. 적절한 시기에 히틀러를 총통에서 물러나게 하거나, 그것이 불가능했다면 적어도 제지했어야 할 자들이 그러지 못했다는 이유였다. 그들은 히틀러가 우리의 '충성 맹세'를 악용했다고 주장했다.

반면, 젊은이들은 국가사회주의 때문에 독일이 패망했다는 것을 인정하지 않았다. 아니, 강하게 거부했다. 패전의 원인을 물자와 장비의 열세 때문이었다고 주장했고, 어떤 이들은 보다 극단적으로 히틀러의 사상을 열렬히 지지하지 않았던 고위급 장군들이 패망의 주범이며, 오늘날의 참혹한 상황에 대한 책임은 1944년 7월 20일 쿠데타로 히틀러를 배신한 장군들에게 있다고 주장했다.

모두들 포로생활이 길어질수록 '제3제국'의 운명과 그 결과에 대해 보다 다양한 관점과 생각을 지니게 되었다. 그러나 한결같이 모두의 의견이 일치하는 부분도 있었다. 독일군 장병들 모두 용감히 싸웠으며 절망적인 상황에서도 자신의 조국과 가족을 보호하기 위해 노력했다는 점이었다.

이러한 자각을 통해 여러 해 동안의 포로생활 중 우리는 전선에서 온 일개 용사들까지도 올곧고 강직한 자세를 견지했고, 소련군 장교들과 감시병들까지도 우리에게 경의를 표했다.

이동 중에 처음으로 화차 안에서 사망자들이 발생했다. 스스로 단식을 선택한 이들의 영양실조가 그 원인이었다. 경비병들은 기차가 정차했을 때 그들의 시체를 화차 밖으로 던졌는데, 우리는 그 광경을 그저 지켜볼 수밖에 없었다. 그들을 묻어 주는 이들도 없었고 나중에 그들의 시체를 찾기도 힘들 것 같았다.

열차는 하루종일 달리며 끝없는 초원을 통과했다. 식량 배급을 위해 잠시 정지했을 때 따가운 햇볕을 보고 시베리아가 아닌 남동쪽으로 향하고 있음을 알게 되었다. 어느 날에는 갑자기 열차가 정지하더니 비교적 오랫동안 멈춰 있었다. 5주 동안 화차에서 단 한 번도 내리지 못한 상태였다. 문틈으로 주변을 살펴보았다. 어떤 이가 그 일대에서 전투에 투입된 적이 있다며, 크림(Krim), 또는 아조프해(Asowschen Meer) 근처일 거라고 말했다. 그때, 방역을 위한 집합신호가 울렸다.

포로들은 화차의 순서대로 방역소로 끌려갔다. 러시아인들은 전염병을 극도로 무서워했다. 그래서 포로들뿐만 아니라 소련 군인들도 머리카락을 모두 잘라냈다. 가옥들도 정기적으로 소독했고, 외부에는 백회를 칠했다. 방역절차는 매우 불편했으며 과학적이지도 않았다. 그러나 지리한 열차 이동 중 잠시 쉬어간다는 데 의의를 둔다면 불평할 일은 아니었다. 수차례 몸수색을 거친 후에도 우리는 남아있던 극소수의 소지품과 옷가지들을 제출해야 했다. 그 물건들은 별도의 방으로 옮겨졌고 우리는 벌거벗은 채 방역소로 들어갔다. 비누로 몸을 씻을 때는 마치 하늘로부터 선물을 받는 듯 상쾌했다. 방역과정을 끝낸 후 쌓여 있는 옷가지 더미에서 각자의 물건을 찾아야 했다.

승마선수 할리 몸이 자신의 물건을 찾아 헤맬 때, 모두가 박장대소했던 그 모습이 아직도 눈앞에 선하다. 그의 세련된 승마용 바지에는 엉덩이 부분에 커다란 가죽이 별도로 붙어있었다. 그러나 소독 과정에서 바지가 1/4 크기로 줄어드는 바람에 더이상 입지 못하게 되었고, 그가 소중히 간직했던 가죽장갑도 쪼그라들어 낄 수 없었다. 버리지 않으면 기념품 정도로나 쓸 법했다. 그러나 할리 몸은 바지에서 가죽을 뜯어내어 어떻게든 장갑을 다시 되살리려 노력했다.

기관총을 든 소련 군인들은 방역이 끝날 때까지 우리의 화차와 소독장 건물을 에워싸고 있었다. 그들의 표정에는 아직도 우리를 두려워하는 빛이 역력했다. 당시, 아니 지금까지도 우리의 입장에서는 불가사의했다. 물론 포로가 천여 명에 달했지만, 겨우 걸을 수 있을 정도로 수척해진 상태였으므로 탈출 시도는 자살행위나 다름없었다. 그런 우리가 소련군에게는 여전히 잠재적인 위협이었던 것이다.

러시아인들에게 우리 독일인은 공포의 대상이었고, 아직도 그런 생각이 머릿속에 깊게 뿌리박혀 있었다. 소련군의 장교도 병사도 다르지 않았다. 나 또한 여러 해 동안 포로생활을 하면서 그것이 사실임을 깨달았다. 그들에게 그런 두려움을 없애기 위해 무척이나 노력했지만, 모두 실패했다. 불신만 초래할 뿐이었다.

만일 독일과 러시아 두 민족이, 또는 서방 세계의 국민과 러시아인들이 서서히 서로 간의 벽을 허물고 서로를 이해할 수 있는 시간을 가지게 된다면, 그런 불신과 두려움을 완전히 없앨 수 있을 것이다. 지리적으로 멀리 떨어져 있다 해도 그들과 의사소통을 계속해야 한다. 그러나 성공 여부는 전제조건을 만들어 주는 정치가들의 의지와 노력에 달려 있다. 소련은 10월 혁명 이래 외부와 관계를 단절하고 있다. 오늘날[A] 나는 러시아의 새로운 젊은 세대들이 우리 서방국가의 국민과 서로의 번영을 위해 새로운 호혜관계를 형성하기를, 그리하여 전 세계에 화합과 평화가 영원히 지속되기를 희망한다.

방역을 끝내고 다시 화차로 돌아오자 열차는 다시 달리기 시작했다. 몇 차례 짧은 시간 정차해서 바깥 공기를 마시면 기분이 나아지곤 했다. 10월인데도 더웠다. 이미 멀리 남쪽에 와있는 듯했다. 물 배급량이 너무 적어서, 갈증 때문에 몹시 힘들었다. 다시 화차에 탑승했다. 이제는 화차 안에 산소가 부족한 느낌마저 들었다. 열차는 엘브루스(Elbrus) 산맥을 통과했다. 그 뒤에는 캅카스(Kaukasus)가 있다. 정확히 35일간 4면이 모두 폐쇄된 열차를 타고 이동한 끝에, 엘브루스 산맥 남쪽에 위치한 어느 소도시에 이르렀다.

1945년 9월 15일부터 10월 말까지 열차 안에 있었다. 방역을 위해 로스타비(Rostawi)와 쿠타이스(Kutais) 두 곳에서 정차한 것을 제외하면 엘브루스의 기슭에 위치한 작은 도시에 도착할 때까지 거의 화차에 갇혀 있었다. 그러나 그곳이 최종목적지는 아니었다. 우리는 다시 100명씩 탑승하는 거대한 석탄수송열차에 올라 해발 1,500m의 석탄도시인 트키불리(Tkibuli)로 향했다.

．．．．．．．．．．
A 본문의 작성 시점은 1991년이다. (편집부)

2. 캅카스 - 엘브루스 산맥의 탄광에서

엘브루스 산맥, 독일어로 눈 덮인 산맥이라는 뜻이다. 동서로 길게 뻗어 캅카스 지역을 남북으로 갈라놓았다. 산맥의 남부 캅카스 지역은 아열대의 저지대로 형성되어 있다. 최고봉인 엘브루스산의 높이는 해발 5,629m이다. 산맥의 남쪽 가장자리에는 오래전부터 페르시아와 인도를 연결해 온 전쟁, 또는 무역을 위한 도로가 있다. 남부 캅카스에는 길이가 1,300㎞에 달하는 또 하나의 산악지대가 있는데, 터키와 페르시아의 경계선이 바로 이곳으로, 최고봉은 아라라트(Ararat)산이다. 남부 캅카스에 주류를 이루는 민족, 즉 그루지아인(Georgier), 아르메니아인(Armenier)과 아제르바이잔인(Aserbeidschaner)은 고대로부터 자유를 사랑하는 사람들로 알려져 있다. 프로메테우스(Prometheus)가 쇠사슬에 묶였던 곳도, 이아손(Jason)[A]이 금양모피를 찾아다닌 곳도 바로 여기였다.

서기 4세기부터 이미 기독교가 국가적 종교였으나, 서기 800년에 이슬람이 곳곳에 세력을 확장하며 이곳에 영향을 미치기 시작했다. 12세기에는 다비드(David) 2세의 통치 하에 그루지아(Georgien)[B] 왕국이 최고의 황금기를 누렸다. 그는 티플리스(Tiflis)[C]를 도읍으로 정했고, 그 후계자인 타마라(Tamara) 여왕은 오늘날까지도 추앙받고 있다. 그루지아는 다시 몽고의 지배를 받았다. 이 왕조는 페르시아와 터키의 압박 속에서 15세기에 멸망하여 여러 봉건제후국들로 분열되었고, 국민은 생존을 위해 북쪽으로 이주했다. 그 후 러시아가 '우호조약'을 명목으로 그루지아의 지배권을 획득하였다. 이로써 러시아의 여왕 카타리나(Katharina) 2세[D]는 인도로 이어지는 자국의 오랜 숙원을 실현해냈다. 1801년에는 러시아의 알렉산더(Alexander) 왕[E]이 우호조약을 근거로

....

A 그리스 신화에 등장하는 인물 (역자 주)
B 현대의 조지아 일대, 당대의 언어를 감안해 그루지아로 표기했다. (역자 주)
C 현재 트빌리시(Tbilisi)의 옛 명칭 (역자 주)
D 예카테리나 2세 (역자 주)
E 알렉산드르 1세 (역자 주)

트키불리. 캅카스의 그루지아에 있는 이 탄광촌에서 혹독한 노역을 견뎌야 했다.

일방적으로 그루지아를 병합시켰고 그때부터 러시아어가 공식 언어가 되었다. 1860년 캅카스 민족이 러시아에 대항해 봉기했다가 잔혹하게 진압된 후 많은 이들이 척박한 산악으로 되돌아갔다. 1917년 10월 혁명 때에는 다시 격렬한 전투가 벌어졌고, 그 결과 볼셰비키 권력이 캅카스를 장악하면서 이 지역은 소비에트 연방에 편입되었다. 마치 오늘날 아프가니스탄의 상황과 유사하다. 자유를 사랑하는 민족들은 언제나 그런 운명을 겪는 법이다.

남 캅카스는 아열대성 기후로, 차르(Zar) 시대부터 휴양이나 온천욕으로 각광받았다. 오늘날까지 그 명성은 여전하다. 푸쉬킨(Puschkin), 레르몬토프(Lermontow)와 톨스토이(Tolstoi)도 10월 혁명 당시 이곳에 머물며 캅카스 민족의 자유를 위한 투쟁을 기술했고, 이곳을 파라다이스라 묘사했다. 알렉상드르 뒤마(Alexander Dumas)도 자신의 책 '캅카스 여행기'(Kaukasische Fahrt)를 '캅카스의 민족들에게 바친다.'고 썼다.

건축양식이나 주변 분위기는 매우 동양적이다. 청순하고 그림 속의 주인공 같은 아름다운 여성들이 화려한 색의 옷을 즐겨 입었다. 러시아 여성들과는 매우 대조적이다. 러시아 여성들은 하나같이 색과 모양이 똑같은 솜털 외투를 입고 남성들도 힘겨워하는 노동을 거뜬히 해내곤 했다. 그러나 이곳 여성들은 남자들에게 왼쪽 새끼 손가락의 긴 손톱을 보여주며 육체적 노동을 사양한다는 의사를 표하곤 했다.

파라다이스 같은 저지대 평원에서는 온갖 열대 과일들이 생산되고, 특히, 대부분의 지역에서 러시아 전통차를 재배한다. 엘브루스 산맥의 비탈에는 최고급 목재로 쓰이는 나무들이 자란다. 맛좋은 자연산 산딸기도 풍부하다. 러시아에서 모스크바와 레닌그라드 다음으로 티플리스의 오페라하우스도 세 번째로 유명하다.

캅카스는 20세기 초의 대혼란 속에서도 카스피해에서 유전이 발견되고, 트키불리 일대에서 거대한 석탄 탄맥과 광산이 개발되어 경제적으로도 전성기를 구가했다. 그러나 볼셰비키 체제에서 이러한 번영도 곧 시들어버리고 말았다.

그루지아인들은 제1차 세계대전 중에 독립을 되찾기 위해 마지막으로 힘을 모았다. 독일과의 보호조약을 통해 자신들의 영토를 독일에게 맡겼고, 독일과 동맹이었던 터키도 그들을 지원했다. 당시 독일군의 폰 크레스(von Kreß)는 그루지아인들의 인심을 얻는 데 성공했고, 30년이라는 세월이 흘러 내가 그곳의 포로수용소에 지내던 그때까지도 그루지아인들은 우리 독일군 포로들에게 호의적이었다.

1918년 독일이 전쟁에서 패배한 후, 그루지아는 '영국의 보호국'이 되었다. 당시 러시아가 남쪽으로 세력을 확장하려 했는데, 이는 인도의 지배권과 안전을 보장하려는 영국의 의도가 깔린 행동이었다. 영국은 혁명의 소용돌이로 약해진 소련을 압박했다. 나아가 그루지아, 아르메니아와 아제르바이잔의 독립을 인정하라고 요구했다.

1921년, 결국 소련이 재차 남부 캅카스 지역으로 군대를 파견하여 현재까지 남게 되었다. 아이러니하게도 이오시프 스탈린도 그루지아인이다. 그런 그가 종국에는 캅카스 민족을 소련에 합병시킨 것은 역사적 비극이라 할 수 있다. 과거 스탈린은 모스크바에서 국가적 중요문제를 결정하는 인민위원으로 활동했고, 자신의 민족에 관한 막강한 권한과 책임을 갖고 있었다.

1947년까지 우리와 함께 탄광에서 노역했던 그루지아인들은 1936년에 소련의 지배를 벗어나기 위한 마지막 투쟁을 감행했다. 그러나 오늘날 KGB라고 일컫는 스파이와 내부 밀고자들의 치밀한 준비와 조직적인 대응으로 인해 반소련 투쟁세력은 결국 진압되고 말았다. 우리도 그루지아인들의 지원을 받아 몇 차례 탈출을 시도했으나 KGB와 내부 밀고자들 때문에 모두 무산되었다.

몹시 수척해진 2,000여 명의 독일군 장교들은 완전히 밀폐된 화차에 타고 있어,

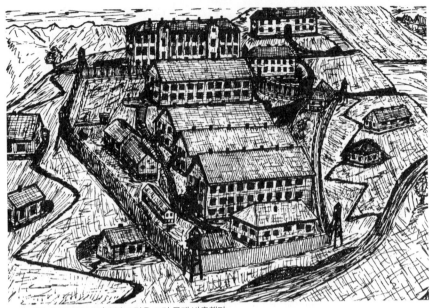

포로 가운데 한 명이 518/I호의 그림을 그려 몰래 반출했다.

그루지아의 아름다운 풍경을 구경할 수조차 없었다. 열차는 산악 계곡의 마을, 쿠타이스를 지나 서서히 산악으로 올라갔다. 35일의 여정 끝에 드디어 종착지인 해발 1,500m의 트키불리에 이르렀다.

이 마을은 대규모 광산 그 자체였다. 소련의 범죄자와 전쟁 포로들이 모두 탄광 노동자였고, 마을에는 온통 수용소들뿐이었다. 당시 518호, 훗날 7518호로 명칭이 변경된 수용소는 다시 6개의 작은 수용소로 구성되었다. 518/I호와 II호 수용소는 트키불리에 위치했다.

독일군 포로들이 수감된 518호 수용소는 트키불리에 두 개, 쿠타이스에 한 개의 작은 수용소로 편성되어 있었다. 우리 지역에 또 다른 두 개의 수용소가 있었는데, 하나는 헝가리 포로들이, 다른 하나는 일본인 포로들이 수감되었다. 이곳에는 그밖에도 악명 높은 '사클루초니'(Saklutschoni)라는 수용소가 있었는데, 러시아말로 '사방이 폐쇄된' 시설이었다. 범죄자들과 반체제 인사들이 수감되어 있는 최악의 교도소였는데, 그곳에 수감된 이들은 석방 시기는커녕 석방의 가불가조차 알지 못한 채 살아가고 있었다. 가장 놀라운 사실은 바로 러시아 군인들도 수감되어 있다는 것이었다. 전승에 큰 공을 세운 이들이지만 고향으로 돌아가기 전에 2년간 사회와 격리되어 수용소 생활을 견뎌야 했다. 독일에서 경험했을 '자본주의 사회, 서구의 퇴폐문화'를 모조리 잊게 해야 한다는 취지였다.

나를 포함한 1,500여 명의 장교들은 수용소들 가운데 중앙에 위치한 518/I호에 수감되었다. 그곳에는 이미 2,000여 명의 병사 출신 포로들이 머물고 있었는데, 그들은 호기심에 가득 찬 표정과 부정적인 시선으로 우리를 조롱하며 힐난했다.

"이제는 쓸데없는 명령 같은 걸 내리지 않겠지?"

"장교님들! 과거처럼 힘 있는 모습을 보여 봐요! 당신들도 포로들인 주제에…."

크게 거슬리지는 않았다. 그들과 함께 운명을 받아들이고 강한 의지로 뭉친다면 이러한 상황을 극복할 수 있을 것이라고 확신했다. 시간이 해결해 줄 것이며, 우리도 하나가 될 수 있다고 믿었다.

수용소 시설은 무척이나 열악했다. 높은 울타리와 함께 외곽의 구석에는 여러 개의 감시탑이 있었다. 감시탑에는 중화기를 든 군인들이 경계근무를 섰고, 탐조등이 설치되어 밤에도 주변을 훤히 비췄다. 전형적인 소련의 수용소였다. 울타리 안에는 세 동의 목조 막사가 있었고, 정상적으로 운영한다면 한 동에는 40명에서 60명 정도를 수용할 수 있었지만 포로들은 총 3,500명이었다. 어쩔 수 없었다. 실내에는 탁자 하나와 의자 몇 개가 있고, 2층 목제 침대에 얇은 짚 매트리스를 이용했다. 무쇠로 만든 스토브는 이런 고산지대에서 혹한의 겨울을 나는 데 필수적인 기구였다. 또한, 수용소 내부에는 취사장과 옷가지를 건조하거나 방역하기 위한 공간, 의무실, 60여 명이 동시에 용변을 볼 수 있는 목조 야외화장실도 있었다. 취사장 옆 식당은 각종 행사를 위해 사용되기도 했다. 수용소 외부에는 경계병 막사와 행정실, 수용소장의 숙소도 있었다.

둘째 날 아침, 우리는 독일군 하사 출신의 수용소 조장, 윱 링크(Jupp Link)와 인사를 나눴다. 25살의 나이에 작은 키와 땅땅한 체구가 특징적인 젊은이로, 수용소 내부의 질서를 유지하고 수용소장의 지시를 받아 포로들을 통제하는 역할을 맡았다. 그는 우리를 향해, 여기에서는 모든 사람이 노동을 해야 하며 대령도 예외가 될 수 없다고 말했다. 모스크바는 여기서 멀리 떨어져 있고 여기 사람들은 제네바 협약을 모른다며, 탄광에서 일할 체력이 없는 자들은 수용소 내에서 일을 해야 한다고 덧붙였다. 하사 출신인 윱 링크가 조장이라니…. 과연 그를 믿을 수 있을까? 그는 소련군에게 과연 어떤 조력을 해서 이런 직책을 맡았을까?

그는 오늘날 유고슬라비아 지역이자 과거 오스트리아-헝가리 제국의 일부였던 소위 '도나우슈바벤'(Donauschwaben)[A]출신으로 세르비아-크로아티아어와 헝가리어, 러시아어를 유창하게 구사했으며, 그 능력을 살려 일단 통역관으로 선발되었다. 그는 스스로 터득한 전형적인 소련식 수법을 발휘하여 수용소장과 그 부하들로부터 인정을 받았다. 즉 전면에 나서지 않고 배후에서 영향력을 행사하거나 다른 사람들을 이용하여 문제를 해결하는 면에서 탁월한 수완을 지녔다. 욥 링크는 우리보다 수 개월 앞서 트키불리에 왔으며, 세 개의 518호 수용소를 짓는 공사에도 참여했다고 한다.

수용소 중앙의 518/I호에 수용된 1,500명의 포로들은 이곳에 온 후 '갱도작업', 또는 수용소 외부의 건설 공사에 투입되었다. 각종 기술자, 이를테면 라디오수리공, 구두수선공과 재단사 등 특별한 재능을 가진 이들은 다른 사람들과 달리 수용소 내부에서 일했고, 기계기술자들은 갱도 공사에 차출되었다. 소련에는 숙련된 기술공이 부족했고, 기술자가 있다고 해도 일을 엉성하게 했으므로, 러시아인들은 우리의 기술자들을 최고로 대우했다.

독일인 시계수리공에 대한 재미있는 일화를 소개한다. 어느 날, 작업장에 소련 경계병이 독일에서 가져온 자명종 시계를 그에게 가져와서 이렇게 말했다.

"이 시계가 너무 크다. 이것을 두 개로 분리해서 손목에 착용할 수 있도록 작게 만들어 봐."

그 수리공이 불가능하다고 답하자 그 경계병은 소리를 버럭 지르며 그에게 총을 겨누었다.

"너 사보타지하는 거냐! 이 돼지같은 나치놈!"

그때 욥 링크가 왔고, 수리공이 자초지종을 설명했다. 욥 링크는 가까스로 경계병을 설득했고 그는 비로소 조용히 물러갔다.

다음날, 욥 링크는 새로 온 우리에게 '노역 체계'에 대해 설명해 주었다.

"여러분들은 이곳의 모든 노동을 책임지고 관리하는 소련 정부의 광산행정청(Minenverwaltung)에 임대될 겁니다. 수용소장은 인원과 노동 시간에 따라 광산행정청으로부터 일정한 금액을 받게 되며, 수용소 관리에 필요한 부대비용, 식량, 옷가지와 막사의 유지에 그 돈을 사용합니다. 사실 그 돈은 여러분 모두에게 급여로 줘야 하지만, 수용소를 유지하는데 비용이 만만치 않아요. 그래도 급여명세서는 받게 될 거요. 수용소장이 사용하고 남은 금액은 매월 각자에게 용돈으로 지급될 거고… 만일 여러분들이 출소하게 된다면 그때 사용할 수 있을 겁니다."

....
A   도나우강 지역의 슈바벤 사람 (역자 주)

고도의 위험을 감수하고 촬영한 518/1호의 사진.

순전히 이론적인 논리였고, 현실은 완전히 달랐다. 소련군 출신인 수용소장은 막대한 금액의 돈을 받아 자신이 대부분을 챙기고 일부는 몇몇 심복들에게 나눠주었다. 당시까지 포로들 가운데 어느 누구도 용돈을 받거나 급여명세서를 받지 못했다. 우리와 함께 포로로 있던 오엘슐래거(Oehlschläger)의 사례를 소개한다.

그는 중년의 공산주의자로, 처음에는 어느 유대인수용소에 수감되었다 '집행유예'를 받아 악명 높은 딜레방어 여단 소속으로 복무했고, 전선에서 소련군에게 투항한 자였다. 소련군도 그가 공산주의자였음을 알고 있었음에도 수용소에 수감시켰고, 용접공으로 광산에서 작업을 맡겼다. 대신 유일한 특전으로 다른 사람들보다 묽은 죽을 두 배 더 받았다. 1949년, 오엘슐레거는 우리들 중 최초로 출소자로 선정되어 고향으로 돌아갈 수 있었다. 그러나 석방의 대가로 자신이 일해서 번 돈의 대부분을 수용소 지도부에 지불해야 했다. 수용소 지도부가 수송장교에게 지급할 돈이었다. 게다가 소련 돈인 루블화를 독일로 가지고 들어가는 것은 불법이었고 소련과 동독 국경에서 반드시 환전을 해야 했다. 결국 단 한 푼의 소련 돈도 독일로 가져갈 수 없었다. 그는 공산주의에 대한 환멸감이 너무 컸던 나머지, 가족이 있던 동독 대신 서독행을 선택했다. 그리고 망명을 한 후에 우리에게 엽서 한 장을 보냈다.

"내가 보고 경험했던 모든 일이 지긋지긋하고 지옥 같았다. 유대인수용소에 들어가면서까지 신봉했던, 지키고 싶었던 공산주의는 그런 것이 아니었다."

몇몇 수용소에서 출소한 동료들 역시 극히 소액의 돈을 소지하고 떠났으나, 국경 지역에서 루블화를 반드시 물건으로 교환해야 했다.

다음 날 아침, 집합 신호가 울렸다. 포로들마다 작업 장소를 지정하기 위해서였다. 수용소장과 소련군 장교, NKWD간부가 욥 링크와 함께 나타났다. 소장은 큰 목소리와 손짓으로 말했고, 욥 링크가 통역을 맡았다. 소장은 우리에게 히틀러의 전범에 대해 참회하고 독일군이 소련 주민들에게 저지른 모든 잘못을 노역으로 갚아야 한다고 말했다. 마지막으로 이렇게 소리쳤다.

"모두 의사 앞으로 가라. 건강한 놈들은 탄광으로, 다른 놈들은 도로 건설장으로 간다. 모두 빨리 움직여! 해산!"

수용소의 의사는 홀랜더(Holländer) 박사[A]라 불렸고, 간호사인 부인이 그를 도왔다. 두 사람은 유대인으로, 우리에게 무척 불친절했다. 그들의 마음을 충분히 헤아릴 수 있었다. 환자들을 가능하면 빨리 완쾌시켜 노역에 참가하도록 하는 일이 그들의 임무였다. 수용소의 방역과 소독도 그들의 책임이었다. 홀랜더 박사는 매일 똑같은 잔소리를 해댔다.

"당신들! 모자로 침상 구석구석을 잘 닦으시오! 청결하지 않으면 금방 병균이 득실댈 거요!"

홀랜더 박사가 말하는 유대인의 독일어(Juddisch)는 알아듣기 어렵지 않았지만, 그와는 농담도 건넬 수 없는 사이였다.

건강검진을 끝내고 작업장 분류작업이 시작되었다. 탄광 작업이 부여된 우리에게는 간단한 작업복을 나눠주었다. 새벽, 정오, 야간 작업반으로 나눠 주 단위로 교대시켰다. 작업하는 8시간과 이동에 소요되는 4시간을 합하면 우리는 총 12시간 동안 수용소 밖에 나와 있었다. 땀으로 흠뻑 젖은 옷을 입고 지친 몸을 이끌고 돌아오면 묽은 죽 한 사발을 금방 들이킨 후 바로 침상으로 기어가 깊은 잠에 빠져들었다.

탄광에서는 안전 장구류 하나 갖추지 않은 채, 두께가 최대 15m에 달하는 석탄을 채취했다. 머리를 보호할 헬멧도 없었고, 그저 찰과상을 방지하기 위한 보호용 두건만 착용했다. 석탄이 발굴된 곳에는 임시로 목재를 이용해 천정을 떠받쳤는데, 언제 붕괴될지 예측할 수 없는 위험천만한 곳이었다.

A 홀랜더는 인명으로도, 네덜란드 출신이라는 의미로도 사용되며, 본문에서는 대상이 정확히 규정되지 않았으므로 의사의 이름으로 번역했다. (역자 주)

어느 날엔가, 나에게 독일군 포로수용소 조장을 맡으라는 말을 듣게 되어 깜짝 놀랐다. 융 링크는 상위직인 공사장 감독관으로 임명되었다. 더욱이 수용소장은 내 작업복에 대령 계급장과 기사철십자 훈장을 부착하라고 지시했다. 내 '권위'와 '지위'를 표시하기 위해서였다. 또한, 나에게는 일종의 '외출증명서'(Propusk)가 주어졌다. 별도의 통제 없이 혼자서 22:00까지 수용소를 이탈할 수 있는 특권이었다. 나의 임무 중 하나는 융 링크와 협력하여 '공산당 고위지도원'(Ober-Natschalnik)과의 연락체계를 유지하는 일이었다. 그는 탄광의 책임자로, 이 도시에서 가장 막강한 권력을 가진 인물이었다. 내가 나서서 그와 작업량에 관해서도 협상을 벌이기도 했다. 수용소장은 우리의 작업에 관해 일절 개입하지 않았다.

어느 날, 그 고위지도원과 대화를 나눌 기회가 있었다. 그는 1941년에 내가 독일군 장교로 러시아 전역에 참전했다는 이야기를 듣고는 이렇게 물었다.

"어디서 전투했었소? 어느 사단 소속이었소?"

"제7기갑사단 소속으로 사단의 중앙에서 스몰렌스크-브야즈마를 거쳐서 모스크바의 북부, 클린과 야흐로마까지 진격했었소."

"야흐로마? 정확히 언제 그곳에 있었소?"

갑작스러운 그의 관심에 나는 내심 놀랐다.

"1941년 12월, 나는 기갑수색대대를 지휘해 클린을 통과해서 모스크바-볼가 운하를 향해 진격했고, 사단의 선도부대로 야흐로마에서 그 운하를 건넜소. 모스크바까지 약 30~40km 남은 지역이었소. 당시에 정말 재미있는 일을 경험해서 잘 기억하고 있소. 몸을 녹이기 위해 작은 음식점에 들어갔는데, 식탁 위에는 김이 모락모락 나오는 주전자와 막 요리된 음식이 있었소. 누군가 아침식사를 하려고 했던 모양인데, 너무나 배가 고팠던 우리가 순식간에 먹어치웠소."

갑자기 그가 큰소리로 호탕하게 웃었고 나는 멈칫했다.

"그건 내 아침식사였소. 나는 예비역 대령이오. 당신들의 기습공격에 당황한 나머지 야흐로마와 내 식사를 포기했소. 세상이 너무 좁구려. 대령! 그때 우리를 기습했던 당신이 이제 포로가 되었군. 나도 전쟁이 끝나고 우연히 이곳에 오게 되었소. 당신네 수용소장이 당신들에 관한 모든 것을 책임지고 나는 당신들의 작업에만 관여할 수 있지만, 혹시 당신이 원하는 바가 있다면 내가 선처해 주겠소."

다만 아쉽게도 서로 만나려 해도 길이 엇갈려서 그를 자주 보지는 못했다.

얼마 후, 나는 수용소 조장직을 그만두게 되었다. 포로수용소장과 지휘부도 교체되었다. 라로쉐(Laroche) 대령이라는 자가 트키불리 지역의 6개 수용소 전체를 총괄했다. 그는 러시아로 망명한 위그노(Hugenotten)가문 출신이었다. 다만 우리와 그 사이에 직접적인 만남이나 관계는 없었다. 우리가 수감된 518 수용소장은 그루지아인으로, 소련군에서 근위대장(Gardehauptmann) 직책을 수행했던 삼차라드제(Samcharadse)라는 자였다. 수용소 부소장은 러시아인 현역 대령이었다. 이들 모두 NKWD 요원의 감시를 받았다. 물론 그 요원은 악명 높은 '검은 네나'(Schwarze Nena)에 소속된 아르메니아 출신의 정치장교였다.

어느 날, 삼차라드제가 나를 불렀다. 그는 수용소 내에 친위대 장교들과 독일에 맞서는 저항군의 소탕작전에 참가한 군인들, 그리고 방첩대원들이 있는지 묻고, 있다면 그들의 이름을 대라고 추궁하며 그 대가로 특식과 여타의 특권을 주겠다고 제안했다. 그의 옆에는 NKWD 요원도 있었는데, 그는 시종 나를 의심의 눈초리로 바라보았다. 나의 대답은 한결같았다.

"수용소 내에 그런 부대 출신자에 대해서는 아는 것이 없소."

물론 나뿐만 아니라 다른 동료들도 포로들 가운데 친위대, 또는 방첩대원이 있다는 사실과 누구라는 것 정도는 알고 있었다. 그러나 나를 비롯한 동료들은, 모든 독일인 포로들이 똑같이 존중받아야 하고, 만일 누군가가 어떤 전쟁범죄를 지었다면, 그리고 죗값을 치러야 한다면, 출소 후 소련이 아닌 독일에서 재판을 받아야 한다는 데 동의했다. 오늘날까지도 그 생각엔 변함이 없다.

그들은 내게 생각할 시간을 주었지만, 그 후에도 그들이 원하는 명단을 주지 않았다. 그 이유로 나는 조장직을 그만두고 일상복과 작업복에 붙였던 계급장과 훈장을 떼야 했다. 나는 다른 이들과 같은 지위로 돌아갔으나 마음만은 한결 편했다. 욥 링크가 다시 조장이 되었다.

수용소의 위생환경은 매우 엉망이었다. 주기적인 소독과 방역, 백회칠 외에는 아무것도 제공되지 않았다. 밤마다 목재로 된 침상에 우글거리는, 천장에서 떨어지는 수천 마리 빈대들에게 시달렸다. 빈대들이 높이 기어오르지 못하게 하기 위해 탄광에서 오래된 깡통에 석유를 채워 몰래 가져와 침상에 석유를 발랐다. 몇 주마다 침상을 야외로 옮겨 미리 준비한 인두로 빈대를 태워 죽이고 유충들까지 모두 없애기도 했다. 1년 내내 끝도 없는 절망적 고난의 연속이었다.

배급된 식량도 부실했다. 배가 고파도 참고 견뎌야 했다. 하루 300g의 빵이 배급되었는데, 실상 물이 30% 이상 함유되어 있었다. 몇몇 포로들은 화가 난 나머지 빵을 수용소 벽을 향해 집어 던졌는데, 빵이 벽에 그대로 달라붙곤 했다. 묽은 죽은 기장, 옥수수 외에는 어떤 영양분도 없었다. 그런 빵과 묽은 죽이 우리의 주식이었다. 이따금 생선이 나오기도 했다. 비난트(Winand)라는 친구는 추가적인 영양분을 섭취하기 위해 생선 대가리를 삶아서 먹거나 생선뼈를 볶아 먹었다. 버터도 배급되고 그 외에 소량의 설탕과 마코르카(Machorka) 담배도 나왔지만, 모든 동료들이 나눠 가져야 했다. 1인당 일일 13g의 설탕과 10g의 담배를 받을 수 있었다. 지방, 조미료는 물론 비타민 같은 영양분이 포함된 음식은 전혀 없었다. 그 결과, 영양실조에 의한 사망자들이 속출하기 시작했다. 문명의 발달로 서방 세계에서 흔히 발생하던 질병은 없었지만, 거의 모든 포로들의 다리에 물이 차 있었다. 가슴에 물이 차 있는 사람들도 있었는데, 그들은 곧 세상을 떠날 듯했다. 지방결핍으로 유발되는 장염으로 인해 사망하는 포로들도 있었다. 의료진도 속수무책이었다.

포로들 가운데 군의관들도 있었다. 그들은 수용소장에게 수차례 항의했다. 식량의 질이 개선되지 않는다면, 지금과 같은 수준의 배급이 계속된다면 노역자들이 줄어들 것이라고 경고하기도 했다. 그러나 모스크바에서 배급량을 결정하므로 어쩔 수 없다는 궁색한 답변만 돌아왔다. 급기야 그들은 '독일의 제국주의 전쟁' 때문에 소련의 식량 사정이 나빠졌다며 우리를 향해 욕을 퍼붓기도 했다. 종종 전염성 강한 파라티푸스(Paratyphus)라는 질병이 퍼질 때면 그 병에 걸린 이들은 대부분 세상을 떠났다. 러시아인들은 특히 전염병에 대해 크게 두려워했으므로, 그런 병에 걸린 환자들은 엄격히 격리 수용되었다.

어느 날 밤, 내 침상에 누군가가 다가왔다. 갓 20살이 넘은 중위, 그라프 호엔로에(Graf Hohenlohe)였다. 그는 파라티푸스로 격리병동에 있다가 정신착란 증세까지 보여 중환자수용소로 격리되었다. 그곳에 있어야 할 호엔로에가 어떻게 여기까지 온 걸까? 문을 어떻게 열고 나온 걸까? 경계병이 졸고 있는 사이에 여기까지 온 걸까? 우리는 즉시 러시아인 의사를 불렀다. 우리까지 파라티푸스에 전염될까 극도로 두려웠다. 호엔로에는 이틀 뒤에 숨을 거뒀다.

한 번은 평생 잊지 못할, 처절한 광경이 바로 눈앞에서 벌어졌다. 이른 아침 병동, 앞에 낡은 수레가 있었고 그 위에는 시체들이 수북했다. 몹시 수척한 포로들이 그 수레를 수용소 밖으로 끌고 나갔다. 그들은 황량한 들판에 구덩이를 팠고 그 시체들을 묻었다. 각자의 무덤을 만들고 십자가와 이름을 표기하는 것 자체가 금기사항이었다. 우리는 작은 메모지에 그들의 이름을 적었지만, 메모지의 소지도 금지된 행동이었고, 규칙적인 소지품 검사 때마다 압수당하곤 했다. 그래서 우리 모두는 한 명, 또는 두 명의 이름을 외웠다가 언젠가 살아서 고향에 돌아가면 사망자의 가족들을 찾아 어떻게 죽었는지 소식만이라도 알리기로 했다. 단 2년 만에, 특히 엘브루스 산악지대에서의 혹독한 겨울이 지난 후, 절반 이상의 포로들이 목숨을 잃고 말았다.

1945년과 46년에도 식량 사정은 그리 좋지 못했다. 소련 군인들뿐만 아니라 민간인들의 식량도 우리와 비슷한 수준이었다. 적어도 형평성 차원에서는 인정할 만했다. 그러나 러시아인들은 주변의 농부들로부터 옥수수, 달걀, 기장 등을 구매하기도 했고, 작은 시장에서 다른 식료품들을 구할 수도 있었다.

운 좋게도 중병에 걸리지 않고 살아남은 자들도 많았다. 나도 그중 하나였다. 우리는 고향에 돌아갈 수 있다는 희망을 단 한 번도 포기한 적이 없었다. 2년이 지나자 그곳의 풍토에 완전히 적응할 수 있었다. 항상 허기에 시달렸지만 살아서 움직일 힘을 유지하기 위해 노력했다. 내 생각에도 참으로 놀라운 일이었다.

수용소에는 단 한 명 뿐인 독일인 치과의사가 있었다. 홀랜더 박사가 그를 시종 감시했다. 그의 유일한 도구는 천공기였는데, 자동이 아닌 수동이었다. 마취제도 없어서 썩은 이를 뽑을 때 매우 고통스러웠다. 경계병들은 치과의사를 이용해 잔혹한 만행을 저질렀다. 우리에게 입을 벌리라고 한 뒤 금니나 금박을 씌운 이가 있는지 확인했다. 만일 하나라도 발견하면 치과의사와 홀랜더 박사에게 데려갔고, 반항할 수 없도록 사지를 묶은 후 펜치로 이를 뽑았다. 그리고 금 조각을 내다 팔아 자신들의 생활비에 보탰다. 나 또한 그런 만행의 피해자였고, 고향으로 돌아온 후 아래턱을 끌로 갈아야 했다. 잇몸이 모두 곪아 있었고 치근까지 완전히 썩어서 대수술을 받았다.

또 하나, 기억에 남는 사건이 있었다. 모스크바에서 장교 출신 포로에게는 빵과 죽, 20g의 버터와 약간의 설탕을 더 주라는 지시가 떨어졌다. 윱 링크를 통해 우리는 수용소장에게 병사들과 똑같이 대우해 달라고 요청했다. 모스크바는 그 요구를 거부했다. 윱 링크는 400명의 장교로부터 서명을 받아서 결국 추가적인 식료품을 수용소 전체에 똑같이 배분하는 방안을 관철시켰다. 과거 독일군에서는 당연한 일이었지만, 러시아인들의 사고방식을 이해하기 어려운 사건이었다.

나는 수용소 조장에서 물러난 후, 탄광작업반에 배치되었다. 꽤 건강했고 기분도 나쁘지 않았다. 아니, 큰 부담을 덜어서 기뻤다는 표현이 적절하겠다. 더 이상의 특별 대우를 받지 않아서 좋았다. 오히려 더는 위험하고 내키지 않는 일들을 할 필요가 없었다. 그동안 포로들과 수용소장, 소련군들 사이에서 난감한 상황들이 많았다. 결정적인 순간에는 위험을 무릅쓰고 포로들을 도와야 했고, 때로는 수용소장의 '기분'도 맞춰 주어야 했다. 젊은 욥 링크가 얼마나 어려운 입장인지 잘 이해할 수 있었다. 그제서야 욥이 우리 모두에게 얼마나 고마운 사람이었는지를 깨닫게 되었다.

내가 일했던 주 갱도는 서유럽 광부들도 상상하기 어려운, 두께가 15m에 달하는 단단한 암반지대였다. 빛깔이 좋고 두꺼운 대량의 석탄들이 채굴되었다. 광산은 마치 석탄 저장고 같았다. 광산에서는 러시아인, 그루지아인들과 함께 일했다. 이들은 숙련된 광부였고, 종종 마지막 남은 빵을 우리와 함께 나눠 먹는 따뜻한 인간미도 겸비한 사람들이었다.

수용소 간부들과 경계병들은 내가 '외출증명서'를 반납하지 않았다는 사실을 잊고 있었고, 그래서 나는 내가 원할 때 언제든 수용소 밖으로 나갈 수 있었다. 그동안 어느 정도 친분을 쌓았던 몇몇 경계병들은 내게 시장에서 무언가를 구입해 달라고 부탁하며 나를 믿는다는 의미로 돈 몇 푼을 건네곤 했다.

소련의 모든 공장에서 그렇듯, 탄광에서도 일일 단위로 채굴해야 할 '할당량'이 정해져 있었다. 육체적으로 매우 힘겨웠고 정신적으로도 피폐한 상태였지만 우리는 독일인 특유의 책임감과 정확성으로 부여된 일은 반드시 완수했다. 작업 초반부터, 정해진 시간 이전에 할당량을 모두 해치우곤 했다. 그러던 어느 날 한 작업팀이 할당량을 초과했다. 그러자 갑자기 러시아인들이 달려가 그들에게 버럭 화를 냈다.

"당신들 미친 거 아니오? 한 번만 더 할당량을 초과하면 다음 날부터 즉시 할당량을 높일 거요! 그렇게 해도 봉급은 단 한 푼도, 1g의 빵도 더 받지 못할 거요. 할당량만 채우라는 말이오. 그걸로 충분해요!"

소련에서 체득한 또 하나의 교훈이었다.

한편 몇몇 러시아인들, 대개 탄광 지도부가 '반동분자'(Saklutschonis)라 부르는 이들은 열악한 처우에 저항하는 마음으로 할당량을 채우지 않거나 노역 자체를 거부하기도 했다. 그에 대한 탄광 지도부의 대응은 매우 단순했지만 효과는 만점이었다. 지도부는 '수송에 문제가 있다.'라는 이유로 그런 이들에게 며칠 동안 빵을 배급해 주지 않았고, 그러자 며칠 후 즉시 할당량은 채워졌다.

탄광의 안전 대책은 매우 열악했다. 모스크바의 중앙 정부도, 그 통제를 받는 지방의 행정관청도 전혀 관심을 갖지 않았다. 보호헬멧과 같이 필수장비들과 기타 물자들을 캅카스까지 보내거나 받으려는 의지조차 없었다. 죄수와 포로들에게 그런 것들은 사치라고 생각했던 것이다. 그런 열악한 환경에서도 석탄채굴 작업 중에 중상자나 사망자가 발생하는 사고는 거의 없었다. 운이 좋아서였을까? 오늘날까지도 납득하기 어려운 일이었다.

겨울의 추위는 극히 매서웠다. 몇 개월 동안 우리 힘으로 수용소 난방 대책을 강구해야 했다. 원래 수용소장이 난방을 제공해야 했고 탄광에도 충분한 석탄이 있었지만, 배급량을 절약해야 한다는 이유로 석탄 사용을 통제했다. 탄광 지도부도 석탄 반출을 엄격히 통제했으나, 작업이 종료될 때마다 노동자들은 견실한 석탄 덩이를 하나씩 챙겨 수용소로 복귀했다. 수용소에서는 수용소장과 경계병들의 눈을 피해 막사의 숫자만큼 똑같은 크기로 잘라 나눴다. 우리 스스로라도 자구책을 강구해 겨울 동안 살아남아야 했고, 덕분에 무사히 건강한 몸으로 봄을 맞을 수 있었다.

탄광에서 몇 개월을 보낸 뒤, 1946년 초에 나는 갑자기 도로공사 작업반에 차출되었다. 뜻밖의 행운이었다. 그에 대해 누구에게 고마움을 표해야 하는지 당시는 물론 오늘날까지도 의문스럽다. 윱 링크일까? 아니면 공산당 고위지도원이자 야흐로마에서 나에게 '아침식사를 제공한' 대령일까? 아무튼 많은 측면에서 내게는 또 다른, 다채롭고 흥미로운 포로생활이 시작되었다.

3. 문화활동과 비리, 러시아인들의 사고방식

먹거리가 턱없이 부족했다. 매일이 배고픔의 연속이었다. 허기의 한계를 넘어 이제는 굶주림 그 자체가 혹독한 고통이었다. 경계병과 작업감독자들의 감시도 삼엄했다. 그들은 우리에게 귀에 못이 박힐 정도로 "움직여! 이거 해라! 저거 해라!" 따위 말을 반복했다. 고통의 나날 속에서도 '살아남은' 우리들은 서서히 스스로 리듬을 찾으면서 러시아인들의 사고방식을 깨닫고 그 생활에 적응했다. 알고 보니 러시아인 광부들과 수용소 밖의 러시아 군인들은 소위 전문가들이었다. 매우 성실하고 근면했다. 부정부패를 일삼는 러시아인 수용소장을 포함한 수용소 근무자들과 달리 신사적이었다. 누군가 우리를 비난하거나 욕하면 우리는 받아치며 일을 중단하고 반항했다. 그러면 광부들과 수용소 밖의 군인들은 우리에게 간곡히 그리고 정중히 부탁했다.

"제발 일을 해 주시오. 그러지 않으면 우리 모두 곤란해질 거요."

도로 공사장으로 갔다. 자갈이 깔린 도로를 보수하거나 서방에서처럼 기계로 도로를 포장했다고 생각하면 큰 오산이다. 고위급 당원들이 소유한 목조 가옥 주변의 진창에 차량이 다닐 수 있도록 도로를 만들었는데, 오지 사람의 힘으로 노반을 다졌다. 산악 지대에서 바위를 캐어 미국에서 수천 대를 들여온 스투드베이커 트럭으로 실어 날라야 했다. 그 바위들로 무릎 깊이의 진창을 메웠다. 때로는 공산당 고위 지도원이자 야흐로마에서 있었던 아침식사 해프닝의 대령을 가끔씩 보기도 했다. 그는 국가에서 내준 리무진을 타고 우리 작업장을 지나치곤 했는데, 어느 날인가 나를 발견하고는 차를 세운 후, 내게 다가와 물었다.

"이런! 여기서 뭘 하는 거요? 왜 당신 같은 사람이 이런 곳에서 단순노동을 하는 거요? 수용소장을 만나서 이야기를 해 주리다."

그는 정말 수용소장을 만났다. 며칠 후 삼차라드제가 나를 호출했다.

"너에게는 내일부터 콘크리트 작업장의 조장 임무를 주겠다. 수용소에서 몇 명의 전문기술자를 뽑아라. 병사 한 명이 너희들을 새로운 작업장으로 안내할 거야."

욥 링크가 나를 도와 힘을 쓸 수 있는 사람 몇 명을 선발해 주었다. 그들 중 유일한 '전문가'로 미장 기술자가 있었다. 그 외에 다른 이들은 물리학자와 농부, 공장 노동자 출신으로 체격도 왜소했다. 그 가운데 농부는 나와 동향 사람이었고, 물리학자는 특히나 체력이 약했다.

이튿날 아침, 한 병사가 우리를 탄광의 위쪽의 공사장으로 데려갔다. 그곳에는 이미 러시아인 인부들이 작업 중이었다. 러시아인 공사감독관이 그들에게 소리쳤다.

"너희들은 저리 꺼져! 이런 몹쓸 놈들 같으니라고! 여기 쌓여 있던 거의 모든 시멘트를 너희들이 팔아먹었지? 이 독일놈들이 어떻게 일하는지 구경이나 해!"

감독관은 모스크바에서 보내온 엉성한 계획서를 보여주면서 우리에게 작업 내용을 설명했다. 암벽의 측면에 깊이 8m, 가로 세로 약 4m의 구멍을 뚫었고, 목제 기둥을 받친 후, 겉에 시멘트를 발라야 했다. 석탄을 계속 채굴할 공간을 만드는 작업이었다. 몇 개의 큰 통 속에는 기둥으로 쓸 목재와 모래, 자갈, 몇 포대의 시멘트 그리고 그것들을 섞기 위한 삽들과 철판이 있었다. 그리고 양 끝을 둘이서 잡고 시멘트를 실어 나르는, 극도로 낡은 들것, '나질카'(Nasilka)도 있었다. 끝으로 감독관은 이렇게 말했다.

"이제 시작해 봐! 여기 구멍을 뚫어! 버팀목을 받치고 시멘트를 발라! 시멘트와 모래의 비율은 7:1로 맞춰. 몇 시간 후에 다시 오겠다. 시멘트를 빼돌리지 않도록 해."

나와 내 동료들이 작업을 시작하자, 그는 간섭하기는커녕 뒤도 돌아보지도 않고 그 자리에서 사라졌다. 그러자 러시아인들과 그루지아인들이 우리에게 다가왔다.

"동무들! 시멘트를 사고 싶소. 내 집 벽에 구멍을 메우는 데 꼭 필요하오. 빵과 돈을 그 대가로 주리다."

이런 것이 바로 러시아인들의 사고방식이었다. 당시에도 오늘날처럼 생활필수품들이 많이 부족했고, 지극히 평범한 시민들은 돈이 있어도 살 수 없는 것들이 많았다. 국가가 모든 공산품을 '통제'했기 때문이다. 따라서 이런 사고방식은 당연하게 여겨졌고 그들에게는 '합법적인 행위'였다. 게다가 공개석상에서 이런 방식에 대해 이야기해도 처벌을 받지 않았다.

나는 동료들의 체력에 맞게 일을 분배했고, 소련군 경계병들에게도 내가 자재들을 얼마나 치밀하게 관리하는지를 보여주었다. 자재의 질과 양을 점검하고 그들에게 항의해도 그들은 순순히 수용했다.

"정확히 시멘트 한 포대가 부족하오. 이것은 당신네 책임이오."

일주일 후, 우리는 구덩이를 파냈고 삽으로 모래와 시멘트를 섞은 자재들을 손으로, 나질카로 옮겨 갱도의 벽에 발랐다. 정말로 힘든 고역이 또다시 시작되었다. 그때 갑자기 공산당 고위지도원이 나타났다.

"내가 들은 바로는 당신네 독일인들은 모두 전문가들이며, 일을 매우 잘 한다더군. 매우 만족스럽소. 그러나 할당량을 잘 채우시오. 그리고 절대로 자재를 팔아먹어서는 안 되오. 명심하시오."

그리고는 나를 향해 이렇게 말했다.

"대령! 당신도 훌륭한 콘크리트 작업공이라던데… 그래서 당신에게 특별한 작업거리를 주겠소. 내 집에 석조 계단과 분수대를 만들어 줄 수 있겠소? 자재는 걱정하시 마시오. 모두 구해 놓았소."

나는 이렇게 대답했다.

"물론 가능하오만, 수용소장의 승인을 받아야 하고, 그가 승인한다면 당신은 우리에게 매일 빵과 일당을 지급해 주시오."

이튿날, 그가 내 앞에 나타났다. 그는 수용소장과도 이야기를 끝냈고, 우리에게 출발 준비를 서두르라고 재촉했다. 그가 삼차라드제에게 얼마의 돈을 지불했을까? 궁금했지만 물어볼 수는 없었다.

작업을 위해 함께 했던 동향 출신의 농부와 약골 물리학자, 미장이를 선발했다. 그 고위지도원은 직접 차를 운전해 우리를 데리고 어디론가 향했다.

"당신들을 감시하는 경계병은 없소. 자 여기 빵을 받으시오."

내가 물었다.

"돈은 어디 있소?"

"내일 주겠소!"

"안 되오. 지금 주시오. 그렇지 않으면 일을 하지 않겠소."

우리가 일을 하지 않겠다고 버티자, 그는 할 수 없다는 듯 몇 푼의 돈을 나눠주었다. 그 돈으로 시내의 시장에서 약간의 채소와 그루지아산 옥수수를 사서 허기를 달랠 수 있었다. 일주일 후, 분수대 공사를 끝냈지만, 물이 분출되지 않았다. 수압이 약했던 것이다.

"괜찮소!"

그는 크게 만족한 듯 표정이 매우 밝았다.

"훌륭한 분수대를 만들어 주었소. 그거면 충분하오. 물이 나오건 안 나오건 관계 없소."

다음 날부터 계단 공사를 시작했다. 매일 작업을 개시하기 전에 빵과 일당을 챙겼다.

점차 우리의 '작품'에 관한 소문이 널리 퍼졌다. 공산당 하급지도원들도 우리가 작업하는 모습을 구경하러 오곤 했다. 그들 중 한 명이 내게 다가와 말했다.

"환상적이군요! 이곳 작업을 끝낸 후 내 집을 지어 줄 수 있겠소? 모든 자재는 확보되어 있소."

그에게도 이렇게 대답했다.

"수용소장에게 허락을 받으시오. 매일 아침 우리 네 명에게 빵과 일당을 지급해 주시오."

그 또한 삼차라드제에게 승인을 받아냈다. 물론 일정 금액을 지불한 듯했다. 분수대와 계단 공사를 마친 다음 날 아침 그가 찾아 왔다. 우리를 데리고 어느 언덕 위로 올라갔다. 그곳에 자신의 집을 지어달라고 했다. 엄청나게 많은 자재들이 쌓여 있었다. 그는 매우 자랑스러운 듯한 표정으로 몇 개월 전부터 자재들을 모으기 위해 갖은 노력을 다했다고 말했다. 그러나 시멘트가 부족했다. 4명의 러시아인 죄수들이 이미 그곳에서 일하고 있었고, 이제 막 기초를 다지고 한쪽 벽체를 세우고 있었다.

"이런 쓰레기 같은 놈들이 2주 전부터 작업을 했는데 아직도 이 모양이요. 이리 와서 이놈들이 어떻게 일을 해놓았는지 보시오!"

그는 완성된 듯한 벽체를 발로 차서 무너뜨렸다. 시멘트를 제대로 섞지 않았던 것이다. 러시아 인부들은 시멘트를 무더기로 팔아치운 후, 시멘트와 모래의 비율을 1:20으로 섞고 있었다. 나 또한 집을 짓는 것은 처음이었지만, 자신 있는 목소리로 이렇게 말했다.

"좋소! 집을 지어드리리다. 매일 아침 우리를 데리러 오시오. 그리고 빵과 일당을 절대로 잊지 마시기 바라오. 하나만 물읍시다. 어떤 집을 원하오? 혹시 도면 같은 것은 있소?"

"계획 따위는 없소. 나는 그냥 창문과 문이 달린 방 두 개가 필요하오. 당신네들이 알아서 잘 해주리라 믿소. 내일 아침에 다시 시멘트를 가져다주겠소. 그리고 밤에는 경계병들을 배치해서 자재들이 없어지지 않도록 해주겠소. 오늘 일당과 빵은 여기 있소. 받으시오."

세 명의 동료들을 바라보았다. 솔직히 조금 고민스러웠다. 왜소하고 허약한 이들을 데리고 무엇을, 어떻게 해야 하나 싶었다. 가장 약골인 물리학자에게 돌을 매단 밧줄로 벽의 수직을 맞추도록 지시했고, 농부와 미장이에게는 시멘트와 모래를 섞고 나질카로 벽돌과 콘크리트를 실어 나르게 했다. 그들이 할 수 있는 일은 그 정도뿐이었다. 내가 벽을 쌓아 올려야 했다. 전문가였던 미장이가 내 옆에서 조언을 해주었다. 그 덕분에 시멘트와 모르타르로 작업하는 방법을 재빨리 깨우칠 수 있었다.

작업하는 동안 주민들이 줄지어 찾아와 시멘트를 사고 싶다고 졸라댔지만, 나는 절대로 안 된다고 완강히 거부했다. 튼튼한 집을 지어 줘야 한다는 책임감 때문이었다. 작업 이튿날 주인이 나타나서는 탄성을 질렀다.

"정말 멋진 집이오! 집안에서 맨발로 다닐 수도 있고 폭풍에도 견디겠는걸!"

모든 자재를 이용해 방 두 개를 만들고 엘브루스산이 보이는 방향으로 창문과 대문을 달았다. 1주일 동안 벽체를 쌓았다.

"벽체를 쌓는 것은 우리 능력으로 할 수 있소만, 목재로 지붕을 만들기 위해서는 또 다른 전문 기술자가 필요하오."

실은 다른 동료 포로들에게 빵과 돈을 얻을 기회를 줄 생각이었다.

며칠 후, 우리가 이 집을 완성했을 때 나는 집의 주인인 하급지도원에게 넌지시 이렇게 말했다.

"혹시 당신이 원한다면 특별한 것을 해주리다. 하지만 그 대가로 우리에게 무언가 더 줄 게 있다면 말이오. 이곳 캅카스에서 누구도 갖지 못한 것을 만들어 주겠소."

그는 흔쾌히 동의했고, 나는 빨간색 벽돌 사이에 흰색 줄을 그려 넣고는 그에게 보여주었다.

"내가 본 집들 중 가장 아름다운 집이오! 약속해주시오! 다른 사람들이 집을 지어달라고 부탁해도 절대로 이렇게 해줘서는 안 되오! 이 마을에서 나만 이런 환상적인 집을 가질 수 있도록 말이오!"

그는 약속의 대가로 우리에게 몇 루블을 더 나눠주었다. 곧이어 호기심에 가득 찬 인파가 그곳으로 몰려들었고, 우리의 작품을 보고는 다들 감탄사를 연발했다. 많은 공산당원들이 우리를 붙들고 자신들의 집에도 이런 문양을 만들어달라고 부탁했다. 그러나 나는 그와의 신의를 저버릴 수 없었으므로 일언지하에 거절했다.

몇 주 뒤, 집주인은 다시 한번 내 앞에 나타났다. 의기양양한 모습으로 자신의 완성된 집을 보여주겠다며 함께 가자고 했다. 침실에는 두 개의 침대와 책장과 탁자도 있었다. 모스크바에서 보급해 준 가구들로, 향후 3년은 이 지역에서 누구도 가질 수 없는 물건들이었다. 일요일이 되면 이 작은 마을의 주민들은 이 집을 보기 위해 몰려와서는 창문을 통해 침실을 들여다보며 부러움을 감추지 못하곤 했다.

앞서 언급한 러시아인들의 사고방식과 더불어 또 하나의 흥미로운 광경도 있었다. 거대한 소련의 당시 상황을 역설적으로 보여주는 사례였다. 석조 계단과 분수대를 만들고 있을 무렵, 거의 매일 아침에 고위지도원의 공무용 리무진 차량이 그의 두 아이를 학교로 실어 나르는 모습을 보곤 했다. 그 기사는 어느 가게에서 당원들과 지도원들을 위해 우유, 버터, 담배와 밀가루를 사서 돌아왔다. 그 가게는 그들만 이용할 수 있었다. 그런데 더욱 놀라운 것은 그 우유를 돼지의 사료로 사용했고, 밀가루와 설탕이 든 자루들은 그의 집 앞에 쌓여 있었다는 사실이다. 같은 시각에 일반 주민들은 주린 배를 움켜잡고 정부가 통제하는 가게 앞에서 기다란 줄을 서서 빵 한 조각이나 극소량의 설탕과 밀가루를 배급받고 있었다. 참으로 서글픈 생각이 들었다. 소련, 이 나라가 과연 '노동자와 농부들의 나라'라는 말인가!

나에게는 여전히 '외출권'이 있었다. 일을 끝내고 혼자 수용소로 돌아올 때 가끔 사용했다. 그때마다 친절하고 신뢰할 수 있는 러시아인들, 그루지아인들과 이야기를 나누며 돌아오곤 했다. 그들은 매우 무기력했다. 자신들의 힘으로 사회주의 체제를 바꿀 수 없음을 한탄했다. 상트 페테르부르크, 오늘날의 레닌그라드의 구시가에 거주하다 이곳으로 추방되어 온 한 나이든 교수와 시간 가는 줄 모르고 대화하는 경우도 많았다. 과거에도 그는 매우 가난했고 문맹자들을 위한 '편지 대필'로 생계를 이었다고 했다.

수용소에서 고통스러운 나날을 보내던 와중에 뜻밖에도 활력을 가지게 해 준 중대한 사건이 벌어졌다. 모스크바의 지시에 따라 포로들에게 '문화 활동'이 허용된 것이다. 먼저 욥 링크의 적극적인 활동으로 도서관이 설치되어서 러시아 문학과 신문을 접할 수 있었다. 나아가 '수용소 오케스트라'와 '연극단'도 만들고, 스포츠까지 할 수 있었다. 무척이나 고무적인 일이었다. 이런 계획들을 실행에 옮기기 위해 수용소장은 즉각 약 3,500명의 포로들 가운데 음악가, 작곡가, 무대제작자, 연극연출가, 배우, 극작가와 기타 재능있는 자들을 뽑고, 완전한 오케스트라를 조직할 수 있도록 필요한 악기를 모두 구해주었다. 전에는 상상조차 할 수 없는 일이었다. 재즈 밴드도 구성되었다. 삼차라드제는 탄광과 외부작업장에 무대를 만들도록 지시했고, 조명기술자들과 기계공들이 공연을 위한 장비를 설치했다. 소품들은 어디선가 몰래

NKVD(KGB)출신의 수용소장은 1946년부터 '문화 활동'(Kultura)이라는 모토 하에 극단과 악단 조직을 허용했다. (이 사진 역시 밀반출되었다)

가져온 물품들로 채워졌고, 무대기술자와 화가들이 무대를 완성했다.

오케스트라와 재즈 밴드들은 시간적 여유가 있을 때마다 연습했고 어느덧 공연 준비를 마쳤다. 얼마 후 '카프리의 물고기 잡는 소년'(Der Fischerjunge von Capri)이라는 가극이 탄생하기도 했다. 발터 슈트루베(Walter Struve)와 쾨베스 비트하우스(Köbes Witthaus)에 의해 오케스트라가 연주할 수 있도록 작곡 및 편곡되었으며, 헬무트 베렌페니히(Helmut Wehrenpfennig)가 가사를 붙였다. 음악에 재능이 있는 자들 몇몇이 기억을 더듬어 에머리히 칼먼(Emerich Kalman)의 가극 '집시공주'(Die Czardasfürstin)의 전체 악보를 만들어 내기도 했다. 포로들 중에는 직업 가수였던 테너 라이니 바르텔(Reini Bartel)이라는 사람도 있었다. 노래를 조금 하는 나이 어린 포로들에게는 가극 중 여성의 목소리가 필요한 부분을 맡겼는데, 어느 정도 연습을 시키자 마치 프로들처럼 노래를 불러서 주위를 깜짝 놀라게 했다. 리허설을 하는 순간부터 모두 향수병에 걸린 듯 서글픈 표정을 지었으나, 그래도 분위기만은 즐거웠다. 나를 비롯해 공연을 준비하는 이들은 모두에게 아름다운 기억을 심어주고 싶었다.

1946년 겨울 어느 날, 삼차라드제와 그의 부하장교들, NKWD 요원들, 공산당 고위지도원과 지역 당원들 등 소위 고위 인사들이 첫 공연에 참석했다. 공연은 대성공이었다. 고위지도원이 조명과 케이블, 각종 소품들을 어디서 구했냐고 묻자 삼차라드제는 이렇게 대답했다.

"그야 모르지요. 포로들이 구했습니다."

고위지도원은 큰 소리로 웃으며 고개를 끄덕였다. 충분히 이해할 수 있다는 뜻이었다.

시간이 흘러 연극단과 오케스트라는 유명세를 얻게 되었다. 우리의 공연을 본 티플리스 오페라 단원들이 그들의 오페라하우스에서 합동공연을 제안할 정도였다. 영광스러운 일이었으나 유감스럽게도 소련 정부의 승인을 받아야 했다. 만일 포로들이 국가 소유의 오페라하우스에서 연주를 한다면… 생각만 해도 재미있는 일이다. 역시 오페라하우스에서 공연은 불가하다는 통보를 받았으나, 다른 수용소를 무대로 우리의 앙상블, 합동공연이 성사되었다. 헝가리와 일본인 포로수용소에서도 공연을 했는데, 가는 곳마다 대성황을 이루었고 공연이 끝날 때면 관객들 모두 기립박수로 아낌없는 찬사를 보냈다.

특별히 관객들의 관심을 받던 무대는 재즈밴드의 공연이었다. 드럼 연주자였던 빌리 글라우브레히트(Willi Glaubrecht)는 오늘날까지 생존해 있다. '제3제국'에서는 모든 재즈음악을 퇴폐적인 외래문화로 규정해 연주를 금지시켰다. 가정이나 유대인 수용소에서 재즈음악을 즐겨 듣는 사람들이 많았다. 물론 몰래 엿들어야 했지만, 발각되면 큰 처벌을 받기도 했다. 어쨌든 독일에서도 이 음악에 큰 관심을 가졌지만, 이런 음악의 장르가 무엇인지 정확히 아는 사람들은 그다지 많지 않았다.

나는 글렌 밀러(Glenn Miller)의 팬이었다. 파리를 점령했던 시절, 그곳에서 흑인 재즈밴드의 연주를 자주 듣곤 했다. 그것도 은밀한 지하 재즈 바에서 말이다. 글렌 밀러의 'In the mood'를 즐겨 듣던 때를 떠올렸다. 나는 우리의 작곡가에게 그 멜로디를 들려주었고, 그 즉시 그는 음표를 악보에 기입한 후 밴드가 연주할 수 있도록 편곡까지 했다. 이후 밴드는 음악회 때마다 'In the mood'를 항상 첫 곡으로 연주했다.

게오르그 피베거(Georg Vieweger)가 연출을 맡고 칼-하인츠 엥엘스(Karl-Heinz Engels)를 진행자로 음악의 밤 행사를 열었다. 물론 항상 소련의 정치군관 '검은 네나'의 감시를 받았다. 그들은 NKWD, 즉 오늘날의 KGB요원으로 문화 행사에 관한 전반적인 책임을 지고 있었으며, 곱지 않은 시선으로 사사건건 우리에게 간섭했다. 밴드가 연주를 시작하기 전에 '검은 네나'들이 공연 프로그램을 검토했고 반드시 승인을 받은 곡만 연주할 수 있었다. 한 번은 '사격하라!'(Feuert los)라는 행진곡을 포함시켰는데, 그들의 반응은 이랬다.

"안 돼! 너희는 왜 항상 총을 쏘려 하나? 전쟁에 관한 것은 안 돼!"

다음날, 그들에게 '수용소의 횃불'(Feuer am Lager)이라는 곡목을 제출했다.

"그래, 그건 좋아! 우리 러시아인들도 캠프파이어를 좋아하지."

러시아인들은 문화 활동이라는 명칭에서도 드러나듯 문화에 대해 특별한 인식을 지니고 있었다. 러시아인들의 예술적 감각은 탁월했고 예술적 창의성을 가진 자들을 우대해 주었으며, 사회주의 정치노선에 충실한 자들로 인정했다. 다른 한편으로는 음악과 여타 문화적 행위들이 인간에게 공산주의 하에서 노동이나 삶의 동기를 유발하고 비참한 현실을 일시적으로나마 잊게 해준다고 인식했다. 그들은 역시 인간의 심리를 꿰뚫고 있었다.

포로들의 문화 활동과 더불어 수용소에 '안티파'(Antifa)라는 단체가 조직되었다. 반파시즘 모임으로 독일인 수용소 조장이 조직의 대표자로 선정되고, '검은 네나'로부터 지속적인 교육과 감시를 받는 단체였다. 그 조직에 가입하여 이익과 특권을 기대했던 '기회주의자'들을 포함해 몇몇 독일인 공산주의자들이 그 모임에 동참했다. 그러나 우리 모두의 공감을 얻지 못했다. 특히 열렬한 추종자들 가운데 몇몇은 우리로부터 배신자로 낙인이 찍혔고, 그들 중 많은 이들은 출소 후 대중들로부터 큰 비난을 받기도 했다.

한편, 우리 오케스트라와 연극단의 공연과 함께 모든 수용소에서 포로들 사이에서 다양한 발표회가 열렸다. 의사들과 과학자들은 자신이 선정한 주제에 대해 발표했고, 다른 이들은 자신의 인생에 관해 이야기하기도 했다.

연극단에서 가장 적극적인 활동을 했던 단원이라면 단연 보리스 폰 카르초프(Boris von Karzow)를 꼽을 만하다. 1894년 야로슬라브(Jarowslawl) 일대의 유복한 가정에서 태어나 상트 페테르부르크의 제국 사관학교를 졸업했으며, 10월 혁명이 일어나자 형들과 함께 외국으로 망명했다. 다른 형제들은 각각 파리와 마드리드로 떠났고 그는 독일을 선택했다. 카르초프는 배우가 되려 했으므로, 일단 연기학교에 입학했다. 그러나 제1차 세계대전 이후 연극배우는 돈벌이가 되지 않았다. 그래서 직업을 바꿔 공장근로자로 일하고 결혼해서 딸도 얻었는데, 타마라(Tamara)라는 이름의 딸은 오늘날 북부 독일에 살고 있다. 최근에 만났을 때는 아버지에 대해 많은 이야기를 나누었으며, 그의 사진과 편지를 보여주기도 했다. 나와 함께한 518 수용소의 경험들이 담긴 편지를 읽으며 잠시나마 그때의 추억에 잠기기도 했다.

카르초프는 5개 언어를 유창하게 구사했고, 그로 인해 제2차 세계대전이 발발했을 때 '특별 통역관'으로 국방군에 징집되었다. 신문기사의 사진에서도 그를 본 적이 있다. 1939년 폴란드 전역이 종결된 후 '군사분계선'으로 설정된 곳에서 독일 군인들과 소련 군인들 사이에 그가 있었다. 물론 그 경계선으로 폴란드는 분할되었다. 과거 역사적으로 주변국들로부터 갖은 고초를 당했던 그 나라 국민은 이번에도 독일과 소련 두 국가로부터 또다시 큰 고통을 겪어야 했다.

한편, 독일군은 러시아 전역에서 생포한 뒤 '풀어준' 소련군 장교들과 병사들로 그 유명한 '블라소프 군'(Wlassowarmee)ᴬ을 편성했다. 카르초프는 블라소프 군 예하의 코자크 부대(Kosakeneinheit)ᴮ의 통역관으로 근무했다. 그는 코자크 부대의 군복을 입은 장교들과 함께 말을 타고 찍은 사진들도 지니고 있었다. 그러나 코자크 부대는 소련 군 전차부대를 상대로 한 전투에서 비참하게 전멸당하고 말았다. 여하간 러시아인의 피가 흐르는 카르초프는 그의 가문과 과거 군 경력으로 러시아인들로부터 의심을 샀고, 결국 가혹한 고초를 겪었다.

그렇게 끌려가기 전까지 카르초프의 수용소 생활은 그럭저럭 괜찮았다. 누구도 카르초프를 괴롭히지 않았다. 자신의 언어능력을 발휘해 러시아인들에게 돈을 벌게 해 주었고, 그들은 카르초프를 연극단에서 일하게 했다. 그는 종종 우리에게 푸시킨(Puschkin)과 도스토예프스키(Dostojewski)의 작품들을 소리 내서 읽어 주곤 했다. 그때 그 모습은 아직도 생생하다. 소련군 장교들과 NKWD 요원들도 극찬했다.

"카르초프의 러시아어 실력은 정말 대단해! 그런 수준의 러시아어는 우리도 들어본 적이 없어. 우리말을 저렇게 명료하게 잘 구사할 줄이야!"

많은 이들이 카르초프에게 푸시킨과 차이코프스키의 '오이겐 오네긴'(Eugen Onegin)ᶜ을 번역해 달라고 부탁했고 그는 러시아어 오페라 가사를 독일어로 옮기기 위해 혼신의 힘을 다했다. 카르초프는 모든 이들로부터 사랑을 받았다. 우리에게 러시아의 오랜 역사를 설명해 주었고, 러시아의 문화, 음악, 러시아 민족의 사고방식도 소개해 주었다. 모두들 힘들고 지쳐있던 수용소에서의 밤이었지만 카르초프 덕분에 짧은 순간이나마 즐거움을 느끼기도 했다. 그즈음에도 매일 밤 러시아인들은 과거 친위대 및 방첩대 소속의 장교들을 데려가 심문하곤 했지만, 카르초프만은 괴롭히지 않고 행동의 자유를 보장해 주었다.

1948년 어느 여름밤, 카르초프가 갑자기 수용소 밖으로 끌려갔다. 무슨 일로 끌려

A 소련에 반대하는 포로, 강제 노동자, 러시아 망명자들로 구성한 부대. 초대 지휘관 블라소프 중장의 이름을 따서 부대명을 붙였으며, 러시아 해방군이라는 호칭도 사용했다. (역자 주)
B 터키어로 '의용병'. 차르 시절 소련군, 독일군, 소련군에서 기병부대의 명칭으로 사용했다. (역자 주)
C 원 제목은 예브게니 오네긴, 알렉산드르 푸시킨의 원작 소설을 바탕으로 차이코프스키가 3막 구성의 오페라로 제작했다. (편집부)

갔는지 몰라도 불길한 생각이 들었다. 다들 그 이유를 무척 궁금해했다. 훗날 그의 딸, 타마라로부터 카르초프가 겪은 고초들을 듣게 되었는데 당시 수용소에서 우리가 '은밀한 소식통'을 통해 들었던 것과 같은 내용이었다. 마지막까지 또다른 수용소에서 카르초프와 함께 있다가 풀려난 독일인 의사가 그의 소식을 전했다고 한다. 카르초프는 스몰렌스크의 특별 수용소로 옮겨졌고, 그곳에서 중병을 얻어서 스몰렌스크의 남부, 로스라블(Roslawl)에 설치된 야전병원으로 이송되었다. 회복 후 카르초프는 형무소에 투옥되었고 러시아인들은 그에게 자국민을 학대 및 학살했다는 '거짓 자백'을 강요했다. 그러나 유죄를 확증하기 어려웠던 러시아인들은 그에게 처참한 전쟁의 흔적들을 보여주기 위해서 카르초프가 전투에 참가했던 곳들로 끌고 다녔다. 결국 무죄로 감옥에서 풀려났을 때, 그의 몸은 극도로 쇠약해져 있었고, 앞서 말했던 그 의사가 그를 회복시켜 주었다.

국제 적십자위원회의 정보에 의하면 카르초프는 1949년 7월에 스몰렌스크에서 세상을 떠났다. 그는 자신의 한계를 넘어 용감히 저항했지만, 그로 인해 결국 목숨을 잃고 말았다. 형무소에서 목숨을 잃은 옛 친위대원, 방첩대원 그리고 반독일 게릴라들을 진압했던 독일군 병사들의 운명처럼 카르초프도 우리 곁을 떠났다.

수용소에서의 힘겨웠던 첫해가 지나자 몇몇 포로들은 분주하게 움직이기 시작했다. 소련군 장병들은 독일에서 수많은 전자제품들을 가져왔다. 하지만 그들에게는 고장 난 제품들을 수리할 능력이 없었다. 우리들 가운데 라디오 수리공은 고장 난 기계들 가운데 일부를 수리해주고 러시아인들이 버린 전자기기들을 얻어다가 개조하여 자체적인 송수신 장비를 만들어냈다. 물론 소련군 병사들에게는 비밀로 해야 했으므로, 그들의 무전망에 간섭하지 않았다. 다른 수용소에서도 우리와 비슷한 생각을 해냈다.

극소수의 포로들만 이런 기계의 존재에 대해 알고 있었다. 우리는 단파로 서방의 방송을 들을 수 있게 되었고, 고향의 상황과 세계 각지의 소식을 접할 수 있었다. 이 물건의 존재가 발각되면 그야말로 심각한 상황이 벌어졌을 것이다. 그래서 낮에는 플라스틱 상자에 넣어 공동화장실에 숨겼다. 그곳에 두면 아무도 찾을 수 없을 것이라 생각했다. 밤이 되면 다시 빼내어 침상에서 몰래 들었다. 우리가 출소하는 날까지 러시아인들은 이러한 사실을 전혀 눈치채지 못했다. 오히려 우리가 세상 돌아가는 일을 어떻게 그리 잘 알고 있는지 놀라곤 했다.

그러나 고향에 있는 가족들과 전혀 접촉할 수 없다는 현실이 가장 극심한 심리적

Liebe Mutti !

Karten 27/12., 31./1. erhalten, froh,
Euch gesund zu wissen. Selbst
zuversichtlich, gesund! Was
arbeiten Zuge, Anneliese? Grüss
Boos, HbgReinbeck, Hamburgerstrasse 20
Briefe verboten, Photos erlaubt!

Immer bei Euch !

uu

17/VI/47

포로들은 수용소에 갇힌지 1년 6개월이 지난 1946년부터 한 달에 25단어 이하의 엽서를 보낼 수 있게 되었다.

고통이었다. 당시까지는 서로 생사 여부조차 알 길이 없었다. 그러던 중, 아마도 서방의 압박 때문이었는지 한 달에 한 번, 그것도 25단어에 한해 엽서 송부를 허용했다. 25단어는 너무나 부족했다. 그러나 적어도 살아있다는 사실을 주고받을 수 있게 된 것만으로 만족해야 했다. 나중에 단 한 번, 글자 수에 제한이 없는 엽서 한 장을 보낼 수 있게 해준 적도 있었다. 그때는 우리들 사이에서, 누가 한 장의 엽서에 더 많은 글을 쓸 수 있는가 내기를 하기도 했다. 1948년 초부터 3개월에 한 번 편지도 허용되었다. 여기서도 갖은 트집과 방해로 우리를 괴롭혔던 러시아인들만의 특유의 사고방식을 엿볼 수 있는 에피소드를 소개한다.

우체국 공무원들은 일 처리가 매우 서툴고 자신들의 업무에도 무관심했다. 또한, 우랄산맥을 중심으로 동서로 펼쳐진 러시아 대제국의 거대한 영토와 갑갑하고 서투른 행정 시스템 때문에 서방에서 생각하는 통상적인 우편 업무는 거의 불가능했다. 게다가 설상가상으로 러시아인에게는 시간과 공간의 개념도 없었다. 그들에게 그런 것들은 사치였고, 지극히 추상적인 개념이었다. 수용소장과 행정관들에게 언제 우리를 출소시켜 줄 것인지, 언제 고향으로 돌아갈 수 있는지 물어보곤 했지만 그들의 대답은 한결같았다.

"도대체 뭘 바라는 거야? 소련은 큰 나라다. 여기서 빵과 일자리, 여자들까지 얻을 수 있다. 왜 여기를 떠나려는 거냐? 너희 마누라들은 오래전부터 다른 남자와 지내고 있을 거다!"

우리와는 전혀 다른 사고방식과 생활방식을 가진 그런 사람들에게 무슨 말이 통했을까? 반면 러시아인들은 이런 현실과 자신들의 운명을 기꺼이 받아들였다. 게다가 다른 곳에서, 세계 각지에서 무슨 일이 벌어지고 있는지 전혀 관심이 없었다. 우리 같은 서방 국가의 사람들에게는 대중매체가 매우 중요했지만, 그들은 그런 것들의 존재조차 모른 채 살아가고 있었다.

소련 북부 어느 지역에 살다가 일자리를 구하기 위해 한밤중에 집에서 뛰쳐나와 기차를 타고 이곳 캅카스까지 오게 된 노동자들을 알게 되었다. 우리는 그들 중 한 명에게, 떠날 때 아내가 뭐라고 했는지, 자녀들과 어떻게 먹고사는지 물어보았다. 대답은 이랬다.

"상관없어요. 마누라는 일자리를 구했을 것이고, 아마 다른 남자도 구했겠죠. 그가 마누라와 애들을 먹여 살릴 거예요. 지금 내게는, 내가 여기서 어떻게 살아가야 하는가가 더 중요해요."

안티파 조직의 활동과 문화 행사를 통해 '자율적인 분위기'가 형성되었다. 그 와중에 수용소의 불합리한 처우와 점점 더 열악해지던 먹거리에 대한 저항의 조짐이 서서히 일고 있었다. '독일인 기술자'들로서 우리는 많은 분야에서 러시아인들에게 없어서는 안 될 존재들이었다. 그들이 필요하면 언제, 어디든 달려가서 완벽하게 일을 해냈다. 그럼에도 우리에 대한 대우는 매우 혹독했다. 밤이 되면 한두 명씩 계속 심문장으로 끌려가 전쟁 중 저질렀던 만행을 실토하거나 수용소 안에 있는 친위대원이나 방첩대원의 이름을 대라고 강요했다.

에른스트 우르반(Ernst Urban)은 수용소에서 나와 함께 저녁 시간을 보냈던 절친한 친구였다. 어느 날 밤, 그도 NKWD 사무실로 끌려간 적이 있었다. 그를 심문했던 요원들은 에른스트에게 독일군의 만행에 대해 욕설을 퍼부었다. 이름, 출생지와 몇 가지 사실들을 대며 그가 저질렀던 행동에 대한 확실한 정보를 가지고 있다고 몰아붙였다. 그가 결백을 주장하자 불을 지핀 두 개의 화로 사이에 그를 세우고는 냉수가 채워진 양동이를 그에게 쏟아부었다. '검은 네나'는 이런 식의 고문과 공포로 자백을 받아 내려 했다. 그러나 그의 출생년도가 밝혀지자 독일군의 만행이 벌어진 시점이 그가 아직 12세가 되기 전이었음이 드러났다. 누군가 이름을 오인하여 벌어진 일이었다. 러시아 주민들에게 혹독하게 대했던 동명이인(同名異人)이 있었던 것이다.

이와 같은 해프닝은 비일비재했다. 하지만 러시아인들은 새로운 심리적인 공포와 테러 기법을 이용해 계속해서 우리를 위협했다.

다시 부패에 관한 이야기로 돌아가자. 어느 날 저녁, 러시아인 수용소 부소장이 내 앞에 나타나 이렇게 말했다. 콘크리트 작업장과 비슷한 경우였다.

"너는 내일 아침에 기존에 부여된 작업을 하지 않는다. 너에게 특별한 과업을 주겠다. 탄광에서 일하지 않는 자들로 12명을 뽑아라. 경계병들이 너희들을 데리러 올 거야."

이제는 이런 경우에 어떻게 대처해야 하는지 잘 알고 있었고 우리에게 또다시 기회가 왔음을 눈치챘다. 그래서 이렇게 대답했다.

"특별 임무를 맡기려면 우리에게 돈을 지불하시오. 그러지 않으면 나는 당신들의 행위를 모스크바에 고발하겠소."

예전에 몇몇 포로들이 엽서나 편지를 수용소 밖으로 빼돌려 일반 우편으로 개인적으로 스탈린에게 보내거나, 또는 소비에트 의회 간부들에게 보냈다. 수용소에서의 불합리한 처우를 알리거나 제네바 협약에 의거 언제 우리를 출소시켜 줄 것인지 묻는 내용을 담은 편지였다. 우리가 그런 일을 할 수 있다는 것을 러시아인들도 잘 알고 있었다. '은밀한 소식통'에 의하면 몇 통의 편지가 모스크바에 도달했고, 이어서 몇 가지 지시들이 수용소장에게 하달되었다. 이 사건 이후 러시아인들은, 모스크바로 편지를 보내겠다는 우리의 경고를 진지하게 받아들였다. 부소장은 떨떠름한 표정으로 내 제안에 동의했다.

"너희들이 일을 잘 마친다면 일당을 받을 수 있을 거야!"

다음 날 아침, 한 경계병이 우리를 데리러 왔다. 아직 겨울이었다. 산은 온통 눈으로 덮여 있었다. 어디로 가는지도 모른 채 일단 그의 뒤를 따랐다. 눈이 가슴까지 쌓여 있었다. 한 줄로 다섯 시간 동안 교대로 눈을 헤치며 앞으로 나아갔다. 산등성이에 오르자 갑자기 경계병이 우리를 불렀다.

"멈춰! 정지!"

그 경계병은 좌우에 눈 덮인 목재 더미를 가리키며 그것들을 계곡으로 옮기라고 지시했다. 나는 목재와 그 경계병을 번갈아 쳐다보며 이렇게 물었다.

"돈은 가져 왔소? 돈을 주지 않으면 아무것도 해 줄 수 없소!"

경계병은 지폐 뭉치를 주머니에서 꺼냈다. 나는 흠칫 놀랐지만, 겉으로 태연한 척하기 위해 노력했다. 우리의 경고는 꽤 효과적이었다. 우선 목재 더미에 쌓인 눈을 치웠다. 길이 약 5m 정도의 품질이 매우 좋은 마호가니(Mahagoni)[A]였다. 모두 겨드랑이에 목재를 하나씩 끼고 계곡으로 내려갔다. 내려가는 데는 두 시간 정도 소요되었다.

나는 대번에 양질의 목재를 대규모로 밀매하는 정황임을 인지했다. 수용소장은 비밀보장과 포로들을 이런 작업에 차출하는 대가를 당당하게 요구했고, 경계병들도 자신의 몫을 챙겼던 것이다. 계곡의 입구에는 두 대의 화물차가 대기 중이었다. 목재를 차량에 싣고 우리도 화물차에 올라 기차역으로 향했다. 기차역에도 화물열차 한 량이 서 있었고 그리로 목재를 옮겨 실었다. 작업이 끝나자 경계병은 우리에게 일당을 나눠주면서 귓속말로 이렇게 속삭였다.

"너희들이 지금까지 본 것들을 모두 머릿속에서 지워라. 절대 발설하면 안 된다!"

녹초가 된 채 수용소로 돌아왔다. 놀랍게도 식당에는 우리를 위한 특식이 차려져 있었다. 그때 소련군 장교 하나가 우리에게 다가와 '오늘 일을 어디에서도 절대 말하지 말라'고 경고했다.

독일인 트럭 운전사 프레드 스보스니(Fred Sbosny)는 종종 쿠타이스와 티플리스 간을 왕복으로 운행하곤 했다. 그를 통해 그 후의 일들을 듣게 되었다. 티플리스의 공산당 고위간부가 이 밀수의 총책이며 그 과정은 다음과 같았다.

그는 우선 최고급 목재의 벌목과 수송을 관장하는 정부의 산림청 공무원들을 매수해서 문서상 목재 한 더미가 '사보타지'로 인해 부족해졌다는 문서를 꾸몄다. 이 부패행위가 노출되는 상황에 대비하기 위해서였다. 우리 말고도 경계병과 화물차 운전사에게도 수고비를 챙겨 주었다. 그다음 기차역 관리관도 매수하여 기차역에서 빈 화물열차 하나를 준비시켰다. 트키불리 외곽에서 열차를 검수하는 세관원들에게도 돈을 줘야 했다. 여기까지 모두 수용소장이 직접 돈을 준비했다. 그렇다면 그도 얼마나 많은 돈을 받아 챙겼는지 대충 계산이 된다.

티플리스에서 이 목재를 '주문한 사람'이 뇌물을 건네야 할 사람이 또 하나 있었다. 이 일대의 중심도시였던 쿠타이스의 기차역장은 티플리스로 가는 석탄을 실은 열차에 손짓 하나로 문서상에 없는 화물열차를 연결시켰고, 그에 대한 자신의 몫을 챙겼다. 이 과정을 거쳐야 무사히 자신의 물건을 수령할 수 있었다.

티플리스에서는 이 물건들이 공산당 간부들에게 매우 비싼 가격에 팔렸고, 이들도 기술자들을 시켜 가구를 만들거나 국영기업에 팔아넘겼다. 공산당 간부들도 엄

A   적갈색의 열대산 목재로 가구제작에 쓰인다. (역자 주)

청난 돈을 가지고 있었지만, '암시장' 외에는 어디서도 가지고 싶은 물건을 살 수 없었다.

통상적으로 공산당 위원회가 모든 공사계획과 작업 할당량의 달성 여부를 감독하며, 불규칙적으로 모든 작업장들을 방문했다. 그러나 이들도 소량의 뇌물이라면 거리낌 없이 받아 챙겼고, 만일 할당된 자재가 부족하거나 없어져도 상부에 '사보타지'로 보고하면 그걸로 끝이었다. 그러나 이런 사례들이 너무 많아지면서 '사보타지'로 얼버무릴 수 없을 경우에는 그 책임자를 찾아서 문책하기도 했다.

그런 처벌의 예로, 연줄도 없고 힘이 약한 작업 감독관들은 소위 '경제사범'으로 5년에서 15년 동안 시베리아로 추방당했다. 내게 매우 호의적이었던 러시아인 기술자도 이런 처벌을 받았다고 했다. 그는 중요한 건설계획을 맡았던 콘크리트 작업장 책임자였다. 하지만 이른바 '경제 사범'으로 낙인찍힌 후, 블라디보스톡(Wladiwostok) 북쪽의 시베리아 지방에서 5년을 보냈다. 가족과도 연락을 끊은 채 시베리아의 어느 숲속에서 고된 노역에 시달린 끝에 집행유예를 선고받았고, 다시 일상에 적응하기 전에 2년간 캅카스로 이송되어 우리와 함께 수용소에서 생활했다.

그의 이야기를 들으니 참으로 가련하고 불쌍했다. 나는 그와 급속도로 가까워졌다. 그의 첫 번째 집행유예 기간 중 받은 직책은 주물공장 공사감독관이었다. 주물공장은 트키불리의 외곽, 수용소 아래쪽에 지어질 예정이었고 우리 콘크리트 작업조가 그 기초를 다져야 했다. 작업 첫날, 그 러시아인 기술자는 내게 모스크바에서 보내온 건축 설계도를 보여주었다. 이미 예전부터 보았던 것들과 유사한, 개략적인 계획이 담겨 있었다. 그는 내게 도움을 요청했다.

"이 계획을 한 번 보세요. 이런 공사에 나는 지식이 없어서 잘 모르겠소. 기초를 어떻게 다져야 할지 이해할 수 있겠소?"

나 또한 전문적인 지식이 없어 잘 몰랐으나 당황스럽지는 않았다. 우리에겐 전문가인 미장이 친구가 있었다. 물론 주물공장을 관할하는 탄광 지도부가 공사지역을 결정해야 했다. 우리는 먼저 공사지역으로 설정된 곳에 사각형으로 경계선을 설치하고 철근 콘크리트로 깊이 3m의 기초를 다질 계획이었다.

나는 그 기술자에게 과거의 쓰라린 기억을 상기시키며 자재를 잘 관리하라고 재차 일러두었다. 다시 그가 시베리아로 끌려가는 것을 막기 위해서였다. 그런 다음 우리는 곡괭이와 삽으로 구덩이를 파기 시작했다. 약 1m 정도를 파내자 지하수가 솟구쳤다. 일단 휴식을 취했다. 어떻게 작업을 계속해야 할지 의견을 교환했다. 나는 경계병에 다가가 이렇게 말했다.

"돈을 좀 줄 테니 시장에 가서 옥수수빵을 사다 줄 수 있겠소? 물론 이 기술자와 당신 것도 있소. 당신의 기관총은 우리가 맡아 주겠소."

그는 스스럼없이 자신의 총을 내게 넘겼고, 간식을 먹을 생각에 매우 기뻐 들뜬 모습으로 이내 우리 곁에서 사라졌다. 나는 기술자에게 일그러진 표정으로 이렇게 말했다.

"여기서 지하수가 나와서 더는 땅을 팔 수 없소."

그는 당황하다 애써 강한 목소리로 대답했다.

"안됩니다! 계속 땅을 파시오! 모스크바에서 하달된 계획대로 공사를 해야 한다는 말이오!"

하는 수 없이 우리는 계속 땅을 팠다. 발목까지 물속에 잠기자 나는 작업을 중단시켰다. 다시 기술자를 불렀다.

"이런 상황에서 어떻게 3m를 팔 수 있겠소?"

나는 도면을 다시 살펴보았다. 나중에 무거운 지붕을 설치하기 위해서는 최소한 3m의 기초가 필요했다. 그 기술자는 고무장화와 펌프를 구해 주겠으니 계속 일을 해달라고 신신당부했다. 그러나 우리는 그 계획을 수용할 수 없다고 불만을 토로했다. 둘째 날, 정말로 그는 펌프와 고무장화를 가져왔다. 그날도 역시 40㎝가량 땅을 파자 물이 솟구쳤다. 나는 결국 작업을 거부했고, 도저히 참을 수 없어 그 기술자에게 화를 냈다.

"이 펌프로 엘브루스의 지하수를 통째로 퍼낼 수 있다고 생각하시오? 이건 정말 말도 안 되는 짓이오. 물속에서 일할 수는 없단 말이오! 내가 직접 공산당 고위지도원에게 이야기해야겠소. 내일 봅시다!"

나의 판단이 옳았지만 무의미했다. 결론은 이미 정해져 있었기 때문이었다. 모스크바의 명령이었으므로, 결국에는 계속 작업을 해야 하는 상황이었다.

"고위지도원도 이미 이 문제를 알고 있소. 땅파기를 중단하고 1.3m 정도로 기초를 만들어 주시오. 그리고 철근을 심도록 합시다."

이런 식으로 건물을 완성하면 당장은 공장으로 기능을 발휘해도, 그렇게 약한 기초로는 건물 전체가 언젠가 붕괴될 것이 뻔했다. 하지만 우리는 그의 말대로 계속 작업을 했다. 정확히 1:7의 비율로 콘크리트를 섞어서 철근에 쏟아부어 기초공사를 마무리했다. 물론 공사는 그 상태로 중단되었다. 그다음 달에도 공사는 계속되지 않았다. 1948년, 말에 내가 수용소를 떠날 무렵 우뚝 솟은, 우리가 세운 철골 구조물을 돌아보며 회상에 잠겼다. 물론 그 당시에 도둑맞은 자재들은 없었지만, 그곳에 쌓여 있던 것들은 모두 녹슬고 썩어서 더는 사용할 수 없는 상태로 나뒹굴고 있었다. 그 때 탄광지부가 모스크바에 공사를 계속하지 못한 이유를 어떻게 둘러댔는지 알 수 없지만, 그 불쌍한 기술자는 또다시 자취를 감췄다. 이후 어디로 갔는지, 어떻게 되었는지 소식도 끊겼다. 그 공사를 끝으로 내 콘크리트 작업 조장의 직책도 끝났 고, 새로운 과업을 부여받았다.

다시 우리 수용소의 상황에 대해 기억을 더듬어 본다. 외부의 군부대나 관공서에 서 돈이나 빵을 얻을 기회가 많았지만, 몸이 허약해 그런 기회를 얻지 못하고 수용 소에 남겨진 이들도 제법 많았다. 밖에서 돈을 벌어온 포로들은 그렇지 못한 동료들 을 위해 시장에서 먹거리를 구해 나눠 먹곤 했다. 또한, 적은 급료와 허기를 달랠 수 없을 정도로 부족한 급식을 받는 경계병들도 우리에게 약간의 뇌물을 받거나 우리 가 가진 담배와 급식을 교환하기도 했다. 우리는 매일 약간의 담배를 받았는데, '마 코르카'(Marchorka)라는 담뱃잎으로 현재 '파피로시'(Papyrossi)라는 상표로 판매되는 담 배의 원조 격이었다. 어쨌든, 마코르카를 피우려면 담뱃잎 가루를 신문지 조각에 채 워 말아서 불을 붙여야 했다. 마코르카는 소련 전국에서 '가난한 사람들의 담배'로 통했다. 소련의 신문지도 담배를 말 수 있도록 아교가 함유되지 않았다. 그래서 이 런 말도 있었다. '프라우다(Prawda)는 담배용으로는 세계 최고의 신문이다.'

성냥도 매우 귀한 물건이었다. 4년 동안 모스크바에서 트키불리로 성냥을 보낸 적이 단 한 번 있었다. 그러나 공산당 간부들이 드나들던 가게에 성냥이 나오자마자 모두 팔려버렸다. 그래서 우리는 부싯돌과 불씨로, 마치 원시시대 같은 방식으로 불 을 만들어 냈다.

수용소에 아직은 일종의 인간미도 남아있었다. '트키불리와 518 수용소의 천사', 나텔라(Natella)라는 여성이 그랬다. 오래된 그루지아의 영주의 후손인 그녀는 언제나 상냥한 미소와 함께 독일인 환자들을 간호해 주었다. 생명의 위협을 무릅쓰고 러시 아인들만을 위해 준비된 약품을 빼내기도 했다. 캄델라키(Kamdelaki)라는 여성 의사도 있었는데, 그녀는 6개 수용소를 모두 책임지는 수용소의 의무실장이었다. 그녀도 어 느 영주 가문 출신이었고, 그래서 자신의 고향을 점령하고 자유를 빼앗은 러시아인 들에게 증오심을 품고 있었다. 레닌의 증손주인 나스타시아(Nastasia)[A]와 그녀의 친구

A   이 이름은 그녀의 가명이다. 아직도 살아있을 수 있으므로, 이 글로 인해 고초를 당하지 않도록 본명을 피했다. (저자 주)

두 명의 러시아 노동자들은 목숨을 잃을 위험을 감수하고 수용시설의 필름을 반출해주었다. (둘 모두 15년 추방형을 받아 캅카스로 이주해왔다)

시나(Sina)도 우리에게 매우 호의적이었다. 공장 노동자였던 이 두 젊은 여성은 15년 동안 캅카스로 추방당해서 이곳에 거주했다.

　나스타시아는 고맙게도 우리의 문화 활동과 수용소에서의 생활을 담은 사진을 찍어 주었다. 그녀는 위험을 무릅쓰고 자신과 절친했던 욥 링크의 모자 아래 필름을 숨겨 수용소 밖으로 빼돌릴 수 있게 해주었다. 오늘날 뮌헨에 살고 있는 욥 링크는 그녀가 우리 독일인들을 무척 좋아했고 욥 링크가 수용소를 떠날 때 그녀가 자신도 데려가 달라고 간곡히 부탁했다고 회상하며, 두 사람 모두에게 슬픈 이별이었다고 이야기했다. 우리에게 배려와 사랑을 베풀고 인간성에 대한 믿음과 희망을 품게 해준 그 여성들은 지금 어떻게 되었을까?

　차차 시간이 흐르면서 우리는 역경을 잘 극복해 나가는 방법들을 나름대로 터득했다. 탄광과 외부에서 고된 노역과 문화 활동을 하면서도 신체적 건강을 유지하기 위해 무언가를 해야만 했다. 욥 링크는 우리에게 공을 구해 주었고, 나는 핸드볼팀을 만들었다. 당시 핸드볼은 내 고향 북부 독일에서 매우 인기 있는 스포츠였다. 우리는 쉬는 날마다 핸드볼을 즐겼다. 러시아인들도 몰려와 부러운 듯 구경했고, 응원하는 이들도 있었다. 얼마 후 축구팀도 만들어졌는데, 이 팀은 다른 수용소 포로들과 경기를 벌이기도 했다.

러시아의 국기(國技)인 체스도 큰 인기를 끌었다. 조각칼을 이용해 조잡하게나마 체스의 말을 만들었다. 러시아 주민들이 더 열광적이어서, 경계병들의 눈을 피해 우리에게 체스판과 말을 선물하기도 했다. 그들도 우리의 최고 실력자와 기량을 겨루고 싶어 했으나, 그것만은 금지되어 있었다.

어쩌면 이런 활동들로 수용소 생활이 '즐겁고 재미있었다'는 오해를 불러일으킬 수도 있겠다. 하지만 현실은 전혀 그렇지 않았다. 오히려 이러한 활동들은 생존을 위한 의지, 혹독한 여건에서 절대로 삶을 포기하지 않겠다는 의지의 표현이었다. 그리고 생존의 활력을 가지기 위한 일종의 몸부림이었다. 실제로 몇몇 포로들은 힘든 노역에 시달리면서도 그럴 힘이 남아있냐며 우리를 비난하기도 했다.

1947년에서 1948년으로 넘어가는 겨울 어느 날, 나는 마지막으로 518/I 수용소의 작업반장, 즉 '석탄 탐색조' 조장 직책을 맡았다. 러시아인들은 스웨덴에서 들여온 천공기를 이용해서 우리 수용소의 위쪽, 엘브루스 산맥의 능선에서 새로운 석탄 지대를 찾으려 했다.

이미 러시아인들로 구성된 팀이 단단한 암반층에 약 800m 깊이의 구멍을 뚫었고, 이후 3개 조로 나뉘어 대규모 작업인원이 암반층을 분할해 석탄을 탐색했다. 우리 조는 주간 작업조로 러시인들이 나눠놓은 6개의 천공지점에서 석탄을 찾아 채굴했다. 곧 봄이 올 듯했지만 날씨는 몹시 추웠고, 아직도 산에는 눈이 수북이 쌓여 있었다. 매일 아침마다 우리는 경계병들과 함께 눈을 헤치며 산으로 올라가 야간 작업조와 교대했다. 그들은 모닥불을 피워 작업 중에 때때로 몸을 녹였다.

내 임무는 천공 작업 지역들을 돌아다니며 문제가 있으면 해결책을 제시하는 것이었다. 경계병도 각 작업장을 통제하며 일을 잘 하고 있는지 확인해야 했지만, 그는 모닥불을 핀 곳 중 가장 따뜻한 곳을 찾아서 자신의 소총을 나무에 거치시킨 채 잠을 자곤 했다. 내가 그를 깨우면 투덜거리며 이렇게 말했다.

"대령! 당신은 훌륭한 조장이오! 그래서 외출권도 받은 거요. 작업이 잘 되고 있는지는 당신이 잘 살펴 주시오. 얼어 죽겠소. 나는 불 옆에 있을 거요."

남루한 작업복에 무거운 천공 장비를 들고 힘든 고역에 시달렸지만, 수용소와 조그마한 시가지가 보이는 산 위에서 일말의 자유를 느낄 수 있었다. 물론 재미있는 일화도 있었다. 이를테면 경계병이 졸고 있을 때 그의 소총을 몰래 숨겨 놓고 장난을 치기도 했다.

"동무들! 내 총을 돌려주시오! 내가 여기서 잤다는 것은 절대 비밀이오. 만일 들키면 감옥행이라는 말이오. 자, 여기 마코르카를 나눠주겠소. 같이 핍시다!"

어느덧 봄이 찾아왔다. 남녘의 따스한 햇살 아래 눈이 녹아내렸고 꽃봉오리가 피어올랐다. 오랜만에 남부 캅카스의 아름다운 풍경을 만끽했다. 당시의 작업들도 그다지 힘들지 않았다. 경계병들은 꿀맛 같았던 산딸기, 야생에서 자란 배와 각종 약초들을 먹어보라며 우리에게 권했고, 우리는 3년간 부족했던 비타민을 마음껏 섭취할 수 있었다. 일부는 남겨서 수용소의 환자들에게 가져다주곤 한다.

내게 허락된 '행동의 자유'는 날이 갈수록 확대되었다. 천공 작업은 매우 순조로웠다. 동료들이 열심히 일하는 동안 나도 그들을 위해 무언가를 해야 했다. 직접 만든 바구니를 들고 산딸기와 배를 수북이 따다 동료들에게 나눠 주기도 했다.

어느 봄날, 고향인 독일에서는 한창 부활절을 맞이할 준비를 하고 있을 무렵에 나는 아침 일찍 수용소 뒤쪽의 산에 올랐다. 얼마쯤 올랐을까. 순간 등 뒤를 돌아보았다. 계곡 사이에 한 폭의 그림 같은 작은 마을이 나타났다. 그 아름다움에 매료되어 그쪽으로 내려갔다. 마치 인간 세상 밖으로 나온 느낌이었다. 가까이 가서 보니 그루지아의 농부들이 모여 사는 마을이었다. 마을 밖으로 나가는 도로도 없었다. 트키불리 시내로 나가는 운송수단으로 쓰이는 노새와 당나귀가 다닐 수 있는 소로뿐이었다. 외부인인 나를 본 마을 사람들은 깜짝 놀란 표정이었다. 나는 마을의 최고 연장자가 누군지 물었고, 잠시 후 한 노인이 내 앞에 나타났다. 그는 두려운 눈빛으로 그루지아어와 러시아어를 섞어가며, '내가 누군지, 여기서 무엇을 하고 있는지' 물었다.

"나는 독일인 전쟁 포로입니다. 저쪽 산 아래에서 일하고 있지요. 지난 몇 년 전부터 트키불리의 수용소에서 머무르고 있답니다."

갑자기 그의 표정이 환해졌다. 들뜬 목소리로 다른 주민들을 돌아보며 무서워하지 말고 집 밖으로 나와도 된다고 소리친 후 나를 향해 이렇게 말했다.

"나는 이 전쟁ᴬ 중에 많은 독일인 친구들을 사귀었소. 그들은 터키인들과 합세하여 잔악한 러시아인들로부터 우리를 해방해 주기 위해 목숨을 걸고 싸워주었지요. 나는 우리를 지켜 준 독일인들을 잊지 않고 있소. 그리고 감사를 표하는 바요."

아마도 그의 시간은 그루지아가 독일의 보호령이던 제1차 세계대전 시절에서 멈춰버린 듯했다.

"독일인이라… 이리 오시오. 환영합니다! 당신은 우리 손님이오."

A   그는 제1차 세계대전에 대해 이야기했다. (저자 주)

나는 간단한 구조의 정갈한 집 안으로 들어갔다. 촌장의 가족들이 다 모여 있었고 다른 마을 주민들도 궁금하다며 문 앞을 기웃거렸다. 집들은 하나같이 모양이 비슷했다. 단단한 진흙으로 된 화로가 방 한가운데 있고 그 주위에 둘러앉아 식사를 하는 듯했다. 외곽의 3면에는 취침을 하기 위한 모피가 깔렸고, 한쪽 구석에는 닭장과 염소 우리도 있었다. 화로 위의 천장에는 기다란 쇠사슬 여러 개가 달려 있었다. 수용소의 목재 침상에서 지낸 몇 년 만에 처음으로 이곳에서 아늑함을 느꼈다.

"우리의 친구로서 당신에게 그루지아식 식사를 대접하고 싶소. 여기 앉으시오."

우리는 양반 다리를 하고 바닥에 앉았고, 그의 부인이 쇠사슬에 철제 냄비 몇 개를 걸었다. 한 냄비에는 차 끓일 물이 가득했고 다른 냄비에는 옥수수죽이 담겨 있었으며, 세 번째 냄비에는 각종 야채와 함께 염소 고기를 넣었다. 모든 준비가 완료되자 그의 부인이 나타났다. 남자들은 나와 함께 자리에 앉아 있었고 다른 여성들은 다소곳하게 구석에 섰다. 부인이 손을 씻으라며 물이 담긴 대야를 내밀었다. 첫 번째 냄비에 차가 끓자 쇠사슬에서 떼어낸 후 차를 따라 주었다. 드디어 식사가 시작되었다. 포크도 스푼도 없었다. 오로지 뜨거운 음식이 담긴 냄비뿐이었다. 대체 어떻게 먹어야 할지 순간 고민에 빠졌다. 호의적인 이곳 사람들에게 불편한 기색을 드러내지 않기 위해, 또는 그들의 감정을 결코 상하게 해서는 안 된다는 생각에 내가 먼저 입을 열었다.

"촌장 양반, 정말 고맙습니다. 우리 독일에서는 집주인이 먼저 식사를 시작한답니다. 음식을 즐긴다는 상징적인 행위지요. 자, 당신이 먼저 드시지요!"

그는 흔쾌히 수락했다. 한 손으로 뜨거운 냄비에서 옥수수죽을 가득 떠다가 다른 한 손으로는 고기와 야채를 집어서 옥수수죽 위에 놓고 노련하게 말아서 입에 넣었다. 이미 아프리카에서 베두인족이 그와 비슷하게 했던 것을 경험한 적이 있어서 그리 신기하지는 않았다. 나도 그를 따라 고기와 야채, 옥수수죽을 먹었다. 손에 화상을 입을 정도로 고통스러웠지만 항상 굶주렸던 포로에게 그렇게 훌륭한 식사는 정말 오랜만이었다. 강한 향의 차도 매우 맛있었다. 식사를 마친 후, 그의 부인이 직접 담근 과실주를 사기로 된 사발에 가득 부어 내어왔다. 그러나 그 술의 재료가 무엇인지 알 수는 없었다. 그 촌장의, 아랍 국가들에서 행해지는 통상적인 건배 제의가 이어졌다.

"나는 우리 그루지아의 친구이자 훌륭한 독일인과의 위대한 우정을 위해 건배를 제의합니다. 빌헬름 황제에게 나의 안부를 꼭 전해 주기 바라오. 나는 전쟁을 통해 그가 정말 위대하고 정의로운 사람임을 알게 되었소. 그러나 우리의 황제와 사랑하는 타마라는 더이상 존재하지 않게 되었소. 당신들이 와서 다시 도와준다면 우리가 자유를 되찾을 수 있을 거라 확신하오!"

나는 이토록 친절하고 인간미 넘치는 촌장에게, 빌헬름 2세는 이미 오래전에 죽었으며, 제2차 세계대전이 벌어졌다 최근에 끝났다는 말을 하지 않았다. 나도 이렇게 화답했다.

"나도 여러분들의 아름다운 나라, 위대한 그루지아인들이 언젠가 꼭 자유를 되찾기를 기원합니다. 이 마을의 친절한 농부 여러분들의 행복과 평화, 황후 타마라의 명복을 빌며 건배를 제의합니다."

우리를 바라보던 여성들의 눈가에는 눈물이 맺혀 있었으며 남자들은 나를 따뜻하게 안아 주었다. 분위기가 무르익었을 때, 나는 부활절을 기념하고 수용소 환자들의 영양 보충을 위해 달걀 몇 개를 살 수 있는지 물었다. 그 농부는 부인에게 시선을 돌렸다.

"염소, 닭, 곡식에 관한 일은 모두 여자들의 것이오. 여자들과 이야기해 보시오."

그때 나는 반짝이는 그 부인의 눈을 보았다. 모든 동양인들이 그렇듯 어떤 사람과도 거래를 할 수 있다는 듯한 눈빛이었다. 그녀가 처음 부른 가격은 트키불리의 시장의 가격보다 훨씬 높았다. 나는 시장 가격으로 낮춰 달라고 부탁했다. 그녀는 동의했지만, 그 광경을 지켜보던 다른 여자들이 뒤에서 수군거렸다. 아쉽게도 내게는 거기서 더이상 실랑이를 벌일 시간이 없었다.

"미안합니다. 나는 곧 수용소로 돌아가야 한답니다. 여러분들이 만일 트키불리 시장에 달걀을 내다 팔려면 산을 넘고 먼 길을 돌아가야 하지 않나요? 내게 넘기게 되면 그런 불필요한 일을 하지 않아도 되지요. 저렴한 가격에 팔아 주세요."

"나는 산을 넘어 산책하는 것을 좋아해요. 시장에서 새로운 소식도 들을 수 있고요. 제가 제시한 가격에 사세요."

나는 달걀을 가져가다 산길에서 모두 깨뜨릴 위험도 있고, 경계병들에게 모두 빼앗길 수 있다는 생각에 흥정을 포기했다. 하지만 우리는 마치 오래된 절친한 친구처럼 인사를 나누며 포옹을 끝으로 석별의 정을 나누었다. 시간이 멈춘 그곳 사람들의 행복한 모습은 참으로 인상적이었다.

부활절 직전에 나는 그 마을을 한 번 더 방문했다. 후한 대접에 대한 감사의 표시로 수용소에서 직접 깎아 만든 칼을 그 촌장에게 선사했다. 이번에는 그가 아내를 설득하여 달걀 몇 개를 선물로 주었다. 나도 동료들을 대신해서 감사의 인사를 했고 수용소에 돌아온 후 부활절을 축하하며 동료들과 달걀을 나눠 먹었다.

소련 탄광 지도부는 또 다른 풍부한 석탄 지대를 찾기 위해 계곡에 새로운 광산개발을 시작했다. 석탄 탐색조의 성과도 매우 좋았고 모두들 전력을 다해 작업에 임했다. 그러나 언제나 그랬듯 작업계획은 매우 엉성했다. 전문 지식 없이 그저 모스크바에서 내려준 계획에 따라 작업했다. 산을 관통하는 갱도의 초입부와 공사장의 광경은 정말 엉망이었다. 공사 감독관은 공사계획을 전혀 이해하지 못한 상태였고, 자재 도난도 속출했다. 그리고 러시아인 노동자들은 정해진 규격보다 훨씬 낮은 비율로 자재를 사용해 시설을 만들었다.

어느 날, 놀라운 광경을 목격했다. 러시아인들은 당시까지 석탄 광산에서 일했던 독일인 공사기술자를 데려와 전체적인 시설 설비 계획에 관한 전권을 위임했다. 공산당 고위지도원이 직접 서명한 명령지에 이렇게 기재되어 있었다. 물론 수용소장과도 합의된 사항이었다.

'당신에게 모든 책임을 맡긴다. 러시아인 노동자들까지 마음대로 부려라. 수용소에서도 당신이 필요한 모든 전문가들을 데려다 쓸 수 있으며, 자재도 필요한 만큼 충분히 공급해 주겠다.'

그때부터 갱도의 증축, 개축, 철로의 전환, 모든 전기 설비와 기타 공장 설비, 행정과 러시아인 노동자들이 기거하는 수용소 시설에 이르기까지, 모든 것들을 그 독일인 기술자가 마음대로 결정할 수 있었다. 몇몇 공산당원들이 주저했으며, 반대하기도 했다. 하지만 그는 모든 저항을 물리치고 강력히 자신의 의지를 관철시켰고, 마침내 그 자신이 최고의 전문가임을, 작업을 성공적으로 해낼 수 있음을 입증해냈다. 그는 러시아인 작업감독관과 노동자들에게 많은 것들을 요구했다. 그러나 자신만의 전문지식과 공정함으로 그들로부터 큰 신뢰를 얻었다. 어느 날 나는 한 작업장에서 그를 만났고 서유럽식의 작업방식과 그곳에서 일하는 사람들의 열정을 보고 놀라지 않을 수 없었다. 카스피해 해안에서 채취한 자갈이 몇 대의 트럭에 실려 공사장에 들어왔다. 그 기술자는 자신의 사무실에서 자갈 몇 개를 살펴보더니 러시아인들에게 사용할 수 없는 자갈이라고 딱 잘라 말했다.

"이 자갈에는 기름기가 많아 터널 내부 시멘트 공사에 적합하지 않소. 깨끗한 자갈이 필요하오."

탄광 지도부는 트럭 운전사들에게 즉시 깨끗한 자갈을 다시 가져오라고 지시했고, 정말 며칠 후에 요구한 물품들이 도착했다.

1948년 말, 내가 다른 수용소로 이송되기 전까지 새로운 갱도 공사는 꽤 진척되었다. 행정실과 탄광 관리소도 완성되었고 근무자까지 들어온 상태였다. 왜 러시아인들이 제네바 협약을 무시하는지, 모든 수단과 방법을 총동원하여 우리를 잡아두려는지 분명해 보였다. 그곳에서는 서방에서 자유경제, 자본주의의 기본 전제였던 성과와 능률이라는 것은 찾아보기 어려웠다. 국가가 모든 경제활동을 통제하는 체제하에서, 또한 죄수들과 의무복무 노동자들로 구성된 백만 육군에서 그런 것들을 바라는 것 자체가 욕심이었다. 일상생활에 필수적인 단순 소비재가 부족한 데다 노동에 대한 의욕까지 상실한 열악한 현실에서는 서방세계와 같은 능률을 절대로 기대할 수 없다는 사실을 절실히 깨달았다.

그 와중에도 518 수용소의 점점 더 많은 포로들이 '부업'을 얻었다. 질 낮고 불공평하며 극히 부족한 식량 배급 사정을 타개하기 위한 대안이었다. 외부세계와 철저히 차단된 탄광 노동자들은 석탄으로 암거래를 시도하기도 했다. 그들은 사전에 경계병들에게 눈을 감아주는 대가를 지불한 후, 추위에 시달리던 러시아인들에게 석탄을 팔았다. 또한, 탄광에서 직접 집에서 쓰는 칼을 만들거나 그밖의 가사용품을 만들어 주민들에게 팔기도 했다. 주민들은 소련 땅 그 어디서도 구할 수 없는 물건들을 구입하기 위해 구름처럼 몰려들곤 했다.

어느 날, 나는 독일인 트럭 운전사였던 프레드 스보스니와 함께 트키불리로 간 적이 있었다. 나는 연극단원들에게 줄 먹거리를 구입하고, 그는 자신의 스투드베이커 트럭을 수리할 예정이었다. 스보스니는 부속품이 필요할 때마다 수용소장에게 찾아가면 언제나 대답은 한결같다며 불만을 털어놓았다.

"주차장에 있는 경계병 몰래 탄광에 가서 부속품을 가져와라!"

그래서 그는 생명을 걸고 종종 밤에 경계병들을 매수하여 '부품을 훔쳐오기 위한 모험'을 해야만 했다. 미국은 소련에게 10만대의 스투드베이커 트럭을 공급해주었지만, 정비용 부속품의 양은 충분치 않았다. 그래서 소련 내에서는 차량의 부속품들을 '암시장'에서만 구할 수 있었다. 시간이 흐르면서 움직일 수 있는 트럭의 숫자가 세 대에서 두 대로, 다시 한 대로 줄었고, 마지막 남은 차량들의 수명도 거의 끝나가고 있었다.

미국은 대륙양여법상의 오류로 엄청난 양의 잠옷을 소련에게 무상으로 공급했다. 형형색색의 색감을 좋아했던 그루지아인들에게 이 잠옷은 부의 상징이었고, 돈

많은 사람들의 선물로 최고 인기를 누렸다. 1948년 이후에는 낮에도 이 파자마를 입고 시내를 활보하는 사람들을 간혹 볼 수 있었다.

어쨌든 소련군 장교들과 NKWD 요원들도 점점 상황이 변하고 있다는 사실을 감지하기 시작했다. 또한, 우리의 능력이 탁월하다는 사실을 인정했다. 하긴, 우리에게 그런 능력이 없었다면 그 누구도 다시는 고향 땅을 볼 기회가 없었을지도 모른다.

1948년 여름, 내게는 기억에 남을 만한 두 가지 사건이 있었다.

어느 날, 나는 1주일간 우리와 같은 처지에 있던 헝가리인들의 수용소로 파견을 간 적이 있었다. 내가 그곳에 도착했을 때, 세 명의 헝가리인들이 작업 여건이 열악하다며 불평했다는 이유로 막 감금된 상태였다. 그 즉시 전체 헝가리인들이 모두 단식 농성에 들어갔다. 대표자들을 뽑아 러시아인 수용소장에게 보내고, 그들의 감금 해제를 요구했다. 요구가 거부당하자 단식 농성은 계속되었고 나도 어쩔 수 없이 농성에 동참했다. 러시아인들에게 단식 농성은 특히나 노동자의 사망이나 자살로 인한 노동력 손실을 의미하는 비상사태였다. 즉각 모스크바로부터 조사단이 파견되었고, 결국 감금된 세 명은 풀려났으며 단식 농성도 중단되었다. 전 수용소의 포로들이 한 명도 빠짐없이 농성에 참가한 그들의 단결력에 나는 놀라지 않을 수 없었다. 헝가리인들은 자신의 조국을 빼앗은 러시아인들을 극도로 증오했다.

한편, 나는 이 농성 기간에 한 헝가리인 양치기로부터 뜨개질하는 법을 배웠다. 우리 수용소로 돌아온 후, 어느 탄광 노동자가 내게 뜨개질바늘을 만들어 주었고, 다른 이들은 훔친 전선에서 14가닥의 실을 뽑아서 가져다주었다. 나는 그 실로 양말을 짜기 시작했다. 당시 우리는 물론 소련군 병사들조차 겨울철에는 그리 따뜻하지도 않은 발싸개 뿐이어서, 내가 짠 양말은 그야말로 '인기 폭발'이었다. 시간이 갈수록 내 실력도 향상되어 1주일에 양말 몇 개씩을 만들어 냈고, 포로들과 경계병들에게 주문을 받고 만들어 팔기도 했다.

두 번째 사건은 우리 수용소에서 겪은 일이었다. 작업을 마친 어느 날 오후에 러시아인 수용소장이 나를 호출했다.

"대령! 힘 좀 쓰는 사람 셋을 뽑아 10분 후 수용소 정문으로 와라."

또 하나의 '부업거리'가 생긴 듯했다. 정문에서 수용소장은 한 그루지아인에게 우리를 소개했다. 소장이 그를 정중히 대하는 것으로 보아 이 도시의 저명인사임을 한눈에 알 수 있었다. 경계병 한 명과 함께 우리는 시내로 내려갔다. 나는 우리가 무슨 일을 해야 하는지 묻자 그는 매우 슬픈 표정을 지으며 이렇게 대답했다.

"무슨 일이 벌어졌는지 가서 보면 알 거요. 나를 좀 도와주시오."

똑같은 형태로 늘어선 공산당원들의 집들이 가득한 어느 마을로 들어섰다. 그는 자신의 집으로 우리를 안내했다. 뚜껑이 없는 관 하나가 거실의 탁자 위에 놓여 있고, 그 안에 아리따운 어린 소녀가 누워 있었다. 그의 딸이었다. 관 주위에는 집안 여성들이 동양의 관습에 따라 머리칼을 풀어헤치고 장송곡을 불렀다. 우리도 당황스러웠다. 나는 다시 조심스레 그 남자에게 우리가 할 일이 무엇인지 물었다.

"저 관을 묘지로 옮겨주시오. 거기서 내 딸의 장례를 치르려 하오. 당신들도 기독교 교인으로서 망자에 대한 예의를 갖춰주길 바라오."

묘지는 이 도시의 반대편 외곽에 있었다. 우리 모두 잘 알고 있는 곳이었다.

"우리도 최선을 다하겠습니다. 다만 길이 너무 멉니다. 관이 너무 무거우면 중간에 쉬어야 할지도 모르는데, 그때 떨어뜨릴 수도 있으니 받침대를 가져가는 편이 좋을 듯합니다."

우리는 그 관을 어깨에 멨다. 관 속의 소녀는 흰옷을 입었고, 주위에는 온통 꽃으로 장식되어 있었다. 서서히 길을 나섰다. 받침대를 든 아버지가 뒤를 따랐고, 이어서 가족들과 친구들이 따라왔다. 행렬은 점점 더 길어졌다. 묘지로 가는 길 양쪽에는 작은 광산 도시의 많은 주민들이 나와서 애도를 표했다. 어디쯤 갔을까, 우리가 쉬었다 가자는 신호를 주자 그 아버지가 평평한 땅에 받침대를 놓았다. 우리가 관을 내려놓을 때마다 여성들이 관 주위로 몰려들어 비통해했다. 한 번이라도 더 소녀의 얼굴을 보기 위해서였다. 마침내 묘지에 도착했다. 평화로운 분위기는 아니었다. 당시 식량창고로 사용되던, 반쯤 무너진 교회와 쓰러진 비석들 그리고 무성한 잡초들이 그 묘지의 황량함을 더했다. 그녀의 아버지와 오빠들이 이미 무덤을 파 놓았고, 우리는 무덤 옆에 관을 내려놓았다.

그동안 주변에 제법 많은 사람들이 몰려들었다. 마지막 작별인사와 함께 관의 뚜껑을 닫았고, 우리는 관을 천천히 땅속으로 옮겼다. 나는 세 명의 동료와 함께 관을 무덤에 내려놓고 우리의 관습대로 주기도문을 읊었다. 그 후 세 번씩 번갈아가며 삽으로 흙을 관 위에 던져 넣었다. 그 순간 주변의 모든 사람들은 일제히 더욱 애통하게 통곡하기 시작했고 일부 조문객들도 성호를 긋고 조용히 눈물을 훔치곤 했다.

그녀의 아버지도 무덤을 메우는 데 동참했다. 나는 왜 이렇게 어린 나이에 세상을 떠났는지 너무 궁금해서 조심스럽게 질문했고, 그는 괜찮다는 듯 이렇게 답했다.

"멍청한 년 같으니라고! 밖에서 남자친구와 뒹굴지 말라고 그렇게 이야기했는데

… 폐렴에 걸려서 죽었다오."

그 순간은 매우 당황스러웠다. 우리 넷은 다시 그의 집으로 왔다. 그 사이에 조문객을 대접하기 위해 그루지아식으로 진수성찬이 차려져 있었다. 수년 동안 이런 특별한 음식은 처음이라 깜짝 놀랐다. 옥수수빵, 달걀, 과일, 고기들, 염소젖으로 만든 치즈, 집에서 만든 각종 빵과 그루지아식 와인과 증류주도 있었다. 22:00경, 우리를 데리러 온 경계병도 뜻밖의 음식과 술을 보고는 흔쾌히 우리와 함께 먹고 마셨다. 그리고는 그 가족과 헤어졌다. 그들은 장례식에 도움을 준 우리에게 한 번 더 깊은 감사를 표했다. 우리는 오랜만에 술에 취해 비틀거리며 수용소 정문에 도착했고, 야간 경계병들은 그런 우리들을 부러운 듯한 눈으로 바라보며 큰 소리로 '잘 자라!'고 인사했다. 별로 기분 좋은 일은 아니었지만 우리는 동료들에게 러시아어로 '장례식'에 대한 이야기를 늘어놓았다.

4. 형무소에서: 단식 농성과 KGB

1948년 늦은 가을 무렵이었다. 기온이 서서히 내려갔고 그래서 겨울이 오고 있음을 느꼈다. 모두들 올해의 성탄절만큼은 고향에서 보낼 수 있다는 희망을 절대로 포기할 수 없었지만, 현실은 사뭇 달랐다. 언제나 그렇듯 사전 경고도 없이 갑자기 몇몇 동료들이 끌려갔다. 과거 친위대나 방첩대 소속이었던 참모장교들과 나치 저항군을 진압했던 포로들, KGB가 그런 부류로 판단했던 사람들이 끌려가 가혹한 고문과 구타, 심문을 당했다.

나를 포함한 몇몇은 특별 수용소로 옮겨진다는 소문도 있었다. 매우 우울했다. 3년 이상 고난과 역경을 함께 견뎌온 동료들과 이별한다는 것은 정말 힘든 일이었다. 수용소에 남은 이들에게 우리의 고향집 주소를 남겼다. 그들은 집으로 돌아갈 수 있을 거라는 희망이 있었다. 그때 러시아인 수용소장이 나타났다.

"어쩔 수 없어. 모스크바에서 명령이 떨어졌어. 너희들은 정말 훌륭한 일꾼이었어. 탄광 지도부와 많은 시민들도 너희들을 그리워할 거야. 그리고 곧 집에 가게 될 수도 있어."

다소 위로가 되었다. 정말 진심에서 우러나오는 말이었다. 러시아인들의 인간미가 다시 한번 가슴을 파고들었다.

수년 만에 다시 한번 우리는 4면이 밀폐된 화물열차에 올랐다. 신참 경계병들도 매우 우울한 표정이었다. 우리 스스로는 마치 중죄를 지어 끌려가는 기분이었다. 오후 무렵, 기차는 계곡 쪽으로 서서히 움직였다. 수많은 동료들이 목숨을 잃고 매장된 산악지대를 지났다. 또한 '양질의 목재를 벌목'했던 그곳도 통과했다. 석탄 탐색 조원들과 함께 일했던 곳에는 벌써 첫눈이 내리고 있었다.

그곳에 남은 포로들은 어떻게 되었을까? 훗날 알게 된 사실이었지만, 518/I호 수용소에 남아있던 동료들은 1949년 초에 트키불리 외곽의 II호 수용소로 옮겨졌고 몇 개월, 혹은 몇 년 후에 대부분 출소했다. 훗날 뜻밖에도 비난트를 만나 동료들의 소식을 들을 수 있었다. 그들은 한때 '독일군에 협조했던 여성들'이 수감되었던 수용소로 들어갔다고 한다. 그 수용소 반대편에는 독일에서 몰수해온 오펠(Opel) 공장이 세워졌지만, 그들이 도착했을 때는 조업이 이미 중단된 상태였고, 기계들도 모두 녹슬어 폐허가 되어 있었다고 했다.

우리가 탄 열차는 캅카스의 저지대 평원을 가로질러 동쪽으로 달리다 갑자기 그루지아의 수도, 티플리스 근처에서 멈췄고, 화물열차에서 내리라는 지시를 받았다. 그 즉시 다른 수용소로 끌려갔다. 일부 막사는 이미 다른 수용소에서 선별되어 온 포로들로 가득 차 있었다. 우리도, 그들도 앞으로 무슨 일이 벌어질지 전혀 예측할 수 없었다. 그때 수용소장이 나타나 우리에게 인사했다.

"너희들은 여기서 좋은 대우를 받을 거다. 모스크바의 생각이 옳아. 고위급 장교들에게 노동을 시키면 안 되지."

그들은 내게 통역 업무를 맡겼다. 그러나 트키불리에서 받은 외출권이 여기서는 통하지 않았다. 우리 같은 고위급 장교들에게 노동을 시키지 않는다는 결정이 옳은 것인지, 아니면 제네바 협약에 따른 것인지 알 수 없었지만, 그다지 달가운 일은 아니었다. 더욱이 라디오를 들을 수도, 부업으로 돈을 벌 수도, 주민과 접촉할 기회도 없었다. 하루 종일 수용소에 앉아서 시간을 보내고 외부에서 노역하는 이들이 전해주는 소문만 들을 뿐, 외부와의 접촉은 철저히 차단되었다.

우리는 다시 산 위의 수용소로 돌아가고 싶다는 푸념을 늘어놓기도 했다. 노역은 너무나 힘들었고 몇몇 동료들은 죽음에 이르기도 했지만, 그래도 노동 자체는 삶의 원동력이었다. 그런 노동의 성취감을 통해 육체적으로나 심리적으로 힘겨운 현실을 그나마 잊을 수 있었던 것이다. 그러나 돌아갈 가능성은 전혀 없는 듯했다.

티플리스 수용소에서의 처우는 나쁘지 않았지만, 마치 포로에서 죄수로 전락한 느낌이었다. 어느 날, 러시아인들은 내게 방첩대원과 친위대원들의 신상을 대라고 강요했다. 내가 거부하자 하루종일 일명 '직립감옥'에 가두었다. 온 사방이 콘크리트로 뒤덮이고 천장에 겨우 하나의 숨구멍만 있으며, 단 한 명만 들어가서 줄곧 서 있어야 하는 감옥이었다. 24시간 동안 작은 빵 한 조각과 죽 한 그릇만 넣어 주었다. 보통사람이 그런 형벌을 과연 며칠, 몇 시간이나 버텨낼 수 있을지… 정말 참혹한 형벌이었다.

그 후, 나는 수용소에서 무위도식하는 틈을 이용해서 지금까지 살아온 인생을 되돌아보며 3년 반 동안 포로생활에서 겪은 수많은 경험을 정리하기로 했다. 제법 일하는 방법도 익혔고, 나에 대한 평판도 괜찮았다. 이러한 운명을 극복하기 위한 삶에 대한 의지와 생존을 위한 훈련이 매우 중요하다는 것도 새삼 깨달았다. 또한, 언젠가는 집으로 돌아갈 수 있으리라는 희망을 포기하지 않는 것도 필요했다. 게다가 명확하고 확신에 찬 말과 행동으로 러시아인들에게 신뢰를 주는 방법도 터득했다. 최소한 러시아인들에게 기회주의자나 밀고자로 손가락질을 받지는 않았다. 언젠가 한 번은 NKWD 요원들과 대화를 나눈 적이 있는데, 그중 한 명이 이렇게 말했다.

"우리가 배신자를 이용하기는 해도 그런 놈들을 좋아하지는 않아!"

히틀러와 선전장관 괴벨스는 우리들에게 러시아인들은 생존권과 존엄성을 누릴 수 없는 '열등민족'임을 강조했고, 그런 믿음을 심어주려 했다. 그러나 나는 다년간의 러시아 생활을 통해 히틀러나 괴벨스의 논리가 근본적으로 틀렸음을 깨달았다. 전쟁 중, 그리고 전쟁이 끝난 후 소련에서, 포로생활 중에 러시아인에게도 탁월하고도 강렬한 인간미가 있음을 느꼈다. 모스크바의 핵심 권력층이 아닌 러시아 주민들이 특히나 서방 사람들 못지않게 따뜻한 가슴을 가진 사람들임을 깨닫게 되었다.

아이러니하게도 러시아인들은 마지막 남은 빵을 나눠 먹어야 하는 순간이 오면 마치 어린아이들처럼 난폭하게 변한다. 그러나 나는 계속된 억압 속에서 자신들의 정체성과 고향, 조국에 대한 끝없는 애정을 포기하지 않았던 몇몇 러시아인들을 좋아했다. 밤마다 종종 러시아인들의 수용소와 마을로부터 우울한 분위기의 음악들이 들리곤 했다. 마치 이 민족의 운명을 표현하는 듯한 노래들이었다.

반면, 중세 시대에나 통했던 고문과 만행 등으로 우리가 분노했던 사건들도 있었다. 사망자가 발생하면 우리는 그의 시신을 손수레에 싣고 수용소 밖에 무덤을 만들어 주었는데, 러시아인들이 시신을 묻기 전에 금니를 찾아서 뽑곤 했다. 또한, 정기적인 '소지품 검사'로 우리가 갖고 있던 마지막 보물과도 같은 물건들을 빼앗아 갔다. 정말 극악무도한 행동들이었다. 우리들의 가족사진들마저 빼앗고는 우리 앞에서 갈기갈기 찢어버렸다. 적어도 사진 한 장만은 갖게 해 달라고 간곡히 부탁했지만, 그들은 소리를 지르며 이렇게 대꾸했다.

"마누라가 참 예쁘군. 독일에서 이미 우리가 취했던 여자야. 네 마누라는 이미 오래전에 다른 남자를 만나 잘 살고 있을 거야."

작업 감독관들이 일을 재촉하며 소리쳤던 '움직여라! 이거 해라! 저거 해라!'같은 말을 더이상 듣지 않게 되었지만, 아침마다 '언제 고향에 돌아갈 수 있소?'라는 물음에 돌아오는 '곧!'이라는 대답도 들을 수 없었다. 비록 우리를 조롱하는 발언이었지만, 이제는 그런 말들까지 그리웠다.

작업장에서 죄수로 우리와 함께 일했던 러시아인들과의 관계도 매우 좋았다. 그들은 같은 운명에 처해 있다는 심리로 인해 인해 우리와 매우 잘 어울렸고, 우리보다 수용소 생활에 훨씬 더 빨리 적응했다. 당시 소련 전역에 흩어져 있던 러시아인 죄수들은 약 3백만 명에 달했다. 범죄자들은 자신의 가족과 멀리 떨어진 마을이나 도시로 끌려가 그곳의 교도소에 갇혔다. 그렇다고 해서 소련의 전 국토가 거대한 교도소는 아닐 것이다.

다시 티플리스의 수용소의 이야기로 돌아가자. 지루한 일상에도 불구하고 벌써 몇 주가 흘렀다. 고향에서 온 편지 한 통이 희망을 되살려 주었다. 수용소 내에서 분실되지 않는다면 우리가 쓴 편지는 대게 1주일이면 고향에 도착했다.

대체 왜 러시아인은 우리 같은 고위급 장교들을 '전범'으로 낙인찍은 방첩대원이나 친위대원들과 함께, 같은 수용소에 넣었는지 납득할 수 없었다. 우리를 잠재적인 '반동분자'(Revanchisten)로 보는 것일까? 이 개념은 오늘날까지도 소련의 용어로 사용되고 있다. 당시 할리 몸은 이렇게 하소연했다.

"나는 히틀러에게 저항했다가 강등까지 당했던 사람입니다. 그리고 '집행유예'를 선고받아 악명 높은 딜레방어 여단에 배치되는 불이익을 당했지요. 그런데 내가 왜 러시아인들의 포로수용소에 있어야 하는 겁니까?"

어느 날 갑자기 이 수용소가 폐쇄되어 우리를 다른 형무소로 옮길 거라는 소문이 나돌기 시작했고, 며칠 후에 한 소련군 장교가 나타나서 이렇게 말했다.

"너희들은 형무소로 이송될 거고, 그곳에서 재판을 받게 될 거다."

악의적인 감정으로 내뱉은 말이었을까? 아니면 정말 사실일까? 얼마 후, 그의 말은 사실로 드러났다. 1948년 말부터 1949년 초까지 수송용 열차들이 집결했다. 우리를 포함한 포로들을 강제로 끌고 가서 4면이 폐쇄된 화물열차에 태웠고, 험상궂은 인상을 한 경계병들도 우리와 함께 화차에 올랐다. 목적지도 알려주지 않았다. 고향으로 갈 수 있다는 희망을 포기해야 할 순간이 온 듯했다. 우리가 탄 열차는 엘브루스 산맥을 통과해서 북쪽으로 향하다 우크라이나의 수도 키에프 인근에서 정차했다.

오랜 시간 화차에서 우리는 레닌이 건국한 노동자와 농부의 나라가 과연 어떤 것인가에 관해 의견을 나누었다. 국가 자본주의(Staatskapitalismus)^A는 최악의 체제이며 권

A   국가가 정책을 통해 직접 관리, 통제하는 자본주의 경제체제 (역자 주)

력기구는 경직되어 있고 치밀한 감시 시스템을 통해 유지될 수 있다고 주장하는 이들도 있었다. '자전거 페달 원칙'(Radfahrerprinzip), 즉 아래로는 억압하고 위로는 몸을 굽히는 원칙에 따라 모든 이들이 지도부를 위해 일하려고 노력하는 공산당원들의 국가가 바로 소련이라고 비난하기도 했다. 하기야, 소련에서 국민을 위해 일하는, 국민에게 인간적인 대우를 해 주는 소련군 장교나 공산당원들을 한 번도 본 적이 없다. 마르크스의 구상과 레닌의 계획은 일부 옳은 점도 있다. 하지만 그들의 논리가 영향력을 잃으면서 이 체제가 유지되기 위해서는 더 강한 감시와 강제성이 필요해졌다. 하지만 인간의 욕심이나 유혹에 빠지는 본성이 결국 필연적으로 체제의 붕괴를 초래할 것이다. 이미 독일에서 공산당원으로 가입했던, 자신들의 사상을 위해 엄청난 고통을 감내했던 포로들까지도 소련의 현실에 개탄했으며, 급기야 자신들이 믿어왔던 사상을 내던져버리기도 했다.

키에프로 이동하기 며칠 전에 또 하나의 기억에 남을 만한 일이 있었다. 식량을 배급받기 위해 차례를 기다리고 있을 때, 내 앞에 있던 한 젊은이가 나를 보더니 이렇게 말했다.

"맙소사! 대령님! 대령님께서도 여기에 계셨나요? 저를 알아보시겠습니까?"

그는 제125기계화보병연대 예하 제1대대 소속의 연락장교였다. 1944년 7월 18일 연합군의 '굿우드 작전' 중 연합군의 포탄과 폭탄이 빗발칠 때, 그의 부대는 전멸했다고 알고 있었다. 당시 나는 연결작전으로 그 대대를 구출하려고 백방으로 뛰어다녔으나 결국 실패했고, 대대가 심각한 피해를 입지 않았을지 매우 걱정했던 적이 있다.

"오! 자네는 어떻게 여기에 온 건가? 자네 대대원들이 살아있을 거라고는 전혀 생각하지 못했네. 어떻게 된 건가?"

우리는 그날 저녁에 만나서 그간의 이야기를 나누었다.

"엄청난 폭탄과 포탄이 머리 위로 떨어졌을 때, 저희들이 있었던 참호는 꽤 견고했습니다. 그리고 다들 그 와중에도 침착했고, 피해도 그리 크지 않았습니다. 곧 지상전투가 벌어졌습니다. 저희들은 격렬하게 저항했지만 역부족이었고, 모두 영국군에게 포로로 잡혔습니다. 그 후에 이유는 잘 모르겠지만 저를 포함한 일부는 미군에게 넘겨졌고, 나중에는 미국에, 정확히 미국 중서부에 정착했습니다. 대우는 최고였습니다. 저는 지질학 공부를 계속할 수 있었고, 스위스의 어느 학위 위원회에서 시험까지 치렀습니다. 저희들에게는 강제 노역도 없었고 무엇이든 자유롭게 다 할 수 있었습니다. 저는 직업도 구했고 돈도 많이 벌었습니다. 학위 공부에 필요한 모든 책을 제가 스스로 구입해서 읽었을 정도였지요. 맞춤옷을 사서 입기도 했습니다."

"아니, 그러면 자네는 대체 어떻게 지금 여기까지 오게 된 건가?"

무척이나 그 이유가 궁금했다. 그는 한숨을 쉬며 다시 입을 열었다.

"저희들은 1948년에 풀려났습니다. 미국인들은 제 소지품들을 모두 가지고 떠날 수 있게 해 주었습니다. 박스의 양이 무척 많았지만 미국인들이 그 박스를 모두 배에 실어 주었죠. 독일에 도착했을 때 미군 검역소에서 출소증명서를 제시했는데, 한 미국인 장교가 제게, '어디로 가고 싶소?'라고 묻더군요. 저는 어머니께서 계신 드레스덴으로 가야 한다고 말했죠. 그랬더니 그는, '그곳은 소련군이 점령한 지역이네요. 거기로 가게 되면 문제가 생길지 모르오. 그냥 서독 지역에 있는 편이 낫지 않겠소?' 라고 물었고, 저는 드레스덴을 고집했습니다. 제 출소증명서만 있으면 문제없을 거라 믿었지요. 한 치의 망설임 없이 제 결정대로 하겠다고 대답했어요. 그는 '좋소! 행운을 빕니다! 후회하지 않기를 빌어요.'라고 화답해 주었지요. 그러나 저는 어머니 곁으로 갈 수 없었습니다. 미군과 소련군의 경계선을 넘자마자 소련군 검문소에서 저는 출소증명서를 내밀었고, 어머니께 갈 수 있도록 해달라고 간곡히 부탁했습니다. 그러나 제 희망은 끝내 물거품이 되고 말았습니다. 러시아인들은 제게, '미국이 발급한 증명서는 여기서 통하지 않는다. 너는 독일인 장교이자 반동분자다. 소련의 포로수용소로 가야 한다.'고 말했습니다. 다음날 저와 똑같은 실수를 저지른 많은 이들과 함께 화물열차로 여기까지 오게 되었지요."

참으로 기구한 운명이었다. 그의 방랑은 여기까지였다. 소련이 자신들의 계획대로 움직이며 동맹국들을 전혀 신경 쓰지 않는다는 것을 여실히 보여주는 사례였다. 그 젊은 연락장교는 그래도 불행하지는 않다며, 미국인들처럼 좋은 대우를 해주지는 않지만 티플리스의 수용소에서 포로가 아닌 지질학자로 일할 수 있는 것만으로도 다행스러운 일이라고 말했다.

티플리스의 수용소에서 누군가로부터 들은 또 하나의 재미있는 이야기가 있다. 1948년 말 몇 명의 전쟁포로들이 새로 들어왔다. 그전까지 흑해 연안의 루마니아의 어느 수용소에서 수감되었던 사람들이었다. 수용소의 동료들이 모두 깊은 실의에 빠져 있을 때 그들 중 한 명이 분위기를 바꾸기 위해 자신의 경험담을 들려주었고 우리는 포복절도하지 않을 수 없었다.

"나는 한때 해수욕장이었던 곳 근처에 무너진 집들을 보수하는 작업조에 속해 있었어요. 소련 점령군의 장교들이 그곳으로 이사할 예정이었죠. 내가 일했던 그 집에 매일 소련군 중령 한 명이 목재로 된 트렁크 하나와 자신의 하루 끼니로 소금에 절인 건어물을 들고 나타났어요. 그가 '이 집이 언제 완성되는 거냐? 계속 자동차에서 자야 하잖아! 이리로 이사할 거니까 빨리 지어 줘!'라고 말했고, 이에 나는 '며칠 후면 됩니다. 목욕탕에 수도관을 수리해야 합니다.'라고 답했고, 매일 이런저런 핑계를 대야 했습니다. 어느 날 그는 더이상 참기 힘들다는 표정으로 이렇게 말했어요. '오늘부터 여기서 지낼 거야. 목욕탕에 물은 필요 없어. 밖에 있는 우물에서 씻으면 돼.' 밖에는 우물도 없었습니다. 그는 자신의 작은 트렁크를 내려놓더니 소금에 절인 건어물을 먹으며 말했습니다. '멍청한 너희들은 문명이라는 걸 몰라! 우물도 없고 집안에 물도 없고! 어디서 생선의 소금을 씻어야 하는 거야? 갑갑하구만!' 나는 그에게 화장실을 가리켰어요. '여기가 물이 있는 유일한 곳인가?'라며 그리로 들어갔어요. 나는 다시 일하던 곳으로 돌아갔지요. 그런데 갑자기 화장실에서 엄청난 욕설과 고함이 들렸어요. '물고기가 도망갔어! 이런 빌어먹을! 너! 내 물고기를 잡아 와!' 나는 생선을 다시 찾기는 어려울 것 같다며 그를 설득했지요. 그러나 그는 내 손을 잡더니 이 방에서 저 방으로 마구 끌고 다니며 잔뜩 겁을 주더라고요. 마침내 그도 단념한 듯 다시 생선을 구하러 나가더군요."

그 중령은 왜 화가 났던 것일까? 틀림없이 상수도라는 '문명'을 경험해 본 적이 없었던 것이다. 당시 대부분의 러시아인들은 상수도라는 것을 몰랐고, 두레박으로 물을 긷는 우물에 익숙했다.

다시 키에프의 수용소 생활에 관한 이야기다.

키에프의 기상조건은 남부 캅카스의 평원에 비해 그다지 좋지 않았다. 새로운 수용소에서의 겨울도 몹시 추웠다. 내부의 시설도 과거의 수용소들보다 훨씬 더 열악했다. 그래서 우리는 내부를 꾸미고 따뜻하게 하기 위해 힘을 모았다.

왜 우리 같은 고위급 장교들이 이곳에서 '전범들'과 함께 수감되어 있는지, 그 이유는 여전히 불분명했다. 그러나 같은 처지에서 함께 운명을 이겨야 한다는 의지가 우리 모두를 결속시켰고 그래서 점점 더 서로를 이해하기 위해 노력했다.

나는 NKWD 요원들이 동료들을 심문할 때나 수용소장의 교육, 연설 때에 임시 통역관으로 선정되기도 했다. 이곳의 수용소장과 경계병들은 모두 NKWD 요원 출신이었다. NKWD 요원이 아니면 이곳에서 근무할 수 없었고 NKWD는 러시아 정규군과는 별개로 그들만의 조직과 부대를 갖고 있었다.

어쨌든, 나는 수용소의 의사이며 통역관이었던 한 여성과 매우 친했다. 그녀는 내게 식량과 다른 사안에 대한 모스크바의 지침과 규정들을 알려 주었다. 그녀가 알려준 정보에 의하면, 당시에 지급받던 식량의 양은 모스크바의 지침에 훨씬 못 미쳤다. 더 많은 설탕과 버터, 그리고 빵을 지급받아야 했다. 게다가 우리는 시간이 갈수록 배짱이 생겨 대담한 행동도 할 수 있다는 분위기가 형성되었다. 이에 나는 수용소 포로들을 대표해서 NKWD 요원들에게 모스크바의 지침을 이행할 것을 강력히 요구했다. 하지만 그 요구는 단박에 거부되었다. 그때 나는 헝가리인들의 단식농성을 생각해냈고, 동료들에게 그 방안을 제시했다. 실행여부를 두고 장시간 동안 갑론을박이 벌어졌다. 많은 이들이 주저했고 두려워했다. 그러나 더이상 잃을 것도, 나빠질 것도 없고 오히려 좋아질 수 있다는 논리가 힘을 얻었다.

때마침 다음 날 아침식사가 매우 형편없었다. 그때부터 우리는 식사를 거부했다. 단식 농성 이틀째, 수용소장이 사태를 심각하게 받아들이고 있는 듯했다. 이에 우리는 그가 '자발적으로' 규정을 이행해 주기를 강력히 요구했다.

"이런 빌어먹을 쓰레기 같은 놈들! 당장 그만두지 않으면 본보기로 몇 명을 사살하겠다!"

그의 협박에 우리 중 몇몇은 동요했다. 그의 말을 행동으로 옮길까 두려웠던 것이다. 나를 비롯한 의지가 강했던 동료들은 농성을 계속해야 한다고 주장하면서 동요하는 이들을 고무시켰다. 얼마 후 수용소장은 자신의 협박이 효력이 없음을 인식하고는 태도를 바꿨다. 호의적인 태도로 우리를 설득하려 했다.

"좋아! 만일 지금 즉시 농성을 중단하면 내일부터 버터와 깨끗한 침대시트를 받게 될 거야!"

그러나 우리는 그에게 이렇게 응수했다.

"우리의 조건들이 모두 수용되면 그때 농성을 멈추겠소!"

다음날, 역시 예상대로 버터와 침대시트는커녕 아무것도 없었다. 그 여성 통역관은 애초부터 그런 버터와 침대시트는 없었다는 사실을 알려 주었다. 도대체 그 수용소장이 어디서 그런 것들을 구할 수 있다는 말인가? 우리는 단호하게 결정했다.

"좋소! 그렇다면 단식 농성을 계속하겠소!"

5일째가 되던 날, 모스크바에서 파견한 조사단이 나타났다. 단식 농성은 그들에게 위협적인 사태였다. 동맹국의 눈치를 보는 것 같기도 했다. 키에프의 사건사고는 캅카스의 산악지대의 그것보다 더 빨리 서방에 전파되었기 때문이다.

그날 밤, 누군가 취침 중이던 나를 깨웠다. 그리고 한 명의 독일인 포로 대표자와 함께 조사단 앞에 불려갔다. 독일인 대표에게는 내가, 반대편에서는 그 여의사가 통역을 맡았다.

우리는 30대 중반의 조사단 대표이자 NKWD 요원을 비롯하여 민간인 복장을 한 몇 명의 조사단과 마주 앉았다. 민간 복장을 한 이들은 비밀요원인 듯했다. 조사단 대표의 표정은, 우리가 그간 만났던 사람들과 달리 온화했다. 그는 낮은 톤의 목소리로 입을 열었다.

"당신들은 왜 단식 투쟁을 하는 거요? 왜 당신들의 불만을 수용소장에게 이야기하지 않았소? 그러면 모두 해결될 텐데요."

내가 대답했다.

"물론 이야기했소. 하지만 그가 거부했소. 그래서 농성을 하게 된 거요. 수용소장에게 규정대로 해달라고 요청했지만, 그는 계속 거절하며 욕설까지 했소. 우리도 제네바 협정을 잘 알고 있소. 전쟁포로에게 어떻게 대우하라는 모스크바의 지침도 알고 있소. 또한, 우리가 모스크바로 보낸 고발장들이 접수되었다는 것도 알고 있소. 물론 소련, 미국, 영국, 프랑스와 중국이 그 협정을 공명정대하게 이행하고 있다는 것도, 독일군 포로들을 풀어주는 것도 그 협정에 포함되어 있다는 것도 알고 있소. 우리는 이 수용소에 국한된 상황이겠지만 서방국가들의 정부에 이곳의 현실에 대해 알릴 생각이오. 우리가 어떤 방법을 선택할 것인지는 대답해 줄 수 없소. 그러나 우리는 반드시 해낼 거요. 스탈린 각하께서도 여기의 상황이 동맹국들에게 알려진다면 매우 불편하실 거요. 단지 지금 우리가 원하는 것은 스탈린 각하의 지침과 규정이 이행되는 것이오. 그 이상도 그 이하도 바라지 않소!"

그들의 반응은 예상외로 매우 신속했고 놀라웠다. 그 NKWD 요원은 동료들과의 짧은 회의를 마친 후 우리를 다시 불러 이렇게 말했다.

"여러분들의 요구를 무조건 수용하겠소. 지금까지는 보급 및 수송 여건이 불비해서 그랬던 것이오. 우리 러시아인이 그리 몰인정한 사람들은 아니오. 이제 그만 투쟁을 멈추시오."

삭막했던 분위기가 다소 반전되었다. 조사단도 그들의 체면을 세웠다. 우리의 요구조건이 해결되는 즉시 투쟁을 중단하겠다고 약속했다. 이틀 뒤에 정말로 약속대로 침구류와 규정된 식량을 받았다. 게다가 수용소장도 더이상 우리에게 화를 내거나 소리를 지르지 않았다. 그즈음 갑자기 NKWD 요원은 나를 호출했다. 여성 통역관을 사이에 두고 이야기를 나누고 싶다고 했다. 그의 요구에 나는 다소 놀랐지만 흔쾌히 응했다.

"대령! 한 가지만 묻겠소. 여기 그리고 다른 포로수용소의 독일군 포로들 중 얼마나 많은 이들이 공산주의에 동조한다고 생각하시오?"

일종의 유도심문일까? 즉시 답하기 어려운 문제였다. 그리고 지극히 개인적인 생각을 선뜻 내뱉기에도 위험했다. 순간 고민한 끝에 이렇게 답했다.

"내 생각에는 약 10%는 되는 것 같소."

그는 팔을 내저으며 이렇게 말했다.

"오오… 아니오. 많아 봐야 6에서 7% 정도일 거요. 그러면 동독에 거주하는 독일인 중 공산주의자들은 얼마나 있다고 생각하시오?"

"당신네 러시아인들이 전쟁 이후 5년 이상 동독에 있었으니 아마도 8에서 10%는 되지 않겠소?"

"아마 기껏해야 3에서 4% 정도일 거요. 그러면 서독에는 얼마나 있다고 보시오?"

그의 말을 듣고 약간 놀랐지만, 짐짓 태연하게 이렇게 대답했다.

"최소한 3에서 4%는 되겠지요."

나의 대답에 이번에는 그쪽에서 놀라는 듯했다.

"0이오! 아시오? 모스크바의 우리도 현실주의자들이오. 즉 우리가 독일 민족에게 공산주의를 납득시킬 수도, 그들을 절대로 공산주의자들로 만들 수도 없다는 것을 알고 있다는 말이오!"

그의 결론은 이랬다.

"우리는 이탈리아인 공산주의자들도, 프랑스인 공산주의자들도 필요 없소. 이탈리아나 프랑스보다 당신네 독일이 우리와 더 가까운 곳에 있소. 영국은 도버 해협 건너편에 있고 미국도 너무 멀리 있소. 그래서 우리는 당신네 독일과의 관계를 우선적으로 고려해야 한다는 말이오."

그의 말 속에는 회의와 두려움이 뒤섞여 있었다.

"당신네 독일은 어느 날 다시 군대를 가지려 할 것이고, 다시 그 군대로 우리 소련을 침공할 거요. 그래서 우리는 독일을 '중립국'으로 만들어야 한다고 주장하고 있소. 독일은 그 자체로 우리 소련의 위협이라는 말이오. 당신들이 중립국이 되어야만 우리의 입장에서 위협이 사라지는 거요. 우리도 우리 의지대로 유럽을 지배하고 싶소. 그러나 우리의 의도는 소련 영토에서 다시는 전쟁이 벌어져서는 안 된다는 것이고, 이것이 우리가 근본적으로 지향하는 바요."

독일군 대령으로서, 그리고 포로로서 정말로 흥미롭고 교훈적인 대화였다. 예전에 대화를 나눴던 소련군의 병사들, 죄수들과 주민들도 그와 똑같은 생각을 품고 있었다는 점도 흥미로웠다.

"우리 러시아인에게도 정말 가슴 아픈 일이지만 우리의 영토에서 무슨 일이 벌어졌는지 우리 스스로도 잊게 될 거요. 그러나 당신들은 언젠가 고향으로 돌아가게 될 거고, 그러면 다시 또 군대를 만들어서 소련을 침공하여 우리의 마을들을 쑥대밭으로 만들고 우리 국민을 무참하게 살육하거나 가혹한 강제노역을 시킬 거요."

어떻게 하면 모스크바의 '현실주의자들' 또는 러시아 국민에게서 이러한 공포심을 제거할 수 있을까? 독일 연방군의 창설이나 초강대국 미국과 독일의 동맹에 대한 러시아인들의 격렬한 반대는 모두 이런 배경에서 비롯되었다.

5. 귀향

시간이 흘러 몇 주, 몇 달이 지나갔다. 고향으로 돌아갈 희망은 점점 사라졌다. 다른 '일반 수용소'에서는 이미 출소가 시작되었다는 소식을 접했을 때는 더 절망적이었다. 우리처럼 '죄수'에 속하는 포로의 출소 가능성은 없어 보였다. 그럼에도 단식 농성에 성공한 후로는 출소의 희망을 버리지 않았다. 투쟁의 결과로 다소 활력을 되찾기도 했다. 투쟁 이후, 우리는 노역을 하지 않게 되었고, 여기저기서 들리는 소문에 대해 논쟁하고 끼니마다 식량을 받아 오는 일이 하루 일과의 전부였다.

1949년 늦가을, 점점 추워지고 있었다. 눈이 내리기 시작해 우크라이나를 완전히 덮었다. 이미 겨울이나 마찬가지였다.

어느 날, 러시아인 여성 통역관이 우리 수용소에도 출소가 임박했다는 뜻밖의 소식을 전해 주었다. 물론 85%가량의 포로들만 출소할 수 있다고 했지만, 모두 고향으로 돌아갈 희망을 되찾은 듯했다. 하지만 그것도 잠시였고 다시 회의감이 밀려왔다. 러시아인들은 우리를 위로한답시고 진정성 없는 말로 '곧 집에 갈 수 있어.'라고 떠들어댔고, 우리가 기대했던 출소에 관한 절차는 이뤄지지 않았다.

10월 말, 모스크바에서 조사단이 왔고, 몇몇 포로들이 밤낮을 가리지 않고 끌려갔다. 그들이 다녀오면 모두 몰려들어 이렇게 묻곤 했다.

"무엇을 물어봤지? 누가 심문했나? 분위기는 어땠고?"

그러나 아무도 심문 결과는 몰랐다. NKWD 요원들은 절대 그들의 의도를 드러내지 않았다. 호의적이지도, 그렇다고 우리를 싫어하는 모습을 보이지도 않았다. 과연 누가 15%에 속해 여기에 남을 것인가? 불확실성에 대한 기대, 희망, 절망, 두려움이 교차했다. 그 조사단은 포로 몇 명 만을 심문한 후 갑자기 사라졌다. 다른 사람들은 어떻게 되는 것일까? 아무 일도 벌어지지 않았다. 초긴장 상태가 이어지다가 극도의 스트레스가 되었다. 모두들 우울증에 걸린 듯 낙담했고 풀이 죽어 있었다.

며칠 후, 어둑한 새벽 NKWD 요원들이 다시 우리 수용소에 나타났다. 그들은 서류 뭉치를 펼치더니 거기 적힌 명단을 불렀다. 그 대상자들은 짐을 싸서 광장으로 집결하라고 했다. 내 이름은 없었다. 밖은 여전히 어두웠고, 소란스러운 분위기 때문에 잠을 이룰 수 없었다. 밖에서 무슨 일이 벌어지는지 궁금했던 우리는 모두 출입구 쪽으로 향했고, 소련 경계병들은 우리를 강제로 막사 안으로 밀어 넣었다. 예전에 심문을 받았지만 이름이 불리지 않은 자들의 표정은 절망적이었다. 그들을 어떻게 위로해야 할지 답답하고 애석할 지경이었다. 그때 누군가가 '빨리 움직여!' 하고 소리를 질렀다. 우리는 창문을 통해 몇몇 사람들이 어디론가 걸어가는 모습을 지켜보았다. 그들은 과연 어디로 가는 것일까?

다음날 나는 여성 통역관을 만나 이렇게 물었다.

"어제 있었던 일은 어떻게 된 거죠? 그들이 고향으로 갔나요?"

"그럴 거예요. 화차 문을 열고 출발했으니까요. 그러면 고향으로 갈 확률이 높죠."

"그러면 남은 사람들은 어떻게 되는 건가요? 특히 심문을 받고도 호명되지 않은 사람들은 어떻게 되나요?"

"남아야 할 15% 아닐까요."

그녀도 그저 추측일 뿐이라고 답했다. 아무도 NKWD 요원들이 무슨 일을, 어떻게 처리하는지 알 수 없었다. 다시 질문을 던졌다.

"이게 끝인가요? 조사단이 이미 떠났잖아요."

그녀는 나를 위로했다.

"다음 조사단이 곧 올 거예요. 당신을 포함해서 모두와 대면조사를 하고, 누구를 집으로 보낼지 결정하겠죠."

얼마 전까지 518/I호 수용소에서 함께 생활했던 한 동료가 우리 앞에 나타났다. 실의에 가득 찬 얼굴이었다.

"수년 동안 그 열악한 여건에서, 그것도 탄광에서 힘든 노동을 참고 견뎠는데 누군가 저를 밀고했어요. 제가 저항군을 소탕하는 전투에 참가했으니 교도소로 보내서 처벌해야 한다고요. 저는 저항군과 싸운 적도 없고, 동부 전역에 온 지 얼마 되지 않은 시점에 포로로 잡혔을 뿐입니다. 반론을 제기할 수도 없었어요. 러시아인들은 들으려고도 하지 않았죠. 분명 행정착오였지만 어쩔 수 없었죠. 그렇게 해서 여기까지 끌려오게 되었어요."

다들 그의 이야기를 들으며 안타까워했다. 러시아인들은 개개인의 사정에 대해 알려고도 하지 않았고, 오히려 이렇게 죄 없는 사람들에게까지 희생을 강요했다. 그의 사정을 들어 준 후 나는 트키불리 수용소의 상황을 물었다.

"지금 그 수용소는 어떤가요? 우리 동료들은 잘 지냅니까?"

"이미 1949년 초에 모두 II호 수용소로 이송되었어요. 그리고 얼마 전부터 출소가 시작되었죠. 제 생각에는 다들 고향으로 돌아갔을 겁니다."

모스크바에서 새로운 조사단이 왔다. 앞서와 같은 절차가 반복되었다. 야간에 계속해서 동료들을 심문하고 분류했다. 일부를 다른 곳으로 이송한 후, 그 조사단은 사라졌다. 며칠 후, 세 번째 조사단이 들어왔다. 수용소는 점점 비어갔다. 나처럼 남은 자들은 또다시 희망을 품고 다음 조사단을 기다렸고, 한편으로는 15%로 분류된 사람들을 위로하고 격려해주었다.

마침내 네 번째 조사단이 도착한 후 나에 대한 일련의 심문을 했고, 프롤로그에서 기술한 과정을 통해 나도 집으로 가게 되었다. 아직도 그날의 기억이 생생하다. 러시아인들에게 호명된 우리는 자질구레한 물건들을 챙기고, 소련산 겨울옷을 지급받으러 의복실로 들어갔다. 솜털외투와 바지, 발싸개를 수령했다. 나는 손수 짠 양말을 어머니께 보여드릴 생각이었다. 수용소에서 내 손으로 직접 만든 소중한 기념품이었다. 그러나 러시아인들은 '안돼!'라며 양말을 빼앗아갔다.

직접 짠 양말은 아쉽게도 포기해야 했지만, 나의 기사철십자장만큼은 반드시 고향으로 가져가고 싶었다. 오랜 기간동안 그들에게 들키지 않고 은밀히 지녀왔던 나의 보물이었다. 그들은 훈장을 보는 순간 즉시 빼앗아 갈 것이 분명했다. 그래서 수용소 안의 독일인 목공을 통해 작은 나무상자를 만들어서 그 상자의 측면 빈 공간에 훈장을 숨겼다. 그러나 아이러니하게도 독일까지 무사히 가져오는 데 성공한 훈장은 정작 함부르크에 머물던 시기에 도난을 당하고 말았다.

우리가 탄 기차는 눈 덮인 들판을 가로질러 서쪽으로 향했다. 그 일대는 5년 전 소련군과 마지막 전투를 치렀던 곳이었다. 이곳 어딘가에 잠들어 있을 수십 만의 용사들을 위해 기도했다.

1939년 독일과 소련이 폴란드를 분할할 때의 경계지역이었던 브레스트-리토프스크에서 꽤 오래 정차했다. 열차 궤간을 서유럽식으로 바꾸기 위해서였다. 그런데 갑자기 서류 뭉치를 든 소련 장교들이 화차 위로 올랐다. 그들이 몇몇 포로들의 이름을 불렀고, 귀향에 대한 우리의 기쁨은 다시 절망과 공포로 돌변했다. 실제로 십여 명의 포로들이 기차 밖으로 끌려나가 어디론가 여행되었다. 억울히고도 당황스러운 표정으로 끌려가는 그들이 너무도 가여웠다. 참으로 가혹한 운명이었다.

화차에 남은 우리는 아직 안심할 수 없었다. 곧 어떻게 될지 모른다는 불안감과 공포심이 확산되었다. 이런 고통이 과연 언제쯤 끝나게 될까? 우리는 서독의 국경을 넘을 때까지는 진정한 자유를 찾을 수 없으리라는 사실을 재확인했다.

열차가 정차할 때마다 우리는 가능한 화차 구석으로 숨었다. 소련 군인들이 우리를 찾을 수 없는 곳으로 숨고 싶었다. 어느 순간, 열차가 서서히 움직였고 어느덧 폴란드 영토를 넘어서 동독을 향하고 있었다. 물론 우리를 감시하기 위해서 소련군 경계병이 열차에 탑승해 있었다. 어느 날인가, 하루는 기차역이 아닌 철로 한가운데 정차했다. 가까운 곳에 조그마한 마을이 보였다. 몇몇 농부들이 눈 덮인 들판을 가로질러 우리에게로 다가왔다.

"어디서 오는 길이오? 독일군 포로들이오?"

우리는 고개를 끄덕였다. 행여나 농부로 위장한 NKWD 요원일 수도 있다는 생각에 갑자기 소름이 돋았다.

"동무들! 잘 왔소! 고향으로 가는 길이군요. 우리는 옛날 폴란드 땅이었던, 지금은 소련 땅인 브레스트 출신들이오. 우리도 어쩔 수 없이 이곳에, 새로운 땅에 정착했다오. 예전에는 독일인들이, 지금은 러시아인들이 우리를 이곳에 강제로 이주시켰소. 먹고 살 길이 너무나 막막하다오. 러시아인들에게 다 빼앗겼지. 가축도, 곡식도, 버터도 모두 다. 그래서 굶주림에 시달리고 있소. 부디 우리를 욕하지 마시오. 우린 당신들에게서 아무것도 빼앗지 않았으니 말이오."

전쟁이 끝난 지 5년이 지났다. 하지만 현실은 가혹하고 냉정했다. 과거의 독일 영토는 독일 국민에게, 폴란드의 영토는 폴란드인에게 돌려주어야 한다. 그 나라의 국민은 땅을 빼앗고 빼앗기는 소위 '정치적 체스게임'의 결과를 무기력하게 수용해야 한다는 말인가?

12월 말, 우리는 폴란드와 동독의 국경지역에 도달했다. 비록 러시아인들이 점령, 통치하는 '동부 지역'이었지만, 마침내 고국의 땅을 밟게 된 감격스러운 순간이었다. 소련군은 우리를 동독 경계병에게 인계했는데, 그들은 매우 불친절했고 우리와 단 한마디의 대화도 하지 않았다. 그래도 고향에 돌아왔다는 생각에 조금은 안심했다.

열차는 다시 달렸고, 그 사이에 성탄절이 지나고 새해가 온 것도 완전히 잊고 있었다. 갑자기 다시 기차역이 아닌 벌판 한가운데 열차가 멈췄다. 어디선가 명령조의 큰 소리가 들렸다.

"모두 내려! 기차 옆으로 서라!"

무슨 일일까? 모두 불안과 초조 속에 신경이 곤두섰다. 극도의 긴장이 지속되었다. 소련이 우리를 동독지역에 잡아두려는 것일까?

"지금부터 너희는 서독 국경선까지 일렬로 이동한다. 거기서 누군가 너희의 이름을 부를 것이다. 그러면 일제히 국경을 넘는다!"

안도의 한숨을 내쉬었다. 모두가 열망했던 자유를 향해 한 걸음 한 걸음 내디뎠다. 우리는 빠른 걸음으로 국경지역에 개방된 차단기를 통과했다. 우리 뒤로, 겨울의 앙상한 나뭇가지에 십여 개의 소련산 털모자가 걸려 있었다. 어제나 그제 여기서 무슨 일이 있었는지 금방 알 수 있었다. 우리도 큰 함성을 지르며 모자를 벗어 나무를 향해 던졌다. 그토록 그리던 자유다! 5년 만에 다시 찾은 자유였다!

서독 적십자의 봉사자들이 우리를 따뜻하게 맞아주었다. 긴장이 풀린 몇몇은 다리에 힘이 풀려 부축을 받아야 했다. 우리는 오늘날까지 남아있는 프리틀란트 (Friedland)의 행정관서로 이동해서 반드시 필요한 몇 가지 행정절차를 밟았다.

그리고는 목욕이었다. 몇 년 만의 호사인가! 목욕 후 몇 개의 서류를 작성했고 서독 공무원들은 우리에게 어디로 가고 싶은지 물었다. 또, 영국군 장교로부터 소련의 수용소 시설, 식량배급, 처우 등의 문제에 대한 형식적인 심문도 받았다.

그다음 무료로 가족과 전화할 기회를 얻었다. 참으로 감격스러운, 말로 표현하기 어려운 상황들이 연출되었다. 모두들 전화기를 붙잡고 하염없이 눈물을 흘렸다. 보는 이들도 울고 있었다. 누구도 눈물을 보이는 것을 부끄럽게 여기지 않았다.

나는 플렌스부르크의 어머니께 가겠다고 말했다. 모든 포로에게 출소비 300마르크와 열차표가 지급되었다. 플렌스부르크로 가는 길에 우선 함부르크에 들러 옛 친구를 만나기로 했다.

1950년 1월 5일, 공식적으로 내가 출소한 날이다. 아침 일찍 함부르크에 도착했다. 오랜 친구 보스가 기차역 플랫폼에서 기다리고 있었다. 그는 솜털 옷을 입은 나를 겨우 알아보았고, 우리는 서로를 힘껏 끌어안았다. 그가 먼저 입을 열었다.

"이게 얼마만인가, 친구! 어서 오게! 내 아내가 이미 '교황님의 만찬' 수준으로 아침식사를 준비해 놓고 기다리고 있어. 기억하나? 예전에 정말 자주, 함께 아침식사를 즐겼었지. 그때 자네가 전선에서 맛좋고 훌륭한 음식들을 가져왔었잖아. 최근에야 그것들이 매우 유명한 상표라는 것을 알았어."

한적한 교외에 위치한, 정원이 있는 그의 멋진 집에 들어선 나는 솜털 옷을 벗어

던졌다. 이제야 비로소 사람으로 다시 태어난 듯했다. 보스는 이렇게 말했다.

"먼저 이것들을 불태워버리자. 그래야 포로생활을 빨리 잊을 수 있지 않겠나? 그리고 빈대나 이도 있을 거야. 모두 없애야 해. 자, 여기 옷을 몇 벌 준비해 두었네."

보스는 목욕을 위해 더운 물을 준비해 주었다. 참으로 꿈만 같았다. 목욕을 마친 후 우리는 벽난로 앞에 앉았다. 그는 부엌에서, 지하에서 먹을 것들을 잔뜩 꺼내왔다. 시간 가는 줄 모르고 먹고 마셨다. 아침 만찬의 끝에 내 친구는 오늘을 기념하기 위해 샴페인 한 병을 개봉했다. 뵈브 클리코 로제(Veuve Clicquot Rosé) 1937년산이었다.

"기억하나? 언젠가 자네가 프랑스에서 이 샴페인 12병이 든 박스를 함부르크로 가지고 왔지. 한 병은 1944년 12월 31일, 자네의 행운과 1945년의 평화를 위해 마셨어. 10병은 영국군 장교 식당에서 식료품을 교환하기 위해 써버렸고. 마지막 한 병은 자네와의 믿음의 표시로 이렇게 온전히 남겨두었네. 사실 자네가 이렇게 돌아오리라고는 전혀 생각하지 못했어. 이제 드디어 이 병을 비워야 할 순간이 왔구먼. 자네가 건강하게 돌아와서, 우리가 이렇게 다시 만나게 되어 너무나 기쁘다네!"

"자네야말로 진정한 친구야. 진심으로 고맙네!"

나는 너무나 감격한 나머지 말을 잇지 못했다.

이튿날, 나는 드디어 어머니와 가족을 만나기 위해 길을 나섰다. 그토록 보고 싶었던 어머니, 해군 소해정의 승조원으로 전쟁 후 포로수용소에서 일찍 풀려난 남동생과 누이가 꽃을 들고 플렌스부르크 기차역에서 나를 반갑게 맞아 주었다. 얼마 만의 재회인가! 우리는 얼싸안고 오랫동안 함께 기쁨의 눈물을 흘렸다.

우리는 함께 집으로 향했다. 옛날부터 내가 몹시 아끼던 진귀한 물건들은 모두 없어져 있었다. 어머니께서는 중국과 일본에서 가져온 값비싼 물건들을 팔아 식료품을 구입했다고 하셨다. 물론 충분히 이해할 수 있었다. 생존을 위한 일이었다. 함부르크의 친구가 마지막 샴페인을 남겨 두었듯 어머니께서도 마지막까지 고이 간직했던 일본식 다기로 차를 끓여 주셨다.

이제 새로운 인생을 준비해야 했다. 얼마 후, 일자리를 알아보기 위해 함부르크로 갔다. 내 친구 보스는 기꺼이 자기 집에서 머물며 일자리를 찾으라고 권했다. 내가 그의 집에 들어갔을 때, 그는 나를 반갑게 맞아 주며 선물 하나를 건넸다. 참으로 놀랍고도 고마운 물건이었다. 그 뵈브 클리코 로제의 코르크 마개에는 이런 글귀가 새겨져 있었다.

'1950년 1월 5일을 기념하며'

IV. 새로운 출발과 회고
(1950~1989)

* 레기나 폰 루크 여사와 저자, 1973년

1. 다그마

다시 태어난 마음으로 인생을 새롭게 시작하려 했을 때, 놀라운 소식을 접했다. 다그마와 연락이 닿은 것이다. 나는 플렌스부르크에서 베를린의 다그마에게 전화를 걸었다. 그녀는 며칠 후 주말에 나를 보러 오겠다고 했다. TV 방송국에서 일하던 그녀는 당시 매우 바쁜 일상을 보내고 있었다. 정확히 5년 만이었다. 주체할 수 없을 만큼 들떠 있었다. 소련에서 받아본 몇 장의 엽서를 통해 그녀가 꽤 유명한 기자가 되었다는 사실도 알고 있었다. 그녀도 수용소에 있던 내게 꿋꿋하게 연락을 해왔고, 우리의 첫 만남을 세심하게 준비하고 있다고 전했다. 베를린의 그녀의 아파트에는 나를 위한 방 하나가 이미 마련되어 있었고, 다른 어떤 남자도 가까이하지 않았다.

썰렁한 기차역 플랫폼에서 우리 둘은 재회했다. 수줍은 얼굴로 서로를 바라보았다. 소련의 수용소에서 밤낮으로 이 순간만을 그렸다. 적막함을 깨기 위해 내가 먼저 입을 열었다.

"좋아 보이네."

"너도 더 매력적으로 변했구나. 조금은 지쳐 보이기도 하고."

"너도 예전보다 훨씬 좋아 보여. 긴 세월 동안 내가 소련에서 걱정했던 것보다 훨씬 좋아 보여서 기뻐."

"응. 건강을 유지하기 위해 노력했어. 네가 돌아올 거라는 희망을 한 번도 포기한 적이 없었어. 그리고 힘들 때마다 너를 다시 만나게 될 이 순간을 위해 반드시 살아야겠다고 다짐했었어."

함께 집으로 왔다. 어머니와 누이가 자리를 비켜 주었다. 다그마는 나와 헤어진 그때부터 지금까지 겪은 우여곡절을 털어놓았다. '나의' 메르세데스를 타고 운 좋게도 플렌스부르크에 도착한 뒤에 일단 통역관으로 영국 사람들과 일했고, 시간이 흘러 북독일 라디오 방송국(Norddeutschen Rundfunk)^A에서 일자리를 얻었으며, 이제는 라디

A   현재의 NDR, 독일의 유력 방송국이다. (역자 주)

오 방송에서 TV 방송국으로 자리를 옮겼다고 한다. 다그마는 그 옛날의 아리따운 '소녀'에서 상당한 경력을 가진 유명 여기자가 되어 있었다. 안정된 좋은 가문에서 훌륭한 교육까지 받았던 그녀는 충분한 자질과 능력을 갖추고 있었다. 그녀는 나를 위해 무언가를 해주려 했다.

"TV 방송국이나 라디오, 언론사에 네가 일 할 자리가 있는지 한 번 알아봤어. 하지만 찾지 못했어. 프리랜서로 일하기에는 전문가들이 너무 많아서 힘들 것 같아."

다그마는 자신과 친한, 수많은 동료들과 함께 겪은 재미있었던 일들, 자신이 인터뷰한 저명한 인사들에 대해 이야기했다. 무엇보다도 자신이 하는 일에 대해 대단히 즐거워했다. 나는 문득 서글픈 생각이 들었다. '내가 없어도 세상은 계속 돌아가는구나.' 1945년 초부터 함께 포로생활을 하다 고향에 돌아온 동료들도 아마 지금쯤 나처럼 비통한 기분일 것이다.

세월이, 그리고 세상이 극복할 수 없을 정도로 우리를 갈라놓은 듯했다. 나뿐만 아니라 다그마도 같은 생각이었다. 그녀가 입을 열었다.

"세상에 대해 다시 한번 깊이 생각해 봐야 해. 지금은 내가 과거에 상상했던 것과는 전혀 다른 세상이야. 가능하면 빨리 베를린으로 와줘. 내가 어떻게 사는지, 무슨 일을 하는지 보여줄게. 그리고 내 친구들과 동료들도 소개시켜 줄게."

나는 다그마를 기차역까지 바래다주었다. 그때 나는 우리의 관계가, 이제는 모든 것이 끝났음을 직감했다. 내겐 큰 충격이었지만 그녀에게 내색할 수는 없었다. 아직 결혼식을 올리지 않은 것이 다행스러웠다. 동료들이 고향으로 돌아온 후, 가족들과 갈등을 겪다 결혼생활이 파탄에 이르렀다는 이야기를 종종 듣곤 했다. 5년의 이별이 그들에게는 사랑으로 극복할 수 없는 생각의 차이를 만들어 놓았던 것이다.

며칠 후, 함부르크에서 전화가 걸려왔다. 보스였다.

"여기 함부르크로 오게! 자네가 무엇을 가장 잘 할 수 있을지, 어떻게 시작해야 할지 드디어 떠올랐다네!"

나는 보스를 만나러 함부르크로 달려갔고, 다그마와 만났던 일, 그녀에 대한 느낌들을 이야기했다.

"루크! 자네만큼은 아니지만 나도 다그마를 잘 알아. 그녀가 함부르크의 라디오 방송국에 근무할 때 자주 우리 집에 왔었어. 그녀와 자네는 너무 오랫동안 헤어진 채 살아왔어. 누구의 잘못도 아니야. 하지만 이젠 돌이킬 수 없지 않겠나? 다그마도 자네처럼 힘들 거야. 각자 새롭게 시작하게. 둘이 함께할 수는 없을 거야."

그의 충고에도 다그마를 만나서 함께 결정해야 한다는 생각에 베를린으로 향했다. 그녀의 집은 꽤 좋아 보였고 내부는 보헤미아 스타일로 꾸며놓았다. '내 방'도 있었다. 마치 박물관처럼 벽에는 파리에서 함께 살 때 찍은 사진들로, 방안에는 우리가 함께 구입했던 물건들로 가득했다. 종종 그녀의 친구들이 우리를 방문했다. 대부분 저널리스트들과 TV 방송국 사람들이었다. 모두 일에 치여, 바쁜 일상에 시달리는 사람들 같았다. 일부 매우 천박한 사람들도 있었다.

"다그마로부터 당신 이야기를 많이 들었어요. 못이 박힐 정도로요. 만나게 되어 반가워요. 포로생활은 어땠나요? 많이 힘들었나요?"

정말로 관심이 있어서 물어보는 것 같지는 않았다. 그저 예의상 해보는 말 정도였다. 다그마를 따라 수많은 파티장에 갔을 때도 나는 주변에서 서성거렸다. 내가 있을 곳이 아니라는 느낌 때문이었다.

다그마는 매일 아침 일찍 방송국으로 출근했고, 밤늦게 지친 모습으로 돌아왔다. 보스의 말이 옳았다. 세상이 우리를 갈라놓았음을 깨달았다. 셋째 날, 나는 떠나기로 결심했다.

"다그마! 우리 지금부터 그냥 친구로 지내자. 다시 과거로 돌아가기 힘들 것 같아. 5년 전부터 우린 각자 다른 세상에서 살아왔잖아. 네 집, '내 방'에 모든 것들은 아름다운 추억으로 간직할게. 함께 하기 어렵다는 것을 너도 이해하지?"

그렇게 우리는 헤어졌다.

포로생활에서 풀려난 1950년 1월 5일, 내 인생에서 또 다른 하나의 종지부를 찍게 된 것이다. 지금까지와는 다른 새로운 인생을 개척해야 했다.

몇 년 뒤, 나는 다그마를 다시 한번 만나게 되었다. 어느 날 갑자기 그녀는 내 집 문을 두드렸고 나를 보자 이렇게 말했다.

"나 결혼할 생각이야. 집 앞에 약혼자가 기다리고 있어. 그 사람을 사랑해. 한 번 만나서 이야기해 줄 수 있어? 만일 네가 그 사람과 내가 잘 어울린다고 말해 주면 난 그와 결혼할 거야. 만일 안 어울린다고 해도 결혼할 거고."

어이없는 일이었다. 전쟁 중에 만들어진 로맨스의 끝이 과연 이런 것인가? 비극적인 코미디였다. 아무튼, 그 남자는 꽤 괜찮은 사람이었다. 이탈리아의 마조레(Maggiore) 호숫가에 있는 론코(Ronco)에 저택 한 채와 포르쉐 한 대를 소유한, 유복한 사업가였다.

"다그마. 그는 꽤 괜찮은 사람 같아. 그와 행복했으면 해."

2년 후, 신문을 읽다가 문득 다음의 기사를 보게 되었다.
"TV저널리스트 다그마 S. 양이 교통사고로 유명을 달리했다."

2. 심야의 호텔리어

함부르크로 돌아와 보스와 이야기를 나눴다.

"우선 자네가 할 수 있는 일을 아내와 함께 생각해 봤네. 과거의 장교들에 대한 차별이 사라지고 자네에게 적합한 일을 찾을 때까지 뭐라도 해야 하지 않겠나? 정처 없이 떠돌이 생활을 해서야 되겠나? 새로운 인생을 시작해 봐. 엊그제 소양교육이 필요 없는, 자네가 할 만한 일을 찾았는데, 한 번 들어나 보게. 자네의 사교성과 언어 능력 정도면 충분히 해낼 수 있을 거라고 생각하네. 함부르크의 최고급 호텔 중 한 곳에 일자리가 생겼는데, 한번 해 보겠어?"

나로서는 거절할 이유가 없었다. 보스가 추천한 최고급 호텔 한 곳에 취업 지원서를 제출했다. 그 호텔의 주인은 매우 고상하고 품위 있는 여성으로, 모든 종업원의 존경을 한 몸에 받는 듯했다. 면접하는 내내 그녀는 내 말에 큰 관심을 보이며 경청해 주었다.

"좋아요. 우리 호텔에서 오늘부터 일을 시작하세요. 때마침 야간 접수원 자리가 비었어요. 당신의 이름과 외국어 능력을 듣자마자 내가 찾던 사람이라고 생각했어요. 어쩌면 여기서 당신이 호텔경영자로서 경력을 쌓을 수 있을지도 모르겠네요. 내가 기꺼이 도와드리죠."

너무나 기쁜 마음으로 보스에게 이 소식을 전했고, 그의 조언에 감사를 표했다. 또한, 고맙게도 함부르크에서 방을 구할 때까지 그의 집에 함께 있자고 했다.

"손님, 어서 오십시오. 저희 호텔을 이용해 주셔서 감사합니다. 함부르크에서 즐거운 시간을 보내시길 바랍니다."

호텔 프런트에 섰다. 이 호텔의 지분 절반은 영국 점령군에게 압류되어 있었다. 1950년 2월, 추운 어느 겨울날 자정 무렵, 서른여덟 살 이후 '새로운 인생'이 시작되었다. 38년이라는 세월이 훌쩍 흘러버렸다. 노트를 꺼내 흘러간 내 인생을 적어 보았다. 새로운 제2막은 과거의 제1막보다 훨씬 재미있을 것 같았다. 그리고 훨씬 덜 위험할 것이다. '아프리카에서의 모험'을 주제로 글을 쓰기 시작했다. 수많은, 아름다웠던 기억들이 떠올랐다. 그러나 좋지 않은 기억들도 많았다.

이제 '민간인'의 일상에 적응해야 했다. 오늘 예약한 마지막 손님이 들어오거나 야간에 시내를 관광한 손님들이 돌아온 후에는 적막하고 고요한 시간이 시작된다. 호텔에 나와 함께 근무하는 동료 하나가 있었다. 그는 손님의 짐을 방까지 들어다 주는 벨보이였다. 나이는 나보다 많았고 매우 상냥했다. 그는 함부르크에서 전쟁을 겪었으며, 연합군의 폭격, 방공호에서의 생활, 식량을 구하기 위해 동분서주했던 일들에 대해 이야기했다. 내게 조심스럽게 전선에서, 그리고 포로생활이 어땠는지 묻기도 했다. 나의 대답은 항상 간단했다. '좋았어요. 치열했고, 힘들었어요.' 같은 말만 되풀이했는데, 그 시간들을 떠올리고 싶지 않아 상세한 이야기는 하지 않았다.

한편, 새로운 생활리듬에도 익숙해지기 위해 노력했다. 대부분의 사람들이 잠들어 있을 때 호텔 프런트를 지켜야 했다. 다른 사람들이 일하러 나오면 나는 침대에 들어갔고, 다시 일하러 나오기 전까지 휴식을 취했다. 매일 밤마다 손님들 가운데 혹시나 내 친구가 있을까 하는 마음에 명단을 훑어보기도 했다.

그러던 어느 날, 앞으로의 내 인생에 큰 획을 그어 준, 그리고 나의 마음가짐을 완전히 변화시킨, 소소하지만 큰 경험을 하게 되었다.

이른 아침, 핀란드에서 온 손님이 퇴실하면서 투숙료를 지불했고, 나는 즐거운 여행을 하라고 인사했다. 그러자 그는 프런트 위에 10마르크 지폐를 내려놓으며 이렇게 말했다.

"당신에게 감사의 표시로 드리는 겁니다. 훌륭한 서비스에 감사드립니다."

당황스러웠다. 평생, 단 한 번도 받아 본 적이 없는 '팁'이었다. 갑자기 서글픈 생각이 들었다.

"손님! 죄송합니다. 결례가 아니라면 이 돈은 받을 수 없습니다. 그러나 손님의 배려에 깊이 감사드립니다."

나는 그에게 돈을 되돌려 주었다. 그 핀란드인은 이상하다는 눈빛으로 나를 바라보더니 고개를 흔들면서 돈을 챙겼다. 그가 호텔 문을 나서자 동료 벨보이가 내게 달려왔다.

"제정신이예요? 팁을 받아서 생활비에 보태야 합니다. 우리 월급이 왜 그리 적은지 아세요? 모든 호텔 지배인들이 우리가 팁을 받는다는 것을 알기 때문이라고요."

그리고는 잠시 후 귓속말로 이렇게 소곤거렸다.

"그래요. 당신을 이해할 수 있어요. 생각을 바꾸기 쉽지 않겠죠. 다만 명심하세요. 모든 직업에는 규칙이 있고 그것을 따라야 합니다."

내게는 정말로 값진 교훈이었다. 이제부터는 '사업가의 사고'가 필요하다는 것을 깨달았다. 그 후로 불쾌하다는 생각을 버리고 기꺼이 팁을 챙겼고, 단기간에 급료의 두 배를 벌게 되었다. 또한, 전 세계에서 온 손님들과 대화를 나누는 일도 점점 더 재미있게 느껴졌다. 시내, 혹은 레퍼반(Reeperbahn)^A을 둘러본 후에 나와 함께 이야기를 나누고 싶어 하는 손님들도 많았다.

한편, 포로수용소에서 친구들의 주소와 전화번호가 적힌 수첩을 소련 군인들에게 빼앗겨 버리는 바람에 그들을 다시 만날 방도가 없었다. 그러던 어느 날, 갑자기 위르겐 그라프 리트베르크(Jürgen Graf Rittberg)가 내 앞에 나타났다. 1940년에 내가 근무했던 기갑수색대대의 연락장교였던 그는 당시 전투에서 중상을 입고 후송되었다. 이후 자동차 회사를 경영하는 뒤셀도르프(Düsseldorf)의 어느 귀족 집안에 장가를 들었다. 그는 내게 자신의 장인이 운영하는 회사에 판매원으로 취업하라고 권유했지만, 나는 정중히 거절했다. 그가 자동차 사고로 사망할 때까지 자주 만나곤 했다.

나는 문득 해외에서 일하고 싶은 생각이 들었다. 아득한 외국에 대한 동경이 나를 이끌었다. 어느 날인가, 함께 포로생활을 했던 승마선수 할리 몸과 연락이 닿았다. 그는 매년 승마대회에 참가하러 함부르크에 왔다. 그즈음 헬무트 리베스킨트와도 우연히 마주쳤다. 1944년 6월 6일에 연합군의 노르망디 상륙 당시 나의 부관으로 오랜 기간 나와 동고동락했던 동료였다. 1945년 포로가 된 후 단 한 번도 보지 못했고 그의 생사여부도 전혀 알지 못했는데 만나게 되어 너무나 기뻤다. 와인을 한 잔씩 기울이며 그간의 일들을 이야기했는데, 리베스킨트는 자신의 미래에 대해 내게 자문을 구했다. 그는 누군가에게 장군참모장교로 연방군 창설에 동참하라는 권유를 받아 망설이고 있었다.

"조언을 부탁드립니다. 지금의 좋은 직장을 그만둬야 할까요?"

"리베스킨트, 그건 자네가 직접 결정할 문제야. 하지만 자넨 아직 젊고 군에서도 자네에게 중요한 임무를 맡기겠지. 그리고 승승장구할 수 있을 거야. 보수는 지금보다 그리 좋지 않겠지만, 국가를 위해서 의미 있는 일이지 않겠나?"

그는 불과 몇 년 만에 출중한 경력을 쌓았고, 해외에서도 수차례 근무한 후에 준장 계급으로 전역했다. 그는 자신의 꿈을 이뤄냈다.

....
A   함부르크의 홍등가 (역자 주)

마침내 나도 그렇게 고대했던 꿈을 실현했다. 우여곡절 끝에 한 수출회사의 소유주를 소개받았다. 수 대에 걸쳐 일본, 중국, 홍콩과 긴밀한 협력 관계를 유지하고 있는 회사였다. 그 소유주는 나 같은 사람이 꼭 필요하다며 이렇게 권했다.

"앙골라(Angola), 서아프리카에 새로운 회사를 세울 계획입니다. 거기는 경쟁이 그리 심하지 않지요. 게다가 내가 직접 아프리카로 가서 1년 정도 체류할 계획이라 독일에서 나를 대신할 사람을 찾고 있습니다. 당신에게 맡기고 싶은데, 어떠신지요?"

나는 머뭇거리며 이렇게 답했다.

"물론 감사한 일이고 그럴 생각도 있지만…저는 그리 유능한 사업가가 아닙니다."

"사업하는 방법이야 배우면 되지요. 성실성과 출중한 리더십은 선천적인 겁니다. 이제 막 창업한 기업을, 그리고 내가 부재중인 기간에 이끌 수 있는 동업자는 반드시 그런 능력을 가져야 한다고 생각했어요. 당신이 사업 수완을 익히도록 내 동료들이 도와줄 겁니다. 같이 한번 해 봅시다!"

즉석에서 흔쾌히 승낙했다. 게다가 1년에서 2년 동안 교대로 앙골라로 가겠다고 약속했다. 그리고 호텔의 여사장을 만나 아쉽지만 새로운 일자리가 생겼으며 그간 고마웠다고 인사했고, 그녀도 기쁜 마음으로 내 결정을 이해해 주었다.

상법, 회계와 포르투갈어 야간강좌에 참여하면서 새로운 지식과 기술을 습득하기 위해 노력했다. 젊은 동료들이 많은 부분에서 큰 도움을 주었고, 나는 사장과 함께 독일과 유럽 각국의 고객들을 방문했다. 몇 개월 뒤에 사장은 나를 데리고 화물선에 올라 또 다른 나라들을 구경시켜 주었다. 기나긴 여행이었으며, 그 나라들은 나의 또 다른 고향처럼 느껴질 만큼 평화롭고 아름다운 곳이었다. 오늘날까지 내가 하고 있는 일들은, 과거에 군인으로서 했던 것과는 전혀 다른, 새로운 직업이다.

군인으로 복무한 과거 경력 때문에 잠시 고민한 적도 있었다. 어느 날, 본의 '암트 블랑크'(Amt Blank)ᴬ에서 내게 사람을 보내 새로운 연방군 창설에 나의 경험이 절대적으로 필요하니 창설에 참여해 달라는 요구를 전달하며, 새롭게 군 생활을 시작할 의향이 있는지 물었다.

"당신은 아직 젊습니다. 제국군, 국방군에서, 그리고 기갑병과 장교로 복무하면서 거의 모든 전역에 참전한 당신의 경험은 미래의 연방군을 위해 꼭 필요합니다. 우리와 함께해 주시겠소?"

그의 요구에 나는 이렇게 답했다.

A   테오도르 블랑크(Theodor Blank)를 중심으로 방위문제에 관해 연구를 담당한 조직, 독일연방군 국방부의 전신 (역자 주)

"친구가 마련해 준 새로운 일자리를 얻은 지 얼마 되지 않은 상태고, 지금은 힘들지만 잘 적응하고 있습니다. 그리고 수차례 외국에 나가서 일을 배우고 있습니다. 이 일을 그만두고 언방군에 입대하는 데에 몇 가지 조건이 있습니다. 기갑부대의 참모부에서 근무하거나 해외의 국방무관 보직을 받을 수 있다면 기꺼이 당신들과 함께하겠습니다. 보증할 수 있겠습니까?"

그의 대답은 냉정했다.

"우리도 당신의 요구 조건을 들어드리고 싶습니다. 하지만 확답을 드릴 수는 없습니다. 계급 체계상 대령급부터는 정치권의 승인이 있어야 하거든요."

"그렇다면 할 수 없습니다. 지금 당장 야전 부대의 지휘관으로 근무하고 싶은 생각은 없습니다. 현재 나의 모습으로 그런 직책을 맡기는 부적절할 듯싶습니다. 또한, 확실한 보증 없는 지금 직장을 포기할 수도 없습니다. 하지만 나를 찾아 준 것만으로도 영광이며 감사하게 생각합니다."

민간 기업체 등 좋은 일자리를 구해서 적응 중이었던 수많은 동료들도 나와 비슷한 결정을 내렸다고 한다.

3. 과거로의 회귀

1960년대 첫 번째 앙골라 출장을 다녀온 날이었다. 뜻밖에 본 주재 영국 국방무관이 나와의 전화 통화를 원했다.

"독일 연방군 국방부로부터, '굿우드 작전'시 당신이 제21기갑사단 예하 전투단의 지휘관으로 참전했다는 이야기를 들었습니다. 노르망디에서 캠벌리(Camberley)의 참모대학이 주관하는 '전적지 답사'(Battlefield Tour)가 있는데, 당신을 꼭 초대하고 싶습니다. 많은 이들이 몽고메리에게 막대한 피해를 준 당신의 계획과 전투경과를 듣고 싶어 합니다. 물론 그 기간 월급에 대한 보상을 해 드릴 겁니다. 또한, 숙식과 기타 비용도 우리가 부담합니다. 참가해 주실 의향이 있으신지요?"

치열한 방어전투를 벌였던 노르망디와 그 일대를 다시 볼 수 있다는 생각에 흔쾌히 동의했다. 벌써부터 흥분되고 가슴이 뛰었다.

오른의 동쪽, 캉 일대의 모습은 20년 전, 내 기억 속에 남은 그대로였다. 시기도 그때와 같은 6월의 어느 날이었다. D-Day 직전의 풍경처럼 잘 익은 곡식들은 곧 수확을 기다렸고, 농부들은 각자의 일터로 향하고 있었다. 주택가는 재건되어 깔끔하게 변해 있었다. 거의 100% 폐허 상태였던 캉도 세련된 건축술로 과거보다 더 아름다운 도시로 탈바꿈했다. 그때의 파편들로 장식된 곳도 있었다. 몇몇 프랑스인들과도 대화를 나누었는데, 독일군과 연합군이 그들의 터전을 얼마나 참혹하게 만들었는지, 당시의 모습을 절대로 잊을 수 없다고 했다. 그러나 그들은 독일군과 연합군 모두를 용서했고, 과거에 '흉악무도'했던 독일인이었던 내게도 무척이나 친절했다.

"루크 씨, 전쟁은 원래 그런 거죠. 당신은 당신의 의무를 다했을 뿐입니다. 국가지도부가 나쁜 사람들인 거죠."

영국군 참모대학의 교관과 학생장교들은 나를 극진히 예우했다. 다른 '초빙 강사들'에게 나를 소개하며 나를 '정정당당히, 용감하게 싸웠던 훌륭한 상대'로 환대해 주었다.

영국군에서 최고의 융통성을 갖춘 최연소 기갑부대장이었던 '핍 로버츠'와도 인사를 나눴다. 그는 북아프리카 전역에서 이미 유명한 인물이었으며, '굿우드 작전'에서 주공이었던 제11기갑사단을 지휘했다. 그의 사단은 가장 많은 사상자가 발생한 사단이기도 했다. 치열했던 당시 전투에서 제11기갑사단 예하 중대장으로 참전했던 빌 클로즈와 보병 병사였던 데이비드 스타일맨(David Stileman)을 포함한 여러 참전 용사들은 나를 마치 오랜 친구처럼 반갑게 맞아 주었다. 과거 적이었던 나를 존중해 주는 그들의 호의에 압도당할 지경이었다. 또한, '굿우드 작전'에 대한 공정한 평가에 한 번 더 놀랐다. 그들은 우리 전투단의 작전이 대단히 성공적이었으며, 자신들은 지극히 작은 승리를 위해 심대한 대가를 치렀음을 인정했다. 그리고 독일군이 전쟁 경험 면에서 더 월등했고, 롬멜이 있었으므로 광대한 종심 상에서 열세한 전력으로 성공적인 방어를 해낼 수 있었다고 평가했다.

이후, 사업상 아프리카에 머물렀던 몇 번을 제외하고 1979년까지 참모대학의 초청으로 그 전적지 답사에 참가했다. 매년 '굿우드 작전'과 함께 '오버로드 작전'(Operation Overlord)에 관한 현지답사와 토의도 열렸다. 제6공수사단의 공수작전 과정, 특히 1944년 6월 5일부터 6월 6일에 걸쳐 기습적으로 실시한, 두 개의 오른강 교량 탈취 전투들이 주요 의제였다. 바로 그 사단 예하 존 하워드 소령의 중대가 시행한 공중강습 작전이 주된 토의주제였으며, 내게도 매우 흥미로운 주제였다. 토의 후 자유시간이 부여되었고 나는 오버로드 답사 팀과 현장으로 향했다. 그곳에서 뜻밖에도 존 하워드로부터 직접 그의 이야기를 듣게 되었는데, 당시의 상황을 생생하게 떠올릴 수 있을 만큼 흥미진진한 설명이었다. 그가 설명을 마친 후 나는 다가가 말을 걸었다.

"당신의 설명을 잘 들었습니다. 감사합니다. 저는 한스 폰 루크 예비역 대령입니다. 그날 밤 이쪽에서 당신과 조우할 뻔했던, 제21기갑사단 예하 전투단의 지휘관이었습니다. 당신이 에스코빌을 확보하는 것을 저지했어야 했는데…. 아무튼 개인적으로 당신을 만나게 되어 매우 기쁩니다."

"맙소사! 폰 루크 대령님을 여기서 만나다니! 정말 기쁩니다. 꼭 한번 만나고 싶었습니다. 당신에게 묻거나 듣고 싶은 이야기가 너무 많습니다."

우리 둘, 그리고 1944년 그날 밤 우리의 작전지역 상공에 뛰어내렸던 몇몇 영국군 공수부대원들과 함께 카부르 해변의 어느 바에 앉았다. 시간 가는 줄 모르고 이야기꽃을 피웠다. 그 순간부터 존 하워드와 나는 절친한 사이가 되었고, 오늘날까지 우리의 우정은 점점 더 깊어지고 있다. 마을의 민가 구석에서 찾아낸 과도와 식칼을 들고 백병전을 벌였던 우리가 이제는 세상에서 둘도 없는 친구가 되다니, 세상은 정말 알다가도 모를 일로 가득하다.

1979년 영국 국방부는 '굿우드 작전'을 영상으로 제작했다. 중대한 의미를 지닌, 당시의 전투 상황과 참전 용사들의 경험을 보존하기 위해, 그래서 후세들에게 전쟁의 참혹함과 평화의 소중한 의미를 전하기 위해서였다. 참으로 흥미진진한 영상이었다. 참전했던 '베테랑'들의 설명과 독일군, 영국군 측의 필름 원본들, 그리고 전문 역사학자들의 해설, 전투 결과의 분석까지 담겨 있었다. 최근 거의 모든 서유럽 국가의 지휘참모대학과 기갑부대에서 이 굿우드 작전 영상을 젊은 장교들과 부사관들의 교육용 자료로 사용하고 있다.

몇 년 후, 나는 존 하워드의 추천으로 스웨덴의 참모대학과 총참모부로부터 다음과 같은 제안을 받았다.

"노르망디에서 실행된 '굿우드 작전'에 대해 우리 군의 장교들에게 소개해 주실 수 있으신지요?"

깜짝 놀랐다. 전통적 중립국에서 제2차 세계대전에 왜 관심을 보이는 것일까? 온화한 눈빛의 참모대학장은 내 질문에 이렇게 대답했다.

"우리에게도 제2차 세계대전은 매우 중요합니다. 강대국 간에 충돌이 발생할 경우, 틀림없이 어느 누구도 우리 중립성을 보장해 주지 않을 겁니다. 스웨덴의 군인들 모두 그런 현실에 동의합니다. 수적으로 열세한 우리도 우리의 영토, 해안에 상륙한 적군을 어떻게 저지해야 하는지 연구해야 합니다. 그런 사례를 배우고 연습해야 하거든요. 만일 그것이 불가능하다면 상륙한 적이 영토 내로 진출하는 것을 어떻게 막을 것인지도 매우 중요합니다. '굿우드 작전'은 우리에게 최고의 전투사례입니다."

그 후로 약 8년간, 매년 6월 6일경에 신사적이고도 호의적인 스웨덴인들에게 초빙강연을 하고 있다.

4. 1984년, D-Day 40주년 기념일

1944년 6월 6일로부터 40주년이 되는 날, 대규모 기념행사가 열렸다. 영국 왕실의 인사들과 왕족들, 미국의 대통령과 노르망디 상륙작전에 참전했던 모든 연합국 정상들이 참석했다.

오른강 교량 일대에서 벌어진 존 하워드의 '기습적인 강습작전'은 가장 인상적인 주제였다. 많은 사람이 존 하워드에게 몰려들어 당시의 상황을 정확히 듣고 싶어 했다. 각국의 거대 방송사들도 앞다투어 그를 취재했다. 이에 존 하워드는 마이크와 카메라를 내게 넘기며, '그 언덕의 반대편에서 일어난 일들에 관해 듣기를 원한다면 가장 정확히 설명할 수 있는 사람이 이곳에 와 있다. 이분이다.'라고 나를 소개했다.

그보다 앞선 1983년 말, 미국의 명망 높은 역사학자인 스티븐 앰브로즈 교수가 나를 만나기 위해 함부르크를 방문했다. '페가수스 다리의 전투사'(Geschichte der Pegasus-Bridge)라는 책을 써서 1984년의 기념일에 맞춰 출간할 것을 권유하기 위해서였다. 녹음기가 작동하는지도 모른 채 5시간 넘게 인터뷰에 응했다. 내가 집으로 돌아간 후 녹음 내용을 검토한 그는 내게 전화를 걸었다.

"한스! 당신이 겪었던 모든 일들은 정말 굉장합니다. 여기에다 롬멜과 관련된 사건들, 그리고 소련에서 겪은 경험들을 추가해서 당신의 회고록을 써 봅시다. 당신의 이야기는 틀림없이 전 세계 모든 사람들에게 큰 관심을 불러일으킬 거요. 책을 발간하는 것은 걱정 마시오. 내가 도와주겠소."

바로 그때의 만남이 이 책이 탄생하게 된 배경이다. 스티븐 앰브로즈의 초대로 1984년 5월 노르망디로 갔다. 그가 인솔해 온 미국인 전적지 견학팀에게 노르망디 상륙작전과 롬멜, 소련에서의 경험에 관해 들려주었다. 마지막 날 스티븐은 내게 이렇게 물었다.

"1984년 6월 6일 행사에도 참석하십니까? 당신이 꼭 참가했으면 합니다. 정말 중요한 인사로 대접받을 겁니다."

깜짝 놀란 나는 손사래를 치며 대답했다.

"그런 일은 절대로 없을 겁니다. 그날은 연합국과 그 장병들을 위한 기념일입니다. 그들이 히틀러의 독일에 맞서 싸워 승리한 날에, 어떻게 감히 제가 함께할 수 있겠습니까?"

아무튼, 1984년 6월 6일과 그 이후, 나는 독일의 TV와 라디오 방송, 각종 언론과의 인터뷰에서 노르망디 상륙작전 당시의 상황에 대해 이야기했고, 그 반응은 상상을 초월할 정도였다. 그 뒤로 과거의 내 부대원들이 하나둘 편지와 전화로 나의 안부를 물어왔고, 날이 갈수록 더 많은 부하들과 연락이 닿았다.

"라디오에서 대령님의 목소리를 들었습니다. 신문에서도 대령님의 글을 읽었고요. 사진도 잘 보았습니다. 반갑습니다!"

"옛날 저희 부대의 지휘관이신 한스 폰 루크 대령님이 맞으신가요? TV에 나오신 그분 맞죠?"

"저는 대령님께서 살아 계시리라고는 생각조차 못 했어요. 소련에서 행방불명되신 줄 알았어요. 그런데 TV에 나오신 모습을 보고 단번에 알아봤죠."

모두가 꼭 한번 만나고 싶다고, 당장 날짜를 잡자고 말했다. 반갑고 고마웠다. 과거의 나로 되돌아간 느낌이었다.

그리 오래지 않아 이곳저곳에서 과거의 동료들을 만날 수 있었다. 한 명 한 명, 동료들의 얼굴을 처음 보았을 때, 그 기쁨은 이루 말할 수 없었다. 함부르크 또는 독일 어느 곳에서 만나든 과거에 형성되었던, 함께 고통을 이겨낼 수 있게 한 전우애, 그리고 수많은 세월 속에서 비슷한 경험을 했을 듯한 공통된 감정을 느낄 수 있었다. 오랜 전우들과 와인, 또는 커피를 마시며 과거와 현재, 미래에 대해 이야기했다.

어느 날 저녁 무렵, 갑자기 전화벨이 울렸다. 프리츠 비난트였다.

"대령님! 정말 반갑습니다. TV에서 대령님을 보고 너무나 기뻤습니다. 기억하시나요? 캅카스의 수용소에서 대령님과 함께 생활했던 프리츠 비난트입니다. 지금은 쾰른(Köln)에 살고 있고요. 저처럼 나이 어린 병사에게도 따뜻하게 대해 주셨던 대령님을 항상 기억하고 있습니다. 저희들과 정말 고생 많으셨죠. 석탄 광산이나 공사장에서 대령님과 함께한 시간들을 생각하면… 1945년 이후 518호 수용소에 있었던 사람들과 전우회를 만들었습니다. 1950년부터 쾰른, 베를린, 뮌헨에서 수백 명의 수용소 동료들이 모입니다. 정기적으로 모임도 하고 14일 후에는 쾰른에서 모이기로 했습니다. 참석하실 수 있으신지요?"

흔쾌히 참석 의사를 표했다. 아니, 당연히 가야 했다. 소련의 포로수용소에서 겪은 고통은 이루 말할 수 없을 정도로 참혹했다. 프랑스, 북아프리카, 러시아 전역에서, 전투 중 겪은 고통들과는 비교할 수 없었다. 그러나 포로수용소에서 우리는 역경을 함께 이겨냈기에 서로의 정은 더욱 각별했다. 그 날, 내가 모임 장소에 들어서자 앉아있던 40여 명의 중년, 노년의 남자들이 일제히 기립했다.

"우리의 영웅, 폰 루크 대령님! 당신이 아직도 살아 계시기에, 그리고 지금 우리 곁에 이렇게 계시기에 저희들은 너무나 기쁩니다."

모든 이들의 눈가에는 눈물이 고여 있었다. 나도 그랬다.

모두들 키에프의 교도소에서 내가 어떻게 살아남았는지, 어떻게 출소했는지 궁금해했다. 그들에게 단식농성과 출소 직전의 심문 과정을 이야기해 주었다. 그리고 내가 알고 있던, 나와 함께 노역했던 다른 이들은 어떻게 되었는지 물었다.

이 모임의 제안자였던 프리츠 비난트는 매우 적극적이었다. 우리의 518호 수용소 모임이 아마도 유일하며, 1965년에는 426명, 1984년에는 375명이 참가했고 정기적으로 모임을 갖는다고 말했다. 나는 수용소 조장이었던 윱 링크에 대해 물었다.

"윱은 뮌헨의 한 농장에 살고 있습니다. 중병을 앓고 있으나 정신적으로는 건강한 상태라고 합니다. 지금 그에게 전화를 걸어 드리겠습니다."

비난트는 즉석에서 전화를 걸어 수화기를 내게 넘겼다.

"윱 링크입니다. 누구십니까?"

많이 듣던 목소리였다.

"한스 폰 루크요. 기억하시오, 윱? 나는 지금 쾰른에 있소. 힘든 시절을 함께한 많은 친구들과 같이 말이오. 어언 35년이 흘렀군요. 다시 당신과 통화할 수 있게 되어 무척 반갑소."

"맙소사! 한스 폰 루크 대령님!"

그의 목소리는 떨리고 있었다.

"당신의 목소리를 듣게 되어 너무나 기쁘군요. 잘 계십니까? 언제 한 번 뮌헨으로 오십시오! 뵙고 싶군요. 이곳은 굉장히 평화로운 시골 마을이랍니다. 한 번 모시겠습니다."

"꼭 가겠소, 윱. 내가 꼭 가리다. 연락할게요."

나는 이쪽저쪽 테이블을 옮겨가며 사람들과 대화를 나눴다. 소련에서 볼품없는 작업복과 솜틸 외투를 입어 하나같이 똑같아 보였던, 언제 죽을지 모를 정도로 수척한 상태의 '포로들'이, 이제는 전국 각지에서 다양한 직업으로, 다양한 모습으로 살고 있었다. 어떻게 살아서 돌아왔으며 지금까지 무엇을 하며 지내온 것일까? 참으로 놀라웠다.

문득 당시 힘겨운 생활 속에서 그래도 아름다운 추억을 함께 만들었던 연극단과 오케스트라 악단은 어떻게 되었을지 궁금했다. 나는 어느 식탁 앞에 멈춰 섰다.

"대령님! 저희들을 기억하십니까? 당시 드럼연주자였던 글라우브레히트입니다. 제 옆에 이 사람들은 오케스트라와 재즈 밴드의 작곡 및 편집을 맡았던 쾨베스 비트하우스와 발터 슈트루베입니다. 대령님께서 글렌 밀러의 'in the mood'를 곧잘 흥얼거리셨고 항상 우리의 공연을 그 노래로 시작했던 그때를 잊지 못하고 있습니다."

가극의 가사를 썼던 헬무트 베렌페니히도 우리 테이블로 왔다.

"저는 고향에 돌아와서 공부를 시작했습니다. 그리고 학교에서 교사로 일하는 중입니다. 학생들을 가르치며 희곡과 단편 소설을 쓰곤 하는데, 어느 오스트리아 출판사를 통해 책도 출간했습니다."

"다른 사람들 소식은 모르오? 배우나 연출가로 함께 연극단을 만들었던 칼-하인츠 엥엘스 같은 사람들은 어떻게 되었소?"

누군가 내 물음에 답해 주었다.

"엥엘스는… 그는 1950년 4월 30일에 풀려났습니다. 왜 그렇게 늦게 출소했는지 그도 이유를 잘 모르겠다고 했습니다. 고향에 온 후 정말로 성실히 일했습니다. 도르트문트(Dortmund)의 시립극단에서 행정사무장으로, 최근까지 '레클링하우젠(Recklinghausen) 루르영화제(Ruhrfestspiele)'의 심사위원으로 일했습니다. 1985년에 정년퇴임했고요."

"수용소의 테너였던 '멍청이' 라인홀트 바르텔(Reinhold Bartel)은 성악을 공부한 후 많은 무대에서 공연했지요. 그 유명한 비스바덴(Wiesbaden)의 오페라하우스에서도 공연을 했답니다. 마인츠(Mainz) 대학에서 성악 교수로 일하고 있지요."

바르텔은 나중에 내게 편지를 보내왔다.

"당신의 목소리를 듣고서 굉장히 기뻤습니다. 언젠가 라디오 방송에서, 저는 '니노, 나를 향해 한 번만 웃어 주오('Ninou, lach' mir einmal zu)라는 노래를 부른 적이 있습니다. 수용소의 유대인 의사 푹스만(Fuchsmann) 박사에게 이 노래를 꼭 들려주고 싶었습니다. 그가 제 앞에서 언젠가 이 노래를 불러준 적이 있어서 말입니다. 그는 유명한 가수였던 얀 키에푸라(Jan Kiepura)를 상당히 좋아했습니다."

옆 테이블에는 수용소의 요리사이자 정말로 훌륭한 동료였던 드루스(Drews)가 앉아있었다.

"저는, 삼차라드제 소령이 제게 연극단과 악단에게 묽은 죽을 두 배로 주라고 지시했던 그때를 정확히 기억합니다. 우리도 그에게 '문화 활동'을 위해서라면 무엇이든 할 수 있다고 말해 주었지요."

"저는 수용소의 스투드베이커 트럭의 운전사 프레드 스보스닙니다. 대령님과 제가 함께 트빌리시로 운행했던 그때를 기억하십니까?"

"물론이지."

모든 일들이 생생했다.

"저는 그때 그 일을 절대로 잊지 못합니다. 삼차라드제가 대령님께 탄광 행정실의 창고에서 곡식을 빼돌리라고 지시하자 대령님은 큰 고민에 빠지셨죠. 경계병들이 대령님을 사살할 수도 있는 위험천만한 일이었지만 우리 같은 '전문가들'은 목숨을 걸고 그런 일들을 성공해 냈죠. 하하하."

이 모임을 적극 주도한 프리츠 비난트가 앉은 테이블로 돌아왔다. 그는 귀국 후 학업을 마치고 퀼른에서 시청 공무원으로 정신박약자나 지체 장애자들을 돌보는 일을 하고 있었다.

과거 생사고락을 함께한 동지들과의 만남을 통해 나는 인생의 큰 의미를 깨달았다. '수용소'에서의 시간들은 영원히 내 기억 속에 남아있을 것이며, 결코 떨쳐 버릴 수 없을 정도로 고통스러웠지만 아름다운 추억도 있다. 그 시간들은 많은 이들에게 인생의 전환점이었고 내게도 마찬가지였다. 우리 모두에게 계급과 사회적 출신과 관계없이 소속감과 동료애를 느끼게 해 주었다. 그리고 끝까지 살아남았기에 이 모든 것들이 가능했다는 생각이 들었다. 퀼른의 모임이 끝날 즈음 몇몇 사람들이 질문을 던졌다.

"혹시 트키불리를 한번 방문하고 싶으신 분들이 있습니까?"

의견이 분분했다.

"절대로 다시 가고 싶지 않은 곳이오."

"예, 그럼요. 만일 소련이 우리의 방문을 승인해 준다면 기꺼이 가고 싶습니다."

경영학을 전공하고 대학을 졸업한 에버하르트 코엘로이터(Eberhard Koellreuter)는 포로수용소 시절 매우 어린 소년이었고, 현재는 뮌헨의 어느 회사에서 근무하고 있다. 그는 매우 적극적으로 캅카스 여행을 추진했고 1978년, 1982년과 최근 1985년에 독일인 민간인 단체 여행객들과 함께 캅카스에 다녀왔다. 첫 번째와 두 번째는 현지 여행사의 안내를 받았고, 마지막 여행은 에버하르트가 직접 계획하고 인솔했다. 그가 캅카스를 방문하고 쓴 글을 여기서 소개한다.

1985년에 나는 아시아의 끝자락, 아름다운 그루지아 관광을 목적으로 희망자를 모집했다. 총 67명의 신청자가 있었는데, 나 외에 전쟁 포로와 관련된, 포로수용소 생활에 관심 있는 사람은 한 명도 없었다. 우선 소련의 관광청에 트키불리를 방문할 수 있는지 문의했지만, 그곳의 대답은 '불가'였다. 트키불리 방문에 대해서는 소련군 참전 전우회가 관장하고 있다는데, 왜 소련 관광청에서 불허했는지 지금까지도 의문이다. 어쨌든 1985년 9월 6일에 캅카스에 도착했다. 나는 관광 안내를 맡은 상냥하고 젊은 그루지아 여성에게 혹시 트키불리를 경유할 수 있는지 물었다. 트키불리를 둘러보기 위해 무척이나 많은 이유를 대야 했다. '제가 그 지역에 대해 들은 이야기가 많거든요.' 이에 그녀는 '예. 당연하죠. 목적지인 엘브루스 산맥 위의 옥센아우겐 호수(Ochsenaugensee)[A]로 가는 길에 그 도시가 있어요. 그곳에서 역사적으로 유명한 니코르즈민다(Nikorzminda) 성당을 구경할 거예요. 바그라(Bagrat) 3세에 의해 서기 1010년에서 1014년까지 건축된 성당이죠.'

가슴이 뛰었다. 우리 여행단체에서 그 누구도 내 마음을 이해할 수 없을 듯했다. 왜 그런 외딴 시골마을에 관심을 갖고 있는지 그들은 알 리가 없었다. 9월 7일, 변변찮은 아침식사를 마친 후 낡은 버스를 타고 북쪽으로, 산악으로 이동했다. 지면이 울퉁불퉁한 비포장도로를 달렸다. 과거에 파여 있던 구덩이들도 그대로였다. 버스가 몹시 덜컹거렸다. 도로 양쪽에는 광활한 차밭[B]이 펼쳐져 있었고 잠시 후 드넓은 황무지가 나타났다. 그 황무지를 따스한 가을 햇살이 밝게 비추고 있었다. 도로와 나란히 놓인 철로도 보였다. 과거 우리가 수용소로 이송될 때 화차를 타고 간 그 철로였다. 덜컹거리는 버스로 두 시간가량 달려 드디어 트키불리 외곽에 도착했다.

세관 건물을 지나 황량하게 변해버린 기차역에 이르렀다. 그 옛날, 우리가 기차에서 내린 역이 바로 여기였다. 지친 몸을 이끌고 힘겹게 걸어 수용소로 끌려갔던 기억들이 새록새록 떠올랐다. 나는 관광 안내원에게 잠시 쉬었다 가자고 부탁했다. '생리적인 현상 때문에... 이해하시죠?'라고 둘러댔다. 나는 남몰래 몇 장의 사진을 찍었다.[C] 구릉과 산으로 둘러싸인, 평화로운 휴양지 같은 시가지가 보였다. 그곳 어딘가에 묻혀 있을 수백 명의 동료를 생각하니 나도 모르게 눈물이 흘러내렸다. 누가 보더라도 전혀 부끄럽다는 생각이 들지 않았다.

A   '황소의 눈'이라는 뜻, 지명이므로 원어를 그대로 옮김 (역자 주)
B   그루지아는 세계에서 세 번째로 큰 차 생산지다. (화자 주)
C   소련 변호사는 정중히 사진촬영이 금지된 행동임을 알려주었다. (화자 주)

시가지 안으로 들어갔다. 옛날 내 머릿속에 각인된 모습 그대로였다. 전혀 변한 게 없었다. 엉성하게 지어진 목조 가옥들, 풀이 무성한 거리들, 석탄을 채굴했던, 포로들이 사용했던 시설들도 그대로 남아있었다. 그 시가지 한가운데서 멈춰 섰다. 나는 지나가던 몇몇 그루지아인들에게 포로수용소와 석탄광산에 대해 물었다. 그들은 깜짝 놀라며 내게 되물었다. '독일군 포로양반, 그렇게 심한 고통을 겪었던 도시를 왜 다시 찾아 왔소? 당신들이 살았던 수용소는 이미 오래전에 철거되었소. 하지만 러시아인들이 기거했던 수용소는 아직 남아있소.' 당시 함께 있던 동료들 대부분은 죽거나 고향에 돌아갔으나 마지막까지 수용소에 갇힌 사람들을 생각하니 다시 한번 마음이 무거웠다.

다시 앞으로 발걸음을 옮겼다. 그 옛날, 우리가 만들었던 발전소가 보였다. 심하게 훼손되어 지금은 사용하지 않는 듯했다. 구불구불한 산길을 따라 올라가니 나커랄라 (Nakerala) 도로가 나타났다. 1949년에 내가 마지막으로 이 일대의 공사에 참여했었다. 탄광 노동자들을 위한 집을 짓는 공사였다. 집들 역시 모두 버려진 상태였다. 트키불리로 돌아가는 길에 본 풍경들은 매우 아름다웠다. 내 기억 속에는 없는 풍경이었다. 그 옛날에는 매일 생존을 위한 고통만 있을 뿐, 그런 아름다움을 만끽할 여유가 없었기 때문이다.

차에 올랐다. 가는 길 내내 나는 사진을 찍었다. 옥센아우겐 호수 건너편으로 엘브루스 산맥의 대자연의 절경이 펼쳐져 있었다. 드디어 목적지에 이르렀다. 오래된, 그러나 아름다운 성당은 온전히 잘 보존된 상태였고 이곳에서 길을 잃고 헤매는 여행자들을 위한 안내판도 있었다. 어디선가 이곳에 거주하는 농부들이 나타나 우리를 에워쌌다. 그들에게 티셔츠와 각종 선물을 나눠주었다. 한 신부가 상냥한 표정으로 우리에게 다가왔고 나는 즉석카메라로 함께 사진을 찍고 싶다고 부탁했다. 그는 흔쾌히 동의했고 카메라에서 사진이 출력되자 그는 기쁜 듯 사진을 받아 챙겼다.

농부들은 우리가 서독에서 온 관광객임을 알고 우리 앞에서 이런저런 말들을 늘어놓았다. '부모님께 들었는데요. 수많은 포로들이 이곳에서 일했대요. 일부는 굶어 죽었다고도 해요. 우리들은 당신네 독일인들을 좋아해요. 당신들처럼 우리도 자유를 사랑하니까요. 더 이상 전쟁은 없어야겠죠.'

돌아오는 길에 음산하고 황량한 트키불리를 한 번 더 볼 수 있었다. 시간은 '망각의 덮개'를 더 크게 만들어 준다. 그래서 인생은 행복한 것이고....

에버하르트 코엘로이터의 글은 여기까지다. 우리 중 유일하게 그곳을 다녀온 그는 트키불리와 다른 모든 곳의 러시아인들에게 손을 내밀었고, 그들도 그의 손을 잡았다. 그들과 화해하고 평화를 공유할 수 있음을 보여준 성공적인 사례였다.

1987년 7월 초, 나는 뮌헨행 기차에 몸을 실었다. 욥 링크를 만나기 위해서였다.

뮌헨에 도착해서 에른스트 우르반에게 전화를 걸었다. 그는 나와 함께 융을 만나기로 되어 있었다. 소련의 수용소에서 우르반과 함께 저녁식사를 먹기도 했고, 그의 이야기도 종종 들어주었다. 러시아인들이 활활 타는 두 개의 화로 사이에 그를 앉혀 놓고 얼음물을 끼얹으며 '자백'을 강요했다는 이야기도 들었다. 우르반은 융 링크를 다시 만나면 포로수용소 시절의 분노가 되살아날까 불안해했다. 길을 나서는 우르반에게 그의 부인은 이렇게 말했다.

"조용히 다녀와요. 절대로 흥분하지 마세요."

따사로운 7월의 햇살이 내리쬐는 아름다운 들판을 지나 융이 살고 있는 마을에 도착했다. 알프스의 산자락이 펼쳐진 곳이었다. 전형적인 바이에른(Bayern)식 농가 앞에서 차가 멈추었다. 우르반이 말했다.

"저기 융이 나와 있네요. 벌써부터 나와 우리를 기다리고 있네요."

융은 한쪽 다리를 절며 지팡이를 짚고 우리 쪽으로 다가왔다. 우리 둘의 눈에서는 하염없이 눈물이 흘렀다. 40년이라는 세월이 지난 후의 재회였다. 융은 강하게 나를 끌어안았다.

"이게 꿈은 아니겠지요! 살아서 대령님을 다시 뵙게 되다니! 이렇게 건강한, 건재하신 모습으로 다시 뵙게 되어 너무나 기쁩니다. 자, 대령님! 안으로 들어가시죠. 진심으로 환영합니다. 여기 이 사람이 제 아내입니다. 제가 의지할 수 있는 단 한 사람이죠."

그의 아내도 환하게 웃으며 우리를 맞아 주었다.

"제 남편이 어찌나 대령님 이야기를 많이 해 주었는지… 대령님을 이렇게 뵙게 되어 저도 너무나 기쁘답니다. TV에서 당신을 보기 전까지 우리는 당신이 아직 살아계실 리가 없다고 생각했거든요. 제가 바이에른 식으로 오후 간식을 준비했어요. 음식이 준비될 때까지 남편과 여기 벤치에 앉으세요. 남편은 저쪽 산이 보이는 이 자리를 좋아한답니다."

노인이 된 우리 세 명은 함께 앉았다. 융은 내게 밀착한 채 캅카스에서의 생활에 대해 이런저런 이야기보따리를 풀었다. 그가 수용소에서 은밀히, 그리고 목숨을 걸고 사진을 찍었으며, 그루지아 여성들을 통해 밀매매로 이익을 많이 챙겼다는 등의 일화를 이야기했다. 내가 전혀 몰랐던 사실이었다. 그가 찍은 사진들은 오늘날까지도 매우 귀중한 자료로 활용될 수 있을 듯했다. 우리는 벤치에 앉아 과거의 힘들었던 시절을 함께 기억하며 이렇게 모두 살아있다는 기쁨을 함께 느꼈다. 평화롭고 아늑한 오후였다.

간단한 간식을 먹은 후에 나는 일어서야 했다. 뮌헨에 올 일이 있으면 다시 한번 방문하겠다고 약속했다.

"사랑하는 윱! 포로수용소 조장으로서 우리를 위해 애쓴 당신과 당신이 해 준 일들을 절대로 잊지 못할 겁니다. 평생토록 감사하게 생각하며 당신과 부인에게 신의 가호가 있기를 바랍니다."

마지막으로 진한 포옹을 한 뒤 무거운 마음으로 나와 우르반은 길을 나섰다. 나는 과거의 일들에 대해 후회하지 않는다. 즐거웠던, 그러나 고통스러웠던 모든 일을 떠올리며 내 과거의 시간을 다시 되돌리고 싶지도 않다. 과거의 내 인생에서 벗어나는 다리는 이미 완성되었다. 이제 그 다리를 건너는 데에 두려움도 없다. 다양하고도 흥미진진한 모험들로 가득한 두 번째 인생이 내 앞에 펼쳐져 있기 때문이다.

5. 1989년 1월

어느 날 전화벨이 울렸다.

"여보세요? 저는 게하르트 반도미르(Gerhard Bandomir)입니다. 혹시 기억하시겠습니까? 노르망디에서 연대장님 예하의 제3중대장이었죠. 연대장님 주소와 전화번호를 알기 위해 백방으로 찾아다녔는데, 이제야 인사드립니다."

"맙소사! 반도미르! 이게 얼마 만인가! 45년 만인가? 1944년 7월 18일 영국군의 굿우드 작전 당시 자네 중대를 포함한 제1대대는 완전히 전멸한 것으로 알고 있었어. 연합군의 공중폭격과 함포사격에서도 살아있었구먼. 과거 우리 부대원들을 종종 만났지만 제1대대원은 자네가 처음이야. 우리 언제 한 번 만났으면 하는데…."

얼마 후, 반도미르가 함부르크로 왔다. 작열하는 태양 아래 무더웠던 노르망디의 당시 상황을 내게 설명해 주었다. 매우 흥미진진했고 감동적이었다. 시간 가는 줄 모를 정도로 그의 이야기에 심취했다. 노르망디에 함께 가서 스웨덴 참모대학의 학생장교들에게도 그의 경험담을 들려주자고 제안했다. 여기에 그의 보고서 일부를 발췌했다.

"1944년 7월 18일은 참으로 비극적인 날이었다. 그래도 몇 대의 장갑차를 보유한 나의 중대는 캉에서 동쪽으로 15km 떨어진 르 메닐 프리멘틀(Le Mesnil Fremente) 일대에 있었다. 우리 제21기갑사단은 군단의 예비였다. 하지만 우리도 방어진지를 구축하여 적의 공격에 대비했다. 연합군이 제공권을 완전히 장악한 상태였으므로, 진지 구축 및 보강 작업은 야간에만 할 수 있었다. 물론 17일에서 18일로 넘어가는 밤에도 작업은 계속되었다. 방공호에 들어와 부하들과 함께 막 아침식사를 하려는 순간, 저 멀리 바다 쪽에서 엄청난 항공기 엔진 소음이 들렸다. 서서히 항공기들이 시야에 들어오기 시작했다. 고공으로 날았던 항공기들은 족히 수백 대는 넘어 보였고, 고요했던 아침 하늘을 모두 가릴 지경이었다. 독일 본토를 폭격하기 위해 날아가는 듯했고 우리 모두 고향의 가족들을 걱정했다. 그런데 갑자기 선두에 있던 폭격기들이 우리 전방에 폭탄을 투하했다. 그야말로 생지옥이었다. 적의 폭격 목표는 우리 북쪽에 위치한 아군의 참호들인 듯했다. 그러나 곧이어 캉의 시가지에도 무수히 많은 폭탄이 떨어졌다. 우리는 그 광경을 넋을 잃고 바라보았다. 우리가 할 수 있는 일이 없었다. 속수무책이었다. 모두들 방공호로 들어가 무기력한 모습으로 웅크리고 앉아 죽음을 기다렸다. 폭격은 두 시간 동안 계속되었다. 훗날 알게 된 사실이지만 약 2,000대의 폭격기가 이 공습에 참가했으며, 우리 대대는 그 폭격지역의 정중앙에 있었다. 꽤 잘 구축된 방공호 덕분에 인명 피해는 생각보다 적었다. 그러나 심리적 충격은 심각했다. 모두들 무기력증에 빠졌다. 예상대로 공중폭격에 이어 대구경 함포와 각종 지상 화포들이 불을 뿜었다. 수천 문의 화포로 수 시간에 걸쳐 포격을 가했다. 삽시간에 온 천지가 포탄의 탄흔으로 뒤덮였다. 우리 방공호 일대에도 두세 발의 포탄이 떨어졌지만, 사상자는 없었다. 아직까지는 견딜 만했다. 그때 토끼 한 마리가 포탄을 피해 벙커 안으로 들어와서는 너무나 놀란 모양으로 내 품에 와서 안겼다. 바들바들 떨면서 내 손에 들려있던 커피를 홀짝홀짝 마시곤 내 야전상의의 구멍을 씹기도 했다. 이런 생지옥을 난생처음 눈앞에서 겪다 보니 나도, 내 부하들도 어느새 저항할 의지조차 상실해 버렸다. 우리는 당시 소총과 기관총뿐이어서 연합군에게 맞서기에는 역부족이었다. 훗날 나는 이런 결론을 내렸다. 1944년 7월 18일 이후 새로운 시대, 즉 더이상 보병과 전차, 포병만으로는 전쟁을 치를 수 없고, 승리할 수도 없는 핵전쟁의 시대가 열렸다는 것을 확실히 깨달았다. 몇 시간에 걸친 포격이 끝난 후, 주위가 갑자기 고요해졌다. 우리들도 아직도 살아있다는 것을 놀라워했다. 조심스럽게 방공포 밖을 내다보았다. 온몸에 소름이 돋을 정도로 기가 막힌 광경이었다. 우리 대대의 여타 중대들이 배치되어 있던 북쪽에는 무수히 많은 적 전차들이 기동하고 있었다. 그렇다면 우리 동료들은 어떻게 된 걸까? 적 전차들이 우리 동편의 작은 마을인 카니 방향으로 천천히 진격 중이었다. 더욱 놀라운 것은 적 전차 뒤에 보병이 전혀 후속하지 않았다는 점이다. 이상한 전술이었다. 우리가 보유한 소화기로는 영국군 전차를 상대할 수는 없었다. 그래서 나는 적 전차 승무원들의 눈을 피해 부하들을 이끌고 카니 마을의 초입에 있는 농장으로 들어갔다. 그곳에 중대원들 일부가 남아있을 것이라고 생각했으나, 이미 모두 시체로 변해 있었다. 그렇다면 현재 상황에 대해 더 많은 정보를 가지고 있을 대대장을 찾아가야겠다고 생각했다. 그런 일념으로 그 인근에 구축된 대대장의 방공호 방향으로 내달렸다. 그러나 대대장의 호 위에는 이미 적 전차가 서 있었고, 나는 다시 반대방향으로 달려야 했다. 그 지역을 이탈해 연대 지휘소로 가기로 마음먹었다. 살아남은 몇 명의 부하들과 함께 도랑을 따라 뛰었다. 길가 주변에도 이미 전사자들의 시체가 널려 있었다. 우리는 밀밭 속으로 뛰어들어갔고 이내 적들은 우리를 찾다가 포기한 듯 돌아갔다. 그곳에서 몸을 숨겼다가 밤까지 기다렸고 어두워진 후에 이동하기로 했다. 그 순간 갑자기 적 전차들이 밀밭으로 들어오더니 내 부하 몇몇을 생포했다. 참으로 절망적이었다. 나는 부하들에게 적의 포로가 되더라도 목숨만은 건져야 한다고, 모두 흩어지라고 명령했다. 그토록 지긋지긋한 전쟁이 이날 정오 무렵 마침내 종지부를 찍었다. 물론 제2차 세계대전이 완전히 종결된 것이 아니었지만, 나를 비롯한 우리에게는 끝이나 다름없었다. 적들에게 포위된 장소 일대를 벗어날 수도 없었다. 대전차화기도 무전기도 없이 무방비 상태로 적에게 노출되었다. 그날 오후 영국군에게 생포된 채, 영국군 제11기갑사단이 우리가 머물렀던 농장과 카니 마을을 점령하는 광경을 지켜보았다. 모든 전차와 트럭에 무전기가 장착되어 있는 모습에 그저 감탄할 수밖에 없었다. 영국군이 얼마나 준비를 철저히 했는지 그제야 깨달았다. 그들의 활기 넘치는 모습도 매우 인상적이었다.

뜨거운 햇살이 비추던, 유독 무더웠던 1944년 7월 18일의 노르망디는 절대로 잊을 수 없다. 우리에게는 너무도 치욕적이고도 절망적인 날이다. 연합군의 진군을 저지할 수단도 능력도 없었다. 오늘날까지도 우리 중대원들이 그곳에서 얼마나 죽거나 다쳤는지 정확히 알 수 없다. 그 후 나도 포로가 되어 우선 영국으로, 나중에는 미국으로 끌려갔고, 1946년 5월 11일에 풀려났다. 뜻밖에도 미국인들은 우리를 매우 신사적으로 대우했다. 그들은 우리에게 손을 내밀어 과거의 잘못을 용서해 주었고 우리도 기꺼이 그들과 손을 맞잡았다. 45년이 지난 오늘날까지 그들과 함께 평화를 누릴 수 있음에 너무도 기쁘고 행복하다."

게하르트 반도미르의 회고는 이렇게 끝을 맺는다. 이 원고는 1944년 7월 18일의 지옥 속에서 용감히 싸우다가 살아남은, 또는 목숨을 잃은 제1대대 예하 모든 장교와 부사관, 병사들을 위해서도 매우 의미 있는, 영원히 남길 만한 역사적 자료다.

에필로그

자신과 타인의 죄를 잊는 것은 좋은 일이다. 하지만 매우 어렵다.

Vergessen ist gut – aber schwer

타인의 죄를 용서하는 것은 더 좋은 일이다.

Vergeben ist besser

<u>스스로</u> 속죄하고 서로 화해하는 것이 최고의 상책이다.

Versöhnung ist am besten

1952년 어느 날. 갑자기 에리히 베크가 내 앞에 나타났다. 항상 내 곁에서 수많은 전장을 종횡무진 누볐던 그는 스스로 '나의 영원한 그림자'라고 표현했던 진정한 전우였다.

"대령님의 어머님으로부터 연락처를 받았습니다. 사업차 출장을 왔다가 이렇게 마침내 대령님께 인사를 드립니다."

정말 기쁜 날이었다. 1943년 4월 내가 북아프리카에서 빠져나온 이후 연락이 끊긴 채 서로의 생사를 알지 못했다. 우리는 마주 앉아 지금까지 겪은 일들을 이야기했다. 나는 치열했던 마지막 전투와 참혹했던 종말, 소련에서 겪은 고통스러운 포로 생활을 이야기해 주었다. 미군의 포로가 되었던 에리히 베크는 미국인들의 인도적인 처우에 격찬을 아끼지 않았다. 포로가 된 지 얼마 되지 않아 미국인들이 그를 고향으로 돌려보내 주었다고 했다.

"미국인들은 제게 이렇게 말했습니다. 자신들은 우리와의 전쟁을 이미 잊었고 우리와 화해하기를 원한다고 말입니다. '당신도 당신의 의무를 다했을 뿐입니다.'라며 저를 이해할 수 있다고 하더군요."

우리는 이듬해부터 종종 만나곤 했다. 베크의 일기장은 내가 이 책을 쓰는데 매우 소중한 도움었다. 일개 병사와 대령도 친구가 될 수 있다는 사실을 새삼 깨달았다.

나도 1956년에 업무차 파리에 들렀다. 그 옛날 아름다운 추억이 가득한 도시를 찾은 기쁨과 감격에 흠뻑 빠졌다. 도시 중심가의 분위기와 건물들은 과거와 완전히 달랐지만 좁은 골목들만은 그대로였다.

힘겨웠던 전쟁 중 사귀었던 친구들을 찾고 싶었다. 그중에도 J.B. 모렐이 가장 그리웠고, 꼭 다시 찾아야 했다. 친구들의 주소가 적힌 작은 수첩은 소련 군인들에게 빼앗겼다. 파리의 전화번호부를 뒤져도 그의 이름은 없었다. 그가 살던 거리의 이름도 떠오르지 않았다. 하지만 그의 집이 어떻게 생겼는지, 블로뉴의 숲(Bois de Boulogne) 근처의 뇌이(Neuilly)에 있다는 것만은 머릿속에 남아있었다. 두리번거리다 지나가는 차 한 대를 세웠고, 그쪽 방향으로 간다는 말을 들어 도움을 요청했다. 운전자는 흔쾌히 나를 태워주었고, 도브로폴 거리(Rue du Dobropol)의 어느 집 앞에서 차를 세웠다. 과거에 J.B. 소유의 집이 있던 곳이다. 건물 관리인 또는 청소부 아주머니에게 물어야겠다고 생각했다. 그런 사람들은 파리에서 누가 어디에 사는지 훤했다. 한 청소부 아주머니가 관리실에 앉아있었고, 어느 중후하게 차려입은 여성과 이야기를 나누고 있었다. 나는 청소부에게 물었다.

"부인, 실례합니다. 혹시 여기 아직도 모렐 씨가 살고 있나요?"

그러자 옆에 있던 중년의 여성이 나를 바라보며 이렇게 대답했다.

"제가 모렐 씨의 아내입니다. 혹시 무슨 일이신지요?"

"아, 부인! 모렐 씨의 아내십니까? 당연히 저를 모르시겠지만, 제 이름은 한스 폰 루크입니다. 전쟁 시절 남편의 절친한 친구였지요."

"어머나! 한스 씨, 당신, 살아계셨군요."

그 여성의 눈에서 갑자기 눈물이 맺히기 시작했다.

"J.B.가 당신에 대해 무척이나 많은 이야기를 해주었지요. 그래서 잘 알고 있답니다. 꼭 한번 뵙고 싶었어요. 저를 따라오세요. 제 남편에게도 연락해서 지금 당장 집으로 오라고 해야겠네요. 제 이름은 마리(Mary)입니다. 몇 해 전에 결혼해서 지금은 이렇게 하숙집을 운영하고 있어요."

아파트 내부도 다소 여성스러운 분위기로 바뀐 것 말고는 그때 그대로였다. 우리는 자주 이곳에 함께 앉아서 전쟁에 대해 이야기하곤 했다. 마리는 흥분을 감추지 못한 채 분주하게 돌아다녔다.

"침실에 숨어 계세요. J.B.를 깜짝 놀라게 해주고 싶어요."

잠시 후, J.B.가 집 문을 열고 들어왔다.

"안녕? 여보! 오늘 하루 잘 보냈소?"

나는 그의 뒤에 서 있었다. 그는 뒤돌아서서 나를 보자마자 외투와 지갑을 떨어뜨렸다. 어느새 그의 눈에는 눈물이 고여 있었다.

"맙소사! 한스! 이게 꿈은 아니겠지! 진짜 한스 너지?"

서로 부둥켜안았다. 한참 동안 우리는 끌어안고 눈물을 흘렸다.

"마리! 이리 와요! 함께 축배를 들어야겠소! 만찬을 해야겠는걸! 클레망에게도 전화를 걸어야겠네. 오늘같이 기쁜 날 그도 함께해야지."

우리는 J.B.의 친구 피에르(Pierre) 씨가 운영하는 작은 레스토랑으로 향했다.

"피에르! 너도 믿을 수 없을 거야. 내 친구 한스 폰 루크 남작을 다시 찾았네! 샴페인 한 병을 가져오게! 그리고 축하 파티에 어울리는 메뉴를 권해주게. 서로 물어보고 설명해야 할 것이 많을 거야."

J.B.는 전쟁 후 나를 찾기 위해 백방으로 뛰어다녔다. 모스크바의 프랑스 대사관과 파리주재 독일대사관, 소련의 KGB를 통해서까지 내 소식을 알아내려 했다.

"네가 소련군에게 생포되었다는 사실 외에는 아무런 정보를 얻을 수 없었어. 게다가 아무도 네가 어디에 있는지는커녕 생존 여부조차 말해 주지 않았어."

그때, 클레망 두호아가 환한 얼굴로 나타났다. 그는 봉투에서 '뵈브 클리코 로제'(Veuve Cliquot Rosé)라는 오래된 샴페인 한 병을 꺼냈다. 그는 그동안 매우 유명한 영화제작자가 되었지만, 비비안느 로망스와의 관계는 오래전에 끝났다고 했다.

"다그마는 잘 지내? 1944년 파리를 떠난 후 그녀에 관해서는 전혀 듣지 못했어."

친구들에게 우리 둘의 관계가 어떻게 끝났는지, 그녀가 얼마나 안타깝게 세상을 떠났는지 이야기해 주었다. 밤늦도록 우리는 함께 이야기꽃을 피우며, 이제 평생 연락하고 살자고 약속했다. 한때 적국의 장교로 총구를 겨눴던 우리가 이제는 가장 좋은 친구 사이로 남게 되었다. 모든 이별과 슬픔의 이유를 잊고 서로를 용서했다.

1967년 프랑스의 '파테 영화사'(Pathé Films)의 한 감독이 내게 전화를 걸었다.

"프랑스 방송협회에서 '북아프리카의 증오심 없는 전투'(La Guerre sans Haine in Nordafrika)라는 제목으로 다큐멘터리를 제작하려 합니다. 1941년부터 1943년까지 사막전에 대한 영상을 포함해서요. 전쟁에 참가한 4개국, 영국, 프랑스, 이탈리아와 독일 출신 목격자나 참전군인 한 명씩을 인터뷰해서 제작할 계획입니다. 이 프로젝트는 프랑스의 메스머(Messmer) 국방장관[A]의 후원을 받고 있습니다. 우리 영상제작팀은 카메라를 들고 알렉산드리아로 날아가서 거기서부터 토브룩으로, 그리고 사막 깊숙

A   그는 그 당시 비르 하케임Bir Hacheim 사막요새를 방어하고 있었다. (저자 주)

한 지역까지 가서 촬영할 예정입니다. 폰 루크 씨, 이 프로젝트에 당신이 함께 해주셨으면 합니다. 만일 동의해 주신다면 프랑스 방송협회 편집장과 제가, 세부적인 사항에 관해 상의하기 위해 당신을 방문하도록 하겠습니다."

나는 흔쾌히 동의했다. 굉장히 흥미진진한 일이 될 것 같았다. 이스라엘과 아랍 국가들 간의 6일 전쟁이 발발하기 4주 전에 이집트를 방문했다. 그곳의 상황은 매우 위험했고, 안전 문제로 토브룩 방문이 취소되어 어딘지 모를 사막에서 촬영할 수밖에 없었다. 아무튼, 독일과 연합군이 서로 화해하는 소중한 의미가 담긴 영상이었다. 이 다큐멘터리는 유럽을 넘어 전 세계에서 상영될 정도로 큰 인기를 끌었다.

1960년대 말부터 1979년까지 영국의 캠벌리 참모대학의 초청으로 매년 노르망디에서 열리는 '전적지 답사' 행사에 참석했고 그 당시의 참전자로서 영국의 고급참모장교들에게 노르망디 현지에서 결정적인 전투 상황들을 설명해 주었다. 오늘날 영국군 고위급 장교들 중 그 당시 참모대학 학생장교로 내 이야기를 듣지 않은 이가 없다고 해도 과언이 아니다. 에드워드 켄트 공작(Duke of Kent)도 그 가운데 한 명이다. 과거의 적이 친구가 되어, 과거의 감정에서 벗어나 당시 전투 경과에 대한 교훈을 도출하기 위해 모두 적극적으로 토의에 참여했다.

1980년 6월부터는 스웨덴 참모대학의 초청으로, 그리고 앞서 기술한 그들의 요청으로 독일군의 방어 작전에 큰 관심을 가진 스웨덴 장교들에게 노르망디 상륙작전 당시의 상황을 전해 주었다.

1983년 11월에는 훗날 절친한 사이가 된 스티븐 앰브로즈가 나를 찾아왔다. 그는 '페가수스 다리의 전투사'를 쓰기 위해 나를 취재했다. 노르망디 상륙작전 40주년을 기념하기 위한, 오른강 교량을 습격했던 존 하워드의 기습적인 강습작전을 다룬 책이었다.

1984년 5월에 스티븐 앰브로즈가 인솔해온 미국인 단체에게 노르망디 전적지에서 당시의 전투상황에 대해 강연했다.

1984년 5월 말에는 페가수스 교량 바로 옆에 있는 작은 카페, 공드레(Gondrée)에서 매우 분주한 하루를 보냈다. 1944년 당시 연합군이 탈취하여 독일군에게서 해방된 첫 번째 민간 가옥이자 아주 아담한 카페였다. 미국인 스티븐 앰브로즈와 그때 이 카페를 직접 확보한 영국인 존 하워드, 독일군 대령이자 당시 '반대편에 있던' 내가 커피를 놓고 마주 앉았다. 주인인 공드레 부인과 그의 딸들이 우리를 극진해 대접해 주었다. 그 모습은 내게는 정말 상징적이었다. 40년 전의 적들이 이제는 친구가 되어 함께 앉은 것이다. 세계 각국에서 온 많은 방문객들은 다가올 6월 6일을 기념해 출간된 스티븐의 책을 들고나와 그에게 서명을 받기 위해 기다랗게 줄을 서 있었다.

나에게는 약간의 근심거리가 있었다. 공드레 부인은 독일인들을 몹시 싫어했다. 레지스탕스의 일원이었던 남편은 전쟁이 끝나자마자 사망했다. 그녀와 그녀의 딸들에게 해방군 지휘관, 존 하워드는 이 가족의 '수호자'로 대접받았다.

영국 참모대학과 스웨덴 참모대학은 매년 행사 때마다 이 부인의 가게에 점심을 주문해서 일종의 전통이 되어버렸다. 영국인들과 스웨덴인들의 '손님'이지만 그녀들이 증오하는 '독일인'인 내가 매번 '국적을 알리지 않고 어떻게 이곳에서의 식사에 동참할 수 있을까'하는 것이 항상 큰 걱정거리였다. 존 하워드가 해결책을 찾아냈다. 영국사람들은 나를 '판 루크' 소령(Major van Luck)[A]으로, 스웨덴인들은 나를 '스웨덴 출신 바이킹'(Viking from Schweden)으로 소개했다. 수년 동안 그 부인은 나를 볼 때마다 '저는 영국인을 좋아해요.' 또는 '저는 바이킹을 매우 좋아한답니다.'라는 말과 함께 오른쪽, 왼쪽 뺨에 키스를 해주곤 했다. 그 부인에게 내 국적을 숨겨서 큰 문제는 없었지만, 선의의 거짓말이라도 내 기분은 그리 좋지 못했다.

스티븐과 내가 그의 책에 사인을 하는 동안 스웨덴 참모대학장과 존 하워드는 그 부인에게 인사하러 그녀의 침실로 들어갔다. 그녀는 중병에 걸려 몸을 가누기가 힘들었던 것이다. 갑자기 존 하워드가 큰 소리로 나를 부르면서 밖으로 뛰어나왔다.

"한스! 1984년 6월 6일은 틀림없이 이 부인의 인생에서 최고의 날이 될 거야. 이번 'D-Day' 40주년 기념식에 찰스 왕세자(Prinz Charles)도 참석하고 페가수스 다리와 여기 공드레 카페를 방문해서 공드레 부인과도 인사를 하겠지. 부인은 그날만을 기다리며 병마와 사투를 벌이고 있어. 몹시 힘든 모양이야. 내 생각에는 이제라도 그녀에게 진실을 말해야 할 것 같아. 선의의 거짓말이지만 이렇게 세상을 떠나게 할 수는 없다고 생각해. 내가 부인과 이야기해 볼게."

그 부인의 반응이 어떨지 참으로 초조했다. 잠시 후, 존이 그녀를 부축해 밖으로 나왔고 그녀는 존의 팔짱을 낀 채 내 앞에 섰다. 그녀의 표정은 한없이 밝아 보였다. 그녀가 차분하고 온화한 목소리로 입을 열었다.

"한스 씨! 존이 모두 얘기해 주었어요. 이제야 당신이 진정한 친구라는 것을 알게 되었어요. 존의 친구라면 당연히 내게도 친구죠. 과거의 이야기들은 모두 잊어버립시다! 그리고 이미 오래전에 당신네 독일인들을 용서했어요. 당신에게 신의 은총이

A   von을 van으로 바꿔서 영국인으로 소개했다. (역자 주)

가득하길 기원해요."

그녀는 내 입술에 입을 맞췄다. 이토록 애국심 강한, 자비로운 부인과의 화해는 내게 매우 뜻깊은 사건이었다. 지금까지 수많은 사람들과의 만남 중 가장 의미 있는 순간이었다. 몇 주 후, 존과의 전화 통화에서 그녀에 대한 소식을 들었다.

"한스! 찰스 왕세자와 공드레 부인과의 만남은 정말 잊지 못할 일생일대의 사건이었네. 전 세계의 방송사가 지켜보는 가운데 이 부인이 영국 왕실의 후계자의 손에 키스하면서 '나치로부터 해방시켜 주셔서 감사합니다!'라는 말을 남겼지. 역시 대단한 공드레 부인이었어. 그러나 며칠 전에 그녀는 세상을 떠나고 말았네. 그녀의 딸들이 전해주었지. 매우 편안하게 돌아가셨다고 말이야."

그 이듬해에 존과 함께 그 작은 마을의 공원묘지를 찾았다. 두 송이 꽃을 준비했다. 한 송이 꽃은 공드레 부인의 묘 앞에, 다른 하나는 존의 부하 중 첫 번째 사망자였던, 덴 브러더리지(Den Brotherridge)의 묘비 앞에 놓았다. 그 둘의 묘 앞에서 존경을 표하며 고개를 숙였다.

1987년 5월에는 프랑스 영사인 키퍼(Kipper) 씨가 알사스의 리터스호펜으로 나를 초대했다. 1945년 1월 치열했던 전투가 벌어졌던 마을 근처에 마지노선 요새가 있었고, 현재 그곳은 박물관으로 사용되고 있다. 프랑스와 독일 출신들의 젊은이들이 자원해서 수개월 동안 박물관 공사에 참가했다고 한다. 굉장히 훌륭하고도 멋진 화해의 표현이었다. 수년 전에는 키퍼 씨의 주도하에 리터스호펜과 아띵의 두 마을 사이에 기념비도 세워졌다. 그 비석에는 당시 전투에 참가했던 사단급 부대명이 새겨져 있고 그 뒤에는 미국, 프랑스 그리고 서독의 국기가 바람에 펄럭였다. 그 깃발들 아래, 과거 적국이었던 세 나라 국민은 이제는 절대로 싸우지 않기로 다짐하면서 손을 맞잡았다.

1987년 6월, 오스트리아 인스브룩(Innsbruck) 대학에서 나에게 초빙강연을 요청했다. 강연장에는 25명의 미국인 대학생들이 앉아있었다. 그 대학의 초청을 받아 오게 된 스티븐 앰브로즈의 제자들이었다. 그들 중에는 독일군에게 부정적 감정을 지닌 유대인들도 많이 있었다. 어느 날 저녁, 나와 학생들은 작은 식당에 함께 앉아 진지한 토론을 나누었다. 다음 날이면 기차로 함께 노르망디로 가기로 되어 있었다. 그런데 그들 중 많은 이들이 과거 '나치 군대의 장교'에게 강연을 듣고 함께 시간을 갖는 것에 대해 불만을, 적어도 거부감을 가지고 있음을 직감했다. 그래서 나는 '나치 군대의 장교'라는 표현은 적절치 못하며, 과거 독일군 장교단 내부에 압도적 다수가 히틀러의 '천년의 제국 건설'이라는 이데올로기에 반대했다고 설명했다. 또한, 그러한 장교들은 히틀러가 우리 독일 국민뿐만 아니라 전 유럽인들에게 재앙과 불행을 가져올 것임을 뒤늦게나마 깨달았다는 진실을 말해 주었다.

물론, 그런 이야기를 하던 중 이런 생각도 들었다. 한편으로는 나 또한 여전히 독일인이며 과거의 전쟁에 책임이 있는 독일군 장교였고 과연 우리가 '히틀러에게 반기를 들었나?'라는 회의감도 느꼈다.

나는 프랑스행 기차에서는 롬멜에 대해 들려주었다. 학생들은 뜻밖에 큰 관심을 보였다. 또한, 러시아인들은 악하고 우리 서방사람들은 선하다는 고정관념을 버려야 한다고 말해 주었다. 그런 논리 자체가 그릇된 것이며 우리 인류의 발전을 저해할 수 있다고 역설했다.

학생들은 과거 독일군인들이 아우슈비츠(Auschwitz) 등의 강제수용소와 유대인들을 학살한 수용소의 존재와 만행에 대해 알고 있었는지, 그것에 반대하기 위해 왜 아무런 행동을 하지 않았는지 물었다. 나는 그런 수용소의 존재와 만행에 대해 몰랐다고 이야기하며, 장래의 장인이 될 분이 작센하우젠의 수용소에서 사망했다는 소식을 듣기 전까지 아무것도 알지 못했다고 털어놓았다. 그때 이후로 그와 같은 비극적인 참상을 조금씩 알게 되었고, 독일군 장교들이 그것에 대해 반대하지 못한 것은 참으로 후회되는 일이라고 말해 주었다.

차츰 학생들은 나에게 호감을 보이기 시작했다. 노르망디에서는 내 설명에 모두 심취했고 나와 진정한 친구가 되기를 원했다. 그들의 태도 변화를 보고 나는 무언가 크게 깨달았다. 오늘날의 젊은이들은 사실을 객관적으로 평가하기 위해 노력했고, 그 점이 내게는 가장 기분 좋은 일이었다. 과거의 적대국 국민이었던 우리 독일인에 대해 새로운 이미지를 갖게 되었다며 내게 감사를 표했다. 앰브로즈는 자신이 출제한 시험지에 그런 답안을 쓴 학생도 있었다며 내게 전해 주었고, 학생들 가운데 일부는 내게 그런 내용의 편지를 보내기도 했다.

서방 세계의 젊은이들, 특히 새로운 시대에 지금 세대의 청년들은 이미 오래전에 서로의 벽을 허물고 과거의 적대국 국민과의 화해를 거리낌 없이 수용했다. '글라스노스트'(Glasnost)와 페레스트로이카(Perestroika)ᴬ 역시 가능하리라고 생각한다. 과거의 적국, 러시아 사람들과 우리의 증오심을 과감히 없애고 그들과도 손을 맞잡아야 한다. 이를 위해 서구와 동구권의 정치가들뿐만 아니라 우리 모두 동참해야 한다!

....

A 1980년대 말 소련의 서기장 고르바초프가 주창한 경제부흥과 개혁을 위한 슬로건 (역자 주)

내게 한 가지 소원이 있다면, 소련군에게 포로가 된 순간, 몽골인들로부터 나를 보호해 준 금발의 소련군 소위를 다시 한번 만날 수 있다면, 그리고 야흐로마의 '아침식사'로 인연이 된 그 대령의 손을 다시 잡을 수 있다면 좋겠다. 과거의 적이자 전쟁 포로인 내게 인간적인 호의를 베풀었던, 잊을 수 없는 기억을 심어준 사람들이다. 또한, 소련군 전차부대 대령과도 다시 한번 공복에 큰 잔으로 보드카를 가득 부어 마시고 싶다. 그 또한 포로였던 내게 경의를 표하고 정중히 대해 주었다.

나는 두 개의 체제 속에서 세월을 보낸 포로였다. 프로이센 시대에는 당시의 전통에 따라 교육을 받았고, 나치 체제에서는 충성 맹세를 통해 지도부에 순응했다. 그랬기에 히틀러는 나와 같은 장교들과 장군단을 더 쉽게 기만하고 악용할 수 있었다. 그 대가로 나는 수많은 동료들과 함께 5년간 소련 포로수용소 생활을 해야 했다. 독일의 직업 군인으로 나는 장군들, 장교들과 함께 전쟁에 대한 연대책임을 져야 한다. 충분히 인정한다. 하지만 적어도 인간으로서 죄책감은 느끼지 않는다. 나는 세상의 젊은이들이 다시는 추악한 권력자에 의해 불행해지기를 원하지 않는다.

이 책이 출간되는 요즘 걸프전이라는 새로운 전쟁이 발발하여 전 세계에 큰 충격을 주고 있다. 자유를 수호하려는 여러 나라들은, 인간의 존엄을 무시하는 독재자가 세상의 일부를 지배하려는 시도를 분명히 막을 것이며, 반드시 막아야 한다. 민주국가의 국민은 자유를 지키기 위해서라면, 참혹하더라도 일정 기간의 전쟁을 통해 독재자를 축출해야 한다는 데 동의하고 있다. 그 점에 있어서는 히틀러와 사담 후세인(Saddam Hussein)이 어느 정도 비슷하다고 본다.

우리 민주주의 국가의 국민은 어떤 이유에서도 그러한 독재자와 폭군을 절대로 믿어서는 안 되며, 맹목적으로 그들을 추종해서도 안 된다는 사실을 반드시 깨달아야 한다. 하지만 피아 양측의 공포와 심리적 충격, 희생을 직접 겪었던, 제2차 세계대전에 참전했던 사람들은, 점점 더 고도의 파괴력을 지닌 무기체계들이 등장하는 요즘의 세상을 보면서 걸프 지역의 전쟁이 최대한 빨리 끝나기를, 그리고 그 지역에 영구적인 평화가 유지되기를 간절히 바란다.

1991년 2월 19일
한스 폰 루크

옮긴이의 글

약관(弱冠)의 나이에 군 생활을 시작해서 불혹(不惑)을 지났다. 약관부터 불혹 직전
까지, 그리고 불혹을 넘어선 지금까지 내게는 두 명의 멘토가 있다. 그리고 지금 이
시점까지 그 두 명은 내게 군 생활의 지표를 세워주었고 특히 그들 중 한 명은 내 인
생의 방향을 바꾸어 주었다.

공교롭게도 그 두 사람에게는 공통점이 있다. 뒤늦게 알게 된 사실이지만 참으로
놀라운 일이다. 두 사람 모두 1911년에 태어났으며 제2차 세계대전을 일으킨 일본
과 독일에서 태어나 패전 직전에 소련군과 싸우다 포로가 되었다. 게다가 그 후 지
역은 달랐지만 소련 포로수용소 생활을 했다는 점이다.

나의 사관생도 시절 접했던 첫 번째 멘토는 불모지대의 주인공 이키 다다시A였다.
군인으로서의 그의 경력에 대한 정보는 거의 없다. 그러나 전쟁 이후 세계정세의 흐
름을 정확히 파악하는 통찰력을 지녔다. 특히 정보전에 무척 강했고 군인이 아닌,
상사(商社)의 사원, 경제인으로서 언제나 승리했던 인물이었다. 그런 통찰력을 배워서
나도 전투에서 적과 싸워 승리하는 군인이 되고자 항상 공부하고 연구했었다.

그러나 최근에 만난 두 번째 멘토, 이 책의 저자 한스 폰 루크 대령은 내게 다른 메
시지를 전해주었다. '이 세상에 적은 없다, 상생(相生)하기 위해 서로를 이해해야 한
다, 총칼을 겨누었던 사람들과도 친구가 될 수 있고 친구가 되어야 한다!'는 메시지
다. 물론 제2차 세계대전의 모든 전투들에 참전했던 이야기는 전쟁사 기록으로서의
가치도 충분하고, 총포탄이 빗발치는 최전선에서 부하들과 함께한 이야기들은 리더
십 사례로 충분히 활용할 수 있겠지만, 내게는 '전시에 겪게 되는 인간으로서의 번
뇌'가 가장 소중한 의미로 다가왔다. 흉악한 국가지도부와 그들의 그릇된 이데올로
기로 인해 선량한 국민이, 선량한 군인들이 희생될 수도 있다는 것, 한때 적으로 치

A 소설 불모지대의 이키 다다시와 일본의 극우 인사인 세지마 류조가 동일 인물이라고 한다. 나는 세지마 류조와 소설 속의 이키 다다
시를 철저히 분리하고 싶다. 극우 인사인 류조는 비난받아 마땅한 인물이다.

열한 전투를 벌였지만, 전투가 끝난 후에는 서로를 용서하고 손을 맞잡을 수도 있다는 것을 깨달았다. 그래서 평화의 소중함을 가슴 깊이 새길 수 있었다. 특히 공드레 부인과의 포옹 장면을 글로 옮길 때는 내 가슴도 뭉클했다.

루크 대령이 살아있다면 내게 이런 말을 해주었을 듯싶다. '만일 전쟁이, 전투가 벌어진다면 항상 부하들을 위해, 부하들의 희생을 최소화하기 위해 고민하라! 그러나 전쟁이 벌어지지 않도록, 할 수 있다면 무엇이든 최선의 노력을 다하라!'

그를 통해 이제는 나의 군 생활의 방향이 조금씩 달라지고 있다. 지금까지 전투, 전쟁에서 승리하기 위한 노력과 연구만 했다. 앞으로도 완전한 전쟁 승리를 위해서 그 누구보다도 깊이 생각하고 고민할 것이다. 그러나 한 걸음 더 나아가 전쟁을 억제하고 평화를 유지하기 위해, 작은 힘이나마 보탤 수 있는 군인이 되기 위해 노력할 생각이다.

덧붙여 소련 포로수용소 생활에 관한 이야기를 유추해 보면 현재 한반도 북녘의 생활상도 이해할 수 있을 것이다. 오히려 지금 북한의 실상은 루크 대령이 본, 당시 소련의 상황보다 더 참혹할 수도 있다. 그의 마지막 이야기, '인간의 존엄을 무시하는 독재자가 세상의 일부를 지배하려는 시도를 막아야 하며 민주주의 국가의 국민은 자유를 지키기 위해서라면 일정 기간의 전쟁이 필요하고 독재자를 축출해야 한다는 데 동의하고 있다.'라는 부분에서는 현재 한반도에서 벌어지고 있는 상황을 하루빨리 해결해야 한다는 생각을 갖게 한다.

나는 2015년 여름, 출판사로부터 본서를 번역해 달라는 의뢰를 받았다. '전격전의 전설'과 '독일군의 신화와 진실'에 비해 군인의 자서전이라 번역이 그다지 어려울 것 같지 않았다. 그러나 야전 부대의 근무 여건상 작업이 그리 녹록하지 못하여, 혼자서는 감당하기 어렵다고 판단했다. 그래서 독일어 교관 시절 학생장교 중 김진완, 최두영 후배에게 공역 작업을 권했고 그들도 흔쾌히 함께해 주었다. 덕분에 매우 이른 시기에 이 책이 세상의 빛을 보게 되었다.

앞서 언급한 대로 루크 대령의 전투 경험도 학문적으로 매우 중요한 의미를 내포하고 있지만, 전투 이외의 경험담에도 재미와 감동이 있다. 매주 주말에, '이번에는 어떤 이야기가 펼쳐질까?'라는 기대감으로 책을 펼쳤고 '다음번에는 어떤 재미와 감동을 느낄 수 있을까?'라는 설렘으로 작업을 마치며 책을 덮곤 했다. 또한, 이 글을 읽는 내내 그와 함께 유럽과 아프리카 여행을 다녀온 듯한 느낌이었다. 책 속의 지명들을 인터넷 지도를 이용해서 동선을 따라 가보곤 했다. 독자들에게도 권해보는 바이다.

　이 책의 문장 하나하나를 루크 대령이 자신의 경험담을 말로 이야기하듯 옮기고 싶었고 독자들이 '들을 수 있는 글'로 만들기 위해 최선을 다했다. 하지만 아직도 부족한 나의 번역 능력에 한탄하면서 종종 한계를 느끼곤 했다. 전문용어들과 지역명, 번역 문장에 오류들에 대해서는 전문적 지식이 풍부한 독자들이 바로 잡아 주기를 간절히 기대한다.

　2015년부터 야전 부대에 근무하면서 이 책이 만들어지기까지 격려와 도움을 주신 분들이 많다. 이 책의 출간을 흔쾌히 승인해 주시고, 최근에 알게 된 Regina von Luck 여사께 그리고 이처럼 좋은 책의 출간을 제안해 주신 길찾기 사장님과 편집부 식구들께도 감사드린다. 특히, 육군의 고급장교들 모두가 존경하는 주은식 장군님께서는 세 번째 역서까지 추천서를 흔쾌히 작성해 주셨다. 또한 루크 대령처럼 기갑수색대대장, 기계화보병여단장을 역임하시고 항상 아껴주시고 격려해주신 정한용 대령님께서도 기꺼이 추천서를 주셨다. 두 분께 깊이 감사드린다. 지휘관으로서 부대 업무 외적인 일을 하면서도 오늘날까지 온전히 대대장 보직을 수행할 수 있도록 큰 은혜를 베풀어 주신 사단장 김선호 장군님과 여단장 박용철 대령님께도 감사드리고 싶다. 또한, 바쁘고 힘든 야전부대에 근무하면서 함께 작업해 준 김진완, 최두영 후배, 이 책의 완성도를 높이기 위해 미세한 부분까지 분석적인 교정작업에 동참해준 차경상, 이승훈 후배, 그리고 그밖에 항상 따뜻한 격려를 해 주신 선후배님들께도 감사드린다. 항상 불비한 여건 속에서도 내 의도를 구현하기 위해, 부대를 위해 최선을 다하고 있는 대대 간부와 용사들에게도 감사를 표한다. 그들의 간접적인 도움(?)이 아니었다면 이 글이 세상의 빛을 보지 못했을 것이다. 지금껏 남편으로서도, 아버지로서도 제 역할을 못 했지만, 늘 사랑하고 믿고 따라주는 지연, 하영, 시헌에게도 고맙다는 말을 전한다.

　끝으로 루크 대령이 자신의 세 아들을 위해 이 책을 썼듯 나는 우리가 지금 이토록 평화롭고 풍요로운 세상에서 살 수 있도록 1950년 전쟁 이후 대한민국의 경제를 일으켜 세우신 우리의 할아버지, 아버지들께 이 책을 바치고자 한다.

2017년 12월 1일 가평에서

진중근

색인